普通高等教育电子信息类专业“十三五”规划教材

规划教材

嵌入式系统设计与应用

周秦武 编著

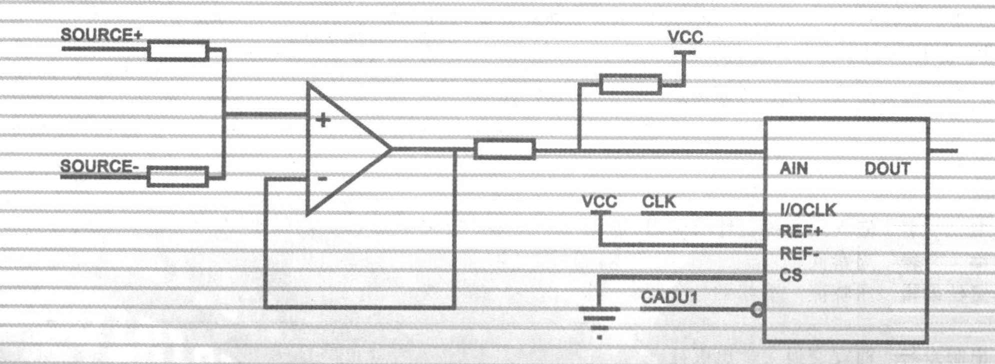

内容摘要

本书主要介绍了基于嵌入式系统和单片机的实际应用系统设计方法和相关的知识要点，以 MCS-51，MSP430，ARM，DSP 等为典型代表的 8/16/32 位单片机的内部结构和主要系统资源为切入点，详细介绍了嵌入式系统的存储器设计、I/O 接口设计、系统总线应用、可靠性设计、嵌入式实时操作系统设计，最后还给出了一些实际应用系统的设计实例。书中还配有大量的软硬件设计实例供读者参考。

本书读者应具有一定的计算机和 C 语言基础，还需要对单片机基础知识有一定的了解。

本书可作为高等学校计算机、电子、自动化、生物医学等专业的单片机课程或综合设计实验课程的教材，也可作为广大单片机技术开发者的应用系统设计参考书。

图书在版编目(CIP)数据

嵌入式系统设计与应用/周秦武编著．—西安：西安交通大学出版社，2015.9

ISBN 978-7-5605-7755-5

Ⅰ.①嵌… Ⅱ.①周… Ⅲ.①微型计算机—系统设计 Ⅳ.①TP360.21

中国版本图书馆 CIP 数据核字(2015)第 187419 号

书　　名　嵌入式系统设计与应用
编　　著　周秦武
责任编辑　屈晓燕　季苏平

出版发行　西安交通大学出版社
（西安市兴庆南路 10 号　邮政编码 710049）
网　　址　http://www.xjtupress.com
电　　话　(029)82668357　82667874(发行中心)
(029)82668315(总编办)
传　　真　(029)82668280
印　　刷　陕西奇彩印务有限责任公司

开　　本　787mm×1 092mm　1/16　　**印张**　33.75　　**字数**　827 千字
版次印次　2015 年 9 月第 1 版　　2015 年 9 月第 1 次印刷
书　　号　ISBN 978-7-5605-7755-5/TP·685
定　　价　68.00 元

读者购书、书店添货、如发现印装质量问题，请与本社发行中心联系、调换。
订购热线：(029)82665248　(029)82665249
投稿热线：(029)82669097　QQ8377981
读者信箱：lg_book@163.com

前　言

嵌入式系统正越来越多地影响着人们的生活，基于嵌入式系统的产品已经发展出多种门类上千个系列。从智能装备、机电一体化设备、工业控制设备，到数码相机、智能手机、平板电脑，都依赖于嵌入式系统。

嵌入式系统设计主要包括硬件体系设计、软件系统设计和系统工程设计3部分。硬件系统包括单片机系统、外围存储器件、接口电路、传感驱动电路、网络产品等。软件系统包括早期的监控软件，现代的各种嵌入式操作系统，以及完成用户功能需求的用户软件。系统工程设计是指从应用系统设计入手，从基本功能、产品可靠性、运行安全性、用户体验等方面对产品进行全面的设计。

嵌入式系统随着半导体工艺、计算机技术的快速发展日新月异。单片机是嵌入式系统的核心，8位MCS-51单片机是早期的主流型号，目前仍大行其道；TI公司研发的以MCS-96系列单片机为始的16位MSP430系列单片机，正以其丰富的外设资源和低功耗性能得到越来越广泛的关注；32位的ARM单片机是为嵌入式系统的高端应用设计的，可以提供更好的操作系统支持和硬件支撑。选择嵌入式系统时应以实际应用为标准，恰如其分，够用就好，不能一味追求高性能。另外，嵌入式操作系统是随着计算机硬件系统的复杂化而出现的辅助软件系统，是为复杂嵌入式系统应用开发提供的软件工具和平台，也要根据实际情况选用。

本书是笔者30余年从事单片机与嵌入式系统科研实践和教学的总结。在这些教学实践过程中，笔者深知单片机学习的难度，嵌入式系统复杂且庞大，初学者需要记忆大量信息，并且要会灵活运用，吃力而难以掌握精髓，但单片机的学习是有规律可循的。首先要从一种型号的单片机入手，了解它的基本功能、主要外设，特别要了解工作时序，这非常有助于掌握单片机内部工作原理和外设控制方法；其次，要了解单片机汇编语言结构特点，熟悉C语言编程方法；最后要了解外围接口电路的设计方法，接口的类型和电路形式千差万别，但大多数单片机接口都有固定形式，而且有大量设计实例可供参考，所以设计方法难度不大。

本书共包括10章内容，可分为4大部分：

第1部分包括第1～5章共5章内容：第1章概括描述了嵌入式系统基本构成和设计内容；第2章简要介绍了MCS-51 8位单片机的硬件结构和汇编语言特点；第3章介绍了MSP430系列16位单片机的内部结构和主要外设模块的结构和寄存器定义；第4章以S3C2410X和LPC2000两个系列的单片机为例，介绍了32位ARM单片机的体系结构和主要外设资源的结构特点和寄存器定义；第5章简要介绍了TMS320系列DSP器件的主要特点和应用领域，并给出了典型应用方法。

第2部分包括第6章内容：主要介绍了嵌入式实时操作系统的基本概念和主要产品特点，

深入描述了 μC/OS-Ⅱ操作系统的内核的主要组成和程序结构，论述了操作系统任务设计方法，并给出了典型任务的设计实例和基于 ARM 单片机的操作系统移植方法。

第 3 部分包括第 7～8 章共 2 章内容：其中，第 7 章介绍了嵌入式系统中使用的存储器的基本结构与应用设计方法；第 8 章介绍了嵌入式系统的接口设计方法，详细描述了接口的类型、功能和主要控制方式，介绍了常用并行接口、串行接口、现场总线、无线接口的主要应用方法，最后给出了嵌入式系统中各种接口的软硬件设计方法。

第 4 部分包括第 9～10 章共 2 章内容：其中，第 9 章介绍了现代电子系统设计时需要考虑和遵循的基本设计原则和可靠性设计方法；第 10 章给出了 4 个实际嵌入式系统设计实例，这些应用都是笔者长期科研实践的总结，可为嵌入式系统工程应用提供一些有益的参考。

本书可作为单片机与嵌入式系统相关课程的教材和教学参考。建议对于 32 课时的单片机类课程，可选择第 1 部分的 2～3 章内容(15 课时)，第 3 部分的 2 章内容(14 课时)，第 4 部分的 1～2 章内容(3 课时)；对于 48 课时的单片机与嵌入式系统类课程，可对 4 部分分别设置 18,10,14,6 课时的教学计划；对于 64 课时的课程，则可以选择本书全部教学内容；对于以电子设计为主的专业综合设计类实验课程，则可以以第 2～5 章中的 1 章、第 6 章、第 8 章、第 10 章为主，作为单片机电子系统设计的综合参考教辅书使用。

本书可以为学习或从事嵌入式系统设计的学生和工程技术人员提供一个有益的学习参考资料，书中提供了大量电路和程序设计案例，讲解了嵌入式系统设计中的关键问题和遵循原则，希望这本书能对读者有所帮助。

由于时间仓促，作者水平有限，作为抛砖引玉之作，书中难免有错误和不足之处，敬请广大读者批评指正。

周秦武

2015 年 5 月于西安交通大学

目 录

第1章 嵌入式系统概述

1.1 嵌入式系统及其硬件体系概述

1. 嵌入式系统概念

简单地说，嵌入式系统是一个包括硬件和软件的完整的计算机系统。根据实际应用的需要，设计者可以选择和剪裁所用计算机系统的硬件和软件。嵌入式系统本身是一个相对模糊的概念。随着嵌入式系统在日常生产生活各个方面的渗透，和在工业、服务业、消费电子等领域应用的不断扩大，使得人们更难以给“嵌入式系统”一个确切的定义。关于嵌入式系统的概念，不同的专家、学者、协会有不同的定义和理解。

国际电气和电子工程师学会IEEE的定义是：嵌入式系统是控制、监视或辅助设备、机器和车间运行的装置(devices used to control, monitor, or assist the operation of equipment, machinery or plants)。

目前我国对嵌入式系统的定义从技术上讲是以应用为中心，以计算机技术为基础，软件硬件可裁剪，适应应用系统对功能、可靠性、成本、体积、功耗严格要求的专用计算机系统。从系统角度讲是设计完成复杂功能的硬件和软件，并使其紧密耦合在一起的计算机系统。

因此嵌入式系统是先进的计算机技术与半导体技术、电子技术以及各个行业具体应用相结合的产物，所用的计算机是嵌入到被控对象中的专用微处理器。与通用计算机必须适合被嵌入对象的工作环境不同，嵌入式系统可以根据实际需要剪裁所用的软硬件，它是面向用户、面向应用、面向产品的。

从上述概念中可以看出，相对于通用计算机系统，嵌入式系统具有如表1-1所示的诸多特点：

表1-1 嵌入式系统特点

特点	通用计算机	嵌入式系统
相同点	对存储的程序进行有序存取而工作	
不同点	内核(CPU)加芯片外部的应用设备	大部分依靠内核加内部的外部设备模块，需要扩展时才有芯片外部设备
	无需关心硬件底层的事件	必须关心硬件底层的事件
	网络系统已经很成熟	正在向网络化方向发展
	软件版本升级快，但硬件环境相对不变，系统软件规模基本固定，功能也基本相似	因嵌入环境不同，差别很大，很少有各种嵌入式系统的统一模式
	系统生命周期短，升级换代快	系统生命周期长，升级换代慢
	有计算机就可以进行应用开发	芯片本身不具备开发功能，必须有一套开发工具和软件

续表 1-1

特点	通用计算机	嵌入式系统
嵌入式系统特点	一般分四大类：微控制器（MC）、微处理器（MP）、数字信号处理器（DSP）和片上系统（SOC）	
	开发人员更注意与其他专业人员进行合作	
	通常使用在特定领域，功能是专用的	
	是计算机技术、半导体技术、电子技术与各行各业相结合的产物	
	系统软件、应用软件固件化，对软件要求质量高，并有相应的实时处理功能	
	很难大集体产业化，一般由少数工程师的个体劳动和个体活动来完成。嵌入式系统一般分为硬件、软件，可由不同人开发。由于软件与硬件、软件与软件之间关联较多，多人开发效率不高	

在充满机遇和挑战的后 PC 时代，形式多样的数字化智能产品应运而生，并且成为替代通用 PC 机进行信息处理的主要部件，在这些部件中都嵌入了各种类型的嵌入式系统。

2. 嵌入式系统的发展历史

嵌入式系统在硬件方面的发展过程也是嵌入式系统中内部计算机的发展过程，这种专用计算机在嵌入系统中应用的历史几乎与计算机自身的历史一样长，如图 1-1 所示。

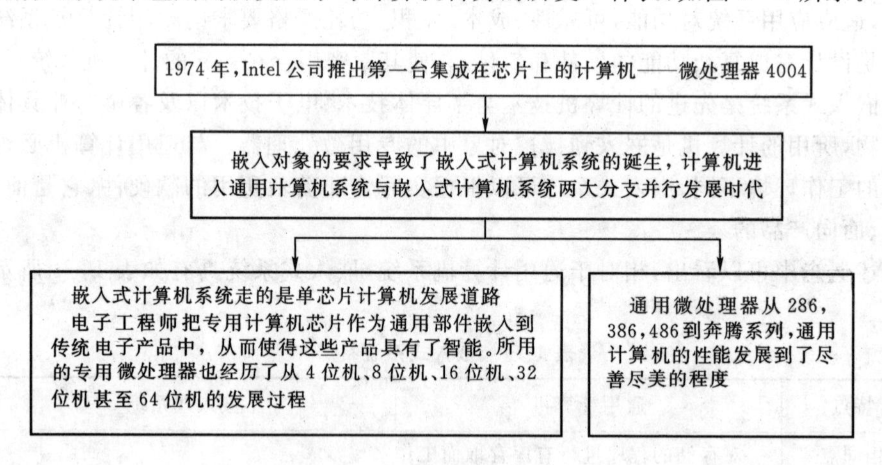

图 1-1　嵌入式系统发展历史

嵌入式系统的发展日新月异，随着嵌入式产品竞争的进一步加剧，产品更新周期将越来越短。残酷的竞争对产品的更新时间要求十分苛刻，且要求技术十分前沿。为满足要求，商家将一块块复杂的 IP 核堆积起来，实现复杂的功能。在如此复杂的系统中，操作系统是必不可少的，否则软件将变得不可思议的复杂。嵌入式系统软件发展过程如图 1-2 所示。

3. 嵌入式系统的构成

一个完整的嵌入式系统主要由硬件体系、软件程序和系统工程三部分组成，其构成如图 1-3所示。

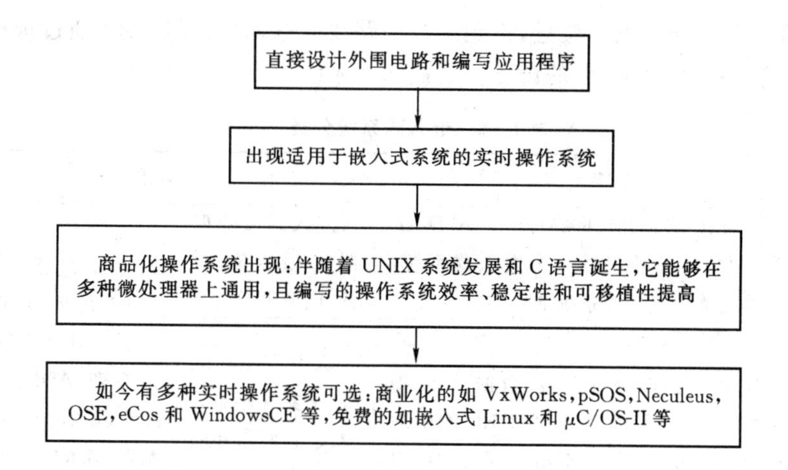

图 1-2　嵌入式系统软件发展

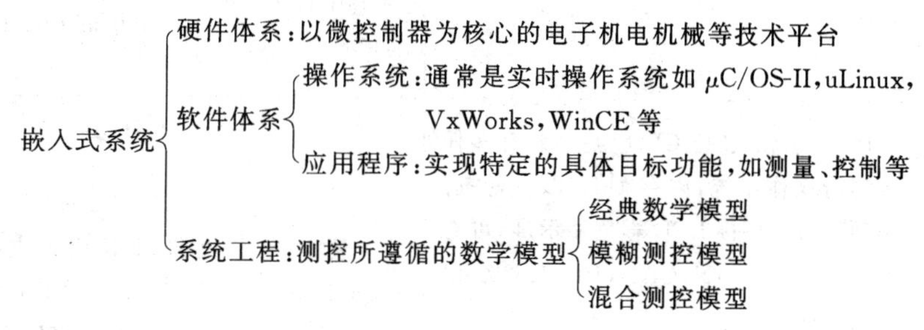

图 1-3　嵌入式系统构成

嵌入式硬件体系是整个嵌入式系统的构建基础，是系统工程方案和软件程序赖以存在的根基。它的设计优劣直接影响着整个嵌入式系统的稳定可靠程度、工作性能的实现和成本价格等方面。嵌入式硬件体系涉及模拟电路、数字电路、现代电子电路和电子技术、微电子技术、微计算机技术、传感测量变换技术、机电传动控制技术等等。其核心是微控制器，还有存储器、各类接口、测量/控制电路等组成部分。

嵌入式系统的操作系统通常指的是实时多任务操作系统(Real Time Operate System，RTOS)，有 μC/OS，μLinux，VxWorks，DSP/BIOS，EmbeddedWinCE 等。常根据代码的大小、实时多任务调度的能力等去衡量和选择一个实时操作系统。应用程序实现具体的目标系统功能，可以构建在某一实时操作系统之上，也可根据所选择的微控制器的结构和应用特点独立构造。通常选择一种适合实际需要的实时多任务操作系统为基础构造应用程序。

4. 嵌入式系统的种类

嵌入式系统根据其复杂程度可分为四类，如表 1-2 所示。

5. 嵌入式系统产品的应用和设计目标

在当今数字信息技术、网络技术高速发展的时代，嵌入式系统已经广泛地渗透到方方面面中。从家用洗衣机、电冰箱，到作为交通工具的自行车、小汽车，再到办公室里的远程会议系统等，都是可以使用嵌入式技术开发和改造的产品。未来社会，使用嵌入式系统的情形会越来越多，嵌入式系统存在于生活的各个角落：与网络相连，管理家里的所有家电的嵌入式控制系统；

通过卫星定位系统判断当前汽车位置，得到最快捷路线的嵌入式智能系统；通过选择和控制仪器，提高手术的成功率和方便程度的设备仪器嵌入式系统等。

表 1-2　嵌入式系统分类

<table>
<tr><th>类别</th><th>特点</th><th colspan="2">构成</th></tr>
<tr><td>单片微处理器</td><td>本身包括 ROM，RAM，I/O，A/D，D/A。只要一片就组成一个嵌入式系统。这类占整个嵌入式系统的大多数</td><td>嵌入式微处理器，以及复位、时钟、电源部分</td><td rowspan="2">主要包括 MCS-51/96 系列，Philips51 系列，ATMEL51/89/90 系列，AD1 公司的 ADUC812，816，824 系列，Motorola 公司的 68HCxx 系列，Zilog 公司的 Z8/Z80 系列，Microchip 的 P1C 系列等</td></tr>
<tr><td>可扩展的单片机系统</td><td>外部三总线（地址总线、数据总线、控制总线）。一般可以从内部 ROM 中取指令，也可以从外部 ROM 中取指令，寻址空间一般在 1MB 以内。外部可以增加一些系统所必须的 I/O 芯片、A/D 芯片等</td><td>除第一类功能外，主要有外部三总线，它们与外部 RAM，ROM，I/O，A/D，D/A，并行接口，串行接口相连接</td></tr>
<tr><td>复杂的嵌入式系统</td><td>以 16 位和 32 位 CPU 为主，装有多任务实时操作系统，内存 1MB 以上，并有多种接口。可接 LCD 彩色显示屏，可有各种总线如 LAN，CAN，I²C，RS232 以及以太网接口等</td><td colspan="2" rowspan="2">主要以 16 位机和 32 位机为主，包括 80C51XA(Philips)，ATMELAT90 系列，在 Intel486 基础上开发的 80C186/196（由通用微处理器进行改造而成的嵌入式微处理器），以及 AMD 公司开发的 x86 嵌入式微处理器。另外还有 Motorola 公司的 mpc555，700，3000 系列；ARM 系列等</td></tr>
<tr><td>形成网络化的嵌入式控制系统</td><td>把多个嵌入式系统用高速、低速网连接起来。解决总线、网络的冲突同步问题。主嵌入式系统一定是实时多任务操作系统。这类系统主要用于生产过程控制、大型远程监控系统、复杂的远程控制系统。每一个嵌入式系统都有操作系统或监控系统</td></tr>
</table>

如何设计稳定可靠、简洁便利、经济实用的嵌入式硬件体系产品和构造嵌入式系统产品坚实的基础平台尤为重要。嵌入式系统产品实现的主要功能有物理量测量、执行控制、音像处理、跟踪监视、通信传输、移动通信等。设计嵌入式系统产品，需要达到以下设计目标：

(1)稳定可靠。硬件体系工作稳定可靠，抗干扰性强，免维护，功耗低；软件代码小，异常处理能力强。

(2)简洁便利。硬件体系构造简单，软件代码小，响应快，实时性强；系统体积小，重量轻，便携，便升级。

(3)经济实用。系统成本低，开发周期短，环境适应性强，升级换代及其兼容性优良。

1.2　嵌入式硬件体系构成

嵌入式硬件体系大致可划分为三类组成部件，其基本构成框图如图 1－4 所示。

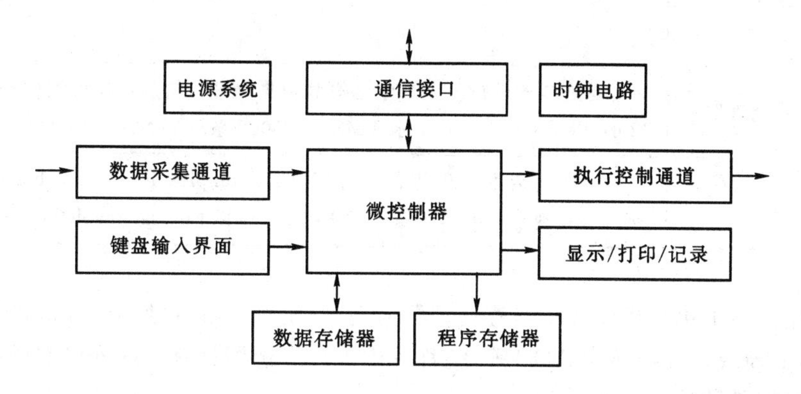

图 1－4　嵌入式硬件体系的基本构成框图

核心部件：主要是微控制器(Micro Controller)、时钟电路。

主要部件：主要是存储器件、测控通道器件、人机接口/通信接口器件。

基础部件：主要是电源供电电路，还有电路监控电路、复位电路、电磁兼容与干扰抑制电路等。

嵌入式硬件体系的核心部分是微控制器，基础构成部分是时钟电路和电源系统。数据存储器和程序存储器进行智能控制和实现具体测量控制、监视。键盘输入和显示/打印/记录部分是重要的人机界面接口。数据采集通道和执行控制通道是测量和控制的主要途径。通信接口(并行/串行、有线/无线)是嵌入式系统和外界进行数据交流联系的信息通道。

微控制器、时钟电路和电源电路三位一体，可以构成一个最简单的嵌入式系统，这三部分是构成嵌入式系统必不可少的。数据和程序存储器使嵌入式系统具有了较为高级的人工智能。其他部分可以根据构成嵌入式系统的简繁灵活地选择使用。

1.3　嵌入式硬件系统设计

嵌入式硬件体系设计工作可划分为两部分：直接相关部分设计和间接相关部分设计。直接相关部分设计是根据实际应用需求直接选择合适的组成器件设计相应模块电路。间接相关部分设计是把各个直接相关部分设计构成一个整体，并进行模拟仿真分析和硬件体系调试。

1. 直接相关部分设计

1)微控制器及其选择

嵌入式系统中的微控制器主要是单片机、数字信号处理器 DSP 和大规模可编程逻辑器件，如表 1－3 所示。

表 1-3　微控制器组成

通用单片机	主要有8位、16位或32位单片机，如MCS-51单片机、PIC系列单片机、可编程片上系统SOPC(System on Programmable Chip)单片机、MCS-96单片机、80C166系列单片机、MSP430系列单片机、ARM系列单片机等
数字信号处理器	主要是能够进行复杂数学运算和数据处理分析的通用可编程DSP，如TI的TMS320C2000系列、TMS320C5000系列、TMS320C6000系列等
大规模可编程逻辑器件	主要是复杂可编程逻辑器件CPLD(Complex Programmable Logical Device)和现场可编程逻辑器件FPGA(Field Programmable Gate Array)

现代使用的各类单片机或数字信号处理器内，常常集成有各种常用的外部设备，如通用异步收发UART模块、模/数转换ADC等，统称片内外设。选用具有片内外设的微控制器，可以有效减少系统器件的外部扩展。

为某一嵌入式硬件体系选择微控制器时需要考虑的因素：CPU速度及其匹配，数据总线宽度，片内外设，输入/输出I/O口的特点与数量，开发工具及其简繁程度，成本等。

2)存储器及其选择

存储器用于存储数据或程序代码。现在使用的很多微控制器内部都含有一定数量的数据存储单元和程序存储单元，微控制器所含存储容量不能满足需要或没有存储器的微控制器均须外扩存储器件。

嵌入式系统中使用的存储器，有程序存储器和数据存储器之分、同步/异步工作之分、串行接口/并行接口之分。对于数据存储器，还有很多各类非易失存储器件，对程序存储器有电擦除存储器、闪存等多种类型。嵌入式系统中使用的存储介质有IC卡、CF卡、电子盘等。这些存储介质多是由有特定接口和数字逻辑的各类存储器件构成的。

为某一嵌入式硬件体系选择存储器时需要考虑的因素有存储器的类型、读/写访问的速度、存储器的容量、访问的简繁程度、电源供应、成本等。

3)人机接口/通信接口的设计

嵌入式系统中的人机接口主要是各种类型的键盘输入接口、LED数码显示/LCD液晶显示接口，以及微型打印、记录仪、语音报警等。

嵌入式系统中的通信接口主要是一些总线接口、串行传输接口、远距离数据传输接口、无线通信接口等。这些接口中，有串行数据传输的，有并行数据传输的，也有差分数据传输的。常见的接口形式有UART接口、USB接口、1394接口、PCI总线接口、485总线接口、IrDA红外传输接口和以太网接口等。

4)信号采集与控制通道的设计

信号采集通道用于收集外部需要测量的信号，这些信号通常可以分为两类：开关量信号和模拟量信号。开关量信号即是外界目标的通断等可以用二值表示的状态；模拟量信号即是通过传感变换得到的微变电信号。现代很多传感器内部含有微控制器，自成体系，构成一体化模块，可以直接对外送出数字信号。这类传感器使用方便，直接与设计系统的主控制器相应接口相连即可。

开关量信号通道相对简单，设计相应的电平变换和隔离形式即可。模拟量信号通道设计环节较多，一般含有隔离、放大、滤波、模/数变换、多路切换等诸多环节。

5)基础电路的设计

嵌入式系统的基础电路包括供电电路、系统监控电路、复位电路、时钟电路、EMC/EMI电路等。现代嵌入式系统对低功耗要求严格，供电电路常常是多电源制，有5V，3.3V，2.5V，1.8V等电源设计，涉及升压、降压、稳压等。一些手持设备还常常要求电路监控、电量计量等，需要设计特定的电路监控电路。复位电路和时钟电路直接影响着系统的工作性能，需要设计特定合理的相应规格电路，对电磁兼容要求严格场合使用的嵌入式系统产品，还要在系统中进行EMC/EMI电路设计。

2. 间接相关部分设计

间接相关部分设计主要包括系统的原理设计、PCB制板和体系调试三部分。

1)系统原理设计与PCB制板

确定好相关硬件体系器件后，就可以着手进行系统原理设计和PCB制板设计。可以选择Prote，PowerLogic/PCB或OrCAD等电子设计自动化EDA工具绘制电路原理图，进行PCB制板；还可以在原理图设计和PCB制板设计完成后，使用相关模拟仿真工具进行所设计硬件体系的信号分析和实用模拟试运行分析，查找问题，找出解决办法，在设计阶段进一步完善电路。

系统原理设计与PCB制板是嵌入式系统设计方案得以实施的重要环节。

2)硬件体系的调试

嵌入式硬件体系调试包括测试、调试和恶劣环境实验3个时期。测试主要包括初期板级测试、基础电路测试、各个组成模块电路测试和系统整体测试等。调试主要是软硬件结合的模拟与仿真及其测量分析。恶劣环境实验用以验证产品在极端情形下承受能力，包括极限温度实验、抗干扰实验、振动实验等。

嵌入式硬件体系调试是嵌入式系统产品开发生产、走出实验室进入应用的必备环节。

3. 单片机开发系统

不同的嵌入式微处理器所使用的单片机开发不同，没有单片机仿真器就无法开发单片机系统。因为在调试嵌入式MCU应用程序时会出现如编程错误、硬件错误、接口驱动错误、数据格式错误等各种错误。其中语法错误，在编译时可以被发现并纠正；而非语法错误，只有在调试目标系统时才能被确认、定位、改正，如I/O定义和使用错误、逻辑顺序错误、硬件接口及可编程控制字错误等。所以，开发单片机系统时一定要有仿真器。

单片机的开发需要有PC机作为开发机，来对目标板系统进行开发调试。开发机和目标机处于不同的机器中，程序在开发机即PC机上进行编辑、交叉编译、连接定位，然后下载到单片机系统中进行运行和调试。

为解决调试开发嵌入式系统中遇到的各种问题，仿真器必须具有一些基本的功能：仿真器中至少有一个与被调试嵌入式系统相同的微处理器；具有与PC通信的接口和相应的交叉编译、编辑及调试界面；具有调试单片机ROM的功能；具有单步、多步、设置和取消断点、运行、全速运行等动态调试功能;并有一个方便的人机调试界面。

用不同的方法和思路解决仿真器的问题,从而产生了各种不同种类的仿真器。各种仿真器有着各自的优缺点。

1)ROM 仿真器

最早 MCS-51 系列仿真器是 ROM 仿真器。ROM 仿真器就是仿真 ROM,是用 RAM 以及附加电路制成的。仿真器与 PC 机相连接,从而组成最简单且低价格的仿真器。仿真器最初和目标应用板共用一个目标板所需的 CPU。ROM 仿真器为程序开发过程节省时间,能完成编辑、编译、下载、调试等功能。因为仿真器调试程序时要经常修改、编辑,所以用 RAM 代替 ROM。因为写入 EPROM 时仿真器和目标板共享一个 CPU,要用专用设备离线操作,仿真器只有控制目标板的程序(即用户应用程序)才能通过通信传到 PC 机,再通过人机界面控制目标板程序运行。由于 ROM 仿真器和目标板共用一个 CPU,从而带来诸多缺点和问题。

2)实时在线 ICE 仿真器

如果仿真器和目标板各自具有独立的 CPU, ROM 仿真器存在的很多问题将迎刃而解。ICE 仿真器提供自己的处理器和存储器,通过连接器和目标系统组合在一起。调试使用 ICE 仿真器的处理器、存储器和目标板上的 I/O 接口;完成调试之后,再使用目标板的处理器和存储器实时运行应用代码。目标系统程序驻留在目标内存中,而调试代码存放在 ICE 存储器中。ICE 处理器在正常运行时从目标内存中读取指令,在调试代码控制目标系统时从本地存储中读取指令,从而保持 ICE 对系统运行的控制,即使在目标系统跑飞时也能控制。这里要求仿真器的 CPU 高速监控目标板 CPU 上的三总线。通过不断切换,仿真器能记录执行指令时的所有信号和指令执行情况。这样就要求仿真器结构比较复杂,系统软件也要效率高、功能全,因此设计这种仿真器是比较困难的。这种仿真器虽然可以实时在线调试目标程序和目标板上的 I/O 口,但存在仿真器 CPU 与目标板接线很多和价格贵两个缺点。

3)软件仿真器

软件仿真器也叫指令集仿真器,它利用软件来模拟微处理器的硬件,也包括指令系统、外部 I/O 状态、中断、定时器等。由于 PC 机性能的提高,用 PC 机的 CPU 的多条指令模拟单片机、DSP 的一条指令,并且把执行结果显示出来,基本上可以达到或接近实时。

软件仿真器优点很明显:可以并行多人共同开发嵌入式系统硬、软件,且应用软件的错误很容易发现和定位。如果软件仿真器功能比较全,还可以对目标板上相应的硬件进行开发。其二,它可以评估某一个嵌入式系统的性能,不存在硬件修改或改造问题,节省开发成本。缺点是 PC 机用一段高级语言编程可能只为模拟嵌入式系统一条指令,因此执行速度取决于 PC 高级语言的编程效率,可能执行速度很慢;其二,仿真目标板上的某些 I/O 功能很困难,作为一种通用软件,不可能解决用户对 I/O 的各种要求。因此,软件仿真器只能仿真软件正确与否,很难仿真目标板的性能如何。

4)JTAG 仿真器

随着单片机芯片制作工艺越来越成熟,硬件价格越来越低,微处理器的仿真器遇到解决芯片生产过程中各阶段测试的生产需求和降低仿真器成本与扩大仿真器适用性问题。解决这些问题的一个重要方法就是在制作芯片时,集成部分仿真器功能,如监测、跟踪、控制微处理器的功能,以及与上位机通信的接口。既可使仿真器监控功能转移到芯片中,简化了以后设计仿真器的难度，又便于在芯片生产过程中及时检测芯片质量。

JTAG(IEEE1149.1)协议应运而生，它来自于计算机主板测试行业，并补充了电路板测试仪的不足之处。通过把计算机板上所有节点连接到一个很长的移位寄存器进行测试，寄存器上每个二进制位相当于电路的一个节点。JTAG 仿真器的软件通过分析该移位寄存器的输入输出数据，判断微处理器及目标板的状态。

JTAG 目前已成为一种标准，只要在 JTAG 的接口上以正确的顺序适当重构串行二进制位流，一次就能采样整个电路或微处理器的工作状态和运行数据。仿真器只需要具备和二进制位流相对应的接口以在仿真时分析 JTAG 端口输出的串行数据流，使仿真器监测、跟踪、控制功能大大简化。JTAG 的命令独立于微处理器的指令系统，可以完全控制处理器的运作，如运行、单步、多步、断点、暂停等。JTAG 协议监控微处理器的状态寄存器、地址寄存器、数据总线的状态、各种特殊寄存器以及芯片内部多个常用寄存器，监测位可达几千位。近几年来各个芯片厂商又做了改进，加入了可定位循环和基于 JTAG 的命令。从硬件角度来看，JTAG 仿真器一端接到计算机，接口可以是串行口、并行口、USB 口等，另一端与目标处理器的 JTAG 引脚相连。JTAG 仿真器一般设有很大的 RAM 作为目标板的 ROM 映射区。近年来，微处理器芯片内部用于存储程序的 ROM 已经从 EPROM，EEPROM 发展到 flash 存储器(闪存)。程序直接下载到芯片内部，然后启动运行。可以在线进行擦除、写入、编程，给仿真器带来极大方便。

第2章　MCS－51系列单片机结构

2.1　8位单片机简介

由于8位机可以一次处理一个ASCII字符，因而用途十分广泛，如显示终端键盘、打印、字处理、工业控制等，市场占有率70%以上。1972年Intel首先推出了8位微处理器8008，随后于1976年率先推出8位机MCS－48系列。1980年又推出MCS－51系列产品，其性能大大超过48系列产品，如计算速度为48系列的10倍，时钟12MHz时指令周期可为1μs等。Motorola 1978年推出第一个单片机MC6801系列，已嵌入有EEPROM，A/D，LED驱动，PWM等外设单元，成为功能很强的工业控制器。Zilog也在1978年推出Z8系列单片机，它一开始就以一种新面貌出现，不单可用作单片，还可作为微处理器用于微计算机系统中。目前8位单片机功能丰富，品种齐全，通用性强，特别适合于我国各行各业应用，其中又以MCS－51系列和AT89C51系列用得最多。不少高校的微机原理或单片机原理课程都以这种机型为背景机。

生产8位机的厂家相当多，品种型号也很多。在我国，主流则是上述几家公司的系列产品，每一派系又有多个厂家及其多种型号产品。例如，属于Intel派系的有Philips/Signetics，Siemens，AMD，OKI，MARTRAMH等公司型号的产品；属于Motorola派系的有Hitachi，Mitsubish，Rockwel，WDC等公司型号产品；属于Zilog派系的有NEC，Hitachi，SGS-Thmomson等公司型号的产品。在这几个派系中以Intel的市场占有率最高，Motorola居中，Zilog最低。其性能见表2－1。

表2－1　8位机性能

公司	型号	RAM（位）	ROM（位）	定时计数器	Watchdog Timer	并行I/O	串行I/O	A/D（位）	D/A（位）	DMA	中断
Intel	80C5FB	256	16K	3	有	4	有				7
	80C51GB	256	8K	2		4	有	4×8	有		7
	80C152JA	256	8K	2		5	有			2	11
A tmel	89C51	128	4K	2		4	有				5
Philips	83C552	256	8K	2		5	有	8×10	有		15
Siemens	SAB80515	256	8K	3	有	6	有	8×8			12
Motorola	68HC05	176	16K	8	有	4	SCLSPI	有	有		2
Mitsubish	37740	512	16K	2	有	7	有				8
MICDEVICES	G65SC15C	512	2K	2	有	4				1	5

续表 2－1

公司	型号	RAM（位）	ROM（位）	定时计数器	Watchdog Timer	并行 I/O	串行 I/O	A/D（位）	D/A（位）	DMA	中断
Zilog	Z8800	272	16K	2		5				有	7
NEC	μPD7823	896	16K	4		64	2	8×1		15	2
SGS-Thmomson	ST63	256	2K	2	有	8	1	有		4×16	5

2.2　MCS－51 系列单片机主要结构与外设资源

这里主要介绍 MCS－51 单片机的外部引线功能和内部各功能模块的工作特性。MCS－51 单片机最早进入中国且应用最为广泛，它是由多种机型构成的一个单片机系列。

2.2.1　MCS－51 单片机的结构

1. MCS－51 单片机功能模块

在 MCS－51 单片机系列中，8051 是由如图 2－1 所示的这些功能模块集成在一块 IC 芯片上构成的，主要包括中央处理器（CPU）、存储器（Memory）、输入输出接口（I/O 接口）和系统总线（BUS）。这些功能模块的内部连接关系如图 2－2 所示。

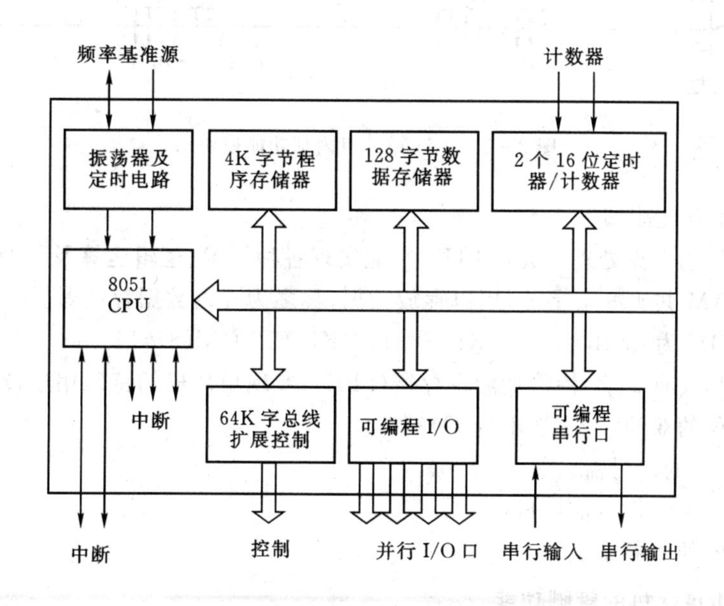

图 2－1　单片机内部功能模块

单片机的基本工作过程是执行程序的过程，也就是 CPU 自动从程序存放的第 1 个存储单元起，逐步取出指令、分析指令，并根据指令规定的操作类型和操作对象，执行指令规定的相关操作。如此重复，周而复始，直至执行完程序的所有指令，从而实现程序的基本功能，这就是微型计算机的基本工作原理。

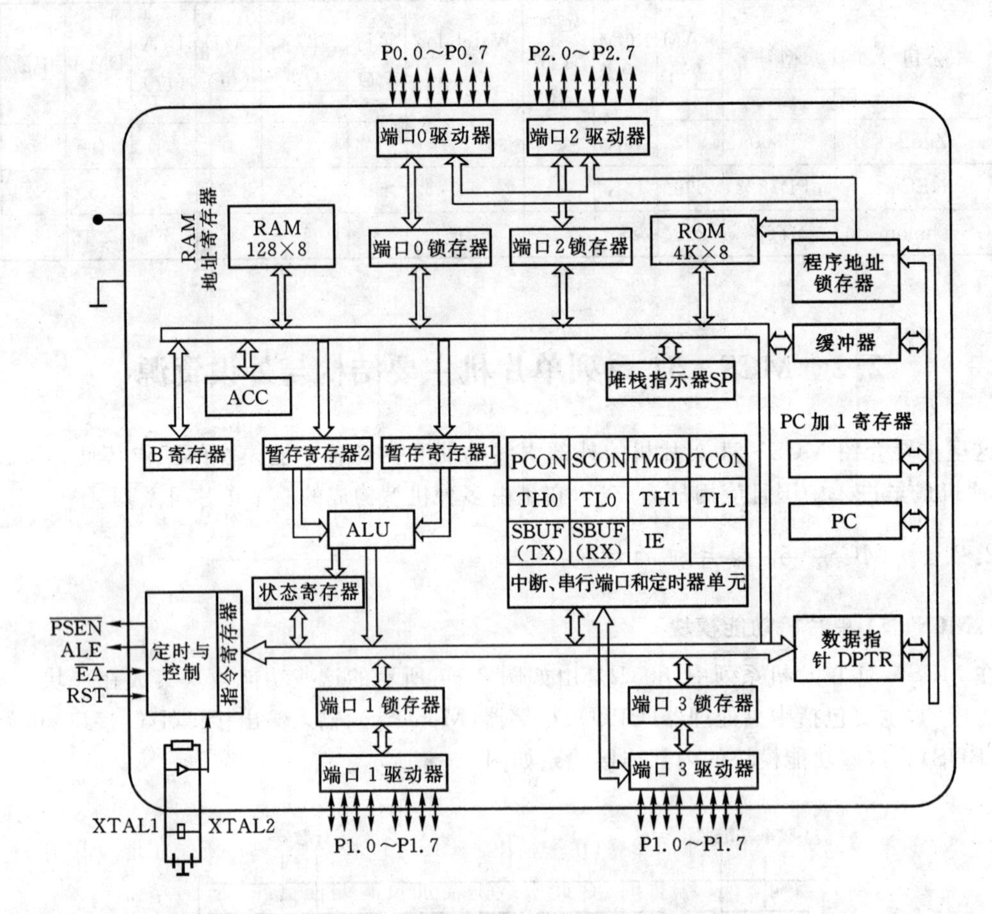

图 2-2　8051 单片机内部功能模块图

MCS-51 主要性能如下：

(1)一个 8 位的中央处理单元(CPU)，它能实现各种算术、逻辑运算及判断控制功能。

(2)片内 RAM 共 128 个字节，用以存放数据，称之为片内数据存储器。

(3)片内 ROM 为 4KB(8051)，0KB(8031)，4KB EPROM(8751)。

(4)8051(31)共有 21 个特殊功能寄存器(SFR)，实现单片机的特殊用途设计。

(5)四个 8 位的双向输入/输出(I/O)端口。

(6)两个 16 位的定时器。

(7)一个全双工串行通信接口。

(8)五级中断的中断系统。

2. MCS-51 单片机的管脚功能

MCS-51 中 8051 的管脚分布如图 2-3 所示。其引线共有 40 条，分为端口线、控制线和电源线三类引线，其中许多引线是复用的。

1)端口线

8051 有四个双向的并行端口，每个端口都有 8 条引线。它们除了可以作为数据的 I/O 口之外，还有复用功能。

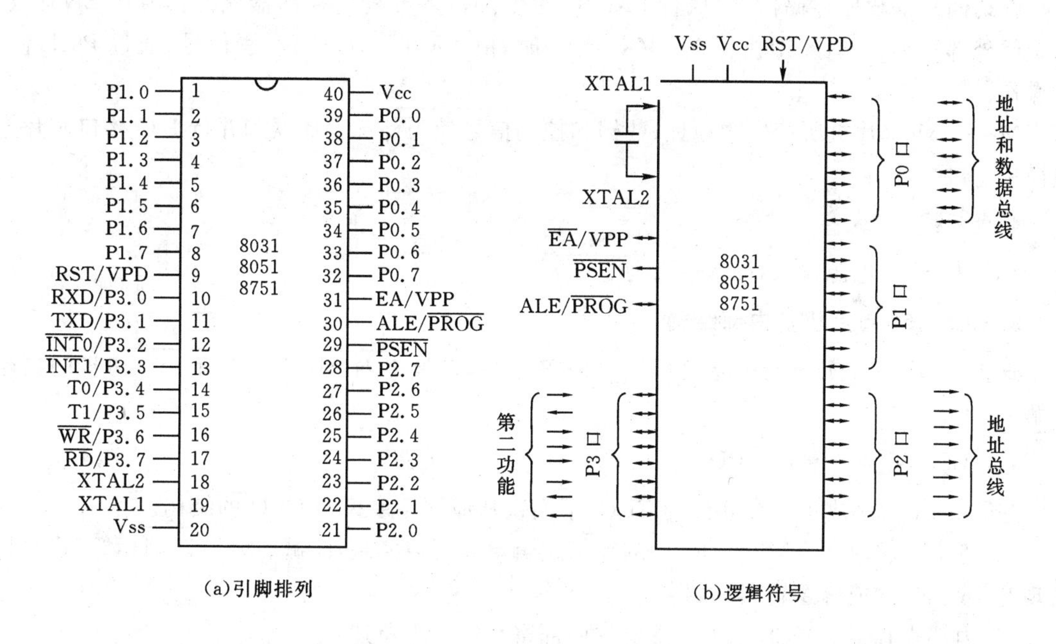

图 2－3　8051 单片机管脚符号

2)控制线

ALE/$\overline{\text{PROG}}$：地址锁存/编程信号线。当 P0 口工作在第二功能时，从该口可以送出低 8 位地址 A0～A7 和传送 8 位数据 D0～D7。利用 ALE 可以将 A0～A7 锁存在地址锁存器上。8051 不需要$\overline{\text{PROG}}$，当对 8751 编程时，在此引线上需加负的编程脉冲。

$\overline{\text{EA}}$/VPP：允许访问片外 ROM/编程高电压引线。当$\overline{\text{EA}}$＝1 时，可读片内 ROM；若$\overline{\text{EA}}$＝0，允许读片外的 ROM。当使用 8031 时，$\overline{\text{EA}}$恒接低电平。在对 8751 编程时，应在此端接 Vpp 高电压 21V。

$\overline{\text{PSEN}}$：片外 ROM 选通信号，常用做片外 ROM 的读控制信号，低电平有效。

RST/VPD：复位/备用电源引线。当该端加上超过 24 个时钟周期的高电平时，可使 8051 复位。若在该引线上接＋5V 备用电源，则当 Vcc 掉电时，该备用电源可保护片内 RAM 中的信息，使其不丢失。

XTAL1 和 XTAL2：外部晶体连线，片外石英晶体连于此二端与片内电路构成振荡器，产生片内 CPU 的工作时钟。当 8051(31)采用外部振荡器时，对 HMOS 的单片机可将 XTAL1 接地，外部时钟由 XTAL2 输入。若是 CHMOS 工艺的单片机，就将外部时钟接 XTAL1，而将 XTAL2 浮空。

3)总线

MCS－51 单片机属总线型结构，通过地址/数据总线可以与存储器(RAM，EPROM)、并行 I/O 接口芯片相连接。

在访问外部存储器时，P2 口输出高 8 位地址，P0 口输出低 8 位地址，由 ALE(地址锁存允许)信号将 P0 口(地址/数据总线)上的低 8 位锁存到外部地址锁存器中，从而为 P0 口接收数据作准备。

在访问外部程序存储器(即执行 MOVC 指令)时,外部程序存储器允许信号$\overline{PSEN}$有效。在访问外部数据存储器(即执行 MOVX 指令)时,由$\overline{WR}$和$\overline{RD}$产生读/写信号,通过 P0 口读/写操作。

MCS-51 单片机所产生的地址、数据和控制信号使与外部存储器和并行 I/O 接口芯片连接简单、方便。

4)电源线

Vcc 为+5V 电源输入,而 Vss 接地。

3. MCS-51 单片机的内部结构

这里对 MCS-51 的各功能模块做一简单介绍,使读者对 MCS-51 有一个初步的概略了解。

1)MCS-51 单片机的 CPU

MCS-51 中集成了一个 8 位的 CPU,下面仅从应用角度说明 CPU 的结构。

(1)算术逻辑单元。MCS-51 中的算术逻辑单元可以实现加、减、乘、除四则运算,也可以实现与、或、非、异或等逻辑运算。

(2)内部寄存器。MCS-51 中重要的内部寄存器如下所述:

①程序计数器 PC。程序计数器 PC 是一个 16 位的寄存器,用于存放下一个机器周期要读出的指令字节的地址,并且每从内存中读出一个指令字节,其内容会自动加 1。

②累加器 A。累加器 A 又记为 ACC,是一个 8 位的寄存器。在 CPU 完成某种操作前,它存放一个操作数,操作后存放操作的结果。

③通用寄存器 B。通用寄存器 B 是一个 8 位的寄存器,专门为乘除法运算而设置。乘法或除法执行前,该寄存器存放乘数或除数,在乘法或除法结束后用于存放乘积的高 8 位或除法的余数。

④程序状态字 PSW。程序状态字 PSW 又称为标志寄存器(或条件码寄存器),是一个 8 位的寄存器,用于存放指令执行所产生的状态。PSW 各位定义如表 2-2 所示。

表 2-2　程序状态字 PSW 位定义

7	6	5	4	3	2	1	0
Cy	AC	F0	RS1	RS0	OV		P

进位标志 Cy:当做加减运算时,有从最高位向更高位进位或有从更高位向最高位借位时,Cy=1,否则 Cy=0。在 CPU 进行移位操作时也会影响到 Cy。

辅助进位标志 AC:又称为半进位标志,当进行加减运算时,有从 bit3 向 bit4 进位或有从 bit4 向 bit3 借位时,AC=1,否则 AC=0。

用户标志位 F0:该标志位由用户自己设定,一旦设定后,便可由用户程序检测,用以决定用户程序的流向。

寄存器选择位 RS1 和 RS0:在 8051 内部有四组工作寄存器,每组有八个 8 位的寄存器,分别命名为 R0～R7。这四组工作寄存器分别有自己的物理地址,并且利用 RS1 和 RS0 的编码来选择(见表 2－3)。8051 上电复位后,RS1 RS0 总为 00,即选择第 0 组工作寄存器,R0～R7 的物理地址分别为 00H～07H。

表 2－3　寄存器选择位 RS1,RS0 及其工作寄存器

RS1	RS0	R0～R7 组号	各组 R0～R7 物理地址
0	0	0	00H～07H
0	1	1	08H～0FH
1	0	2	10H～17H
1	1	3	18H～1FH

溢出标志位 OV:当 CPU 进行算术运算产生溢出时,OV＝1;否则 OV＝0。也就是当累加器 A 中的运算结果小于－128 或大于＋127 时,即发生溢出。

奇偶标志位 P:若运算结果累加器 A 中 1 的个数为偶数,则 P＝0;否则 P＝1。

⑤堆栈指针 SP。这是一个 8 位的寄存器。堆栈是在单片机内部 RAM 中定义的一个存储区域,用于临时存放数据。8051 中 RAM 区的地址为 00H～7FH,堆栈只能在此范围内定义,而且,堆栈操作总是遵循“先进后出”的原则,堆栈指针 SP 总是指向堆栈的顶。当栈中无数据时,栈顶与栈底重合。

⑥数据指针 DPTR。它是一个 16 位的寄存器,又可以分为两个 8 位寄存器 DPH 和 DPL。该寄存器可用于存放单片机片外的 ROM 地址或片外的 RAM 地址。

2)MCS－51 单片机的存储器组成

MCS－51 单片机的存储器包括集成在单片机芯片内部的 RAM 和 ROM,以及连接在单片机芯片外部的 RAM 和 ROM。在应用进程中将它们组成统一的整体,具体情况下面进行详细说明。

(1)程序存储器 ROM。8031 的片内没有 ROM 存储器,应用中需在片外接 ROM。8051 在片内有 4 KB ROM 存储器,规定其地址为 0000H～0FFFH。当 4 KB ROM 不够用时,还可以在片外连接 ROM 存储器。两者构成的最大 ROM 地址空间为 64 KB。片内、片外 ROM 地址是连续的,片内从 0000H～0FFFH,片外 ROM 地址则从 1000H～FFFFH。

当使用片内 ROM 时,应将$\overline{EA}$引脚上加高电平。当寻址 ROM 超出 0FFFH 时,CPU 会自动寻址片外 ROM。对于没有片内 ROM 的 8031 来说,应将$\overline{EA}$接低电平,使 CPU 自动寻址片外的 ROM。上述 ROM 的地址分配情况如图 2－4 所示。

(2)数据存储器 RAM。8051 的数据存储器分为两部分:片外 RAM 和片内 RAM。

片外数据存储器 RAM 共 64 KB,地址范围为 0000 H～FFFFH。片外 RAM 的地址与片外外设接口地址统一编址,即在此 64 KB 地址中,可分配一些地址用做接口地址,其余的仍作为 RAM 使用。

片内 RAM 由以下四部分组成(见图 2－5):

①工作寄存器。从片内 RAM 地址 00H～1FH 用做前述的四组工作寄存器,即由 RS1 和 RS0 的编码所选择的四组,每组八个 8 位的工作寄存器。

②位寻址区。位寻址区为片内 RAM 的 20H～2FH,共 16 个存储单元。它们的特点就在

于，每个存储单元既可以按字节寻址，又可以按位寻址。

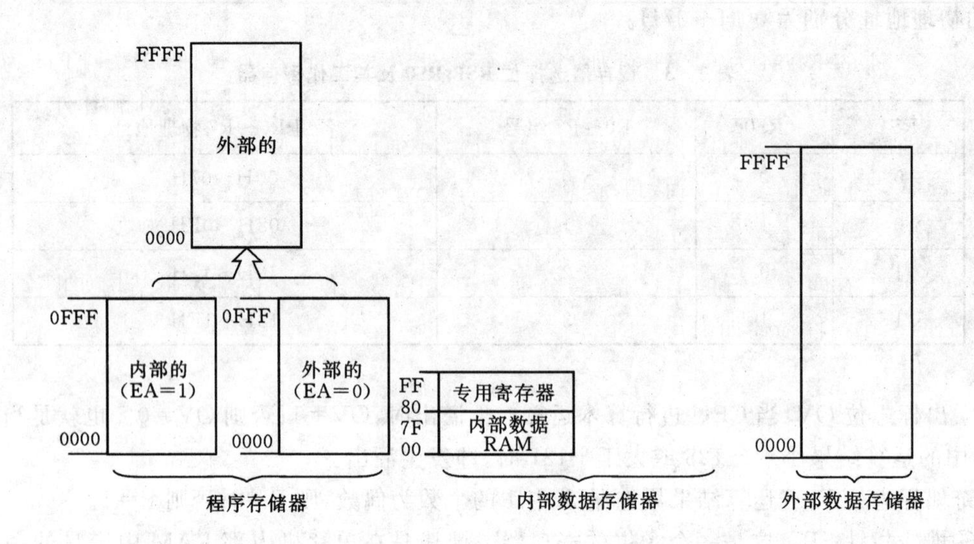

图 2－4 程序存储器(ROM)的地址分配

30H～7FH	数据缓冲器
20H～2FH	位寻址区(00～7F)
18H～1FH	工作寄存器区 3(R0～R7)
10H～17H	工作寄存器区 2(R0～R7)
08H～0FH	工作寄存器区 1(R0～R7)
00H～07H	工作寄存器区 0(R0～R7)

寄存器符号	地址	名称
* ACC	E0H	累加器
* B	F0H	B 寄存器
* PSW	D0H	程序状态字
SP	81H	堆栈指针
DPTR	83H,82H	数据指针(包括 DPH,DPL)
* P0	80H	P0 口锁存寄存器
* P1	90H	P1 口锁存寄存器
* P2	A0H	P2 口锁存寄存器
* P3	B0H	P3 口锁存寄存器
* IP	B8H	中断优先级控制寄存器
* IE	A8H	中断允许控制寄存器
TMOD	89H	定时/计数器工作方式寄存器
* TCON	88H	定时/计数器控制寄存器
TH0	8CH	定时/计数器 0(高位字节)
TL0	8AH	定时/计数器 0(低位字节)
TH1	8DH	定时/计数器 1(高位字节)
TL1	8BH	定时/计数器 1(低位字节)
* SCON	98H	串行口控制寄存器
SBUF	99H	串行数据缓冲器
PCON	87H	电源控制寄存器

* :表示该寄存器可以位寻址

图 2－5 片内 RAM 区地址分布图

③缓冲区。缓冲区也有人称为便笺区。地址为 30H～7FH，可用于堆栈区，也可以存放数据。

④特殊功能寄存器 SFR。SFR 是一些特殊用途的寄存器，其地址为 80H～FFH。在 8051 中，共有 21 个这样的寄存器，每个寄存器占一个 RAM 存储单元。它们的名称及所占地址如图 2－5 所示，其中也有一些特殊寄存器是可以按位寻址的。

总之，MCS－51 内存的组成有如下特点：

MCS－51 片内和片外内存由 ROM 和 RAM 构成。ROM 共 64 KB，可全部放在片外，如

8031;有的将 0000H～0FFFH 这 4KB ROM 放在片内,其余的 1000H～FFFFH 放在片外,如 8051 或 8751。它们主要用于存放程序。

MCS－51 的 RAM 为 64 KB 外加 256 个字节,其中 256 个字节,地址 00H～FFH 为片内 RAM。另外单独的从 0000 H～FFFFH 的 64 KB 为片外 RAM。片内 RAM 和片外 RAM 的读写由不同的指令来实现,不会造成混乱。另外需要强调的是 MCS－51 的 RAM,无论是片内地址还是片外地址均与 I/O 接口统一编址。

3)MCS－51 单片机的 I/O 接口

MCS－51 有四个并行的 I/O 接口,分别为 P0,P1,P2 和 P3,内部逻辑结构如图 2－6 所示,它们的工作特性描述如下。

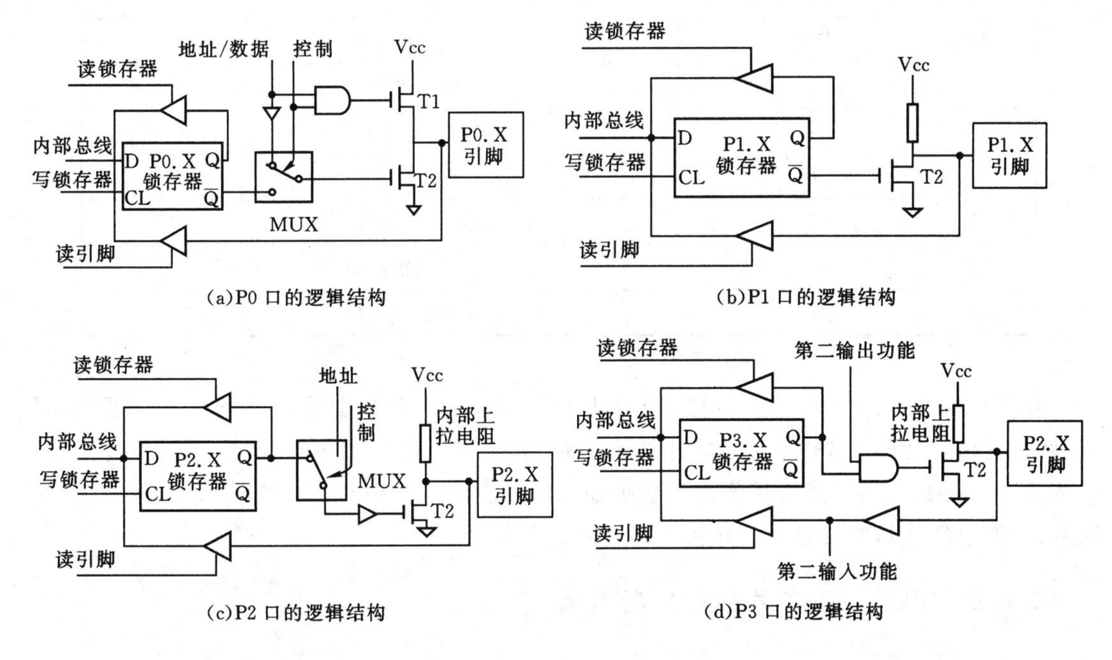

图 2－6 MCS－51 四个并行 I/O 接口的位逻辑结构

(1)P0 口。P0 口是一个 8 位的具有双重功能的接口,其内部有一个可控制的选择开关。当开关打到下方时,该位用做数据的 I/O 功能。输出时,CPU 写入锁存器的数据可由该位 P0.X 输出。当该位用做数据输入时,必须保证晶体管 T2 截止。因此,在读该引线数据之前,应先将该位写入 1,保证 T2 是截止的。

当控制开关打到上方时,P0 口就变为外部地址 A0～A7 的输出口和数据通道 D0～D7 的双向输入/输出接口。也就是说,P0 口具有复用功能,某一时刻输出 A0～ A7,而另外的时刻 P0 口传送 D0～D7。当 MCS－51 的工作需要使用片外 ROM 或 RAM 时,P0 口工作在此状态下。

(2)P1 口。P1 口是一个 8 位的双向数据 I/O 口。它的功能是单一的,只用做数据的输入/输出。当 P1 口的某位为输出时,它就能将 CPU 写到锁存器的信号从 P1.X 上输出。同样,如果 P1 口的某位定义为输入,则应先向该位写高电平,使 T2 截止,而后方可读入数据。

(3)P2 口。P2 口是一个 8 位的具有双重功能的接口。当 MCS－51 访问片外 ROM 或

RAM时,控制选择开关打向上方。此时从P2口输出的是地址的高8位A8～A15。当P2口仅用做数据的I/O口时,控制开关打向下方。输出时,从P2.X端可输出CPU写到锁存器上的信号。当用做数据输入口时,应先向该位写1,保证使晶体管T2截止。而后读该位即可读入输入的数据。

(4)P3口。P3口也是具有双重功能的8位接口。对应P3口各位括号内的各信号就是P3口的第二功能信号,表2-4给出了P3口第二功能的定义表。

表2-4　P3口特殊功能定义

口线	特殊功能	信号名称
P3.0	RXD	串行输入口
P3.1	TXD	串行输出口
P3.2	$\overline{\text{INT0}}$	外部中断0输入口
P3.3	$\overline{\text{INT1}}$	外部中断1输入口
P3.4	T0	定时器0外部输入口
P3.5	T1	定时器1外部输入口
P3.6	WR	写选通输出口
P3.7	RD	读选通输出口

在MCS-51的四个8位并行接口中,只有P1口是专一的数据输入/输出口。当进行系统扩展后,需增加片外ROM,RAM或片外接口时,其余三个接口多用于第二功能,不再是真正的数据I/O接口。当某接口某位用于数据输入时,必须先向该位写1。MCS-51复位后会使锁存器的Q端为1,此时输入信息则不必再向锁存器写1。

2.2.2　MCS-51单片机的中断系统

1.中断的概念

1)中断的定义及分类

在CPU执行程序过程中,由于某种事件发生,强迫CPU暂时停止正在执行的程序而转向对该发生的事件进行处理。对事件的处理结束后又能回到原中止的程序,接着中止前的状态继续执行原来的程序,这一过程称为中断。中断事件是由处理机内部产生,这类中断源称为内部中断源。例如,当CPU进行运算时,除数太小,商无法表示,或运算发生溢出,或执行软件中断指令等情况都认为是内部中断。中断事件是由处理机外部设备产生,这类中断源称为外部中断源。例如,某些外设请求输入输出数据,硬件时钟定时,某些设备出现故障等,均属于这种情况。这里所说的外部设备含义比较广泛。例如,硬件定时器、A/D变换器等均可看做外部设备。

在嵌入式计算机系统中,为了实现对某些特定事件的实时响应,利用中断功能是至关重要的。在8051(或31)中,有两个外部中断$\overline{\text{INT0}}$和$\overline{\text{INT1}}$;另外还有三个内部中断:两个定时器溢出中断和一个串行口中断。

2)中断处理的一般过程

中断过程一般包括如下几步：

(1)中断请求。中断源以电平、脉冲或状态等方式产生向 CPU 的请求。

(2)中断承认。CPU 认可某一中断请求需要满足一些条件，其中最主要的是在一条指令执行结束并且必须是在允许中断的条件下。

(3)断点保护。在中断响应过程及中断服务程序中必须对断点进行保护，以便在中断处理结束时能返回被中断的程序并接着中断前的状态继续执行。

在中断响应过程中，CPU 会由其硬件自动保护某些寄存器，但不同的 CPU 保护的寄存器是不一样的。例如 8086 自动保护 F，CS，IP 三个 16 位寄存器于堆栈，而 8051 只保护(压入堆栈)PC 的内容。

一般来说，只依靠 CPU 硬件自动保护是不够的。在中断服务程序中还需程序保护其他必须要保护的寄存器——至少应当保护在本中断服务程序中要用到的那些寄存器。

(4)中断源识别。当系统中有多个中断源时，一旦中断发生，必须判断是哪个中断源提出的请求，以便有针对性地为其服务。中断源识别多采用矢量法，即为每个中断源规定其中断服务程序的入口(起始)地址，那就是该中断源的中断矢量。

(5)中断服务。对中断源的中断服务是通过 CPU 执行中断服务程序实现的。不同的中断源的服务程序不相同，这是系统设计者开发软件的一部分。

中断服务程序的基本框架如图 2-7 所示。图中所描述的是响应中断后的中断服务程序。若中断服务程序不允许嵌套，则服务程序一开始应首先关中断。程序开始必须编写断点保护部分，至少保护本服务程序中所使用的寄存器。

(6)断点恢复。恢复断点保护时的各个存储单元内容。

(7)中断返回。中断返回是一条指令，它的功能是将中断响应时由 CPU 硬件自动保护的寄存器从堆栈恢复到原寄存器中，并执行返回原来程序中断处下一条语句。

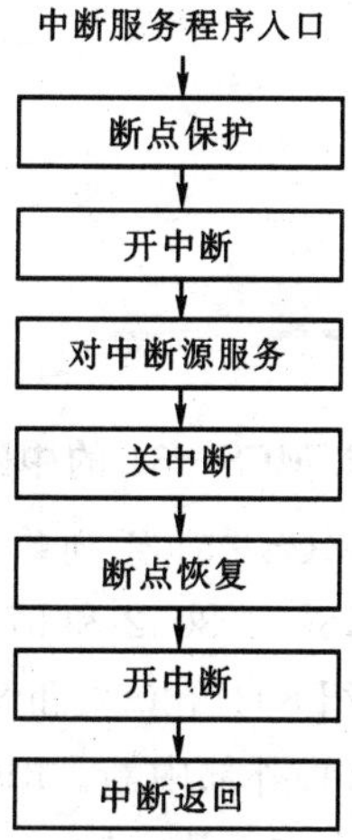

图 2-7　中断服务程序的基本框架

3)中断优先级控制及中断嵌套

当嵌入式计算机系统中存在多个中断源，这些中断源在提出中断请求后，要求 CPU 对它响应的快慢程度是不一样的。从嵌入式系统的设计者的眼光来看，在多个中断源的系统中，设计者会知道哪些中断源特别重要，所要求的响应要快；哪些中断源速度比较慢或重要性比较低，对它们的响应稍微晚一点是可以的。为了能够根据中断源的轻重缓急对多个中断进行合理的响应，在系统中提出了中断优先级的控制问题。中断优先级控制应当解决这样两种可能出现的情况：

(1)当不同优先级的多个中断源同时提出中断请求时，CPU 首先响应最高优先级的中断源。

(2)当 CPU 正在对某一中断源服务时，比它优先级更高的中断源提出中断请求，CPU 能够中断正在执行的中断服务程序，转向响应并对优先级更高的中断源服务。服务结束再返回原优先级较低的中断服务程序继续执行，这就是中断嵌套。

中断优先级管理过程如图 2-8 所示。

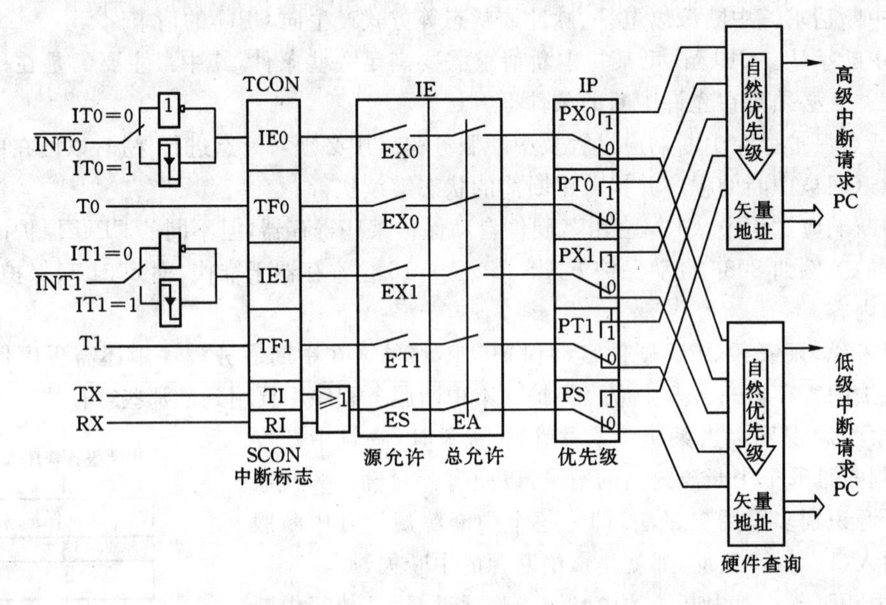

图 2-8 MCS-中断源的优先级

2. MCS-51 的中断源

MCS-51 系列单片机的中断源随其型号不同而有所不同。8031，8051 和 8751 有五个中断源，8032，8052 和 8752 有六个中断源，而 80C32，80C252 和 87C252 有七个中断源。在这里仅介绍 8031，8051 和 8751 的五个中断源。

(1)外部中断。MCS-51 有两个外部中断请求输入引线：$\overline{INT0}$和$\overline{INT1}$。利用命令可设定这两个中断请求输入是低电平有效，还是下降沿有效。

(2)定时器溢出中断。在 8031 内部有两个可编程的 16 位定时/计数器，它们可以对内部时钟或由 T0/T1 引线端加上的外部时钟进行每个时钟周期加 1 计数。当计数器计数从全 1 变为全 0 时，可以产生定时器溢出中断请求。

(3)串行口中断。在 8031 内部集成全双工串行通信接口。当串行口接收到一个完整的数据或者发送完一个完整的数据时，可以产生中断请求。

1)与中断有关的特殊功能寄存器

(1)定时器控制寄存器 TCON。TCON 既与定时器有关，又与中断有关。它是一个 8 位的寄存器，各位的功能如表 2-5 所示。

表 2-5 定时器控制寄存器 TCON 中有关中断各位的功能

7	6	5	4	3	2	1	0
TF1	TR1	TF0	TR0	IE1	IT1	IE0	IT0

IT0 和 IT1 分别是两个外部中断的中断触发标志，用于设置中断源的中断请求是低电平

有效(为 1),还是下降沿有效(为 0)。

IE0 和 IE1 分别是有无中断源的中断请求标志,表示有无中断请求发生。当采用下降沿触发中断请求时,该位置 1 表示有中断发生,CPU 响应中断后内部硬件自动使其清 0。而当用电平触发中断请求时,该位置 1 表示中断发生,CPU 响应中断后不会自动清 0,需要程序指令清 0,这就要求中断源必须一直保持直到 CPU 响应,而一旦响应又必须及时撤除中断源,使其恢复为高电平,以防止电平中断再次响应。

TR0 和 TR1 是定时器的工作允许位,用以启动(置 1)或停止(清 0)计数器工作。

TF0 和 TF1 是定时器的溢出中断标志。当 CPU 响应该中断时,该位自动清 0。

(2)串行口控制器 SCON。串行口控制器 SCON 是一个 8 位的控制器,其中只有两位与中断有关。SCON 的定义如表 2-6 所示。

表 2-6 串行口控制器 SCON 的定义

7	6	5	4	3	2	1	0
SM0	SM1	SM2	REN	TB8	RB8	TI	RI

RI 是在串口收到一个完整的数据时置 1,但中断响应时 CPU 硬件不能使其复位,这就需要在接收数据的中断服务程序中用指令将其复位。

TI 标志是在串行口发完一个完整的数据时置 1。同样,CPU 响应中断时并不能使其复位,故必须采用程序复位。

SCON 的其他控制位留待后面再做说明。

(3)中断允许寄存器 IE。IE 控制 5 个中断源的使能位。

8031 的中断允许寄存器的控制位如表 2-7 所示,其低 5 位分别对应 8031 的五个中断源,只有当相应位为 1 时,允许中断请求,为 0 时,对应的中断请求被屏蔽。

IE 的最高位 EA 是对所有中断源的总控制位,只有该位为 1,8031 的五个中断源才有可能产生中断请求,为 0 时五个中断源全被屏蔽。

表 2-7 中断允许寄存器 IE 各位的功能

7	6	5	4	3	2	1	0
EA			ES	ET1	EX1	ET0	EX0

因此,8031 某一中断源要能产生中断请求并被响应,首先要使 EA=1,而后再使该中断的相应位为 1。

(4)中断优先级寄存器 IP。中断优先级寄存器 IP 控制 MCS-51 的中断优先级,并用来规定 8031 五个中断源的两级中断优先级的某一级。IP 各位的功能如表 2-8 所示。

表 2-8 中断优先级寄存器 IP 各位的功能

7	6	5	4	3	2	1	0
			PS	PT1	PX1	PT0	PX0

利用指令可以将五个中断源设置在不同的中断优先级上。显然,一定存在含有多个中断源处于同一优先级之下的情况,同一级别上的中断源的优先级如表2-9所示,这样,当有多个同级优先级中断请求发生时,CPU按表2-9的顺序来响应中断请求。

表2-9　查询方式决定的第二优先级表

中断源	优先级
$\overline{\text{INT0}}$	
T0	高
$\overline{\text{INT1}}$	↓
T1	低
串行口	

2)中断响应过程

(1)中断响应条件。MCS-51必须同时满足如下条件,中断源的中断请求方能得到响应。

①一条指令执行结束。

②没有比该中断请求优先级更高的中断源正在请求或正在被服务。

③在返回(RETI)指令或访问IF,IP寄存器指令之后,必须再执行一条指令方能响应中断请求。

④该中断没有被屏蔽。

(2)响应过程。在同时满足上述四个条件下,MCS-51才能响应中断。MCS-51在响应中断时CPU硬件只保护断点程序计数器PC。这就要求使用者在编写中断服务程序时,必须特别注意利用程序保护那些必须保护的寄存器。凡是中断服务程序要使用或影响到的寄存器均属于必须保护的寄存器。

响应中断过程中CPU硬件自动执行一个硬件子程序调用,且子程序入口地址(又称中断向量)是由CPU硬件自动产生且固定不变的。中断向量或叫做中断入口地址,如表2-10所示。由于中断服务程序入口地址只间隔八个存储单元,不可能放下整个中断服务程序,因此,通常在中断服务程序的入口地址处放一条长转移指令,跳转到用户中断服务子程序处。

表2-10　8051(31)中断向量表

中断源	中断服务程序入口地址
$\overline{\text{INT0}}$	0003H
定时器T0	000BH
$\overline{\text{INT1}}$	0013H
定时器T1	001BH
串行通信口	0023H

3)中断的使用

使用MCS-51中断,应做好下面几项工作:

(1)初始化中断系统。在了解前面内容的基础上，首先要对中断系统初始化，其步骤包括：

①开总中断和相应中断源的中断。

②设置中断源的优先级。

③设置外部中断源的触发标志，规定低电平触发还是下降沿触发。

(2)编写中断服务程序。中断服务程序的基本框架如图 2－7 所示。对于 MCS－51 中断需特别注意的是，程序员要利用程序(指令)撤消中断标志。否则，就会因中断标志没有撤消而再次中断。此外，MCS－51 在响应中断时硬件自动保护的只有 PC 寄存器的内容，在编写中断服务程序时应注意到这一特点，程序员必须利用指令保护那些必须保护的寄存器。

(3)填写中断服务程序的入口地址。MCS－51 为每个中断源固定设置了一个中断服务程序的入口地址(中断向量)，但两中断地址之间只有八个存储单元，选用来存放中断服务程序是远远不够的。因此，要求在这里面填上一条长转移指令，直接转移到真正的中断服务程序上去执行。

3. MCS－51 单片机的外部中断

外部中断的初始化设置参数如表 2－11 所示，初始化内容包括：

表 2－11　外部中断初始化设置参数表

INT0：外中断 0		INT1：外中断 1	
中断入口地址	0003H	中断入口地址	0013H
中断允许控制位	EX0	中断允许控制位	EX1
中断请求标志	IE0	中断请求标志	IE1
中断触发方式选择位	IT0	中断触发方式选择位	IT1
优先级设置位	PX0	优先级设置位	PX1

(1)设定中断的优先级(一般情况可取默认方式)。

(2)设定中断的触发方式。

(3)开中断允许。

(4)开总中断允许。

方法 1

```
CLR     PX0           ;设定外中断 0 为低优先级
SETB    IT0           ;设定外中断 0 为边沿触发方式
SETB    EX0           ;开放外中断 0 允许
SETB    EA            ;开 CPU 中断允许
```

方法 2

```
MOV     IP,      #00H        ;设定外中断 0 为低优先级
MOV     TCON,    #01H        ;设定外中断 0 为边沿触发方式
MOV     IE,      #81H        ;开外中断 0 和 CPU 中断允许
```

外部中断应用举例：如图 2－9 所示电路中，P1 口输出控制 8 只发光二极管，实现 8 位二进制计数器，对 INT0 上出现的脉冲进行计数。

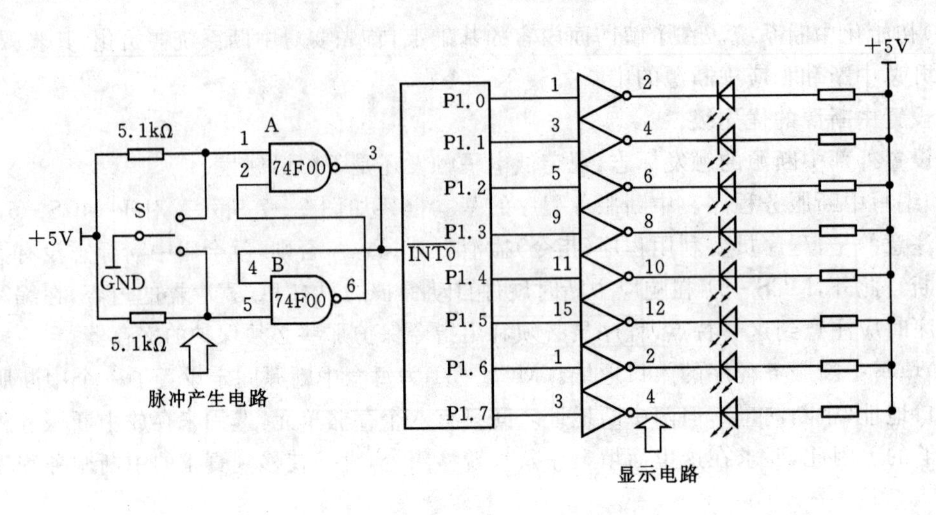

图 2-9　外部中断应用实例

题意分析：

①在该电路中，有两个与非门构成硬件去抖动电路，开关 S 每动作一次，在单片机的 INT0 引脚上就会收到一个脉冲信号。

②如果把外中断 0 设定为脉冲触发方式，每当 S 动作一次，则外中断触发一次。

③在外中断的中断服务程序中计数，并把计数的结果从 P1 口输出。

```
        ORG     0000H
        AJMP    MAIN        ；转主程序
        ORG     0003H       ；外中断入口地址
        AJMP    SER         ；中断服务程序
MAIN：  SETB    IT0         ；设定外中断 0 为边沿触发
        SETB    EX0         ；开外中断 0 允许
        SETB    EA          ；开 CPU 中断允许
        CLRA                ；计数单元清 0
        MOV     P1, A       ；清显示
HERE：  SJMP    $           ；等待中断
SER：   INC     A           ；计数单元加 1
        MOV     P1, A       ；显示
        RETI                ；中断返回
        END
```

4. MCS-51 单片机的定时/计数器

8051(31)内部集成了两个定时/计数器，定时器/计数器的内部逻辑结构如图 2-10 所示。每个计数器都具有如下特点：

(1)定时计数器可以工作在方式 0、方式 1、方式 2 和方式 3 这四种模式之下，并且由程序指定。

(2)定时/计数器的计数值也可由程序设定。

(3)定时/计数器是二进制的加 1 计数器,当计数值从全 1 加到全 0 时会产生中断,表示定时时间到或计数器计数结束。

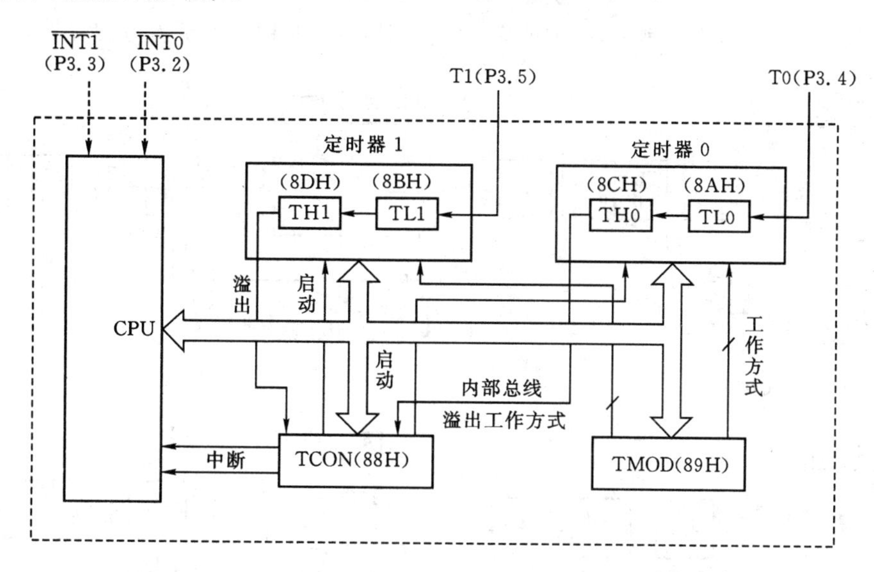

图 2－10 MCS51 单片机定时器/计数器逻辑结构图

1)工作方式

MCS－51 中两个定时器/计数器 T0 和 T1 均可工作在四种工作方式之下,由程序来设定。

(1)方式 0。定时器 T0 和 T1 工作在方式 0 时的原理框图如图 2－11(a)所示。方式 0 时,计数器规定为 13 位,其中低 5 位在 TL 中,高 8 位在 TH 中,且 TL 的其他高 3 位不用。

当利用指令使 $C/\overline{T}=0$ 时,定时/计数器时钟源来自于 CPU 振荡器 12 分频的输出,即作为定时器使用,计数单位为:时钟周期×12×(2^{13}－计数值)。当 $C/\overline{T}=1$ 时,时钟源来源于管脚 T0(或 T1)的下降沿,即作为计数器使用。当 GATE＝0 时,定时/计数器的启动/停止是由 TR0(TR1)来控制的。当 GATE＝1 且 TR0(TR1)＝1 时,定时/计数器的启动/停止则由外部中断$\overline{INT0}$/$\overline{INT1}$来决定。当计数器加 1 到溢出时,使 TF＝1 并产生中断请求。

(2)方式 1。方式 1 和方式 0 基本相同(见图 2－11(b)),唯一不同在于此方式下,计数器是一个 16 位的计数器。计数值低 8 位在 TL 中,高 8 位在 TH 中,计数单位为:时钟周期×12×(2^{16}－计数值)。

(3)方式 2。在方式 2(见图 2－11(c))下,16 位的计数器拆为两部分,其中低 8 位(TL)是加 1 计数器,而高 8 位用于保存计数值的初始值。这种情况就可以保证定时/计数器自动循环重复计数,则中断就可连续发生。即当 TL 计数溢出产生中断时,计数初值又可自动重置,开始下一次计数。而方式 0 和方式 1,写入一次计数值只产生一次中断,要想再产生中断必须重新写计数值。

(4)方式 3。在前面三种工作方式下,定时/计数器 0 和 1 的功能完全相同。但是,在工作方式 3(见图 2－11(d))下,两个定时/计数器的功能就不相同了,方式 3 为定时/计数器 0 所特有并且需占用定时/计数器 1 的 TR1 和 TF1 才能实现,应特别注意。

在方式 3 下，定时/计数器 0 被拆成两个 8 位的计数器。其中低 8 位(即 TL0)由 T0，TR0，C，GATE，INT0 及 C/T 开关来控制，其功能与方式 0 和方式 1 十分类似，只是定时/计数器只有 8 位。高 8 位(TH0)在 TR1 控制下，由时钟除 12 对其计数，并且由 TF1 产生中断请求。

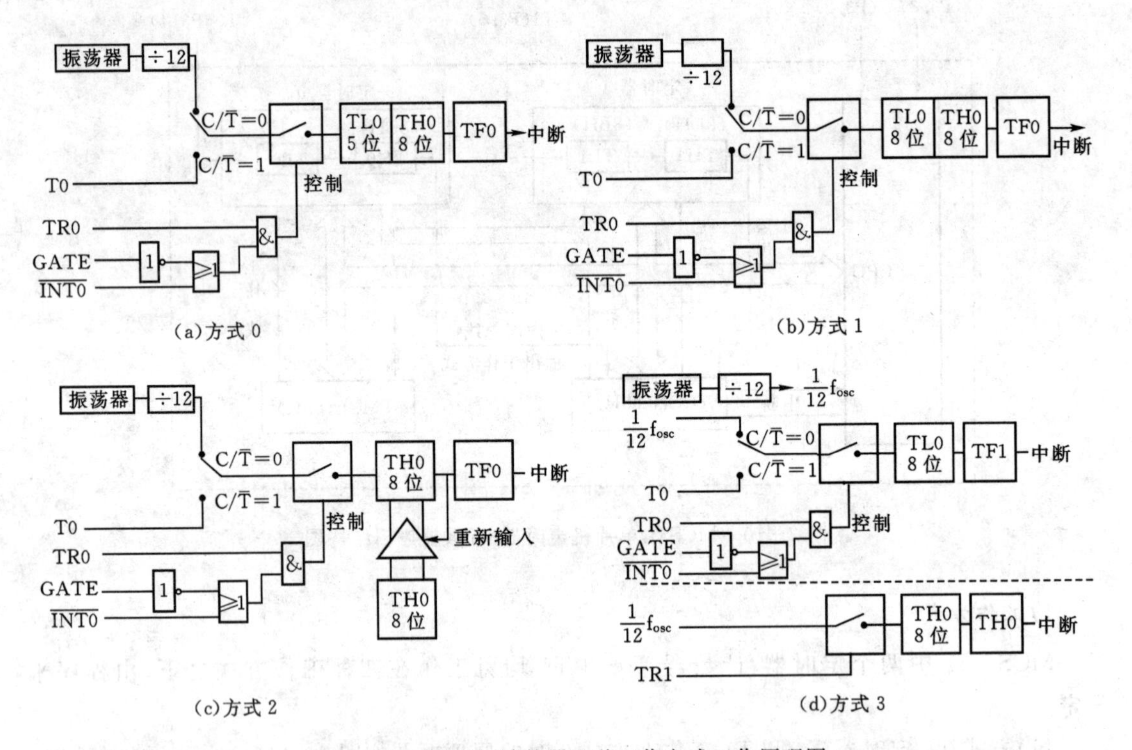

图 2-11　定时器/计数器 4 种工作方式工作原理图

当 T0 工作在方式 3 时，T1 可以工作在方式 0、方式 1 或方式 2。由于 T0 已占用 TR1 和 TF1，T1 就无法产生中断，其溢出输出只送到串行口，用以决定串行口的通信速率。

2)定时/计数器的控制寄存器

对定时/计数器的控制是通过前面已提到的两个特殊寄存器 TCON 和 TMOD 来实现的。

(1)定时器控制寄存器 TCON。TCON 是一个 8 位寄存器，其各位的功能如表 2-12 所示，中断相关位已如前述，只有 TR0 和 TR1 没有说明。

表 2-12　TCON——定时器/计数器控制寄存器

D7	D6	D5	D4	D3	D2	D1	D0
TF1	TR1	TF0	TR0	IE1	IT1	IE0	IT0

TR1：定时器 1 运行控制位。由软件置 1 或清 0 来启动或关闭定时器 1。当 GATE=1，且 $\overline{\text{INT1}}$ 为高电平时，TR1 置 1 启动定时器 1；当 GATE=0 时，只需 TR1 置 1 启动定时器 1。

TR0：定时器 0 运行控制位。其功能及操作情况同 TR1。

TF1：定时器 1 的溢出中断标志。T1 被启动计数后，从初值做加 1 计数，计满溢出后由硬件置位 TF1，同时向 CPU 发出中断。

TF0:定时器0的溢出中断标志。

(2)定时器方式寄存器TMOD。TMOD是一个8位的寄存器,其各位的功能如表2-13所示。方式寄存器的低4位用于控制T0,而高4位用于控制T1。

表2-13　TMOD定时器方式寄存器

D7	D6	D5	D4	D3	D2	D1	D0
GATE	$C/\overline{T}$	M1	M0	GATE	$C/\overline{T}$	M1	M0
定时器T1				定时器T0			

$C/\overline{T}$:功能选择位。当设置为定时器工作方式时,该位为“0”;当设置为计数器工作方式时,该位为“1”。

GATE:门控位。当GATE=0时,软件控制位TRx置1即可启动定时器;当GATE=1时,软件控制位TRx须置1,同时还须(P3.2)或(P3.3)(即INTx)为高电平方可启动定时器,常用于测量信号的脉宽。

M0,M1:定时器工作方式控制位,具体如表2-14所示。

表2-14　定时器工作方式选择

M1　M0	工作方式	功能说明
0　0	方式0	13位计数器
0　1	方式1	16位计数器
1　0	方式2	自动重装8位计数器
1　1	方式3	定时器0:分成两个8位计数

(3)定时/计数器的应用。应用定时/计数器,首先是要对其初始化。初始化的流程图如图2-12所示。MCS-51中定时/计数器是一个加法计数器。在定时器模式($C/\overline{T}=0$)下,计数器是对单片机时钟先经12次分频后计数,每一个分频后的计数脉冲计数器加1;在计数器模式($C/\overline{T}=1$)下,计数器是对外部输入脉冲进行加计数,且要求外部脉冲的持续时间应不小于12个时钟周期。

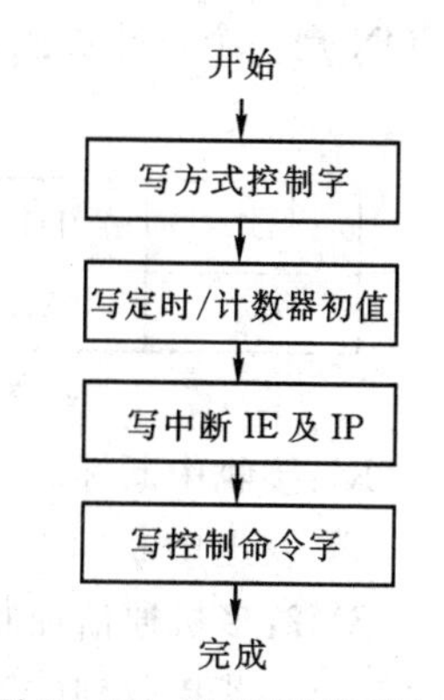

图2-12　定时/计数器初始化流程

由于计数器进行加法计数,当其从全1变为全0时产生溢出中断。若计数器的模值M已知,方式0时$M=2^{13}$,方式1时$M=2^{16}$,而方式2和方式3时$M=2^{8}$。如果需要的计数值为C,则写到定时/计数器中的初值N为N=M-C。对定时器来说,若定时时间T已知,而计数器是对分频12次的时钟进行计数,假设其周期为T_{12},则需要的计数值$C=T/T_{12}$,写到定时/计数器中的初值$N=M-C=M-T/T_{12}$,相应的定时时间为(8192-初值)$*T_{机器周期}$。

5. MCS-51单片机的串行接口

MCS-51内部集成有一个全双工的串行口。数据的发送和接收分别经由发送的串行缓冲器 SBUF 和接收的串行缓冲器 SBUF 实现。发送时将数据写入 SBUF,接收时由 SBUF 读取数据,SBUF 的结构与组成如图 2-13 所示。

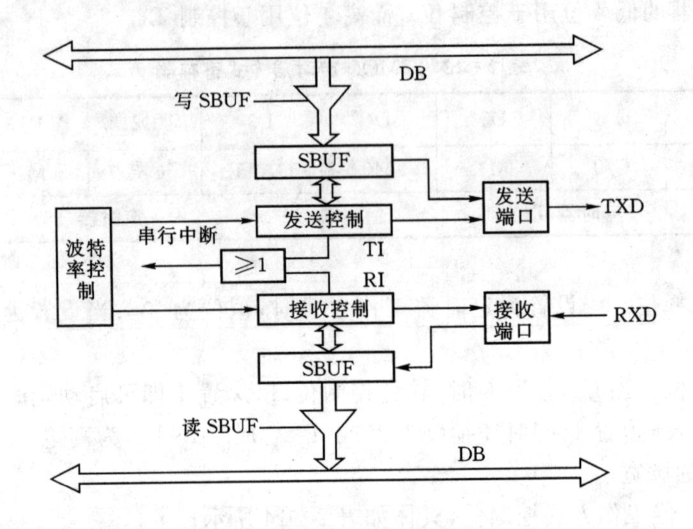

图 2-13　串行口的结构与组成

1)数据缓冲寄存器 SBUF

两个 SBUF,一个用于发送(只写),一个用于接收(只读)。映象地址均为 99H。发送控制器在波特率作用下,将发送 SBUF 中的数据由并到串,一位位地传输到发送端口;接收控制器在波特率作用下,将接收接收端口的数据由串到并,存入接收 SBUF 中。

2)串行口控制寄存器 SCON

串行口的控制是由串行口控制寄存器 SCON 和电源控制寄存器 PCON 来实现的。SCON 是一个特殊功能寄存器,各位定义如表 2-15 所示。

表 2-15　串行口控制寄存器 SCON

D7	D6	D5	D4	D3	D2	D1	D0
SM0	SM1	SM2	REN	TB8	RB8	TI	RI

RI:接收中断标志。当收到一帧完整信息时 RI=1,需手动复位,可用于程序查询。

TI:发送中断标志。当发送完一帧信息时 TI=1,需手动复位,可用于程序查询。

SM2:多机通信控制位,由软件设定。串行口的方式 2 和方式 3 适用于多机通信,此时,SM2=1。若接收到的第 9 位数据(RB8)为 0,则不能置位 RI,收到 RB8=1,才置位 RI。因此,可以通过设置 SM2 以区别收到的是地址帧还是数据帧。当 SM2=0 时,只要接收到任何一帧信息 RI 都被置位;而当 SM2=1 时,收到地址帧时(RB8=1)置位 RI,收到数据帧时(RB8=0)则不置位 RI。双机通信时,通常使 SM2=0。在方式 0 中,SM2 必须为 0。

REN:允许接收控制位,由软件设定。REN=1 时允许接收,REN=0 时禁止接收。

TB8:方式 2 和方式 3 中要发送的第 9 位数据,由软件设定,用作奇偶校验位或地址/数据标志位,后者多用于多机通信。

RB8：方式 2 和方式 3 中接收到的第 9 位数据。在方式 1 中，如果 SM2=0，则 RB8 为收到的停止位。方式 0 不使用 RB8。

SM0，SM1：串行口工作方式选择位（见表 2-16）由软件设定。

表 2-16　SM0 和 SM1 决定串行口的工作方式

SM0	SM1	方式	功能说明
0	0	0	移位寄存器输入/输出，波特率为 $f_{osc}/12$
0	1	1	8 位 UART，波特率可变（T1 溢出率/n，n=32 或 16）
1	0	2	9 位 UART，波特率为 f_{osc}/n，（n=64 或 32）
1	1	3	9 位 UART，波特率可变（T1 溢出率/n，n=32 或 16）

3）电源控制寄存器 PCON

电源控制寄存器 PCON 各位的定义如图 2-14 所示。

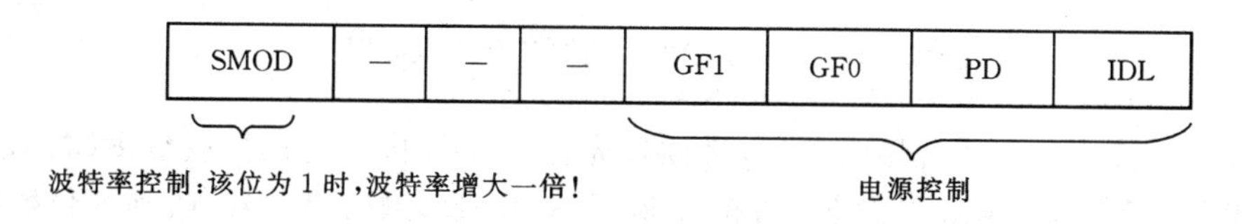

图 2-14　电源控制寄存器 PCON 位域定义

IDL：空闲方式位。IDL=1 时进入空闲工作状态，CPU 不再工作，但各功能部件均保持进入空闲时刻前的状态。在空闲状态下，MCS-51 的功耗可降得很低。

PD：掉电方式位。PD=1 时系统进入掉电方式。在此方式下 MCS-51 内部时钟振荡器不工作，MCS-51 也就不工作。但是，片内 RAM 及特殊功能寄存器 SFR 的内容即使电源 Vcc 降到 2V，仍能保持其中信息不丢失。退出掉电的唯一方法是利用硬件复位。

GF1，GF0：通用标志位，为用户使用。

SMOD：波特率控制位，SMOD=1 时，可使用户原选用的通信波特率提高一倍。

4）串行口的工作方式

MCS-51 串行口有四种工作方式：方式 0，1，2，3。下面分别加以说明。

（1）工作方式 0。移位寄存器方式，主要用于 I/O 扩展。

如图 2-15 所示，在方式 0 下，RXD 管脚上传数据，TXD 管脚上发送同步脉冲。发送数据时，TI=0，利用指令将要发的数据写入发送 SBUF，则数据低位在前，高位在后，由 RXD 顺序送出，而 TXD 上发出同步脉冲。接收数据时，RI=0 且 REN=1，串行口数据由 RXD 顺序进入，同步时钟由 TXD 输出。发完一个 8 位数据或者收到一个 8 位数据，均可产生中断，并且还可分别使 TI=1 或 RI=1。因此，可利用中断或查询实现串行传送。

例如，可以通过使用 74LS164 串并变换芯片和 74LS165 并串变换芯片实现串行口扩充并行 I/O 接口。

数据输出：当数据写入 SBUF 后，数据从 RXD 端在移位脉冲（TXD）的控制下，逐位移入 74LS164，74LS164 能完成数据的串并转换。当 8 位数据全部移出后，TI 由硬件置位，发生中断请求。若 CPU 响应中断，则从 0023H 单元开始执行串行口中断服务程序，数据由 74LS164 并行输出。

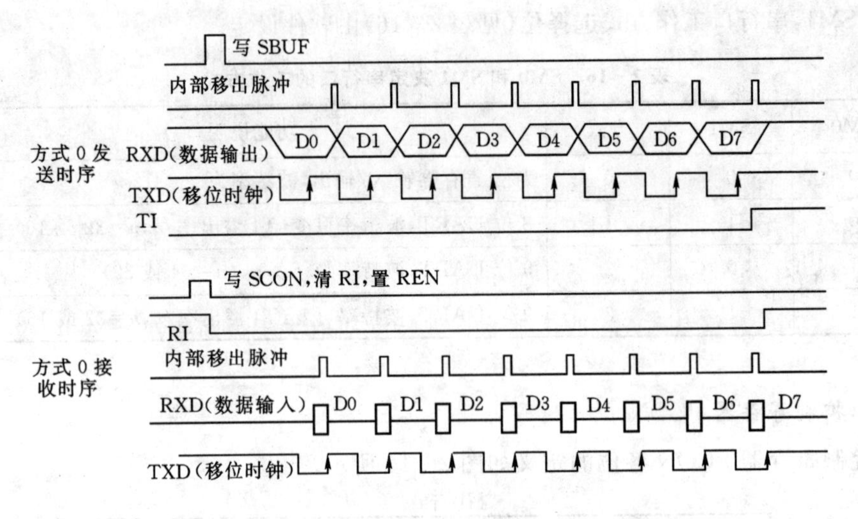

图 2-15　串行口移位寄存器工作方式时序图

数据输入(接收)：要实现接收数据，必须首先把 SCON 中的允许接收位 REN 设置为 1。当 REN 设置为 1 时，数据就在移位脉冲的控制下，从 RXD 端输入。当接收到 8 位数据时，置位接收中断标志位 RI，发生中断请求。由逻辑图可知，通过外接 74LS165，串行口能够实现数据的并行输入

(2)工作方式 1。双机通信方式，一帧数据为 10 位：1 位起始位、8 位数据位和 1 位停止位。

如图 2-16 所示，工作方式 1 规定数据帧的格式为：1 个低电平的启动位，8 个数据位(低位在前，高位在后)，1 个高电平的停止位。

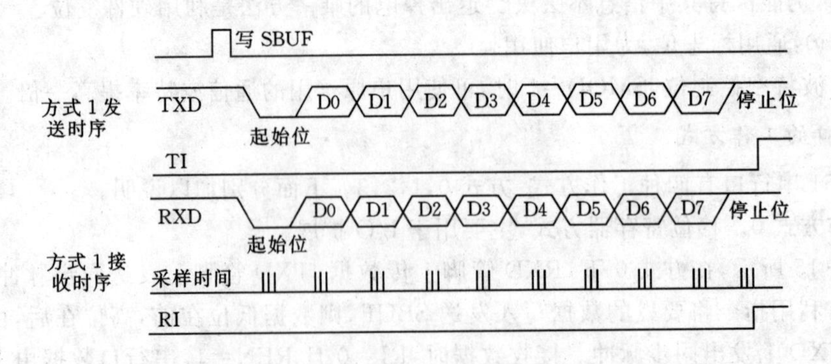

图 2-16　串行口双机工作方式时序图

当 RI=0 且 REN=1 时，才能接收数据。收到一个完整的数据可产生中断，并且使 Rl=1。因此，可利用查询或中断接收数据。

发送数据时，TI=0，在发送时钟的作用下可将写入发送 SBUF 中的数据从 TXD 发送出去。发送过程中自动加上启动位、停止位，且数据由低到高顺序发送。发送完一帧数据可产生

标志 TI=1,并产生中断。同样,可利用中断或查询发送数据,TI 标志必须软件复位。

(3)工作方式 2 和方式 3。方式 2 和方式 3 适用于多机通信。

①一帧数据为 11 位:1 位起始位、8 位数据位、1 位可编程位(第 9 位数据,用作奇偶校验或地址/数据选择)和 1 位停止位。发送时,第 9 位数据为 TB8;接收时,第 9 位数据送入 RB8。

②发送与接收时序与方式 1 相似,仅仅是多了 1 位数据 TB8 或 RB8。

工作方式 2 和方式 3 都能实现 11 位异步传送,所不同的仅仅是通信波特率上的差异。方式 2 和方式 3 的帧格式类似于方式 1,不同的在于,在方式 2、方式 3 下,CPU 不仅要将事先放在发送 SBUF 中的数据发走,紧跟着要将放在 TB8 中的第 9 位数据发走。

5)波特率的设置

在串行通信中,数据发送或接收的速率即波特率应取决于振荡频率、SMOD 位以及定时器 T1 的设定。

方式 0 的波特率是固定的,为主机时钟频率 $f_{osc}/12$。

方式 2 的波特率有 2 个值,SMOD=1 时为 $f_{osc}/32$,SMOD=0 时为 $f_{osc}/64$。

方式 1 和方式 3 的波特率按照 T1 的溢出率 $f_{osc}/\{12\times[256-(TH1)]\}$ 计算出波特率为 $(2^{smod}\times$T1 溢出率$/32)$,其中 TH1 为定时器 T1 的计数初值,因此方式 1 和方式 3 的波特率为

$$\frac{2^{smod}}{32}\times\frac{f_{osc}}{12\times[256-(TH1)]} \tag{2-1}$$

串口设置举例:要求串行口以方式 1 工作,通信波特率为 2400bps,设振荡频率 f_{osc} 为 6MHz,请初始化 T1 和串口。

解 若选 SMOD=1,则 T1 时间常数由波特率得到

$$波特率=\frac{2^{smod}}{32}\frac{6\times10^{6}}{12\times(256-TH1)}=2400$$

$$TH1=256-\frac{2^{smod}}{32}\frac{6\times10^{6}}{12\times2400}=256-12.5=243=F3H$$

则定时器 T1 和串行口的初始化程序如下:

```
MOV     TMOD,     #20H     ;设置 T1 为方式 2
MOV     TH1,      #0F3H    ;置时间常数
MOV     TL1,      #0F3H
SETB    TR1                ;启动 T1
ORL     PCON,     #80H     ;SMOD = 1
MOV     SCON,     #50H     ;设串行口为方式 1,允许接收
```

2.2.3　MCS－51 单片机的工作时序

时序就是 CPU 在执行指令时所用到的控制信号的时间顺序。每一个单片机(或 CPU)都有自己的工作时序。了解时序对执行指令,尤其是对硬件调试是非常重要的。

MCS－51 有三种周期,即时钟周期、机器周期和指令周期(见图 2－17)。

(1)时钟周期。MCS－51 单片机片内振荡电路的振荡周期也就是振荡频率的倒数,即 $T=1/f_{osc}$。时钟是 CPU 的激励源,它控制着单片机指令执行的节拍。一旦时钟停止,CPU 的工作也就立即停止。时钟周期是指令执行中的最小时间单位。

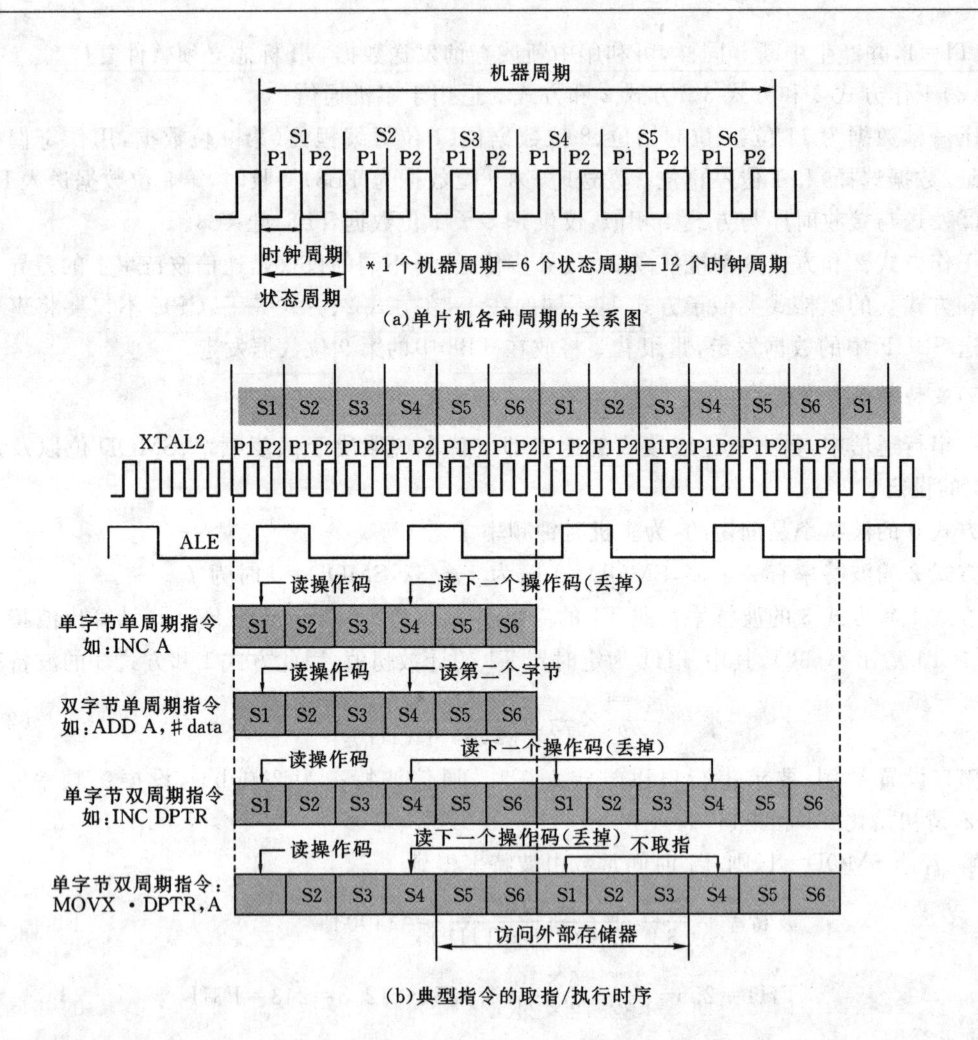

(a)单片机各种周期的关系图

(b)典型指令的取指/执行时序

图 2－17 MCS51 单片机工作时序说明

(2)机器周期。机器周期是 CPU 执行一条指令过程中完成某种特定的简单功能所需要的时间。MCS－51 每一个机器周期由 12 个时钟周期构成。它又分为 6 个状态(S1～S6),每个状态有 P1 和 P2 两个节拍。

(3)指令周期。指令周期为执行一条指令所需要的时间。很显然,不同的指令其功能及复杂程度不一样,它们的执行时间也就不一样。

通常,指令周期是由一个或若干个机器周期构成的。由一个机器周期完成的指令称为单周期指令;两个机器周期完成的指令称为双周期指令。MCS－51 中多数指令都属于这两种指令,只有乘、除法指令是四周期指令。

MCS－51 单片机可以直接从片内 ROM 或 EPROM 取指令或常数,也可以访问片外扩充的 EPROM,进行取指操作,或访问片外的 RAM 或接口,读写指令和程序所需要的数据。因此,CPU 指令周期是有很大不同的,为了说明此问题,用下面一条读片外 ROM 的指令执行过程进行简单说明。

当单片机执行 MOVC A,@A＋DPTR 指令时,就是从 A＋DPTR 决定的 ROM 地址中取一个字节放在累加器A中。该指令执行的时序如图2-18所示。

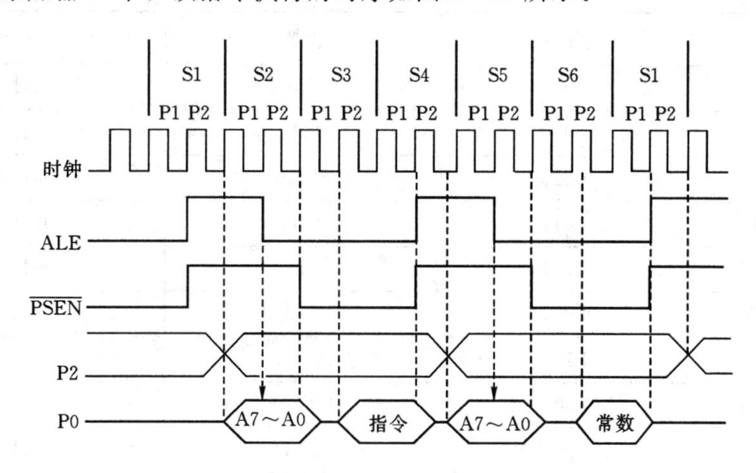

图2-18　MOVC A,@A+DPTR的时序

由图2-18可以看到，该指令的执行过程如下：

①S1P2及S2P1期间，ALE有效。

②S2期间，P0口送出地址A0～A7，利用S2P1的ALE锁存A0～A7。而P2口送出的A8～A15一直有效。

③$\overline{\text{PSEN}}$在S3和S4P1期间有效，利用$\overline{\text{PSEN}}$，A8～A15和锁存的A0～A7便可以将指令MOVC A,@A+ DPTR的指令操作码读出来，经P0进入CPU的IR(指令寄存器)中。至此完成取指令操作码阶段。接着是该指令的执行阶段。

④CPU将A+DPTR形成的16位地址中A0～A7由P0输出，A8～A15由P2输出，并且同样用S5P1有效的ALE锁存P0口上的A0～A7。

⑤在S6和下一机器周期S1P1期间出现的$\overline{\text{PSEN}}$有效及地址信号A0～A15的共同作用下，选中A0～A15决定的ROM单元并读出其数据，该数据经P0进入CPU并送到累加器A中。至此完成这条指令的执行阶段。

对于片外RAM的访问，如MOVX A,@DPTR，可以参考图2-17的时序，其执行过程与图2-18类似。由于外部RAM和外部接口地址统一编址，外部RAM和接口的时序是完全一样的。

最后说明ALE在每个机器周期里至少有一个正脉冲出现，是连续不断输出的。因此，它可以作为某些要求不高的时钟信号使用。

2.2.4　MCS-51单片机应用

1. 复位

在MCS-51的复位信号输入端(RESET/Vpp)上加上持续时间超过24个时钟周期的高电平，便可使单片机复位。该输入端电平变低即启动MCS-51从入口地址0000H开始工作。复位后，各内部寄存器的状态如表2-17所示。

表 2-17 复位后的内部寄存器状态

寄存器名	内容	寄存器名	内容
PC	0000H	TCON	00H
ACC	00H	TH0	00H
B	00H	TL0	00H
PSW	00H	TH1	00H
SP	07H	TL1	00H
DPTR	0000H	TH2(8052)	00H
P0～P3	FFH	TL2(8052)	00H
IP(8051)	XXX00000B	RCAP2H(8052)	00H
IP(8052)	XX000000B	RCAP2L(8052)	00H
IE(8051)	0XX00000B	SCON	00H
IE(8052)	0X000000B	PCON(HMOS)	0XXXXXXXB
SBUF	不定	PCON(CHMOS)	0XXX0000B
TMOD	00H		

复位电路可以用图 2-19 所示的电路，也可以购买现成的复位电路集成芯片实现复位。

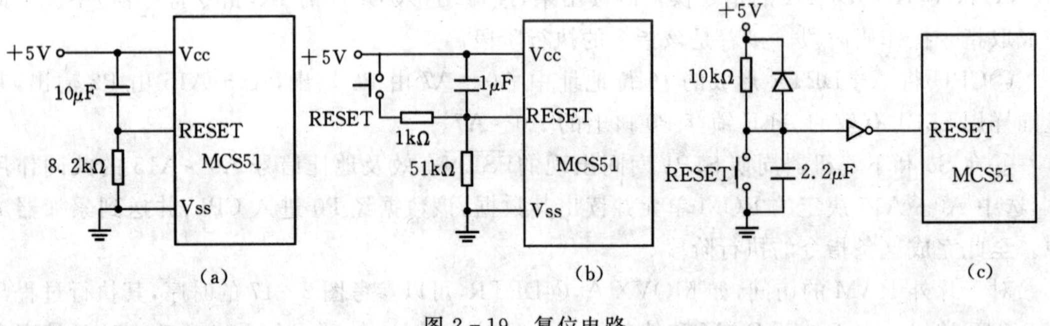

图 2-19 复位电路

2. 时钟电路

MCS-51 的 XTAL1 和 XTAL2 作为片内振荡电路的两个输入端，可以外接石英晶体，也可以接外部时钟。

(1)外接石英晶体。MCS-51 外接石英晶体的连接只需选用 6MHz 的晶体振荡器，再配以两个几十皮法的电容即可。

(2)接外部时钟。直接选用外部满足要求的时钟信号通过 XTAL2 管脚接入即可。

3. 单片机最小应用系统

单片机的最小应用系统就是保证单片机正常工作所需要的最少器件构成的系统。在如图 2-20 所示构成的最小应用系统中，CPU 如果具有片内 ROM 或 EPROM，如 8051/8751，则无需对存储空间扩充，只需配备时钟电路和复位电路，单片机就可以正常工作。若选择 8031 作为 CPU，则还必须配备片外程序存储器，如 EPROM 等基本电路，系统才能够正常工作起来。

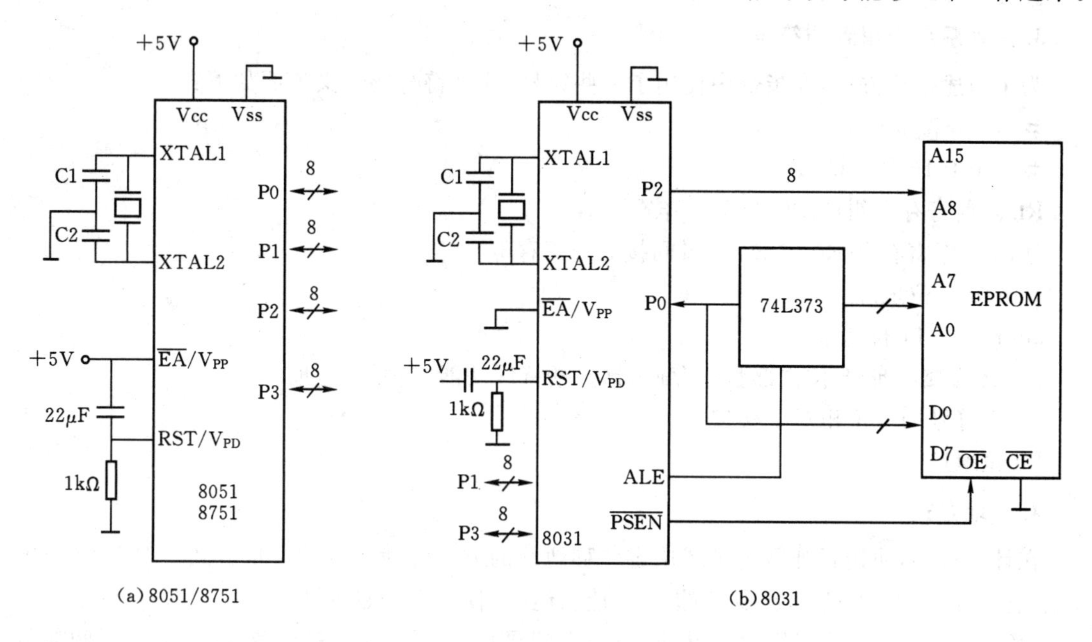

图 2－20 MCS51 单片机最小应用系统

2.3 MCS－51 系列单片机汇编语言特点

2.3.1 概述

1. MCS－51 单片机指令系统包括 111 条指令

(1)按功能可以划分为以下五类：数据传送和交换指令(29 条)、算术运算指令(24 条)、逻辑运算指令(24 条)、控制转移指令(17 条)和位操作指令(17 条)。

(2)按指令所占的字节数可分为以下三类：单字节指令(49 条)、双字节指令(46 条)和三字节指令(16 条)。

(3)按指令的执行时间可分为以下三类：单周期指令(65 条)、双周期指令(44 条)和四周期指令(2 条)。

2. MCS－51 指令编码

MCS－51 的指令分为单字节指令、双字节指令和三字节指令。

(1)单字节指令。单字节指令由 8 位(一个字节)二进制编码构成。指令中只有指令操作码，指令操作数要么没有，要么隐含在指令操作码中。这类指令在 MCS－51 中有 49 条。

(2)双字节指令。双字节指令由两个字节构成，一个为操作码，另一个为操作数(或操作数的地址)。在程序存储器中它们按顺序存放。MCS－51 中这类指令有 46 条。

(3)三字节指令。三字节指令由一个字节的指令操作码和两个字节的操作数(或操作数的地址)构成。这类指令有 16 条。

显然，指令愈短，执行时间就愈短。编程时尽可能选用字节少的指令，以求速度最快。

3. 指令系统中用到的符号

为了描述指令方便，在指令中使用了一些符号，这些符号的含义说明如下：

data8 位立即数

data1616 位立即数

Rn 当前寄存器组的 R0～R7 工作寄存器

@Ri 工作寄存器 R0 或 R1 用做间接寻址寄存器

addr1616 位地址

addr11 低 11 位地址

direct 直接寻址，8 位内部数据存储器（包括特殊功能寄存器）地址

rel 带符号的 8 位相对位移量

bit 位地址

4. 寻址方式

在计算机中，决定操作数地址或决定转移地址的方法称为指令的寻址方式。对一个 CPU 来说，它所拥有的寻址方式越多，其指令功能就越强，使用起来越灵活。

MCS－51 指令系统采用七种寻址方式：立即寻址、直接寻址、寄存器寻址、寄存器间接寻址、相对寻址、基址加变址寻址及位寻址。

(1)立即寻址。立即寻址是指令编码中直接包含着需要的操作数，并称该操作数为立即数。例如：

```
MOV    DPTR,# 8000H
```

(2)直接寻址。直接寻址指令编码中包含着操作数的地址。例如：

```
MOV    R1,31H
```

(3)寄存器寻址。寄存器寻址方式是操作数的地址包含在指令编码的寄存器。例如：

```
MOV    A,R3
```

(4)寄存器间接寻址。寄存器间接寻址的特点是操作数的地址在寄存器中，也就是寄存器的内容是操作数的地址。例如：

```
MOV    A,@R0
```

(5)相对寻址。相对寻址用于相对转移指令，指令编码中包含着一个字节的相对地址偏移量，是一个 8 位的带符号的数。例如：

```
SJMP    rel
```

(6)基址加变址寻址。变址寻址的指令操作码中隐含着作为基地址寄存器的数据指针 DPTR 或程序计数器 PC。例如：

```
MOVC    A,@A+ DPTR
```

(7)位寻址。MCS－51 的指令系统有比较丰富的位寻址指令。某些 SFR 可按字节寻址，一次读写某 SFR 的 8 位数据。同时，也可以将其 8 位数据的某一位看做操作数，仅对这一位读写，此时该位的地址称为位地址，对位地址的寻址便是位寻址。例如：

```
CLR    P1.2    ;将 P1 口的 bit2 位清零
```

2.3.2 MCS－51 的指令系统

MCS－51 的指令可分为传送指令、算术运算指令、逻辑及移位指令、控制指令及位操作指令这五类，表 2－18 列出了 MCS－51 单片机的所有指令，以供速查。

表 2－18 8051 INSTRUCTION SET

Mnemonic	Byte	Cyc	Mnemonic	Byte	Cyc
1. Arithmetic operations:			2. Logical opreations:		
ADD A, @Ri	1	1	ANL A, @Ri	1	1
ADD A, Rn	1	1	XRL A, @Ri	1	1
ADD A, direct	2	1	ANL A, Rn	1	1
ADD A, #data	2	1	XRL A, Rn	1	1
ADDC A, @Ri	1	1	ANL A, direct	2	1
ADDC A, Rn	1	1	XRL A, direct	2	1
ADDC A, direct	2	1	ANL A, #data	2	1
ADDC A, #data	2	1	XRL A, #data	2	1
SUBB A, @Ri	1	1	ANL direct, A	2	1
SUBB A, Rn	1	1	XRL direct, A	2	1
SUBB A, direct	2	1	ANL direct, #data	3	2
SUBB A, #data	2	1	XRL direct, #data	3	2
INC A	1	1	ORL A, @Ri	1	1
INC @Ri	1	1	CLR A	1	1
INC Rn	1	1	ORL A, Rn	1	1
INC DPTR	1	1	CPL A	1	1
INC direct	2	1	ORL A, direct	2	1
INC direct	2	1	RL A	1	1
DEC A	1	1	ORL A, #data	2	1
DEC @Ri	1	1	RLC A	1	1
DEC Rn	1	1	ORL direct, A	2	1
DEC direct	2	1	RR A	1	1
MUL AB	1	4	ORL direct, #data	3	2
DIV AB	1	4	RRC A	1	1
DAA	1	1	SWAP A	1	1
3. Data transfer:			4. Boolean variable manipulation:		
MOV A, @Ri	1	1	CLR C	1	1
MOV DPTR, #data16	3	2	ANL C, bit	2	2

续表 2-18

Mnemonic	Byte	Cyc	Mnemonic	Byte	Cyc
MOV A, Rn	1	1	SETB C	1	1
MOVC A, @A+DPTR	1	2	ANL C, /bit	2	2
MOV A, direct	2	1	CPL C	1	1
MOVC A, @A+PC	1	2	ORL C, bit	2	2
MOV A, ＃data	2	1	CLR bit	2	1
MOVX A, @Ri	1	2	ORL C, /bit	2	2
MOV @Ri, A	1	1	SETB bit	2	1
MOVX A, @DPTR	1	2	MOV C, bit	2	1
MOV @Ri, direct	2	2	CPL bit	2	1
MOVX @Ri, A	1	2	MOV bit, C	2	2
MOV @Ri, ＃data	2	1	5. Program and machine control:		
MOVX @DPTR, A	1	2	NOP	1	1
MOV Rn, A	1	1	JZ rel	2	2
PUSH direct	2	2	RET	1	2
MOV Rn, direct	2	2	JNZ rel	2	2
POP direct	2	2	RETI	1	2
MOV Rn, ＃data	2	1	JC rel	2	2
XCH A, @Ri	1	1	ACALL addr11	2	2
MOV direct, A	2	1	JNC rel	2	2
XCH A, Rn	1	1	AJMP addr11	2	2
MOV direct, @Ri	2	2	JB bit, rel	3	2
XCH A, direct	2	1	LCALL addr16	3	2
MOV direct, Rn	2	2	JNB bit, rel	3	2
XCHD A, @Ri	1	1	LJMP addr16	3	2
MOV direct, direct	3	2	JBC bit, rel	3	2
MOV direct, ＃data	3	2	SJMP rel	2	2
			CJNE A, direct, rel	3	2
CJNE @Ri, ＃data, rel	3	2	JMP @A+DPTR	1	2
DJNZ direct, rel	3	2	CJNE A, ＃data, rel	3	2
CJNE Rn, ＃data, rel	3	2	DJNZ Rn, Rel	2	2

MCS-51 单片机应用实例：

键控移位电路系统如图 2-21 所示，设计一个程序实现以下功能：SW 按下第 1 次，VD1 亮；按下第 2 次，VD1，VD2 亮；按下第 3 次，VD1，VD2，VD3 亮……SW 按下第 7 次，VD1～

VD7 亮；SW 按下第 8 次，VD1 亮；SW 按下第 9 次，VD1，VD2 亮……依次轮回。

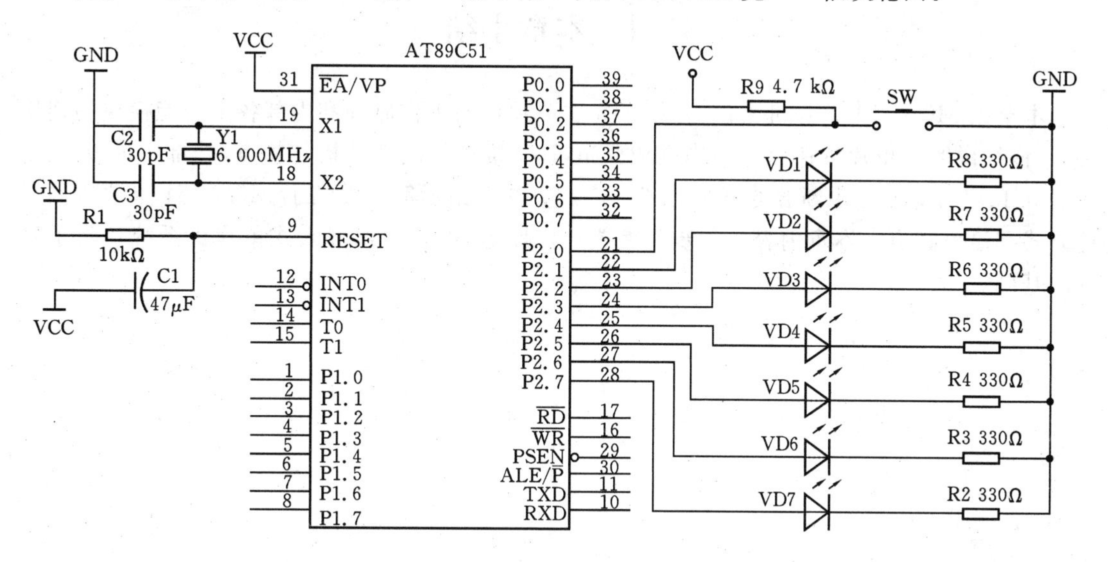

图 2－21 键控移位应用实例

解题思路：本例涉及到查询按键按下的过程，SW 没有按下时 P2.0 为高电平，按下为低电平。实际应该查询的是 P2.0 的下降沿，P2.0 有一个下降沿，表明有一个按键按下，LED 的状态应该改变一次。

```
SW      BIT     P2.0
        ORG     0000H
LOOP0:  SETB    SW                  ;置 P2.0 为输入方式，确定循环次数为 7
        MOV     A,      #01H
        MOV     R7,     #07H
LOOP1:  MOV     C,      SW
        MOV     R6,     #255        ; 延时消抖
DELAY:  NOP
        NOP
        DJNZ    R6,     DELAY
        ANL     C,      /SW         ; 判断是否有下降沿，有则移位，否则继续查询
        JNC     LOOP1
        RLC     A
        ORL     A,      #01H        ; 显示输出，如果循环次数到则重新开始
        MOV     P2,     A
        DJNZ    R7,     LOOP1
        SJMP    LOOP0
        END
```

2.4　本章小结

本章以 MCS - 51 单片机为例，介绍了 8 位单片机的工作原理和内部各个功能模块的连接关系，详细说明了单片机存储空间构成和分布，I/O 接口的硬件结构与特点，外部中断 0/1、定时器 0/1、串口等 5 个中断源的管理方式与应用方法。最后简要总结了 MCS - 51 单片机的寻址方式和语言特点。本章内容为初步掌握单片机原理，深入学习嵌入式单片机系统奠定了良好的基础。

第3章　MSP430系列单片机结构

3.1　低功耗MSP430系列单片机简介

MSP430系列单片机是TI公司1996年开始推向市场的一种16位超低功耗的混合信号处理器(Mixed Signal Processor)。主要是针对实际应用需求,把许多模拟电路、数字电路和微处理器集成在一个芯片上,以提供“单片”的解决方案。本章仅对MSP430单片机和主要外设做一简单介绍。

3.1.1　MSP430单片机特点

1. MSP430系列单片机主要应用

(1)低功耗无线应用。

(2)消费类电子产品。

(3)计量仪表。

(4)智能感应与控制。

(5)便携式医疗设备与仪器。

(6)安全监控系统。

图3-1所示为MSP430单片机生物医学工程应用范例。

2. MSP430系列单片机主要特征

(1)超低功耗架构与高度灵活的时钟系统可显著延长电池使用寿命。

①多个振荡器可用于支持事件驱动的触发任务;

②0.1μARAM保持模式,小于1μA实时时钟模,低至165μA/MIPS;

③CPU架构具备16个寄存器、16位数据总线及16/20位地址总线,能最大限度地降低内存存取功耗;

④快速矢量中断结构,能够显著降低CPU软件标志轮询浪费。

(2)更高性能。

①高达25 MHz;

②指令速度高达16MIPS;

③1.8V ISP闪存,可擦除并写入;

④带自动防护功能的高灵活性时钟系统;

⑤用户定义的引导加载程序;

⑥高达1 MB的线性存储器寻址。

(3)集成各种智能外设。各种高性能模拟与数字外设可大幅减轻CPU工作量。

(4)易于设计。全套开发工具售价低至20美元,并免费提供集成开发环境。

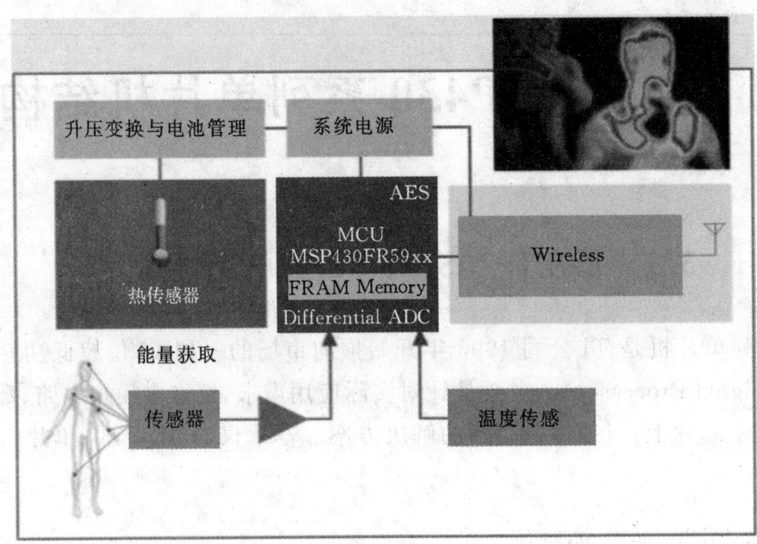

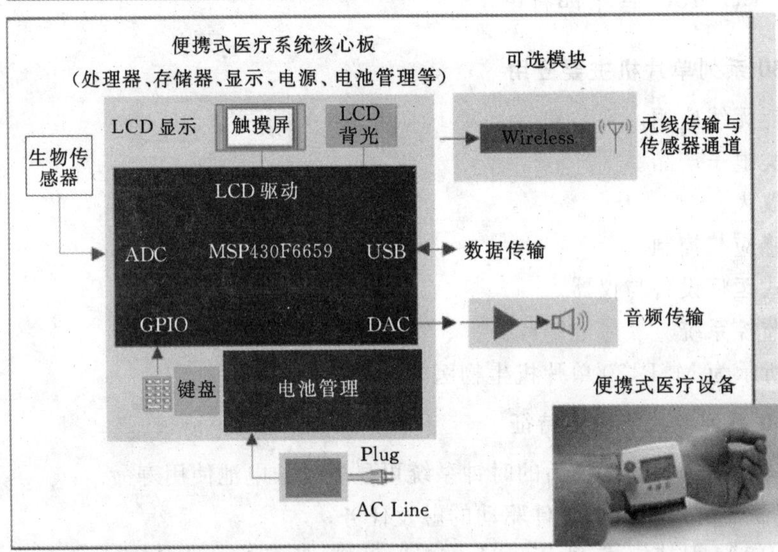

图 3-1 MSP430 单片机生物医学工程应用范例

(5)16 位 RISC CPU 能够以极少的代码量实现新型应用。

(6)器件配置：

①1 KB 至 256KB 闪存；

②高达 16KB RAM；

③14～100 引脚封装选项。

MSP430 MCU 采用正交架构，可提供 16 个高度灵活的、可完全寻址的单周期 16 位 CPU 寄存器，以及强大的 RISC 性能。该 CPU 的新型设计不仅简洁，而且功能十分丰富。CPU 内核采用 16 个 16 位寄存器、27 条内核指令以及 7 种寻址模式，从而可以实现更高的处理效率与代码密度。这样的 16 位低功耗 CPU 相对于其他单片机而言，能够更高效地进行运算处理，体积更小而且代码效率更高，能以极少的代码量开发出超低功耗的高性能新型应用。

MSP430 专为超低功耗性能而精心设计，实施高度灵活的时钟系统、多种操作模式以及零功耗 BOR，不仅可大幅降低功耗，同时还能显著延长电池使用寿命。许多 MSP430 客户已开发出可连续运行超过 10 年以上的电池供电产品。

3.1.2　MSP430 单片机外设概述

MSP430 具有丰富的外设资源，使用外设只需要很少的软件服务即可实现，这些外设硬件资源可以满足用户各种特殊的应用需求。

A/D 转换器(ADC10/ADC12)：可支持速率超过 200Kbps 的高速 10 位或 12 位模数转换。该模块采用的 10 位或 12 位 SAR 内核，具备 5/8/12 组输入通道、采样选择控制、1.5V/2.5V 基准信号发生器以及内部温度传感器等。ADC10 具备数据传输控制器(DTC)，ADC12 则具备 16 字转换与控制缓冲器，这些特性允许在无 CPU 干预的情况下进行转换与存储。

欠压复位电路(Brown-out Reset，BOR)：可对欠压情况进行检测，同时复位电路能够在提供或者断开电源时通过触发 POR 信号对器件进行复位。MSP430 零功耗 BOR 电路能够在所有低功耗模式下均保持工作状态。

模拟电压比较器(Comparator_A/A＋)：可支持精确的斜率模数转换、电压监控及外部模拟信号监控等，能够实现准确的电压与电阻值测量。该模块采用可选的参考电压发生器和输入多路复用器(Comp A＋)。

D/A 转换器(DAC12)：DAC12 是一种 12 位电压输出 DAC，具有内部或外部参考电压选项，可实现最低功耗的可编程建立时间，同时还能够配置为 8 位或 12 位工作模式。当存在多组 DAC12 模块并行工作时，可以将其编成一组以实现同步升级运行。

直接存储器存取(Direct Memory Access，DMA)：能够在无需 CPU 干预的情况下在整个地址段上将数据从一个地址传输至另一个地址。DMA 不仅可显著增加外设模块的吞吐量，而且还能大幅降低系统功耗。该模块具有 3 个独立传输通道。

单相电能计量模块(ESP430，集成于 FE42x 器件)：ESP430CE1 模块将 SD16、硬件乘法器以及 ESP430 嵌入式处理器引擎进行了完美集成，非常适用于单相电能测量应用。该模块在无需 CPU 的情况下也能够独立进行测量计算。

闪存：MSP430 闪存可实现位、字节和字的可寻址与可编程特性。主存储器段大小为 512 字节。此外，每个 MSP430 还可为 EEPROM 仿真提供高达 256 字节的闪存信息存储器。通过 JTAG 调试接口、引导加载程序(Bootstrap Loader)和在系统工具(in-system)可对闪存进行读取、擦除和写入操作(100 000 个周期)。

I/O 接口：MSP430 器件拥有多达 12 个数字 I/O 端口。每个端口均有 8 个 I/O 引脚。每个 I/O 引脚均可配置为输入或输出，并可被独立地读取或者写入。P1 与 P2 端口都具有中断能力。MSP430F2xx，5xx 及 4xx 器件拥有可单独配置的内置上拉或下拉电阻。

液晶显示模块(LCD/LCD_A)：LCD/LCD_A 控制器可自动生成多达 160 段的信号，能够直接驱动 LCD 显示器。MSP430LCD 控制器可支持静态、2/3/4 组多路复用 LCD。LCD_A 模块包含可用于控制对比度的集成充电泵。

硬件乘法器模块(MPY)：MPY 可支持 8/16 位带正负或者不带正负符号的乘法，并可选择“乘法与累加”功能，还可以支持 DMA 模式进行存取。F47xx 与 F5xx 系列器件上的 MPY 还支持 32×32 位的运算。

运算放大器模块(OpAmp):MSP430集成运算放大器具有单电源、低电流工作模式,轨至轨输出以及可编程建立时间等优异特性。可编程的内部反馈电阻以及多个运算放大器之间的相互连接能够实现各种软件可选择的配置选项,如单位增益模式、比较器模式、反向PGA、非反向PGA、差分以及仪表放大器等。

实时时钟/基本定时器:单片机内部拥有两个可串联形成16位定时器/计数器的独立8位定时器。两个定时器均可用软件读写。可将BT进行扩展以实现集成型RTC。内部日历系统能针对天数不足31天的月份进行自动调整补偿,而且可支持闰年的自动适应。

SCAN IF模块:该模块是一种可编程状态机,具有能够以最低功耗自动测量线性或旋转运动的模拟前端,并支持各种类型的LC与阻性传感器和正交编码。

SD16/SD16_A模块:具备多达3个内部参考电压为1.2V的16位Δ-ΣA/D转换器。每个模数转换器拥有8个全差分复用的输入,如内置温度传感器。该转换器为过采样比率可选的二阶过采样Δ-Σ调制器,SD16_A过采样比率最大为1024,SD16为256。

电源电压监控器(SVS):SVS是一种用于监控AVCC电源电压或外部电压的可配置模块。当电源电压或外部电压降至用户所选阈值时,SVS可设置标志或触发POR复位。

异步16位定时器/计数器(Timer_A/Timer_B):具备多达7个采集/比较寄存器与4种运行模式。这些定时器在支持多种采集/比较模式、PWM输出与内部定时的同时,还具有各种中断功能。

通用同步/异步接收/传输外设接口(USART):支持与同一硬件模块的异步RS-232和同步SPI通信。此外,MSP430F15x与MSP430F16x的USART模块还支持I^2C接口标准,以及可编程波特率和独立的接收与传输中断功能。

USB接口模块:该模块完全符合USB2.0规范,并可支持控制、中断以及数据速率为12Mbps(全速)的批量传输。该模块支持USB悬挂、恢复以及远程唤醒等运行,并可配置成多达8组输入与8组输出端点。该模块包括集成型物理接口(PHY)、USB时钟生成锁相环(PLL),以及可进行总线供电与器件自行供电的高灵活性电源系统。

通用串行通信接口模块(USCI):具有两组可同时使用的独立通道。异步通道(USCI_A)支持UART模式、SPI模式、IrDA的脉冲成形以及LIN通信的自动波特率检测。同步通道(USCI_B)支持I^2C和SPI模式。

通用串行接口模块(USI):USI是一种数据宽度高达16位的同步串行通信接口,可支持SPI与I^2C通信,对软件的要求非常低。

Watchdog模块:在发生软件问题后可执行受控系统重启。如果达到设定的时间间隔,将重新生成系统复位。如果应用不需要监控功能,则模块可配置为间隔定时器,并在设定的时间间隔生成中断。

3.1.3 MSP430单片机选型

应用MSP430系列单片机构建应用系统,进行总体设计时要考虑选型的问题。选择MSP430系列单片机型号应该遵循以下原则:

(1)选择最容易实现设计目标且性能/价格比高的机型。

(2)在研制任务重,时间紧的情况下,首先选择熟悉的机型。

(3)欲选的机型在市场上要有稳定充足的货源。

TI 公司的 MSP430 系列单片机种类齐全，用户可以根据应用需求选择合适的芯片（参见附录 A），各系列的性能比较如图 3 - 2 所示。其 4 大主流系列的主要特点如下：

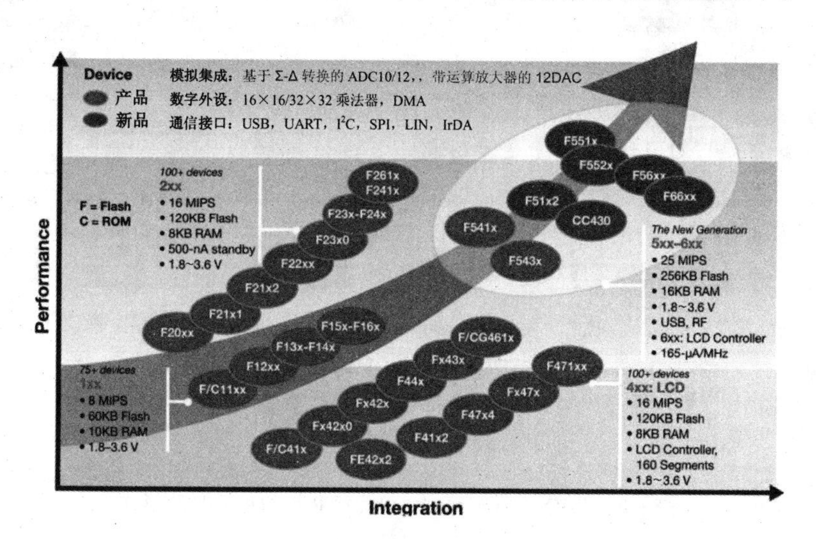

图 3 - 2　MSP430 系列单片机性能比较

（1）MSP430x1xx——基于闪存/ROM 的 MCU，可提供 1.8～3.6V 的工作电压、高达 60KB的存储器、8 MIPS 的运行速度以及丰富的片内外设功能模块。

（2）MSP430F2xx——基于闪存的系列，具有低功耗特性，并能在 1.8～3.6V 的工作电压下实现高达 16MIPS 的性能。其他增强特性包括±1%片上超低功耗振荡器、内部上拉/下拉电阻以及低引脚数选择等。

（3）MSP430x4xx——基于闪存/ROM 的器件可提供 1.8～3.6V 的工作电压、高达120KB 的闪存/ROM 和 16MIPS（带 FLL＋SVS）的性能，以及集成 LCD 控制器，适用于低功耗仪表测量和医疗应用。

（4）MSP430F5xx/6xx——最新的基于闪存的产品系列，具有业界最低的功耗以及高达 25MIPS 的性能，可提供 1.8～3.6V 的工作电压。特性包括可用于优化功耗的电源管理模块、内部控制稳压器、集成 LDC 驱动器（部分器件），以及高达 256 KB 的各种存储选项。

MSP430 系列的 FLASH 型单片机在系统设计、开发调试及实际应用上都具有显著优势，使应用程序升级和代码改进更为方便，成为国内应用的主流机型。其存储器模块是目前业界所有内部集成 FLASH 存储器产品中能耗最低的一种，消耗功率仅为其他采用 FLASH 存储器的微控制器的 1/5。FLASH 的主要优点是结构简单，集成密度大，电可擦写，成本低。由于 FLASH 可以局部擦除，且写入、擦除次数可达数万次以上，从而使开发微控制器不再需要昂贵的专用仿真器。

在选型时，芯片封装也是一个很重要的因素，TI 公司关于 MSP430 系列单片机的封装类型如图 3 - 3 所示。

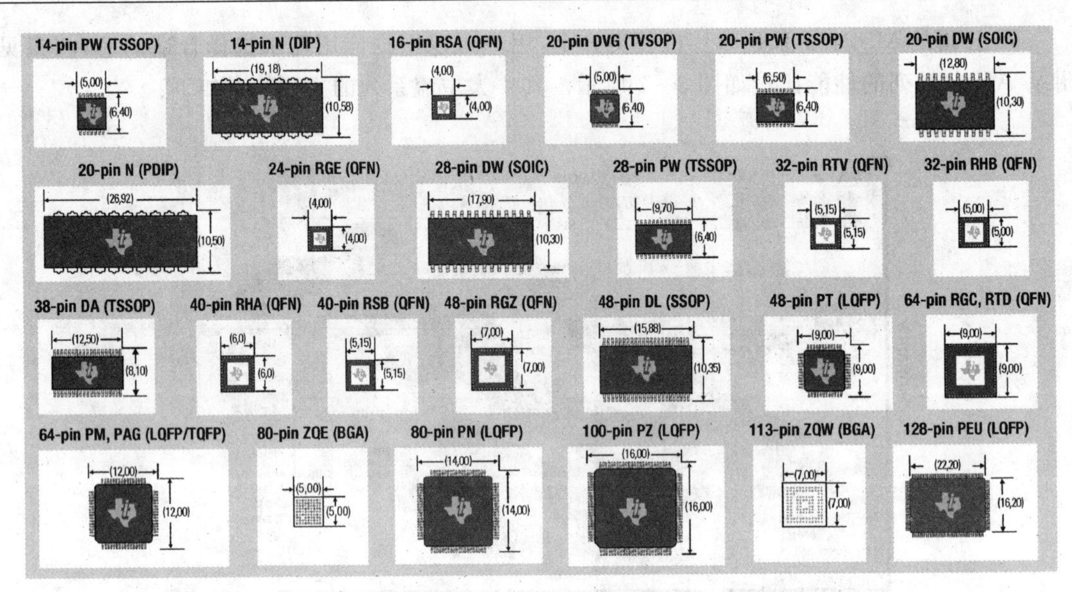

图 3-3　TI 公司的 MSP430 单片机芯片的主要封装形式

3.2　MSP430 单片机主要结构特点

单片机在结构上突破了典型微机按逻辑功能决定芯片结构和侧重于数据处理的传统思想，将构成计算机的中央处理器、存储器、IO 模块、相关接口电路以及连接它们的总线集成在一块芯片上。在众多的单片机中，TI 公司的 MSP430 系列单片机具有良好的性能。这里概要介绍 MSP430 单片机的结构、CPU、存储器和外围模块的结构与组织方式，以及它的功耗管理部件。

3.2.1　MSP430 结构概述

MSP430 系列单片机包含 CPU、存储器、外设等三大主要功能部件，其内部结构如图 3-4 所示。

从图中可以看出，MSP430 系列单片机的结构具有以下特征：

(1)16 位 CPU 通过总线连接到存储器和外围模块。

(2)直接嵌入仿真器处理，具有 JTAG 接口。

(3)能够降低功耗，降低噪声对存储器存取的影响。

(4)16 位数据宽度，数据处理更为有效。

1. CPU

MSP430 系列单片机的 CPU 和通用微处理器基本相同，只是在设计上采用了面向控制的结构和指令系统。MSP430 的内核 CPU 结构是按照精简指令集和高透明的宗旨设计的，使用的指令有硬件执行的内核指令和基于现有硬件结构的仿真指令，这样可以提高指令执行速度和效率，增强 MSP430 的实时处理能力。

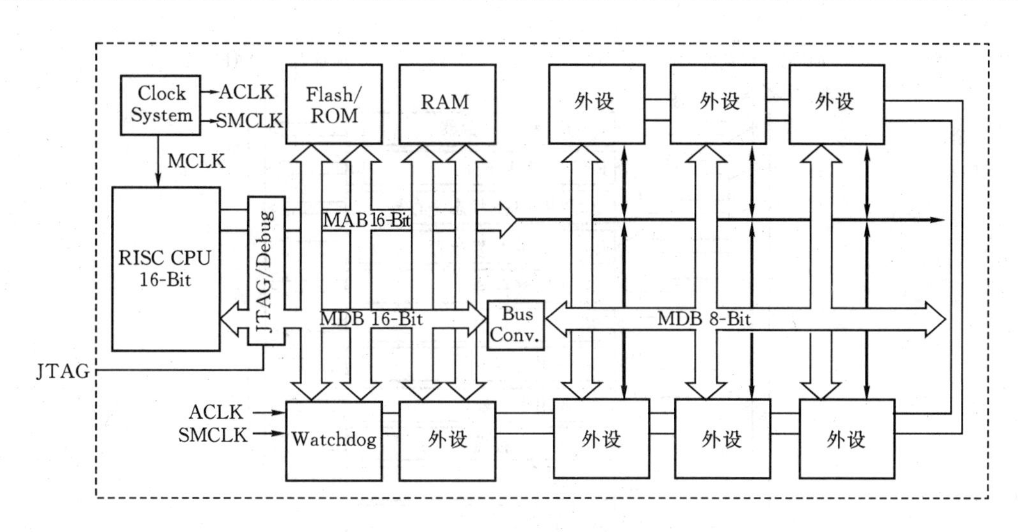

图 3-4　MSP430 系列单片机结构

2. 存储器

存储器完成存储程序、数据以及外围模块的运行控制信息，分为程序存储器和数据存储器。对程序存储器访问总是以字的方式取得代码，对数据可以用字或字节方式访问。其中MSP430 各系列单片机的程序存储器有 ROM，OTP，EPROM 和 FLASH 型等类型。

3. 外围模块

外围模块经过 MAB/MDB 中断服务及请求线与 CPU 相连。MSP430 不同系列产品所包含外围模块的种类及数目可能不同，但总是对下面的这些外设的不同组合：10/12/16 位ADC、12 位 DAC、比较器、LCD 驱动器、电源电压监控、串行通信（USART、I2C、SPI）、红外线控制器（IrDA）、硬件乘法器、DMA 控制器、温度传感器、看门狗计时器、定时器 A、定时器 B、IO 端口 1～8（P1～P8）、基本定时器、实时时钟模块 RTC、运算放大器以及扫描接口（Scan IF）。

3.2.2　MSP430 CPU 的功能特点

MSP430 系列单片机的 CPU 采用 16 位精简指令系统，可实现最佳的性能，并得到更少的代码空间。集成有 16 位寄存器和常数发生器，能够发挥最高代码效率。外围模块通过数据、地址和控制总线与 CPU 相连，CPU 可以很方便地通过所有对存储器操作的指令对外围模块进行控制。

1. MSP430 CPU 的主要特征和功能

MSP430 的内核 CPU 结构是按照精简指令集和高透明的宗旨来设计的，其结构框图如图 3-5 所示，它采用的是冯·诺依曼结构，ROM 和 RAM 在同一地址空间，使用同一组地址数据总线，采用 16 位结构 CPU。它采用了精简、高透明、高效率的正交设计，包括一个 16 位的算术逻辑单元（ALU）、16 个寄存器和一个指令控制单元。16 个寄存器中有 4 个特殊功能寄存器和 12 个通用寄存器。

MSP430 单片机的 CPU 具有的功能：

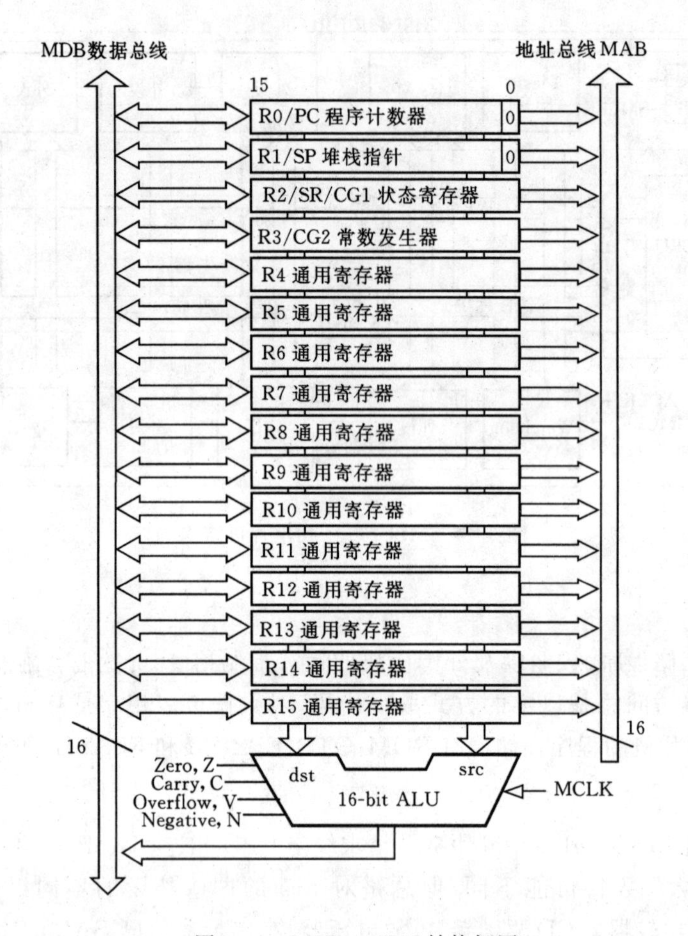

图 3-5　MSP430CPU 结构框图

(1)可进行算术和逻辑运算。

(2)可保存少量数据。

(3)能对指令进行译码并执行规定的动作。

(4)能和存储器、外设交换数据。

(5)提供整个系统所需要的定时和控制。

(6)可以响应其他部件发来的中断请求。

要掌握 MSP430 系列单片机 CPU 的工作性能和使用方法,首先应该了解它的编程结构。所谓编程结构,就是指从程序员和使用者的角度看到的结构,当然这种结构与 CPU 内部的物理结构和实际布局是有差别的。MSP430 CPU 包括 1 个 16 位的 ALU、16 个寄存器和 1 个指令控制单元。

2. MSP430 CPU 的寄存器资源

寄存器是 CPU 的重要资源。寄存器操作可以缩短指令执行时间,能够在一个周期内完成寄存器之间的操作。寄存器还可以用来保存少量数据,减少访问存储器时间,充分利用寄存器完成程序设计任务,可以充分发挥单片机优势。MSP430 CPU 的 16 个寄存器简要说明如表 3-1 所示。

表 3-1　MSP430 CPU 的 16 个寄存器

名称	功能
R0	程序计数器 PC
R1	堆栈指针 SP
R2	状态寄存器 SR/常数发生器 CG1
R3	常数发生器 CG2
R4～R15	通用寄存器 R4～R15

在 16 个寄存器中，R4～R15 为通用寄存器，用来保存参加运算的数据以及运算的中间结果，也用来存放地址，R0～R3 还分别作为程序计数器、堆栈指针、状态寄存器和常数发生器使用。

1)程序计数器 PC

MSP430 单片机的指令根据其操作数的多少，其指令长度分别为 1,2 或 3 字长，程序流程通过程序计数器控制，程序计数器存放着下一条将要从程序存储器中取出的指令的地址，程序计数器 PC 的内容总是偶数，指向偶字节地址。程序计数器 PC 可以像其他寄存器一样用所有指令和所有的寻址方式访问，但对程序存储器的访问必须以字为单位，否则会清除高位字节。程序计数器 PC 变化的轨迹决定程序的流程，程序计数器 PC 的宽度决定了程序存储器可以直接寻址的范围。在 MSP430 单片机中，程序计数器是一个 16 位的计数器，最多可以直接寻址 64KB 存储空间。

执行条件或无条件转移指令、调用指令或响应中断时，程序计数器 PC 将被置入新的数值，程序的流向发生变化。其他时候，程序计数器自动增加。

2)堆栈指针 SP

系统堆栈在系统调用子程序或进入中断服务程序时，能够保护程序计数器 PC，然后将子程序的入口地址或者中断矢量地址送程序计数器，执行子程序或中断服务程序。子程序或中断服务程序执行完毕，遇到返回指令时，将堆栈的内容送到程序计数器中，程序流程又返回到原来的地方，继续执行。此外，堆栈可以在函数调用期间保存寄存器变量、局部变量和参数等。

堆栈指针 SP 总是指向堆栈的顶部，采用满递减的方式：系统在将数据压入堆栈时，总是先将堆栈指针 SP 值减 2，然后再将数据送到 SP 所指的 RAM 单元中；将数据从堆栈中弹出正好和压入过程相反，即先将数据从 SP 所指的内存单元取出，再将 SP 值加 2。

堆栈的大小受到可用 RAM 的限制，程序中每个使用堆栈的部分必须只有相关的信息保存在堆栈中，而其他所有无关的数据需要整理清除。否则，堆栈可能发生上溢或下溢。如果采用复杂的堆栈处理方式，建议设计好堆栈存储项目和堆栈指针。堆栈指针的任何定位错误都将导致程序失败。

3)状态寄存器 SR

MSP430 的状态寄存器有 16 位，当前用了前 9 位，各位定义如表 3-2 和表 3-3 所示。

表 3-2 状态寄存器的结构

D15～D9	D8	D7	D6	D5	D4	D3	D2	D1	D0
	V	SCG1	SCG0	Osc OFF	CPU OFF	GIE	N	Z	C

表 3-3 系统时钟的状态

SCG1	SCG0	系统时钟的状态
0	0	SMCLK,ACLK
0	1	SMCLK,ACLK
1	0	ACLK
1	1	ACLK

其中,状态标志表示前面的操作执行后,算术逻辑部件处于怎样的一种状态,这种状态会像某种先决条件一样影响后面的操作。控制标志是人为设置的,每个控制标志都对一种特定的功能起着控制作用。

状态寄存器只能用寄存器方式访问,每个状态可以单独,也可以与其他位一起被置位或复位,这个特点可用于子程序中的状态转换。

4)常数发生器 CGl 和 CG2

经常使用的常数可以用常数发生器产生,而不必占用一个 16 位字。所用常数的数值由寻址位 As 来定义,硬件完全自动地产生数字－1,0,1,2,4,8,如表 3-4 所示。

表 3-4 常数发生器 CGl 和 CG2 的值

寄存器	As	常数	说明
R2	00		寄存器模式
R2	01	(0)	绝对寻址模式
R2	10	0004H	＋4
R2	11	0008H	＋8
R3	00	0000H	0
R3	01	0001H	＋1
R3	10	0002H	＋2
R3	11	0FFFFH	－1

3.2.3 MSP430 存储器的结构和地址空间

1. 存储空间概述

微型计算机的存储器组织一般有两种形式:一种是统一结构,在这种结构中数据与程序合用一个存储空间;另一种是独立结构,这种结构把数据存储空间和程序存储器空间相互分隔开来。

MSP430 系列单片机存储器采用统一编址的结构，在物理上完全分离各个存储区域：ROM/FLASH、RAM、外围模块、矢量表等，被安排在同一地址空间，这样就可以使用一组地址、数据总线、相同的指令对它们进行字节或字形式访问。MSP430 系列单片机存储器的这种组织方式和 CPU 采用精简指令集方式相互协调，对外围模块的访问不需要单独的指令，该结构为软件的开发和调试提供了便利。

现以 64 KB 的存储空间为例说明 MSP430 的存储器使用情况。如图 3－6 所示的不同系列的 MSP430 单片机的存储空间安排，它们具有以下特点：

(1)MSP430 不同系列器件的存储空间分布有很多相同之处。

(2)中断向量被安排在相同的空间：0FFE0H ~0FFFFH。

(3)8 位、1 6 位外围模块占用相同范围的存储器地址。

(4)特殊功能寄存器占用相同范围的存储器地址。

(5)数据存储器都从 0200H 处开始。

(6)程序存储器的最高地址都是 0FFFFH。

(7)程序存储器容量不一样，所以起始地址也不一样，增加的容量从 10000H 开始。

(8)数据存储器的末地址不一样。

(9)中断向量和 8 位、16 位外围模块的内容不同。

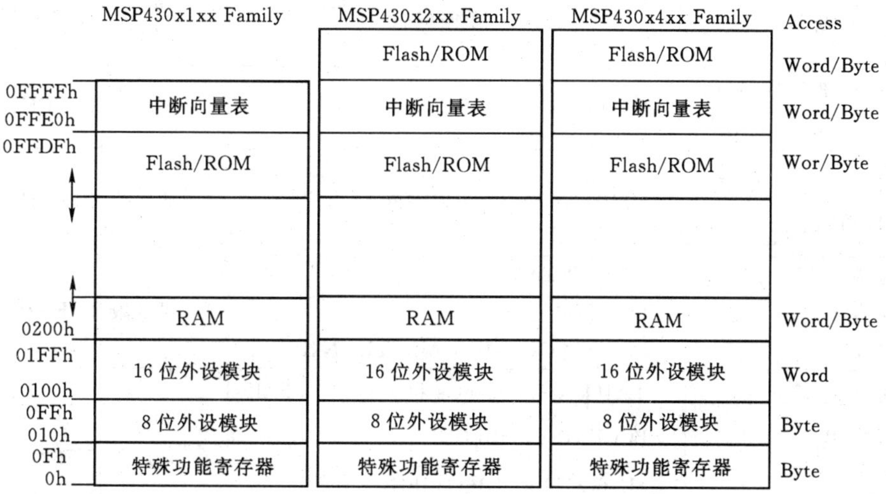

	MSP430x1xx Family	MSP430x2xx Family	MSP430x4xx Family	Access
		Flash/ROM	Flash/ROM	Word/Byte
0FFFFh 0FFE0h	中断向量表	中断向量表	中断向量表	Word/Byte
0FFDFh	Flash/ROM	Flash/ROM	Flash/ROM	Wor/Byte
0200h	RAM	RAM	RAM	Word/Byte
01FFh 0100h	16 位外设模块	16 位外设模块	16 位外设模块	Word
0FFh 010h	8 位外设模块	8 位外设模块	8 位外设模块	Byte
0Fh 0h	特殊功能寄存器	特殊功能寄存器	特殊功能寄存器	Byte

图 3－6　不同系列的 MSP430 存储空间分配表

2. 数据存储器

MSP430 单片机的数据存储器是最灵活的地址空间，位于存储器地址空间的 0200H 单元以上，这些存储器一般用于堆栈和变量，如存放经常变化的数据：采集到的数据、输入的变量、运算的中间结果等。堆栈是具有先进后出特殊操作的一段数据存储单元，可以在子程序调用、中断处理或者函数调用过程中保存程序指针、参数、寄存器等。

MSP430 单片机的数据存储器可以字操作或者字节操作。通过指令后缀加以区别。字节和字指令具有相同的代码效率。尽可能使用字操作。字节操作可以是奇地址或者偶地址，在

字操作时,每两个字节为一个操作单位,必须对准偶地址。例如:

```
MOV.B    #20H,    &221H   ; 执行后221H单元的内容为20H
MOV.B    #324H,   &221H   ; 执行后221H单元的内容为24H
MOV.W    #3234H,  &222H   ; 执行后222H单元的内容为34H,执行后221H单元的内容为
                            32H
MOV.W    #324H,   &221H   ; 执行后221H单元的内容为03H,220H单元的内容为24H
```

FLASH型MSP430系列单片机的存储器还有信息存储器,也可以当作数据RAM使用,同时由于它是FLASH型,掉电后数据不丢失,因此可以保存重要参数。

3. 程序存储器

程序存储器/FLASH是0FFFFH以下的一定数量存储空间,可存放系统程序或者应用程序及常数。可以避免断电等意外情况而造成存储的信息丢失。程序代码必须偶地址寻址。程序代码包括中断向量区、用户程序代码和系统引导程序(FLASH型)。

1)中断向量区

中断向量区含有相应中断处理程序的16位入口地址,以MSP430F4XX系列为例进行说明,如表3-5所列。

表3-5 MSP430FXX单片机中断向量表

中断源	中断标志	系统中断	字地址	优先级
上电、外部复位、看门狗、FLASH password	WDTIFG,KEYV	复位	FFFEH	15
NMI、振荡器出错、FLASH访问非法	NMIFG,OFIFG,ACCVIFG	非屏蔽	FFFCH	14
定时器1_A5 定时器_B ESP430	TA1CCR0,CCIFG BCCIFG0 MBCTL_OUTxIFG,MBCTL_INxIFG	可屏蔽	FFFAH	13
定时器1_A5 定时器_B SD16	TA1CCR1-4,CCIFGs和TA1CTL,TAIFG BCCIFG1-6,TBIFG SD16CCTLx SD16OVIFG, SD16CCTLx SD16IFG	可屏蔽	FFF8H	12
比较器	CMPAIFG	可屏蔽	FFF6H	11
看门狗定时器	WDTIFG	可屏蔽	FFF4H	10
USART0接收 Scan IF USCI_A0/B0接收	URXIFG0 SIFIFG0-6 UCA0RXIFG, UCB0RXIFG(SPI模式)或UCB0XTAT, UCALIFG, UCNACKIFG, UCSTTIFG,UCSTPIFG(I^2C模式)	可屏蔽	FFF2H	9

续表 3－5

中断源	中断标志	系统中断	字地址	优先级
USART0 发送 USCI_A0/B0 发送	UTXIFG0 UCA0TXIFG, UCB0TXIFG（SPI 模式）或 UCB0RXIFG 和 UCB0TXIFG(I²C 模式)	可屏蔽	FFF0H	8
ADC SD16_A	ADCIFG SD16CCTLxIFG,SD16OVIFG,SD16CCTLx,SD16IFG	可屏蔽	FFEEH	7
定时器_A3/定时器 0_A3 定时器_A	TACCR0/TA0CCR0,CCIFG CCIFG0	可屏蔽	FFECH	6
定时器_A3/定时器 0_A3 定时器_A	TACCR1/TA0CCR1 和 TACCR2/TA0CCR2 CCIFGs 及 TACTL/TA0CTL TAIFGCCIFG1-2,TAIFG	可屏蔽	FFEAH	5
P1 端口	P1IFG.0～P1IFG.7	可屏蔽	FFE8H	4
DAC12 DMA 串口 1 接收 USCI_A1/B1 接收	DAC12_0IFG,DAC12_1IFG DMA0IFG URXIFG1 UCA1RXIFG, UCB1RXIFG（SPI 模式）或 USB1XTA, UCALIFG,UCNACKIFG,UCSTTIFG,UCSTPIFG(I²C 模式)	可屏蔽	FFE6H	3
串口 1 发送 USCI_A1/B1 发送	UTXIFG1 UCA1TXIFG, UCB1TXIFG（SPI 模式）或 UCB1RXIFG 和 UCB1TXIFG(I²C 模式)	可屏蔽	FFE4H	2
P2 端口	P2IFG.0～P2IFG.7	可屏蔽	FFE2H	1
基本定时器	BTIFG	可屏蔽	FFE0H	0

表 3－5 中有多源中断，多个中断事件对应同一个中断向量。例如，地址 0FFFEH，0FFFCH，0FFF8H，0FFFAH，0FFE4H 和 0FFE2H 所对应的中断，其中任何一个中断事件出现，对应的中断标志都被置位，中断响应时要用软件判断是哪一个中断源。中断标志不能自动清零，需要用软件清除。

中断事件在提出中断请求的同时，通过硬件向主机提供向量地址。目前，大多数单片微型计算机的向量地址是中断向量表的指针，即向量地址指向一个中断向量表，从中断向量表的相应单元中再取出中断服务程序的入口地址，所以中断向量地址是中断服务程序入口地址的地址。中断向量用于程序计数器 PC 增加偏移，以使中断处理软件在相应的程序位置继续运行，这样能够简化中断处理程序。

2)用户程序区

用户程序区一般用来存放程序与常数或表格。MSP430 单片机的存储结构尤其允许存放大的数表,并且可以用所有的字和字节指令访问这些表。表格的使用可为程序设计提供快速清晰的编程风格。

3)含有 BOOTSTRAP 装载器的引导程序区

MSP430 系统的 FLASH 型单片机具有片内的引导程序,可以实现程序代码的读/写操作,利用它只需几根线就可以修改、运行内部的程序,为系统软件的升级提供了又一种方便的手段。例如,芯片可以将模块寄存器或存储器数据送到管脚 P1.0 实现数据输出,也可以将数据从管脚 P1.1 写入到 FLASH 存储器中。

4. 外围模块寄存器

单片机片内所有外围模块都可以用软件访问和控制,外围模块相关的控制寄存器和状态寄存器都被安排在 000H~01FFH 范围的 RAM 中。MSP430 单片机可以像访问普通 RAM 单元一样对这些寄存器进行操作。这些寄存器也分为字节和字结构,其中 0100H~01FFH 作为字模块,0010H~00FFH 作为字节模块,0000H~000FH 保存特殊功能寄存器 SFR,这些寄存器的数量和定义与具体芯片型号有关。表 3-6 给出了 MSP430F4XX 系列单片机外围模块在最低端存储空间中的地址分配形式,并对 SFR 的各字段定义做出简单说明。

表 3-6 外围模块地址分配表

地址	说明(字模块)	地址	说明(字节模块)	地址	说明(SFR)
1F0H~1FFH	ESP430,Scan IF	0F0H~0FFH	保留	0FH	无定义
1E0H~1EFH	ESP430,DMAScan IF	0E0H~0EFH	保留	0EH	无定义
1D0H~1DFH	ESP430,Scan IFDMA	0D0H~0DFH	USCI	0DH	无定义
1C0H~1CFH	DAC12,ESP430,Scan IF	0C0H~0CFH	OA,OA/GND SwitchesUSCI	0CH	无定义
1B0H~1BFH	Scan IF	0B0H~0BFH	sd16	0BH	无定义
1A0H~1AFH	ADC12 控制和中断	0A0H~0AFH	液晶模块	0AH	无定义
190H~19FH	定时器 A,定时器 B	090H~09FH	液晶模块	09H	无定义
180H~18FH	定时器 A,定时器 B	080H~08FH	ADC12 存储控制	08H	无定义
170H~17FH	定时器 A,USCI	070H~07FH	串口 1/串口 0	07H	无定义
160H~16FH	定时器 A,USCI	060H~06FH	USCI	06H	无定义
150H~15FH	ADC12 转换,32 位硬件乘法器,ESP430	050H~05FH	比较器 A,系统时钟 Brown out,SVS,USCI	05H	模块允许 2:ME2
140H~14FH	ADC12 转换,32 位硬件乘法器	040H~04FH	基本定时器,RTC	04H	模块允许 1:ME1
130H~13FH	硬件乘法器	030H~03FH	端口 6/端口 5/端口 8/端口 7	03H	中断标志 2:IFG2
120H~12FH	看门狗,FLASH 控制,DMA	020H~02FH	端口 2/端口 1	02H	中断标志 1:IFG1
110H~11FH	SD16	010H~01FH	端口 3/端口 4	01H	中断允许 2:IE2
100H~10FH	SD16	000H~00FH	SFR,端口 6/端口 5	00H	中断允许 1:IE1

1)中断使能 1 寄存器(IE1)

该寄存器主要有 6 个中断使能位,控制着 6 个模块的中断使能(见表 3-7)。

表 3-7　中断使能 1 寄存器(IE1)的位分配

D7	D6	D5	D4	D3	D2	D1	D0
UTXIE0	URXIE0	ACCVIE	NMIIE			OFIE	WDTIE

UTXIE0:USART0 模块的传输中断使能控制位,1 使能/0 禁止。
URXIE0:USART0 模块的接收中断使能控制位,1 使能/0 禁止。
ACCVIE:FLASH 存储器非法访问中断使能控制位,1 使能/0 禁止。
NMIIE:非屏蔽中断使能控制位,1 使能/0 禁止。
OFIE:晶体出错中断使能控制位,1 使能/0 禁止。
WDTIE:看门狗中断使能控制位,1 使能/0 禁止。

2)中断使能 2 寄存器(IE2)

该寄存器主要有 2 个中断使能位,控制着 2 个模块的中断使能(见表 3-8)。

表 3-8　中断使能 2 寄存器(IE2)的位分配

D7	D6	D5	D4	D3	D2	D1	D0
		UTXIE1	URXIE1				

UTXIE1:USART1 模块的传输中断使能控制位,1 使能/0 禁止。
URXIE1:USART1 模块的接收中断使能控制位,1 使能/0 禁止。

3)中断标志寄存器 1(IFG1)

该寄存器主要是相应模块的中断标志位,由单片机完成某种操作置位,也可由用户设置(见表 3-9)。

表 3-9　中断标志寄存器 1(IFG1)的位分配

D7	D6	D5	D4	D3	D2	D1	D0
UTXIFG0	URXIFG0		NMIIFG			OFIFG	WDTIFG

UTXIFG0:USART0 传输中断标志位,1 中断/0 没有。
URXIFG0:USART0 接收中断标志位,1 中断/0 没有。
NMIFG:非屏蔽中断标志位,1 中断/0 没有。
OFIFG:晶体出错标志位,1 中断/0 没有。
WDTIFG:看门狗中断标志位,1 中断/0 没有。处于看门狗模式下,该中断标志位由软件进行设置或者复位;处于其他模式下,则该标志位自动复位。

4)中断标志寄存器 2(IFG2)

该寄存器主要是相应模块的中断标志位,由单片机完成某种操作置位,也可由用户设置

(见表 3-10)。

表 3-10 中断标志寄存器 2(IFG2)的位分配

D7	D6	D5	D4	D3	D2	D1	D0
		UTXIFG1	UTRXIFG1				

UTXIFG1:USART1 传输中断标志位,1 中断/0 没有。

URXIFG1:USART1 接收中断标志位,1 中断/0 没有。

5)模块使能 1 寄存器(ME1)

该寄存器主要有 2 个中断使能位,控制着 USART0 模块工作(见表 3-11)。

表 3-11 模块使能 1 寄存器(ME1)的位分配

D7	D6	D5	D4	D3	D2	D1	D0
UTXE0	URXE0/USPIE0						

UTXE0:USART0 的传输使能,1 使能/0 禁止。

URXE0/USPIE0:USART0 模块接收或 SPI 模块的使能控制,1 使能/0 禁止。

6)模块使能 2 寄存器(ME2)

该寄存器主要有 2 个中断使能位,控制着 USART1 模块工作(见表 3-12)。

表 3-12 模块使能 2 寄存器(ME2)的位分配

D7	D6	D5	D4	D3	D2	D1	D0
		UTXE1	URXE1/USPIE1				

UTXE1:USART1 的传输使能,1 使能/0 禁止。

URXE1/USPIE1:USART1 模块接收或 SPI 模块的使能控制,1 使能/0 禁止。

3.2.4 MSP430 的功耗管理模块

1. 上电复位(POR)与上电清除(PUC)

上电复位(Power On Reset POR)与上电清除(Power Up Clear PUC)信号可以使 MSP430 系列单片机系统复位。以 MSP430X2XX 系列为例,这两种信号的产生模式如图 3-7 所示。

由图 3-7 可以看出,POR 信号和 PUC 信号是由特定的事件产生的。当 POR 信号产生时同时产生 PUC 信号,PUC 信号产生时不一定产生 POR 信号。产生 POR 信号的电压与温度有关,当电压低至 0.8 V 时程序仍有可能执行。为了确保程序正常执行,需要保证 Vcc 大于 1.8V。注意:POR 和 PUC 都不能用来作为电压检测线路,上电复位的电压 V_{POR} 与温度有关。

POR 信号由以下 3 种事件产生:

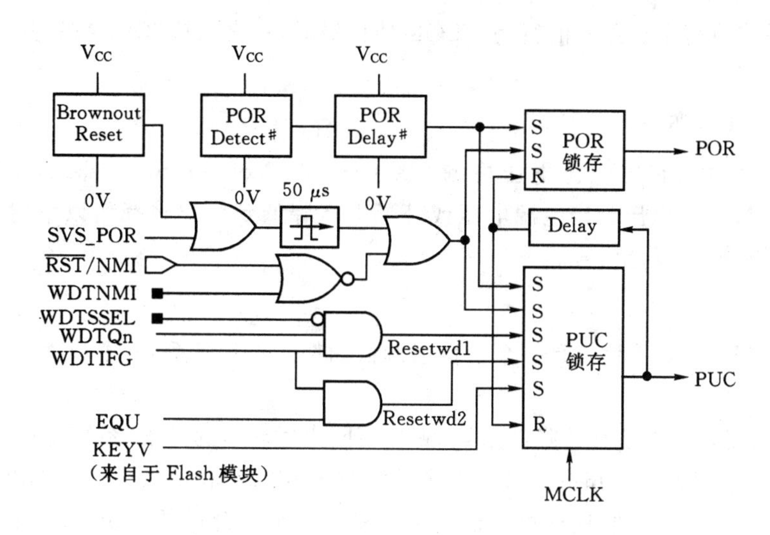

图 3-7 POR 信号和 PUC 信号的产生模式

①系统上电；

②复位模式下 RST/NM 引脚上出现低电平信号；

③当 PORON=1 时，SVS 处于低电平状态。

PUC 信号由以下事件产生：

①POR 信号；

②看门狗模式下，看门狗定时器溢出；

③看门狗控制寄存器的安全键值错误；

④FLASH 模块控制；

⑤发生 POR 信号寄存器的安全键值错误；

⑥CPU 在地址范围 0～01FFH 取指令。

POR 信号产生之后，系统的初始状态为：

①RST/NMI 引脚被设置为复位模式；

②I/O 引脚被转换成输入模式；

③状态寄存器复位；

④看门狗定时器进入到看门狗模式；

⑤程序计数器 PC 指向复位的中断向量地址 0FFFEH。

POR 和 PUC 信号产生之后，MSP430 单片机会进入一系列初始状态，在后续系统设计应用中，应根据设计要求加以利用或者避免。例如，POR 之后，看门狗自动工作于看门狗模式，此时系统如果不使用看门狗模式，应将看门狗关闭。否则，看门狗定时时间到之后，会再次引发 PUC 时间，影响到系统应用的正常执行。POR 和 PUC 信号之后对系统外设的初始状态影响不同，具体请参见各个片内外设的寄存器说明。

2. 掉电保护(BOR)

MSP430 系列单片机的多个系列型号都内置掉电保护模块(Brown Out Reset，BOR)，符合电池供电要求。当系统的工作电压低于下限或者更换电池时，BOR 会触发 POR 信号使系统复位，避免系统执行不可预测的行为。BOR 功耗极低，一直保持打开状态，其中 2 系列单片机的 BOR 零功耗。

3. 电源电压检测(SVS)

MSP430 系列单片机的电源电压检测模块(Supply Voltage Supervisor，SVS)用来监控 AVcc 电源电压或外部电压。当电源电压或外部电压降低到用户选择值以下时，SVS 可设置标志或产生一个 POR 复位信号。

4. 低功耗

TI 公司的 MSP430 单片机是一个特别强调低功耗的单片机系列，尤其适合于采用电池供电的长时间工作场合。

MSP430 应用系统为了有效降低功耗，满足不同应用环境的需求，系统提供了三种不同的时钟信号源供选择配置：辅助时钟 ACLK、主系统时钟 MCIK 和子系统时钟 SMCLK。用户通过程序可以选择低频或高频，这样可以根据实际需要来选择合适的系统时钟频率。这 3 种不同频率的时钟输出给不同的模块，从而更合理地利用系统电源，实现整个系统的超低功耗。这一点对于电池供电的系统来讲至关重要。

1)低功耗控制

MSP430 时钟系统提供了丰富的软/硬件组合形式，能够达到最低功耗并发挥最优系统性能。具体特点有：

(1)使用内部时钟发生器(DCO)，无须外接任何元件。

(2)选择外接晶体或陶瓷振荡器，可以获得最低频率和功耗。

(3)采用外部时钟信号源。

单片机时钟系统是通过 CPU 内部的状态寄存器 SR(见表 3－2)中的 SCGl，SCG0，OSCOFF 和 CPUOFF 位来控制实现不同的时钟切换和功耗控制的，即只要任意中断被响应，上述控制位就被压入堆栈保存，中断处理之后，又可以恢复先前的工作方式。在中断处理子程序执行期间，通过间接访问堆栈数据，可以操作这些位，实现另一种功耗方式运行；在中断返回(RETI)后，又恢复原先的工作方式。

2)系统工作模式

MSP430 单片机通过软件配置状态寄存器 SR 中的 4 个控制位 SCG0，SCG1，OSCOFF 和 CPUOFF，可以实现 6 种不同的工作模式：1 种活动模式和 5 种低功耗模式(参见表 3－13)。通过设置控制位，MSP430 单片机可以从活动模式进入到相应的低功耗模式，又可通过中断方式回到活动模式。图 3－8 显示了各种模式之间的关系。

表 3－13　各种工作模式下 CPU 和时钟工作状态表

模式	SCG1	SCG0	OSCOFF	CPUOFF	CPU	MCLK	SMCLK	ACLK	DCO	DC
Active	0	0	0	0	工作	工作	工作	工作	工作	工作
LPM0	0	0	0	1	停止	停止	工作	工作	工作	工作
LPM1	0	1	0	1	停止	停止	工作	工作	DCO 不用于 SMCLK 时停止	

续表 3-13

模式	SCG1	SCG0	OSCOFF	CPUOFF	CPU	MCLK	SMCLK	ACLK	DCO	DC
LPM2	1	0	0	1	停止	停止	停止	工作	停止	工作
LPM3	1	1	0	1	停止	停止	停止	工作	停止	停止
LPM4	1	1	1	1	停止	停止	停止	停止	停止	停止

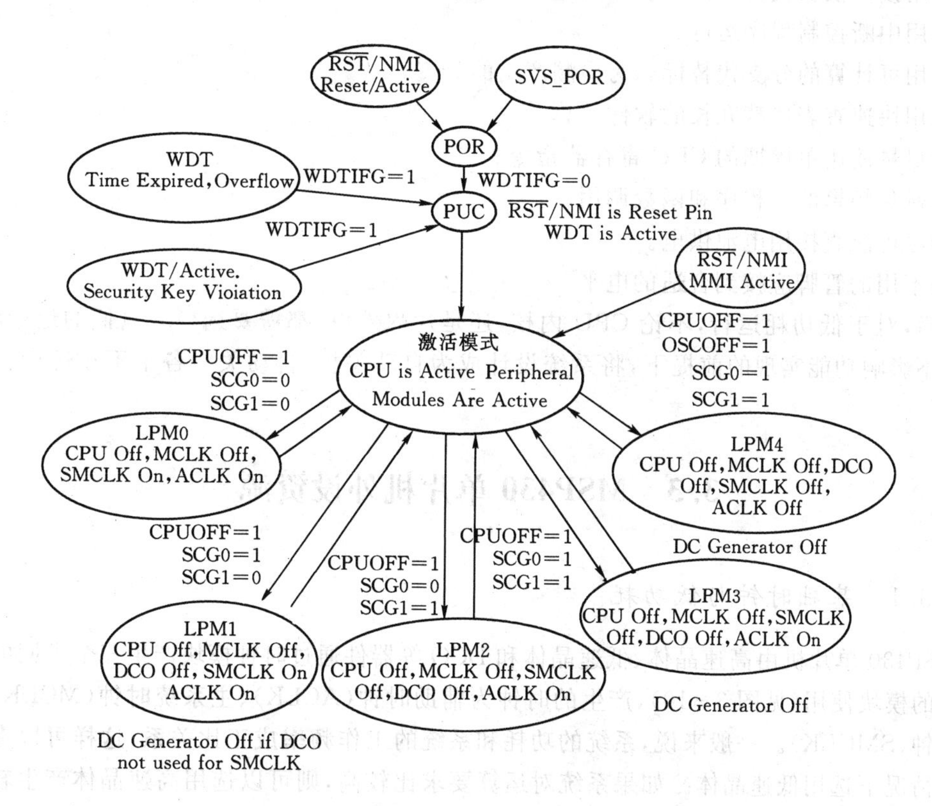

图 3-8 MSP430 单片机工作模式状态图

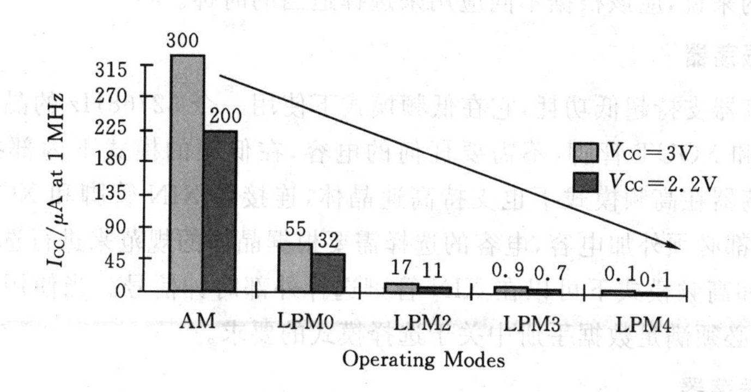

图 3-9 不同工作模式下典型电流

图 3-9 显示了不同工作模式下 MSP430 单片机的耗电情况，可以看出在 4 种低功耗模式

下耗电是非常低的。

3)低功耗运行原则

一般的低功耗运行需要遵循一些原则,以保证在实现功能要求的前提下尽量降低功耗。

(1)最大化 LPM3 的时间,用 32kHz 晶振作为 ACLK 时钟,DCO 用于 CPU 激活后的突发短暂运行。

(2)用接口模块代替软件驱动功能。

(3)用中断控制程序运行。

(4)用可计算的分支代替标志为检测产生的分支。

(5)用快速查表代替冗长的软件计算。

(6)尽量使用单周期的 CPU 寄存器指令。

(7)避免频繁的子程序和函数调用。

(8)尽可能直接用电池供电。

(9)不用的管脚应接到合适的电平。

最后,对于低功耗运行,不论 CPU 内核,还是片内外设,都需要选择尽量低的运行频率,并且在不影响功能实现的前提下,将系统设计成为自动关机,自动关闭各个不在运行状态的模块。

3.3 MSP430 单片机外设资源

3.3.1 基础时钟与低功耗

MSP430 单片机由高速晶体、低速晶体和 DCO 等器件通过时钟模块产生三个不同的时钟供不同的模块使用(见图 3-10),产生的时钟为辅助时钟(ACLK)、主系统时钟(MCLK)和子系统时钟(SMCLK)。一般来说,系统的功耗和系统的工作频率成正比关系,这样可以在低功耗应用情况下选用低速晶体。如果系统对运算要求比较高,则可以选用高速晶体产生较高的主系统时钟供给 CPU,以满足运算要求。如果对系统的实时性要求比较高,则可以采用 ACLK 时钟。总的来说,应该根据不同应用来选择适当的时钟。

1. 低速晶体振荡器

低速晶体振荡器支持超低功耗,它在低频模式下使用一个 32768Hz 的晶体。32768Hz 的晶体连接在 XIN 和 XOUT 管脚,不需要任何的电容,在低频的模式下内部提供了集成的电容。低速晶体振荡器在高频模式下也支持高速晶体,连接在 XIN 管脚和 XOUT 管脚之间需要外加电容,每端都必须外加电容,电容的选择需要根据晶体的规范来进行选择。低速晶体振荡器在低频模式和高频模式下可以在 XIN 管脚选择外部时钟信号。当使用外部时钟信号的时候,选择的频率必须满足数据手册中关于选择模式的要求。

2. 高速晶体振荡器

高速晶体振荡器作为 MSP430F14XX 的第二晶体振荡器,与低速晶体振荡器不同的是,高速晶体振荡器需要的功耗更大。高速晶体振荡器需要外接高速晶体在 XIN2 和 XOUT2 两个管脚,并且必须外接电容,电容的选择必须按照数据手册给出的相关参数进行选择。高速晶体振荡器可以作为 SMCLK 和 ACLK 的时钟源。

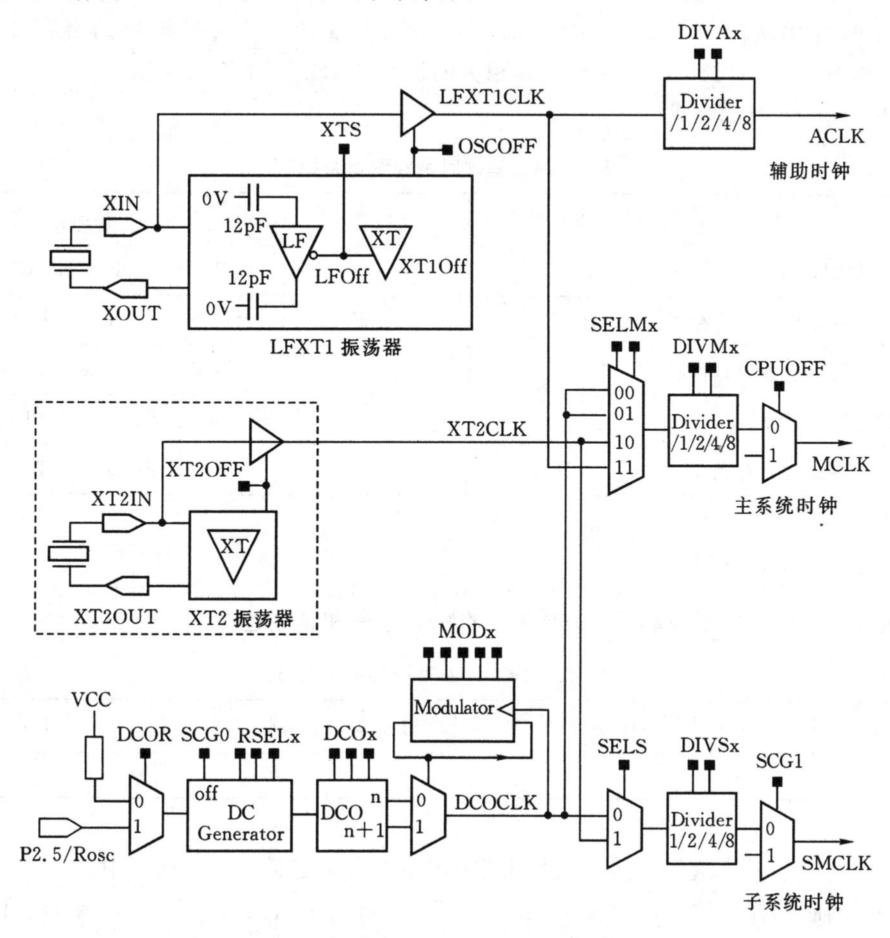

图 3-10　MSP430 单片机基础时钟生成电路

3. DCO 振荡器

DCO 是内部集成的 RC 类型振荡器。DCO 的频率会随温度和电压的变化而变化，并且不同芯片的 DCO 频率也可能不一样。采用 DCO 方式的时钟信号精度比较差，但是可以通过软件来设置 DCOx，MODx 和 RSELx 等位来调整 DCO 的频率，从而增加 DCO 频率的稳定性。DCO 频率的调整步骤如下：

(1)通过外部电阻或者内部电阻来确定一个基准频率。通过设置 DCOR 位来选择是外部电阻还是内部电阻。

(2)通过三个 RSELx 位来分频。

(3)通过三个 DCOx 位来选择频率。

(4)通过五个 MODx 位来选择 DCOx 和 DCOx＋1 之间的频率。当 DCOx＝07h 时，MODx 位对选择没有效果，因为此时已经达到了最高频率。

DCO 可以工作到很高的频率，内部电阻的正常值大约为 200kΩ，此时 DCO 的工作频率大约为 5MHz。当使用一个 100 kΩ 的外部电阻时，DCO 的工作频率可以达到 10MHz。不过需要注意的是 MCLK 不能超过数据手册所规定的最大频率。

通过对三种振荡器的介绍，读者应当对 MSP430F14XX 的时钟模块有了基本的认识，下面具体介绍时钟模块的寄存器，以便实现对时钟的正常选择。时钟模块的寄存器主要有 DCOCTL，BCSCTL1，BCSCTL2 和与中断相关的寄存器 IE1 和 IFG1（见表 3－14），下面对每个寄存器位域进行详细介绍。

表 3－14 基础时钟控制寄存器

功能	寄存器名	类型	地址	初始值
DCO 控制寄存器	DCOCTL	R/W	056h	060h with PUC
基本时钟系统控制寄存器 1	BCSCTL1	R/W	057h	084h with PUC
基本时钟系统控制寄存器 2	BCSCTL2	R/W	058h	Reset with POR
SFR 中断使能寄存器 1	IE1	R/W	000h	Reset with PUC
SFR 中断标志寄存器 1	IFG1	R/W	002h	Reset with PUC

1)DCOCTL 寄存器

DCOCTL 寄存器用于控制 DCO 振荡器的频率选择和调制选择（见表 3－15）。

表 3－15 DCOCTL 寄存器的位分配

D7	D6	D5	D4	D3	D2	D1	D0
DCOx			MODx				

DCOx：DCO 的频率选择。这些位用来选择由 RSELx 定义的 8 个频率中的 1 个。

MODx：调制选择。这些位定义了在 32 个 DCO 周期里插入 fDCO＋1 频率，而在剩下的周期中采用 fDCO 频率。

2)BCSCTL1 寄存器

BCSCTL1 寄存器用于时钟控制，其位域定义如表 3－16 所示。

表 3－16 BCSCTL1 寄存器的位分配

D7	D6	D5	D4	D3	D2	D1	D0
XT2OFF	XTS	DIVAx		XT5V	RSELx		

XT2OFF：控制 XT2 振荡器的开启和关闭，1 开启/0 关闭。

XTS：选择低速振荡器是低频模式还是高频模式，1 高频/0 低频。

DIVAx：选择 ACLK 的分频系数。取值为 0/1/2/3 时，ACLK 分频细数分别为 1/2/4/8。

XT5V：该位未用，必须选择 0 复位。

RSELx：内部电阻选择位。其值为 0 时，选择最低频率；为 7 时，选择最高频率。

3)BCSCTL2寄存器

BCSCTL2寄存器用于时钟控制,其位域定义如表3-17所示。

表3-17 BCSCTL2寄存器的位分配

D7	D6	D5	D4	D3	D2	D1	D0
SELMx		DIVMx		SELS	DIVSx		DCOR

SELMx:选择MCLK的时钟源。取值为0/1/2/3时,MCLK时钟源分别为DCOCLK,DCOCLK,高速晶体振荡器,低速晶体振荡器。

DIVMx:MCLK的分频因子。取值为0/1/2/3时,MCLK的分频系数分别为1/2/4/8。

SELS:选择SMCLK的时钟源。取值为0/1时,SMCLK时钟源分别为DCOCLK/高速晶体振荡器。

DIVSx:SMCLK的分频因子。取值分别为0/1/2/3时,SMCLK的分频系数分别为1/2/4/8。

DCOR:选择外部电阻还是内部电阻。取值为0/1时,选择内部电阻/外部电阻。

4.基础时钟与低功耗模块

MSP430家族主要是低功耗应用,它可以设置成不同的操作模式。操作模式的设置需要考虑三个不同的需求:低功耗应用、速度和数据处理要求以及单个外围设置的最小电流消耗。

MSP430有1种活动模式和5种低功耗模式。MSP430的工作模式主要通过状态寄存器中的CPUOFF,OSCFF,SCG0和SGC1等位来设置。设置这些控制位,所选择的工作模式立即有效,相应的时钟外围模块也停止工作,直到时钟恢复活动模式后,相应的外围模块才能继续工作。当然也可以设置外围模块相关寄存器中的相应位来禁止外围模块的工作。表3-13给出了具体的位设置方式,通过适当设置控制位,就可以进入相应的工作模式,具体的工作模式主要根据系统的需求来确定。

3.3.2 I/O端口

MSP430F1XX系列单片机最多有6个I/O端口:P1~P6。每个端口有8位,可以单独设置成输入或者输出,并且每个管脚都可以进行单独的读或者写。P1和P2端口具有中断功能,可以单独设置成中断,设置成上升沿或者下降沿触发中断。P1端口的所有管脚共用一个中断向量,P2端口的管脚也共用一个中断向量。6个I/O端口主要有以下特征:

(1)每个I/O端口可以独立编程设置。

(2)输入/输出可以任意结合使用。

(3)P1端口和P2端口的中断功能可以单独设置。

(4)有独立的输入/输出寄存器。

6个I/O端口的状态由表3-18中的寄存器控制,各个寄存器的位域定义如下所示。

表 3-18　I/O 端口控制寄存器列表

端口	名称	含义	地址	类型	初始值
P1	P1IN	输入口	020h	Read only	
	P1OUT	输出口	021h	Read/write	Unchanged
	P1DIR	方向控制寄存器	022h	Read/write	Reset with PUC
	P1IFG	中断标志寄存器	023h	Read/write	Reset with PUC
	P1IES	中断边沿选择寄存器	024h	Read/write	Unchanged
	P1IE	中断使能寄存器	025h	Read/write	Reset with PUC
	P1SEL	功能选择寄存器	026h	Read/write	Reset with PUC
P2	P2IN	输入口	028h	Read only	
	P2OUT	输出口	029h	Read/write	Unchanged
	P2DIR	方向控制寄存器	02Ah	Read/write	Reset with PUC
	P2IFG	中断标志寄存器	02Bh	Read/write	Reset with PUC
	P2IES	中断边沿选择寄存器	02Ch	Read/write	Unchanged
	P2IE	中断使能寄存器	02Dh	Read/write	Reset with PUC
	P2SEL	功能选择寄存器	02Eh	Read/write	Reset with PUC
P3	P3IN	输入口	018h	Read only	
	P3OUT	输出口	019h	Read/write	Unchanged
	P3DIR	方向控制寄存器	01Ah	Read/write	Reset with PUC
	P3SEL	功能选择寄存器	01Bh	Read/write	Reset with PUC
P4	P4IN	输入口	01Ch	Read only	
	P4OUT	输出口	01Dh	Read/write	Unchanged
	P4DIR	方向控制寄存器	01Eh	Read/write	Reset with PUC
	P4SEL	功能选择寄存器	01Fh	Read/write	Reset with PUC
P5	P5IN	输入口	030h	Read only	
	P5OUT	输出口	031h	Read/write	Unchanged
	P5DIR	方向控制寄存器	032h	Read/write	Reset with PUC
	P5SEL	功能选择寄存器	033h	Read/write	Reset with PUC

续表 3-18

端口	名称	含义	地址	类型	初始值
P6	P6IN	输入口	034h	Read only	
	P6OUT	输出口	035h	Read/write	Unchanged
	P6DIR	方向控制寄存器	036h	Read/write	Reset with PUC
	P6SEL	功能选择寄存器	037h	Read/write	Reset with PUC

PxIN(x=1～6)寄存器是各个端口的输入寄存器,每个位都可以单独读取。在输入的模式下,读取该寄存器的相应位来获得相应管脚上的数据。

PxOUT(x=1～6)寄存器是各个端口的输出寄存器,每个位可以单独设置。在输出模式下,如果该寄存器的相应位设置为 1,则管脚输出高电平;反之输出低电平。

PxDIR(x=1～6)寄存器控制各个端口管脚的输入输出方向。设置位为 1,则相应的管脚为输出;反之为输入。

PxSEL(x=1～6)寄存器是各个端口的多功能选择寄存器。该寄存器主要是控制端口的 I/O 管脚作为一般 I/O 端口还是外围模块的功能端口。当该寄存器的相应位设置为 1 时,则相应的管脚为外围模块的功能管脚;当该寄存器的相应位设置为 0 时,则相应的管脚为一般 I/O 管脚。

PxIES(x=1～2)寄存器用于选择中断触发沿。设置为 0/1 分别对应上升沿/下降沿触发。

PxIFG(x=1～2)寄存器是端口的中断标志寄存器。1/0 分别对应相应端口的管脚有中断触发/没有中断发生。具体配置如表 3-19 所示。

表 3-19　MSP430F1XX 寄存器的位分配

端口和寄存器	D7	D6	D5	D4	D3	D2	D1	D0
输入端口 PxIN	PxIN. 7	PxIN. 6	PxIN. 5	PxIN. 4	PxIN. 3	PxIN. 2	PxIN. 1	PxIN. 0
输出端口 PxOUT	PxOUT. 7	PxOUT. 6	PxOUT. 5	PxOUT. 4	PxOUT. 3	PxOUT. 2	PxOUT. 1	PxOUT. 0
向控制寄存器 PxDIR	PxDIR. 7	PxDIR. 6	PxDIR. 5	PxDIR. 4	PxDIR. 3	PxDIR. 2	PxDIR. 1	PxDIR. 0
功能选择寄存器 PxSEL	PxSEL. 7	PxSEL. 6	PxSEL. 5	PxSEL. 4	PxSEL. 3	PxSEL. 2	PxSEL. 1	PxSEL. 0
中断使能寄存器 PxIE	PxIE. 7	PxIE. 6	PxIE. 5	PxIE. 4	PxIE. 3	PxIE. 2	PxIE. 1	PxIE. 0
中断边沿选择寄存器 PxIES	PxIES. 7	PxIES. 6	PxIES. 5	PxIES. 4	PxIES. 3	PxIES. 2	PxIES. 1	PxIES. 0
中断边沿选择寄存器 PxIFG	PxIFG. 7	PxIFG. 6	PxIFG. 5	PxIFG. 4	PxIFG. 3	PxIFG. 2	PxIFG. 1	PxIFG. 0

3.3.3　定时器

定时器在单片机系统中是非常重要的部分,它在事件控制与管理方面有着重要的应用。MSP430F1XX 主要有看门狗、定时器 A(Timer_A)和定时器 B(Timer_B)等模块。下面分别介绍各个模块。

1. 看门狗

看门狗本质上是一个 16 位的定时器，它可以用做看门狗，也可以用做定时器。看门狗的主要功能就是检测到软件出现问题时重新启动系统。借助看门狗的这种功能就可以及时发现并防止程序“跑飞”的情况。使用时，只需要打开看门狗，设置看门狗溢出的时间间隔，软件设计时在可能溢出的地方清除看门狗定时器内容，保证在正常的情况下不会发生看门狗溢出，也就不会产生系统复位信号；当程序出现异常的时候，就没有地方能清除看门狗定时器的内容，看门狗在设定时间到来时就会产生系统复位信号，重新启动系统，从而使程序正常运行。看门狗定时器也可以作为一般的定时器用。看门狗有如下特点：

(1)通过软件设置可以有 4 个时间间隔设置设定。

(2)有看门狗模式和定时器模式。

(3)看门狗控制寄存器受密码保护。

(4)控制 RST/NMI 管脚。

(5)时钟源可选。

(6)可以控制看门狗启动/停止，以便进一步降低功耗。

看门狗定时器硬件结构如图 3-11 所示。

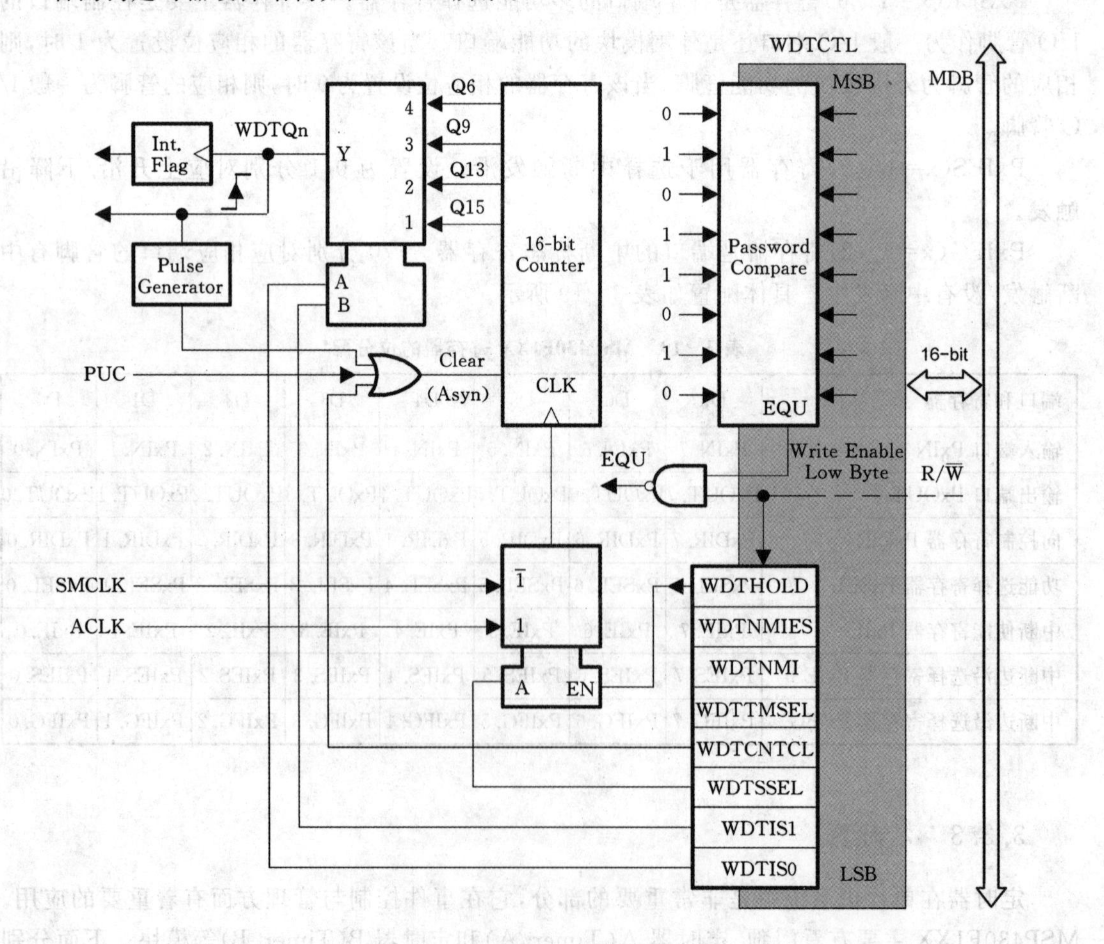

图 3-11 看门狗定时器硬件结构

看门狗的控制和功能实现主要是通过设置 WDTCTL 寄存器来实现。WDTCTL 寄存器的位域定义如表 3-20 和表 3-21 所示。

表 3-20　WDTCTL 寄存器的位分配

D15~D8	D7	D6	D5	D4	D3	D2	D1	D0
口令字节	HOLD	NMES	NMI	TMSEL	CNTCL	SEL	IS1	IS2

表 3-21　IS1,IS0 位与时间间隔选择的关系

IS1	IS0	选择的时间间隔
0	0	看门狗时钟源/32768
0	1	看门狗时钟源/8192
1	0	看门狗时钟源/512
1	1	看门狗时钟源/64

口令字节:作为访问 WDTCTL 寄存器的口令,必须为 5AH;如果不是,则会产生系统复位信号。当读寄存器时,内容为 69H。

HOLD:该位用于停止看门狗工作。设置为 1/0,则设置定时器为停止/工作。

NMIES:看门狗定时器的 NMI 中断触发沿选择。设置为 1/0,则对应选择下降沿/上升沿触发。

NMI:RST/NMI 管脚的选择。1/0 选择管脚分别为 NMI/RST 管脚。

TMSEL:看门狗工作模式选择。设置为 1/0,则选择定时器/看门狗模式。

CNTCL:清除看门狗计数器(WDTCNT)控制位。设置为 1/0,则为清除/不影响。

SEL:看门狗时钟源的选择。设置为 1/0,则选择 ACLK/SMCLK 作为看门狗的时钟源。

IS1,IS0:看门狗时间间隔的选择,如表 3-21 所示。

关于看门狗的中断使能和中断标志分别在 IE1 寄存器和 IFG1 寄存器里,这里不再赘述。

2. Timer_A/B

定时器 A 和 B 均为 16 位的定时/计数器。定时器 A 有 3 个捕获/比较寄存器。定时器 B 最多有 7 个捕获/比较寄存器。定时器 A 和 B 均能支持多个时序控制、多个捕获/比较功能和多个 PWM 输出,均有广泛的中断功能。中断可以由计数器溢出产生,也可以由捕获/比较寄存器产生。定时器 A,B 的主要特点如表 3-22 所示。定时器 A 的硬件结构如图 3-12 所示。

表 3-22　定时器 A,B 主要特点

定时器 A	定时器 B
16 位的计数/定时器,共有 4 种模式	
可以选择设置时钟源	
具有中断向量寄存器,能快速译码定时器产生的中断	
多个捕获/比较寄存器(MSP430F14X 有 3 个)	3 个或者 7 个捕获/比较寄存器
异步的输入/输出锁存	双缓冲比较锁存

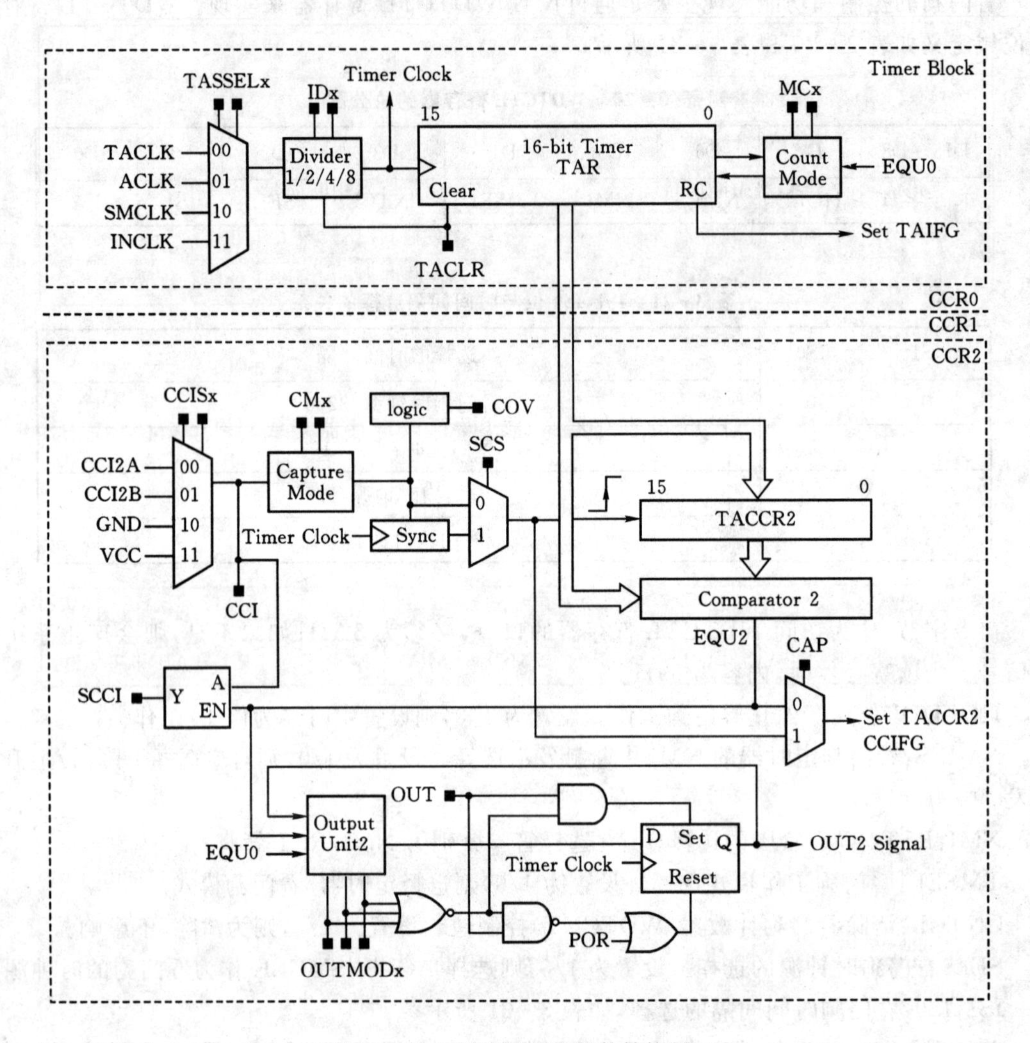

图 3-12　定时器 A 的硬件结构图

Timer_B 和 Timer_A 相比，其结构上基本相同，但也存在差异，主要有以下差异：

(1)Timer_B 的记数长度为 8,10,12 或者 16，可以软件编程实现。

(2)Timer_B 的 TBCCRx 寄存器是双缓冲，并且可以分组。

(3)所有 Timer_B 的输出可以设置成高阻状态。

(4)Timer_B 中不再使用 SCCI 位。

用户对定时器 A/B 的所有操作都是通过该模块的寄存器完成的。定时器 A/B 的寄存器主要有 TxCTL,TxR,TxIV,TxCCTLn 和 TxCCRn(x＝A 时，n＝0/1/2，x＝B 时，n＝0～6)(见表 3-23)。下面结合具体寄存器的介绍来讲解。

表 3-23　TIMER_A/B 定时器相关寄存器

名称	类型	功能
TxCTL	定时器控制寄存器	定义定时器工作方式
TxR	定时器计数器	对输入时钟源计数
TxIV	定时器中断向量	存储定时器中断向量
TxCCTLn	捕获/比较控制寄存器	设置捕获/比较器工作方式
TxCCRn	捕获/比较寄存器	存储捕获时间/提供比较标准数值

1)TACTL 寄存器

TACTL 寄存器是一个 16 位的寄存器。通过设置该寄存器完成对 Timer_A 作为定时器使用的控制，它包含了 Timer_A 作为定时器使用的所有控制位。表 3-24 给出了 TACTL 寄存器的各个控制位的含义，其中 10～15 位目前没有用到。

表 3-24　TACTL 寄存器的位分配

D15～D10	D9	D8	D7	D6	D5	D4	D3	D2	D1	D0
未用	SSEL1	SSEL0	ID1	ID0	MC1	MC0	未用	CLR	TAIE	TAIFG

SSEL1，SSEL0：定时器 A 时钟源选择控制位(见表 3-25)。

ID1，ID0：输入时钟分频系数(见表 3-26)控制位。

MC1，MC0：定时器 A 工作模式(见表 3-27)控制位。

CLR：定时器 A 的清除控制。为 1 时对 TAR 寄存器里的内容、计数器方向等内容进行清除。

TAIE：Timer_A 的中断使能。为 1/0 时允许中断/禁止中断。

TAIFG：Timer_A 的中断标志。为 1/0 时表示有/无中断产生。

表 3-25　位与时钟源选择

SSEL1	SSEL0	定时器 A 的时钟源
0	0	TACLK(从外部管脚输入)
0	1	ACLK
1	0	MCLK
1	1	INCLK(外部输入时钟)

表 3-26　分频系数选择

ID1	ID0	定时器 A 的分频系数
0	0	直通，时钟不分频
0	1	1/2 分频
1	0	1/4 分频
1	1	1/8 分频

表 3-27　工作模式选择

MC1	MC0	定时器 A 的工作模式
0	0	停止模式
0	1	增计数模式
1	0	连续计数模式
1	1	增/减计数模式

通过对 Timer_A 的 TACTL 寄存器位 MC1，MC0 的设置，定时器可以产生 4 种不同的工作模式。下面对定时器的工作模式说明如下：

停止模式：定时器处于暂停状态，TAR 寄存器的内容保持不变，重新启动时，计数器从原来的值继续计数，并保持原来工作模式。

增计数模式：用于定时周期小于 65536 的连续计数方式，计数器值不断与 CCR0 寄存器预存内容比较，一旦相等，则计数器立刻从 0 开始重新计数，并设置 CCIFG 中断标志和 TAIFG 中断标志。

连续计数模式：计数器处于从 0～FFFFH 连续记数模式。该模式的定时周期为 65536 个时钟周期。在连续记数模式下，计数器从 0 记数到 FFFFH，然后又回到 0 重新记数，并设置 TAIFG 中断标志。该模式下 CCRn 作为一般的捕获/比较寄存器使用。连续模式可以用来产生独立的时间间隔并输出频率。Timer_A 最多可以使用三个捕获/比较寄存器输出三个不同的频率。

增/减记数模式：计数器 TAR 的值先增后减。当计数器增记数到 CCR0 的值时，计数器变为减记数；当计数器减记数到 0 时，设置 TAIFG 中断标志位。在增/减记数模式下，记数周期是 CCR0 寄存器值的两倍。在增/减记数模式下，CCIFG 和 TAIFG 中断标志在一个周期内只设置一次：当计数器从 CCR0～1 增记数到 CCR0 时，设置 CCIFG 中断标志；当计数器从 1 减记数到 0 时，设置 TAIFG 中断标志。增/减记数模式的计数方向是锁存的，允许计数器暂停和重新启动。

TBCTL 寄存器是一个 16 位的寄存器。通过设置该寄存器可完成对 Timer_B 作为定时器使用的控制，它包含了 Timer_B 作为定时器使用的所有控制位。表 3-28 给出了 TBCTL 寄存器的各个位。

表 3-28　TBCTL 寄存器的位分配

D15	D14	D13	D12	D11	D10	D9	D8	D7	D6	D5	D4	D3	D2	D1	D0
未用	TBCLGRP1～0		CNTL1～0		未用	TBSSEL1～0		ID1～0		MC1～0		未用	TBCLR	TBIE	TBIFG

TBCLGRP1，TBCLGRP0：该两位用来决定是单独还是成组装载比较锁存器，而装载信号被相应的捕获/比较控制寄存器 TBCCTLn 中的 CLLDx 位来控制（见表 3-29）。

表 3-29　定时器 B 的装载选择

TBCLGRP1	TBCLGRP0	定时器 B 的装载选择
0	0	单独装载，比较锁存器由各自相应的 TBCCTLx 寄存器的 CLLDx 位控制
0	1	分为 3 组装载
1	0	分为 2 组装载
1	1	分为 1 组装载

3 组装载时采用分组使用，每一组由 2 个组成，并且由编号最小的 TBCCTLn 寄存器的 CLLDx 位来确定装载事件。具体的分组有：

①TBCCTL1＋TBCCTL2（TBCCTL1 中的 CLLDx 位来确定装载事件）；

②TBCCTL3＋TBCCTL4（TBCCTL3 中的 CLLDx 位来确定装载事件）；

③TBCCTL5＋TBCCTL6（TBCCTL5 中的 CLLDx 位来确定装载事件）。

2 组装载时也是分组使用，每一组由 3 个组成，并且由编号最小的 TBCCTLx 寄存器的 CLLDx 位来确定装载事件。具体的分组有：

①TBCCTL1＋TBCCTL2 ＋TBCCTL3（TBCCTL1 中的 CLLDx 位来确定装载事件）；

②TBCCTL4＋TBCCTL5＋TBCCTL6（TBCCTL4 中的 CLLDx 位来确定装载事件）。

1 组装载时是将 TBCCTL1 到 TBCCTL6 分为一组，由 TBCCTL1 中的 CLLDx 位来确定装载事件。

CNTL1～0：该位用来选择定时器的定时长度（见表 3-30）。

表 3-30　定时器长度选择

CNTL1	CNTL0	定时器 B 的定时长度
0	0	16 位，最大值 FFFFH
0	1	12 位，最大值为 FFFH
1	0	10 位，最大值为 3FFH
1	1	8 位，最大值为 FFH

TBSSEL1～0：定时器 B 时钟源选择位（见表 3-31）。

表 3-31　时钟源的选择

TBSSEL1	TBSSEL0	定时器 B 的时钟源
0	0	TBCLK（使用外部管脚输入）
0	1	ACLK
1	0	MCLK
1	1	INCLK（外部输入时钟）

ID1～0：输入时钟分频系数选择位(见表 3-32)。

表 3-32　输入时钟的分频系数选择

ID1	ID0	定时器 B 的分频系数
0	0	直通，时钟不分频
0	1	1/2 分频
1	0	1/4 分频
1	1	1/8 分频

MC1～0：Timer_B 工作模式选择位(见表 3-33)，工作模式与 Timer_A 类似。

表 3-33　MC1，MC0 位与工作模式的选择

MC1	MC0	定时器 B 的工作模式
0	0	停止模式
0	1	增记数模式
1	0	连续记数模式
1	1	增/减记数模式

TBCLR：定时器 B 的清除控制。为 1 时，TBR 寄存器里的内容、计数器方向等内容被清除。

TBIE：Timer_B 的中断使能。为 1 时允许 Timer_B 中断，为 0 禁止中断。

TBIFG：Timer_B 的中断标志。为 1 表示有中断，为 0 表示没有中断产生。

2)TxR 寄存器(x＝A，B)

TAR 寄存器是执行记数的单元，是计数器的主体。该寄存器是一个 16 位的寄存器，该寄存器的内容可读可写，但当计数器的时钟不是 MCLK 时，写入该寄存器的时候应该停止计数器的记数，因为它与 CPU 时钟不同步。

TBR 寄存器同样是执行记数的单元，是计数器的主体。该寄存器是一个 16 位的寄存器，但当计数器长度设置为 14 位、12 位或者 8 位时，它只能记数到相应的记数长度。该寄存器的内容可读可写，但必须按字的方式进行读/写。写入该寄存器的时候应该停止计数器的记数，以保证写入数据的可靠性。

3)TxIV 寄存器(x＝A，B)

TxIV 寄存器为定时器模块的中断向量寄存器。CCR1 的 CCIFG 中断标志、CCR2 的 CCIFG 中断标志和 TxIFG 中断标志使用一个中断向量，TxIV 寄存器就是用来判断是哪一个中断标志请求。TxIV 是一个 16 位的寄存器，该寄存器的位分配如表 3-34 所示。

由表 3-34 可以看出，TxIV 寄存器使用了三位对中断向量进行编码(见表 3-35)，以便区别是哪一个中断请求，只要确定了 TxIV 寄存器的值，就可以判断出是哪个中断标志产生的中断，并进行相应处理。

表 3-34　TxIV 寄存器的位分配

D15～D4	D3	D2	D1	D0
0	TA(B)IVx			0

表 3-35　TxIV 中断向量表

TxIV 内容	中断源	TAIV 中断标志	TBIV 中断标志	中断优先级
00H	没有中断标志			
02H	捕获/比较 1	CCR1 的 CCIFG	CCR1 的 CCIFG	最高
04H	捕获/比较 2	CCR2 的 CCIFG	CCR2 的 CCIFG	
06H	保留将来使用		CCR3 的 CCIFG	
08H	保留将来使用		CCR4 的 CCIFG	
0AH	定时器溢出	TAIFG	CCR5 的 CCIFG	
0CH	保留将来使用		CCR6 的 CCIFG	
0EH	保留将来使用		TBIFG	最低

4)TxCCTLn 寄存器(x=A,B)

TxCCTLn 寄存器为捕获/比较控制寄存器,用来控制 Timer_A/B,作为捕获/比较模块时的控制功能。该寄存器的位分配如表 3-36 所示,每一位的含义如下:

表 3-36　TxCCTLn 寄存器的位分配

<table>
<tr><th></th><th>D15～D14</th><th>D13～D12</th><th>D11</th><th>D10</th><th>D9</th><th>D8</th><th>D7～D5</th><th>D4</th><th>D3</th><th>D2</th><th>D1</th><th>D0</th></tr>
<tr><td>TACCTLn</td><td rowspan="2">CAPTMOD1～0</td><td rowspan="2">CCIS1～0</td><td rowspan="2">SCS</td><td>SCCI</td><td>未用</td><td rowspan="2">CAP</td><td rowspan="2">OUTMOD2～0</td><td rowspan="2">CCIE</td><td rowspan="2">CCI</td><td rowspan="2">OUT</td><td rowspan="2">COV</td><td rowspan="2">CCIFG</td></tr>
<tr><td>TBCCTLn</td><td colspan="2">CLLD1～0</td></tr>
</table>

CAPTMOD1,CAPTMOD0:该两位用于捕获模式的选择(见表 3-37)。

表 3-37　捕获模式的选择

CAPTMOD1	CAPTMOD0	捕获模式的选择
0	0	禁止捕获模式
0	1	上升沿捕获模式
1	0	下降沿捕获模式
1	1	上升沿和下降沿捕获模式

CCIS1,CCIS0:CCRn 的捕获信号输入源选择控制位(见表 3-38)。

表 3-38　输入信号的选择

CCIS1	CCIS0	输入信号的选择
0	0	选择 CCLxA 作为捕获事件的输入信号
0	1	选择 CCLxB 作为捕获事件的输入信号
1	0	选择 GND 作为捕获事件的输入信号
1	1	选择 VCC 作为捕获事件的输入信号

OUTMOD2～0:输出模式选择控制位(见表 3-39)。

表 3-39　输出模式的选择

OUTMOD2	OUTMOD1	OUTMOD0	输出模式
0	0	0	输出
0	0	1	置位
0	1	0	PWM 翻转/复位
0	1	1	PWM 置位/复位
1	0	0	翻转
1	0	1	复位
1	1	0	PWM 翻转/置位
1	1	1	PWM 复位/置位

SCS:同步/异步捕获方式设定位。该位用来使捕获输入信号与定时器时钟信号同步。当该位为 1 时为同步捕获,当该位为 0 时为异步捕获。

CLLD1～0:确定比较锁存器的装载方式(见表 3-40)。

表 3-40　锁存器装载方式的选择

CLLD1	CLLD0	锁存器装载方式的选择
0	0	立即装载
0	1	当定时器 TBR 记数到 0 时,TBCCRx 的数据装载到 TBCLx
1	0	在增/减记数模式下,当 TBR 记数到 TBCL0 或者 0 时,TBCCRx 的数据装载到 TBCLx;在连续记数模式下,当 TBR 记数到 0 时,TBCCRx 的数据装载到 TBCLx
1	1	上升沿和下降沿捕获模式

SCCI:同步捕获/比较输入。被选择的 CCI 输入信号和 EQUx 锁存,通过 SCCI 读出来。

CAP:捕获/比较模式选择。该位为 1 时模块工作在捕获模式,为 0 时模块工作在比较模式。

CCIE:捕获/比较的中断使能位。当该位为 1/0 时,则允许/禁止中断。

CCI：捕获/比较的输入信号。选择的输入信号状态保存位。

OUT：输出。该位指示输出的状态。对输出模式0，该位直接控制输出的状态，这时OUT为1表示输出高电平，OUT为0表示输出低电平。

COV：捕获溢出。该位指示捕获溢出发生，COV必须软件复位。当该位为1时表示有捕获溢出发生；当该位为0时表示没有捕获溢出发生。

CCIFG：捕获/比较的中断标志。当该位为1/0时分别表示有/无中断产生。

Timer_A/B作为捕获/比较模块使用时有捕获模式和比较模式两种工作模式，并通过CCTLn的CAP位来进行设定，下面对这两种工作模式进行简单介绍。

捕获模式是通过设置TxCCTLn寄存器中的CAP为1来选定。这时如果在选定的管脚上发生选定的脉冲触发沿，则TBR寄存器中的值将写入到TxCCRn寄存器中。捕获完成后，将设置CCIFG中断标志。如果总的中断位允许，相应的CCIE也允许，则将产生中断请求。比较模式是通过设置TxCCTLn寄存器中的CAP为0来选定。在计数器TxR中记数值等于比较器中的值时设置标志位，产生中断请求；也可结合输出单元产生所需的信号。

当Timer_A/B的捕获或/比较事件发生时，都可以从输出单元产生输出一个信号。输出模式有8种，分别定义如下：

输出模式0：输出模式。输出信号OUT由每个捕获/比较模块的控制寄存器CCTLn中的OUT位定义，并在写入该寄存器后立即更新，最终为OUT直通。

输出模式1：置位模式。输出信号在TAR等于CCRn时置位，并保持置位到定时器复位或者选择另一种输出模式为止。

输出模式2：PWM翻转/复位模式。输出信号在TAR的值等于CCRn时翻转，当TAR值等于CCR0时复位。

输出模式3：PWM置位/复位模式。输出信号在TAR的值等于CCRn时置位，当TAR值等于CCR0时复位。

输出模式4：翻转模式。输出信号在TAR的值等于CCRn时翻转，输出周期是定时器周期的两倍。

输出模式5：复位模式。输出信号在TAR的值等于CCRn时复位，并保持复位到选择另一种输出模式为止。

输出模式6：PWM翻转/置位模式，PWM翻转/复位模式。输出信号在TAR的值等于CCRn时翻转，当TAR值等于CCR0时置位。

输出模式7：PWM复位/置位模式，PWM翻转/复位模式。输出信号在TAR的值等于CCRn时复位，当TAR值等于CCR0时置位。

5）TxCCRn(x＝A,B)

捕获/比较寄存器在捕获/比较模块中，可读可写。在捕获模式下，当满足捕获条件时，硬件自动将计数器TAR的数据写入该寄存器。如果要测量某窄脉冲的脉冲宽度，可以定义上升沿和下降沿都捕获。在上升沿时，捕获一个定时器数据，这个数据在捕获寄存器中读出；再等待下降沿到来，在下降沿又捕获一个定时器数据；那么两次捕获的数据差就是窄脉冲的高电平宽度。

在比较方式时，用户根据需要设定的时间长短，并结合定时器的工作方式和定时器的输入时钟信号写入该寄存器相应的数据。比如需要定时1s，定时器工作模式为增记数模式，输入的时钟信号为 ACLK(32768Hz),则写入该寄存器的值为 32768。

3.3.4 比较器

MSP430F1XX 系列单片机中的大部分型号都带有比较器模块(比较器 A)。比较器 A 支持 A/D 转换、电压监控和外部模拟信号的监控,它的硬件结构如图 3-13 所示,主要具有以下特点:

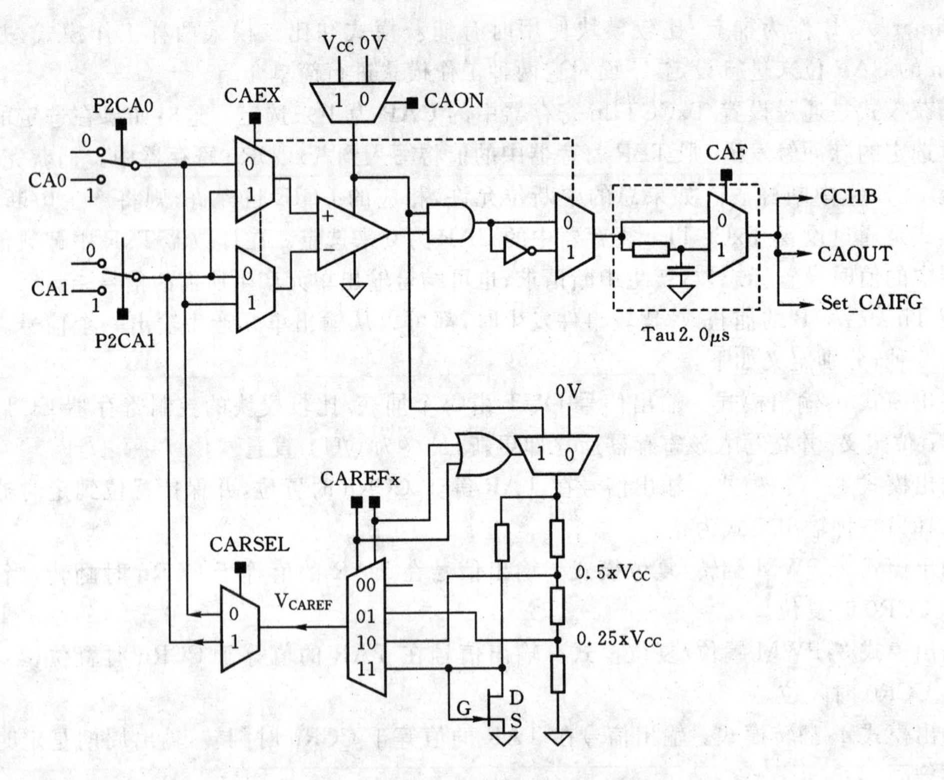

图 3-13 比较器 A 硬件结构框图

(1)反向和非反向的终端输入复用器。

(2)比较器输出有软件选择的 RC 滤波器。

(3)比较器的输出可以作为定时器 A 的捕获输入。

(4)端口输入缓冲由软件控制。

(5)具有中断功能。

(6)可选择参考电压的产生。

(7)比较器和参考电压的产生可以关闭。

用户对比较器 A 的所有操作都是通过操作该模块的寄存器完成的。比较器 A 的寄存器主要有 CACTL1,CACTL2 和 CAPD。下面结合具体寄存器的介绍来讨论比较器 A 的功能。

1. CACTL1 寄存器

CACTL1 是一个 8 位寄存器,该寄存器包含比较器的大部分控制位。该寄存器的位域定义如表 3-41 所示。

表 3-41 CACTL1 寄存器的位分配

D7	D6	D5	D4	D3	D2	D1	D0
CAEX	CARSEL	CAREF1～0		CAON	CAIES	CAIE	CAIFG

CAEX：交换比较器的输入端，也控制比较器的输出是否反向，多用于测量与补偿比较器 A 的偏压。

CARSEL：比较器的参考选择。该位与 CAEX 位结合起来选择内部参考电源。表 3-42 给出了两个位与选择内部参考电源的关系。

表 3-42 内部参考电源的选择

CAEX	CARSEL	内部参考电源的选择
0	0	内部参考电源接正端
0	1	内部参考电源接负端
1	0	内部参考电源接负端

CAREF1-0：该两位用来选择参考电源(见表 3-43)，适当设置两位就可以完成参考电源的选择。

表 3-43 参考电源的选择

CAREF1	CAREF0	参考电源的选择
0	0	内部参考电源关闭，使用外部参考电源
0	1	选择 0.25Vcc 作为参考电压
1	0	选择 0.5Vcc 作为参考电压

CAON：比较器的开关控制。设置为 1/0，则打开/关闭比较器。

CAIES：比较器中断触发沿选择。设置为 1/0，则选择下降/上升沿触发。

CAIE：该位用于控制中断使能。设置为 1/0，则允许/禁止中断。

CAIFG：该位为中断标志位。为 1/0，则表示有/无中断产生。

通过以上位的介绍可知比较器具有中断功能。设置 CAIE 位使能中断，可以设置 CAIES 选择中断触发沿。当有中断产生的时候，硬件会设置 CAIFG 中断标志位，然后进入中断服务程序进行处理，硬件会自动清除中断标志。

2. CACTL2 寄存器

CACTL2 是一个 8 位的寄存器，该寄存器包含比较器的控制位，主要是一些与输入/输出相关的信息。该寄存器的位域控制如表 3-44 所示，CACTL2 的高 4 位未用，只用了低 4 位。

表 3-44 CACTL2 寄存器的位分配

D7～D4	D3	D2	D1	D0
未用	P2CA1	P2CA0	CAF	CAOUT

P2CA1:该位用来选择 CA1 管脚。设置为 1/0 时,管脚连接/不连接到 CA1。

P2CA0:该位用来选择 CA0 管脚。设置为 1/0 时,管脚连接/不连接到 CA0。

CAF:比较器的输出滤波选择。设置为 1/0 时,比较器有/无滤波处理。

CAOUT:比较器的输出。该位是只读的,对该位进行写操作无效。

3. CAPD 寄存器

CAPD 寄存器用来控制比较器输入的缓冲功能。MSP430F1XX 系列单片机的 I/O 端口都有缓冲功能,当比较器使用该管脚时,可以关闭输入缓冲功能,这一功能由 CAPD 寄存器控制。当该寄存器的某个位为 1 时,则相应的管脚关闭输入缓冲功能;当该寄存器的某个位为 0 时,则相应的管脚不关闭输入缓冲功能。

3.3.5 FLASH 模块

MSP430F1XX 系列单片机的 FLASH 模块可以按位、字节和字访问,并且可以进行编程和擦除。FLASH 模块有一个集成控制器用来控制编程和擦除操作(见图 3-14)。该集成控制器有 3 个寄存器 FCTL1～3,用来产生编程和擦除的时序和提供编程和擦除的电压。FLASH 模块的默认模式是读操作,此时不能进行编程操作和擦除操作,具体存储空间分布如图 3-15 所示。用户对 FLASH 模块的所有操作都是通过操作该模块的寄存器完成的,下面结合具体寄存器来介绍 FLASH 模块的操作。

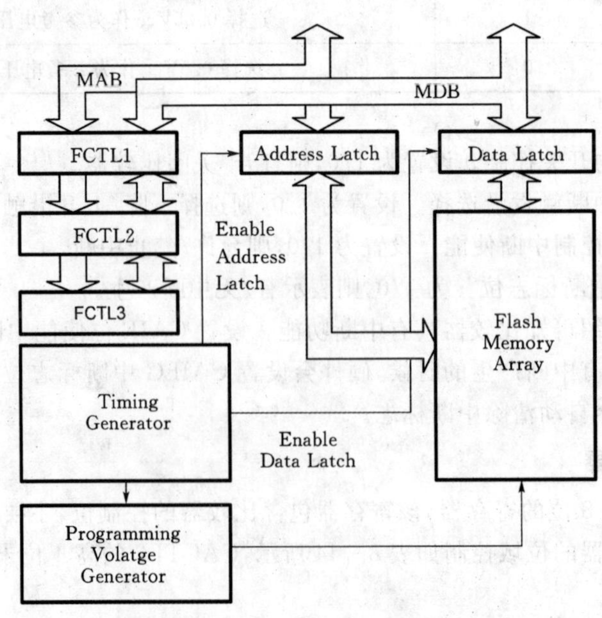

图 3-14 FLASFH 存储器模块框图

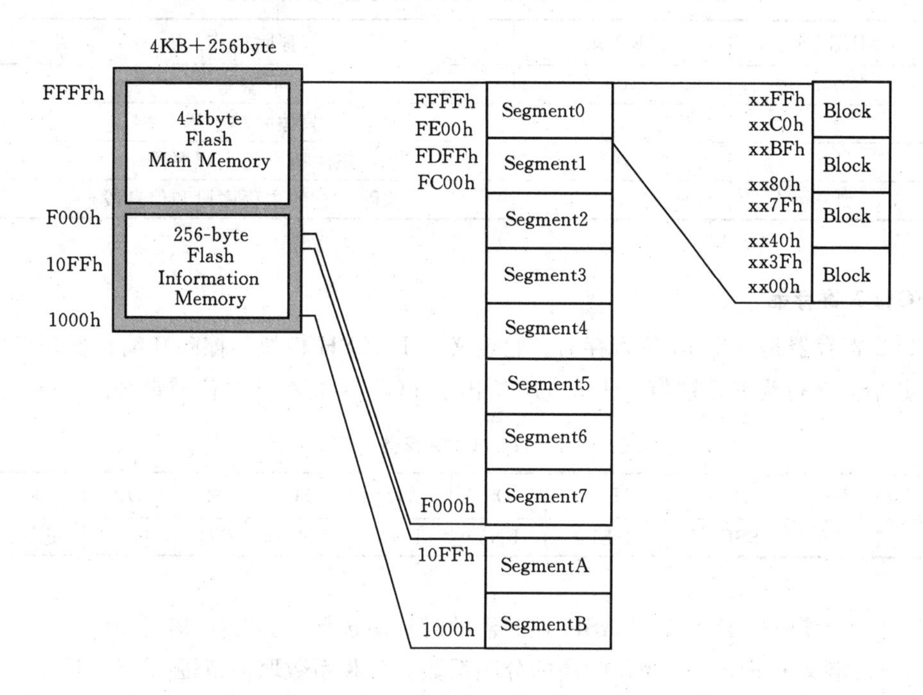

图 3-15　FLASFH 存储器分布图(4KB)

1. FCTL1 寄存器

FCTL1 寄存器是一个 16 位的寄存器。该寄存器主要定义了 FLASH 模块的擦除操作和编程操作的控制位。该寄存器的高 8 位为安全键值,该字段读出内容总是 96H,写入时必须写入 5AH,否则不能进行操作,该字段主要提供保护功能。

FCTL1 寄存器只使用了 4 个有效的控制位(见表 3-45)。适当设置 MERAS,ERASE 两位就可以选择适当的擦除操作。

表 3-45　FCTL1 寄存器位定义

D15～D8	D7	D6	D5～D3	D2	D1	D0
安全键值	BKWRT	WRT	未用	MERAS	ERASE	未用

BKWRT:按块写模式位。在进行块写操作时,WRT 位也必须设置。当设置 FCTL3 寄存器的 EMEX 时,BKWRT 自动复位。当该位为 1 时,打开块写模式;该位为 0 时,关闭块写模式。

WRT:写模式位。用于选择任一个写模式,当设置为 1/0 时,打开/关闭写模式。

MERAS,ERASE:该两位用来控制擦除操作。表 3-46 给出了 MERAS,ERASE 两位与擦除操作的关系。

表 3-46　MERAS,ERASE 两个位与擦除操作的关系

MERAS	ERASE	擦除操作
0	0	不擦除
0	1	只擦除单个段
1	0	擦除所有的主程序段
1	1	擦除所有的主程序段和信息段

2. FCTL2 寄存器

FCTL2 寄存器是一个 16 位寄存器。它定义了 FLASH 模块的擦除和编程操作所需时序的时钟,其中高 8 位为安全键值。表 3-47 给出了 FCTL2 寄存器的位域定义。

表 3-47　FCTL2 寄存器位定义

D15～D8	D7	D6	D5	D4	D3	D2	D1	D0
安全键值	SSEL1	SSEL0	FN5	FN4	FN3	FN2	FN1	FN0

SSEL1-0:该两位定义了 FLASH 控制器的时钟源选择(见表 3-48)。

FN5-0:定义了 FLASH 操作时序的分频系数。分频系数取值范围为 64～1。

表 3-48　FLASH 时钟源的选择

SSEL1	SSEL0	FLASH 模块控制器时钟源的选择
0	0	ACLK
0	1	MCLK
1	0	SMCLK
1	1	SMCLK

3. FCTL3 寄存器

FCTL3 寄存器是一个 16 位的寄存器。该寄存器主要定义一些标志位。该寄存器的高 8 位为安全键值。表 3-49 给出了 FCTL3 寄存器位域定义。

表 3-49　FCTL3 寄存器位定义

D15～D8	D7	D6	D5	D4	D3	D2	D1	D0
安全键值	未用	未用	EMEX	LOCK	WAIT	ACCIFG	LEYV	BUSY

EMEX:紧急退出位。当该位为 1 时,则立即停止对 FLASH 的操作。

LOCK:加锁控制位。当该位设置为 1 时,表示不能对 FLASH 进行写和擦除操作;否则就可以对 FLASH 进行写和擦除操作。

WAIT:等待指示位。该位显示 FLASH 正在进行写操作。1 表示 FLASH 准备好下一次写操作,0 表示 FLASH 还没有准备好下一次写操作。

ACCIFG:非法访问中断标志。1 表示有非法访问标志,0 表示没有。

KEYV:安全键值出错标志。1表示安全键值不正确,0表示安全键值正确。

BUSY:忙标志。显示FLASH模块时序产生的状态。1表示忙,0表示不忙。

3.3.6 USART模块

在单片机系统中,串口通信是一个非常重要的部分,通过串口通信实现与其他模块进行通信。MSP430F1XX系列单片机除了MSP430F11X系列单片机没有串口通信外,其他型号的单片机都有串口通信模块。MSP430F1XX系列单片机里提供的串口通信模块为USART。该模块既可以作为UART使用,提供异步通信功能;也可以作为SPI使用,提供同步通信功能。下面具体对USART的结构、USART的寄存器和工作模式进行介绍,并给出应用例子。

1. USART的结构

USART硬件模块主要包括波特率、接收、发送和接口等部分。USART的硬件结构如图3-16所示。它的主要特点包括:

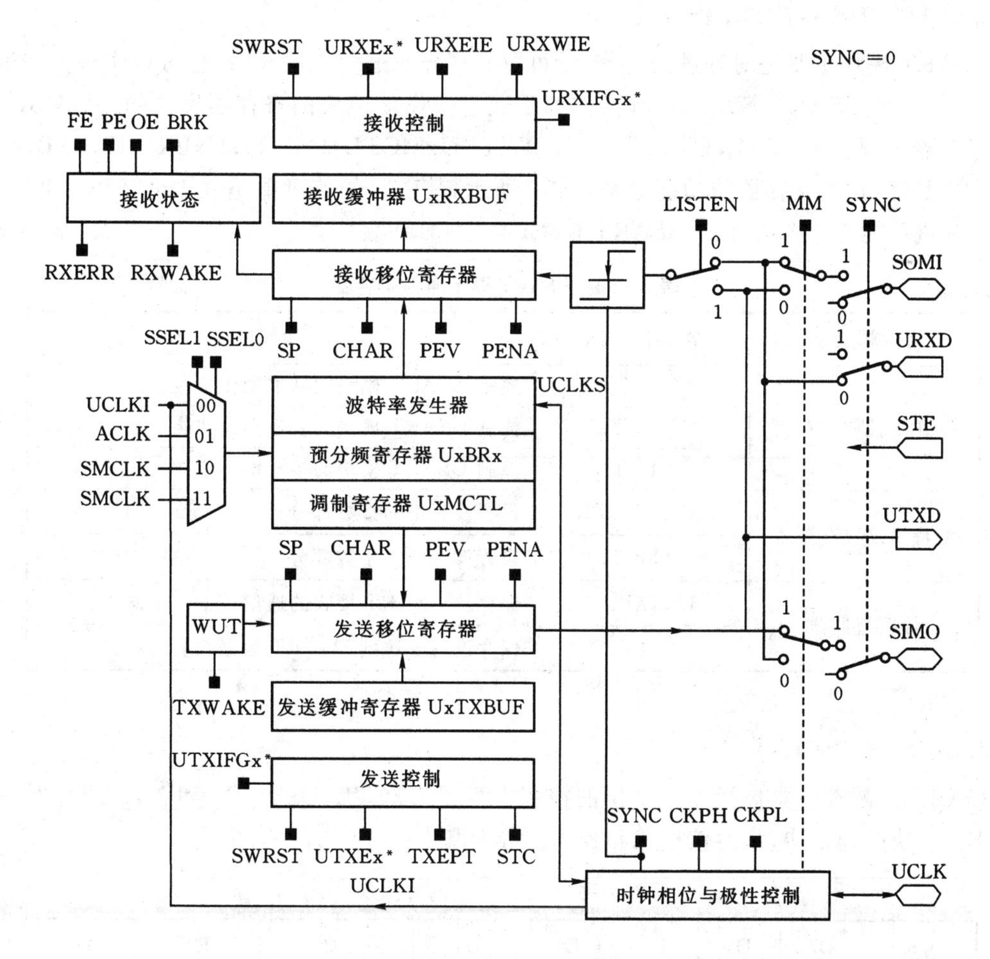

图3-16 USART硬件结构图

(1)具有7/8位的数据位,低位在前,校验位可选。

(2)具有独立的发送接收移位寄存器。

(3)具有可分离的发送和接收缓冲寄存器。

(4)具有内置的空闲线和地址位,尤其适合于多机通信。

(5)具有自动监测开始接收和唤醒功能。

(6)具有独立的接收和发送中断功能。

由图 3-16 可以看出,USART 的接收部分主要包括接收寄存器、接收移位寄存器及控制模块,它在接收的时候产生一些状态信息,并设置相应的中断标志位。USART 的发送部分主要包括发送寄存器、发送移位寄存器及控制模块,它在发送时产生一些状态信息,并可以设置发送中断标志位。USART 的波特率产生部分主要包括时钟的选择、波特率的产生及波特率的调整部分,它通过设置波特率寄存器和波特率调整寄存器来获得需要的波特率。另外 USART 模块还包括一个控制模块,通过控制模块可以选择相应的工作模式,同时设置相应的管脚。用户对 USART 模块的所有操作都是通过该模块的寄存器来完成的,下面将介绍 USART 模块的寄存器。

2. USART 的寄存器和工作模式

USART 模块主要是对外进行通信,它可以实现异步通信(UART),也可以实现同步通信(SPI)。用户对 USART 模块的所有操作都是通过操作该模块的寄存器实现的。USART 模块的寄存器主要有 UxCTL,UxTCTL,UxRCTL,UxMCTL,UxBR0,UxBR1,UxRXBUF 和 UxTXBUF 等,这些寄存器的功能如表 3-50 所示,其中 x 的值可能是 0/1,即 MSP430F1XX 系列单片机可能有 1 个或 2 个 USART 模块。

表 3-50 USART 异步通信寄存器

寄存器类型	寄存器名称	功能
UART 控制寄存器	UxCTL	控制 USART 模块的基本操作功能
	UxTCTL	控制 USART 模块的发送操作功能
	UxRCTL	控制 USART 模块的接收操作功能
波特率设置寄存器	UxBR0,UxBR1	设置波特率的整数部分
	UxMCTL	设置波特率的小数部分
数据缓冲器	UxRXBUF	保存从 USART 接收的通信数据
	UxTXBUF	保存准备发送到 USART 数据线上的数据

3. UART 控制寄存器

UART 控制寄存器包括 3 个 8 位的控制寄存器 UxCTL,UxTCTL 和 UxRCTL,定义了 USART 模块的通信协议、通信模式和校验位等的基本操作(见表 3-51)。

表 3-51 UART 控制寄存器

名称	D7	D6	D5	D4	D3	D2	D1	D0
UxCTL	PENA	PEV	SPB	CHAR	LISTEN	SYNC	MM	SWRST
UxTCTL	CKPH	CKPL	SSEL1	SSEL0	URXSE	TXWAKE	STC	TXEPT
UxRCTL	FE	PE	OE	BRK	URXEIE	URXWIE	RXWAKE	RXERR

1)UxCTL 寄存器

UxCTL 寄存器主要完成对通信模式和通信数据格式的选择。

PENA:校验使能位,1/0 表示允许/不允许校验。当在多机通信模式时,地址位包括在校验计算中。

PEV:奇偶校验位,1/0 表示偶/奇校验。

SPB:停止位。1/0 表示在发送数据帧中有 2 个/1 个停止位。接收时只能有一个停止位。

CHAR:字符长度位。1/0 表示发送数据为 8/7 位。

LISTEN:监听使能位。1/0 表示有/无反馈,有反馈表示发送的数据被送到接收端,这样可以进行闭环测试。

SYNC:该位用于同步模式选择和异步模式选择。1/0 表示 SPI/UART 模式。

MM:多机模式选择位。为 0 表示多机模式选择线路空闲多机协议,为 1 表示多机模式选择地址位多机协议。

SWRST:软件复位使能位。1/0 表示 USART 模块被禁止/允许使用。

2)UxTCTL 寄存器

UxTCTL 寄存器是用于控制 USART 模块的发送模块。

CKPH:该位用于在 SPI 模式下控制 UCLK 时钟的相位。为 0 表示使用正常的 UCLK 时钟,为 1 表示 UCLK 时钟信号被延迟半个周期。

CKPL:时钟极性选择。在 UART 模式下,该位控制 UCLK1 信号的极性;在 SPI 模式下,该位控制 UCLK 信号的极性。该位为 0 表示在 UART 模式下 UCLK1 的极性和 UCLK 的极性一致;在 SPI 模式下,数据在 UCLK 的上升沿输出,输入数据在 UCLK 的上升沿被锁存。该位为 1 表示在 UART 模式下 UCLK1 的极性和 UCLK 的极性相反;在 SPI 模式下,数据在 UCLK 的下降沿输出,输入数据在 UCLK 的下降沿被锁存。

SSEL1,SSEL0:时钟源的选择,确定波特率发生器的时钟源(见表 3-52)。

表 3-52 USART 时钟源选择

SSEL1	SSEL0	时钟源的选择
0	0	选择外部时钟 UCLK
0	1	选择辅助时钟 ACLK
1	0	选择子系统时钟 SMCLK
1	1	选择子系统时钟 SMCLK

URXSE:用于控制 UART 的接收触发沿。为 0 表示没有接收到数据;为 1 表示接收到数据,请求中断服务。

TXWAKE:发送器唤醒。为 0 表示下一字节是数据,为 1 表示下一字节是地址。

STC:STE 管脚选择位。为 0 表示使能 STE 管脚,选择 SPI 的 4 线模式;为 1 表示 STE 管脚禁止,选择 SPI 的 3 线模式。

TXEPT:发送器空标志。为 1/0 表示发送缓冲区(UTXBUF)无/有数据。

3)UxRCTL 寄存器

UxRCTL 寄存器用于控制 USART 模块的接收操作。

FE:帧出错标志。为 1/0 表示有/无帧错误。

PE:校验出错标志位。为 1/0 表示校验有/无错误。

OE:溢出标志位。为 1/0 表示有/无溢出。

BRK:打断检测位。为 1/0 表示有/无被被打断。

URXEIE:接收出错中断允许位。为 1/0 表示允许/禁止中断。

URXWIE:接收唤醒中断允许位。为 0 表示接收到每一个字符都使标志位 URXIFGx 置位;为 1 表示只有接收到地址字符才能设置 URXIFGx 标志位。

RXWAKE:接收唤醒标志。为 1/0 表示接收到的字符是地址/数据。

RXERR:接收出错标志。为 1/0 表示有/无接收错误。

4. 波特率设置寄存器

UxBR0,UxBR1 和 UxMCTL 寄存器用来确定波特率。UxBR1 和 UxBR0 两个 8 位寄存器组成一个 16 位的 UBR 字,用来确定波特率的整数部分,其中 UxBR1 为高 8 位字节,UxBR0 为低 8 位高字节。UxMCTL 寄存器用来确定波特率的小数部分,波特率的计算公式如下:

$$波特率=\frac{BRCLK}{UBR+(M7+\cdots+M0)/8} \tag{3-1}$$

BRCLK 为波特率输入频率;UBR 为上述确定波特率的整数部分;M7,M0 是 UxMCTL 寄存器的相应位,用于确定波特率的小数部分。通过上面的计算公式设置 UxBR0,UxBR1 和 UxMCTL 寄存器,就可以得到所需要的波特率。

5. 数据缓冲器

UxRXBUF 寄存器是用来接收数据的寄存器,当有数据的时候,从该寄存器里读出数据。UxTXBUF 寄存器是发送数据的寄存器,当有数据需要发送的时候,将数据写入到该寄存器里即可。

通过上面对 USART 模块的寄存器介绍,可以知道 USART 模块有两种工作模式:异步模式和同步模式,两种模式的选择和工作方法主要就是通过上述这些寄存器的相关位域的正确设置而实现的。

3.3.7 ADC 模块

在 MSP430 各系列单片机里,A/D 转换器是一个常用模块,分为 10 位和 12 位 A/D 转换器,即 ADC10 和 ADC12,这里主要介绍 ADC12 模块。

ADC12 模块支持快速的 12 位 A/D 转换。ADC12 模块应用了 12 位的 SAR 核、采样选择控制、参考产生和 16 位的转换控制缓冲区。转换控制缓冲区可以支持多达 16 个 ADC 采样转换存储。ADC12 模块的硬件结构框图如图 3-17 所示,它主要具有如下特点:

(1)采样速度快,最高可以达到 200Kbps。

(2)在采样周期可以编程的情况下,采样保持的时间可控。

(3)转换可以由软件、定时器 A 和定时器 B 启动。

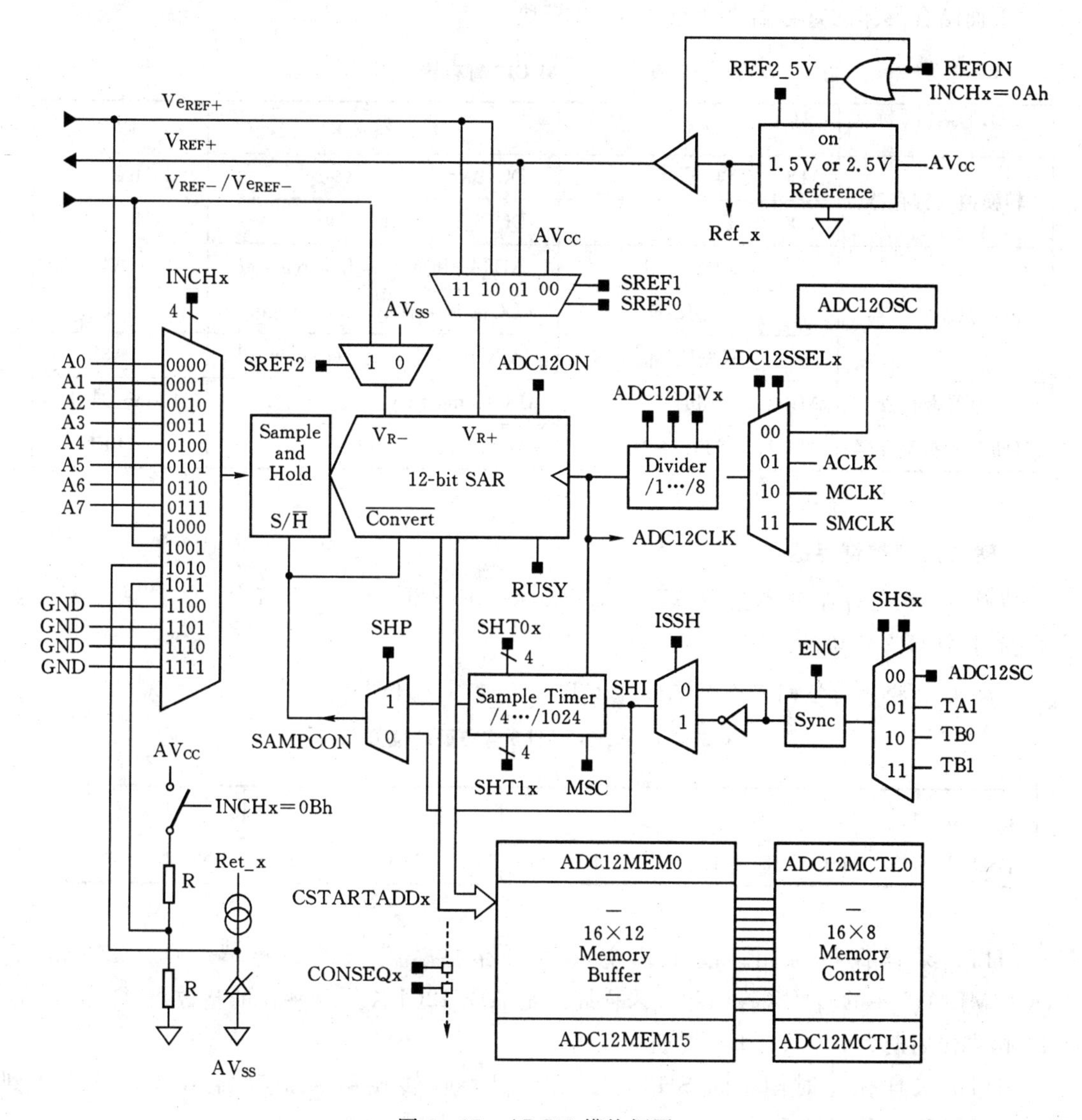

图 3-17　ADC12 模块框图

(4)片内参考电压可以由软件编程选择,也可以由软件选择内部还是外部参考。

(5)每个信道可以单独选择正极性或者负极性的参考源。

(6)具有可以选择的转换时钟源。

(7)具有单通道单次转换、单通道多次转换、序列通道单次转换和序列通道多次转换 4 种转换模式。

(8)ADC 转换核和参考电压能够单独关断以节省功耗。

(9)具有中断矢量寄存器,这样可以快速解码 ADC 的各个不同中断。

(10)具有 16 位的转换结果存储寄存器。

用户对 ADC12 模块所有操作都是通过操作该模块的寄存器完成的。ADC12 模块的寄存器比较多,大致可以分为 4 类:转换控制类、中断控制类、存储控制类和存储器类(参见表 3-

53)。下面结合具体的寄存器来介绍 ADC12 模块。

表 3-53 ADC12 寄存器

寄存器类型	缩写	寄存器含义	地址
转换控制寄存器	ADC12CTL0	ADC12 control register 0	01A0h
	ADC12CTL1	ADC12 control register 1	01A2h
中断控制寄存器	ADC12IFG	ADC12 interrupt flag register	01A4h
	ADC12IE	ADC12 interrupt enable register	01A6h
	ADC12IV	ADC12 interrupt vector word	01A8h
存储器寄存器	ADC12MEM0～15	ADC12 memory	0140h～015Eh
存储器控制寄存器	ADC12MCTL0～15	ADC12 memory control	080h～8FH

1. 转换控制类寄存器

转换控制类寄存器主要包括 ADC12CTL0 和 ADC12CTL1 两个寄存器。这两个寄存器主要控制 ADC12 模块的工作。

1)ADC12 模块的控制寄存器 ADC12CTL0(见表 3-54)

表 3-54 ADC12CTL0 寄存器的位分配

15～12	11～8	7	6	5	4	3	2	1	0
SHT1	SHT0	MSC	2.5V	REFON	ADC12ON	ADC12OVIE	ADC12TVIE	ENC	ADC12SC

SHT1:采样保持时间。该 4 位定义了保存在转换结果寄存器 ADC12MEM8 到 ADC12MEM15 中的转换采样时序。采样周期是 ADC12CLK 周期乘 4 的整数倍,即当 SHT1=2 时,采样周期为 ADC12CLK 周期的 8 倍。

SHT0:采样保持时间。同 SHT1,定义了保存在转换结果寄存器 ADC12MEM0 到 ADC12MEM7 中的转换采样时序。

MSC:多次采样转换位,只有对序列采样或者多次转换有效。当该位为 0 时,采样定时器需要 SHI 信号的上升沿触发;当该位为 1 时,首次转换由 SHI 信号的上升沿触发采样定时器,后面的采样转换将在前一次转换完成后立即进行,不需要 SHI 信号的上升沿触发。

REF2.5V:内部参考电压的选择。这个时候 REFON 也必须设置。当该位为 1 时,内部参考电压打开。

ADC12ON:ADC12 模块的控制位。为 0 时关闭 ADC12 模块,为 1 时打开 ADC12 模块,可以进行转换。

ADC12OVIE: ADC12MEMx 溢出中断使能。当该位为 0 时禁止,为 1 时使能。

ADC12TOVIE:ADC12 模块的转换时间溢出中断使能。为 0 禁止,1 使能。

ENC:转换允许位。当该位为 1/0 时,允许/不允许转换。

ADC12SC:开始转换位。当该位为 1/0 时,启动/停止转换。

2)ADC12 模块的控制寄存器 ADC12CTL1(见表 3-55)

表 3-55　ADC12CTL1 寄存器的位分配

D15～D12	D11～D10	D9	D8	D7～5	D4～D3	D2～D1	D0
CSTARTADD	SHS	SHP	ISSH	ADC12DIV	ADC12SSEL	CONSEQ	ADC12BUSY

CSTARTADD:转换起始地址。该 4 位确定了单次转换的地址或者序列转换的首地址，分别对应 ADC12MEM0～ADC12MEM15。

SHS:采样保持信号源的选择(见表 3-56),适当设置 SHS1 和 SHS0 位就可以选择相应的采样保持信号源。

表 3-56　采样保持信号源选择

SHS1	SHS0	时钟源的选择
0	0	选择 ADC12SC
0	1	选择 Timer_A 的 OUT1
1	0	选择 Timer_B 的 OUT0
1	1	选择 Timer_B 的 OUT1

SHP:采样保持脉冲模式选择。该位选择采样信号源(SAMPCON),为 0 时,SAMPCON 直接源自采样输入信号;为 1 时,SAMPCON 直接源自采样定时器。

ISSH:采样信号反向控制位。为 0 时采样信号不反向,为 1 时采样信号反向。

ADC12DIV:ADC12 时钟源分频因子。分频因子的值为该 3 位的值加 1。

ADC12SSEL:ADC12 时钟源的选择(见表 3-57)。

表 3-57　ADC12 时钟源选择

ADC12SSEL1	ADC12SSEL0	ADC12 时钟源的选择
0	0	选择 ADC12 内部时钟源
0	1	选择 ACLK
1	0	选择 SMCLK
1	1	选择 SMCLK

CONSEQ:转换模式选择位(见表 3-58)。

表 3-58　转换模式选择

CONSEQ1	CONSEQ0	转换模式的选择
0	0	单通道单次转换模式
0	1	序列通道单次转换模式
1	0	单通道多次转换模式
1	1	序列通道多次转换模式

ADC12BUSY：ADC12 忙的标志。0 表示没有操作，为 1 时有采样或转换等操作。

通过以上对 ADC12CTL0 和 ADC12CTL1 寄存器的介绍可知：该寄存器主要控制 ADC12 模块的操作。

表 3-59　ADC12 模块的中断向量表

D5～D1	中断源	中断标志	优先级
02H	ADC12MEMx 溢出		最高
04H	转换时间溢出		
06H	ADC12MEM0 中断	ADC12IFG0	
08H	ADC12MEM1 中断	ADC12IFG1	
0AH	ADC12MEM2 中断	ADC12IFG2	
0CH	ADC12MEM3 中断	ADC12IFG3	
0EH	ADC12MEM4 中断	ADC12IFG4	
10H	ADC12MEM5 中断	ADC12IFG5	
12H	ADC12MEM6 中断	ADC12IFG6	
14H	ADC12MEM7 中断	ADC12IFG7	
16H	ADC12MEM8 中断	ADC12IFG8	
18H	ADC12MEM9 中断	ADC12IFG9	
1AH	ADC12MEM10 中断	ADC12IFG10	
1CH	ADC12MEM11 中断	ADC12IFG11	
1EH	ADC12MEM12 中断	ADC12IFG12	
20H	ADC12MEM13 中断	ADC12IFG13	
22H	ADC12MEM14 中断	ADC12IFG14	
24H	ADC12MEM15 中断	ADC12IFG15	最低

2. 中断控制类寄存器

ADC12 模块的中断控制类寄存器主要对相应的中断进行处理。中断控制类寄存器有 ADC12IFG，ADC12IE 和 ADC12IV，下面对这 3 个寄存器分别进行介绍。

（1）ADC12 模块的中断标志寄存器 ADC12IFG。该寄存器为一个 16 位的寄存器，共有 16 个中断标志位。每一位对应相应的 ADC12MEMx 寄存器。在转换结束后，转换结果装入转换存储器 ADC12MEMx 后置位，当 ADC12MEMx 存储器被访问后复位。

（2）ADC12 模块的中断允许寄存器 ADC12IE。该寄存器为 16 位的寄存器，与 ADC12IFG 寄存器一样对应于 16 个转换存储寄存器 ADC12MEMx。该寄存器的各位使能相应的中断。

（3）ADC12 模块的中断向量寄存器 ADC12IV。ADC12IV 寄存器是一个 8 位的寄存器，共有 5 个有效控制位，其中 D5～D1 位确定了 ADC12 模块的中断向量（见表 3-59），其他位为 0。据此就可以解析出中断，并进行处理。

3. 存储器控制寄存器

ADC12 模块的存储器控制寄存器主要控制各个转换存储器的转换条件。控制寄存器共有 15 个：ADC12MCTL0～ADC12MCTL15，都为 8 位寄存器。结构内容如表 3-60 所示。

EOS：序列结束位。该位表明是序列中的最后一次转换。

SREF2～0：参考电压选择位（见表 3-61）。

INCH3～0：选择模拟通道。该 4 位所表示的值为所选择的模拟输入通道。由表 3-62 可以看出，适当设置 INCH3～0 位就可以选择相应的模拟输入通道。

表 3-60　ADC12MCTLx 寄存器内容分配

D7	D6～D4	D3～D0
EOS	SREF2～0	INCH3～0

表 3-61　SREFx 位与参考电压的选择

SREF2	SREF1	SREF0	参考电压的选择
0	0	0	VR+=AVcc;VR=AVss
0	0	1	VR+=VREF+;VR=AVss
0	1	0	VR+=VeREF+;VR=AVss
0	1	1	VR+=VeREF+;VR=AVss
1	0	0	VR+=AVcc;VR= VREF+/ VeREF+
1	0	1	VR+=VREF+;VR= VREF+/ VeREF+
1	1	0	VR+=VeREF+;VR= VREF+/ VeREF+
1	1	1	VR+=VeREF+;VR= VREF+/ VeREF+

表 3-62　模拟输入通道的选择

INCH3～0	模拟输入通道的选择
0～7	A0～A7
8	VeREF
9	VREF+/ VeREF+
10	片内温度传感器的输出
11～15	(AVcc－AVss)/2

4. 存储器类寄存器

ADC12 模块的存储器类寄存器主要用来存储转换得到的数据。存储类寄存器有 ADC12MEM0～ADC12MEM15。这 16 个寄存器为 16 位的寄存器，在存储数据的时候，只使用了低 12 位，因此数据的有效位为 12 位。

通过以上对 ADC12 模块寄存器的介绍，读者应当对 ADC12 模块有了基本的了解。

3.4 本章小结

通过对本章内容的学习,可以大致了解了 MSP430 系列单片机的基本结构和功能特点。MSP430 单片机从整体上看,它由 CPU、存储器、外设功能模块构成,因为其突出的低功耗特性以及丰富的外设配置,所以具有广泛的应用。

MSP430 的内核 CPU 结构是按照精简指令集和高透明的宗旨来设计的,并以冯·洛伊曼结构为基本框架,它包括 1 个 16 位的 ALU、16 个寄存器和 1 个指令控制单元。MSP430 存储器采用统一编址的结构,对外围模块的访问不需要单独的指令。MSP430 的功耗管理模块包括 POR,PUC,BOR 和 SVS 等,这些模块可以满足大多数的低功耗应用。

MSP430 单片机有着相当丰富的外设资源,其中包括基础时钟和低功耗模块、I/O 端口、定时器、比较器、FLASH 模块、USART 模块、ADC 模块等,这些模块无疑降低了开发的难度,为开发者提供了诸多便利。

第4章　ARM单片机系列结构

4.1　ARM的体系结构

以ARM为核心的处理器是目前嵌入式系统行业非常流行的处理器。凭借其在性能、功耗、成本等方面的优势，ARM内核的微处理器受到了芯片厂商、科研院所和商业嵌入式系统开发人员的青睐，并且在这些使用者的推动下得到了飞速发展。本章将简单介绍ARM微处理器的一些基本概念、应用领域及特点，引导读者进入ARM技术的殿堂。

4.1.1　ARM简介

ARM(Advanced RISC Machines)，可以认为是一个公司的名字，也可以认为是对一类微处理器的通称，还可以认为是一种技术的名字。

1991年ARM公司成立于英国剑桥，ARM公司正式成立之后，在32位RISC(Reduced Instruction Set Computer))CPU开发领域不断取得突破。ARM公司自成立以来，一直以IP(Intelligence Property)提供者的身份向各大半导体制造商出售知识产权，自己从不介入芯片的生产销售，其设计的芯片具有功耗低、成本低等显著优点，因此获得了众多半导体厂家和整机厂商的大力支持，在32位嵌入式应用领域获得了巨大的成功，目前已经占有了75%以上的32位RISC嵌入式产品市场，在低功耗、低成本的嵌入式应用领域确立了市场领导地位。目前，ARM微处理器已经遍及安保、存储、工业控制、消费类电子产品、通信系统、网络系统、无线系统等各类产品市场，ARM技术正在逐步渗入到我们生活的各个方面。

从最初开发到现在，ARM指令集体系结构有了巨大的改进，ARM公司定义了6种ARM指令体系结构版本，从版本1到版本6，ARM体系的指令集功能不断扩大。ARM系列中的各种处理器，其采用的实现技术各不相同，性能差别也很大，应用场合也有所不同，但是，只要它们支持相同的ARM体系版本，基于它们的应用软件将是兼容的。

目前非常流行的ARM内核有ARM7TDMI，StrongARM，ARM720T，ARM9TDMI，ARM920T，ARM940T，ARM966T，ARM10TDMI等。自V5版本以来，ARM公司提供DSP内核给芯片设计者，用于设计ARM DSP的SOC(System On Chip)结构的芯片。此外，ARM芯片还获得了许多实时操作系统RTOS(Real Time Operating System)供应商的支持，比较知名的有WindowsCE，Linux，pSOS，VxWorks，Nucleus，EPOC，uCOS等。

4.1.2　ARM系列微处理器

ARM微处理器系列包括ARM7系列、ARM9系列、ARM9E系列、ARM10E系列、SecurCore系列和Intel的Xscale。其中，ARM7，ARM9，ARM9E和ARM10E为4个通用处理器系列，这些处理器最高主频达到了800 MIPS，功耗数量级为mW/MHz。对于支持同样ARM体系版本的处理器，其软件是兼容的。每一个系列都具有一套相对独特的性能来满足不同应用领域的需求。

1. ARM7 系列处理器

ARM7 系列微处理器为低功耗的 32 位 RISC 处理器，最适合用于对价位和功耗要求较高的产品。ARM7 系列微处理器具有如下特点：

(1)具有嵌入式 ICE-RT 逻辑，调试开发方便。

(2)极低的功耗，适合对功耗要求较高的应用，如便携式产品。

(3)能够提供 0.9MIPS/MHz 的三级流水线结构。

(4)代码密度高并兼容 16 位的 Thumb 指令集。

(5)对操作系统的支持广泛，包括 WindowsCE，Linux 和 Palm OS 等。

(6)指令系统与 ARM9 系列、ARM9E 系列和 ARM10E 系列微处理器兼容。

(7)主频最高可达 130MIPS，高速的运算处理能力胜任绝大多数的复杂应用。

ARM7 系列微处理器包括 ARM7TDMI，ARM&TDMI-S，ARM720T 和 ARM&EJ 4 种类型的核。其中，ARM7TDMI 是目前使用最广泛的 32 位嵌入式 RISC 处理器，属于低端 ARM 处理器核。TDMI 的基本含义为：T 表示支持 16 位压缩指令集 Thumb，D 表示支持片上 Debug，M 表示内嵌硬件乘法器(Multiplier)，I 表示嵌入式 ICE，支持片上断点和调试点。

ARM7 系列微处理器主要应用于工业控制、Internet 设备、网络和调制解调器、移动电话等多种媒体和嵌入式产品。

2. ARM9 系列微处理器

ARM9 系列微处理器具有高性能和低功耗的优点。具有以下特点：

(1)5 级整数流水线，指令执行效率更高。

(2)提供 1.1MIPS/MHz 的哈佛结构。

(3)支持 32 位 ARM 指令集和 16 位 Thumb 指令集。

(4)支持 32 位的高速 AMBA 总线接口。

(5)全性能 MMU，支持 WindowsCE，Linux 和 Palm OS 等主流嵌入式操作系统。

(6)MPU 支持实时操作系统。

(7)支持数据 Cache 和指令 Cache，具有更高的指令和数据处理能力。

ARM9 系列处理器包含 ARM920T，ARM922T 和 ARM940T 3 种类型的核，主要应用于无线设备、仪器仪表、安全系统、机顶盒、高端打印机、数码照相机和数码摄像机等。

3. ARM9E 系列微处理器

ARM9E 系列微处理器为综合处理器，使用单一的处理器内核为微控制器、DSP 和 Java 应用系统提供了解决方案，极大地减少了芯片的面积和系统的复杂程度。ARM9E 系列微处理器提供了增强的 DSP 处理能力，适合于那些同时使用 DSP 和微控制器的应用场合。

ARM9E 系列微处理器的主要特点如下：

(1)支持 DSP 指令集，适合于需要高速数字信号处理的场合。

(2)5 级整数流水线，指令的执行效率更高。

(3)支持 32 位 ARM 指令集和 16 位的 Thumb 指令集。

(4)支持 32 位的高速 AMBA 总线接口。

(5)支持 VFP9 浮点处理协处理器。

(6)全性能MMU,支持Windows CE,Linux和Palm OS等主流的嵌入式操作系统。

(7)MPU支持实时操作系统。

(8)支持数据Cache和指令Cache,具有更高的指令和数据处理能力。

(9)主频最高可达300MIPS。

ARM9E系列微处理器包含ARM926EJ-S,ARM946E-S和ARM966E-S 3种类型的核,主要应用于无线设备、数字消费品、成像设备、工业控制、存储设备和网络设备等产品和领域。

4. ARM10E系列微处理器

ARM10E系列微处理器具有高性能、低功耗的特点,由于采用了新的体系结构,在同样的时钟频率下,与同等的ARM9系列微处理器比较,性能提高了近50%,同时,ARM10E系列微处理器采用了两种先进的节能方式,使其功耗极低。

ARM10E系列微处理器的主要特点如下:

(1)支持DSP指令集,适合于需要告诉数字信号处理的场合。

(2)6级整数流水线,指令执行效率更高。

(3)支持32位ARM指令集和16位Thumb指令集。

(4)支持32位的高速AMBA总线接口。

(5)支持VFP10浮点处理协处理器。

(6)全性能MMU,支持Windows CE,Linux和Palm OS等主流嵌入式操作系统。

(7)支持数据Cache和指令Cache,具有更高的指令和数据处理能力。

(8)主频最高可大400MIPS。

(9)内嵌并行读/写操作部件。

ARM10E系列微处理器包含ARM1020E,ARM1022E和ARM1026EJ-S三种类型的核,主要应用于无线设备、数字消费品、成像设备、工业控制、通信和信息系统等产品和领域。

5. SecurCore系列微处理器

SecurCore系列微处理器专为安全需要而设计,提供了完善的32位RISC技术的安全解决方案。

SecurCore系列微处理器除了具有ARM体系结构各种主要特点外,还在系统安全方面具有如下的特点:

(1)带有灵活的保护单元,以确保操作系统和应用数据的安全。

(2)采用软内核技术,防止外部对其进行扫描探测。

(3)可集成用户自己的安全特性和其他协处理器。

SecurCore系列微处理器包含SecurCore SC100,SecurCore SC110,SecurCore SC200和SecurCore SC210这4种类型的核,主要应用于一些对安全性要求较高的领域,如电子商务、电子政务、电子银行业务、网络和认证系统等领域。

6. StrongARM系列微处理器

Intel StrongARM SA-1100处理器是采用ARM体系结构高度集成的32位RISC微处理器。它融合了Intel公司设计和处理技术以及ARM体系结构的电源效率,采用在软件上兼容ARMv4体系结构,同时具有Intel技术优点的体系结构。

Intel StrongARM处理器是便携式通信产品和消费类电子产品的理想选择,已成功应用于多家公司的掌上电脑系列产品。

7. Xscale 处理器

Xscale 处理器是基于 ARMv5TE 体系结构的解决方案，是一款高性能、高性价比、低功耗的处理器。它支持 16 位的 Thumb 指令和 DSP 指令集，已应用在数字移动电话、个人数字助理和网络产品等场合。Xscale 处理器是 Intel 目前主要推广的一款基于 ARM 体系结构的微处理器。

4.1.3 ARM 芯片的选择

1. ARM 芯片选择的一般原则和需要考虑的主要因素

在选择 ARM 芯片时，首先应考虑芯片是否符合该产品的应用领域，芯片的性能参数是否满足产品的应用环境（如温度范围等），芯片的内部配置是否满足产品需求，或者是否可以通过简单的部分功能单元外扩来实现产品要求。其次是考虑芯片在市场上是否供货正常，能否方便购买到该芯片的开发工具（如评估板、集成开发环境等），相关的开发资料是否容易获得，能否得到芯片供应商或者工具提供商的技术支持，最后再综合考虑其成本等其他因素。从应用的角度来看，可能需要考虑多种因素，才能够选择一款合适的 ARM 芯片，需要考虑的主要影响因素如表 4-1 所示。

表 4-1　影响 ARM 芯片选择的因素

序号	影响因素	说明
1	ARM 内核	对 CPU 性能的考虑和操作系统的考虑
2	系统时钟控制器	对运行速度和外设时钟的综合考虑
3	内部存储器容量	满足系统对 FLASH，ROM，RAM 的要求
4	USB 接口	对是否有 USB 控制器的考虑
5	GPIO 数量	满足系统对 GPIO 类型和数量的需求
6	中断控制器	在众多基于 ARM 内核的单片机中选择合理的中断资源是必须的
7	IIS(Integrate Interface of Sound)接口	设计音频产品时 IIS 总线接口是必须的
8	nWAIT 信号	与慢速器件接口时必须考虑的因素
9	RTC	这是涉及实现硬件实时时钟的简捷方式
10	LCD 控制器	连接 LCD 时必须考虑的因素
11	PWM 输出	可直接用于电机控制或者语音输出的场合
12	ADC 和 DAC	对模拟通道类型和数量要进行全面的考虑
13	扩展总线	对扩展总线的位数、类型需要和扩展芯片进行合理匹配
14	UART	选择 UART 的通信方式、波特率、数量等与需求相匹配
15	DSP 协处理器	对数据处理复杂度和速度有特殊要求时可以选择 DSP 协处理器
16	内置 FPGA	有些 ARM 芯片内置有 FPGA，适合通信等领域
17	时钟计数器和看门狗	可以选择多个计数器满足不同的需求

续表 4-1

序号	影响因素	说明
18	电源管理功能	可以选择具有多种工作模式的 ARM 单片机以节省功耗
19	DMA 控制器	需要管理大量和快速的存储数据区时可以选择 DMA 控制器
20	封装	需要考虑装配方式、生产成本、市场货源等多种因素

2. 多核结构 ARM 芯片的选择

为了增强多任务处理的能力、数学运算能力、多媒体以及网络处理能力，某些供应商提供的 ARM 芯片内置了多个内核，目前常见的有 ARM＋DSP，ARM＋FPGA 和 ARM＋ARM 等结构。

多 ARM 内核：为了增强多任务处理能力和多媒体处理能力，某些 ARM 芯片内置了多个 ARM 内核。

ARM 内核＋DSP 内核：为了增强数学运算能力和多媒体处理能力，许多供应商在其 ARM 芯片内增加了 DSP 协处理器。

ARM 内核＋FPGA：为了提高系统硬件的在线升级能力，某些公司在 ARM 芯片内部集成了 FPGA。

4.2　基于 ARM920T 核微处理器

4.2.1　ARM920T 简介

ARM920T 高缓存处理器是 ARM9 Thumb 系列中高性能的 32 位单片机系统处理器。作为 ARM920TDMI 内核的一种，它能够执行 32 位 ARM 及 16 位 Thumb 指令集，采用哈佛结构，有包括取指、译码、执行、存储及写入的 5 级流水线，并包括以下两个协处理器。

CP14：控制软件对调试信道的访问。

CP15：系统控制处理器，提供 16 个额外寄存器来配置与控制缓存、MMU、系统保护、时钟模式及其他系统选项。

ARM920T 内部功能方框图如图 4-1 所示，它的主要特征如下：

(1)ARM9TDMI 内核，ARMv4T 架构。

(2)两套指令集：ARM 高性能 32 位指令集和 Thumb 高代码密度 16 位指令集。

(3)5 级流水线结构，即取指(F)、指令译码(D)、执行(E)、数据存储访问(M)和写寄存器(W)。

(4)16KB 数据缓存，16KB 指令缓存。

(5)写缓冲器：16 字节的数据缓冲器，4 字节的地址缓冲器，软件控制消耗。

(6)标准的 ARMv4 存储器管理单元(MMU)：区域访问许可，允许以 1/4 页面大小对页面进行访问，16 个嵌入域，64 个输入指令 TLB 及 64 个输入数据 TLB。

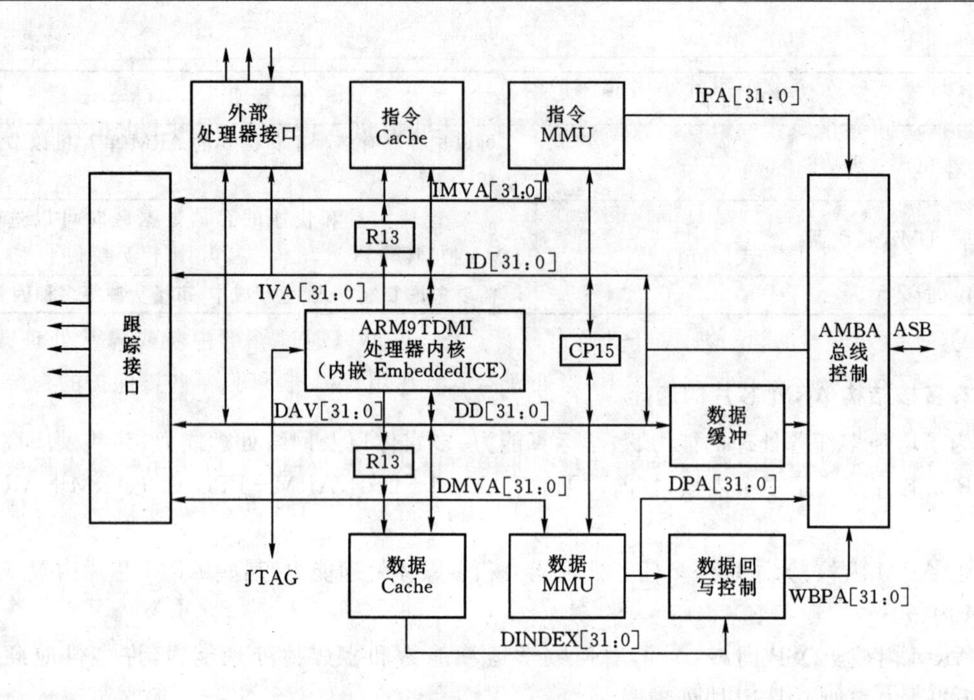

图 4-1　ARM920T 内部功能框图

(7)8 位、16 位、32 位的指令总线与数据总线。

1. ARM920T 内核编程模型

ARM9TDMI 处理器指令类型可为 32 位(ARM 状态)或 16 位(Thumb 状态)。数据类型支持字节(8 位)、半字(16 位)及字(32 位)数据类型。字必须是 4 字节边界对齐,半字必须是 2 字节边界对齐,非对齐数据访问取决于特定区域使用的指令。

ARM 指令集和 Thumb 指令集均有切换处理器状态的指令,在程序的执行过程中,微处理器可以随时在两种工作状态之间切换,并且处理器工作状态的转变并不影响处理器的工作模式和相应寄存器中的内容。但是,ARM 微处理器在开始执行代码时应处于 ARM 状态。

2. ARM 体系结构的存储器格式

ARM920T 体系结构将存储器看成是从零地址开始的字节的线性组合。从 0 字节到 3 字节放置第 1 个存储的字数据,从第 4 个字节到第 7 个字节放置第 2 个存储的字数据,依次排列。作为 32 位的微处理器,ARM920T 体系结构所支持的最大寻址空间为 4GB(2^{32} 字节)。

ARM920T 体系结构支持两种方法存储字数据,即大端格式和小端格式:大端格式中字数据的高字节存储在低地址单元中,而字数据的低字节则存放在高地址单元中;在小端存储格式中,低地址单元中存放的是字数据的低字节,高地址单元中存放的是字数据的高字节,在基于 ARM920T 内核的嵌入式系统中,常用小端存储格式来存储字数据。

3. 处理器模式

ARM920T 支持以下 7 种运行模式。

用户模式(usr):ARM 处理器正常的程序执行状态。

快速中断模式(fiq):用于高速数据传输或通道处理。

外部中断模式(irq):用于通用的中断处理。

管理模式(svc):操作系统使用的保护模式。

数据访问终止模式(abt):当数据或指令预取终止时进入该模式,可用于虚拟存储及存储保护。

系统模式(sys):运行具有特权的操作系统任务。

未定义指令终止模式(und):当未定义的指令执行时进入该模式,可用于支持硬件协处理器的软件仿真。

ARM 微处理器的运行模式可以通过软件改变,也可以通过外部中断或异常处理改变。大多数的应用程序运行在用户模式下,当处理器运行在用户模式下时,某些被保护的系统资源是不能被访问的。

除用户模式以外,其余的 6 种模式称为非用户模式或特权模式。除去用户模式和系统模式以外的 5 种又称为异常模式,常用于处理中断或异常,以及访问受保护的系统资源等情况。

4. 寄存器组织

ARM 微处理器共有 37 个 32 位寄存器,其中 31 个为通用寄存器,6 个为状态寄存器。这些寄存器不能被同时访问,具体哪些寄存器是可编程访问的,取决于微处理器的工作状态及具体的运行模式。但在任何时候,通用寄存器 R0～R14、程序计数器 PC、一个或两个状态寄存器都是可访问的。

1)ARM 状态下的寄存器组织

ARM 状态下通用寄存器包括 R0～R15,可以分为 3 类:未分组寄存器 R0～R7、分组寄存器 R8～R14 和程序计数器 PC(R15)。

(1)未分组寄存器 R0～R7。在所有的运行模式下,未分组寄存器都指向同一个物理寄存器,它们未被系统用作特殊的用途,因此,在中断或异常处理进行运行模式转换时,由于不同的处理器运行模式均使用相同的物理寄存器,可能会造成寄存器中数据的破坏,这一点在进行程序设计时应引起注意。

(2)分组寄存器 R8～R14。对于分组寄存器,它们每一次所访问的物理寄存器与处理器当前的运行模式有关。对于 R8～R12 来说,每个寄存器对应两个不同的物理寄存器。当使用 fiq 模式时,访问寄存器 R8_fiq～R12_fiq;当使用除 fiq 模式以外的其他模式时,访问寄存器 R8_usr～R12_usr。对于 R13 和 R14 来说,每个寄存器对应 6 个不同的物理寄存器,其中一个是用户模式与系统模式共用,另外 5 个物理寄存器对应于其他 5 种不同的运行模式。采用以下的记号来区分不同的物理寄存器:R13_i 和 R14_i,其中,i 为 usr,fiq,irq,svc,abt,und 模式之一。

寄存器 R13 在 ARM 指令中常用作堆栈指针,但这只是一种习惯用法,用户也可以使用其他寄存器作为堆栈指针。而在 Thumb 指令集中,某些指令强制性的要求使用 R13 作为堆栈指针。

由于处理器的每种运行模式均有自己独立的物理寄存器 R13,在用户应用程序的初始化部分,一般都要初始化每种模式下的 R13,使其指向该运行模式的栈空间。这样,当程序的运行进入异常模式时,可以将需要保护的寄存器放入 R13 所指向的堆栈;而当程序从异常模式返回时,则从对应的堆栈中恢复。采用这种方式可以保证异常发生后程序的正常执行。

R14 也称作子程序连接寄存器或连接寄存器 LR。当执行 BL 子程序调用指令时,R14 中保存 R15(程序计数器 PC)的备份。其他情况下,R14 用作通用寄存器。与之类似,当发生中断或异常时，对应的 R14 分组寄存器用来保存 R15 的返回值。

在每一种运行模式下，都可以用 R14 保存子程序的返回地址。当用 BL 或 BLX 指令调用子程序时，将 PC 的当前值复制给 R14，执行完子程序后，又将 R14 的值复制回 PC，即可完成子程序的调用返回。

(3)程序计数器 PC(R15)。寄存器 R15 用作程序计数器(PC)。在 ARM 状态下，R15 低 2 位[1:0]为 0；在 Thumb 状态下，最低位[0]为 0。R15 一般不作通用寄存器使用，因为对 R15 的使用有一些特殊的限制，当违反了这些限制时，程序的执行结果是未知的。

ARM 体系结构采用了多级流水线技术，对于 ARM 指令集而言，PC 总是指向当前指令的下两条指令的地址，即 PC 的值为当前指令的地址值加 8 个字节。

在 ARM 状态下，任一时刻可以访问以上所讨论的 16 个通用寄存器和 1～2 个状态寄存器。在非用户模式(特权模式)下，则可访问到特定模式分组寄存器。图 4-2 说明了在每一种运行模式下，哪些寄存器是可以访问的。

寄存器类别	寄存器在汇编中的名称	各模式下实际访问的寄存器						
		用户	系统	管理	中止	未定义	中断	快中断
通用寄存器和程序计数器	R0(a1)	R0						
	R1(a2)	R1						
	R2(a3)	R2						
	R3(a4)	R3						
	R4(v1)	R4						
	R5(v2)	R5						
	R6(v3)	R6						
	R7(v4)	R7						
	R8(v5)	R8						R8_fiq
	R9(SB,v6)	R9						R9_fiq
	R10(SL,v7)	R10						R10_fiq
	R11(FP,v8)	R11						R11_fiq
	R12(IP)	R12						R12_fiq
	R13(SP)	R13		R13_fiq	R13_abt	R13_und	R13_irq	R13_fiq
	R14(LR)	R14		R14_fiq	R14_abt	R14_und	R14_irq	R14_fiq
	R15(PC)	R15						
状态寄存器	CPSR	CPSR						
	SPSR	无		SPSR_abt	SPSR_abt	SPSR_und	SPSR_irq	SPSR_fiq

图 4-2 ARM 状态下的寄存器组织分配图

2)Thumb 状态下的寄存器组织

Thumb 状态下的寄存器集是 ARM 状态下寄存器集的一个子集，程序可以直接访问 8 个通用寄存器(R0～R7)、程序计数器(PC)、堆栈指针(SP)、连接寄存器(LR)和 CPSR。同时，在每一种特权模式下都有一组 SP，LR 和 SPSR。图 4-3 表明 Thumb 状态下的寄存器组织。

寄存器类别	寄存器在汇编中的名称	各模式下实际访问的寄存器						
		用户	系统	管理	中止	未定义	中断	快中断
通用寄存器和程序计数器	R0(a1)	R0						
	R1(a2)	R1						
	R2(a3)	R2						
	R3(a4)	R3						
	R4(v1)	R4						
	R5(v2)	R5						
	R6(v3)	R6						
	R7(v4)	R7						
	R13(SP)	R13		R13_fiq	R13_abt	R13_und	R13_irq	R13_fiq
	R14(LR)	R14		R14_fiq	R14_abt	R14_und	R14_irq	R14_fiq
	R15(PC)	R15						
状态寄存器	CPSR	CPSR						
	SPSR	无		SPSR_abt	SPSR_abt	SPSR_und	SPSR_irq	SPSR_fiq

图 4-3　Thumb 状态下的寄存器组织

在 Thumb 状态下，高位寄存器 R8～R15 并不是标准寄存器集的一部分，但可使用汇编语言程序受限制地访问这些寄存器，将其用作快速的暂存器。使用带特殊变量的 MOV 指令，数据可以在低位寄存器和高位寄存器之间进行传送；高位寄存器的值可以使用 CMP 和 ADD 指令进行比较或加上低位寄存器中的值。

5. 程序状态寄存器

ARM920T 体系结构中包含一个当前程序状态寄存器(CPSR)和 5 个备份的程序状态寄存器(SPSR)。备份的程序状态寄存器用来进行异常处理，状态寄存器的位域定义如表 4-2 所示，其功能如下：

(1)保存 ALU 中的当前操作信息。

(2)控制允许和禁止中断。

(3)设置处理器的运行模式。

表 4-2　程序状态寄存器格式

31	30	29	28	27	26	25	24	…	7	6	5	4	3	2	1	0
N	Z	C	V	x	x	x	x	…	I	F	T	M4～M0				

1)条件码标志(Condition Code Flags)

N,Z,C,V 均为条件码标志位。它们的内容可被算术或逻辑运算的结果所改变,并且可以决定某条指令是否被执行。条件码标志的具体含义如表 4-3 所示。

表 4-3 条件码标志的具体含义

标志位	含义
N	当用两个补码表示的带符号数进行运算时,N=1 表示运算的结果为负数,N=0 表示运算的结果为正数或 0
Z	Z=1 表示运算的结果为零,Z=0 表示运算的结果为非零
C	有 4 种方法设置 C 的值: 加法运算(包括比较指令 CMP):运算结果有进位 C=1,否则 C=0 减法运算(包括比较指令 CMP):运算结果有借位 C=0,否则 C=1 对于包含移位操作的非加/减运算指令,C 为移出值的最后一位 对于其他的非加/减运算指令,C 的值通常不改变
V	有 2 种方法设置 V 的值: 对于加/减法运算指令,当操作数和运算结果为二进制的补码表示的带符号数时,V=1 表示符号位溢出 对于其他的非加/减运算指令,V 的值通常不改变
Q	在 ARMv5 及以上版本的 E 系列处理器中,用 Q 标志位指示增强的 DSP 运算指令是否发生了溢出。在其他版本的处理器中,Q 标志位无意义

2)控制位

CPSR 的低 8 位(包括 I,F,T 和 M[4:0])称为控制位,当发生异常时这些位可以被改变。如果处理器运行特权模式,这些位也可以由程序修改。

中断禁止位 I,F:置 1 时,禁止 IRQ 中断和 FIQ 中断。

T 标志位:反映处理器的运行状态。当该位为 1/0 时,程序运行于 Thumb/ARM 状态。该信号反映在外部引脚 TBIT 上。在程序中不得修改 CPSR 中的 TBIT 位,否则处理器工作状态不能确定。

运行模式位 M[4:0]:M0,M1,M2,M3,M4 是模式位。这些位决定了处理器的运行模式。具体含义如表 4-4 所示。

表 4-4 处理器运行模式位 M[4:0]的具体含义

M[4:0]	模式	ARM 模式可访问的寄存器	Thumb 模式可访问的寄存器
0b10000	用户模式	PC/CPSR/R0~R14	PC/CPSR/R7~R0/LR/SP
0b10001	FIQ 模式	PC/CPSR/SPSR_fiq/R14_fiq~R8_fiq/R7~R0	PC/CPSR/SPSR_fiq/LR_fiq/SP_fiq/R7~R0

续表4-4

M[4:0]	模式	ARM模式可访问的寄存器	Thumb模式可访问的寄存器
0b10010	IRQ模式	PC/CPSR/SPSR_irq/R14_irq/R13_irq/R12～R0	PC/CPSR/SPSR_irq/LR_irq/SP_irq/R7～R0
0b10011	管理模式	PC/CPSR/SPSR_svc/R14_svc/R13_svc/R12～R0	PC/CPSR/SPSR_svc/LR_svc/SP_svc/R7～R0
0b10111	中止模式	PC/CPSR/SPSR_abt/R14_abt/R13_abt/R12～R0	PC/CPSR/SPSR_abt/LR_abt/SP_abt/R7～R0
0b11011	未定义模式	PC/CPSR/SPSR_und/R14_und/R13_und/R12～R0	PC/CPSR/SPSR_und/LR_und/SP_und/R7～R0
0b11111	系统模式	PC/SPSR/R14～R0	PC/CPSR/SPSR/LR/R7～R0

6. 异常(Exceptions)

当正常的程序执行流程发生暂时停止时，称之为异常。在处理异常之前，当前处理器的状态必须保留，这样，在异常处理完成之后，当前程序可以继续执行。处理器允许多个异常同时发生，处理器会按固定的优先级对多个异常进行处理。

ARM920T体系结构所支持的异常及具体含义如表4-5所示。

表4-5 ARM920T体系结构所支持的异常

异常类型	具体含义
复位	当处理器的复位电平有效时，产生复位异常，程序跳转到复位异常处理程序处执行
未定义指令	当ARM处理器或协处理器遇到不能处理的指令时，产生未定义指令异常。可使用该异常机制进行软件仿真
软件中断	该异常由执行SWI指令产生，可用于用户模式下的程序调用特权操作指令。可使用该异常机制实现系统功能调用
指令预取中止	若处理器预取指令的地址不存在，或该地址不允许当前指令访问，存储器会向处理器发出中止信号，但当预取的指令被执行时，才会产生预取中止异常
数据中止	若处理器数据访问指令的地址不存在，或该地址不允许当前指令访问，则产生数据中止异常
IRQ(外部中断请求)	当处理器的外部中断请求引脚有效，且CPSR中的I位为0时，产生IRQ异常，系统的外设可通过该异常请求中断服务
FIQ(快速中断请求)	当处理器的快速中断请求引脚有效，且CPSR中的F位为0时，产生FIQ异常

1)对异常的响应

当一个异常出现以后，ARM 微处理器会执行以下几步操作：

(1)将下一条指令的地址存入相应连接寄存器 LR。若异常是从 ARM 状态进入，LR 寄存器中保存的是下一条指令的地址；若异常是从 Thumb 状态进入，则在 LR 寄存器中保存当前 PC 的偏移量。这样，异常处理程序就不需要确定异常是从何种状态进入的，程序在处理异常返回时能从正确的位置重新开始执行。例如，在软件中断异常 SWI 中，指令 MOV PC,R14_svc 总是返回到下一条指令，而不管 SWI 是在 ARM 状态执行，还是在 Thumb 状态执行。

(2)将 CPSR 复制到相应的 SPSR 中。

(3)根据异常类型，强制设置 CPSR 的运行模式位。

(4)强制 PC 从相应的异常向量地址取下一条指令执行，从而跳转到相应的异常处理程序处。

ARM 微处理器对异常的响应过程用伪码可以描述为：

```
R14_＜Exception_Mode＞＝Return Link            ;保存返回地址
SPSR_＜Exception_Mode＞＝CPSR                  ;备份状态寄存器
CPSR[4:0]＝Exception Mode Number               ;模式切换
CPSR[5]＝0                                     ;Thumb/ARM 状态下都进入 ARM 工作状态
If＜Exception_Mode＞＝＝Reset or FIQ then      ;当响应 FIQ 或复位时，禁止新的 FIQ 异常
CPSR[6]＝1                                     ;关 FIQ
CPSR[7]＝1                                     ;关 I
PC＝Exception Vector Address                   ;开始执行异常向量表指向的异常处理程序
```

进入异常处理前可以设置中断禁止位，以禁止异常处理时对中断的响应。如果异常发生时，处理器处于 Thumb 状态，则当异常向量地址加载入 PC 时，处理器自动切换到 ARM 状态。

2)从异常返回

异常处理完毕之后，执行以下操作从异常返回：

(1)将连接寄存器 LR 的值减去相应的偏移量后送到 PC 中。

(2)将 SPSR 复制回 CPSR 中。

(3)若在进入异常处理时设置了中断禁止位，要在此清除。

3)各类异常的具体描述

(1)FIQ(Fast Interrupt Request)。FIQ 异常是为了支持数据传输或者通道处理而设计的。在 ARM 状态下，系统有足够的私有寄存器，从而可以避免对寄存器保存的需求，并减小了系统上下文切换的开销。

特权模式下可以改变 CPSR 中的 F 位状态，开放 FIQ 中断，并通过对处理器 nFIQ 引脚拉低产生 FIQ，进入 FIQ 模式。FIQ 处理程序通过执行 SUBS PC,R14_fiq,＃4 指令从 FIQ 模式返回，同时将 SPSR_fiq 寄存器的内容复制到当前程序状态寄存器 CPSR 中。

(2)IRQ(Interrupt Request)。IRQ 异常属于正常的中断请求，在特权模式下可以改变 I 位状态，以开放 IRQ 中断，并通过对处理器 nIRQ 引脚拉低，进入 IRQ 模式。IRQ 处理程序执行 SUBS PC,R14_irq,＃4 指令，可以从 IRQ 模式返回，同时将 SPSR_irq 内容复制到当前程

序状态寄存器 CPSR 中。

(3)Abort(中止)。产生中止异常意味着对存储器的访问失败。ARM 微处理器在存储器访问周期内检查是否发生中止异常。中止异常包括两种类型,即指令预取中止和数据中止。

Abort 处理程序通过执行以下指令从中止模式返回:

```
SUBS PC,R14_abt,#4              ;指令预取中止
SUBS PC,R14_abt,#8              ;数据中止
```

以上指令恢复 PC(从 R14_abt)和 CPSR(SPSR_abt)的值,并重新执行中止的指令。

(4)Software Interrupt(软件中断)。软件中断指令(SWI)用于进入管理模式,常用于请求执行特定的管理功能。软件中断处理程序执行 MOV PC,R14_svc 指令从 SWI 模式返回,并恢复 CPSR(从 SPSR_svc)的值,返回到 SWI 的下一条指令。

(5)Undefined Instruction(未定义指令)。当 ARM 处理器遇到不能处理的指令时,会产生未定义指令异常。采用这种机制,可以通过软件仿真扩展 ARM 或 Thumb 指令集。处理器执行 MOVS PC,R14_und 程序返回,并恢复 CPSR(从 SPSR_und)的值,返回到未定义指令的下一条指令。

4)异常进入/退出

表 4-6 总结了进入异常处理时保存在相应 R14 中的 PC 值,及在退出异常处理时推荐使用的指令。

表 4-6　异常进入/退出

	返回指令	以前的状态		注意
		ARM R14_X	Thumb R14_X	
BL	MOV PC,R14	PC+4	PC+2	1
SWI	MOVS PC,R14_svc	PC+4	PC+2	1
UDEFF	MOVS PC,R14_und	PC+4	PC+2	1
FIW	SUBS PC,R14_fiq,#4	PC+4	PC+4	2
IRQ	SUBS PC,R14_irq,#4	PC+4	PC+4	2
PABT	SUBS PC,R14_abt,#4	PC+4	PC+4	1
DABT	SUBS PC,R14_abt,#8	PC+8	PC+8	3
RESET	NA			4

注意:

1. 在此 PC 是具有预取中止的 BL/SWI/未定义指令所取的地址
2. 在此 PC 是从 FIQ 或 IRQ 取得不能执行的指令的地址
3. 在此 PC 是产生数据中止的加载或存储指令的地址
4. 系统复位时,保存在 R14_svc 中的值是不可预知的

5)异常向量(Exception Vectors)

表 4-7 显示了异常向量地址。

表 4-7　异常向量地址

地址	异常	进入模式
0x00000000	复位	管理模式
0x00000004	未定义模式	未定义模式
0x00000008	软件中断	管理模式
0x0000000C	终止(预取指令)	中止模式
0x00000010	终止(数据)	中止模式
0x00000014	保留	保留
0x00000018	IRQ	IRQ
0x0000001C	FIQ	FIQ

6)异常优先级

当多个异常同时发生时,系统根据固定的优先级决定异常的处理次序。异常优先级由高到低的排列次序为复位、数据中止、FIQ、IRQ、预取指令中止、未定义指令、SWI。异常优先级由高到低的排列次序如表 4-8 所示。

表 4-8　异常优先级

优先级	异常
1(最高)	复位
2	数据中止
3	FIQ
4	IRQ
5	预取指令中止
6(最低)	未定义指令,SWI

7)应用程序中的异常处理

当系统运行时,异常可能会随时发生。为保证在 ARM 处理器发生异常时不至于处于未知状态,在应用程序的设计中,首先要进行异常处理,采用的方式是在异常向量表中的特定位置放置一条跳转指令,跳转到异常处理程序。当 ARM 处理器发生异常时,程序计数器 PC 会被强制设置为对应的异常向量,从而跳转到异常处理程序,异常处理完成以后,返回到主程序继续执行。

当多个异常同时发生时,系统根据固定的优先级决定异常的处理顺序。异常优先级由高到低的排列次序为复位、数据中止、FIQ、IRQ、预取指令中止、未定义指令、SWI。

4.2.2　三星 S3C2410X 处理器详解

1. 三星 S3C2410X 处理器结构简介

Samsung 公司推出的 16/32 位 RISC 处理器 S3C2410A,为手持设备和一般类型应用提供了低价格、低功耗、高性能小型微控制器的解决方案。S3C2410A 采用了 ARM920T 内核,0.18μm 工艺的 CMOS 标准宏单元和存储器单元。它的低功耗、精简和出色的全静态设计特别适用于对成本和功耗敏感的应用。同时它还采用了一种叫做 Advanced Microcontroller Bus Architecture(AMBA)的新型总线结构。

通过提供一系列完整的系统外围设备,S3C2410A 大大减少了整个系统的成本,消除了为系统配置额外器件的需要。S3C2410A 片上集成的外设功能模块主要包括:

(1)1.8V/2.0V 内核供电,3.3V 存储器供电,3.3V 外部 I/O 供电。

(2)具备 16KB 的 I-Cache 和 16KB 的 D-Cache/MMU。

(3)外部存储控制器(SDRAM 控制和片选逻辑)。

(4)LCD 控制器(最大支持 4K 色 STN 和 256K 色 TFT)提供 1 通道 LCD 专用 DMA。

(5)4 通道 DMA 并有外部请求引脚。

(6)3 通道 UART(IrDA1.0,16 字节 Tx FIFO 和 16 字节 Rx FIFO)/2 通道 SPI。

(7)1 通道多主 IIC-BUS/1 通道 IIS-BUS 控制器。

(8)兼容 SD 主接口协议 1.0 版和 MMC 卡协议 2.11 兼容版。

(9)2 端口 USB 主机/1 端口 USB 设备(1.1 版)。

(10)4 通道 PWM 定时器和 1 通道内部定时器。

(11)看门狗定时器。

(12)117 个通用 I/O 口和 24 通道外部中断源。

(13)功耗控制模式:具有普通、慢速、空闲和掉电模式。

(14)8 通道 10 位 ADC 和触摸屏接口。

(15)具有日历功能的 RTC。

(16)具有 PLL 片上时钟发生器。

1)S3C2410A 基本特性

(1)体系结构。

①为手持设备和通用嵌入式应用提供片上集成系统解决方案。

②16/32 位 RISC 体系结构和 ARM920T 内核强大的指令集。

③加强的 ARM 体系结构 MMU 用于支持 WinCE,EPOC 32 和 Linux。

④指令高速存储缓冲器(I-Cache)、数据高速存储缓冲器(D-Cache)、写缓冲器和物理地址 TAG RAM 减少主存带宽和响应性带来的影响。

⑤采用 ARM920T CPU 内核支持 ARM 调试体系结构。

⑥内部高级微控制总线(AMBA)体系结构(AMBA2.0,AHB/APB)。

(2)系统管理器。

①支持大/小端方式。

②寻址空间:每 bank 128MB(总共 1GB)。

③支持可编程的每 bank 8/16/32 位数据总线带宽。

④8 个存储器 bank,所有的存储器 bank 都具有可编程的操作周期,从 bank 0 到 bank 6 采用固定起始寻址。bank7 具有可编程的 bank 起始地址和大小。

⑤支持外部等待信号延长总线周期。

⑥支持掉电时的 SDRAM 自刷新模式。

⑦支持各种型号的 ROM 引导(NOR/NAND Flash/EEPROM/其他)。

(3)NAND Flash 启动引导。

①支持从 NAND flash 存储器的启动。

②采用 4KB 内部缓冲器进行启动引导。

③支持启动之后 NAND 存储器仍然作为外部存储器使用。

(4)Cache 存储器。

①64 项全相连模式,采用 I-Cache(16KB)和 D-Cache(16KB)。

②每行 8 字长度,其中每行带有一个有效位和两个 dirty 位。

③伪随机数或轮转循环替换算法。

④采用写穿式(write-through)或写回式(write-back)cache操作来更新主存储器。

⑤写缓冲器可以保存16个字的数据和4个地址。

(5)时钟和电源管理。

①片上MPLL和UPLL。

②通过软件可以有选择性地为每个功能模块提供时钟。

③电源模式:正常、慢速、空闲和掉电模式。

(6)中断控制器。

①55个中断源(看门狗定时器×1,定时器×5,UARTs×9,外部中断×24,DMA×4,RTC×2,ADC×2,IIC×1,SPI×2,SDI×1,USB×2,LCD×1,电池故障×1)。

②电平/边沿触发模式的外部中断源。

③可编程的边沿/电平触发极性。

④支持为紧急中断请求提供快速中断服务。

(7)具有脉冲带宽调制功能的定时器。

①4通道16位具有PWM功能的定时器,1通道16位内部定时器,可基于DMA或中断工作。

②可编程的占空比周期、频率和极性,能产生死区,支持外部时钟源。

(8)RTC(实时时钟)。

①全面的时钟特性:秒、分、时、日期、星期、月和年。

②32.768kHz工作,具有报警中断,具有节拍中断。

(9)UART。

①3通道UART,可以基于DMA模式或中断模式工作。

②支持5/6/7/8位串行数据发送/接收。

③支持外部时钟作为UART的运行时钟(UEXTCLK)。

④可编程的波特率。

⑤支持IrDA1.0。

⑥具有测试用的反馈模式。

⑦每个通道都具有内部16字节的发送FIFO和16字节的接收FIFO。

(10)DMA控制器。

①4通道的DMA控制器。

②支持存储器到存储器,IO到存储器,存储器到IO和IO到IO的传输。

③采用猝发传输模式加快传输速率。

(11)通用I/O端口:24个外部中断端口,多功能输入/输出端口。

(12)A/D转换和触摸屏接口:8通道多路复用ADC,最大500KSPS/10位精度。

(13)LCD控制器STN LCD显示特性。

①支持3种类型STN LCD显示屏:4位单/双扫描,8位单扫描显示类型。

②支持单色模式、4级/16级灰度STN LCD、256色/4096色STN LCD。

③支持多种不同尺寸的液晶屏。

④LCD实际尺寸的典型值是640×480,320×240,160×160等。

⑤最大虚拟屏幕大小是4MB。

⑥256色模式下支持最大虚拟屏是4096×1024,2048×2048,1024×4096等。

(14)TFT彩色显示屏。

①支持彩色TFT的1,2,4或8bbp(像素每位)调色显示。

②支持16bbp无调色真彩显示。

③在24bbp模式下支持最大16M色TFT。

④支持多种不同尺寸的液晶屏。

⑤典型实屏尺寸:640×480,320×240,160×160及其他。

⑥最大虚拟屏大小4MB。

⑦64K色彩模式下最大的虚拟屏尺寸为2048×1024及其他。

(15)看门狗定时器:16位看门狗定时器,在定时器溢出时发生中断请求或系统复位。

(16)IIC总线接口。

①1通道多主IIC总线。

②可进行串行,8位,双向数据传输,标准模式下数据传输速度可达100Kbps,快速模式下可达到400Kbps。

(17)IIS总线接口。

①1通道音频IIS总线接口,可基于DMA方式工作。

②串行,每通道8/16位数据传输。

③发送和接收具备128字节(64字节加64字节)FIFO。

④支持IIS格式和MSB-justified数据格式。

(18)USB主设备。

①2个USB主设备接口。

②遵从OHCI Rev. 1.0标准。

③兼容USB ver1.1标准。

(19)USB从设备。

①1个USB从设备接口。

②具备5个Endpoint。

③兼容USB ver1.1标准。

(20)SD主机接口。

①兼容SD存储卡协议1.0版。

②兼容SDIO卡协议1.0版。

③发送和接收具有FIFO。

④基于DMA或中断模式工作。

⑤兼容MMC卡协议2.11版。

(21)SPI接口。

①兼容2通道SPI协议2.11版。

②发送和接收具有2×8位的移位寄存器。

③可以基于DMA或中断模式工作。

(22)工作电压。

①内核:1.8V最高200MHz (S3C2410A-20),2.0V最高266MHz(S3C2410A-26)。

②存储器和 IO 口：3.3V。

(23)操作频率最高达到 266MHz。

(24)封装为 272-FBGA。

2)S3C2410A 结构框图与管脚配置

S3C2410A 单片机的内部结构和功能结构图如图 4－4(a)，(b)所示，图 4－5 给出了 272 管脚的细间距球栅阵列(Fine-Pitch Ball Grid Array，FBGA)芯片封装形式下的管脚分布图，管脚配置见附录表 B－1。

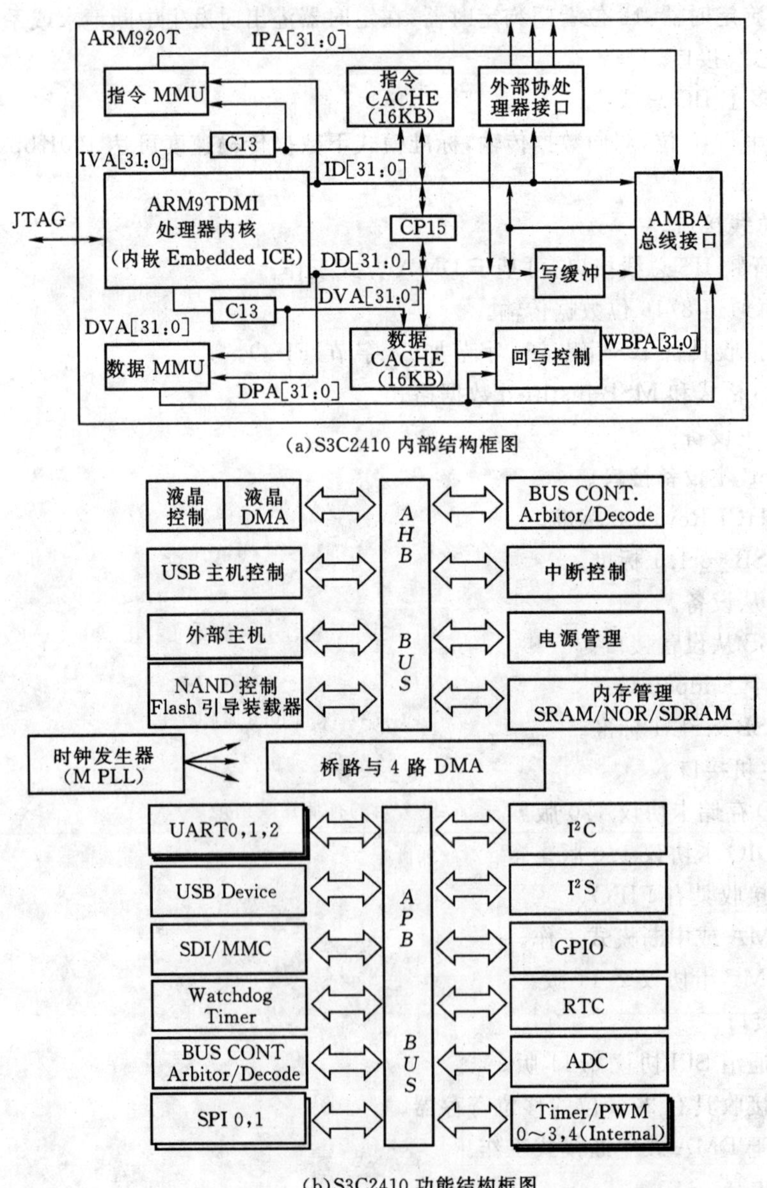

(a)S3C2410 内部结构框图

(b)S3C2410 功能结构框图

图 4－4　S3C2410 结构框图

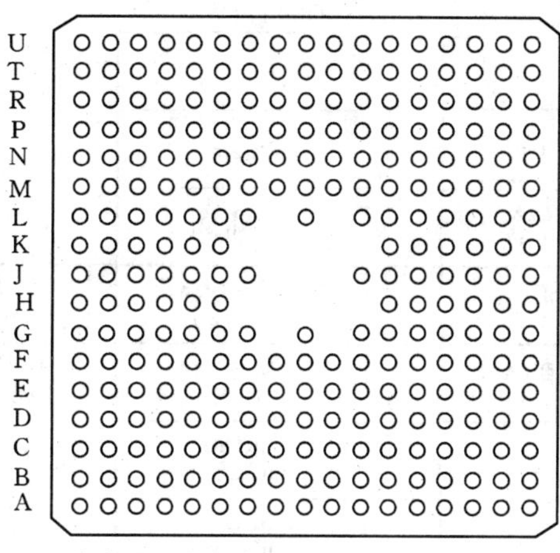

图 4 - 5　272 管脚 FBGA 封装 S3C2410A

2. 特殊功能寄存器

寄存器的状态可以决定硬件如何工作，通过设置或修改寄存器的值使硬件工作在某种状态。例如，S3C2410X 处理器可工作在不同的频率下，只要通过配置相应的寄存器的值就能实现，通常所说的超频就是通过修改与 CPU 的时钟相关的寄存器的值来实现的。下面仅对 S3C2410X 的内存控制器、Nand Flash 控制器、时钟和电源管理寄存器进行简单介绍，其他的特殊功能寄存器可以参考附录表 B - 2。

1）内存控制器

S3C2410X 支持大、小端模式，将存储空间分成 8 组（Bank），每组大小是 128MB，共计 1GB。除 0 组是按 16 位或 32 位访问外，其他各组均可是 8 位、16 位或 32 位访问。S3C2410 复位后存储器映射如图 4 - 6 所示。第 6 组和第 7 组的存储空间可以是 2MB，4MB，8MB，16MB，32MB，64MB 或 128MB，但第 7 组的首地址是第 6 组的末地址＋1，即第 7 组的首地址紧接着第 6 组的末地址，且第 6 组和第 7 组必须具有相同的存储空间。第 6/7 组的存储器映射地址如表 4 - 9 所示。

表 4 - 9　第 6 组/7 组的存储器映射地址

存储容量/MB	第 6 组存储器映射		第 6 组存储器映射	
	Start address	End address	Start address	End address
2MB	0x3000_0000	0x301f_ffff	0x3020_0000	0x303f_ffff
4MB	0x3000_0000	0x303f_ffff	0x3040_0000	0x307f_ffff
8MB	0x3000_0000	0x307f_ffff	0x3080_0000	0x30ff_ffff
16MB	0x3000_0000	0x30ff_ffff	0x3100_0000	0x31ff_ffff
32MB	0x3000_0000	0x31ff_ffff	0x3200_0000	0x33ff_ffff
64MB	0x3000_0000	0x33ff_ffff	0x3400_0000	0x37ff_ffff
128MB	0x3000_0000	0x37ff_ffff	0x3800_0000	0x3fff_ffff

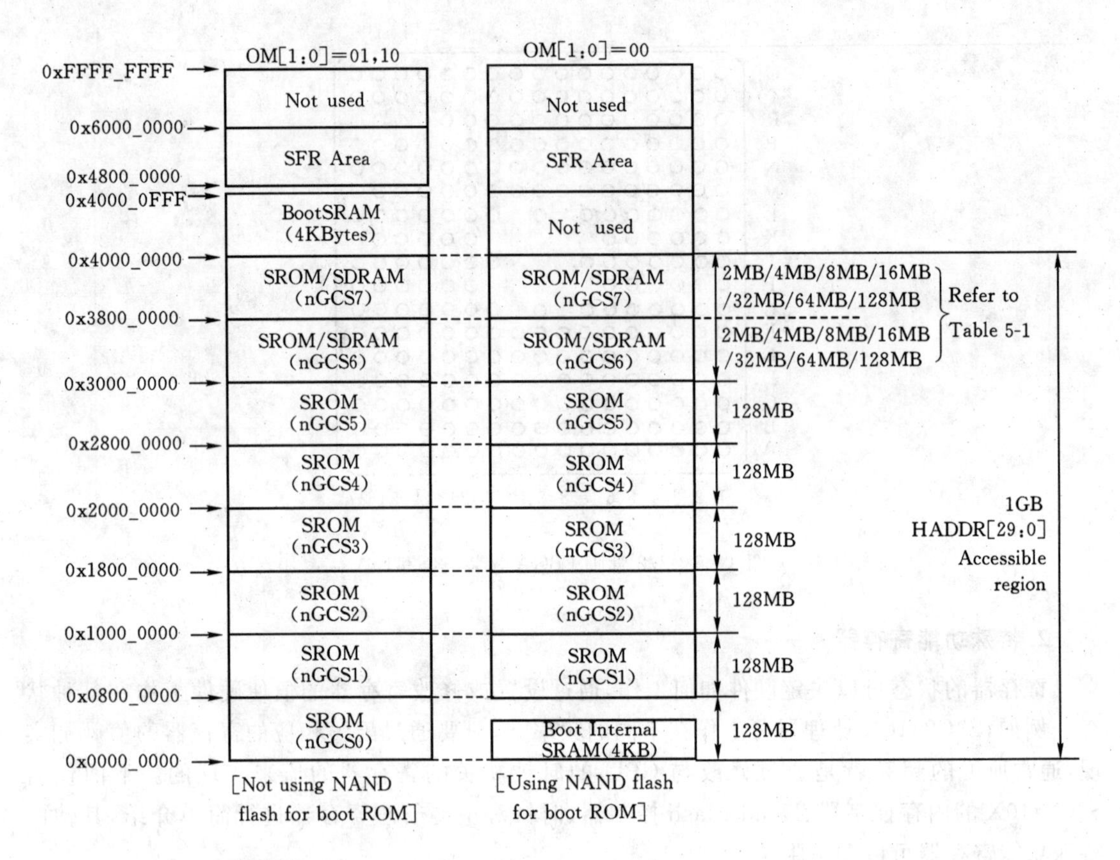

图 4-6 S3C2410 复位后存储器映射

内存控制器为访问外部存储空间提供存储器控制信号，共有 13 个寄存器，下面对其进行分类说明。

(1)BWSCON 总线宽度控制寄存器：用来控制各组存储器的总线宽度和访问周期(见表 4-10)。

表 4-10 BWSCON 寄存器说明

BWSCON	Bit	说明
ST7	[31]	存储器组 7 对应的 UB/LB 端接口 0=不使用 UB/LB，UB/LB 端与 nWBE[3:0]相连 1=使用 UB/LB，UB/LB 端与 nBE[3:0]相连
WS7	[30]	存储器组 7 的 WAIT 状态：0=禁止 WAIT；1=使能 WAIT
DW7	[29:28]	存储器组 7 的数据总线宽度： 00=字节(8 位)，01=半字(16 位)，10=字(32 位)，11=保留
STi，WSi，DWi 同 ST7，WS7，DW7，i=1～6		
DW0	[2:1]	确定存储器 0 组的数据总线宽度，只读位，由管脚 OM[1:0]状态决定 01=半字(16 位)，10=字(32 位)

(2)BANKCONn 控制寄存器:用于控制各组 nGCS 的时序(见表 4－11)。

表 4－11　BANKCONn 寄存器说明

Tacs	[14:13]	nGCSn 有效前地址的建立时间:00＝0 时钟,01＝1 时钟,10＝2 时钟,11＝4 时钟
Tcos	[12:11]	nOE 有效前芯片选择信号的建立时间:00＝0 时钟,01＝1 时钟,10＝2 时钟,11＝4 时钟
Tacc	[10:8]	访问周期:000～111 对应访问周期为 1/2/3/4/6/8/10/14 时钟
Tcoh	[7:6]	nOE 无效后芯片选择信号的保持时间:00＝0 时钟,01＝1 时钟,10＝2 时钟,11＝4 时钟
Tcah	[5:4]	nGCSn 无效后芯片地址信号保持时间:00＝0 时钟,01＝1 时钟,10＝2 时钟,11＝4 时钟
Tacp	[3:2]	页模式的访问周期:00＝2 时钟,01＝3 时钟,10＝4 时钟,11＝6 时钟
PMC	[1:0]	页模式的配置(每次读写周期数):00＝1 时钟,01＝4 时钟,10＝8 时钟,11＝16 时钟
当 BANKCON6[16:15]和 BANKCON7[16:15]中的 MT＝11 时,BANKCON0～BANKCON5 的[14:0]定义与以上相同 BANKCON6 和 BANKCON7 的[3:0]定义有所变化,具体如下:		
Trkd	[3:2]	RAS 到 CAS 的延时:00＝2 时钟,01＝3 时钟,10＝4 时钟
SCAN	[1:0]	列地址数目:00＝8 位,01＝9 位,10＝10 位

(3)REFRESH 刷新控制寄存器(见表 4－12)。

表 4－12　REFRESH 寄存器说明

REFEN	[23]	刷新使能 SDRAM:0＝禁止,1＝使能 SDRAM 的刷新
TREFMD	[22]	设置 SDRAM 的刷新方式:0＝自动刷新方式,1＝自刷新方式
Trp	[21:20]	控制 SDRAM 的行周期:00＝2 周期,01＝3 周期,10＝4 周期,11＝未定义
Tsrc	[19:18]	控制 SDRAM 的列周期:00＝4 周期,01＝5 周期,10＝6 周期,11＝7 周期
Refresh Counter	[10:0]	SDRAM 的刷新计数值

刷新周期的计算方法如下:

$$\text{刷新周期}=\frac{(2^{11}-\text{刷新计数值}+1)}{\text{HCLK}}$$

(4)BANKSIZE 寄存器(见表 4－13)。

表 4-13　BANKSIZE 寄存器说明

BANKSIZE	Bit	说明
BURST_EN	[7]	ARM 内核突发操作模式使能控制:0 取消,1 使能
Reserved	[6]	Not used
SCKE_EN	[5]	SCKE 使能控制:0 取消 SDRAM SCKE,1 使能 SDRAM SCKE
SCLK_EN	[4]	当访问 SDRAM 期间为了降低功耗可以使能 SCLK,当没有访问 SDRAM 时,SCLK 变为低电平。0 始终激活 SCLK,1 则仅当访问期间激活
Reserved	[3]	Not used
BK76MAP	[2:0]	BANK6/7 存储器映射: 010=128MB/128MB,001=64MB/64MB,000=32M/32M, 111=16M/16M,110=8M/8M,101=4M/4M,100=2M/2M

(5)SDRAM 模式寄存器设置寄存器(见表 4-14)。

表 4-14　模式寄存器设置寄存器说明

MRSRB6 / MRSRB7	Bit	说明
Reserved	[11:10]	Not used
WBL	[9]	写突发长度:0:突发模式,1 保留
TM	[8:7]	测试模式:00: 模式寄存器设置,01, 10 和 11 保留
CL	[6:4]	CAS 延迟:000=1 时钟,010=2 时钟,011=3 时钟
BT	[3]	突发类型:0 为顺序访问,1 保留
BL	[2:0]	突发长度:000: 1,其他保留

2)Nand Flash 控制器

S3C2410X 支持 Nand Flash 启动,启动代码存储在 Nand Flash 上。启动时,Nand Flash 的前 4KB(管脚 OM[1:0]=0,地址为 0x00000000)将被装载到内部的固定地址中,然后开始执行其中的启动代码。一般情况下,该启动代码会把 Nand Flash 中的内容复制到 SDRAM 中去,复制完后,主程序将在 SDRAM 中执行。操作流程如图 4-7 所示。

自动引导模式流程如下:

①复位。

②把 Nand Flash 中的前 4KB 代码复制到内部的 Steppingstone 区域。

③Steppingstone 映射到 nGCS0。

④CPU 开始执行 Steppingstone 区域中的代码。

Nand Flash 模式流程如下:

①通过 NFCONF 寄存器设置 Nand Flash 配置。

②把 Nand Flash 命令写入 NFCMD 寄存器。

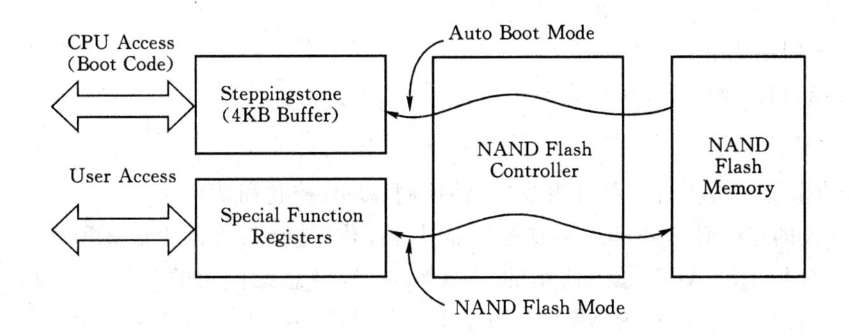

图4-7 Nand Flash 执行流程

③把 Nand Flash 地址写入 NFADDR 寄存器。

④通过 NFSTAT 寄存器检测 Nand Flash 状态时读/写数据。读操作前或者程序执行后检测 R/nB 信号。

Nand Flash 控制器涉及的6个寄存器的功能说明如表4-15所示。

表4-15 Nand Flash 控制器

序号	寄存器	地址	读写	说明
1	NFCON	0x4E000000	读/写	配置 Nand Flash:位15为1使能 Nand Flash
2	NFCMD	0x4E000004		配置 Nand Flash 命令
3	NFADDR	0x4E000008		设置 Nand Flash 地址
4	NFDATA	0x4E00000C		Nand Flash 数据寄存器
5	NFSTAT	0x4E000010	读	Nand Flash 操作状态
6	NFECC	0x4E000014		Nand Flash ECC 寄存器

(1)NFCON 配置寄存器。

DB15:Nand Flash 使能控制位,0=禁止,1=使能。

DB12:初始化 ECC 解码/编码控制位,0=不初始化,1=初始化 ECC。

DB11:Nand Flash 存储器的 nFCE 控制使能位,0=使能,1=无效。

DB10~8:设置 TACLS CLE&ALE 的持续时间,持续时间=HCLK * (TACLS+1)。

DB6~4:设置 TWRPH0 的持续时间,持续时间=HCLK * (TWROH0+1)。

DB2~0:设置 TWRPH1 的持续时间,持续时间=HCLK * (TWROH1+1)。

(2)NFCMD 命令设置寄存器。DB7~0:Nand Flash 存储器命令值,其他位保留。

(3)NFADDR 地址设置寄存器。DB7~0:Nand Flash 存储器地址值,其他位保留。

(4)NFDATA 数据寄存器。DB7~0:Nand Flash 存储器的读出数据或写入编程数据。

(5)NFSTAT 操作状态寄存器。DB0:Nand Flash 存储器就绪/忙标志位 RnB,通过 RnB 引脚检测。0为"忙",1为"准备就绪"。

(6)NFECC 纠错码寄存器。

DB23～16：纠错码＃2 ECC2。

DB15～8：纠错码＃1 ECC1。

DB7～0：纠错码＃0 ECC0。

3)时钟和电源管理

时钟和功率管理模块由三部分组成：时钟控制、USB控制和功率控制。

S3C2410X的主时钟由外部晶振或者外部时钟提供，选择后可以生成3种时钟信号，分别是CPU使用的FCLK、AHB总线使用的HCLK和APB总线使用的PCLK。时钟管理模块同时拥有两个锁相环：一个称为MPLL，用于FCLK，HCLK和PCLK；另一个称为UPLL，用于USB设备。

S3C2410A有各种针对不同任务提供的最佳功率管理策略，功率管理模块能够使系统工作在4种模式：正常模式、低速模式、空闲模式和掉电模式。

(1)时钟结构。图4-8描述了时钟架构的方框图。主时钟源由一个外部晶振或者外部时

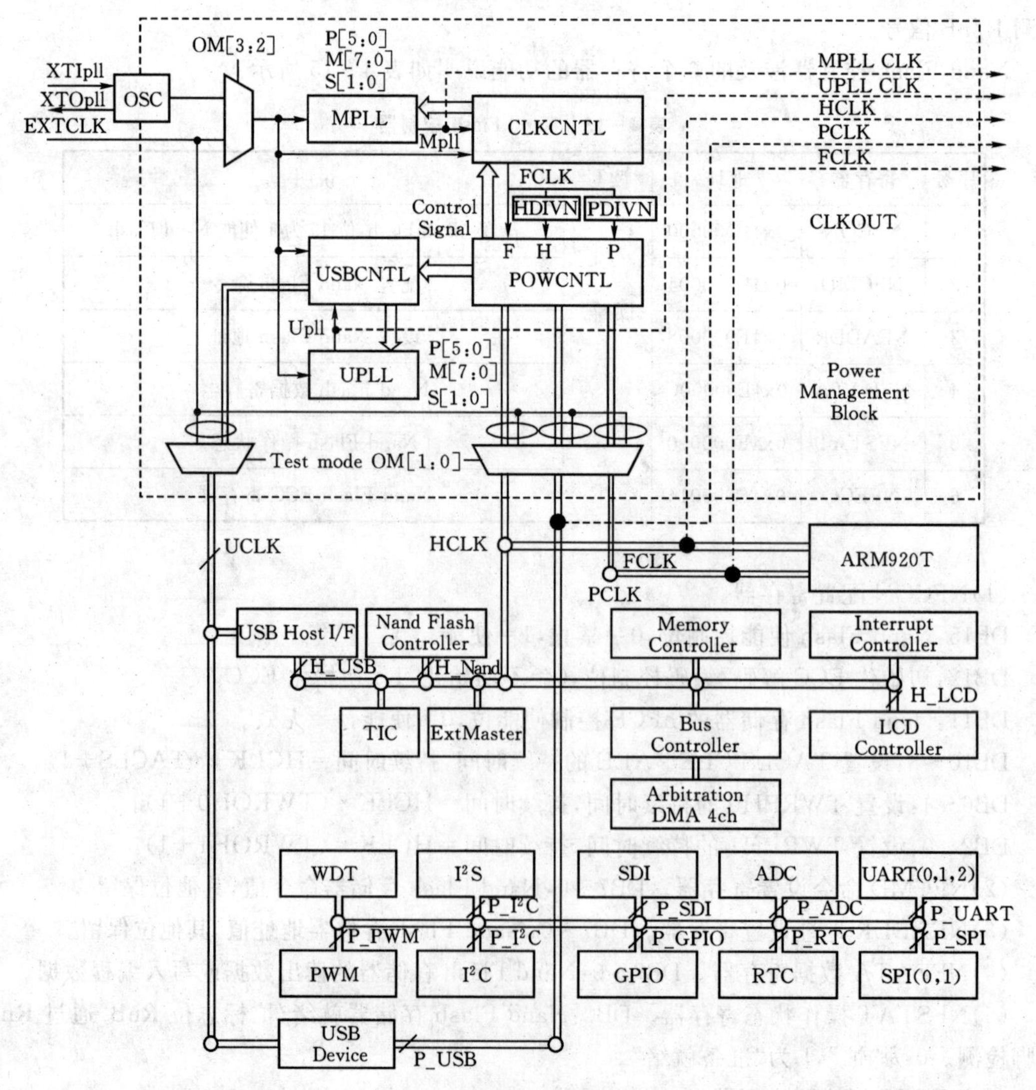

图4-8 时钟发生器框图

钟产生。时钟发生器包括连接到一个外部晶振的振荡器和两个 PLL(MPLL 和 UPLL),用于产生系统所需的高频时钟。

(2)时钟源选择。对时钟的选择是通过 OM[3:2]实现的,表 4-16 描述了模式控制引脚(OM3 和 OM2)和选择时钟源之间的对应关系。OM[3:2]的状态由 OM3 和 OM2 引脚的状态在 nRESET 的上升沿采样锁存得到。

表 4-16　时钟源选择

Mode OM[3:2]	MPLL State	UPLL State	Main Clock source	USB Clock Source
00	On	On	Crystal	Crystal
01	On	On	Crystal	EXTCLK
10	On	On	EXTCLK	Crystal
11	On	On	EXTCLK	EXTCLK

(3)电源管理。在 S3C2410 中,功率模块通过软件控制系统时钟来达到降低功耗的目的。这些策略牵涉到 PLL、时钟控制逻辑和唤醒信号。图 4-9 显示了 S3C2410 的时钟分配。

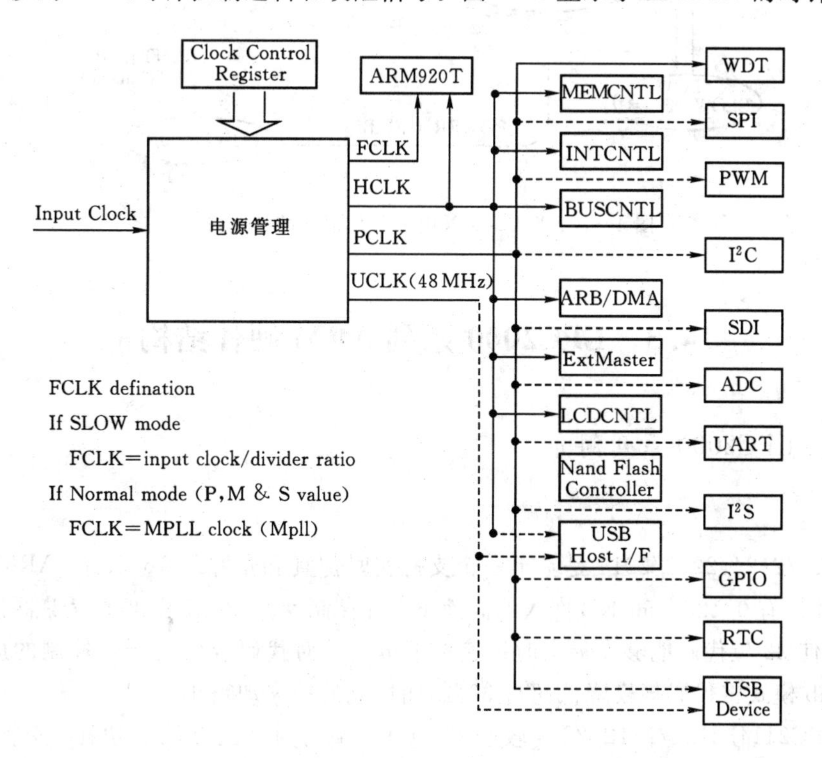

图 4-9　时钟配置框图

S3C2410X 电源管理模块通过 4 种模式有效地控制功耗,即正常模式、低速模式、空闲模式和掉电模式。图 4-10 所示为 S3C2410X 电源管理模式的转换关系。

正常模式:功率管理模块向 CPU 和所有外设提供时钟。这种模式下,当所有外设都开启时,系统功耗将达到最大。用户可以通过软件控制各种外设的开关。例如,如果不需要定时器，用户可以将定时器时钟断开以降低功耗。

低速模式：没有 PLL 的模式。与正常模式不同，低速模式直接使用外部时钟(XTIpll 或者 EXTCLK)作为 FCLK，这种模式下，功耗仅由外部时钟决定。

空闲模式：功率管理模块仅关掉 FCLK，而继续提供时钟给其他外设。空闲模式可以减少由于 CPU 核心产生的功耗。任何中断请求都可以将 CPU 从中断模式唤醒。

掉电模式：功率管理模块断开内部电源，因此 CPU 和除唤醒逻辑单元以外的外设都不会产生功耗。要执行掉电模式需要有两个独立的电源，其中一个给唤醒逻辑单元供电，另一个给包括 CPU 在内的其他模块供电。在掉电模式下，第二个电源将被关掉。掉电模式可以由外部中断 EINT[15:0]或 RTC 唤醒。

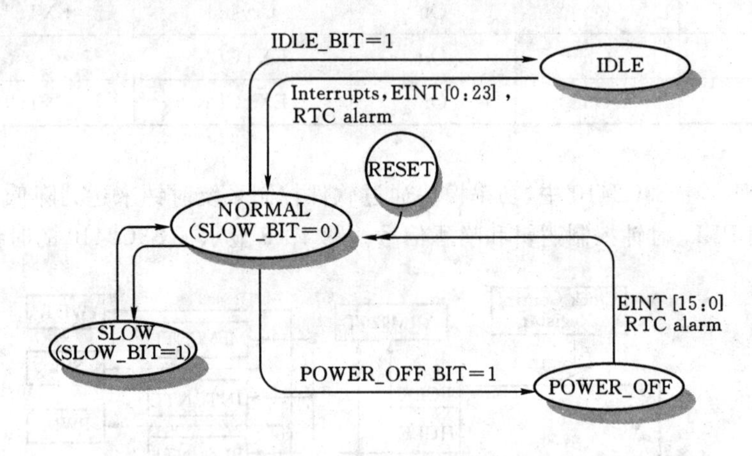

图 4-10　S3C2410X 电源管理模式的转换关系

4.3　LPC2000 系列 ARM 硬件结构

4.3.1　LPC2000 系列简介

1. 概述

LPC2114/2124/2212/2214 是基于一个支持实时仿真和跟踪的 16/32 位 ARM7TDMI 的微控制器，并带有 0/128/256 KB 嵌入的高速 Flash 存储器。128 位宽度的存储器接口和独特的加速结构使 32 位代码能够在最大时钟速率下运行。对代码规模有严格控制的应用可使用 16 位 Thumb 模式将代码规模降低超过 30%，而性能的损失却很小。

由于 LPC2114/2124/2212/2214 较小的 64 和 144 脚封装、极低的功耗、多个 32 位定时器、4 路 10 位 ADC 或 8 路 10 位 ADC(64 脚和 144 脚封装)以及多达 9 个外部中断，它们特别适用于工业控制、医疗系统、访问控制和 POS 机。

在 64 脚的封装中，最多可使用 46 个 GPIO。在 144 脚的封装中，可使用的 GPIO 高达 76(使用了外部存储器)～112 个(单片应用)。由于内置了宽范围的串行通信接口，它们也非常适合于通信网关、协议转换器、嵌入式软 modern 以及其他各种类型的应用。

附录表 B-3 给出了 LPC2000 系列单片机的部分性能，针对不同需要可以选择不同的系列芯片满足实际需求。附录表 B-4 罗列了 LPC2000 系列单片机的控制寄存器和所有外设工作寄存器列表。

2. 特性

(1)16/32 位 64/144 脚 ARM7TDMI-S 微控制器。

(2)16KB 静态 RAM。

(3)128/256KB 片内 Flash 程序存储器(在工作温度范围内,片内 Flash 存储器至少可擦除和写 10 000 次)。128 位宽度接口/加速器实现高达 60MHz 的操作频率。

(4)外部 8,16 或 32 位总线(144 脚封装)。

(5)片内 Boot 装载程序实现在系统编程(ISP)和在应用中编程(IAP)。Flash 编程时间:1ms 可编程 512 字节,扇区擦除或整片擦除只需 400ms。

(6)EmbeddedICE-RT 接口使能断点和观察点。当前台任务使用片内 RealMonitor 软件调试时,中断服务程序可继续执行。

(7)嵌入式跟踪宏单元(ETM)支持对执行代码进行无干扰的高速实时跟踪。

(8)4/8 路(64/144 脚封装)10 位 A/D 转换器,转换时间低至 2.44μs。

(9)2 个 32 位定时器(带 4 路捕获和 4 路比较通道)、PWM 单元(6 路输出)、实时时钟和看门狗。

(10)多个串行接口,包括 2 个 16C550 工业标准 UART、1 个高速 I2C 接口(400 Kb/s)和 2 个 SPI 接口。

(11)通过片内 PLL 可实现最大为 60MHz 的 CPU 操作频率。

(12)向量中断控制器可配置优先级和向量地址。

(13)多达 46 个(64 脚封装)或 112 个(144 脚封装)通用 I/O 口(可承受 5V 电压),12 个独立外部中断引脚(EIN 和 CAP 功能)。

(14)片内晶振频率范围:1～30 MHz。

(15)2 个低功耗模式:空闲和掉电。

(16)通过外部中断将处理器从掉电模式中唤醒。

(17)可通过个别使能/禁止外部功能来优化功耗。

(18)双电源:CPU 操作电压范围是 1.65～1.95V(1.8 V(1±8.3%)),I/O 操作电压范围是 3.0～3.6 V(3.3V(1±10%))。

3. 结构概述

LPC2114 的结构框图如图 4-11 所示,它包含一个支持仿真的 ARM7TDMI-S CPU、与片内存储器控制器接口的 ARM7 局部总线、与中断控制器接口的 AMBA 高性能总线(AHB)和连接片内外设功能的 VLSI 外设总线(VPB,ARM AMBA 总线的兼容超集),将 ARM7TDMI-S 配置为小端(little-endian)模式。

AHB 外设分配了 2MB 的地址范围,它位于 4GB ARM 存储器空间的最顶端。每个 AHB 外设都分配了 16KB 的地址空间。LPC2114/2124/2212/2214 的外设功能(中断控制器除外)都连接到 VPB 总线。AHB 到 VPB 的桥将 VPB 总线与 AHB 总线相连。VPB 外设也分配了 2MB 的地址范围,从 3.5GB 地址点开始。每个 VPB 外设在 VPB 地址空间内都分配了 16KB 地址空间。片内外设与器件管脚的连接由管脚连接模块控制。该模块必须由软件进行控制,以符合外设功能与管脚在特定应用中的需求。

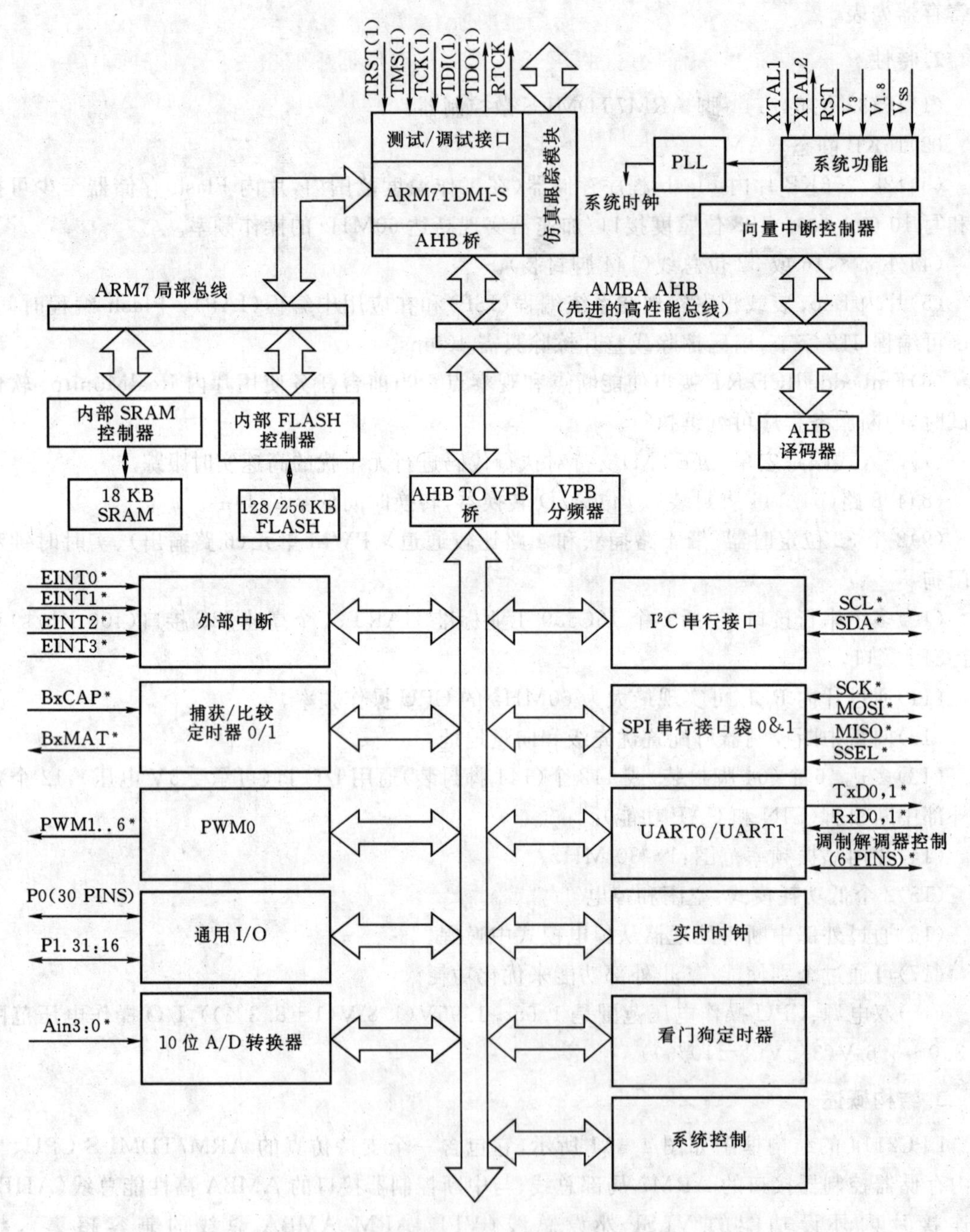

图 4-11　LPC2114 单片机结构框图

4. 处理器

ARM7TDMI-S 是通用的 32 位微处理器，它具有高性能和低功耗的特性。ARM 结构是基于精简指令集计算机(RISC)原理而设计的。指令集和相关的译码机制比复杂指令集计算机要简单得多。这样使用一个小的、廉价的处理器核就可实现很高的指令吞吐量和实时的中断响应。

由于使用了流水线技术，处理和存储系统的所有部分都可连续工作。通常在执行一条指令的同时对下一条指令进行译码，并将第三条指令从存储器中取出。ARM7TDMI-S处理器同时支持两个指令集：标准32位ARM指令集和16位THUMB指令集，THUMB代码仅为ARM代码规模的65%，但其性能却相当于连接到16位存储器系统的相同ARM处理器性能的160%。

5. 片内FLASH程序存储器

LPC2114/2212集成了一个128KB，而LPC2124/2214集成了256KB的FLASH存储器系统。该存储器可用作代码和数据的存储。对FLASH存储器的编程可通过几种方法来实现：通过内置的串行JTAG接口，通过在系统编程（ISP）和UART0，或通过在应用编程（IAP）。使用在应用编程的应用程序也可以在应用程序运行时对FLAH进行擦除和/或编程，这样就为数据存储和现场固件的升级都带来了极大的灵活性。

6. 片内静态RAM

LPC2114/2124/2212/2214含有16KB的静态RAM，可用作代码和/或数据的存储。SRAM支持8位、16位和32位访问。

SRAM控制器包含一个回写缓冲区，它用于防止CPU在连续的写操作时停止运行。回写缓冲区总是保存着软件发送到SRAM的最后一个字节。该数据只有在软件请求下一次写操作时才写入SRAM(数据只有在软件执行另外一次写操作时被写入SRAM)。如果发生芯片复位，实际的SRAM内容将不会反映最近一次的写请求。

4.3.2　系统控制模块

1. 系统控制模块功能汇总

系统控制模块包括几个系统特性和控制寄存器，这些寄存器具有众多与特定外设器件无关的功能，主要包括晶体振荡器、外部中断输入、存储器映射控制、PLL、功率控制、复位VPB分频器和唤醒定时器等部分。

每种类型的功能都有其自身的寄存器，不需要的位则定义为保留位。为了满足将来扩展的需要，无关的功能不共用相同的寄存器地址。

2. 管脚描述

表4-17所示为系统控制模块功能相关的管脚。

3. 晶体振荡器

单片机的振荡器有两种模式：从属模式和振荡模式。从属模式下由外部输入处理器XTAL1管脚的频率Fosc范围为1～50MHz；在内部振荡模式下电路支持1～30MHz的外部晶体。当使用片内PLL系统或引导装载程序时，输入时钟频率被限制在10～25MHz，而ARM处理器时钟频率称为cclk，它是Fosc的整数倍。

表 4-17　管脚汇总

管脚名称	管脚方向	管脚描述
X1	输入	晶振输入—振荡器和内部时钟发生器电路的输入
X2	输出	晶振输出—振荡器放大器的输出
EINT0	输入	外部中断输入 0—低有效的通用中断输入。该管脚可用于将处理器从空闲或掉电模式中唤醒。P0.1 和 P0.16 可用作 EINT0 功能。复位后该管脚上立即出现的低电平被看作是一个起动 ISP 命令处理器的外部硬件请求
EINT1	输入	外部中断输入 1—见上面的 EINT0 描述。P0.3 和 P0.14 可用作 EINT1 功能
EINT2	输入	外部中断输入 2—见上面的 EINT0 描述。P0.7 和 P0.15 可用作 EINT2 功能
EINT3	输入	外部中断输入 3—见上面的 EINT0 描述。P0.9，P0.20 和 P0.30 可用作 EINT3 功能
RESET	输入	外部复位输入—该管脚上的低电平将芯片复位，使 I/O 口和外设恢复其默认状态，并使处理器从地址 0 开始执行程序

4. 外部中断输入

LPC2000 单片机包含 4 个外部中断输入，它可用于将处理器从掉电模式唤醒。外部中断功能受到 4 个相关寄存器控制：外部中断标志寄存器 EXTINT、唤醒使能寄存器 EXTWAKE-UP、中断方式寄存器 EXTMODE 和中断极性寄存器 EXTPOLAR。这些寄存器都只使用了寄存器的低 4 位，共同定义了 4 个外部中断以上升沿、下降沿、高电平、低电平等方式接受外部管脚的中断申请，并置相关中段位标志，以及设置是否要将处理器从掉电模式下唤醒。由附录 B-外部中断源还可能对应多个管脚，并按如下原则处理：低电平有效时，多个管脚的关系是逻辑与的关系；高电平有效时，多个管脚的关系是逻辑或的关系；边沿触发方式时，使用 GPIO 端口号最低的管脚处理。

5. 存储器映射控制

存储器映射控制用于改变从地址 0x00000000 开始的 64 字节的中断向量的映射，使得程序在不同存储器空间中运行时都可以对中断进行控制。

在所有处理器可寻址的 0～4GB 空间中，各种存储空间的布局如图 4-12 所示，从低地址向上依次是片内 FLASH、片内静态 RAM、外部存储空间、VPB 外设和 AHB 外设，其中中断向量表共 64 个字节的存储空间是可以映射到不同物理空间的，通过存储器映射控制寄存器 MEMMAP 低 2 位取值为 00/01/10/11 时，中断向量分别从 Boot Block 重新映射，不重新映射，位于片内 Flash，从静态 RAM 重新映射，从外部存储器重新映射。这样通过修改 MEMMAP 就可以很方便地实现中断向量表的不同映射，实现中断向量表的方便修改。

例如，每当产生一个软件中断请求，ARM 内核就从 0x00000008 处取出 32 位数据。这就意味着当 MEMMAP[1：0]＝10（用户 RAM 模式）时，从 0x00000008 的读数/取指是对 0x40000008 单元进行操作。如果 MEMMAP[1:0]＝01（用户 Flash 模式），从 0x00000008 的读数/取指是对片内 Flash 单元 0x00000008 进行操作。当 MEMMAP[1:0]＝00(Boot 装载程序模式)时，从 0x00000008 的读数/取指是对 0x7FFFE008 单元的数据进行操作(Boot Block 从片内 Flash 存储器重新映射)。

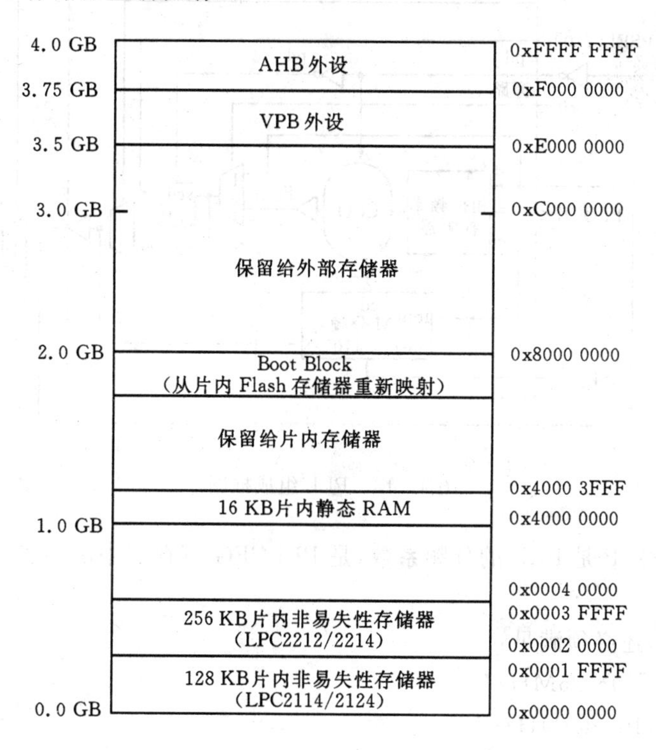

图 4－12　系统存储器影射

6. PLL(锁相环)

PLL 接受的输入时钟频率范围为 10～25MHz。输入频率通过一个电流控制振荡器(CCO)倍增到范围 10～60MHz。倍频器可以是从 1～32 的整数(实际上，由于 CPU 最高频率的限制，LPC2114/2124/2212/2214 的倍频值不能高于 6)。CCO 的操作频率范围为 156～320MHz，因此在环中有一个额外的分频器在 PLL 提供所需要的输出频率时使 CCO 保持在频率范围内。输出分频器可设置为 2/4/8/16 分频。由于输出分频器的最小值为 2，它保证了 PLL 输出有 50％的占空比。图 4－13 所示为 PLL 的方框图。

PLL 的激活由 PLLCON 寄存器控制，倍频器和分频器的值由 PLLCFG 寄存器控制。为了防止误操作，还专门设置了馈送寄存器 PLLFEED，只有正确输入参数，并经馈送寄存器确认，即向其先写入 0xAA，再写入 0x55，PLL 的改变才被确认。PLL 在芯片复位和进入掉电模式时被关闭并旁路，只能通过软件使能。

PLL 在正常稳定工作时，由图 4－13 可以看出，各个参数必须满足下面的公式：

$$cclk = M \times Fosc = \frac{FCCO}{2 \times P} \tag{4-1}$$

其中，Fosc 是外部输入处理器的晶振频率；FCCO 是 PLL 电流控制振荡器的输出频率；cclk 是 PLL 的输出频率，也是处理器的输入时钟频率；M 是 PLL 的倍频系数，是 PLLCFG 寄存器中

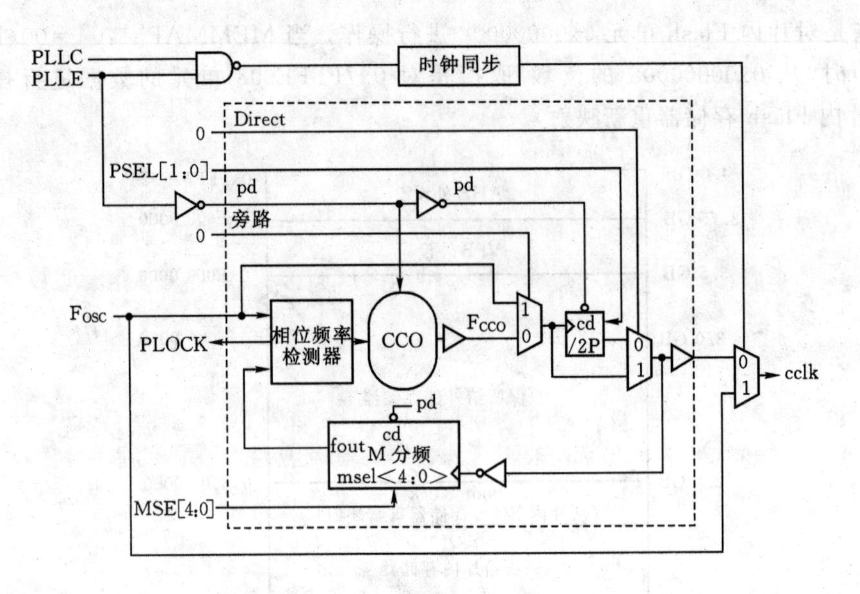

图 4-13　PLL 组成框图

的低 5 位，M＝1～32；P 是 PLL 的分频系数，是 PLLCFG 寄存器中的[6:5]位，P 只能是 1/2/4/8 取值中的一个。

同时，式(4-1)还必须满足：

①Fosc 的范围：10～25MHz；

②cclk 的范围：10～60MHz；

③FCCO 的范围：156～320MHz。

PLL 设置举例：系统要求 Fosc＝10MHz，cclk＝60MHz。

根据这些要求，可得出 M＝cclk/Fosc＝60MHz/10MHz＝6。因此，M－1＝5 写入 PLLCFG[4:0]。P 值可由 P＝Fcco/(cclk×2)得出：Fcco 必须在 156～320MHz 内，取 FCCO 最低频率 156MHz，则 P＝156MHz/(2×60MHz)＝1.3，取 FCCO 最高频率可得出 P＝2.67，P 只能取整数，因此 P＝2，所以 PLLCFG[6:5]＝01。

最后，对处理器工作频率 cclk 还需要再做处理，生成外设时钟 pclk，为 VPB 总线上的片内外设提供所需的各种时钟信号，pclk 信号实际上是 cclk 的二分频、四分频或不分频，VPB 总线在复位后默认的状态是以 1/4 速度运行。

7. 功率控制

LPC2114/2124/2212/2214 支持两种节电模式：空闲模式和掉电模式。

在空闲模式下，指令的执行被挂起直到发生复位或中断为止。外设功能在空闲模式下继续保持并可产生中断使处理器恢复运行。空闲模式使处理器、存储器系统和相关控制器以及内部总线不再消耗功率。

在掉电模式下，振荡器关闭，这样芯片没有任何内部时钟。处理器状态和寄存器、外设寄存器以及内部 SRAM 值在掉电模式下被保持。芯片管脚的逻辑电平保持静态。复位或特定的不需要时钟仍能工作的中断可终止掉电模式并使芯片恢复正常运行。由于掉电模式使芯片所有的动态操作都挂起，因此芯片的功耗降低到几乎为零。掉电和空闲模式的进入必须与程序的执行同步进行。通过中断唤醒掉电模式不会使指令丢失、不完整或重复。外设的功率控制特性允许独立关闭应用中不需要的外设,这样也可以进一步降低功耗。

功率控制设计的寄存器主要是 PCON 和 PCONP 两个寄存器,其中:

PCON:该寄存器包含两个位 PCON.0 和 PCON.1,置位其中一个位,将会进入对应的节电模式。如果两位都置位,则进入掉电模式。

PCONP:该寄存器允许将所选的外设功能关闭以实现节电的目的。有少数外设功能不能被关闭(看门狗定时器、GPIO、管脚连接模块和系统控制模块)。PCONP 中的每个位都控制一个外设。

8. 复位

LPC2114/2124/2212/2214 有两个复位源:RESET 管脚和看门狗复位。RESET 管脚为施密特触发输入管脚,带有一个额外的干扰滤波器。任何复位源提供的芯片复位都会启动唤醒定时器,这是外围电路初始化所需要的时间。复位、振荡器以及唤醒定时器之间的关系如图 4-14 所示。

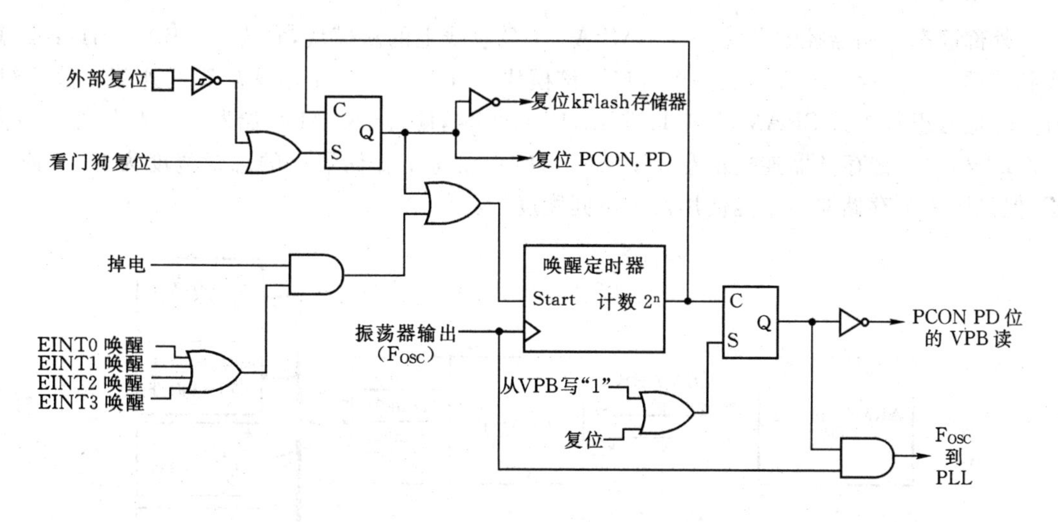

图 4-14 包括唤醒定时器的复位方框图

当内部复位撤除时,处理器从地址 0 开始运行,此处为从 Boot Block 映射的复位向量。此时所有的处理器和外设寄存器都恢复为默认状态。外部复位和内部复位有一些小的区别。外部复位使特定管脚的值被锁存以实现配置。外部电路无法确定内部复位什么时候发生进而对特定管脚的值进行配置,因此那些锁存在内部复位过程中的内容不会重新装载。在外部复位时,对管脚 P1.20/TRACESYNC,P1.26/RTCK,BOOT1 和 BOOT0 进行配置,以实现不同的目的。当复位后执行引导装载程序时,片内引导装载程序还将对 P0.14 进行检测,以判断是否执行片内在系统编程功能,否则引导装载程序就从中断向量表取得复位向量,转去执行用户程序。

4.3.3 外部存储器控制器

只有 LPC2210,LPC2212 和 LPC2214 含有外部存储器控制器 EMC。

1. 特性

(1)支持静态存储器映射器件,包括 RAM,ROM,Flash,Burst ROM 和一些外部 I/O 器件。

(2)可对异步(Non-clocked)存储器子系统进行异步页模式读操作。

(3)可以对 Burst ROM 器件进行异步突发模式的读访问。

(4)4 个存储器组(Bank0～Bank3)可单独配置,每个存储器组可访问 16MB 的空间。

(5)总线切换(空闲)周期(1～16 个 clk 周期)可编程。

(6)可对静态 RAM 的读和写等待状态(高达 32 个 cclk 周期)进行编程。

(7)可编程 Burst ROM 器件的初始和连续读 WAIT 状态。

(8)可编程写保护。

(9)可编程外部数据总线宽度(8,16 或 32 位)。

(10)可编程读字节定位使能控制。

2. 结构

外部静态存储器控制器是一个 AMBA AHB 总线上的从模块,它为 AMBA AHB 系统总线和外部(片外)存储器件提供一个接口。该模块可同时支持 4 个单独配置的外部存储器组,每个存储器组都支持 SRAM,ROM,Flash,EEPROM,Burst ROM 存储器或一些外部 I/O 器件。EMC 与外部存储器连接示意如图 4－15 所示。每个存储器组的总线宽度为 8,16 或 32 位,但是同一个存储器组不能使用两个不同宽度的器件。

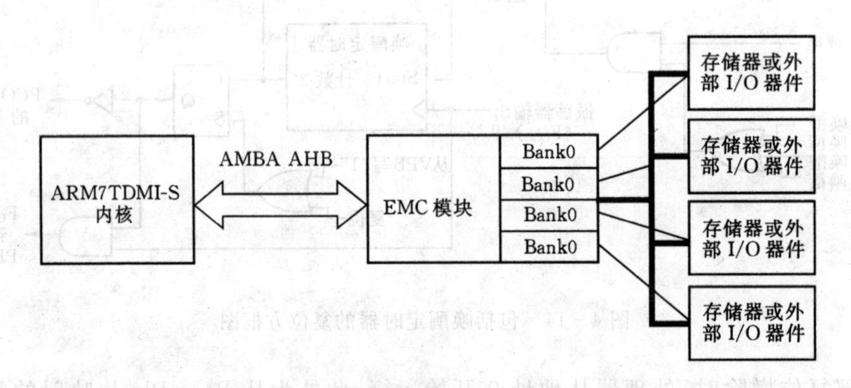

图 4－15 EMC 与外部存储器连接示意图

LPC2200 系列微控制器的引脚地址输出线是 A[23:0],其中地址线 A[25:24]用于 4 个存储器组的译码。4 个存储器组的有效区域位于外部存储器的起始部分,地址如表 4－18 所列。

表 4－18 EMC 与外部存储器连接地址范围

Bank	地址范围	配置寄存器
0	80000000～80FFFFFF	BCFG0
1	81000000～81FFFFFF	BCFG1
2	82000000～82FFFFFF	BCFG2
3	83000000～84FFFFFF	BCFG3

在引脚BOOT[1:0]的状态控制下，Bank0可用于引导程序运行。

Bank0～Bank3的片选信号分别为CS0～CS3，如果片外存储器或I/O器件是通过CS0进行片选的，或者由CS0与地址线进行译码来片选，则此外部存储器或I/O器件属于Bank0组，地址为0x80000000～0x80FFFFFF。

3. 引脚描述

外部存储控制器引脚描述见表4-19，这些引脚是与P1，P2和P3口GPIO功能复用的。所以，在使用外部总线前首先要正确配置PINSEL2寄存器(可通过硬件上对引脚BOOT[1:0]设定，复位时未处理自动初始化PINSEL2；或者软件上直接初始化PINSEL2，这只适用于片内Flash引导程序运行的系统)。

表4-19 外部存储器控制器引脚描述

引脚名称	类型	引脚描述	引脚名称	类型	引脚描述
D[31:0]	输入/输出	外部存储器数据线	BLS[3:0]	输出	字节定位选择信号，低有效
A[23:0]	输出	外部存储器地址线	WE	输出	写使能信号，低有效
OE	输出	输出使能信号，低有效	CS[3:0]	输出	芯片选择信号，低有效

4. 寄存器描述

外部存储控制器包含4个寄存器BCFG0～3，如表4-20所示。每个寄存器为对应的存储器组配置了以下选项：

表4-20 BCFG存储器描述

BCFG0～3	名称	功能
3～0	IDCY	避免器件间总线的竞争需要的空闲周期数(包括存储器组内和组间)，周期数为该域值加1
4	保留	
9～5	WST1	设置读访问的周期长度(对BurstROM的连续读访问除外)。其值是该域的cclk周期值加3
10	RBLE	字节选择控制位。当存储器组由含有字节选择输入的16位和32位宽器件组成时该位为1，这时在读访问时EMC将BLS3～0输出拉低，否则BLS3～0为高
15～11	WST2	对于SRAM区，该域控制着写访问的时间长度；对于Burst ROM区，该域控制着连续访问的长度。单位为cclk周期
16～23	保留	
24	BUSERR	ARM7TDMI-S未用
25	WPERR	当试图对一个WP位为1的存储器组进行软件写入操作时该位置位。写1将该位清零

续表 4-20

BCFG0～3	名称	功能
26	WP	该位为1时，表明存储器组写保护
27	BM	该位为1时，表明这是一个 BurstROM 区
29～28	MW	该域控制着存储器组数据总线的宽度：00＝8位，01＝16位，10＝32位，11＝保留
31～30	AT	该域通常写入00

(1)一个存储器组内部的读写访问之间以及组间访问需要间隔的空闲时钟周期个数(1～16个 cclk 周期)，以避免器件之间的总线竞争。

(2)读访问长度(即等待周期＋操作周期，3～34个 cclk 周期)，但对 Burst ROM 的连接读访问除外。

(3)写访问长度(即等待周期＋操作周期，1～32个 cclk 周期)。

(4)存储器组是否写保护。

(5)存储器组的总线宽度8位、16位或32位。

对于 BCFG 寄存器，要根据实际连接的存储器或外设进行设置。如果使用的是 Burst ROM，则设置 BM 位为1，否则设置为0。对于不同宽度的存储器，设置 MW 的值。若是带有字节选择输入的16位/32位宽度的器件，需要设置 RBLE 位为1；然后设置总线切换的空闲周期 IDCY，读写访问长度 WST1，写访问长度 WST2。

要根据存储器和外部 I/O 器件的速度来设置 WST1 和 WST2 值，若存储器/外部 I/O 器件的速度较慢，还可以通过降低 cclk 的频率确保正确的总线操作。

由于 Bank0 可用于引导程序运行，所以 BCFG[29:28]的复位值与引脚 BOOT[1:0]的设定有关(见表4-21)，即当 BOOT[1:0]＝11时，引导程序从片内 Flash 开始运行。

表 4-21 复位时默认的存储器宽度

Bank	复位时 BOOT[1:0]的状态	BCFG[29:28]复位值	存储器宽度
0	LL	00	8位
0	LH	01	16位
0	HL	10	32位
0	HH	10	32位
1	XX	10	32位
2	XX	01	16位
3	XX	00	8位

5. 外部存储器接口

外部存储器接口取决于存储器组的宽度(32/16/8位，由 BCFG 寄存器的 MW 位选择)，而存储器芯片的选择也需要对 BCFG 寄存器的 RBLE 位进行适当的设置。RBLE＝0时，选择 8 位宽度的外部存储器；RBLE＝1 时，选择 16/32 位宽度的外部存储器。

如果存储器配置成 32 位宽度，地址线 A0 和 A1 无用。如果存储器配置成 16 位宽度，则不需要 A0；8 位宽度的存储器组需要使用 A0。使用各种宽度存储器与总线的连接参考图 4-16～图 4-18，图中的符号“a_b”表示地址总线的最高地址线，符号“a_m”表示存储器芯片的最高位地址线。

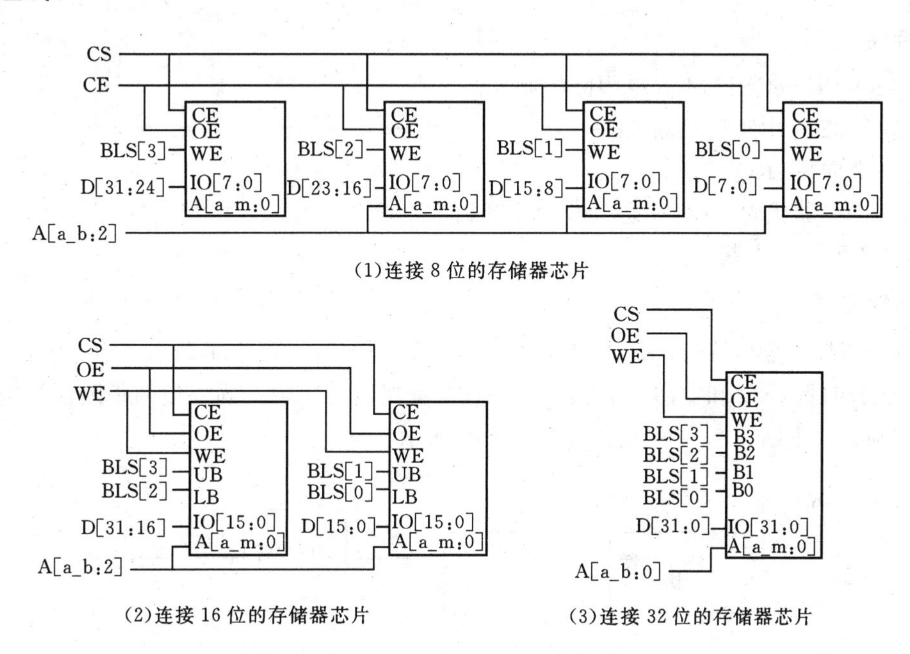

(1)连接 8 位的存储器芯片

(2)连接 16 位的存储器芯片　　(3)连接 32 位的存储器芯片

图 4-16　32 位存储器组的外部存储器接口

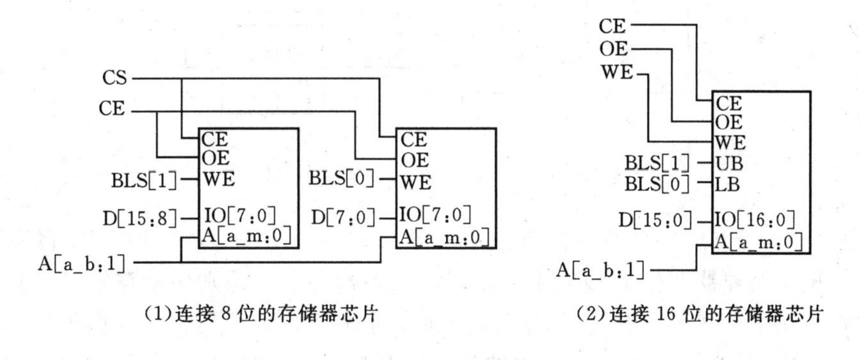

(1)连接 8 位的存储器芯片　　(2)连接 16 位的存储器芯片

图 4-17　16 位存储器组的外部存储器接口

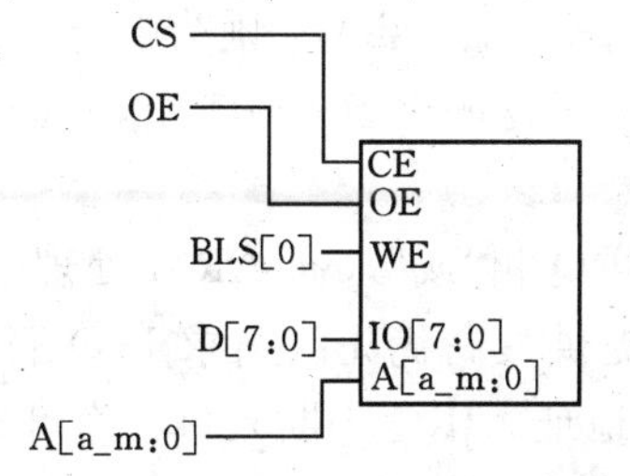

图 4-18　8 位存储器组的外部存储器接口

倘若所用使用的存储器组均配置为32位宽度，A0和A1引脚可以用作GPIO。通过引脚功能选择寄存器2(PINSEL2寄存器)的位23和24来对A1和/或A0线进行配置，从而实现A0/A1的地址或GPIO功能。

4.3.4　向量中断控制器

1. 特性

(1)ARMPrimeCellTM向量中断控制器。

(2)最多32个中断请求输入。

(3)16个向量IRQ中断。

(4)16个中断优先级，可动态分配给中断请求。

(5)可产生软件中断。

2. 功能描述

向量中断控制器(Vector Interrupt Controller，VIC)具有32个中断请求输入，可将其编程为3类：FIQ、向量IRQ和非向量IRQ。可编程分配机制意味着不同外设的中断优先级可以动态分配及调整。中断源与VIC连接如图4-19所示。

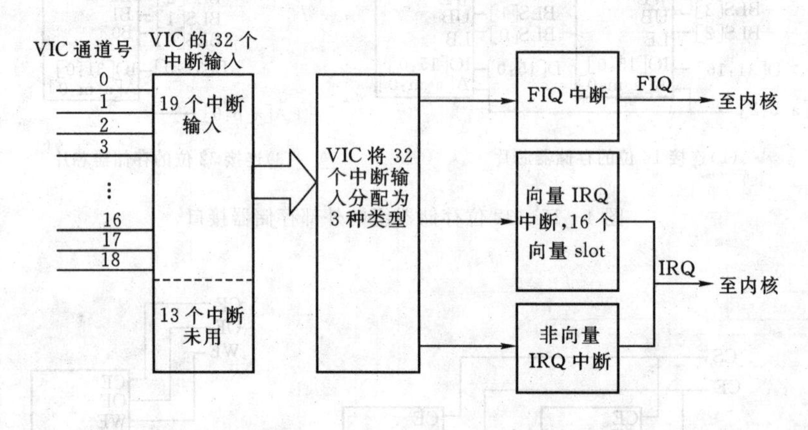

图4-19　中断源与VIC连接示意图

快速中断请求(FIQ)具有最高的优先级。如果有多个FIQ请求，则VIC将中断请求相“或”后，向ARM处理器产生FIQ信号，从FIQ状态寄存器来识别中断请求。当只有一个中断被分配为FIQ时，可实现最短的FIQ等待时间；向量IRQ中断具有中等优先级。该级别可分配32个请求中的16个。32个请求中的任意一个都可以分配到16个向量IRQ slot中的任意一个，其中slot0具有最高的优先级，而slot15则为最低的优先级；非向量IRQ中断具有最低的优先级。如果分配给非向量IRQ的中断多于1个，默认中断服务程序要从IRQ状态寄存器来识别中断源。

VIC将所有向量和非向量IRQ相“或”来向ARM处理器产生IRQ信号。如果有任意一个向量IRQ发出请求，则VIC提供最高优先级请求IRQ服务程序的地址；如果非向量IRQ中断，则提供所默认服务程序的地址。IRQ中断入口程序可通过读取VIC的向量地址存储器(VICVectAddr)来取得该地址，然后跳转到相应地址即可执行相应中断的服务程序。该默认服务程序所有非向量IRQ共用，默认服务程序可读取IRQ状态寄存器以确定哪个IRQ被激活。

VIC的IRQ中断优先级只是在同时产生多个中断时，VIC会将最高优先级请求的IRQ服务程序地址存入向量地址寄存器VICVectorAddr，没有限制低优先级中断产生的中断逻辑机制。

3. VIC结构

向量中断控制器结构框图如图4－20所示。

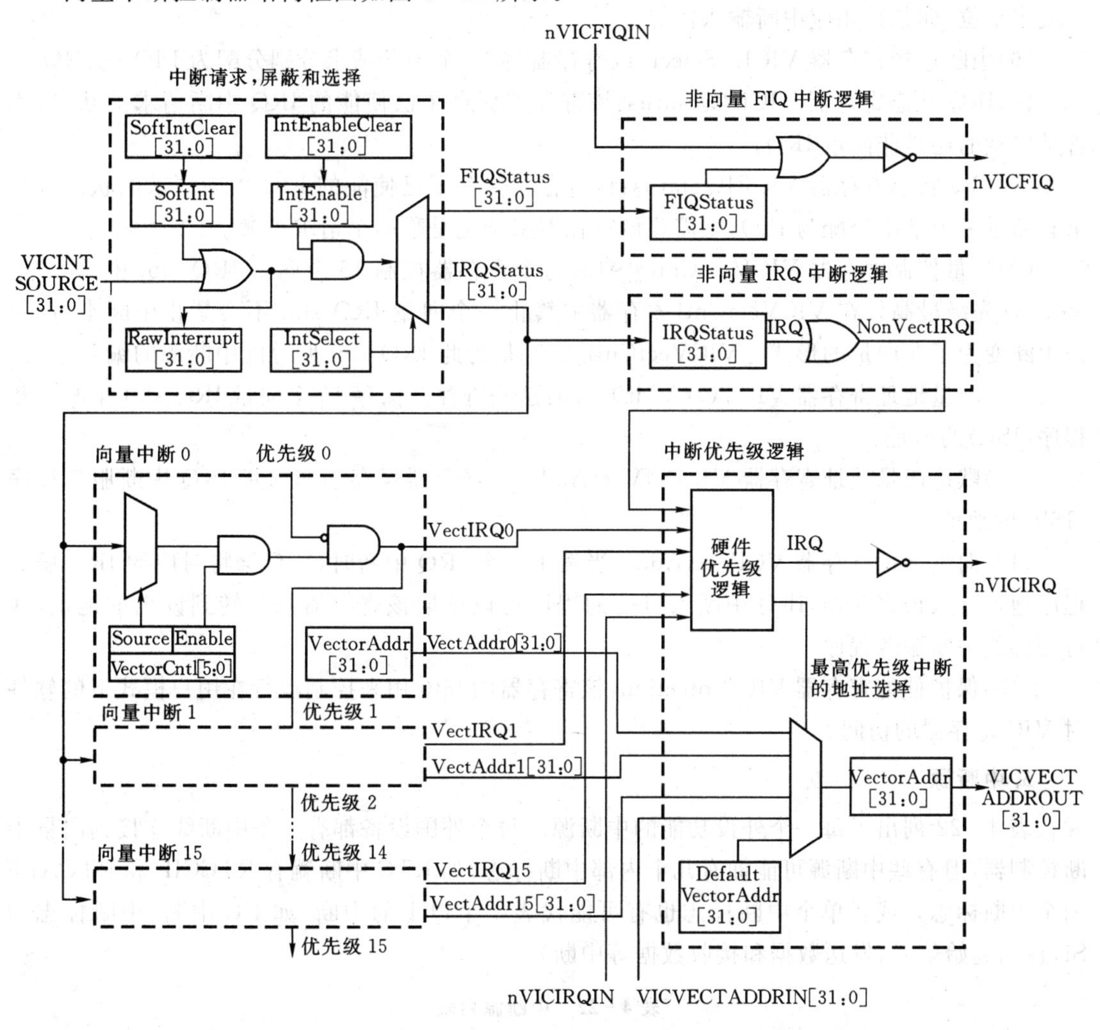

图4－20 向量中断控制器方框图

4. 寄存器描述

VIC所包含的寄存器都为字寄存器。不支持字节和半字读写操作。下面将按照图4－20中的VIC控制逻辑使用顺序对VIC寄存器做一说明。

(1)软件中断寄存器VICSoftInt：VIC在执行任何逻辑之前，将该寄存器的内容与32个不同外设的中断请求相“或”来产生中断。

(2)软件中断清零寄存器 VICSoftIntClear:可用软件清零 VICSoftInt 中的一个或多个位,以清除相应中断输入的 VIC 软件中断。

(3)所有中断状态寄存器 VICRawIntr:该寄存器读取所有 32 个中断请求和软件中断的状态,不管中断是否使能或分类。

(4)中断使能寄存器 VICIntEnable:该寄存器使能分配为 FIQ 或 IRQ 的中断请求或软件中断。

(5)中断使能清零寄存器 VICIntEnClear:可用该寄存器软件清零 VICIntEnable 中的一个或多个位,即禁止相应中断输入使能。

(6)中断选择寄存器 VICIntSelect:该寄存器将 32 个中断请求分别分配为 FIQ 或 IRQ。

(7)IRQ 状态寄存器 VICIRQStatus:该寄存器保存了已使能的 IRQ 中断请求的状态,不管是向量的还是非向量 IRQ。

(8)FIQ 状态寄存器 VICFIQStatus:该寄存器保存了已使能的 FIQ 中断请求的状态。如果有超过一个请求分配为 FIQ,则需要该寄存器来确定是哪一个请求被激活。

(9)向量控制寄存器 VICVectCntl0～15:每个寄存器控制 16 个向量 IRQ slot 中的一个。Slot0 优先级最高。在 VICVectCntl 寄存器中禁止一个向量 IRQ slot 不会禁止中断本身,只是中断变为了非向量的形式。VICVectCntl[4:0]是为此 IRQ slot 所分配中断源的编号。

(10)向量地址寄存器 VICVectAddr0～15:这些寄存器保存 16 个向量 IRQ slot 中断服务程序(ISR)的地址。

(11)默认向量地址寄存器 VICDefVectAddr:该寄存器保存了非向量 IRQ 中断服务程序(ISR)的地址。

(12)向量地址寄存器 VCIVectAddr:当发生一个 IRQ 中断时,VIC 会将对应的 IRQ 服务程序地址存入该寄存器,IRQ 中断入口处的程序可以读取该寄存器并跳转到读出的地址,执行相应的中断服务程序。

(13)保护使能寄存器 VICProtection:该寄存器的 bit0 用来控制运行在用户模式下的软件对 VIC 寄存器的访问。

5. 中断源

表 4-22 列出了每一个外设功能的中断源。每个外围设备都有一条中断线连接到向量中断控制器,但有些中断源可能拥有几个内部中断标志(如 RTC 中断就有 RTCCIF 和 RTCALF 两个中断标志),或者单个中断标志也有可能代表一个以上的中断(如 I^2C 中断,中断标志为 SI,包括起始信号、发送数据和接收数据等中断)。

表 4-22 中断源列表

模块	可产生中断的标志	VIC 通道号
WDT	看门狗中断(WDINT)	0
	保留给软件中断	1
ARM 内核	EmbeddedICE,DbgCommRx	2
ARM 内核	EmbeddedICE,DbgCommTx	3

续表 4-22

模块	可产生中断的标志	VIC 通道号
定时器 0	匹配 0～3(MR0,MR1,MR2,MR3) 捕获 0～3(CR0,CR1,CR2,CR3)	4
定时器 1	匹配 0～3(MR0,MR1,MR2,MR3) 捕获 0～3(CR0,CR1,CR2,CR3)	5
UART0	Rx 线状态(RLS),发送保持寄存器空(THRE) Rx 数据可用(RDA),字符超时指示(CTI)	6
UART1	Rx 线状态(RLS),发送保持寄存器空(THRE) Rx 数据可用(RDA),字符超时指示(CTI)	7
PWM0	匹配 0～6 (MR0,MR1,MR2,MR3,MR4,MR5,MR6)	8
I^2C	SI(状态改变)	9
SPI0	SPI 中断标志(SPIF),模式错误(MODF)	10
SPI1	SPI 中断标志(SPIF),模式错误(MODF)	11
PLL	PLL 锁定(PLOCK)	12
RTC	计数器增加(RTCCIF),报警(RTCALF)	13
系统控制	外部中断 0(EINT0)	14
系统控制	外部中断 1(EINT1)	15
系统控制	外部中断 2(EINT2)	16
系统控制	外部中断 3(EINT3)	17
A/D	A/D 转换器	18
保留	保留	19～31

4.3.5　GPIO

1. 特性

(1)单独位的方向控制,即每一个 I/O 口线可单独设置为输入/输出模式。

(2)单独控制 I/O 口输出的置位或清零。

(3)所有 I/O 口在复位后默认为输入。

2. 引脚描述

LPC2000 系列单片机最多具有 4 组 I/O 端口,都可以作为通用 I/O 口使用,其中 P0 和 P1 端口管脚还大多具有第 2、第 3 功能,P2 和 P3 端口与外部存储器总线复用,只有在不用作外部存储器总线时才可以作为 GPIO 使用。

管脚的多功能是通过配置寄存器控制多路开关来配置设定的,外设在激活和任何相关中断使能之前必须连接到适当的管脚。任何使能的外设功能如果没有映射到相关的管脚,则被认为是无效的。当管脚只选择一个功能时,其他功能无效。

3. 寄存器描述

管脚配置寄存器包括 3 个管脚功能选择寄存器 PINSEL0～2：

(1)PINSEL0 寄存器：用于设定控制 P0 口的 0～15 位管脚的功能，IO0DIR 寄存器中的方向控制位只有在管脚选择 GPIO 功能时才有效，对于其他功能，方向是自动控制的。

(2)PINSEL1 寄存器：用于设定控制 P0 口的 16～31 位管脚的功能，IO0DIR 寄存器中的方向控制位只有在管脚选择 GPIO 功能时才有效，对于其他功能，方向是自动控制的。

(3)PINSEL2 寄存器：用于控制管理 P1～P3 口的管脚功能，IO1DIR 寄存器中的方向控制位只有在管脚选择 GPIO 功能时才有效，对于其他功能，方向是自动控制的。

(4)GPIO 管脚值寄存器 IOxPIN(x=0～3)：不管方向和模式如何设定，管脚的当前状态都可从该寄存器中读出。

(5)GPIO 输出置位寄存器 IOxSET(x=0～3)：该寄存器和 IOxCLR 寄存器一起控制输出管脚的状态。写入 1 使对应管脚输出高电平，写入 0 无效。

(6)GPIO 方向控制寄存器 IOxDIR(x=0～3)：该寄存器单独控制每个 I/O 口的方向。

(7)GPIO 输出清零寄存器 IOxCLR(x=0～3)：该寄存器控制输出管脚的状态。写入 1 使对应管脚输出低电平并清零 IOSET 寄存器中的对应位，写入 0 无效。

4.3.6　UART0/1

1. 特性

(1)16 字节接收 FIFO 和 16 字节发送 FIFO。

(2)寄存器位置符合 16C550 工业标准。

(3)接收器 FIFO 触发点可以为 1,4,8 和 14 个字节。

(4)内置波特率发生器。

(5)UART1 内置有调制解调器(Modem)接口。

2. 结构

UART0 的结构如图 4-21 所示。

UART0 接收器模块 U0Rx 监视串行输入线 RxD0 的有效输入。UART0 Rx 移位寄存器(U0RSR)通过 RxD0 管脚接收有效的字符。当 U0RSR 接收到一个有效字符时，它将该字符传送到 UART0 Rx 缓冲寄存器 FIFO 中，等待 CPU 通过 VPB 接口进行访问。

UART0 发送模块 U0Tx 接收 CPU 或主机写入的数据并将数据缓存到 UART0 Tx 保持寄存器 FIFO(U0THR)中。UART0 Tx 移位寄存器 U0TSR 读取 U0THR 中的数据并将数据通过串行输出引脚 TxD0 发送。U0Tx 和 U0Rx 的状态信息保存在 U0LSR 中。U0Tx 和 U0Rx 的控制信息保存在 U0LCR 中。UART0 波特率发生器模块 U0BRG 产生 UART0 Tx 模块所使用的定时。U0BRG 模块时钟源为 VPB 时钟(pclk)。主时钟与 U0DLL 和 U0DLM 寄存器所定义的除数相除得到 UART0 Tx 模块使用的时钟，该时钟必须为波特率的 16 倍。

中断接口包含 U0IER 和 U0IIR 寄存器。中断接口接收几个由 U0Rx 和 U0Tx 发出的单时钟宽度的使能信号。

3. 寄存器

UART0 包含 10 个 8 位的寄存器。

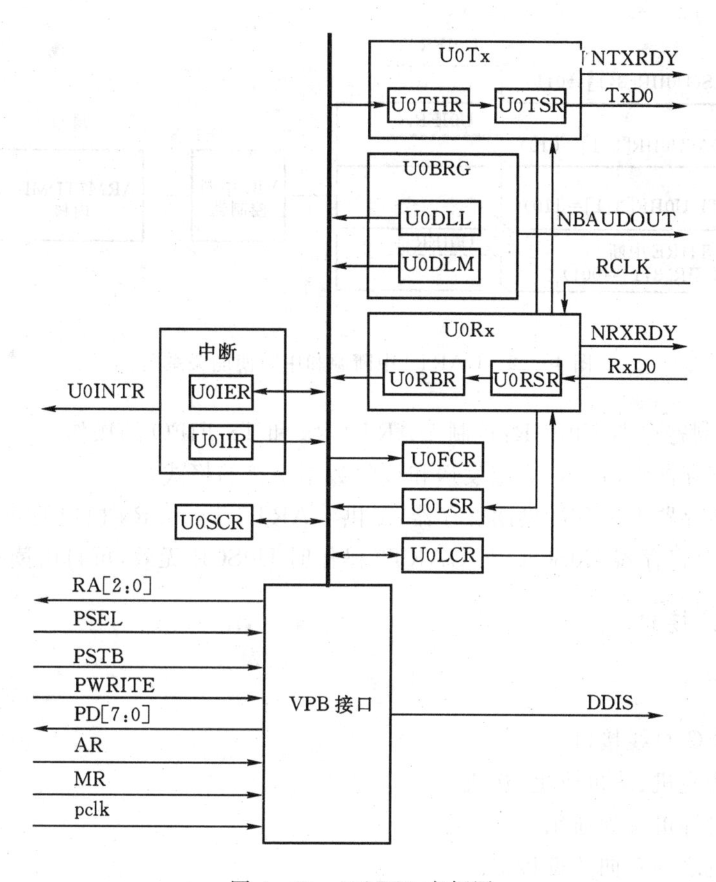

图 4 - 21　UART0 方框图

(1)接收器缓存寄存器 U0RBR:它是接收 FIFO 的最高字节,包含了最早接收到的字符,可以通过总线接口读出。串口接收数据时低位在先。如果接收到的数据小于 8 位,未使用的 MSB 填充为 0。

(2)发送器保持寄存器 U0THR:它是发送 FIFO 的最高字节,包含了 Tx FIFO 中最新的字符,可通过总线接口写入。串口发送数据时,低位在先,LSB(bit0)代表最先发送的位。

(3)除数锁存 LSB 寄存器 U0DLL:除数锁存寄存器保存了用于产生波特率时钟的 VPB 时钟(pclk)分频数,波特率时钟必须是波特率的 16 倍。U0DLL 和 U0DLM 两个 8 位寄存器分别构成 16 位除数的低 8 位和高 8 位,访问 UART0 除数锁存寄存器时,除数锁存访问位(DLAB)必须为 1。

(4)除数锁存 MSB 寄存器 U0DLM:U0DLL 和 U0DLM 寄存器一起构成一个 16 位除数,用于产生波特率。

(5)中断使能寄存器 U0IER:U0IER 用于使能 4 个 UART0 中断源,即 RBR 中断(包括接收数据可用 RDA 中断和接收超时中断 CTI 两个中断)、发送数据空 THRE 中断、Rx 线状态中断共 4 个中断源。

(6)中断标识寄存器 U0IIR:U0IIR 提供状态代码用于指示一个挂起中断的中断源和优先级。UART0 中断源和中断使能关系如图 4 - 22 所示。

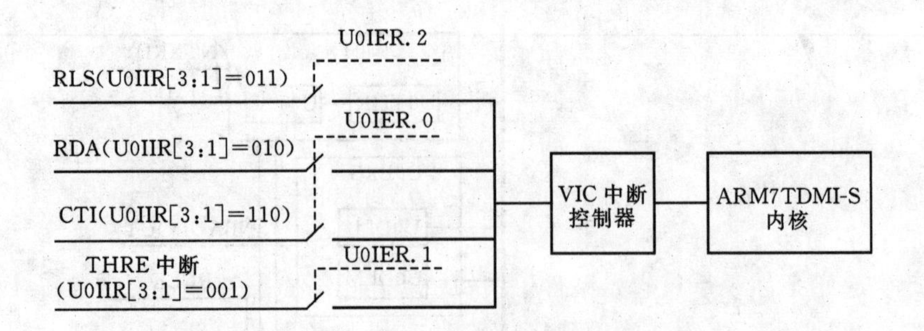

图 4-22　UART0 中断源和中断使能关系图

(7)FIFO 控制寄存器 U0FCR:控制 UART0 Rx 和 Tx FIFO 的操作。

(8)线控制寄存器 U0LCR:决定发送和接收数据字符的格式。

(9)线状态寄存器 U0LSR:只读寄存器,提供 UART0 Tx 和 Rx 模块的状态信息。

(10)高速缓存寄存器 U0SCR:在 UART0 操作时 U0SCR 无效,可自由读写。

4.3.7　I^2C 接口

1. 特性

(1)标准的 I^2C 总线接口。

(2)可配置为主机、从机或主/从机。

(3)可编程时钟可实现通用速率控制。

(4)主机从机之间双向数据传输。

(5)多主机总线(无中央主机)。

(6)同时发送的主机之间进行仲裁,避免了总线数据的冲突。

(7)串行时钟同步使器件在一条串行总线上实现不同位速率的通信。

(8)串行时钟同步可作为握手机制使串行传输挂起和恢复。

(9)I^2C 总线可用于测试和诊断。

2. I^2C 接口与操作模式

I^2C 总线的典型应用电路原理如图 4-23 所示。

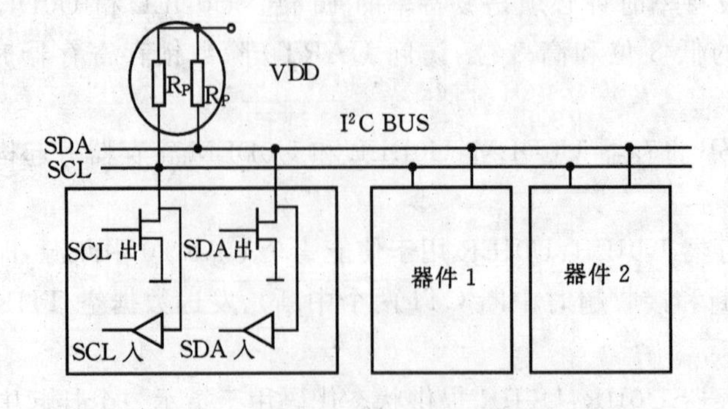

图 4-23　I^2C 总线典型应用电路原理

根据方向位(R/W)状态的不同，I^2C 总线上存在以下两种类型的数据传输：

(1)主发送器向从接收器发送数据，即主发送。主机发送第一个字节是从机地址，接下来是数据字节流。从机每接收一个字节返回一个应答位。

(2)从发送器向主接收器发送数据，即主接收。第一个字节(从地址)由主机发送，然后从机返回一个应答位，接下来从机向主机发送数据字节。主机每接收一个字节返回一个应答位，接收完最后一个字节，主机返回一个非应答位。

在主机产生起始条件或重新起始条件，发送从机寻址字节(从机地址＋读写操作位)之后，即开始一次串行数据发送/接收。当出现停止条件时，此次数据传输结束。

I^2C 数据传送速率的标准模式为 100Kbps，高速模式为 400Kbps。总线速率为 100Kbps，即在数据传送时，SCL 上的时钟信号频率约为 100kHz，此时电路上的总线上拉电阻为5.1kΩ，并且总线速率越高，总线上拉电阻要越小。

LPC2000 的 I^2C 结构如图 4-24 所示。LPC2000 是字节方式的 I^2C 接口，即把一个字节数据写入 I^2C 数据寄存器 I^2DAT 后，即可由 I^2C 接口自动完成所有数据位的发送。根据传送数据方向和工作模式，I^2C 模块可以分为 4 种操作模式：主发送、主接收、从发送和从接收模式。其各操作模式下的数据格式如图 4-24 所示，即只要按照图示中的时序波形，由主机启

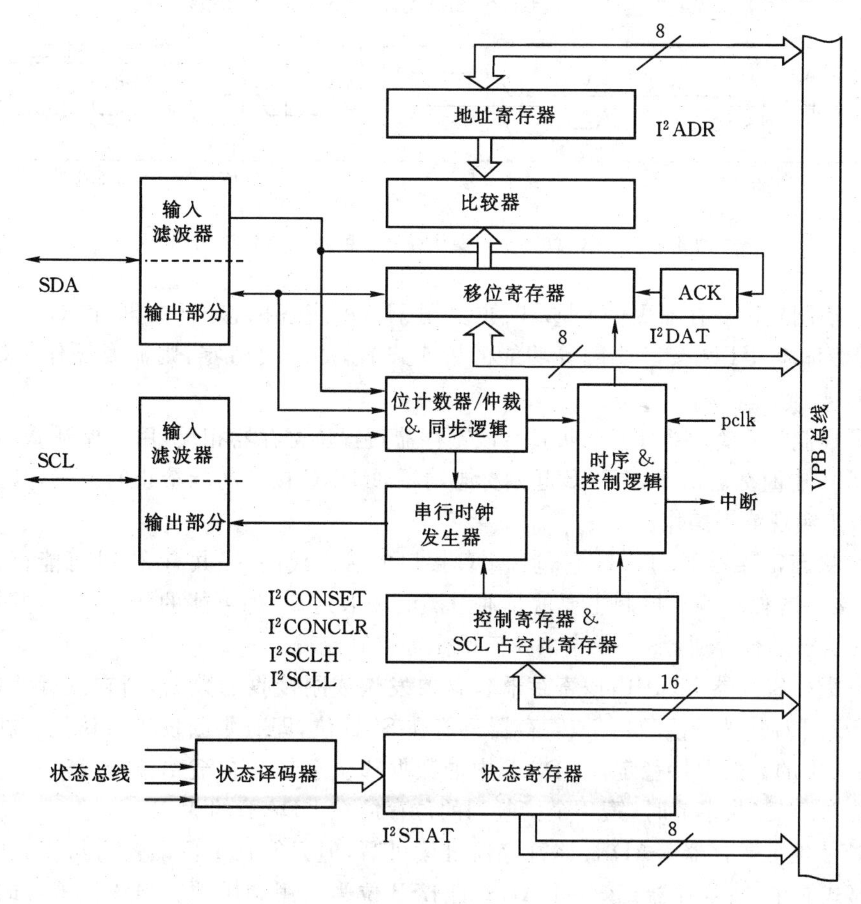

图 4-24　I^2C 结构

动，并发送待寻址从机地址和读写方式，再接收从机应答，然后是数据的收发和应答。当数据通信结束后，通过发送非应答信号和停止信号/再启动信号即结束本次通信。I²C 总线通信总是由起始信号开始，由停止信号或再启动信号结束。

3. I²C 寄存器描述

I²C 总线 4 种操作模式如图 4－25 所示，I²C 接口包含 7 个 8 位的寄存器。

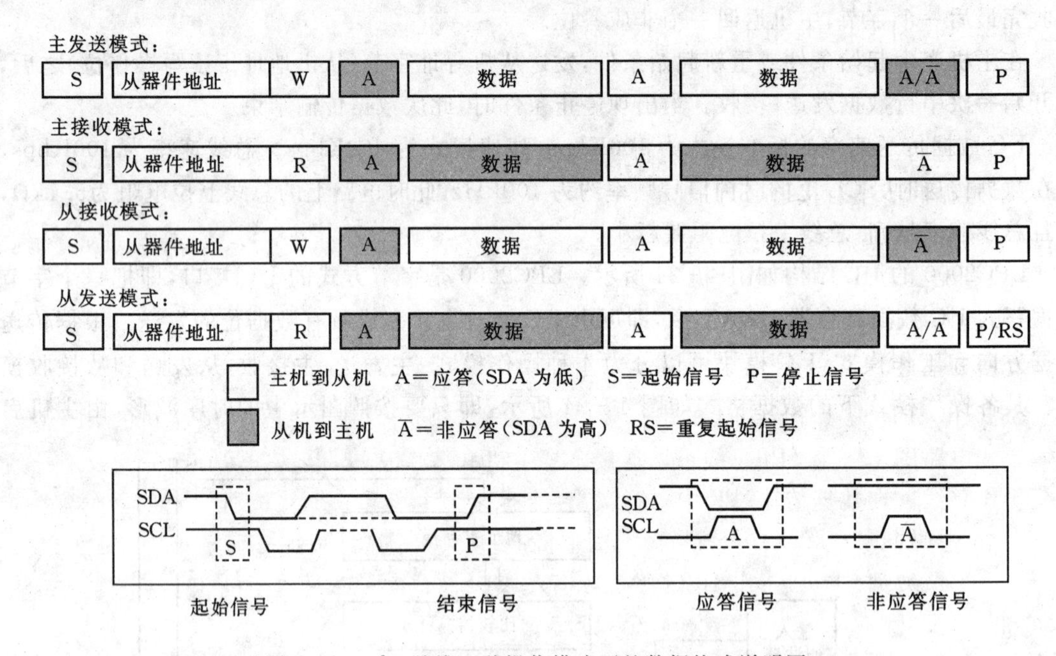

图 4－25 I²C 总线 4 种操作模式下的数据格式说明图

（1）I²C 控制置位寄存器 I²CONSET：主要用于 AA 应答标志，SI 中断标志，STO 停止标志，STA 起始标志，I²EN 接口使能等功能的置 1 设置，如需要清零，则需要操作 I²CONCLR 寄存器来实现。

（2）I²C 控制清零寄存器 I²CONCLR：该寄存器与置位寄存器相反，用于控制 AAC 应答标志位清零，SIC 中断标志清零，STAC 起始标志清零，I²ENC 接口功能禁止的设置，其方法是向相应位写入 1 实现清零操作。

（3）I²C 状态寄存器 I²STAT：它包含 I²C 接口的状态代码，一共有 26 种可能存在的状态代码。I²C 接口的程序编程控制主要就是通过随时读取这 26 种可能的状态代码，并据此决定程序执行的状态是否合适，下一步应该如何操作等控制流程。

（4）I²C 数据寄存器 I²DAT：该寄存器包含要发送或刚接收的数据，当它没有处理字节的移位时，CPU 可对其进行读/写。该寄存器只能在 SI 置位，即有中断发生时访问。在 SI 置位期间，I²DAT 中的数据保持稳定。I²DAT 中的数据移位总是从右至左进行：第一个发送的位是 MSB（位 7），在接收字节时，第一个接收到的位存放在 I²DAT 的 MSB。

（5）I²C 从地址寄存器 I²ADR：该寄存器可读可写，但只能在 I²C 设置为从模式时才能使用。在主模式时中，该寄存器无效。I²ADR 的 LSB 位为通用调用位。当该位置位时，通用调用地址（00H）被识别。

（6）I²C SCL 占空比寄存器 I²SCLH，I²SCLL：软件必须通过这两个寄存器来进行设置，选择合适的波特率，以确保 I^2C 数据通信速率在 0～400kHz 之间。I^2SCLH 定义 SCL 高电平所保持的 pclk 周期数，I^2SCLL 定义了 SCL 低电平的 pclk 周期数，其数值都必须大于等于 4，位频率（即总线频率）由下面的公式得出：

$$位频率=\frac{f_{pclk}}{I^2SCLH+I^2SCLL}$$

4.3.8 SPI 接口 SPI0/1

1. 特性

(1)具有两个完全独立的 SPI 控制器。

(2)遵循同步串行接口(SPI)规范。

(3)全双工数据通信。

(4)可配置为 SPI 主机或从机。

(5)最大数据位速率为外设时钟 f_{pclk}的 1/8。

2. 接口描述

SPI0 和 SPI1 是一个全双工的串行接口，图 4-26 所示为基于 LPC2000 主机的 SPI 总线接口方式电路图。一个 SPI 总线可以连接多个主机和多个从机，但在同一时刻只允许有一个主机操作总线。在数据传输过程中，总线上只能有一个主机和一个从机通信。在一次数据传输中，主机总是向从机发送一个字节数据（主机通过 MOSI 输出数据），而从机也总是向主机发送一个字节数据（主机通过 MISO 接收数据）。SPI 总线时钟总是由主机产生。

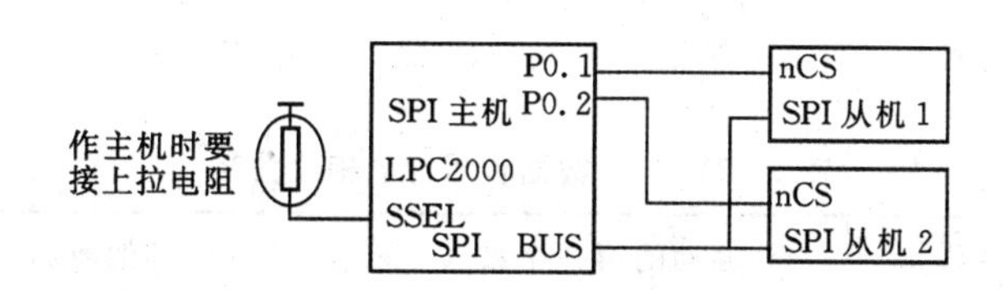

图 4-26 SPI 工作方式

图 4-27 所示为 SPI 的 4 种不同数据传输格式的时序图，该时序图描述的是 8 位数据的传输。该时序按水平方向可分成 3 个部分：第 1 部分描述了 SCK 在 CPOL 为 0 和 1 的情况和 SSEL 信号，SSEL 在 SPI 为从机时用作器件的片选信号；第 2，3 部分描述了 CPHA=0 和 CPHA=1 时的 MOSI 和 MISO 信号。

数据和时钟的相位关系在表 4-23 中描述，该表汇集了 CPOL 和 CPHA 的每一种设定。其中“驱动的第一个数据”和“驱动的其他数据”栏是表示数据在什么时刻更新输出，这是由硬件 SPI 接口自动操作，用户一般不需理会。用户需要注意的是“采样的数据”这一栏，这代表数据是 SCK 上升沿有效，还是下降沿有效。

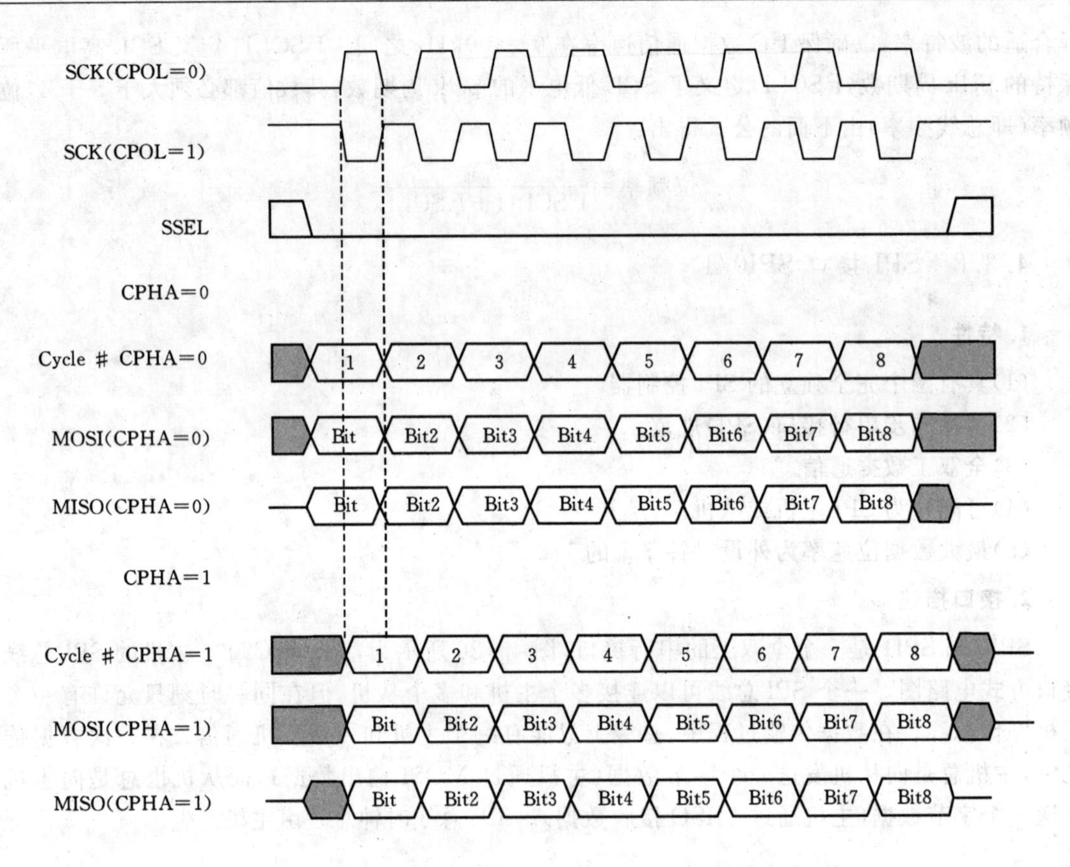

图 4-27　SPI 数据传输格式(CPHA=0 和 CPHA=1)

表 4-23　SPI 数据和时钟的相位关系

CPOL 和 CPHA 的设定	驱动的第一个数据	驱动的其他数据	采样的数据
CPOL=0,CPHA=0	在第一个 SCK 上升沿之前	SCK 下降沿	SCK 上升沿
CPOL=0,CPHA=1	第一个 SCK 上升沿	SCK 上升沿	SCK 下降沿
CPOL=1,CPHA=0	在第一个 SCK 下降沿之前	SCK 上升沿	SCK 下降沿
CPOL=1,CPHA=1	第一个 SCK 下降沿	SCK 下降沿	SCK 上升沿

1)主机操作

下面的步骤描述了 SPI 设置为主机时如何处理数据传输,该处理假设上一次的数据传输已经结束。

(1)设置 SPCCR 寄存器,得到相应的 SPI 时钟。

(2)设置 SPCR 寄存器,控制 SPI 为主机。

(3)控制片选信号,选择从机。

(4)将要发送的数据写入 SPDR 寄存器,即启动 SPI 数据传输。

(5)读取 SPSR 寄存器,等待 SPIF 位置位。SPIF 位将在数据传输的最后一个周期之后由硬件自动置位。

(6)从 SPI 数据寄存器中读出接收到的数据(可选)。

(7)如果有更多数据需要发送,则挑到第(3)步,否则取消对从机的选择。

2)从机操作

下面的步骤描述了 SPI 设置为从机时如何处理数据传输,该处理假设上一次数据传输已经结束,要求驱动 SPI 逻辑的时钟速率至少 8 倍于 SPI。

(1)设置 SPCR 寄存器,控制 SPI 为从机。

(2)将要发送的数据写入 SPI 数据寄存器(可选)。这只能在从 SPI 传输没有进行时执行。

(3)读取 SPSR 寄存器,等待 SPIF 位置位。SPIF 位将在 SPI 数据传输的最后一个采样时钟沿后由硬件自动置位。

(4)从 SPI 数据寄存器中读出接收到的数据(可选)。

(5)如果有更多的数据要发送,则跳到第(2)步。

3)异常状况

(1)读溢出:SPIF 位置位表示读缓冲区有数据,读出后则 SPIF 复位。如在 SPIF 置位时有新数据到来,则会将数据丢弃,并将状态寄存器读溢出(ROVR)位置位。

(2)写冲突:SPI 总线接口与内部移位寄存器之间没有写缓冲区,因此在传输启动直到 SPIF 置位期间,不能向 SPI 数据寄存器写入数据;否则写入的数据将会丢失,状态寄存器中的写冲突位(WCOL)置位。

(3)模式错误:SPI 功能模块设置为主机时,如果 SSEL 信号被激活(将 SSEL 变为低电平),状态寄存器的模式错误位(MODF)位置位,SPI 信号驱动器关闭,而 SPI 模式转化为从模式。

(4)从机中止:如果 SSEL 信号在传输结束之前变为高电平,从传输将被认为中止,正在处理的数据将丢失,状态寄存器的从机中止(ABORT)位置位。

3. 结构

SPI0 和 SPI1 接口中的 SPI 结构框图如图 4-28 所示。

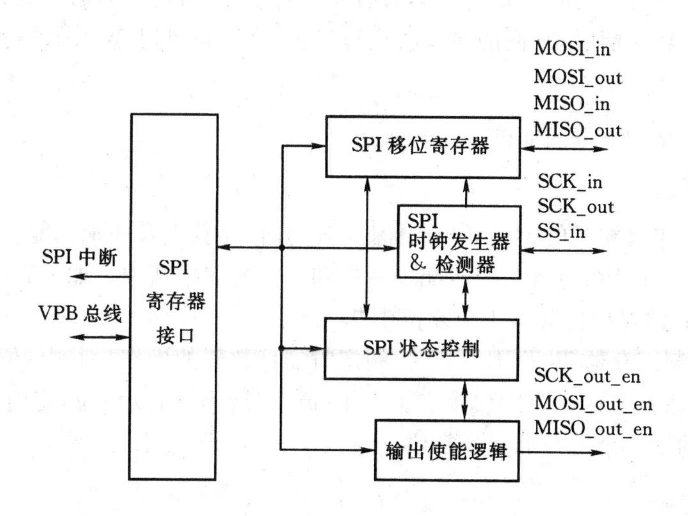

图 4-28　SPI 结构框图

4. 寄存器描述

SPI 包含 5 个寄存器，所有寄存器都可以字节、半字和字的形式访问。

SPI 控制寄存器 S0SPCR：寄存器根据每个配置位的设定来控制 SPI 的操作和功能，该寄存器必须在数据传输之前进行设定。

SPI 状态寄存器 S0SPSR：包括一般性功能和异常状况。主要用于检测数据传输的完成，即通过判断 SPIF 位来实现，其他位用于指示异常状况。

SPI 数据寄存器 S0SPDR：它是双向数据寄存器，为 SPI 提供数据的发送和接收。处于主模式时，写该寄存器将启动 SPI 数据传输。

SPI 时钟计数寄存器 S0SPCCR：该寄存器控制主机 SCK 的频率。寄存器指示构成一个 SPI 时钟的 pclk 周期的数据，即 SPI 速率等于外设频率 pclk/SPCCR 值。

SPI 中断寄存器 S0SPINT/S1SPINT：该寄存器包含 SPI 接口的中断标志。

4.3.9 定时器 0/1

定时器对外设时钟(pclk)周期进行计数，根据 4 个匹配寄存器的设定，可设置为匹配时产生中断或执行其他动作。它还包括 4 个捕获输入，用于输入信号发生跳变时捕获定时器值，并可选择产生中断。

1. 特性

(1)具有 2 路完全相同的定时器 0 和定时器 1。

(2)带可编程 32 位预分频的 32 位定时器/计数器。

(3)具有 4 路 32 位的捕获通道，用于捕获外部输入信号跳变时的定时器瞬时值。

(4)具有 4 路 32 位的匹配寄存器，匹配时可选择中断，并使匹配寄存器复位/停止/继续工作。

(5)4 路匹配发生时的外部输出，实现匹配输出为低电平/高电平/翻转/不动作。

2. 引脚描述

表 4-24 所示为每个定时器相关引脚的简单描述，同一路捕获的输入引脚可能有几个，当选择多个引脚作捕获功能时，它们的输入将进行逻辑“或”，也可以选择做并行匹配输出功能。

3. 结构

定时器 0/1 的结构方框图如图 4-29 所示。

4. 寄存器描述

每个定时器都包含相同的 16 个寄存器来实现定时、捕获以及匹配功能。

(1)中断寄存器 T0IR：包含 4 个匹配中断位和 4 个捕获中断位。如果有中断产生，对应位会置位，否则为 0。向对应位写入 1 会复位中断。

(2)定时器控制寄存器 T0TCR：用于控制定时器计数器的操作。其中，位 0 是计数器使能位，控制定时器计数器和预分频计数器使能工作；位 1 是计数器复位位，定时器计数器和预分频计数器在 pck 的下一个上升沿同步复位。

表4-24 定时器管脚描述

<table>
<tr><th>T0,T1管脚名称</th><th>管脚方向</th><th colspan="2">T0,T1管脚描述</th></tr>
<tr><td rowspan="5">CAP0.0 CAP1.0
CAP0.1 CAP1.1
CAP0.2 CAP1.2
CAP0.3 CAP1.3</td><td rowspan="5">输入</td><td colspan="2">管脚跳变时记录定时器值装入捕获寄存器，并引发中断等操作</td></tr>
<tr><td>3个管脚可同时选择用作CAP0.0的功能</td><td>1个管脚可选择用作CAP1.0的功能</td></tr>
<tr><td>2个管脚可同时选择用作CAP0.1的功能</td><td>1个管脚可选择用作CAP1.1的功能</td></tr>
<tr><td>3个管脚可同时选择用作CAP0.2的功能</td><td>2个管脚可选择用作CAP1.2的功能</td></tr>
<tr><td>1个管脚可选择用作CAP0.3的功能</td><td>2个管脚可选择用作CAP1.3的功能</td></tr>
<tr><td rowspan="5">MAT0.0 MAT0.0
MAT0.1 MAT0.1
MAT0.2 MAT1.2
MAT0.3 MAT1.3</td><td rowspan="5">输出</td><td colspan="2">当匹配寄存器值等于定时器计数器值时，可控制相应管脚动作</td></tr>
<tr><td>2个管脚可同时选择用作MAT0.0的功能</td><td>1个管脚可选择用作MAT1.0的功能</td></tr>
<tr><td>2个管脚可同时选择用作MAT0.1的功能</td><td>1个管脚可选择用作MAT1.1的功能</td></tr>
<tr><td>2个管脚可同时选择用作MAT0.2的功能</td><td>2个管脚可选择用作MAT1.2的功能</td></tr>
<tr><td>1个管脚可选择用作MAT0.3的功能</td><td>2 个管脚可选择用作 MAT1.3的功能</td></tr>
</table>

(3)定时器计数器T0TC：当预分频计数器到达计数器的上限时，32位定时器计数器TC加1。如果TC在到达计数上限之前没有被复位，它将一直计数到0xFFFFFFFF，然后翻转到0x00000000，并不会触发中断。

(4)预分频寄存器T0PR：32位预分频寄存器指定了预分频计数器的最大值。

(5)预分频计数器T0PC：用于对外设时钟pclk的预分频，以实现定时器分辨率和定时器溢出时间之间的平衡。每个pclk周期加1，当其达到预分频寄存器中保存的值时，定时器计数器加1，预分频计数器在下个pclk周期复位。这样，PR=0时，定时器计数器每个pclk周期加1；当PR=1时，定时器计数器每2个周期加1。

(6)匹配寄存器MR0～MR3：匹配寄存器值连续与定时器TC的计数值相比较。当两个值相等时自动触发相应动作。这些动作包括产生中断、复位定时器计数器或停止定时器。所执行的动作由MCR寄存器控制。

(7)匹配控制寄存器T0MCR：匹配控制寄存器用于控制在发生匹配时所执行的操作。

(8)捕获寄存器CR0～CR3：每个捕获寄存器与一个或几个器件引脚相关联。当引脚发生特定的事件时，可将定时器计数值装入该寄存器。捕获控制寄存器的设定决定捕获功能是否使能，以及捕获事件在引脚的上升沿、下降沿或是双边沿发生。

(9)捕获控制寄存器T0CCR：当发生捕获事件时，捕获控制寄存器用于控制是否将定时器计数值装入相应的捕获寄存器中，以及是否产生中断，也可同时设置上升沿和下降沿位，产生双边沿触发捕获事件。

(10)外部匹配寄存器T0EMR：提供外部匹配引脚MATn.0～MATn.3的控制和状态，即控制匹配发生后如何控制管脚，而且这些状态未必都连接输出外部管脚。

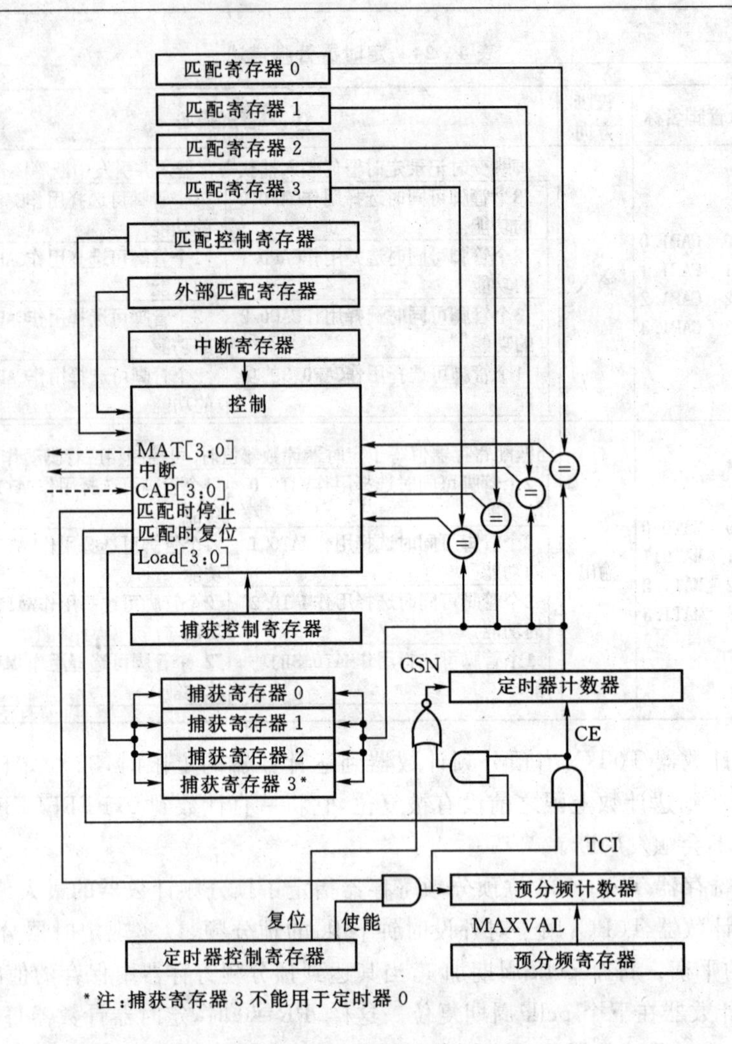

图 4-29　定时器方框图

4.3.10　脉宽调制器 PWM

LPC2000 系列的脉宽调制器 PWM 建立在标准定时器之上,与定时器 0/1 无关,通过匹配功能及一些控制电路来实现 PWM 输出。

1. 特性

(1)自带可编程 32 位预分频的 32 位定时器/计数器。

(2)7 个匹配寄存器,可实现 6 个单边沿控制或 3 个双边沿控制 PWM 输出,或这两种类型的混合输出,可选择连续操作,在匹配时可产生中断、停止、复位定时器。

(3)每个匹配寄存器对应一个外部输出,匹配时可以设置为低电平、高电平、翻转或无动作。

(4)支持单边沿控制和双边沿控制的 PWM 输出。单边沿控制 PWM 输出在每个周期开始时总是为高电平,除非输出保持恒定低电平。双边沿控制 PWM 输出可在一个时钟周期内的任何位置产生边沿,这样就可以同时产生正和负脉冲。

(5)脉冲周期和宽度可以是任何的定时器计数值,这样可实现灵活的分辨率和重复速率的设定。所有PWM输出都以相同的重复率发生。

(6)匹配寄存器更新与脉冲输出同步,防止产生错误的脉冲。软件必须在新的匹配值生效之前设置好这些寄存器。

(7)如果不使能PWM模式,可以作为一个标准定时器使用。

2. 引脚描述

表4-25汇集了所有的与PWM相关的引脚。

表4-25　PWM管脚汇总

管脚名称	管脚方向	管脚描述	管脚名称	管脚方向	管脚描述
PWM1	输出	PWM通道1输出	PWM4	输出	PWM通道4输出
PWM2	输出	PWM通道2输出	PWM5	输出	PWM通道5输出
PWM3	输出	PWM通道3输出	PWM6	输出	PWM通道6输出

3. PWM描述

PWM基于标准的定时器模块,定时器对外设时钟plkc进行计数,定时控制7个匹配寄存器,在到达匹配时间时产生相应的动作。

(1)单边沿控制PWM模式:2个匹配寄存器可用于提供单边沿控制的PWM输出。一个是匹配寄存器PWMMR0,它用于PWM波的周期控制,匹配发生时使PWM输出高电平;另一个匹配寄存器控制PWM下降沿的位置。每增加一个PWM输出,只需要增加一个匹配寄存器,即所有PWM具有相同的周期。

(2)双边沿控制PWM模式:3个匹配寄存器可用于提供一个双边沿控制PWM输出,即PWMMR0匹配寄存器控制PWM周期,其他匹配寄存器控制2个PWM边沿位置。每个额外的双边沿控制PWM输出只需要增加2个匹配寄存器。

表4-26给出了PWM在单边沿和双边沿工作时应选择匹配寄存器的常用组合。如在双边沿触发PWM波时,常选择PWM2,PWM4和PWM6作为三相电机控制中所需要的独立的三个PWM输出。此时,PWM2的双边沿由匹配寄存器1和2组成,匹配寄存器1用来产生下降沿,匹配寄存器2用来产生上升沿,两个寄存器匹配时间哪个先到,就先发生哪个事件,这样就产生了正脉冲(当上升沿先于下降沿时)和负脉冲(当下降沿先于上升沿时)。独立控制上升和下降沿位置的能力使PWM可以应用于更多的领域。

表4-26　PWM触发器的置位和复位输入

PWM通道	单边沿PWM(PWMSELn=0)		双边沿PWM(PWMSELn=1)	
	置位	复位	置位	复位
1	匹配0	匹配1	匹配0	匹配1
2	匹配0	匹配2	匹配1	匹配2
3	匹配0	匹配3	匹配2	匹配3
4	匹配0	匹配4	匹配3	匹配4
5	匹配0	匹配5	匹配4	匹配5
6	匹配0	匹配6	匹配5	匹配6

4. 结构

图 4-30 所示为 PWM 的框图。在标准定时器模块上增加的部分位于图的右边和顶端。图中的 PWM 输出逻辑允许通过 PWMSELn 位选择单边沿或双边沿控制的 PWM 输出。

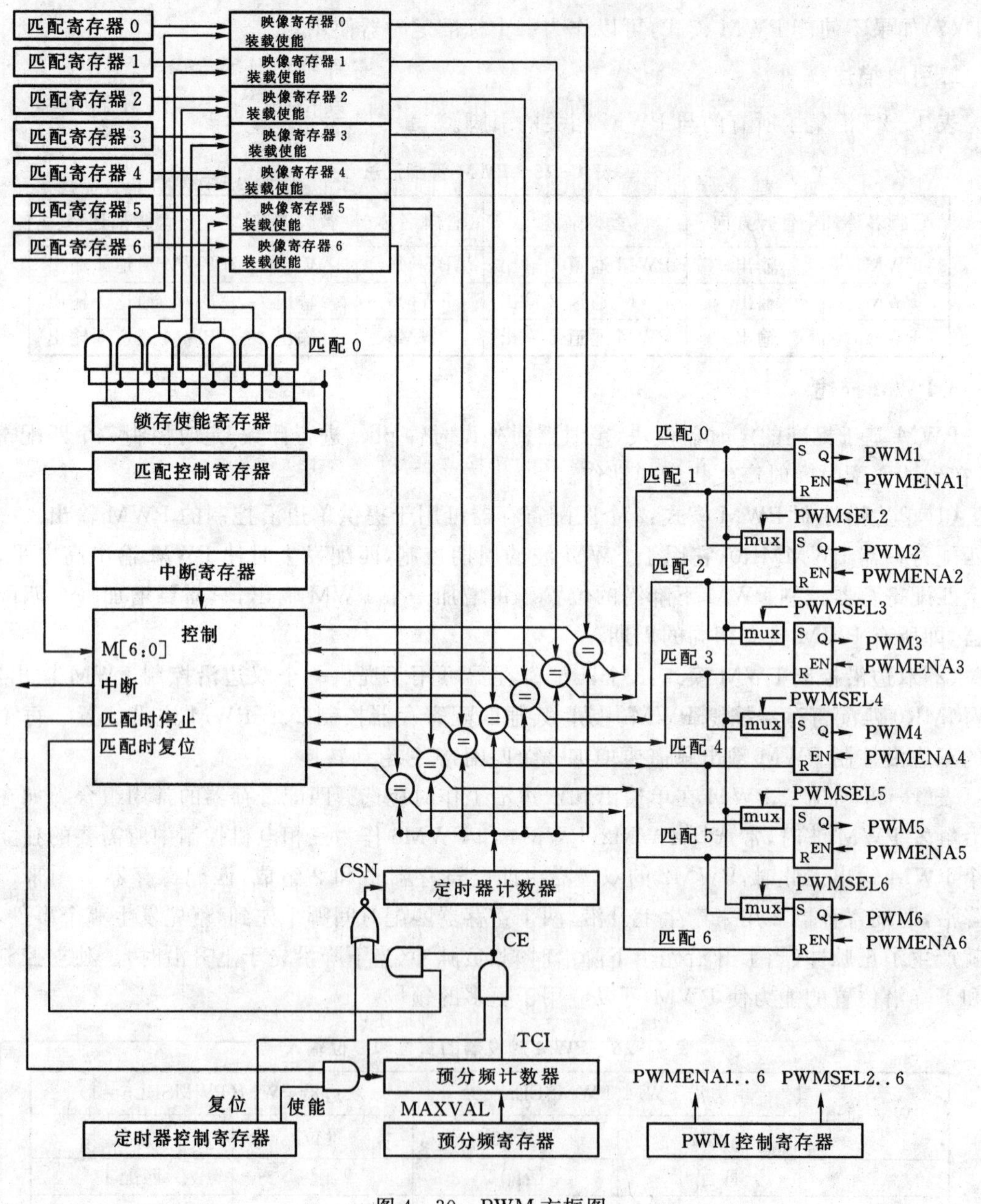

图 4-30　PWM 方框图

5. 寄存器描述

(1)PWM 中断寄存器 PWMIR:包含 7 个位用于匹配中断。如果有中断产生,则 PWMIR 中对应的位将会置位,否则为 0。

(2)PWM 定时器控制寄存器 PWMTCR:用于控制 PWM 定时器计数器的使能、复位、以及 PWM 使能等基本操作。

(3)PWM 定时计数器 PWMTC：当预分频计数器到达计数上限时，该计数器加 1。

(4)PWM 预分频寄存器 PWMPR：保存预分频计数器的最大值。

(5)PWM 预分频计数器 PWMPC：对外设时钟进行计数，达到预分频计数器值时清 0，并使 PWM 计数器加 1。

(6)PWM 匹配寄存器 PWMMR0～PWMMR6：该组寄存器值连续与 PWM 计数器值相比较。当两个值相等时，自动触发相应的操作，如中断、复位、停止等。所执行的动作由 PWMMCR 寄存器控制。

(7)PWM 匹配控制寄存器 PWMMCR：用于控制在发生匹配时对 PWMTC 应执行的中断、复位、停止等操作方式。

(8)PWM 控制寄存器 PWMPCR：用于使能并选择每个 PWM 通道的类型。

(9)PWM 锁存使能寄存器 PWMLER：用于控制 PWM 匹配寄存器的更新方式。

4.3.11　A/D 转换器

A/D 转换器的基本时钟由 VPB 时钟提供。可编程分频器可将时钟调整到逐次逼近转换所需要的 4.5MHz(最大)。10 位精度要求的转换需要 11 个 A/D 转换时钟。

1. 特性

(1)10 位逐次逼近式 A/D 转换器。

(2)4 个(LPC2114/2124)或 8 个(LPC2210/2212/2214)引脚复用为 A/D 输入脚。

(3)测量范围：0～3.3V。

(4)10 位转换时间大于等于 2.44μs。

(5)一路或多路输入的 Burst 转换模式。

(6)可选择由输入引脚的跳变或定时器的匹配信号启动转换。

(7)具有掉电模式。

2. 功能描述

A/D 转换器的基本时钟由 VPB 时钟提供。可编程分频器可将时钟调整至逐步逼近转换所需的 4.5MHz(最大)。完全满足精度要求的转换需要 11 个这样的时钟。

A/D 引脚如表 4－27 所示，64 脚的芯片的 A/D 管脚只有 4 路模拟输入。

表 4－27　A/D 管脚描述

管脚名称	类型	管脚描述
Ain7～0	模拟输入	A/D 转换器单元可测量 8 个输入信号的电压。当使用 A/D 时，模拟输入管脚的信号电平不能大于 V_{3A}。如果在应用中未使用 A/D，而作为 I/O 口使用，则可以承受 5V 电压
V_{3A}，V_{SSA}	模拟电源和地	A/D 转换器的电压和地，与芯片的 V_3 和 V_{SSD} 的电压相同，但为了降低噪声和出错概率，两者应当隔离，转换器单元的 V_{refP} 和 V_{refN} 信号在内部与这两个电源信号相连

3. 寄存器描述

A/D 转换器的基址是 0xE0034000，A/D 转换器包含 2 个寄存器。

1)A/D 控制寄存器 ADCR(见表 4-28)

表 4-28　A/D 控制寄存器 ADCR

ADCR	名称描述	复位值
7～0	SEL	软件控制模式下只有一位可被置位。硬件扫描模式下可选择多位为 1,实现多路循环工作
15～8	CLKDIV	将 VPB 时钟 pclk 进行(CLKDIV 的值+1)分频得到 A/D 转换时钟,该时钟必须小于等于 4.5MHz
16	BURST	如果该位为 0,转换由软件控制,需要 11 个时钟方能完成 如果该位为 1,A/D 转换器以 CLKS 字段选择的速率重复执行转换,并按 SEL 字段定义的顺序依次转换
19～17	CLKS	转换时钟数控制位:控制在 Burst 模式下转换使用的时钟数和转换结果的精度。可实现 3 位到 10 位的不同转换精度
21	PDN	A/D 转换器工作模式控制位:1 为正常工作模式,0 为掉电模式
23～22	TEST1～0	器件测试控制位:00 为正常模式,01 为数字测试模式,10 为 DAC 测试模式,11 为一次转换测试模式
26～24	START	启动控制位:当 BURST 为 0 时,控制 A/D 转换是否启动和何时启动 000:不启动 001:立即启动转换 010:EDGE 边沿出现在 P0.16/EINT0/ MAT0.2/CAP0.2 脚启动 011:EDGE 边沿出现在 P0.22/CAP0.0/ MAT0.0 脚启动 100:EDGE 边沿出现在 MAT0.1 脚时启动转换 101:EDGE 边沿出现在 MAT0.3 脚时启动转换 110:EDGE 边沿出现在 MAT1.0 脚时启动转换 111:EDGE 边沿出现在 MAT1.1 脚时启动转换
27	EDGE	该位只有在 START 字段为 010～111 时有效 0:在所选 CAP/MAT 信号的下降沿启动转换 1:在所选 CAP/MAT 信号的上升沿启动转换

2)A/D 数据寄存器 ADDR(见表 4-29)

表 4-29　A/D 数据寄存器 ADDR

ADDR	名称	描述
31	DONE	A/D 转换结束标志,转换结束置 1
30	OVERUN	过采样标志,Burst 模式下,在转换产生 LS 位的结果前一个或多个转换结果被丢失和覆盖
26～24	CHN	最近一次转换的通道号
15～6	V/V_{3A}	0～3FF 的 10 位 A/D 转换结果

4.3.12　实时时钟

实时时钟 RTC 提供了一套计数器在系统工作时对时间进行测量。RTC 消耗的功率非常低,这使其适合电池供电,CPU 不连续工作(空闲模式)的系统。由于处理器的 RTC 没有独立的时钟源,时钟频率是通过 fclk 分频得到,因此 CPU 不能进入掉电模式。

1. 特性

(1)带日历和时钟功能。

(2)超低功耗设计,支持电池供电的系统。

(3)提供秒、分、小时、日、月、年和星期。

(4)可编程基准时钟分频器允许调节 RTC 以适应不同的晶振频率。

2. 结构

RTC 结构框图如图 4-31 所示。

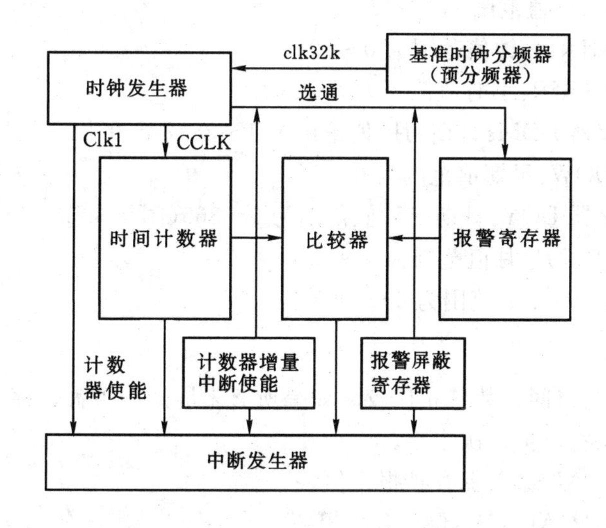

图 4-31　RTC 结构框图

3. RTC 中断

中断的产生由中断位置寄存器(ILR)、计数器递增中断寄存器(CIIR)、报警寄存器和报警屏蔽寄存器(AMR)控制。ILR 可以单独使能 CIIR 和 AMR 中断,CIIR 中的每个位都对应一个时间计数器。如果 CIIR 使能用于一个特定的计数器,那么该计数器的值每增加一次就产生一个中断。报警寄存器允许用户设定产生中断的日期或时间。AMR 提供一个屏蔽报警比较的机制。如果所有非屏蔽报警寄存器与它们对应的时间计数器的值相匹配,则会产生中断。

4. 寄存器描述

RTC 包含了 26 个寄存器,按功能分为 4 个部分:混合寄存器组、定时器计数器组、报警寄存器组和基准时钟分频器。前 3 组各有 8 个寄存器,第 4 组包括 2 个寄存器。

1)混合寄存器组

(1)中断位置寄存器 ILR:模块中断标志寄存器,位 0 指示计数器增量中断模块产生中断,位1指示报警寄存器产生中断。写1清除相应位。

(2)时钟节拍计数器CTC:只读,位于秒计数器之前,CTC每秒计数32768个时钟。由于预分频器的关系,这些节拍长度可能并不全部相同。

(3)时钟控制寄存器CCR:控制时钟分频电路的操作,包括启动、复位等操作。

(4)计数器增量中断寄存器CIIR:使能时间计数器中断控制位,使其每次增加时产生一次中断,时间计数器包括年、月、日(年)、星期、日(月)、时、分、秒共8个时间计数器。

(5)报警屏蔽寄存器AMR:允许用户屏蔽任意报警寄存器。其8位分别控制时分秒等8个时间计数器。

(6)完整时间寄存器CTIME0:保存时间计数器的值为秒、分、小时和星期。

(7)完整时间寄存器CTIME1:保存时间计数器的值为日期(月)、月和年。

(8)完整时间寄存器CTIME2:保存时间计数器的值为日期(年)。

2)时间计数器组

(1)秒计数器SEC:秒值范围为0～59。

(2)分钟计数器MIN:分钟值范围为0～59。

(3)小时寄存器HOUR:小时值范围为0～23。

(4)日期(月)寄存器DOM:日期(月)值范围为1～28/29/30/31。

(5)星期寄存器DOW:星期值范围为0～6。

(6)日期(年)寄存器DOY:日期(年)值范围为1～365(闰年为366)。

(7)月寄存器MONTH:月值范围为1～12。

(8)年寄存器YEAR:年值范围为0～4095。

3)报警寄存器组

这些寄存器的值与时间计数器相比较。如果所有未屏蔽的报警寄存器都与它们对应的时间计数器相匹配,那么将产生一次中断。

(1)秒报警寄存器ALSEC:保存秒报警值。

(2)分钟报警寄存器ALMIN:保存分报警值。

(3)小时报警寄存器ALHOUR:保存小时报警值。

(4)日期(月)报警寄存器ALDOM:保存日期(月)报警值。

(5)星期报警寄存器ALDOW:保存星期报警值。

(6)日期(年)报警寄存器ALDOY:保存日期(年)报警值。

(7)月报警寄存器ALMON:保存月报警值。

(8)年报警寄存器ALYEAR:保存年报警值。

4)基准时钟分频器(预分频器)

允许从任何频率高于65.536kHz(2×32.768kHz)的外设时钟源产生一个32.768kHz的基准时钟。

(1)预分频整数寄存器PREINT:值等于int (pclk/32768)－1,13位有效。

(2)预分频小数寄存器PREFRAC:值等于pclk－(PREINT＋1)×32768,15位有效。

4.3.13　看门狗 WATCHDOG

1. 特性

(1)带内部预分频器的可编程 32 位定时器;

(2)如果没有周期性重装(即喂狗),则产生片内复位;

(3)具有调试模式;

(4)看门狗由软件使能,但只能由硬件复位或者看门狗复位/中断来禁止;

(5)不完整的喂狗时序会导致复位/中断(如果看门狗已经使能);

(6)具有指示看门狗复位的标志;

(7)可选择 $t_{pclk}\times 4$ 倍数的时间周期:$(t_{pclk}\times 4\times 2^{8})\sim(t_{pclk}\times 4\times 2^{32})$。

2. 用途

看门狗的用途是使微控制器在进入错误状态后的一定时间内复位。当看门狗使能时,如果用户程序没有在设定周期时间内喂狗(重装),看门狗会产生一个系统复位。

3. 结构

看门狗结构方框图如图 4-32 所示。

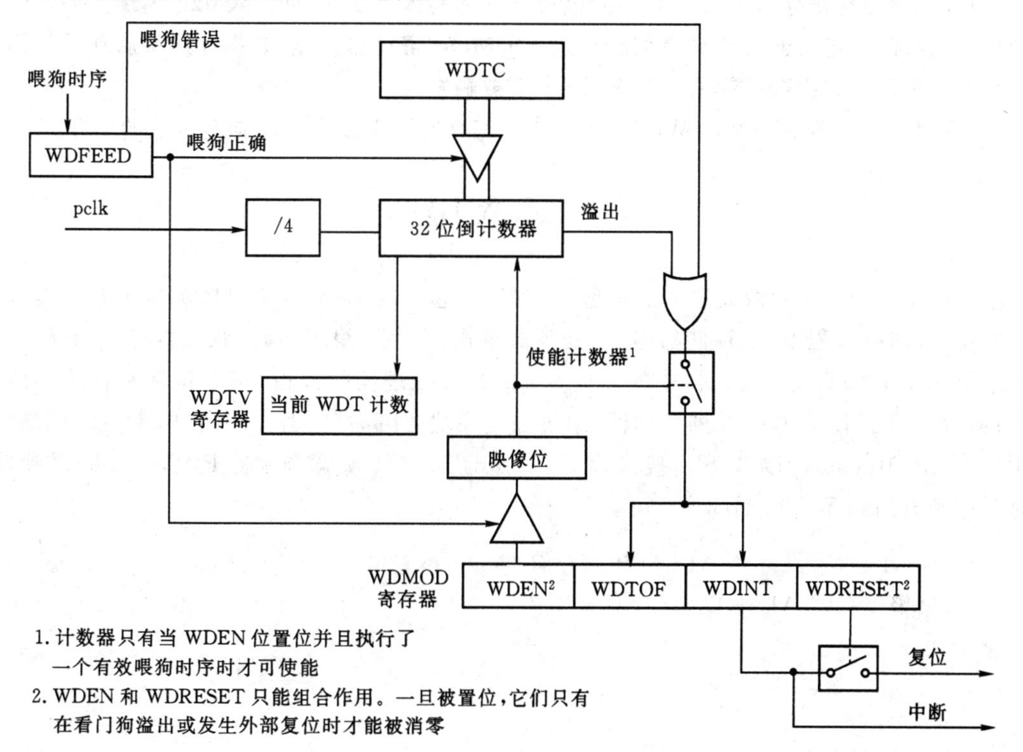

图 4-32　Watchdog 看门狗方框图

4. 使用方法

看门狗包括了一个 4 分频的预分频器和一个 32 位的计数器。通过预分频器输入定时器,定时器进行递减计数。定时器递减的最小值为 0xFF,因此最小看门狗间隔为$(t_{pclk}\times 2^{8}\times 4)$,

最大间隔为($t_{pclk} \times 2^{32} \times 4$)。看门狗应当根据下面的方法来使用：

(1)在 WDTC 寄存器中设置看门狗定时的固定装载值。

(2)在 WDMOD 寄存器设置模式,并使能看门狗。

(3)通过 WDFEED 寄存器顺序写入 0xAA 和 0x55 启动看门狗。

(4)在看门狗向下溢出之前应当再次喂狗以防止复位/中断。

当看门狗计数器向下溢出时,程序计数器将从 0x00000000 开始,和外部复位一样。可以检查看门狗超时标志 WDTOF 来确定看门狗是否产生复位条件。WDTOF 标志必须由软件清零。

5. 寄存器描述

(1)看门狗模式寄存器 WDMOD:该寄存器包含了看门狗定时器的基本模式设定和工作状态标志,对中断和复位控制都只能置位使能,清零则靠外部复位或看门狗定时溢出完成。当看门狗发生超时时,看门狗超时标志和中断标志同时置位。

(2)看门狗定时常数寄存器 WDTC:保存看门狗超时计数值,每当喂狗时序产生时,WDTC 的内容就重新装入看门狗定时器。它是一个 32 位寄存器,低 8 位在复位时强制设置为 1。

(3)看门狗喂狗寄存器 WDFEED:向该寄存器先写入 0xAA,再写入 0x55 会使 WDTC 的值重新装入看门狗定时器。如果看门狗通过 WDMOD 寄存器使能,该操作还将启动看门狗运行。一次不正确喂狗则会引起看门狗复位/中断被触发。

(4)看门狗定时器值寄存器 WDTV:WDTV 寄存器用于读取看门狗定时器的当前值。

4.4 本章小结

本章简单介绍 ARM 微处理器的一些基本概念、芯片的选择、基于 ARM920T 核微处理器的主要特征、内核编程模式、存储器格式、处理器格式、寄存器组织、程序状态寄存器和异常;详细介绍了 ARM920T 核微处理器中的三星 S3C2410X 处理器的外设、基本特性和特殊功能寄存器;最后介绍了 LPC2000 系列处理器、系统控制模块、外部存储器控制器、向量中断控制器、GPIO、UART0/1、I^2C 接口、SPI 接口 SPI0/1、定时器 0/1、脉宽调制器 PWM 、A/D 转换器、实时时钟和看门狗 WATCHDOG 等内容。

第5章　TI系列的DSP概述

5.1　通用DSP处理器简介

数字信号处理(Digital Signal Processing,DSP),是利用计算机或专用处理设备,以数字形式对信号进行采集、变换、滤波、估值、增强、压缩、识别等处理,以得到符合人们需要的信号形式。数字信号处理芯片是专用于数字信号处理的CPU及其相关存储器、必要片内外设构成的独立专用集成电路,是数字信号处理的基本载体。

数字信号处理器件DSPs的CPU速度很高,非常适合进行复杂的数学运算处理,是嵌入式硬件体系设计中选择核心微控制器时经常考虑的选择对象。实际应用中采用得最多的是通用数字信号处理器。通用数字信号处理器件主要有两种类型:定点数字信号处理器和浮点数字信号处理器。

1. 通用DSPs的特点

通用可编程DSPs针对需要完成大量的实时计算而设计。常见的数学运算有长位数乘加运算、数字滤波、快速傅里叶变换(FFT)等。在相同的时钟和芯片集成度下,与单片机等通用微处理器相比,DSPs能够快2～3个数量级。通用数字信号处理器件的主要特点是:

(1)在一个指令周期内完成一次乘法和加法操作。

(2)程序和数据空间分开,可同时访问程序和数据。

(3)片内具有快速RAM,通常可通过独立的数据总线同时访问。

(4)具有低开销或无开销循环及跳转的硬件支持。

(5)快速的中断处理和硬件I/O支持。

(6)具有在单周期内操作的多个硬件地址产生器。

(7)可以并行执行多个操作。

(8)支持流水线操作,能使取指、译码、执行等操作重叠进行。

常用的数字信号处理器有TI公司的通用数字信号处理器TMS320系列、AD公司的ADSP21xx/ADSP21xxx系列、AT&T公司的DSPxxx系列、Motorola公司的MC56xxx/MC96xxx系列等。其中以TI公司的通用DSPs应用最广。

2. 通用可编程DSPs的类型

DSPs的类型划分有很多种方法,在技术上使用最多的有两种。

(1)按CPU指令字长划分。DSPs的CPU指令字节数的多少隐含着DSPs的运算精度的高低。DSPs的CPU指令字节数越多,其运算精度越高。一字节有8个位,通常用字长描述一个DSPs的CPU指令字节数的多少,即所含有的所有字节的位的总和。

(2)按数据格式划分。这是根据DSPs工作时采用的数据格式来分类的。数据以定点数格式工作的称为定点DSPs,定点DSPs所给定的字长,一般为16位或24位;以浮点数格式工作的称为浮点 DSPs，浮点 DSPs 的字长一般为 32 位，累加器为 40 位。

3. 通用可编程 DSPs 的选择

一般情况下，选择 DSPs 时应考虑以下因素：

(1)DSPs 的运算速度。

(2)DSPs 的价格。

(3)DSPs 的硬件资源。

(4)DSPs 的运算精度。

(5)DSPs 的开发工具。

(6)DSPs 的功耗。

(7)封装形式、质量标准、供货情况、生命周期等其他因素。

4. DSPs 构成的典型的 DSP 系统

DSPs 构成的典型 DSP 系统如图 5-1 所示。

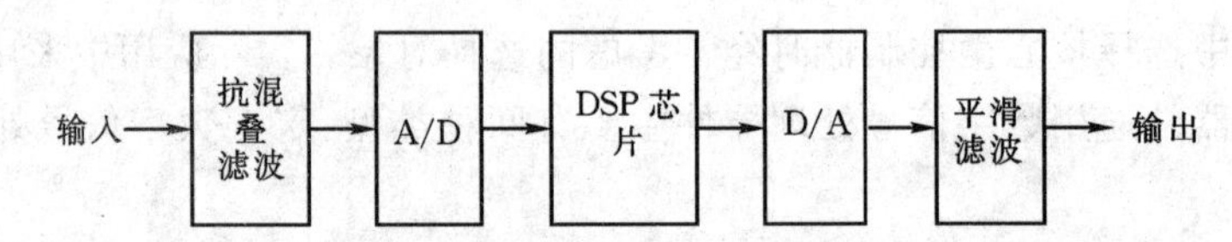

图 5-1　DSPs 构成的典型 DSP 系统框图

图 5-1 中的输入信号可以有各种各样的形式，如语音信号、调制数据信号、交变电压/电流信号等。输入信号首先进行带限滤波和抽样，然后进行 A/D 转换将信号变换成数字比特流数据。根据 Nyquist 抽样定理，为保证信息不丢失，抽样频率至少必须是输入最高频率的 2 倍。DSPs 对输入的数字信号进行某种形式的处理，如进行一系列的乘累加操作(MAC)，最后，经过处理后的数字样值再经 D/A 转换为模拟抽样值，之后再进行内插和平滑滤波就可得到连续的模拟波形，向外部输出。

5. DSPs 为核心的 DSP 系统设计

DSP 系统的设计，首先必须根据应用系统的目标确定系统的性能指标、信号处理的要求，通常可用数据流程图、数学运算序列、正式的符号或自然语言来描述。接下来是根据系统的要求进行高级语言的模拟。一般来说，为了实现系统的最终目标，需要对输入的信号进行适当的处理，确定最佳的处理方法，即数字信号处理的算法，因此这一步也称算法模拟阶段。算法模拟所用的输入数据可以是实际信号经采集而获得的，也可以是假设的，只要能够验证算法的可行性即可。

再接下来是设计实时 DSP 系统，实时 DSP 系统的设计包括硬件设计和软件设计两个方面。硬件设计首先要根据系统运算量的大小、对运算精度的要求、系统成本限制以及体积、功耗等要求选择合适的 DSPs。然后设计 DSPs 外围电路及其他电路。软件设计和编程主要根据系统要求和所选的 DSPs 编写相应的 DSP 汇编程序，也可用高级语言(如 C 语言)编程，或混合编程，即在算法运算量大的地方，用手工编写方法编写汇编语言，而运算量不大的地方则采用高级语言。如此既可缩短软件开发周期，提高程序的可读性和可移植性，又能满足系统实时运算的要求。

DSP 系统硬件和软件设计完成后，就需要进行硬件和软件的调试。软件的调试一般借助于 DSP 开发工具，如软件模拟器、DSP 开发系统或仿真器等。调试 DSP 算法时一般采用比较实时结果与模拟结果的方法。应用系统的其他软件可以根据实际情况进行调试。硬件调试一般采用硬件仿真器进行调试。DSP 系统的开发，特别是软件开发是一个需要反复进行的过程。DSP 的硬件体系设计必须为软件设计开创一个稳定可靠的基础平台。

5.2　常用的 TI-DSPs 的特点与应用

TI 的 TMS320 系列通用可编程 DSPs 性价比高，开发工具易用且功能齐全，在嵌入式硬件体系设计中应用非常广泛。其 DSPs 主要有 4 个系列：TMS320C2000，TMS320C5000，TMS320C6000 和 TMS320C8x。

5.2.1　TMS320C2000 系列 TI-DSPs

1. 结构特点

在结构上 TMS320C2000 系列 DSPs 主要有以下特点：

(1)16 或 32 位定点 DSPs。

(2)哈佛结构支持的两个分开的总线结构。

(3)双端口 RAM 允许在同一个周期内读或写 RAM 两次。

(4)功耗低，多工作于 3.3V。

2. 综合介绍

TI 的 TMS320C2000DSPs 是基于 320C2xLP 内核，其结构框图如图 5-2 所示。

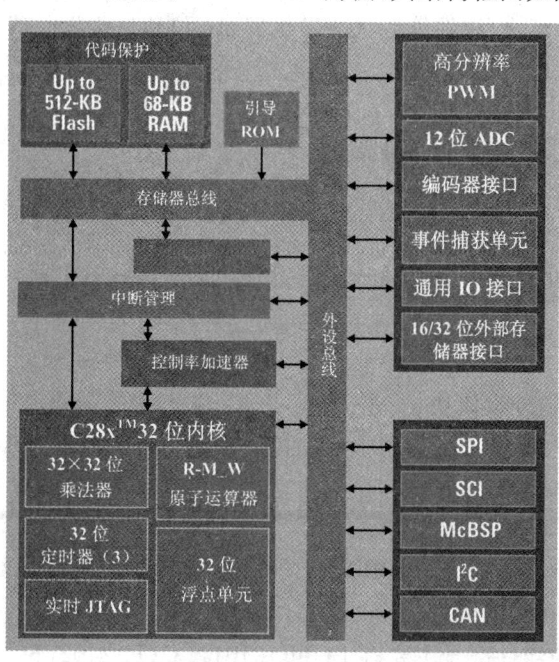

图 5-2　TMS3MC28X 的结构框图

C2xLP 内核具有 4 级流水，可以工作在 40MHz，内含 JTAG 仿真模块，有一个中心算术逻辑单元(CALU)和一个 32 位的累加器(ACC)。ACC 也是 CALU 的一个输入，ACC 的其他输入包括 16×16 位的乘法器的定标移位器，以及输入数据的定标移位器。软件可以通过进位位旋转 ACC 的内容，来实施位操作和测试。

为了实现小数的算术运算和验证小数的乘积，C2xLP 的乘积寄存器的输出通过乘积移位器，可以抑制运算中多产生出来的位。该乘积定标移位器允许作 128 个乘积累加而不会产生溢出。基本的乘积累加(MAC)周期，包括将一个数据存储器的值乘以一个程序存储器的值，并将结果加给累加器。当 TMS320C2000 循环执行 MAC 时，则程序计数器自动增量，并将程序总线释放给第二个操作数，从而达到单周期执行 MAC。

C2xLP 可以访问 64000 个 16 位的 I/O 口。TMS320C2000 的外设，诸如串口、软件等待状态发生器等都映射为数据或 I/O 空间。用户程序必须使用其他的 I/O 地址来访问映射在 I/O 空间的片外外设。C2000 系列中的多数芯片可以产生 0～7 个等待状态。

TMS320C2000 系列由 TMS320C20x，TMS320C24x 和 TMS320C28x 系列组成。C20X 的目标是低性能的电信设备，而 C24X 的目标是数字化的电机控制，C28X 的目标是工业自动化、数字电源供应、自动控制和高级感觉应用。

例 5－1　TMS320C24x 的功能特点。

(1)TMS320C24x 的 CPU 速度可达 40MIPS。

(2)TMS320C24x 的存储器与 I/O 空间。

①544 字×16 位片内数据/程序双口 RAM；

②16K 字×16 位片内程序 ROM 或 FLASH；

③224 字×16 位最大寻址空间(64K 字程序空间、64K 字数据空间、64K 字 I/O 空间和 32K 字全局数据空间)；

④外部存储器接口模块：软件等待状态发生器、16 位地址数据总线；

⑤支持硬件等待状态。

(3)TMS320C24x 的系统功能。

①外设接口：具有一条独立的外设总线；

②EMIF(Extend Memory Interface)工作在比 CPU 总线低的频率下，大多数外设都是附在该外设总线；

③中断：支持软件和硬件中断，中断操作分接收、响应、执行中断 3 个阶段；

④省电方式：具有 4 种省电方式，这些方式通过停止 CPU 和各种片内外设的时钟来减少器件的功耗。

(4)TMS320C24x 的外设模块。

①事件管理器模块：提供了一套用于运动控制和电机控制的功能和特性，包括 3 个通用定时器 Timers、3 个全比较器、7～12 个 16 位独立输出的 PWM 电路、4 个捕获单元 CAP(Capture)、正交编码器脉冲电路和中断逻辑。

②其他外设模块：双 10 位 A/D、串行通信接口 SCI、串行外设接口 SPI、看门狗定时器、PLL 时钟、通用 GPIO 和 QEP(Quadrature Encoder Pulse)模块。

③TMS320C24x 的器件型号主要有 LC(F)2401，LC(F)2402，F240，F241， F243，LC(F) 2406 和 LC(F)2407 等。

④TMS320C24x 主要应用于电机控制、电力电子控制、运动控制、一些仪器设备控制和军事领域等方面。

3. 寻址模式

TMS320C2000 系列 DSPs 的寻址方式有立即数寻址、分页的存储器直接寻址、寄存器间接寻址、辅助寄存器自动增量或减量寻址，没有循环缓冲。分页的存储器直接寻址是指令里的 7 位和数据页指针的 9 位形成数据存储器的地址。寄存器间接寻址需要使用 8 个辅助寄存器中的一个。

4. 特殊指令

乘加指令 MAC 和数据移动指令(MACD)增加了将片内 RAM 的数据块移向 MAC 的单元。当 CPU 使用输入的数据时，CPU 将该数据移至下一个存储器单元。MACD 也是使用循环缓冲器的一个替代方法，对于卷积和横向滤波器是很有用的。

TMS320C2000 可以具有单指令循环、乘法并累加前一个积、乘法并减去前一个积、累加前一个积并且移动数据、多条件转移和调用、存长立即数到数据存储器、向左或向右旋转累加器、数据块移动等特殊指令。

5. 开发支持

TMS320C2000 使用的集成开发环境是 CodeComposer4. 10，支持编辑、建立、调试、分析和项目管理，包括 ANSIC 编译器、汇编器、连接器、软件仿真器、实时分析器，具有可视化的数据。

TMS320C2000 支持 JTAG 非插入式的边界扫描仿真，TI 提供的 JTAG 接口仿真器有 XDS510 和 XDS560。TI 也分别提供 C 编译器、汇编器、连接器、软件仿真器、实时分析器和应用程序库。

5.2.2　TMS320C5000 系列 TI-DSPs

1. 结构特点

在结构上 TMS320C5000 系列 DSPs 主要有以下特点：

(1)16 位定点 DSPs。

(2)C55x 有双 MAC 单元，C54x 有单 MAC 单元。

(3)C55x 的指令长度可变，且没有排队的限制。

(4)C55x 有 12 组总线，C54x 有 8 组总线。

(5)可以工作于 0. 9V 和 300MHz。

2. 综合介绍

C5000 是 16 位定点 DSPs 系列，包括 C5x，C54x 和 C55x 三个系列。C5x 和 C2x 源代码兼容，而 C55x 和 C54x 源代码兼容。C54x 关注于低功耗，而 C55x 功耗比 C54x 更低：300MHz 的 C55x 和 120MHz 的 C54x 相比，性能提高 5 倍，而功耗则降到六分之一。

C54x 和 C55x 采用改进的哈佛结构。C54x 则有 8 组独立的总线，而 C55x 具有 12 组。它们都有一组程序总线和相应的程序地址总线。C54x 总线的宽度为 16 位，而 C55x 总线的宽度为 32 位。C55x 有 3 组数据读总线和 2 组数据写总线，而 C54x 有 2 组数据读总线和 1 组数据写总线。每组数据总线都有其相应的地址总线。C55x 的数据地址总线的宽度为 24 位，而 C54x 的数据地址总线的宽度为 16 位。

TMS320C5000 系列的所有 DSPs 都支持片内双端口访问 RAM(DARAM)，用户可以将其配置为程序存储器或数据存储器。C55x 还有扩展的同步突发 RAM、同步 DRAM 和异步 SRAM 及 DRAM。

例 5-2 TMS320C54X 系列 DSPs 性能。

TMS320C54X 系列 DSPs 的结构组成如图 5-3 所示。

(1)TMS320C54x 的 CPU。

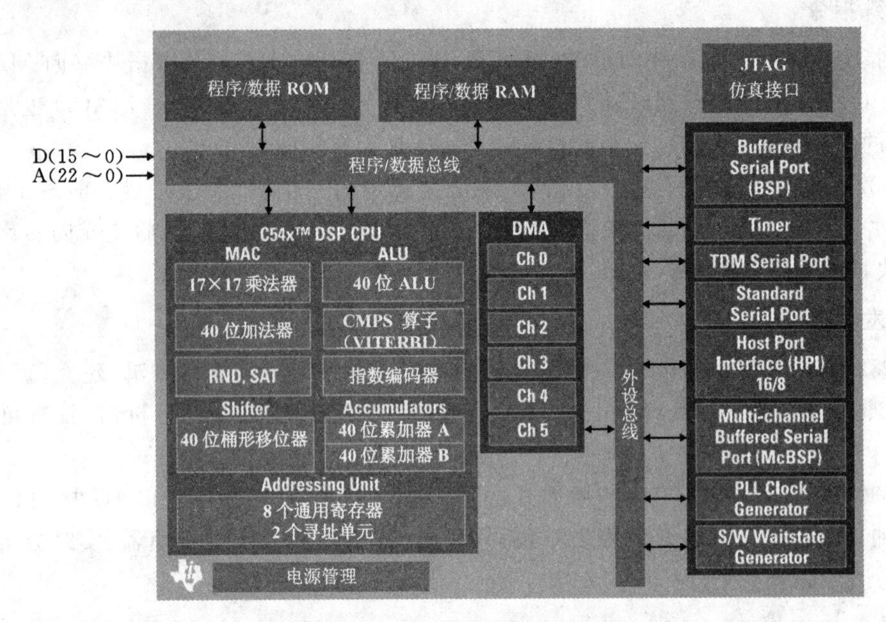

图 5-3 TMS320C54x 的结构框图

①先进的多总线结构:1 组程序总线(PAB,PB),3 组数据总线(CAB,CB;DAB,DB;EAB,EB),30～532MIPS 的 CPU 速度,6 级流水线指令操作；

②40 位的数学逻辑单元(ALU):包括 40 位的桶形移位寄存器和两个独立的 40 位累加器；

③17×17 位并行乘法器和进位专用加法器,单周期完成乘法/累加(MAC)；

④适于 Viterbi 运算的比较、选择和存储单元(CSSU)；

⑤指数编码器,可在单周期内计算(40 位)累加器中数值的指数；

⑥两个地址产生器,包括 8 个辅助寄存器和 2 个算术单元。

(2)TMS320C54X 的存储器。

①具有总线保持功能的数据总线；

②可寻址存储空间达 192K 字(程序、数据及 I/O 各 64K 字)。

(3)TMS320C54x 的片内外设。

①软件可编程等待状态发生器与可编程模块开关；

②具有内振荡器和外时钟源的片内锁相环(PLL)时钟发生器；

③时分复用(TDM)的串口和缓冲串口(McBSP)；

④8位并行主机接口(HPI);

⑤16位的定时器;

⑥可禁止外部数据总线、地址总线、控制信号的外部总线控制机制。

(4)TMS320C54x的指令集。

①重复单条指令与重复指令块;

②存储器块移动指令;

③32位数运算指令;

④可同时读取2或3个操作数的指令;

⑤具有并行保存和并行加载的算术指令;

⑥条件保存指令。

(5)TMS320C54X的功耗控制。

①低功耗,1.5~2.5V的内核,3.3V的I/O口;

②IDLE1,IDLE2和IDLE3指令可控制其进入降功耗模式;

③可控制是否输出CLKOUT信号。

(6)IEEE标准的1149.1边界扫描逻辑接口JTAG。

(7)TMS320C54x系列有LC5402,VC5409,VC5410,VC5416,VC5420,VC542K,VC5441,VC5470,VC5471,VC5404,VC5407,UC5405和UC5409等型号。

(8)TMS320C54x主要应用于数字蜂窝通信、个人数字助理(PDA)、ATM(异步传输模式)交换机和调制解调器等领域。

例5-3 TMS320C55x系列DSPs性能。

TMS320C55x系列DSPs的结构组成如图5-4所示。

(1)TMS320C55x的主要功能特点。

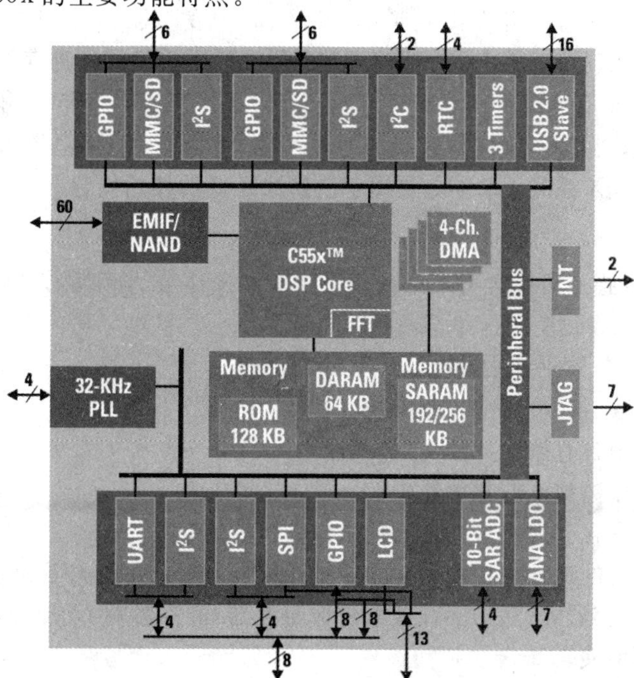

图5-4 TMS320C55x的结构框图

①1.2～1.6V 内核电源供应，1.8～3.6V I/O 口电源供应，采用双 MAC，有 4 个 40 位的累加器，CPU 主频为 108～300MHz。

②附加新的指令，扩展硬件处理能力。例如双 16 位的算术运算、双 MAC、条件移位、条件加或减、比例并选择极值、偶或奇对称的 FIR 滤波、并行移位和存储、寄存器比较或交换等一系列新的指令。

③先进的高级功率管理能力。其一是自动断电能力，C55xDSP 核连续地对内存、外设和核心功能单元进行监视，自动地对不工作单元断电；其二是用户可以自己配置 IDLE 休闲域，C55x 有 64 种休闲方式。

④可变指令长度增加代码密度：指令长度为 8/16/24/40/48 位，选择不同长度可使编码密度达到最佳和有效地利用总线；指令预取由 16 位增加到 32 位；片上指令缓存单元自动装入指令。

⑤附加总线和扩充地址总线增加数据流配置：C55x 有 1 组程序总线，3 组读总线，2 组写总线，相应的地址线有 24 位。

⑥采用双字宽(32 位)及高速低价格同步存储器，使存储器操作与 CPU 操作具有相同的速率。

⑦C55x 是第一个采用指令高速缓存的器件，允许几条指令同时加载到高速缓存器中，CPU 不必对每条指令都去访问存储器。

⑧改进的控制代码，改善了控制代码的密度：C55x 增加了几个控制代码的附件，包括新的指令缓存单元、数据存储器和 ALU。对条件执行的两种可能性都有准备，使得一旦条件出现，DSP 立即响应。

(2)TMS320C55x 的片内存储器：32～410KB 的 RAM，16/24/48KB SRAM，32/64KB 的 ROM。

(3)TMS320C55x 的片内外设：6 通道的 DMA、时钟发生器、3 个可缓冲的多通道串行口 McBSPs、增强型的主机接口 HPI、2 个定时器、32 位宽的增强型的外部存储器接口 EMIF。

(4)TMS320C55x 有 VC5501，VC5502，VC5503，VC5507，VC5509 和 VC5510 等型号。另外，还有 C55x 内核与 ARM9 内核集成的型号：OMAP5910 和 OMAP5912。

(5)TMS320VC55X 系列 DSPs 主要用于便携式超低功耗的场合。

3. 寻址模式

TMS320C54x 的指令可能含有 1 个或 2 个存储器操作数，分别称为单存储器操作数和双存储器操作数。

单存储器操作数有 7 种寻址方式。

立即寻址：操作数、常数包含在指令中；

绝对寻址：指令中含有操作数的 16 位地址；

累加器寻址：操作数地址在累加器中(A)；

直接寻址：指令中含有操作数地址的低 7 位；

间接寻址：操作数的地址在辅助寄存器中，支持倒位序寻址、循环寻址等功能；

存储器映像的寄存器寻址：访问存储器映像寄存器，又不影响 DP 或 SP；

堆找寻址：访问堆栈。

双存储器操作数支持一些特殊指令，如 MAC，FIR 等复杂指令。

在TMS320C54x寻址模式的基础上，TMS320C55x还支持循环寻址等模式。C55x的ADFU包括专门的寄存器，支持使用间接寻址指令的循环寻址。可以同时使用5个独立的循环缓冲器和3个独立的缓冲器长度。这些循环缓冲器没有地址排队的限制。C54x只支持2个任意长度的循环缓冲器。

4. 特殊指令

TMS320C54x有专门功能指令，如FIR滤波器、单指令或块指令循环、8个并行指令（如并行存储或乘加）、乘法累加和减（10个乘法指令）、8个双操作数存储器搬移。

TMS320C55x还有专门的指令，充分利用增加的功能单元和并行能力的优点。用户定义的并行机制，允许将执行2个操作的指令加以组合。

5. 开发支持

TI公司为TMS320C5000系列DSPs提供的CodeComposerStudioDSPIDE是CCS5000，集编辑、编译、调试于一体，其中包括C5000的C编译器、DSP/BIOS实时操作系统、实时数据交换技术等。仿真主要是使用JTAG接口的仿真器，如TI公司的XDS510，XDS560仿真器，闻亭科技的TDS510，合众达的Seed-XD等，这些仿真器与PC机的接口，有使用PC机并行口的，也有使用PC机USB接口的。

5.2.3　TMS320C6000系列TI-DSPs

1. 结构特点

TMS320C6000系列DSPs的结构框图如图5-5所示。

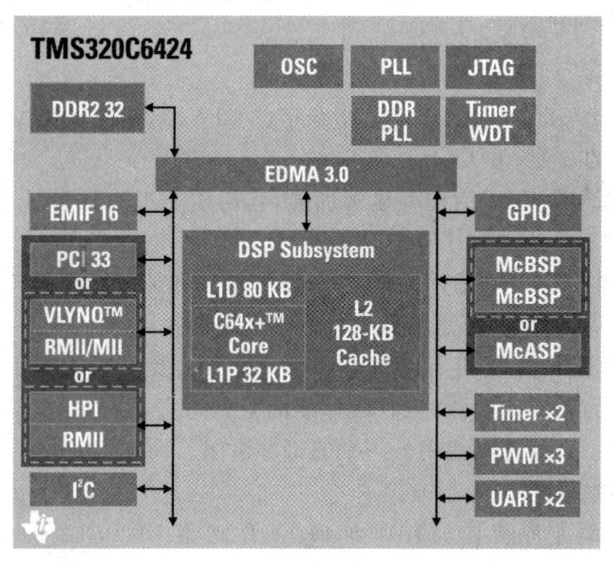

图5-5　TMS320C6000的结构框图

在结构上TMS320C6000系列DSPs主要有以下特点：

（1）定点/浮点系列兼容DSP，CPU主频为100～750MHz；

（2）具有VelociTI™先进超长指令字VLIW结构。

①8个独立的功能单元：6个32/40位的ALU，2个16×16位乘法器，浮点系列支持

IEEE 标准单/双精度浮点运算；

②每周期可以执行 8 条 32 位指令，最大峰值速度 4800MIPS；

③专用存取结构，32/64 个 32 位通用寄存器；

④指令打包技术，减少代码容量。

(3)具有类似 RISC 的指令集：32 位寻址范围，支持字节寻址，支持 40 位 ALU 运算，支持位操作，100％条件指令。

(4)片内集成 SRAM，最大可达 8Mb。

(5)16/32/64 位高性能外部存储器接口(EMIF)提供了与动态存储器 SDRAM、突发静态存储器 SBSRAM 和静态存储器 SRAM 等同步/异步存储器的直接接口。

(6)C64x 内置高效率的协处理器。

①Viterbi 编解码协处理器 VCP，支持 500 路 7.95Kbps AMR；

②Turbo 码编解码协处理器 TCP，支持 6 路 2Mbps 3GPP。

(7)集成多种片内外设：多通道 DMA/EDMA 控制器、多通道缓冲串口 McBSP、多通道音频串口 McBSP、可访问 DSP 整个存储空间的主机接口 HPI、32 位扩展总线 xBUS、32 位/33MHz PCI 主/从模式接口、32 位通用定时器、UTOPIA 接口、通用 GPIO、I^2C 主/从模式接口、支持多种复位加载模式、提供 3 种节电模式控制。

(8)内置灵活的 PLL 锁相时钟电路。

(9)支持 IEEE－1149.1 边界扫描测试接口 JTAG。

(10)内核采用 1.0/1.2/1.5/1.8V 供电，周边 I/O 采用 3.3V 供电。

(11)0.12～18μm CMOS 工艺，5/6 层金属处理。

(12)BGA 球栅阵列封装。

2. 综合介绍

TI 公司的 TMS320C6000 是基于超长指令字(VLIW)结构的通用 DSPs 系列。该结构包括定点的 C62x、浮点的 C67x 和 C64x。

C64x 和 C62x 代码兼容，但结构有显著加强，其初期的工作频率可达 750MHz。C67x 在 C62x 8 个功能块中的 6 个上增加了浮点功能，因此其指令集是不同的。

C6000 没有专门的 MAC 单元，而是使用分开的乘法和加法指令来实现 MAC 操作。尽管该操作需要 2 个指令周期，但其流水的效果仍然是单周期执行。

在所有的 C6000 器件中，用户可以将寄存器 A4～A7 及 B4～B7 用于循环寻址。程序可以使用任何寄存器作为循环计数器，从而将标准的条件寄存器释放作它用。在 C64x 中，2 个功能单元组中的任何一个都可以使用另一个的寄存器组。而在 C62x 中，功能单元组是通过 1 组数据总线来执行该过程的。

C6211 和 C6711 是业界首先具有片内 cache 存储器 L1 和 L2 的 DSP。C6211 有两层 cache，第一层是 4KB 的程序和数据 cache，第二层 cache 是统一的 64KB 的数据和指令 RAM，C6211 还具备 16 个通道的 DMA 控制器，各自进行独立的传输。

C6202，C6203 和 C6204 具有 32 位的扩展总线，作为外部存储器的接口(EMIF)，取代 16 位的主机接口。第二组用于 I/O 的总线降低了 EMIF 的负担，提高了数据的通过率。EMIF 和扩展总线是相互独立的，允许 CPU 并发地访问各口。

TMS320C6000 系列 DSPs 速度极高，运算处理能力特强。

例 5－4　TMS320C620x/C670xDSPs 的主要特点。

①时钟频率可达 300MHz，指令周期为 3.3ns。

②存储器寻址范围 4G(32 位)，其中片内集成 1MB 的 RAM，被配置为两个部分：一是 512KB 内部程序(根据需要部分可配置成 cache)存储器；二是 512KB 内部数据存储器。

③32 位外部存储器接口 EMIF，可方便地配置为不同速度、不同容量、不同复杂程度的存储器。包括直接同步存储器接口，可与同步动态存储器、同步突发静态存储器(SBRAM)连接，主要用于大容量、高速存储。还包括直接异步存储器接口，可与静态存储器(SRAM)、只读存储器(ROM)连接，主要用于小容量存储器和程序存储。还有直接外部控制器接口，可与 FIFO 寄存器连接。

④TMS320C62x 的指令集可进行字节寻址，获得 8/16/32 位数据，所有指令都是有条件执行指令。

⑤具有灵活的锁相环路时钟产生器，可以对 50MHz 输入时钟进行 1，2，4 倍频处理。

⑥双通信通道自加载 DMA 协处理器，用于数据的 DMA 传输。

⑦16 位宿主机接口，可以配置为宿主 DSP 的加速器。

⑧低功耗，内核 1.5～1.8V，外围 I/O 口电压 3.3V。

⑨TMS320C620x 有 C6201～C6205 等型号，C670x 是浮点 DSPs。

例 5－5　TMS320C64xDSPs 的主要特点。

①TMS320C64x 是 32 位定点 DSPs，CPU 主频 1.1GHz，每秒可执行 90 亿条指令。

②TMS320C64x 片内集成了大容量的存储器，采用 2 级存储器结构：1 级存储器包含有独立的程序 Catch 和数据 Catch；2 级是一个统一的程序/数据空间，既可作为存储空间，也可作为 2 级 Catch。

③扩展的并行性支持 4 组 8 位和 2 组 16 位运算。

④10 个特殊应用指令加速宽带通信和成像。

⑤执行组件跨越取组件边界提供了高度的代码效率。

⑥高级仿真缩短调试时间。

⑦TMS320C64x 有 C6410，C6411，C6412，C6413，C6414，C6415，C6416，C6418 和 C6455 等型号。

⑧TMS320C64x 系列 DSPs 主要用于无线基站、数字视频和数字图像等方面。

3. 流水线操作

TMS320C6000 中所有指令均按照取指、译码和执行三级流水线运行，所有指令取指级有 4 个节拍，译码级有 2 个节拍。执行级别对不同类型的指令有不同数目的节拍。

流水线取指级的 4 个节拍是程序地址产生 PG、程序地址发送 PS、程序访问等待 PW 和程序取指包接收 PR。流水线译码级的 2 个节拍是指令分配 DP 和指令译码 DC。

流水线执行级根据定点和浮点流水线分成不同的节拍，定点流水线的执行级最多有 5 个节拍(E1～E5)，浮点流水线的执行级最多有 10 个节拍(E1～E10)。不同类型的指令为完成它们的执行需要不同数目的节拍。

4. 中断

TMS320C6000 的 CPU 有 3 种类型的中断：复位(Reset)、不可屏蔽中断(NMI)和可屏蔽中断(INT4～INT15)。16 个优先级别,Reset 和 NMI 被直接连接到 DSPs 的引脚上,INT4～INT15 可以被直接连接到相应设备的引脚与 DSP 片内外设接口上,也可以在软件的控制下使用。

TMSC6000 使用 8 个寄存器管理中断服务,中断服务时的特征为:

(1)CPU 用 IACK 来响应中断请求。

(2)CPU 用 INUM0～INUM3 指示中断向量,中断向量可被重新分配。

(3)中断向量由一个提供快速服务的取指令包组成。

5. 寻址模式

TMS320C6000 系列 DSPs 对其数据存储空间的访问全部采用间接寻址,所有寄存器都可以做线性寻址的地址指针。A4～A7,B4～B7 等 8 个寄存器还可以作为循环寻址的地址指针。寻址模式寄存器控制地址修改方式:线性方式(默认方式)或循环寻址。

与其他具有专门的地址发生单元不同的是,C6000 使用其中一个或多个功能单元来计算地址。在线性寻址方式下,基地址按照指定的加减量线性修改。在循环寻址方式下,从第 N 位向第 N+1 位的进位或借位被禁止,即第 0～N 位地址在块尺寸范围内循环修改,超出块尺寸字段的高位地址(第 N+1～32)不变。

6. 特殊指令

所有的 C6000 处理器条件执行所有的指令,从而减少转移和保持流水。

C64x 的 MPYU4 指令执行 4 个 8×8 位的无符号数乘法。ADD4 执行 4 个 8 位的加法。所有的功能单元都可以执行双 16 位的加法/减法、比较、移位、最大值/最小值以及绝对值运算。两个 M 单元及其他 6 个功能单元中的 4 个,都支持 4 个 8 位加法/减法、比较、平均、最大值/最小值以及位扩展运算。还增加了直接对打包的 8 位和 16 位数据作运算的指令。M 单元里的位计数和旋转硬件,扩展了对位层算法的支持,如二进制语法、图像矩阵计算以及加密算法等。

C64x 的转移-地址递减(BDEC)和检测为正转移(BPOS)指令,将转移指令和地址递减及目标寄存器检测指令分别组合起来。另外一条指令可以减少设置函数调用返回地址所需的指令数量。双 16 位算术指令和 8 个功能单元中的 6 个以及位倒序指令组合起来,将 FFT 所需的周期数减少一半。Galois 乘法指令(GMPY4)使用 Chien 搜索法为 C62x 提供 ReedSolo - mon 编码,特殊的平均指令可以将运动补偿的性能提高 7 倍。

C64x 提供数据打包和解包,在 4 个 8 位或 2 个 16 位硬件扩展时能够保证很高的性能。解包指令为并行的 16 位运算准备 8 位数据。打包指令则保证了并行结果的输出精度。

7. 开发支持

TI 为 TMS320C6000 系列 DSPs 提供的 CodeComposerStudioDSPIDE 是 CCS6000,它集编辑、编译、调试于一体,其中包括 TMS32OC6000 代码产生工具、CCS 集成开发环境 DSP/BIOS 实时操作系统插件、实时数据交换技术 RTDX 插件和 eXpressDSP™算法标准等。

TMS320C6000 代码产生工具有 C 编译器、汇编优化器、汇编器、连接器、文档管理器、建库工具、十六进制转换工具、交叉引用列表工具和 C 运行支持库等。

CCS6000 提供有代码剖析功能(CodeProfile),可以方便地用于程序代码优化。

CCS6000 提供的 DSP/BIOS 可以方便地进行实时多任务操作系统下的应用软件设计,并且还可以使用其DSP/BIOS实时分析工具实现程序的实时调试,在不影响程序运行的情况下,以可视化的方式观察程序的性能。

CCS6000提供的实时数据交换工具RTDX(Real-TimeExchange),可以方便地将调试中的实时数据及时传输至主机上运行的如NI的LabView等OLE自动化客户应用程序中显示。

TMS320C6000系列DSPs的仿真主要是使用JTAG接口的仿真器,如TI公司的XDS510,XDS560仿真器,闻亭科技的TDS510,合众达的Seed-XD等。

5.2.4 TMS320C8x多DSP核TI-DSPs

TMS320C8x多处理器DSPs功能强大。下面以TMS320C80为例加以介绍,其内部结构框图如图5-6所示。主要结构特点如下:

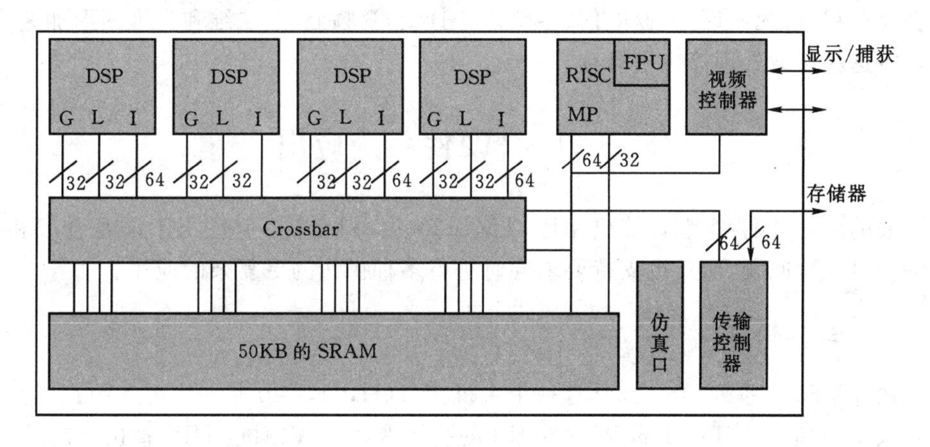

图5-6 TMS320C80的结构框图

(1)TMS320C80集4个可并行处理的高性能DSP处理器、1个RISC主处理器、1个传输控制器、1个视频控制器和50KB的SRAM等资源于一体,从而使其处理能力达到每秒20亿次操作。

(2)TMS320C80上集成的4个高性能DSP处理器,既可独立运行,也可并行工作;每个处理器具有专用的高速指令缓冲Cache和专用的数据RAM;采用64位的指令字,以便于在单个周期内进行多个并行操作。

(3)TMS320C80依靠其片内的传输控制器可以以每秒400MB的速度与外部交换数据。传输控制器起智能DMA控制器的作用,进行对片外存储器的访问,使主处理器不增加任何负担。传输控制器可对二维图形进行线性和二维寻址,支持三维图形缓冲。

(4)RISC主处理器(MP)进行整个芯片的管理并协调与系统内其他处理器的通信。该处理器是一个32位的RISC处理器,内部具有一个运算能力为100MFLOPS并符合IEEE-754标准的浮点单元(FPU),用以实现高效C语言和作为操作系统的平台。该处理器主要是适应高级语言并协调片内的多处理器资源,可在单周期内完成1个64位数据的访问和1个32位取指。与基本的RISC设计相比,其独特之处在于MP具有完整的浮点指令和一组特殊的矢量浮点指令。此外,MP还具有31个32位的寄存器,为整数和浮点操作提供了极大的便利。

(5)存储器Crossbar结构是TMS320C80的一个重要特征。TMS320C80内部有50KB的SRAM,这些存储器被配置为较小的存储器块以便于通过这个独特的Crossbar开关结构实现多个并行的存储器访问。Crossbar 开关还便于片内处理器共享板上 RAM。在 TMS320C80 中,Crossbar 在每个时钟周期内可进行 5 次取指和 10 次并行数据访问,从而使传输速率达到每秒 4.2GB。硬件控制的优先级机制使得在同一个周期内仅有一个处理器访问一个特定的 RAM。存储器 Crossbar 结构增强了系统的高速并行性能。

(6)视频控制器具有 2 个可编程的帧定时器,可按水平或纵向格式同时捕获和显示图像。帧定时器可用于任何捕获/显示的组合中,对不同速率的图像捕获可按异步或同步方式工作。因帧定时器是软件可编程的,故可用作通用定时器。

在 TMS320C80 基础上,TI 公司还推出了简化型的多处理器芯片 TMS320C82,其内部包含 2 个处理器、44KB 的 SRAM,性能为每秒 15 亿次操作,省略了 2 个处理器和视频控制器。

TMS320C8X 系列的多 DSP 核 DSPs,可以实时实现新一代的视频压缩和解压缩,可广泛应用于会议电视、可视电话、高速电信、多媒体、图像和视频处理、二维和三维图形加速、虚拟现实、保密、雷达和声纳处理等应用场合。

5.3 DSP 硬件系统应用

与一般的微处理器/微型计算机相比,TMS320 系列 DSP 不但适用于语音合成和数字滤波那样的信号处理问题,而且也支持要求同时进行多种操作的更复杂的应用。

5.3.1 主机接口

大多数 TMS320 系列 DSP 都具有一个主机接口(HPI),HPI 是一个 8/16 位并行口,用来与主设备或主处理器接口。外部主机是 HPI 的主控者,它可以通过 HPI 直接访问 CPU 的存储空间,包括存储器映象寄存器。HPI 有 8 位标准 HPI 接口,8 位增强 HPI 接口,16 位增强 HPI 接口,其区别仅在总线宽度和是否允许传输过程中 DSP 工作。下面以 8 位 HPI 接口说明 HPI 的基本工作原理和使用方法。

1. HPI 接口结构与工作原理

图 5-7 是 HPI 的框图,由图可以看出,HPI 主机接口包括以下五个部分:

(1)HPI 存储器(DARAM)。DARAM 用于 C54x 与主机之间传送数据,也可以用作通用的双寻址数据 RAM 或程序 RAM。

(2)HPI 地址寄存器(HPIA)。由主机对其直接访问。寄存器中存放当前寻址的 HPI 存储单元的地址。

(3)HPI 数据锁存器(HPID)。由主机对其直接访问。如果当前进行的是读操作,则 HPID 中存放的是将要写到 HPI 存储器的数据。

(4)HPI 控制寄存器(HPIC)。C54x 和主机都能对它直接访问,它映象在 C54x 数据存储器的地址为 002CH。

(5)HPI 控制逻辑。HPI 控制逻辑用于处理 HPI 与主机之间的接口信号。

当 C54x 与主机(或主设备)交换信息时,HPI 是主机的一个外围设备。HPI 的外部数据线是 8 位,HD(7～0),在 C54x 与主机传送数据时,HPI 能自动地将外部接口传来的连续的 8 位数组合成 16 位后传送给 C54x。

HPI 有两种工作方式:

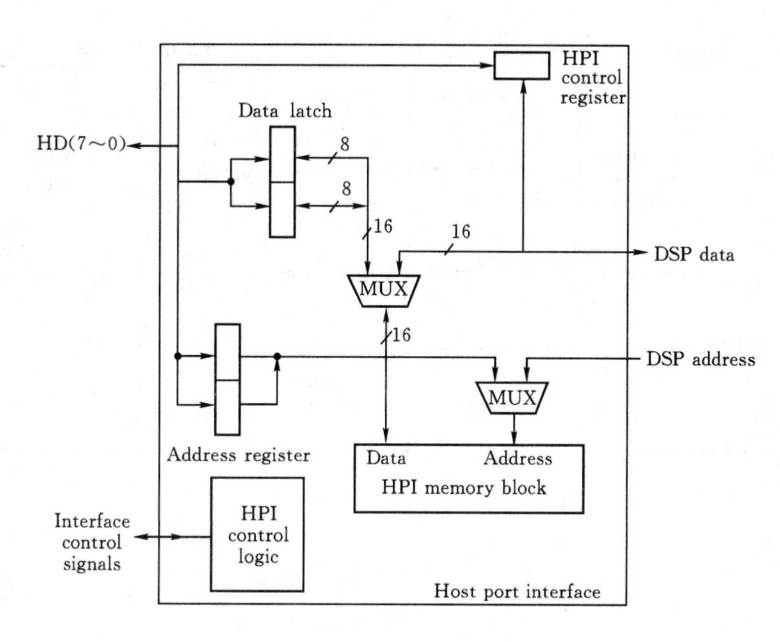

图 5－7　主机接口框图

(1)共用寻址方式(SAM),这是常用的操作方式。在 SAM 方式下,主机和 C54x 都能寻址 HPI 存储器,异步工作的主机的寻址可以在 HPI 内部重新得到同步。如果 C54x 与主机的周期发生冲突,则主机具有寻址优先权,C54x 等待一个周期。

(2)仅主机寻址方式(HOM)。在 HOM 方式下,仅仅只能让主机寻址 HPI 存储器,C54x 则处于复位状态或者处在所有内部和外部时钟都停止工作的 IDEL2 空转状态(最小功耗状态)。

HPI 支持主设备与 C54x 之间高速传送数据。在 SAM 工作方式,如果 HPI 每 5 个 CLKOUT 周期传送一个字节(即 64Mbps),那么主机的运行频率可达(Fd×n/5)。其中 Fd 是 C54x 的 CLKOUT 频率;n 是主机每进行一次外部寻址的周期数,通常 n 为 4 或 3。若 C54x 的 CLKOUT 频率为 40MHz,则主机的时钟频率可达 32MHz 或 24MHz,且不需插入等待周期。而在 HOM 方式,主机速度更快,每 50ns 寻址一个字节(即 160Mbps),且与 C54x 的时钟频率无关。

2. HPI 接口应用

图 5－8 是 C54x HPI 与主机的连接框图,由图可见,C54x 通过 HPI 与主设备相连时,除了 8 位 HPI 数据总线以及控制信号线外,不需要附加其他的逻辑电路。表 5－1 列出了 HPI 信号的名称和作用。

C54 的 HPI 存储器是一个 2K×16 位字的 DARAM。它在数据存储空间的地址为 1000h～17FFh。这一存储空间也可以用作程序存储空间。

从接口主机方面而看,是很容易寻址 2K 字 HPI 存储器的。由于 HPIA 寄存器是 16 位,由它指向 2K 字空间,因此主机对它寻址是很方便的,地址为 0～7FFh。

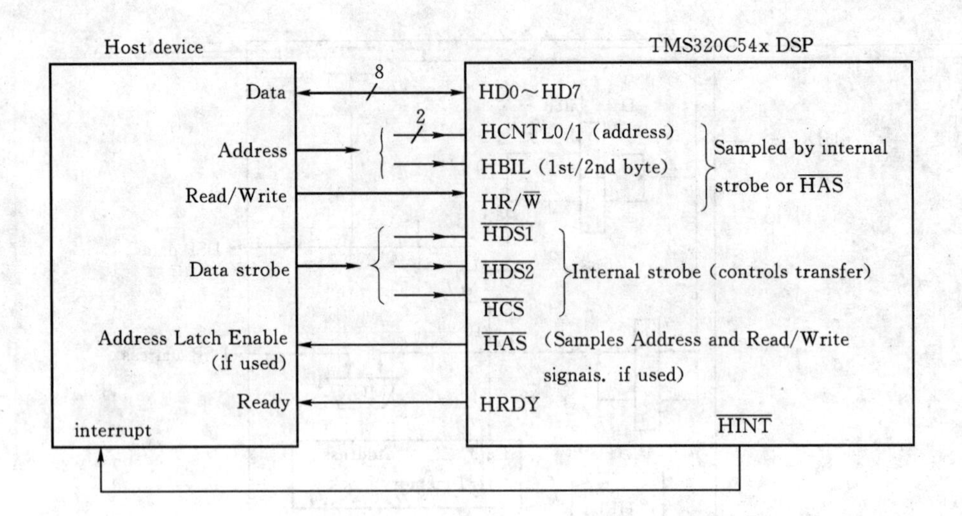

图 5-8 C54x HPI 与主机的连接框图

表 5-1 HPI 信号的名称和功能

HPI 引脚	主机引脚	状态	信号功能
HD0～HD7	数据总线	I/O/Z	双向并行三态数据总线。当不传送数据($\overline{\text{HDSx}}$或$\overline{\text{HCS}}$=1)或 EMU1/$\overline{\text{OFF}}$(切断所有输出)时,HD7(MSH)～HD0(LSB)均处于高阻状态
$\overline{\text{HCS}}$	地址线或控制线	1	片选信号。作为 HPI 的使能输入端,在每次寻址期间必须为低电平,而在两次寻址之间也可以停留在低电平
$\overline{\text{HAS}}$	地址锁存使能(ALE)或地址选通或不用(选到高电平)	1	地址选通信号。如果主机的地址和数据是一条多路总线,则$\overline{\text{HAS}}$连接到主机的 ALE 引脚,$\overline{\text{HAS}}$的下降沿锁存 HBIL,HCNTl1,0/1 和 HR/$\overline{\text{W}}$ 信号;如果主机的地址和数据线是分开的,就将$\overline{\text{HAS}}$接高电平,此时靠$\overline{\text{HDS1}}$,$\overline{\text{HDS2}}$或$\overline{\text{HCS}}$中最迟的下降沿锁存 HBIL,HCNTL0/1 和 HR/$\overline{\text{W}}$ 信号
HBIL	地址或控制线	1	字节识别信号,识别主机传送过来的是第一个字节还是第二个字节: HBIL=0 第一个字节 HBIL=1 第二个字节 第一个字节是高字节还是低字节,由 HPIC 寄存器中的 BOB 位决定

续表 5-1

<table>
<tr><th>HPI 引脚</th><th>主机引脚</th><th>状 态</th><th>信号功能</th></tr>
<tr><td>HCNTL0
HCNTL1</td><td>地址或控制线</td><td>1</td><td>主机控制信号。用来选择主机所要寻址的 HPIA 寄存器或 HPI 数据锁存器或 HPIC 寄存器：
<table>
<tr><th>HCNTL1</th><th>HCNTL</th><th>说明</th></tr>
<tr><td>0</td><td>0</td><td>主机可以读/写 HPIC 寄存器</td></tr>
<tr><td>0</td><td>1</td><td>主机可以读/写 HPID 锁存器，每读一次，HPIA 事后增 1；每写一次，HPIA 事先增 1</td></tr>
<tr><td>1</td><td>0</td><td>主机可以读/写 HPIA 寄存器，这个寄存器指向 HPI 存储器</td></tr>
<tr><td>1</td><td>1</td><td>主机可以读/写 HPID 锁存器，HPIA 寄存器不受影响</td></tr>
</table></td></tr>
<tr><td>$\overline{\text{HDS1}}$
$\overline{\text{HDS2}}$</td><td>读选通和写选通或数据选通</td><td>1</td><td>数据选通信号，在主机寻址 HPI 周期内控制 HPI 数据的传送。$\overline{\text{HDS1}}$，$\overline{\text{HDS2}}$信号与$\overline{\text{HCS}}$一道产生内部选通信号</td></tr>
<tr><td>$\overline{\text{HINT}}$</td><td>主机中断输入</td><td>O/Z</td><td>HPI 中断输出信号。受 HPIC 寄存器中的 HINT 位控制，当 C54x 复位时为高电平，EMU1/$\overline{\text{OFF}}$低电平时为高阻状态</td></tr>
<tr><td>HRDY</td><td>异步准备好</td><td>O/Z</td><td>HPI 准备好端。高电平表示 HPI 已经准备好执行一次数据传送；低电平表示 HPI 正忙于完成当前事物。当 EMU1/$\overline{\text{OFF}}$为低电平时，HRDY 为高阻状态。$\overline{\text{HCS}}$为高电平时，HRDY 总是高电平</td></tr>
<tr><td>HR/$\overline{\text{W}}$</td><td>读/写选通，地址线或多路地址/数据</td><td>1</td><td>读/写信号。高电平表示主机要读 HPI，低电平表示写 HPI。若主机没有读/写信号，可以使用一根地址代替</td></tr>
</table>

HPI 存储器地址的自动增量，可以用来连续寻址 HPI 存储器。在自动增量方式，每进行一次读操作，都会使 HPIA 事后增 1；每进行一次写操作，都会使 HPIA 事先增 1。HPIA 寄存器是一个 16 位寄存器，它的每一位都可以读出和写入。

HPI 控制寄存器 HPIC 中有 4 个状态位控制着 HPI 的操作，参见表 5-2。

由于主机接口总是传送 8 位字节，而 HPIC 寄存器(通常是主机首先要寻址的寄存器)又是一个 16 位寄存器，在主机这一边就以相同内容的高字节与低字节来管理 HPIC 寄存器(尽管某些位的寻址受到一定的限制)。在 C54x 这一边高位是不用的，控制/状态位都处在最低 4 位。选择 HCNTL1 和 HCNTL0 均为 0，主机可以寻址 HPIC 寄存器。连续 2 个字节寻址 8 位 HPI 数据总线。主机要写 HPIC 寄存器，第 1 个字节和第 2 个字节的内容必须是相同的值。C54x 寻址 HPIC 寄存器的地址为数据存储空间的 0020h。主机和 C54x 寻址 HPIC 寄存器的结果如图 5-9 所示。

表 5-2　HPI 控制寄存器(HPIC)中的各状态位

位	主机	C54x	说明
BOB	读/写		字节选择。如果 BOB=1,第一个字节为低字节;如果 BOB=0,第一个字节为高字节。BOB 位影响数据和地址的传送。只有主机可以修改这一位,C54x 对它不能读也不能写
SMOD	读	读/写	寻址方式选择位。如果 SMOD=1,选择共用寻址方式(SAM);如果 SMOD=0,选择仅主机寻址方式(HOM)。C54x 不能寻址 HPI 的 RAM 区,C54x 复位期间,SMOD=0;复位后,SMOD=1。SMOD 位只能由 C54x 修正,然而 C54x 和主机都可以读它
DSPINT	写		主机向 C54x 发出中断位。这一位只能由主机写,且主机和 C54x 都不能读它。单主机对 DSPINT 位写 1 时,就对 C54x 产生一次中断。对这一位,总是读成 0。当主机写 HPIC 时,高、低字节必须写入相同的值
HINT	读/写	读/写	C54x 向主机发出中断位。这一位决定 $\overline{\text{HINT}}$ 输出端的状态,用来对主机发出中断,复位后,HINT=0,外部 $\overline{\text{HINT}}$ 输出端无效(高电平)。HINT 位只能由 C54x 置位,也只能由主机将其复位。当外部引脚 $\overline{\text{HINT}}$ 为无效(高电平)时,C54x 和主机读 HINT 位为 0;当 $\overline{\text{HINT}}$ 为有效(低电平)时,读为 1

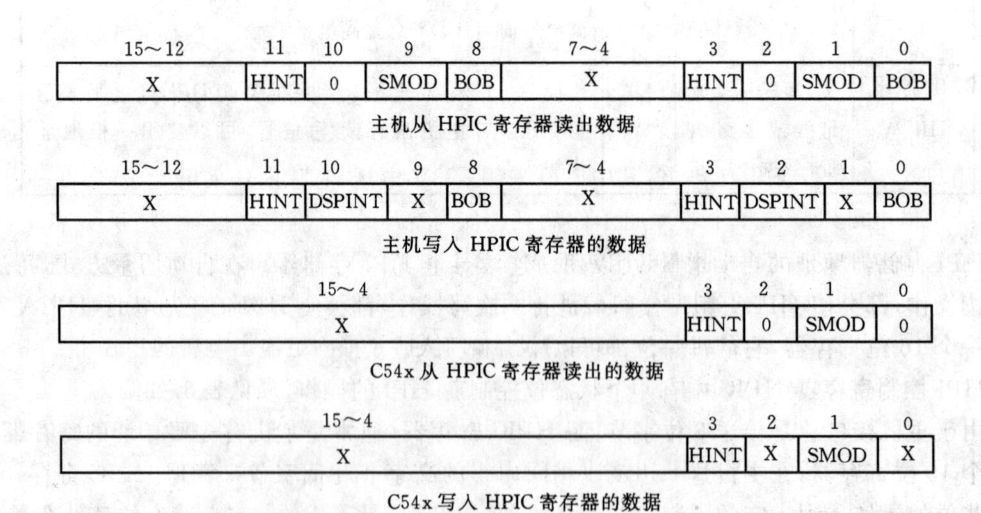

图 5-9　主机和 C54x 寻址 HPIC 寄存器的结果

5.3.2　DSP 最小系统设计

基于 DSP 的系统设计过程中,最小系统的设计是整个系统设计的第一步,系统设计总是从最小系统开始,逐步向系统应用范围扩展,最终实现以 DSP 为核心的大系统的设计。因此,最小系统设计是DSP系统设计的关键。DSP最小系统的设计包括DSP电源和地线的设计，JTAG仿真口的设计，复位和时钟电路的设计，上拉和下拉引脚的设计等。

1. JTAG仿真口的连接

JTAG接口用于连接DSP系统板和仿真器，实现仿真器对DSP的访问。不论什么型号的仿真器，其JTAG接口都满足IEEE 1149.1标准。DSP和仿真器之间的连接接法如图5-10所示，在数据传输引脚上需要加上驱动。

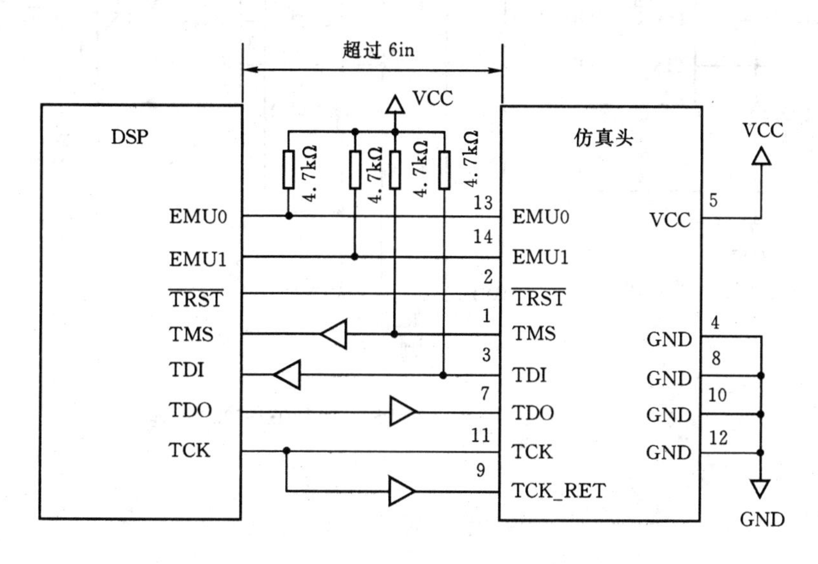

图5-10　长距离JTAG连接方法

2. 电源设计

在TI公司的DSP系列中，C2xx系列DSP采用单一5V电压供电。C54xx系列DSP一般采用3.3V和1.8V电压供电，其中I/O采用3.3V电压，芯片内核采用1.8V电压，内核采用低电压供电可以降低整个芯片的工作功耗。实际常用的直流电压一般为5V或者更高，所以必须采用电压转换芯片，将高电压转换成3.3V和1.8V，供DSP使用。TI公司提供专门的电压转换芯片，供各个不同型号的DSP使用。例如TPS73xx系列的电压转换芯片，它们是TI公司为了配合C54xx系列DSP而专门设计的，包括3种固定输出电压的稳压器：TPS7333(3.3V)，TPS7348(4.85V)以及TPS7350(5V)。同时，该系列还提供输出可调的低压差稳压器TPS7301(1.2～9.75V)。图5-11就是利用TPS7333和TPS7301来为DSP提供接口电路电压3.3V和内核1.8V电压，电路同时还提供对系统的上电复位功能。

3. 时钟信号的连接

C54xx系列DSP的时钟信号通过X1和X2/CLKIN引脚接入。如果采用无源晶振，则将这两个引脚连接到无源晶振的两个引脚(见图5-15(a))；如果采用有源晶振，只需要连接X2引脚，X1引脚不接任何器件和电压，直接将晶振的输出连接到X2引脚(见图5-12(b))。

C54xx系列DSP有一组引脚CLKMD1～CLKMD3，可以利用这些引脚的状态来设置DSP的工作频率，并由这些引脚的状态来决定DSP内部倍频的大小。倍频是指在外部晶振的基础上乘以设定的倍数，倍数与CLKMD1～CLKMD3的关系如表5-3所示。表中PLL禁止表示 DSP 内部的倍频电路禁止，此时 DSP 内部的分频电路工作，DSP 工作时钟为输入时钟的 1/2 或者 1/4。

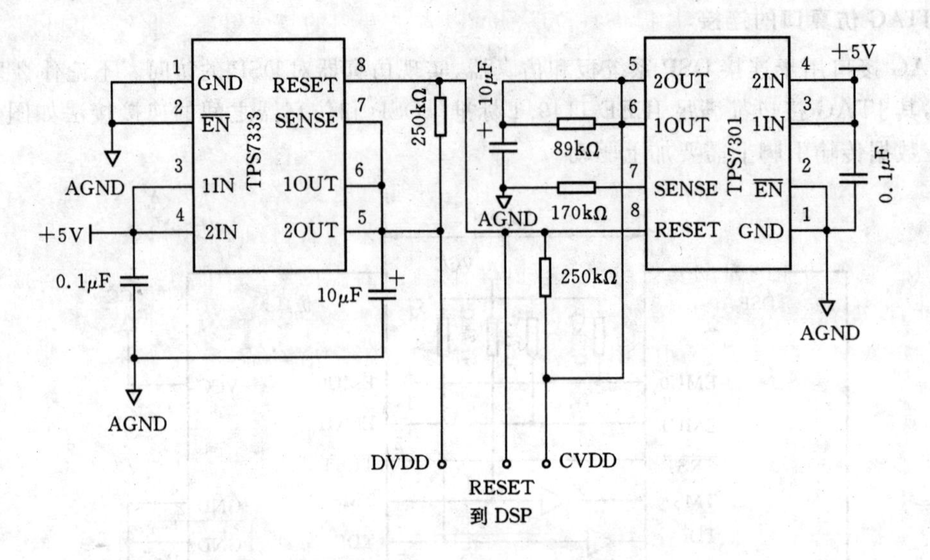

图 5-11　TMS320C5409 与 TPS7301 和 TPS7333 的连接

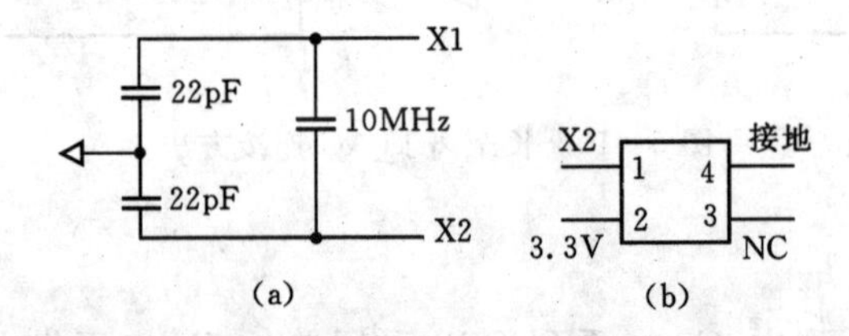

图 5-12　无源晶振和有源晶振的连接

表 5-3　CLKMD1～CLKMD3 与分频关系

CLKMD1	CLKMD2	CLKMD3	CLKMD(复位值)	时钟模式
0	0	0	E007h	PLL ×15
0	0	1	9007h	PLL ×10
0	1	0	4007h	PLL ×5
1	0	0	1007h	PLL×2
1	1	0	F007h	PLL×1
1	1	1	0007h	1/2(PLL 禁止)
1	0	1	0000h	1/4(PLL 禁止)
0	1	1	—	Reserved

4. 复位和看门狗电路的连接

C54xx 系列 DSP 的复位电路一般由电源芯片提供，大多数 TI 公司的电源芯片都提供复位信号到 DSP。使用电源芯片提供复位信号可以省去专门的复位电路。此外，也可以在电源芯片相应引脚上连接复位按键，提供手动复位功能。电源芯片复位信号可以自动监测电源的电压情况。当电压出现波动，并超过预定的值时，电源芯片将使 DSP 自动复位，以确保 DSP 不在高电压或低电压的情况下工作。

由于 DSP 系统的时钟频率较高，在运行时不可避免地会发生干扰现象，严重时会出现系统死机或程序"跑飞"现象，硬件上最有效的保护措施是采用看门狗(WatchDog)电路。看门狗电路是具备监视功能的自动复位电路，这种电路除了具有上电复位功能外，还具有监视系统运行的功能，并能在系统发生故障或死机时再次进行复位。例如 MAX706 芯片就能提供 DSP 看门狗功能。MAX706 是公司常用的一款专门提供看门狗功能的芯片，其与 DSP 的连接如图 5-13 所示。

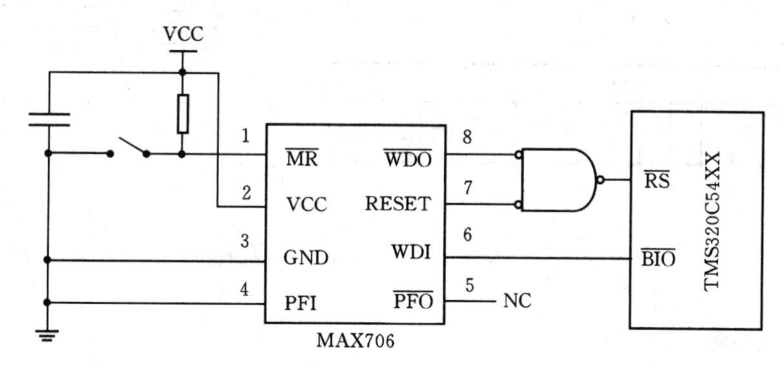

图 5-13 MAX706 和 DSP 的连接

5. 其他引脚和测试信号

1)上拉电阻

DSP 芯片的有些引脚必须接 4.71kΩ 或者 10kΩ 的上拉电阻，这些引脚包括未使用的中断脚 $\overline{\text{INT0}}$～$\overline{\text{INT3}}$，$\overline{\text{IACK}}$(中断响应信号)，MP/$\overline{\text{MC}}$(工作方式选择引脚)，READY(数据准备好输入引脚)，$\overline{\text{HOLD}}$(保持输入引脚)，EMU0(仿真中断引脚 0)和 EMU1(仿真中断引脚 1)等。

2)信号灯

系统板上可加入信号灯，用于指示 DSP 系统的电源情况。当电源指示灯出现异常情况时可及时断电，以保护电路不被损坏。信号指示灯一般有+5V 的电源指示灯(电路板供电正常)、电压转换输出 3.3V 指示灯(I/O 供电正常)、电压转换输出 1.8V 指示灯(内核供电正常)以及其他信号指示灯。

TMS320C5409 最小系统的连接如图 5-14 所示。

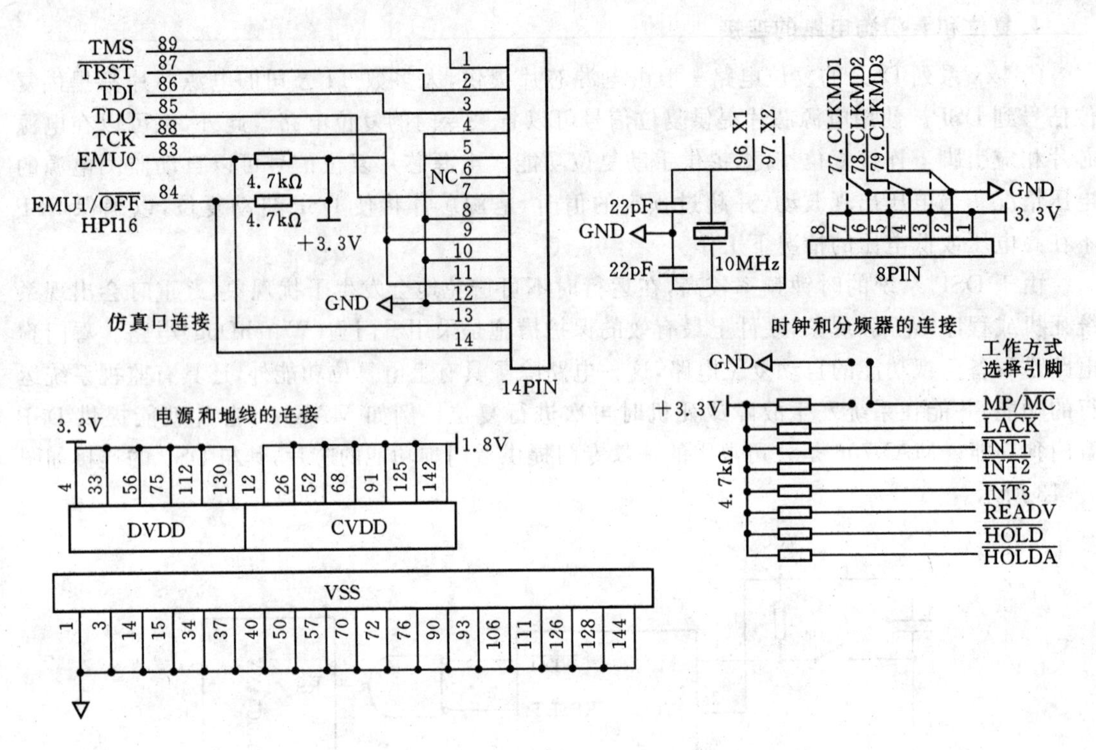

图 5-14　TMSON20Cc409 最小系统的连接

6. 最小系统的测试

测试最小系统设计是否成功有以下 4 个步骤：

(1)上电后，检测 3.3V 和 1.8V 电压是否正常。如果正常，进入下一步；否则，检查电源部分电路。

(2)上电后，直接测量 CLKOUT 引脚，查看是否有时钟信号输出，以及时钟信号的频率是否和设置的一样。若 CLKOUT 信号正确，进入下一步；否则，检查时钟和复位信号。

(3)连接好仿真器，查看是否能打开仿真软件 CCS。如果可以打开 CCS，进入下一步；否则，检查 JTAG 接口电路和上拉电阻。

(4)通过 DSP 下载程序到 DSP 中运行，查看运行结果。

调试中可能遇到的问题如下：

(1)电压转换芯片的输出电压高于实际输出电压。解决的方法：正常的输出电压基本上在 3.3V 和 1.8V 左右，其波动范围绝对不会超过±0.5V。如果输出不正常，一般是由于外围元件没有正确连接。例如，TPS7301 的输出端应该接 10μF 电容到地，若没有连接此电容，则 TPS7301 的输出电压为 3.1V，而不是 1.8V。

(2)DSP 上电后微热。解决的方法：DSP 正确上电后，空闲情况下不会发热，若有微热情况发生，应该立即断电。微热的原因可能是将 5V 电压引入到 DSP 的非电压（除 CVDD, DVDD, GND 之外）引脚。

(3)不能进入仿真软件，系统报告不能初始化目标板。解决的方法：只能逐步检查，查看电压是否正确，地线是否连接正确，晶振是否起振，JTAG 口是否连接正确。

(4)DSP的时钟频率不能达到理想值,例如C5409-160M的DSP达不到160MHz的速度。解决的方法:电路板一般要采用全地线布板,以尽量减少电流干扰。要达到理想的时钟频率,更需要合理的电路布板。

5.4　本章小结

本章简要介绍了TMS320系列DSP器件的主要特点,给出了C2000,C5000,C6000和C8系列DSP的结构特点和主要性能指标;阐述了DSP与单片机多机应用中使用很普遍的HPI主机接口的应用方法,DSP最小应用系统的设计方法以及测试步骤,为DSP在嵌入式系统中的应用提供了必要的准备条件。

第6章　嵌入式实时操作系统

6.1 嵌入式操作系统简介

6.1.1　嵌入式操作系统概况

1. 嵌入式实时操作系统的特点

操作系统是计算机中最重要的软件，它有很多基本的功能，如为应用软件提供舞台，为计算机硬件和程序开发提供软件接口。从程序员的角度看，操作系统可以简化编程环境，并且帮助程序员有效地使用硬件。操作系统直接作用在硬件之上，它为那些需要使用系统资源的其他软件提供接口。这就意味着操作系统可以应用于很多领域，允许不同的应用程序通过使用它提供的资源管理策略来共享硬件资源。资源抽象和资源共享是操作系统的两个关键方面。资源抽象对设计者隐藏了硬件操作的细节，通过提供一些抽象模型，使应用程序员在不十分了解硬件的情况下使用计算机硬件资源。资源共享有两种方法：空分复用和时分复用。操作系统的设计是建立在几种不同的基本策略之上的，以提供不同种类的服务，如批处理、分时系统、个人计算、专用计算、网络计算、过程控制和实时计算等。过程控制专用于单个应用程序，设计者可以决定将资源管理交给应用程序来实现，这就是所谓的基于裸机编程。

实时操作系统的特点如下：

1)执行时间的可确定性是实时操作系统的基本特性

使用实时操作系统的目的，就是要提高计算机的执行效率。根据实时性的不同，还可以将其分为软实时性系统和硬实时性系统。前者要求计算机在尽可能短的时间内实现用户的请求；后者则要求用户的任务必须在限定的时间内完成，一旦时序和逻辑出现偏差将产生灾难性的后果。所有的实时系统都有自己的实时参数，这是实时操作系统的一个重要的性能指标。组成一个系统的各个任务对于实时性的要求是不相同的，每个任务之间可能还会有一些复杂的关联和同步关系，这为保证系统的实时性带来了很大的困难。因此，实时操作系统所必须遵循的、最重要的设计原则是：采用各种算法和策略，始终保证系统行为的可预测性。可预测性是指在系统运行的任何时刻，在任何情况下，实时操作系统的资源调配策略都能为争夺资源的多个任务合理地分配资源，以满足每个任务的实时性要求。与通用操作系统不同，实时操作系统注重的不是系统的平均表现，而是要求每个任务在最坏情况下都能满足其实时性要求，也就是说，实时操作系统注重的是个体表现，即个体最坏情况表现。

2)可剪裁性和可固化是嵌入式实时操作系统的重要特性

用户可以根据自己设计的需要对操作系统进行剪裁，是实时操作系统在嵌入式领域广泛应用的重要前提之一。从嵌入式系统的概念可以得知：“嵌入式系统是软件可剪裁的系统”，剪裁的目的就是适用于应用系统对功能、可靠性、成本、体积、功耗的严格要求。嵌入式实时操作系统不同于通用计算机的操作系统,嵌入式设备无处不在,所用的微处理器也千差万别,导致了这些微处理器的可用资源差别很大,一个微处理器很难像通用计算机那样兼容别的微处理器。一个广泛应用的嵌入式实时操作系统应该具有很好的可剪裁性,这样才能够将它移植到很多形态各异的微处理器上。这就涉及到可固化的问题,一个好的实时操作系统应该是为底层硬件和用户提供一架桥梁,用户能够方便地使用,并且像调用库函数那么方便地使用操作系统提供的一些系统服务函数。

3)多任务占先式是实时操作系统的基本特性

多个任务共同分享硬件系统资源,每个任务之间彼此独立,且根据任务的重要性不同给不同的任务分配不同的优先级。优先级越高的任务,越容易得到CPU的使用权。这主要是保证任务的实时性和充分地使用计算机资源。

4)对稳定性和可靠性要求特别高

很多实时系统是用在十分重要的工业控制过程中,甚至是航空、航天项目中,关系到生命财产的安全,系统崩溃的后果是不堪设想的。所有实时操作系统的各个部分都必须经过严格测试,以保证系统的可靠性和稳定性。

2. 操作系统的功能

操作系统之所以可看成是应用程序与硬件之间的接口或者是虚拟机,其原因就在于其功能主要是对计算机资源进行管理。从这个角度来看,操作系统的主要功能如下:

(1)处理器的管理。操作系统对处理器的管理主要有两项工作:一是对中断的管理;二是对处理器的工作进行调度。

(2)存储的管理。存储器是计算机的重要资源,如何合理地分配和使用该资源,是计算机操作系统责无旁贷的任务。

(3)设备的管理。计算机系统一般都配有外部设备,因此计算机操作系统还必须有对这些外部设备管理的功能,以便完成用户提出的I/O请求,加快输入/输出的速度,提高I/O设备的利用率。当然,作为一个完善的计算机操作系统,还要提供外部设备的驱动程序。

(4)文件的管理。在计算机中,程序和数据通常都以文件的形式存储在外存(例如硬盘、光盘等)上,在这些外存中文件数量极其巨大,如果对它们没有良好的管理方式,就会导致严重的后果。为此,计算机操作系统必须具备文件管理功能。

(5)网络和通信的管理。使用网络的计算机除了需要配备联网硬件之外,其操作系统还必须具有网上资源管理、网络通信、故障管理、安全管理及性能管理等网络功能。

(6)提供用户接口。计算机操作系统除了提供以上功能外,还要为用户提供良好使用上述功能的接口,以便用户能方便地使用操作系统的功能,从而能有效地组织作业及其工作,并使系统能高效地运行。

3. 基于嵌入式实时操作系统的程序设计技术

早期的嵌入式实时系统,都是由电子工程师设计的,他们用接近计算机的汇编语言编写了大量的优秀应用软件,用于管理自己设计的嵌入计算机的硬件电路系统。这种应用软件只能应用于特定的一种微处理器,换另一种微处理器时,这种软件就不能应用了,需要重新设计。随着越来越多的功能复杂的微处理器的出现,应用传统的基于裸机编写应用程序的做法已经不能很好地管理微处理器;而且,为了节省人力、物力,需要出现一些类似通用计算机的操作系统之类的东西来管理微处理器。这就需要硬件设计工程师了解操作系统，软件工程师了解硬件系统；否则，实时操作系统就不能进入嵌入式系统程序设计领域。

嵌入式实时操作系统给设计者提供了一个操作的平台，用户只须根据实际的需要定制一些实际的任务，就可以完成系统的设计。尤其是使用已经移植了操作系统的微处理器进行开发时，设计过程就变得更加简单。设计者甚至不需要详细地了解微处理器的硬件结构和具体的汇编指令，就可以方便地应用 C 语言调用操作系统提供的服务函数进行编程，而且实时性、稳定性和可靠性都有很高的保障。

但是，使用操作系统进行程序设计也带来了一些负作用。比如，会增加系统代码的长度而占用系统更多的时间和空间资源，降低了微处理器的特异性取而代之为通用性。随着微处理器性能的不断改进，系统的资源短缺问题现在已经得到缓解，而且开发一些大的应用程序也需要用实时操作系统来实现。应用操作系统编写程序已经是大势所趋，这对传统基于裸机编程的方式提出了挑战。

实时操作系统也不是一把万能的钥匙。实现同样的功能用操作系统和不用操作系统，对 CPU 就意味着增加很多额外的开销。之所以说基于实时操作系统编程比基于裸机编程简单，是因为现在一些高档的微处理器已经复杂到必须用操作系统才能管理的程度了，如果不用操作系统，就很难管理微处理器或者说很难充分实现它的功能。操作系统为用户与 CPU 之间建立了桥梁，用户现在考虑的问题是建立在操作系统的基础上，而不是建立在底层硬件的基础之上。这正如基于 Windows 系统编程，只要知道一些接口函数，就可以让操作系统实现许多功能。

在嵌入式实时操作系统的设计中，各“模块”是以任务的形式存在的，各任务的重要性不同，它们的优先级也肯定不同。怎样划分任务和分配任务的优先级就是一个非常关键的问题，如果划分不好，就不能实现实时性，甚至造成灾难性的后果。各任务之间的通信和同步，也是很需要技巧的一件事，弄不好就会发生任务死锁而导致系统崩溃。如果对实时操作系统的时钟机制不清楚，就很难进行准确的延时，使微处理器总是疲于奔命，而导致实时性能降低。此外，如代码重入、优先级反转等问题都需要引起开发者的特别注意。

4. 使用嵌入式操作系统的优点

在嵌入式产品开发中使用操作系统有很多的好处，尤其在功能复杂、系统庞大的嵌入式系统中，它可以有效提高开发效率，增强可靠性和可扩展性，提高系统响应实时性，充分发挥 32 位处理器的潜力。尤其是 32 位处理器是专为多任务操作系统而设计的，特别适于运行多任务实时系统，使得嵌入式操作系统还可以在代码的重用性、产品的延续性、应用程序的可移植性等方面得到一定的增强。

6.1.2 实时操作系统的基本概念

1. 前后台软件系统

早期的嵌入式系统中没有操作系统的概念，在软件设计的过程中，通常把嵌入式程序分为两个部分，即前台程序和后台程序。整个应用程序是一个无限循环，后台程序在不断的循环中检查每个任务是否具备运行条件，通过一定的调度算法来完成相应的操作；前后台程序通过中断处理紧急事件，这种程序结构通常被称为前后台系统。一般情况下，后台程序也叫任务级程序，前台程序也叫中断级程序。

由于结构简单，组织紧凑，不需要额外的代码量和数据量的消耗，前后台系统仍被广泛地应用于各种小规模的嵌入式系统中。随着系统规模的不断扩大，前后台系统的局限性逐渐不能满足客户在开发周期、系统性能、可扩展性等方面的要求，这就推动了嵌入式操作系统走上舞台。

2. 嵌入式操作系统

嵌入式操作系统是一种支持嵌入式系统应用的操作系统软件，它是嵌入式系统极为重要的组成部分。嵌入式操作系统主要由操作系统内核、设备驱动程序、设备驱动程序接口和应用程序接口等几部分组成。

内核是嵌入式操作系统的核心。内核可以负责进程管理、进程通信、进程调度、内存管理、中断管理、时钟管理、文件管理和电源管理等重要工作。对多数嵌入式系统来说，进程管理、进程通信、进程调度、内存管理及中断管理几个部分一般都放在内核中；但由于硬件条件的限制和功能需求等方面的原因，时钟管理、文件管理、电源管理及动态加载等部分常常也被放在内核之外。设备驱动程序负责管理和控制系统中的各种外围设备，例如显示屏、以太网芯片等，使嵌入式系统能与外部进行信息交互。设备驱动程序接口是建立在嵌入式操作系统的内核与外设之间的一个硬件抽象层，用于定义软件与硬件的界面，方便嵌入式操作系统的移植和升级。在有些嵌入式操作系统中，没有将这一部分独立出来，而将其放在了嵌入式操作系统的内核中。应用程序接口是应用程序开发人员使用操作系统资源的途径，对于操作系统的内部机制开发人员可以不关心，只需按照应用程序接口的规则使用操作系统进行应用程序的开发即可。

实时操作系统是指能在确定的时间内执行预期功能并对外部的异步时间做出及时响应的计算机系统，其操作的正确性不仅依赖于逻辑设计的正确程度，而且与这些操作运行的时间有关。

按照实时性的严格程度，实时嵌入式操作系统可以分为两类：硬实时系统和软实时系统。在硬实时系统中，不仅要求任务响应要实时，而且要求在规定的时间内完成事件的处理，系统要有确定的最坏情况下的服务时间，即在事件的响应时间的截止期限内无论如何都必须完成事件处理，否则将会带来致命的后果，例如刹车系统、航天系统；软实时系统要求事件响应是实时的，并不要求限定某一任务必须在限定的时间内完成，超出了截止期限并不会带来致命的错误。大多数实时系统应该是上述两者特点的结合。实时应用软件的设计一般比非实时应用软件的设计困难。

1）可抢占型实时操作系统

可抢占型实时操作系统指内核可以抢占正在运行任务的 CPU 使用权并将使用权交给进入就绪状态的优先级更高的任务，是内核抢了 CPU 让别的任务运行。可抢占型实时操作系统的实时性好，优先级高的任务只要具备了运行条件，或者说进入了就绪态，就可以立即运行。也就是说，除了优先级最高的任务，其他任务在运行过程中都可能随时被比它优先级高的任务中断，让后者运行。通过这种方式的任务调度保证了系统的实时性，但是，如果任务之间抢占 CPU 控制权处理得不好，会产生系统崩溃、死锁等严重后果。

2)不可抢占型实时操作系统

不可抢占型实时操作系统指使用某种算法并决定让某个任务运行后,就把 CPU 的控制权完全交给该任务,直到它主动将 CPU 控制权还回来。中断由终端服务程序来处理,可以激活一个休眠的任务,使之进入就绪态;而这个进入就绪态的任务还不能运行,一直要等到当前运行的任务主动交出 CPU 的控制权。这种实时操作系统的实时性较弱,其实时性取决于最长任务的执行时间。

3. 任务

一个任务,也称为一个线程,是一个完成某种系统功能的程序,通常这个程序是一个无限的循环,在特定条件得到满足的条件下,执行程序中主要操作。每个任务在内核中都被分配一个优先级,具有独立的一套 CPU 寄存器和自己的堆栈空间。任务堆栈用来保存局部变量、函数参数、返回地址以及任务被中断时的 CPU 寄存器内容。

每个任务具有 5 种可能的状态,包括运行态、就绪态、挂起态、休眠态和被中断态。

(1)运行态的任务是指该任务掌握了 CPU 的控制权,程序得到了执行。

(2)就绪态意味着该任务的运行条件已经齐备,但可能由于比该任务的优先级还高的任务还没有释放 CPU 的控制权,因此处于等待态。

(3)挂起态是指任务在等待某一事件的发生,来满足其运行所需要的条件。

(4)休眠态是指任务只是驻留在内存中,并不能被操作系统内核调度。

(5)挂起态是指任务正在运行时,由于中断的发生使 CPU 进入中断服务程序,则该任务就进入了被中断状态。

协调多任务的运行是嵌入式操作系统的主要职责,在基于嵌入式操作系统的应用程序的设计过程中,能否最优地按照系统功能进行任务的划分,是直接影响最终系统性能的关键因素之一。

1)任务优先级

优先级是每个任务的重要属性,在任务建立的时候必须被指定,通常任务优先级的高低体现了该任务在整个系统中的重要程度。许多操作系统支持动态优先级,即应用程序执行过程中,任务的优先级是可以动态改变的。

每个操作系统支持的优先级的数目不同,有的操作系统不允许相同优先级的任务存在。而在允许相同优先级任务存在的操作系统中,对于相同优先级的任务的调度方法也有多种,比如先建立或者先就绪的任务先执行和时间片轮番调度法。时间片轮番调度法中,内核先允许其中的一个任务运行事先确定的一段时间,然后挂起该任务,把 CPU 控制权切换给另一个任务。

2)任务调度

任务的调度由操作系统内核完成,是内核的主要职责之一,也是衡量操作系统质量的指标之一。任务的调度就是内核通过一定的规则来决定哪个任务能获取 CPU 的控制权,得到执行。这些规则主要是基于任务优先级的调度算法,其最根本的思路是让处于就绪态的优先级最高的任务先运行。至于最高优先级的任务何时能取代正在运行的任务,则取决于操作系统是可抢占型的还是不可抢占型的。

3)任务之间的通信

为了实现同步、规定的时序、资源分配等控制要求,任务之间或中断服务程序与任务之间需要进行通信。通信的方式包括全局数据共享和消息传递。

全局数据共享很简单,可以通过全局变量、指针等方式实现,但是数据需要得到妥善的保护,来消除任务竞争所带来的风险,通常通过关中断、修改、再开中断的方式进行。任务间的消息传递则避免了这种风险,而且提供了多种灵活的方式,如信号量、管道、事件组、邮箱等都是有效的方式。

4)任务的切换时间

系统任务之间需要进行不断的切换,操作系统的调度器就是做这项工作的。调度器任务切换的时间长短是影响系统实时性的一个重要因素。为了使应用程序的设计者可以计算出系统完成某一个任务的准确执行时间,就要求调度器的运行时间应该是固定的,不能受应用程序中其他因素(例如任务数目)的影响。

4. 中断延迟

外部事件的发生常常以一个中断申请信号的形式来通知CPU,然后才运行中断服务程序来处理该事件。自CPU响应中断到CPU转向中断服务程序之间所用的时间叫做中断延时。显然,中断延时要影响系统的实时性。缩短中断延时是实时操作系统需要解决的一项课题。

5. 资源、共享资源与互斥

任何为任务所占用的实体都可称为资源。资源可以是输入输出设备,例如打印机、键盘,也可以是一个变量、一个结构或一个数组等。可以被一个以上任务使用的资源叫做共享资源。为了防止数据被破坏,每个任务在使用共享资源时必须独占该资源,这叫做互斥。使共享资源满足互斥条件最常用的方法有关中断、使用测试并置位指令、禁止做任务切换、利用信号量相互传递必要信号等方法。

6. 死锁和饿死

实时操作系统的引入会给嵌入式系统带来死锁和饿死等问题。

死锁就是多个任务竞争资源而形成的一种僵持局面,若无外力,这些进程都将永远不能再向前推进。举个例子,任务1正独享资源R1,任务2在独享资源R2,而同时任务1又要独享R2,任务2也要独享R1,于是两个任务都无法继续执行,这就是死锁。死锁的产生需要同时具备下列四个必要条件:互斥条件,请求和保持条件,不剥夺条件,环路等待条件。防止发生死锁最简单的方法是让每个任务:

①先得到全部需要的资源再做下一步工作;

②用同样的进程顺序去申请多个资源;

③释放资源时使用相反的顺序。

饿死是指一个任务由于优先级低等原因永远得不到执行。防止饿死有很多方法,比如使用动态优先级,一个低优先级的任务在等待过程中不断提升其优先级,到一定时间过后,其优先级必定最高,从而得以执行。

7. 同步

实时操作系统引入了任务后,虽然改善了资源利用率,但由于进程的异步性,也给系统造成了混乱，尤其是它们在争用资源时。而多个进程去争用共享变量、表格等时，有可能使数据处理出错，以致每次的处理结果各异，显现不可再现性。进程同步的提出就是要使并发执行的诸进程之间能有效地共享资源和相互合作，从而使程序的执行具有可再现性。进程的同步可以用多种方法来实现，信号量是其中最常用的一种。

两个任务可以用两个信号量同步它们的行为，这叫做双向同步。双向同步同单向同步类似，只是两个任务要相互同步。在任务与中断服务之间不能使用双向同步，因为在中断服务中不可能等一个信号量。

8. 时钟节拍

时钟节拍是特定的周期性中断。这个中断可以看作是系统心脏的脉动。中断之间的时间间隔取决于不同的应用，一般在10～200ms之间。时钟的节拍式中断使得内核可以将任务延时若干个整数时钟节拍，以及当任务等待事件发生时，提供等待超时的依据。时钟节拍率越快，系统的额外开销就越大。

9. 对存储器的需求

如果设计的是前后台系统，对存储器容量的需求仅仅取决于应用程序代码。使用多任务内核时，情况则很不一样。内核本身需要额外的代码空间(ROM)。内核的大小取决于多种因素，取决于内核的特性，从1KB到100KB都是可能的。8位CPU用的最小内核只提供任务调度、任务切换、信号量处理、延时及超时服务，大约需要1KB到3KB代码空间。

因为每个任务都是独立运行的，必须给每个任务提供单独的栈空间(RAM)。应用程序设计人员决定分配给每个任务多少栈空间时，应该尽可能使之接近实际需求量。决定栈空间的大小不仅仅要计算任务本身的需求，还需要计算最多中断嵌套层数。任务栈和系统中断栈也可以是分开的，每个任务的栈空间也可以分别定义。所有内核都需要额外的栈空间以保存内部变量、数据结构、队列等。如果内核不支持单独的中断用栈，则总的RAM需求由下面表达式给出：

RAM总需求＝应用程序RAM需求＋(任务栈需求＋最大中断嵌套栈需求)×任务数

如果内核支持中断用栈分离，则RAM总需求量由下面表达式给出：

RAM总需求＝应用程序RAM需求
＋内核数据区RAM需求＋各任务栈需求总和＋最多中断嵌套栈需求

除非有特别大的RAM空间可以使用，对栈空间的分配与使用要非常小心。为减少应用程序需要的RAM空间，对每个任务栈空间的使用都要非常小心，特别要注意以下几个方面：

(1)定义函数和中断服务子程序中的局部变量，特别是定义大型数组和数据结构。

(2)函数(即子程序)的嵌套。

(3)中断嵌套。

(4)库函数需要的栈空间。

(5)多变元的函数调用。

综上所述，多任务系统比前后台系统需要更多的代码空间(ROM)和数据空间(RAM)。额外的代码空间取决于内核的大小，而RAM的用量取决于系统中的任务数。

6.1.3 主流嵌入式操作系统简介

嵌入式操作系统是嵌入式系统极为重要的组成部分，通常包括与硬件相关的底层驱动软件、系统内核、设备驱动接口、通信协议、图形界面和标准化浏览器等。通用的嵌入式实时操作系统以嵌入式操作系统为核心，能运行于各种类型的微处理器上，兼容性好；内核精小、效率高，具有高度的模块化和扩展性；具备文件和目录管理、设备支持、多任务、网络支持、图形窗口以及用户界面等功能；具有大量的应用程序接口 API；嵌入式应用软件丰富。

这里简要介绍一下目前流行的一些嵌入式操作系统的特点，便于对各种嵌入式操作系统有一个基本的了解。

1. Vxworks

Vxworks 操作系统是美国风河(WindRiver)公司于 1983 年设计的一种嵌入式实时操作系统，具有高性能的内核、良好的持续发展能力和友好的用户开发环境，并且以其良好的可靠性和卓越的实时性被广泛地应用在通信、军事、航空、航天等高精尖技术及实时性要求极高的领域中，如卫星通信、军事演习、弹道制导、飞机导航等。在美国的 F-16 战斗机、B-2 隐形轰炸机和爱国者导弹上都使用了 VXworks。

VXworks 支持多种嵌入式处理器，如 Intel 公司的 x86，Motorola 公司的 68K 和 PowerPC，MIPS，ARM，Intel 公司的 i960，Hitachi 公司的 SH 等。Vxworks 的实时性做得非常好，其系统本身的开销很小，进程调度、进程间通信、中断处理等系统公用程序精炼而有效，它们造成的延时很短。Vxworks 提供的多任务机制中对任务的控制采用了优先级抢占和轮转调度机制，也充分保证了可靠的实时性，使同样的硬件配置能满足更强的实时性要求，为应用的开发留下更大的余地。

Vxworks 由一个体积很小的内核及一些可以根据需要进行定制的系统模块组成。Vxworks 内核最小为 8KB，即使加上其他必要模块，所占用的空间也很小，且不失实时性、多任务的系统特征。由于它的高度灵活性，用户可以很容易地对这一操作系统进行定制或作适当开发，以满足自己的实际应用需要。

2. Windows CE

Microsoft Windows CE 是规模最小的 Windows 操作系统，是微软面向掌上电脑、移动通信、信息家电等“非 PC”应用领域推出的嵌入式 Windows 操作系统。它的设计目标是：模块化和可伸缩性，实时性好，通信能力强大，支持多种 CPU。它包含多种现代操作系统特征：32 位嵌入式系统、多线程、多进程、抢占式多任务、图形用户界面、Unicode、网络、多媒体、实时性特征、跨平台支持和高度可定制性。综合其各项特性，Windows CE 非常适合于用作各种通信、娱乐和移动式计算等复杂型嵌入式应用的操作平台。

Windows CE 的图形用户界面相当出色，它拥有基于 Microsoft Internet Explorer 的 Internet 浏览器，此外，还支持 TrueType 字体。开发人员可以利用丰富灵活的控件库在 Windows CE 环境下为嵌入式应用建立各种专门的图形用户界面。Windows CE 甚至还能支持诸如手写字体和声音识别、动态影像、3D 图形等特殊应用。

Windows CE 操作系统在设计上可以先在模拟器或软件开发板上开始操作系统特征的定制，并按照设备定义为应用程序开发者导出 SDK，对于程序员来说，操作系统是由本身的应用程序编程接口(API)定义的，API 包含了所有操作系统对于应用程序可用的函数调用和相关数据类型和结构。在 Windows 环境中，API 保持了高度的一致性，从 Windows NT 和 Windows 95 开始，Windows 支持 32 位版本的 Win32API，使得 Windows CE 的应用程序编程接口是桌面 Windows 系统的一个子集，因此 WinCE 环境的编程和常规的 Windows 程序设计有着较多的相似之处。它们均使用事件驱动模型，使用 GDI 执行界面绘制，相对容易地将 Windows CE 程序移植到桌面版 Windows 平台，使操作系统开发与应用程序设计大大简化。

1)操作系统开发平台

Microsoft Platform Builder for Windows CE 是用于创建基于 Windows CE 的嵌入式操作系统设计的一个集成开发环境(IDE)，它集成了进行设计、产生、构建、测试和调试 Windows CE 操作系统设计所需要的所有开发工具。它运行在桌面 Windows 下，开发人员可以通过交互式的开发环境来设计和定制内核、选择系统特性，然后进行编译和调试。同时，开发人员还可以利用其进行驱动程序开发和应用项目的开发。

2)系统架构

Windows CE 被设计成一种分层结构，如图 6-1 所示，从底层向上分别为硬件层、OEM 层、操作系统层和应用层。每一层分别由不同的模块组成，每个模块又由不同的组件构成。这种层次性的结构试图尽量将硬件和软件、操作系统与应用程序隔离开，以便于实现系统的移植，便于进行硬件、驱动程序、操作系统和应用程序等开发人员的分工合作、并行开发。

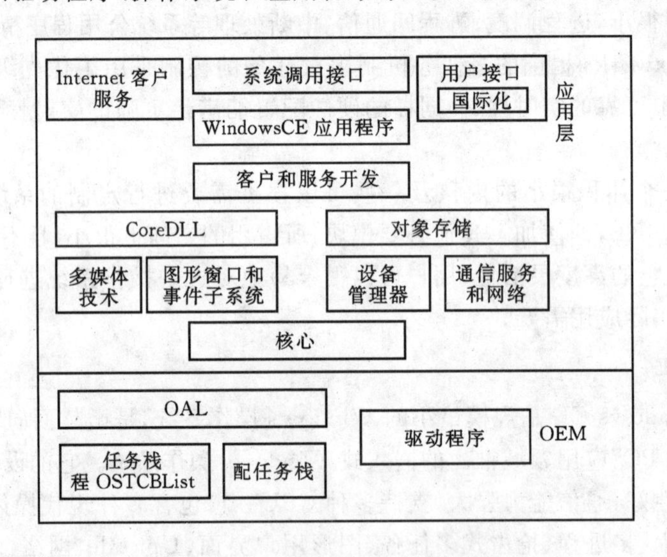

图 6-1 Windows CE 的架构

3. 嵌入式 Linux 操作系统

虽然大多数 Linux 系统运行在 PC 平台上，但 Linux 的这些特点决定了它同样可以作为嵌入式系统和高、中端服务器的可靠主力。基于开放源代码的特性，Linux 系统已经日益成为一个成熟、健壮的操作系统，获得了广泛的使用和认可。它具有很多优异的特点。

(1)支持很多设备、文件系统和网络协议。

(2)从程序员到终端用户都提供了完全开放的源代码。

(3)程序员和用户一直致力于修正错误，不断加入、测试和优化新的特征。

(4)支持大量的应用，比如 GNU 免费软件。

基于众多的优良特性，现在 Linux 广泛应用于各类计算机系统中，不仅包括微型 Linux 腕表、手持设备(PDA和蜂窝电话)、因特网装置、防火墙、工业机器人和电话基础设施设备,甚至包括基于集群的超级计算机。

Linux应用到嵌入式领域中出现了很多不同的版本,如FSMLabs公司的RTLinux(实时Linux),μCLinux(用于非MMU设备的Linux),MontaVista的HardHatLinux(用于ARM,MIPS,PPC的Linux分发版),ARM-Linux(ARM上的Linux)和其他的Linux系统。

嵌入式Linux系统可以分为两类:第一类是在利用Linux强大功能的前提下,使内核尽可能地小,以满足许多嵌入式系统多种存储容量的限制,如μCLinux等;第二类是将Linux开发成实时系统,尤其是硬实时系统,应用于一些特定的控制场合,如RTLinux,HardHatLinux等。

4. μCLinux

标准的Linux内核采用虚拟内存管理技术来提高系统运行效率,这种设计在硬件上需要有微处理器内嵌的内存管理单元(MMU)的支持。而μCLinux继承了原有系统的大部分资源,包括TCP/IP网络协议、文件系统等,主要针对没有MMU的硬件平台,并且支持Linux用户所熟悉的完善的GNU开发工具。嵌入式Linux目前可以运行在x86,MIPS,68K,ColdFire,ARM等多种处理器上。

μCLinux与Linux的主要区别在于内存管理机制和进程调度管理机制,同时为了适应嵌入式应用的需求,采用了ROMFS文件系统,并对Linux上的C语言库glibc做了简化,以达到μCLinux小型化的目的,μCLinux编译后的目标文件可控制在几百KB量级。μCLinux还继承了Linux网络文件系统的优势,可以很方便地支持网络文件系统,而且内嵌了TCP/IP协议,这为μCLinux开发网络接入设备提供了便利。

μCLinux可移植性很强,用户可以重新配置、编译内核,可以很方便地将其移植到多种嵌入式处理器。

5. Nucleus

Nucleus PLUS是美国ATI公司专门为嵌入式应用而设计的一个抢占式多任务操作系统内核,它提供有效的高性能的任务管理、丰富的任务通信和任务同步机制、高效的内存管理、优化的系统时钟等功能。Nucleus采用了先进的微内核技术,在优先级安排、任务调度、任务切换等各个方面都有相当大的优势,即使在复杂的系统中,也能保证其响应的高速性。此外,Nucleus采用了软件组件的方法,将每个服务资源封装成独立的应用程序模块,使得内核结构清晰,增强了内核的灵活性和代码的可读性。除了内核之外,Nucleus还提供了丰富的功能模块,包括TCP/IP协议栈、用户图形接口和文件系统等,方便用户在其基础上进行FTP,DHCP,GUI,IDE等驱动程序的应用和设计。

Nucleus的源代码在用户购买版权之后,也是全部开放的,而且用户只需支付一次购买的费用,而不需要为每件产品支付许可证费用。Nucleus内核中95%的代码是使用ANSI C编写的,因此具有很好的可移植性。Nucleus支持几乎所有的嵌入式处理器,包括ARM,DSP,MIPS,PowerPC,x86等。此外,许多嵌入式开发工具或者集成开发环境也支持Nucleus的程序设计和调试。

6. eCos

eCos的全称是Embedded Configurable Operating System,是一个针对16位、32位和64位处理器的可移植性开放源代码的实时嵌入式操作系统。eCos的最大特点就是内核的可配置性，用户可以通过图形化或者命令行的配置工具实现源代码级的内核配置，包括功能模块、编译选项、开发选项等，从而实现内核功能和最终生成代码的有效控制。eCos 最小版本只有几百个字节，通常一个完整的网络应用的二进制代码也就 100KB 左右。eCos 的内核在任务管理、内存管理、中断处理、任务同步等方面具有很好的性能，也支持 POSIX(Portable Operating System Interface)等操作系统的 API 以及 ANSI C 与常用的数学函数。

eCos 的功能模块库非常丰富，包括各种网络协议栈(IP，IPv6，UDp，TCP，HTTP 等)、硬件抽象层(以太网卡、串口、USB 等)等。eCos 支持非常多的硬件平台和 CPU，可以采用 cygwin 环境进行开发。

eCos 是源代码完全开放的，应用程序开发者可免费取得其完整的源代码并针对应用程序做出任意的修改，并将修改的源代码公开给 eCos 开发组。

7. μC/OS-Ⅱ

μC/OS-Ⅱ是一个目前流行的实时操作系统，该内核是源代码公开的、占先式、嵌入式实时内核，而且简单、易用，很适合初次接触实时操作系统的人员学习，很受开发人员的喜欢。相比其他的操作系统，μC/OS-Ⅱ具有以下特点：

(1)源代码开放。内核大多采用 C 语言编写，并配有详细注解，很适合研究与开发。

(2)可移植性。内核采用移植性很强的 ANSIC 编写，只有和微处理器硬件相关的那部分是用汇编语言编写的，使得 μC/OS-Ⅱ便于移植到其他微处理器上。

(3)可固化。μC/OS-Ⅱ是为嵌入式应用而设计的，这就意味着，只要读者有固化手段(编译、连接、下载和固化)，μC/OS-Ⅱ可以嵌入到产品中成为产品的一部分。

(4)可裁剪。用户可根据需要只使用 μC/OS-Ⅱ中应用程序需要的那些系统服务，删除一些没有调用的系统服务，这样可以减少产品存储空间。

(5)多任务。μC/OS-Ⅱ可管理 64 个任务，其中 8 个给系统自用，应用程序最多可以有 56 个任务。每个任务优先级不同，不支持时间片轮转调度。

(6)稳定性与可靠性。μC/OS-Ⅱ是基于 μC/OS 的，μC/OS 自 1992 年以来已经有数百个商业应用，是一个可靠性和稳定性都很好的系统。

μC/OS-Ⅱ是第一个公开内核实现机制的实时操作系统。尽管 μC/OS-Ⅱ提供的服务资源比其他商业操作系统要少一些，如不支持相同优先级的任务调度、任务通信机制有限等，但是它具有入门起点低、代码量少、高性价比、移植方便、源码开放、内部机制公开等优点，因此受到嵌入式系统设计人员和学习实时操作系统的高校学生的青睐。

6.1.4　智能手机操作系统

智能手机操作系统是一种运算能力及功能比传统功能手机系统更强的手机系统。使用最多的操作系统有 Android，iOS，Symbian，Windows Phone 和 BlackBerry OS 等操作系统，它们的市场占有率如表 6-1 所示。各个操作系统之间的应用软件互不兼容，但可以安装第三方软件，提供丰富的手机功能，显示与 PC 机相似的功能界面和正常网页，且具有很强的应用扩展性和程序管理功能。

表 6-1　智能手机操作系统市场占有率

规模	操作系统	市场份额	调查时间
1	谷歌 Android	75%	2013 年第 1 季度
2	苹果 IOS	14.4%～22.9%	2013 年第 1 季度
3	微软 Windows Phone	3.2%	2013 年 3 月
4	诺基亚 Symbian	6.8%	2012 年 2 月
5	RIM 黑莓	2.9%	2013 年第 1 季度
6	三星 Bada	2.7%	2012 年 5 月

1. Linux

2002 年以前根本就没有严格意义上的手机操作系统——满足于通话功能的手机并不需要那么复杂的计算能力；当时的手机平台都是封闭的，各家手机厂商都做自己的芯片，配上自己专有的软件，并没有一个通用的操作系统，这有点像当初的大型机时代。此后，手机的品种越来越多，承担的“任务”也越来越复杂，一个封闭的系统显然已经无法满足这种需求，于是智能手机和手机操作系统应运而生。

一开始，主流的手机厂商对 Linux 并不放心，运营商需要提供的业务种类越来越多，业务的变动也越来越频繁，他们迫切需要一个运行可靠、扩展性又很好、价钱还不高的操作系统，Linux 恰好满足了他们的要求。

从全球手机市场来看，手机定制早已经成为潮流。为了满足运营商的需求，ODM 厂商也开始对 Linux 热心起来。摩托罗拉是 Linux 阵营中支持力度最大的手机厂商，每年都有新款智能机推出，并且有越发加大力度的趋势，相继推出了 V8，U9，E8，Zn5，A1210 等优良品质的智能手机。由于 Linux 是开源操作系统，所以手机制造商往往独立奋战，造成手机 Linux 系统林立，一直没有压倒性的版本，导致了混乱，这种状况直到 Android 的出现才发生了根本性的扭转。

2. Android OS

Android 是一种以 Linux 为基础的开放源代码操作系统，主要使用于便携设备。该平台由操作系统、中间件、用户界面和应用软件组成，号称是首个为移动终端打造的真正开放和完整的移动软件。Android 操作系统最初由 Andy Rubin 开发，最初主要支持手机。2005 年由 Google 收购注资，并组建开放手机联盟开发改良，逐渐扩展到平板电脑及其他领域上。Android的主要竞争对手是苹果公司的 iOS 以及 RIM 的 Blackberry OS。2011 年第一季度，Android 在全球的市场份额首次超过塞班系统，跃居全球第一。

2008 年 9 月 22 日，美国运营商 T-MobileUSA 在纽约正式发布第一款 Google 手机：T-Mobile G1。HTC G1 操作界面 Android 是 Google 开发的基于 Linux 平台的开源手机操作系统。它包括操作系统、用户界面和应用程序——移动电话工作所需的全部软件，而且不存在任何以往阻碍移动产业创新的专有权障碍。谷歌与开放手机联盟合作开发了 Android，这个联盟由包括中国移动、摩托罗拉、高通、宏达和 T－Mobile 在内的 30 多家技术和无线应用的领军企业组成。

Android 作为谷歌企业战略的重要组成部分，将进一步推进随时随地为每个人提供信息，让移动通信不依赖于设备甚至平台，通过与全球各地的手机制造商和移动运营商结成合作伙伴，开发既有用又有吸引力的移动服务，并推广这些产品。

Android 在正式发行之前，最开始拥有两个内部测试版本，并且以著名的机器人名称来对其进行命名，后来由于涉及到版权问题，谷歌将其命名规则变更为用甜点作为它们系统版本的代号的命名方法(参见表 6-2)。

表 6-2 Android 版本命名表

版本号	甜点命名	发布时间	公司名称	非标准版名称
Android 1.1		2008 年 09 月	摩托罗拉	Blur 系统
Android 1.5	纸杯蛋糕 Cupcake	2009 年 04 月	HTC	Sense 系统
Android 1.6	甜甜圈 Donut	2009 年 09 月	三星	TouchWiz 系统
Android 2.0/2.0.1/2.1	松饼 Eclair	2009 年 10 月	LG	LG Optimus 系统
Android 2.2/2.2.1	冻酸奶 Froyo	2010 年 05 月	小米	MIUI 系统
Android 2.3	姜饼 Gingerbread	2010 年 12 月	酷派	CoolTouch 系统
Android 3.0	蜂巢 Honeycomb	2011 年 02 月	魅族	Flyme OS 系统
Android 3.1	蜂巢 Honeycomb	2011 年 05 月	夏普	定制系统
Android 3.2	蜂巢 Honeycomb	2011 年 07 月	华为	定制系统
Android 4.0	冰激凌三明治 Ice Cream Sandwich	2011 年 10 月	天语	阿里云系统
Android 4.1	果冻豆 Jelly Bean	2012 年 06 月	联想	乐 OS 系统

3. iOS

iOS 智能手机操作系统主要为 iPhone 和 iPodtouch 服务。iPhoneOS 的系统架构分为四个层次：核心操作系统层(the Core OSlayer)、核心服务层(the Core Serviceslayer)、媒体层(the Media layer)和可轻触层(theCocoa Touchlayer)。系统操作占用大概 512MB 的存储空间。

iOS 由两部分组成：操作系统和能在 iPhone 和 iPod touch 设备上运行原生程序的技术。在底层的实现上 iPhone 与 Mac OS X 共享了一些相同的底层技术，但作为移动终端应用，它也具有一些自己的特点和功能。

1)支持软件

iPhone 和 iPodTouch 使用基于 ARM 架构的中央处理器，它使用由 PowerVR 视频卡渲染的 OpenGLES1.1，使得 Mac OS X 上的应用程序不能直接复制到 iPhoneOS 上运行，需要针对 iPhoneOS 重新编写 ARM 程序，以实现 iPhone 自带的固件模块，主要包括简讯、日历、照片、相机、YouTube、股市、地图、天气、时间、计算机、备忘录、系统设定、iTunes、AppStore 以及联络资讯等。从 iPhone OS 2.0 开始，通过审核的第三方应用程序也能够在 App Store 上进行发布和下载，iPhone 和 iPodTouch 还可以通过 Safari 互联网浏览器支持某些第三方应用程序，即 Web 应用程序。

2）关于 SDK

2008 年 3 月 6 日苹果公司为 iPhone 和 iPod touch 的应用程序开发给第三方开发商提供了软件开发工具包（SDK），名为 iPhone 手机模拟器。iPhone 的爱好者在付费后就可以在 Xcode 提供的开发环境下使用 SDK 开发用户程序。iPhone SDK 包含了开发所需的资料和工具，使用这些工具可以开发、测试、运行、调试和调优程序以适合 iPhone OS。

3）解锁越狱

解锁是指解除 iPhone 对运营商的绑定，以便支持其他运营商的 SIM 卡。比如在中国使用美版的 iPhone，必须解锁，否则中国移动将不被支持。越狱是指破解 iPhone OS 对软件的限制，最大的优势在于免费下载 app store 里原本需要付费的软件和游戏，并支持黑客编写的"民间"软件，iPhone 的一代和二代已经完美破解。

4. Windows Mobile 和 Windows Phone

微软推出的 Windows Mobile 操作系统最初被视作是与 Palm OS 竞争的产品，然而时至今日，Windows Mobile 的应用已经超过 Palm，开始显露出掌上设备王者的风范。2005 年 9 月 5 日微软推出的 V5.0 做出了很多实用的改进，包括更加智能化的 Word 和 Excel 版本、直接邮件技术和持久的数据存储。2010 年 10 月微软宣布终止对 WM 的所有技术支持。其继任者 Windows Phone 已经登入市场。它是将微软旗下的 Xbox Live 游戏、Zune 音乐与独特的视频体验整合开发的手机操作系统，2011 年 2 月诺基亚与微软达成全球战略同盟并深度合作共同研发该系统。

Windows Phone 具有桌面定制、图标拖拽、滑动控制等一系列前卫的操作体验。其主屏幕通过提供类似仪表盘的体验来显示新的电子邮件、短信、未接来电、日历约会等，让人们对重要信息保持时刻更新，还包括一个增强的触摸屏界面，更方便手指操作，以及一个最新版本的 IE Mobile 浏览器。

5. Symbian OS

Symbian 公司是由摩托罗拉、西门子、诺基亚等几家大型移动通信设备制造商共同出资组建的一个合资公司，专门研发手机操作系统。Symbian 操作系统在智能移动终端上拥有强大的应用程序及通信处理能力，这要归功于它有一个非常健全的核心：强大的对象导向系统、企业用标准通信传输协议，以及完美的 SUN Java 语言支持。Symbian 操作系统提供了灵活的应用界面（UI）框架，不但使开发者得以快速掌握重要的技术，同时还使手机制造商能够推出不同界面的产品，还有众多的第三方应用软件可以供选择。不过因为 Symbian 操作系统通常会因为手机的具体硬件而作改变，这也就意味着在不同的手机上它的界面和运行方式都有所不同。总的来说，在这几个手机操作系统当中，Symbian 是最难上手的一个，但具体有多难上手，这还要取决于你手机的硬件。

由于 Symbian 操作系统是诺基亚一家独大的局面，尽管摩托罗拉和三星等厂商也生产基于 Symbian 的手机产品，但都没有形成规模，只是零星的尝试而已。诺基亚作为手机市场占有率较高的国际品牌，加速推广其旗下的智能手机，智能手机在其整体手机出货量中所占的比重不断攀升。诺基亚智能手机大多基于 Windows Phone，另外还有基于 Asha 系统的智能手机发售。基于塞班系统的智能手机已经很少。

6. 黑莓

BlackBerry 开始于 1998 年,RIM 公司于 2013 年 1 月正式发布了黑莓 10 移动操作系统。RIM 的品牌战略顾问认为,无线电子邮件接收器挤在一起的小小的标准英文黑色键盘,看起来像是草莓表面的一粒粒种子,就起了这么一个有趣的名字。应该说,Blackberry 与桌面 PC 同步堪称完美,它可以自动把你 Outlook 邮件转寄到 Blackberry 中,不过在你用 Blackberry 发邮件时,它会自动在邮件结尾加上"此邮件由 Blackberry 发出"字样。

BlackBerry 在美国之外的影响微乎其微,我国已经在广州开始与 RIM 合作进行移动电邮的推广试验,不过目前看来收效甚微。可以说 BlackBerry 在中国的影响几乎为零,除了它那经典的外形。

7. 米狗

MeeGo 是诺基亚和英特尔宣布推出的一个免费手机操作系统,中文昵称米狗。该操作系统可在智能手机、笔记本电脑和电视等多种电子设备上运行,并有助于这些设备实现无缝集成。这种基于 Linux 的平台被称为 MeeGo,融合了诺基亚的 Maemo 和英特尔的 Moblin 平台。市场上唯一搭载 MeeGo 系统的只有诺基亚 N9 智能手机。

8. Palm OS

2005 年掌上电脑操作系统的霸主是 Palm,那时的中高端 PDA 清一色都是 Palm 和索尼的产品,而且几乎都是境外带回来的水货。不过 Palm 操作系统如今已经风光不再,当年索尼宣布退出国际 PDA 市场,对于 Palm 来说不亚于一场雪崩,而且事实上索尼的退出也确实成为 Palm 由盛转衰的分水岭,此后 Palm 的市场分额逐渐被 Windows Mobile 所蚕食。

Palm OS 是 Palm 公司开发的 32 位的嵌入式操作系统,它的操作界面采用触控方式,差不多所有的控制选项都排列在屏幕上,使用触控笔便可进行所有操作。作为一套极具开放性的系统,开发商向用户免费提供 Palm 操作系统的开发工具,允许用户利用该工具在 Palm 操作系统的基础上编写、修改相关软件。Palm 操作系统是一套专门为掌上电脑编写的操作系统。由于在编写时充分考虑到了掌上电脑内存相对较小的情况,所以 Palm 操作系统本身所占的内存极小。由于基于 Palm 操作系统编写的的应用程序所占的空间叫也很小,通常只有几十 KB,因此基于 Palm 操作系统的掌上电脑虽然只有几兆内存却可以运行众多的应用程序。

9. BADA OS

BADA OS 是三星研发的新型智能手机平台,于 2009 年 12 月 8 日正式公布,它承接三星 TouchWIZ 的经验,支持 Flash 界面,对互联网应用、重力感应应用、SNS 应用有着很好的支撑,电子商务与游戏开发也列入 BADA 的主体规划中。BADA OS 系统的界面从色彩和风格上看比较时尚。据三星介绍,BADA 的 UI 界面仍将采用经典的 TouchWiz,将为用户带来畅快的操控体验。三星已经在旗下不同的系统手机中使用该界面,不过占有率只有 2%。

10. Java ME

Java ME 以往称作 J2ME(Java Platform, Micro Edition),是为机顶盒、移动电话和 PDA 之类嵌入式消费电子设备提供的 Java 语言平台,包括虚拟机和一系列标准化的 Java API。它和 Java SE,Java EE 一起构成 Java 技术的三大版本,并且同样是通过 Java Community

Process 制订的。

开发 Java ME 程序一般不需要特别的开发工具，开发者只需要装上 Java SDK 及下载免费的 Sun Java Wireless Toolkit，就可以开始编写 Java ME 程式、编译及测试。此外，主要的 IDE(Eclipse 及 NetBeans)都支持 Java ME 的开发，有些手机开发商如 Nokia 及 Sony Ericsson 还有自己的 SDK，供开发者开发兼容于他们平台的应用程序。

6.2　μC/OS-Ⅱ的内核

μC/OS-Ⅱ是由 Jean J. Labrosse 于 1992 年编写的一个嵌入式多任务实时操作系统。μC/OS-Ⅱ是用 C 语言和汇编语言来编写的，其中绝大部分代码都是用 C 语言编写的，只有极少部分与处理器密切相关的部分代码是用汇编语言编写的，所以用户只要做很少的工作就可把它移植到各类 8 位、16 位和 32 位嵌入式处理器上。

由于 μC/OS-Ⅱ的构思巧妙，结构简洁精练，可读性很强，同时又具备实时操作系统的大部分功能，所以虽然它只是一个内核，但非常适合初次接触嵌入式实时操作系统、嵌入式系统开发人员和爱好者学习，并应用到实际系统中去。μC/OS-Ⅱ的体系结构如图 6－2 所示。

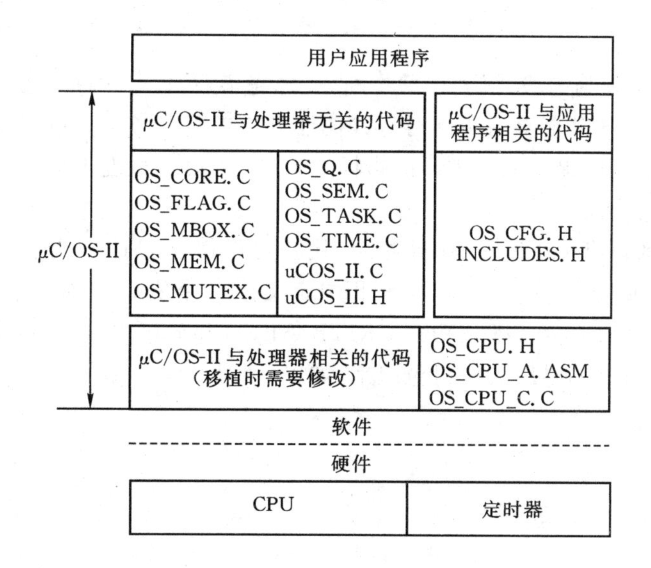

图 6－2　μC/OS-Ⅱ体系结构

在多任务系统中，内核负责管理各个任务，或者说为每个任务分配 CPU 时间，并且负责任务之间的通信。内核提供的基本服务是任务切换。之所以使用实时内核可以大大简化应用系统的设计，是因为实时内核允许将应用分成若干个任务，由实时内核来管理它们。内核本身也增加了应用程序的额外负荷，增加了 ROM 的用量。但更主要的是，每个任务要有自己的栈空间，将占用较大的内存空间。内核本身对 CPU 的占用时间一般在 2%~5%。

μC/OS-Ⅱ有一个精巧的内核调度算法，实时内核精小，执行效率高，算法巧妙，代码空间很小。

1. μC/OS-Ⅱ内核调度特点

μC/OS-Ⅱ内核调度主要有如下特点：

(1)只支持基于优先级的抢占式调度算法，不支持时间片轮训。

(2)64个优先级，只能创建64个任务，用户只能创建56个任务。

(3)每个任务优先级都不相同。

(4)不支持优先级逆转。

(5)READY队列通过内存映射表实现快速查询，效率非常高。

(6)支持时钟节拍。

(7)支持信号量、消息队列、事件控制块、事件标志组、消息邮箱任务通信机制。

(8)支持中断嵌套，中断嵌套层数可达255层，中断使用当前任务的堆栈保存上下文。

(9)每个任务有自己的堆栈，堆栈大小由用户自己设定。

(10)支持动态修改任务优先级。

(11)任务TCB为静态数组，建立任务只是从中获得一个TCB，不用动态分配，释放内存。

(12)任务堆栈为用户静态或者动态创建，在任务创建外完成，任务创建本身不进行动态内存分配。

2. 临界段保护

μC/OS-Ⅱ为了处理临界段代码，须关中断，处理完毕后，再开中断。

关中断使得μC/OS-Ⅱ能够避免同时有其他任务或中断服务进入临界段代码。关中断的时间是实时内核开发商应提供的最重要的指标之一，它在很大程度上取决于微处理器的结构以及编译器所生成的代码质量。

微处理器一般都具有关中断/开中断指令，用户可以使用C语言或在C语言中插入汇编指令实现关中断/开中断操作。在μC/OS-Ⅱ中定义了2个宏(macros)来关中断和开中断：OS_ENTER_CRITICAL()和OS_EXIT_CRITICAL()，并放于文件OS_CPU.H中。2个宏定义总是成对使用的，把临界段代码封包起来，如以下代码：

程序C6-1：

```
{
    ….
    OS_ENTER_CRITICAL();
    /* μC/OS-Ⅱ临界段代码 */
    OS_EXIT_CRITICAL();
    …
}
```

根据用户处理器性能和C编译器的不同，在用户应用程序移植文件OS_CPU.H中通过定义常数OS_CRITICAL_METHOD来选择3种不同的方法实现这两个宏定义。

1)OS_CRITICAL_METHOD==1

这是最简单的实现宏调用的方法，用处理器指令关中断完成进入临界代码的保护，用开中断指令完成退出临界代码。这种办法没有考虑进入临界代码前的中断状态，但是对一些特定的处理器或编译器，使用这种方法是唯一的选择。

2)OS_CRITICAL_METHOD= =2

第 2 种方法是在堆栈中保存中断的开/关状态，然后再关中断，在离开临界代码时，只需简单地从堆栈中弹出原来中断的开/关状态即可。利用这种机制，可以保障调用前中断是打开的，则调用后保持调用前中断开关状态。宏调用示意性代码如下：

程序 C6-2：

```
#define OS_ENTER_CRITICAL()
    asm(" PUSH  PSW")
    asm(" DI ")
#define OS_EXIT_CRITIAL()
    asm(" POP  PSW ")
```

3)OS_CRITICAL_METHOD==3

一些编译器提供了扩展功能，用户可以得到当前处理器状态字的值，并保存在 C 函数的局部变量之中。这个变量可以用于恢复 PSW，程序代码如下：

程序 C6-3：

```
#define OS_ENTER_CRITICAL()
    cpu_sr = get_processor_psw();
    disable_interrupts();
# define OS_EXIT_CRITICAL()
    set_processor_psw(cpu_sr);
```

3. 任务堆栈

每个任务都有自己的堆栈空间。堆栈必须声明为 OS_STK 类型，并且由连续的内存空间组成。用户可以静态分配堆栈空间(在编译的时候分配)，也可以动态分配堆栈空间(在运行的时候分配)。μC/OS-Ⅱ支持的处理器的堆栈既可以递增，也可以递减。任务所需的堆栈的容量是由应用程序指定。在指定堆栈大小的时候必须考虑任务所调用的所有函数的嵌套情况，任务所调用的所有函数分配局部变量的数目，以及所有可能的中断服务程序嵌套的堆栈需求，另外，堆栈必须能存储所有的 CPU 寄存器。

4. 任务

μC/OS-Ⅱ可以管理多达 64 个任务，但目前版本的 μC/OS-Ⅱ有 2 个任务已经被系统占用了。建议用户不要使用优先级为 0 ~3 的任务和最低的 3 个任务，因为未来的 μC/OS-Ⅱ版本中，可能会用到这些任务。如果要使应用程序尽量保持紧凑，也可以按照需要使用这些优先级，只是不要使用 OS_LOWEST_PRIO 级。OS_LOWEST_PRIO 是在 OS_CFG. H 文件中用定义常数的方法定义的。

从任务的存储结构来看，μC/OS-Ⅱ的任务由如图 6-3 所示的三个部分所组成：任务程序代码、任务堆栈和任务控制块。其中，任务控制块用来保存任务属性，任务堆栈用来保存任务的工作环境，任务程序代码是任务的执行部分。μC/OS-Ⅱ把每一个任务都作为一个节点，然后把它们链接成一个任务列表。

μC/OS-Ⅱ的任务有两种：用户任务和系统任务。由应用程序设计者编写的任务，叫做用

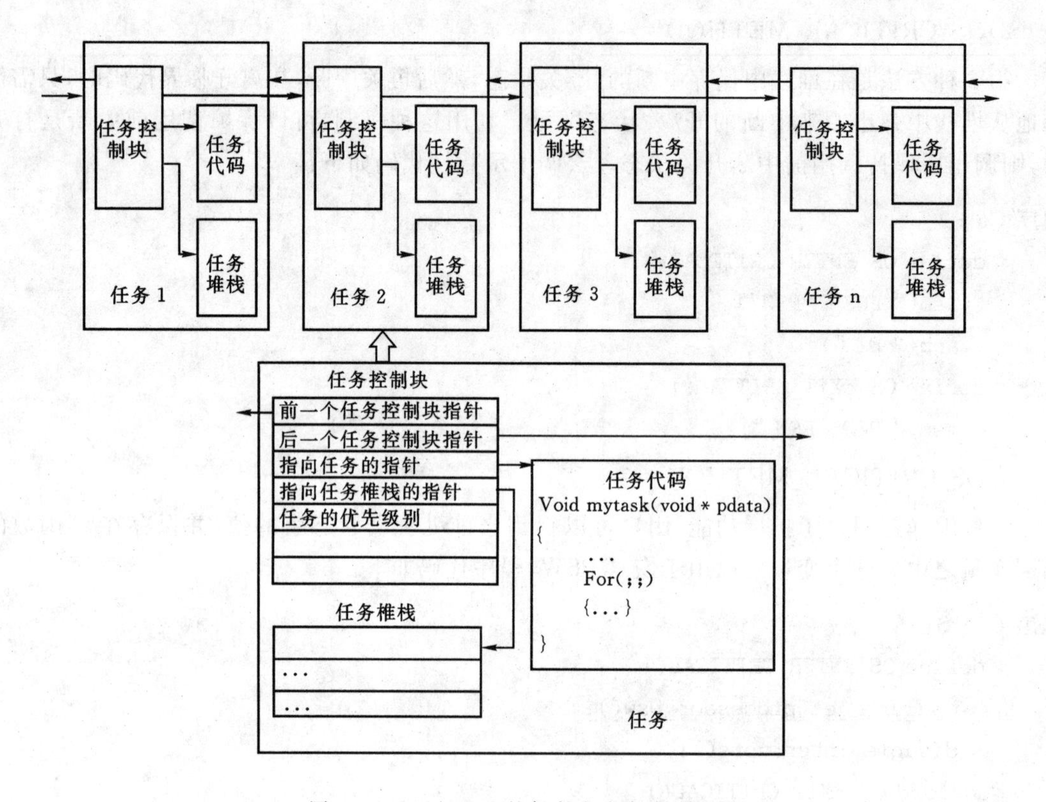

图6-3　μC/OS-Ⅱ的任务在内存中的结构

户任务，是为了解决应用问题而编写的；由系统提供的任务叫做系统任务，它是为应用程序提供某种服务或为系统本身服务的。

必须给每个任务赋以不同的优先级。优先级可以为0～OS_LOWEST_PRIO－2，优先级号越低，任务的优先级越高。μC/OS-Ⅱ总是运行进入就绪态的优先级最高的任务。目前版本的μC/OS-Ⅱ中，任务的优先级号就是任务编号ID。它也被一些内核功能函数调用，如改变优先级函数OSTaskChangePrio()，以及任务删除函数OSTaskDel()等。

用户可以通过传递任务地址和其他参数来调用两个函数OSTaskCreate()或OSTaskCreateExt()来建立任务，后者是前者的扩展版本，增加了对任务的堆栈进行清零的工作，但会增加一些额外的开销。

任务可以在多任务调度开始前建立，也可以在其他任务的执行过程中建立。在开始多任务调度(即调用OSStart())前，用户必须建立至少一个任务。任务不能由中断服务程序(ISR)来建立。

OSTaskCreate()需要以下四个运行参数：

task：任务代码的指针；

pdata：任务开始执行时传递给任务的参数的指针；

ptos：分配给任务的堆栈的栈顶指针；

prio：分配给任务的优先级。

一开始，先检测分配给任务的优先级是否在0～OS_LOWEST_PRIO之间，并且要确保在规定的优先级上还没有建立任务。然后，OSTaskCreate()调用 OSTaskStklnit()，建立任务的堆栈，然后再调用 OSTCBInit()，从空闲的 OS_TCB 池中获得并初始化一个 OS_TCB，同时将 OS_TCB 插入到已建立任务的双向链表中。

任务通常是一个无限的循环，看起来如同其他 C 函数的代码，有返回值类型和参数，但任务函数永远不会返回。程序如下：

程序 C6-4：

```
void YourTask (void * pdata)
{
    for (;;)
    {
        用户代码
        调用 μC/OS-Ⅱ的某些功能函数
        用户代码
    }
}
```

上述程序中，用户任务返回参数类型必须定义成 void，并用一个指向 void 的指针传递参数给用户任务代码，用于装载传递给任务的参数，以允许用户应用程序向该任务传递任何类型的参数，这个参数可以是一个变量的地址、一个数据结构，也可以是一个函数的入口地址，也可以建立许多相同的任务，所有任务都使用同一个函数。

5. 任务状态

μC/OS-Ⅱ的任务状态在任一给定时刻，都可能处在以下 5 种状态之一（见图 6-4）。

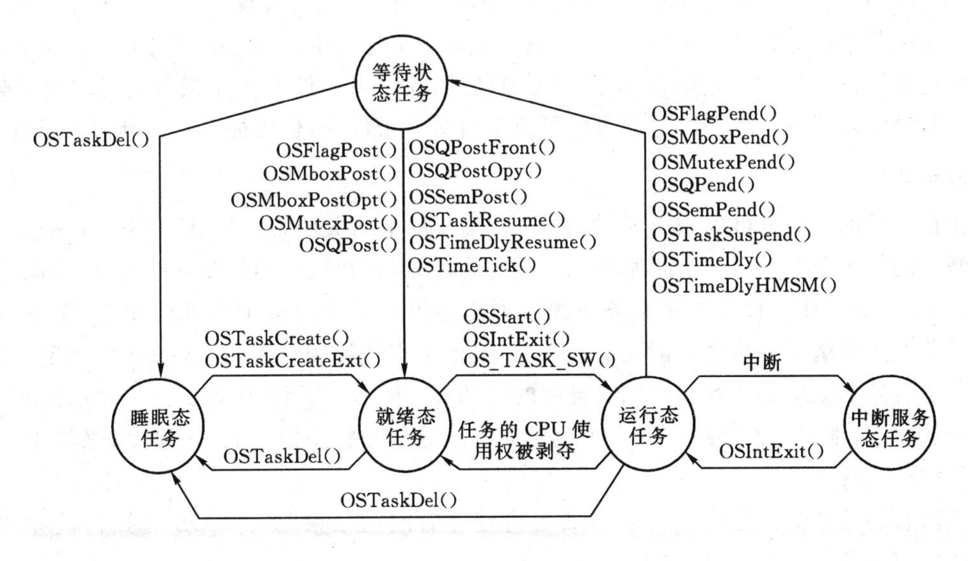

图 6-4　任务的状态

1）睡眠态（task dormant）

睡眠态指任务驻留在程序空间，还没有交给 μC/OS-Ⅱ来管理。把任务交给 μC/OS-Ⅱ，是通过调用任务创建函数来实现的。这些调用只是用于告诉 μC/OS-Ⅱ,任务的起始地址在哪里;任务建立时,用户给任务赋予的优先级是多少;任务要使用多少栈空间等。

2)就绪态

任务一旦建立,这个任务就进入了就绪态,准备运行。任务的建立可以是在多任务运行开始之前,也可以动态地由一个运行着的任务建立。如果多任务已经启动,且一个任务是被另一个任务建立的,而新建立的任务的优先级高于建立它的任务的优先级,则这个刚刚建立的任务将立即得到 CPU 的使用权。一个任务可以通过调用 OSTaskDel()返回到睡眠态,或通过调用该函数让另一个任务进入睡眠态。

3)运行态

调用 OSStart()可以启动多任务。OSStart()函数只能在启动时调用一次,该函数运行用户初始化代码中已经建立的、进入就绪态的优先级最高的任务。优先级最高的任务就这样进入了运行态。任何时刻只能有一个任务处于运行态。就绪的任务只有当所有优先级高于这个任务的任务都转为等待状态,或者是被删除了,才能进入运行态。

4)等待状态

正在运行的任务可以通过调用 OSTimeDly()或 OSTimeDlyHMSMO 将自身延迟一段时间,任务进入等待状态后,一直到函数中定义的延迟时间到才再次进入就绪状态。这 2 个函数会立即强制执行任务切换,让下一个优先级最高的并进入了就绪态的任务运行。等待的时间过去以后,系统服务函数 OSTimeTick()使延迟了的任务进入就绪态。OSTimeTick()是 μC/OS-Ⅱ的一个内部函数,用户无需在应用程序代码中调用这个函数。

正在运行的任务可能需要等待某一事件的发生,可以通过调用 OSFlagPend(),OSSemPend(),SMutexPend(),OSMboxPend()或 OSQPend()等函数实现。如果某事件并未发生,调用上述函数的任务就进入了等待状态,直到等待的事件发生。当任务因等待事件被挂起时,下一个优先级最高的任务立即得到了 CPU 的使用权。当事件发生了或等待超时时,被挂起的任务就进入就绪态。事件发生的报告可能来自另一个任务,也可能来自中断服务子程序。

5)中断服务态

正在运行的任务是可以被中断的,除非该任务将中断关闭,或者 μC/OS-Ⅱ将中断关闭。被中断了的任务于是进入了中断服务态。响应中断时,正在执行的任务被挂起,中断服务子程序控制了 CPU 的使用权。中断服务子程序可能会报告一个或多个事件的发生,而使一个或多个任务进入就绪态。在这种情况下,从中断服务子程序返回之前 μC/OS-Ⅱ要判定,被中断的任务是否还是就绪态任务中优先级最高的。如果中断服务子程序使另一个优先级更高的任务进入就绪态,则新进入就绪态的这个优先级更高的任务将得以运行;否则,原来被中断了的任务将继续运行。

当所有的任务都在等待事件发生或等待延迟时间的结束时,μC/OS-Ⅱ执行被称为空闲任务的内部任务,即 OSTaskIdle()。

6. 任务控制块(OS_TCB)

一旦任务建立了,任务控制块 OS_TCBs 将被赋值。任务控制块是一个数据结构,当任务的 CPU 使用权被剥夺时,μC/OS-Ⅱ用它来保存该任务的状态。当任务重新得到 CPU 使用权时，任务控制块能确保任务从当时被中断的那一点丝毫不差地继续执行。OS_TCBs 全部驻留在 RAM 中。下面的程序给出任务控制块的 C 语言描述，OS_TCB 数据结构中使用条件编译语句可以使用户减缩 μC/OS-Ⅱ对 RAM 的占用量。

程序 C6-5：

```
typedef struct os_tcb
{
    OS_STK * OSTCBStkPtr;                  //任务堆栈栈顶指针
    #if  OS_TASK_CREATE_EXT_EN>0
        void        * OSTCBExtPtr;         //任务堆栈扩展指针
        OS_STK      * OSTCBStkBottom;      //任务堆栈栈底指针
        INT32U      OSTCBStkSize;          //堆栈中可容纳的指针元数目
        INT16U      OSTCBOpt;              //允许将“选择项”传给函 OSTaskCreateExt()
        INT16U      OSTCBId;               //存储任务的识别码(ID)
    #endif
    struct os_tcb   * OSTCBNext;           //指向后一个任务链表的指针
    struct os_tcb   * OSTCBPrev;           //指向前一个任务链表的指针
    #if  ( OS_Q_EN && OS_MAX_QS ) || OS_MBOX_EN || OS_SEM_EN || OS_MUTEX_EN
        OS_EVENT * OSTCBEventPtr;          //指向事件控制块的指针
    #endif
    #if  ( OS_Q_EN && OS_MAX_QS ) || OS_MBOX_EH
        void     * OSTCBMsg;               //指向传递给任务的消息的指针
    #endif
    #if  (OS_VERSION) = 251) && OS_FLAG_EN && OS_MAX_FLAGS
        #if OS_TASK_DKL_EN
            OS_FLAG_NODE * OSTCBFlagNode;//指向事件标志节点(flag node)的指针
        #endif
        OS_FLAGS     OSTCBFlagRdy;         //任务就绪态指示标志
    # endif
    INT16U     OSTCBDly;                   //任务延时最大节拍数
    INT8U      OSTCBStat;                  //任务的状态字
    INT8U      OSTCBPrio;                  //任务的优先级
    INT8U      OSTCBX;                     //任务加速进入就绪态的计算过程量
    INT8U      OSTCBY;
    INT8U      OSTCBBitX;
    INT8U      OSTCBBitY;
    #if  OS_TASK_DEL_EN
        BOOLEAN     OSTCBDelReq;           //允许任务删除的标志布尔量
    #endif
}OS_TCB;
```

下面说明该结构中重要参数的意义：

(1)OSTCBStkPtr：任务堆栈栈顶指针，是 OS_TCB 中唯一能用汇编语言处置的变量。

(2)OSTCBExtPtr：任务堆栈扩展指针，OS_TASK_CREATE_EXT_EN（附录 C 中的 _CFG. H）设为 1 时有效。用其指向一个数据结构，以跟踪某个任务的执行时间或切换次数。

(3)OSTCBStkBottom：任务堆栈栈底指针，用于在运行中检验栈空间的使用情况，在函数 OSTaskStkChk()中使用。OS_CFG. H 文件 OS_TASK_CREATE_KXT_EN 设为 1，以允许用 OSTaskCreateKxt()创建任务时才有效。

(4)OSTCBStkSize：堆栈中可容纳的指针元数目，而不是用字节（Byte）表示的栈容量总数，在 OSStakChk()使用。OS_TASK_CREATE_KXT_EN(OS_CFG. H)设为 1 时有效。

(5)OSTCBOpt：创建任务函数 OSTaskCreateExt()选择项。TASK_CREATE_EXT_EN. H 为 1 时有效(OS_CFG. H)。目前支持 3 个选项：

OS_TASK_OPT_STK_CHK：TaskCreateExt()建立任务时，任务栈检验选项。如果允许，可调用 OSTaskStkChk()完成。

OS_TASK_OPT_STK_CLR：建立任务时任务栈是否要清 0 选项。

OS_TASK_OPT_SAVE_FP：TaskCreateExt()建立任务时，设置浮点运算选项。

(6)OSTCBId：用于存储任务的识别码 ID。这个变量为将来扩展时使用。

(7)OSTCBNext 和 OSTCBPrev：用于任务控制块 OS_TCB 双向链表的前/后链接，在时钟节拍函数 OSTimeTick()中用于刷新各任务的任务延迟变量 OSTCBDly。在任务建立时，用其将任务控制块 OS_TCB 插入到链表中。

(8)OSTCBEventPtr：指向事件控制块的指针。

(9)OSTCBMsg：指向传递给任务的消息的指针。

(10)OSTCBFlagNode：指向事件标志节点的指针，只有当 OSTaskDel()函数使用 OSTCBFlagNode 删除等待事件标志组的任务时才会用到。OS_FLAG_EN 为 1 时(OS_CFG. H)，此变元才会出现在 OS_TCB 中。

(11)OSTCBFlagRdy：当任务等待事件标志组时，该标志用于指示任务是否进入就绪态。OS_FLAG_EN 为 1 时(OS_CFG. H)，此变元才会出现在 OS_TCB 中。

(12)OSTCBDly：任务允许等待事件发生的最多时钟节拍数，在任务需要延时或挂起一段时间时须用此变量。0 表示任务不延时或时间没有限制。

(13)OSTCBStat：任务状态字。当 OSTCBStat 等于 OS_STAT_READY 时，任务进入就绪态。μC/OS-Ⅱ也可以给 OSTCBStat 赋其他的值(μCOS_II. H)。

(14)OSTCBPrio：任务的优先级(≤63)。值越小优先级越高。

(15)OSTCBX，OSTCBY，OSTCBBitX，OSTCBBitY：任务检索过程变量。

(16)OSTCBDelReq：用于表示该任务是否须删除的一个布尔量。OS_FLAG_EN 为 1 时(S_CFG. H)，这个变元才会出现在 OS_TCB 中。

OS_CFG. H 文件（附录 C）中用 OS_MAX_TASKS 定义了最多任务数，也限定了用户程序的任务控制块 OS_TCB 的最大数目。实际建立的所有任务控制块 OS_TCB 都是放在任务控制块列表数组 OSTCBTbl[]中，其中还包括了系统任务，即空闲任务和统计任务。

在 μC/OS-Ⅱ初始化时，所有任务控制块 OS_TCB 都被链接成单向空任务链表（见图 6-5）。任务一旦建立，该任务便得到了由 OSTCBFreeList 指向的任务控制块，然后该指针又指向下一个空任务控制块。一旦任务被删除,任务控制块就还给空任务链表。

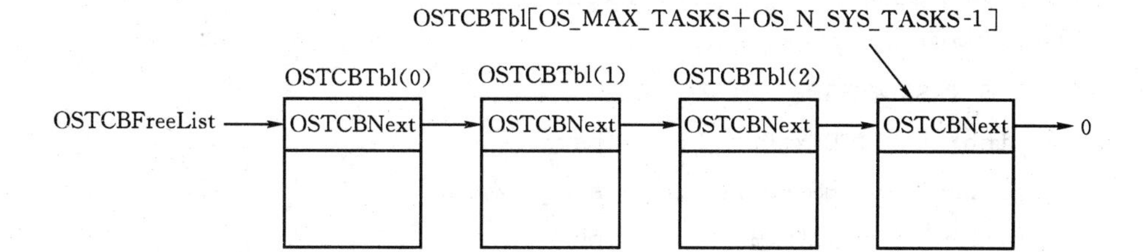

图 6-5　空任务控制块列表(free OS_TCBs)

任务建立时,函数 OSTaskCreate()或函数 OSTaskCreateExt()调用任务控制块初始化函数 OS_TCBInit(),并接受如表 6-3 所示的 7 个参数。

表 6-3　OS_TCBInit()初始化参数表

prio	任务的优先级。
ptos	OSTaskInit()建立栈结构以后,ptos 是指向找顶的指针,且保存在 OS_TCB 的. OSTCBStkPtr 中
pbos	指向栈底的指针,保存在 OS_TCB 的. OSTCBStkBottom 变元中
id	任务标志符,保存在. OSTCBId 中
stk_size	堆栈的容量,保存在 OS_TCB 的. OSTCBStkSize 中
pext	OS_TCB 中的扩展指针. OSTCBExtPtr 的值
opt	OS_TCB 的选择项,保存在. OSTCBOpt 中

任务控制块初始化函数 OS_TCBInit()如下:

程序 C6-6:

```
INT8U OS_TCBInit (INT8U prio,OS_STK *ptos,OS_STK *pbos,INT16U id,INT32U stk_size,
                  void *pext, INT16U opt )
{
   #if OS_CRITICAL_METHOD == 3
       OS_CPU_SR cpu_sr;
   #endif
   OS_TCB *ptcb;
   OS_ENTER_CRITICAL();
   ptcb = OSTCBFreeList;                                                    (1)
   if (ptcb! = (OS_TCB *)0)
   {
       OSTCBFreeList        = ptcb->OSTCBNext;
       OS_EXIT_CRITICAL();
       ptcb->OSTCBStkPtr    = ptos;                                          (2)
```

```
ptcb->OSPTCBPrio      = (INT8U)prio;
pcb->OSTCBStat        = OS_STAT_RDY;
ptcb->OSTCBDly        = 0;
#if OS_TASK_CREATE_EXT_EN>0
    ptcb->OSTCBExtPtr         = pext;                                   (3)
    ptcb->OSTCBStkSize        = stk_size;
    ptcb-> OSTCBStkBottom     = pbos;
    ptcb->OSTCBOpt            = opt;
    ptcb->OSTCBId             = id;
#else
    pext          = pext;
    stk_size      = stk_size;
    pbos          = pbos;
    opt           = opt;
    id            = id;
#endif
#if OS_TASK_DEL_EN>0
    ptcb->OSTCBDelReq = OS_NO_ERR;                                      (4)
#endif
ptcb->OSTCBY                  = prio>>3;                                (5)
ptcb->OSTCBBitY               = OSMapTbl[ptcb->OSTCBY];
ptcb->OSTCBX                  = prio & 0x07;
ptcb->OSTCBBitX               = OSMapTbl[ptcb->OSTCBX];
#if OS_EVENT_EH>0
    ptcb->OSTCBEventPtr = (OS_EVENT *)0;                                (6)
#endif
#if (OS_VERSION>=251)&&(OS_FLAG_EN>0)&&(OS_MAX_FLAGS>0)&&(OS_TASK_
    DEL_EN>0)
    ptcb->OSTCBFlagNode       = (OS_FLAG_NODE *)0;                      (7)
#endif
#if OS_MBOX_EH||(OS_Q_EN&&(OS_MAX_QS>=2))
    ptcb->OSTCBMsg = (void *)0;
#endif
#if OS_VERSION>=204
    OSTCBInitHook(ptcb);                                                (8)
#endif
OSTaskCreateHook(ptcb);                                                 (9)
OS_ENTER_CRITlCAL();
OSTCBPrioTbl[prio]        = ptcb;                                       (10)
```

```
        ptcb->OSTCBNext        = OSTCBList;
        ptcb->OSTCBPrev        = (OS_TCB *)0;
        if (OSTCBList ! = (OS_TCB *)0)  { QSTCBList->OSTCBPrev = ptcb;}
        OSTCBList     = ptcb;
        OSHdyGrp| = ptcb->OSTCBBitY;
        OSRdyTbl[ptcb->OSTCBY] | = ptcb->OSTCBBitX;
        OS_EXIT-CRITICAL();
        return (OS_NO_ERR);                                          (11)
    }
    OS_EXIT_CRITIGAL();
    return (OS_NO_MORE_TCB);
}
```

(1)OS_TCBInit()首先试图从 OS_TCB 缓冲池中得到一个任务控制块 OS_TCB。

(2)如果缓冲池中有空余的 OS_TCB,这个 OS_TCB 就被初始化了。一旦分配到 OS_TCB, OS_TCBInit()就可以重新开中断。因为此时要建立的任务已经占有了这个任务控制块,它不可能被同时建立的另一个任务夺取。OS_TCBInit()可以在中断开着的情况下,初始化 OS_TCB 中的其余变元。

(3)如果用户允许了函数 OSTaskCreateExt()的代码生成(OS_CFG. H 文件中的 OS_TASK_CREATE_EN 被置 1),额外的变元就插入到 OS_TCB 中了。

(4)OS_TCB 中是否出现. OSTCBDelReq,取决于 0S_TASK_DEL_EN 是否被置为 1(见 OS_CFG. H)。换言之,如果不打算删除任务,可以从每一个 OS_TCB 中节省出一个布尔量空间。

(5)为在任务调度时节省时间,OSTCBInit()对一些参数提前做了运算。笔者宁愿以存储空间换取执行时间。

(6)如果不打算在应用程序中使用任何信号量,互斥型信号量 mutex、消息邮箱以及消息队列,OS_TCfB 中的. OSTCBEvenPtr 变元就不会出现。

(7)如果事件标志的使用得到允许(将 OS_CFG. H 文件中的 OS_FLAG_EN 置为 1),则指向事件标志节点的指针被初始化为空指针。因为任务并没有等待事件标志,只是刚刚建立。

(8)在 μC/OS-Ⅱ V2. 1 中,增加了对函数 OSTCBInitHook()的调用,这个函数可以在处理器的移植文件中定义。该函数允许对 OS_TCB 加以扩展。例如,可以初始化和保存浮点寄存器、MMU 寄存器以及与任务相关的内容,然而,这些额外的信息通常是保存在为应用程序分配的存储空间中的。

注意:当 OS_TCBInit()调用 OSTCBInitHook()时,中断是开着的。

(9)OS_TCBHInit()然后调用 OSTaskCreateHook()。OSTaskCreateHook()是用户定义的函数。该函数使用户能够扩展函数 OSTaskCreate()以及 OSTaskCreateExt()的功能。当 OS_CPU_HOOKS_EN 置为 1 时,OSTasktCresteHook()可以在 OS_CPU. C 中定义;若 OS_CPU_HOOKS_EN 为 0,则可在任何其他地方定义。

注意:当 OS_TCBInit()调用 OSTCBCreatHook()时,中断是开着的。

本来可以设计成只调用 2 个接口函数中的一个,OS_TCBInitExt()或 OSTaskCreateExt

()。分成 2 个函数，可以使用户紧缩那些与 OS_TCB 相关的项，并通过 OSTCBInitHook()捆绑在 OS_TCB 上，而其他与任务初始化相关的项放在 OSTaskCreateHook()中。

(10)当 OS_TCBInit()需要把 OS_TCB 插入到已经建立任务的双向链表中时，先要关中断。这个链表开始于 OSTCBList，新任务的 OS_TCB 总是插在表的开头。

(11)最后，让该任务进入就绪态。OS_TCBInit()返回到调用函数[OSTaskCreate()或 OSTaskCreateExt()]。返回值表示已经分配到任务控制块，并且已经初始化了。

7. 就绪表

每个任务被赋予不同的优先级等级，从 0 级到最低优先级 OS_LOWEST_PRIO。当 μC/OS-Ⅱ初始化时，最低优先级 OS_LOWEST_PRIO 总是被赋给空闲任务，且始终处于就绪态。

每个就绪的任务都放入就绪表中，就绪表中都有 OSRdyGrp 和 OSRdyTbl[]两个变量。字节变量 OSRdyGrp 包含 8 位，每一位代表 8 个任务的就绪状态，即 OSRdyGrp 某一位为 1 则表示它代表的 8 个任务中至少有 1 个任务进入就绪状态。数组变量 OSRdyTbl[]中的每一位代表一个任务的就绪状态，并按照优先级顺序放置，它最大包含 8 个字节共 64 位，因此最大支持 64 个优先级管理。OSRdyGrp 和 OSRdyTbl[]之间的关系如图 6-6 所示，图中任务优先级的低 3 位用于索引就绪表 OSRdyTbl[]列号，中间 3 位用于确定行号，当 OSRdyTbl[i]中的任意一位为 1，则 OSRdyGrp 的第 i 位也置 1，i=0~7。

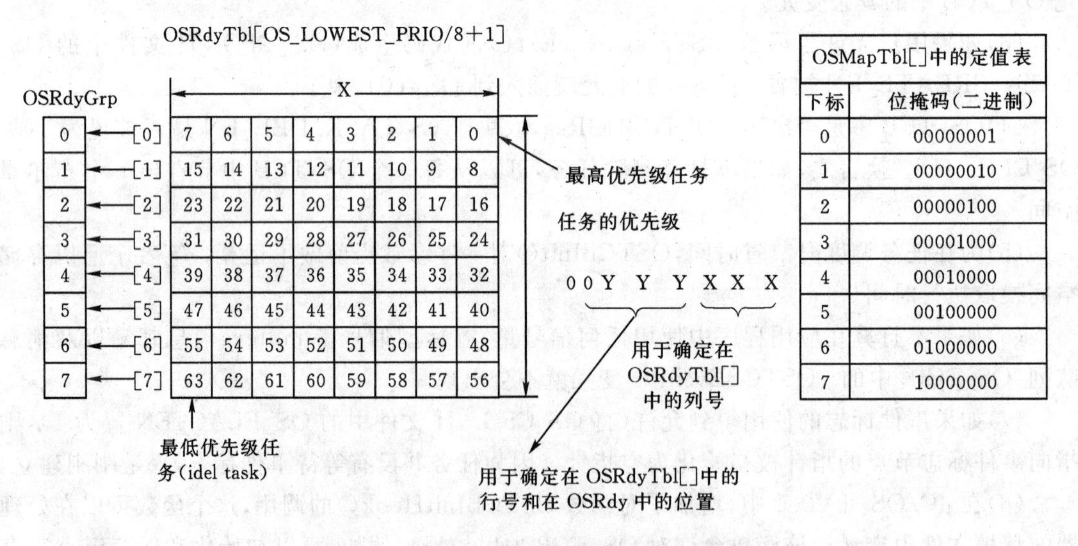

下标	位掩码(二进制)
0	00000001
1	00000010
2	00000100
3	00001000
4	00010000
5	00100000
6	01000000
7	10000000

图 6-6 μC/OS-Ⅱ的任务就绪表和位掩码表

为确定下次该哪个优先级的任务运行了，μC/OS-Ⅱ中的调度器总是将最低优先级的任务在就绪表中相应字节的相应位置 1。通过执行下述两条语句就可实现将任务放入就绪表中，其中 Prio 是任务的优先级，OSMapTbl[]是一张固化在 ROM 中的位掩码定值表。

程序 C6-7：

```
OSRdyGrp              |= OSMapTbl[ prio >> 3 ];
OSRdyTbl[prio >> 3] |= OSMapTbl[ prio & 0x07 ];
```

如果删除一个任务，则对上述代码做求反处理：

程序 C6－8：

```
if ( (OSRdyTbl[ prio >> 3 ] &= ~OSMapTbl[ prio & 0x07 ]) == 0 )
    OSRdyGrp &= ~OSMapTbl[ prio >> 3 ];
```

为了找到那个进入就绪态的优先级最高的任务，并不需要在 OSRdyTbl 中穷尽搜索，而是构建一张叫作优先级判定表的一维数组 OSUnMapTbl([256])来进行一次性搜索查找。OSRdyTbl[]中每个字节的 8 位代表这一组的 8 个任务哪些进入就绪态了，低位的优先级高于高位。利用这个字节为下标来查 OSUnMapTbl 这张表，返回的字节就是该组任务中就绪态任务中优先级最高的那个任务所在的位置。这个返回值在 0～7 之间。确定进入就绪态的优先级最高的任务是用以下代码完成的：

程序 C6－9：

```
y=OSUnMapTbl[ OSRdyGrp ];
x=OSUnMapTbl[ OSRdyTbl[y] ];
prio=(y<<3) + x;
INT8U const OSUnMapTbl[]=
{
    0,0,1,0,2,0,1,0,3,0,1,0,2,0,1,0,  //  0x00 ~0x0F
    4,0,1,0,2,0,1,0,3,0,1,0,2,0,1,0,  //  0x10 ~0x1F
    5,0,1,0,2,0,1,0,3,0,1,0,2,0,1,0,  //  0x20 ~0x2F
    4,0,1,0,2,0,1,0,3,0,1,0,2,0,1,0,  //  0x30 ~0x3F
    6,0,1,0,2,0,1,0,3,0,1,0,2,0,1,0,  //  0x40 ~0x4F
    4,0,1,0,2,0,1,0,3,0,1,0,2,0,1,0,  //  0x50 ~0x5F
    5,0,1,0,2,0,1,0,3,0,1,0,2,0,1,0,  //  0x60 ~0x6F
    4,0,1,0,2,0,1,0,3,0,1,0,2,0,1,0,  //  0x70 ~0x7F
    7,0,1,0,2,0,1,0,3,0,1,0,2,0,1,0,  //  0x80 ~0x8F
    4,0,1,0,2,0,1,0,3,0,1,0,2,0,1,0,  //  0x90 ~0x9F
    5,0,1,0,2,0,1,0,3,0,1,0,2,0,1,0,  //  0xA0 ~0xAF
    4,0,1,0,2,0,1,0,3,0,1,0,2,0,1,0,  //  0xB0 ~0xBF
    6,0,1,0,2,0,1,0,3,0,1,0,2,0,1,0,  //  0xC0 ~0xCF
    4,0,1,0,2,0,1,0,3,0,1,0,2,0,1,0,  //  0xD0 ~0xDF
    5,0,1,0,2,0,1,0,3,0,1,0,2,0,1,0,  //  0xE0 ~0xEF
    4,0,1,0,2,0,1,0,3,0,1,0,2,0,1,0,  //  0xF0 ~0xFF
};
```

上述代码即可计算出当前最高优先级任务的优先级号。例如，OSRdyGrp 的值为 0x68，表示有 3 组，每组至少有 1 个任务处于就绪态。查表计算 y 得到值为 3，即第 3 组处于较高优先级。此时第 3 组如果有 4 个任务处于就绪态，如 OSRdyTbl[3]的值是 0xE4，即 26，29，30，31 共 4 个任务处于就绪态，则再查表计算 x 得到值为 2，于是任务的优先级 Prio 就等于 3×8＋2＝26。利用这个优先级的值，就可以查任务控制块优先级表 OSTCBPrioTbl[]，从而得到指向 26 优先级任务的任务控制块 OS_TCB。

8. 任务调度

μC/OS-Ⅱ总是运行进入就绪态任务中优先级最高的那一个。确定哪个任务优先级最高，下面该哪个任务运行了的工作是由调度器完成的。任务级的调度是由函数OSSched()完成的，中断级的调度是由函数OSIntExt()完成的。μC/OS-Ⅱ任务调度的执行时间是常数，与应用程序建立了多少个任务没有关系。OSSched()的程序如下：

程序C6－10：

```
void OS_Sched (void)
{
    #if OS_CRITICAL_METHOD==3
        OS_CPU_SR    cpu_sr;
    #end if
    INT8U    y;
    OS_ENTER_CRITICAL();                                    //执行临界代码
    if ( ( OSIntNesting==0 ) && ( OSLockNesting== 0 ) )    //判断是否执行任务调度
    {
        y=OSUnMapTbl[OSRdyGrp];                            //找出就绪态优先级最高任务
        OSPrioHighRdy=(INT8U)((y<<3) + OSUnMapTbl[OSRdyTbl[y]]);
        if ( OSPrioHighRdy ! =OSPrioCur )                  //如优先级相等则无需调度
        {
            OSTCBHighRdy=OSTCBPrioTbl[OSPrioHighRdy];      //得到最高优先级任务控制块
                                                           指针
            OSCtxSwCtr++;                                  //跟踪任务切换次数
            OS_TASK_SW();                                  //任务切换
        }
    }
    OS_EXIT_CRITICAL();
}
```

OS_Sched()的所有代码都属于临界段代码，在寻找进入就绪态的优先级最高的任务过程中，为防止中断服务子程序把一个或几个任务的就绪位置位，中断是被关掉的。如果调用来自中断服务子程序(OSIntNesting>0)，或者至少调用了一次 (OSLockNesting>0)，任务调度函数OSSched()将不做任务调度，直接退出。

9. 任务级的任务切换，OS_TASK_SW()

调度器调用OS_TASK_SW()完成任务切换。任务切换由两步完成，即首先将被挂起任务的寄存器入栈，然后将最高优先级任务的寄存器值从栈中恢复到寄存器中。

在μC/OS-Ⅱ中，就绪任务的栈结构总是看起来跟刚刚发生过中断一样，所有微处理器的寄存器都保存在栈中。换句话说，μC/OS-Ⅱ运行就绪态的任务所要做的一切，只是恢复所有的CPU寄存器并运行中断返回指令。

OS_TASK_SW()是宏调用，通常含有微处理器的软件中断指令，因为μC/OS-Ⅱ假定任务切换是靠中断级代码完成的。μC/OS-Ⅱ需要的是一条处理器指令，其行为就像是硬件中断（所以称为软中断）。μC/OS-Ⅱ使用宏定义，将与实际处理器相关的软中断机制封装起来，使之可以在多种处理器开发平台上移植。

图 6-7 模拟一个任务，并假设该任务工作区间包括了 7 个寄存器：堆栈指针、程序计数器、状态寄存器、4 个通用寄存器。图示说明了 μC/OS-Ⅱ在调用 OS_TASK_SW()前后的变量、堆栈区和数据结构的状况。

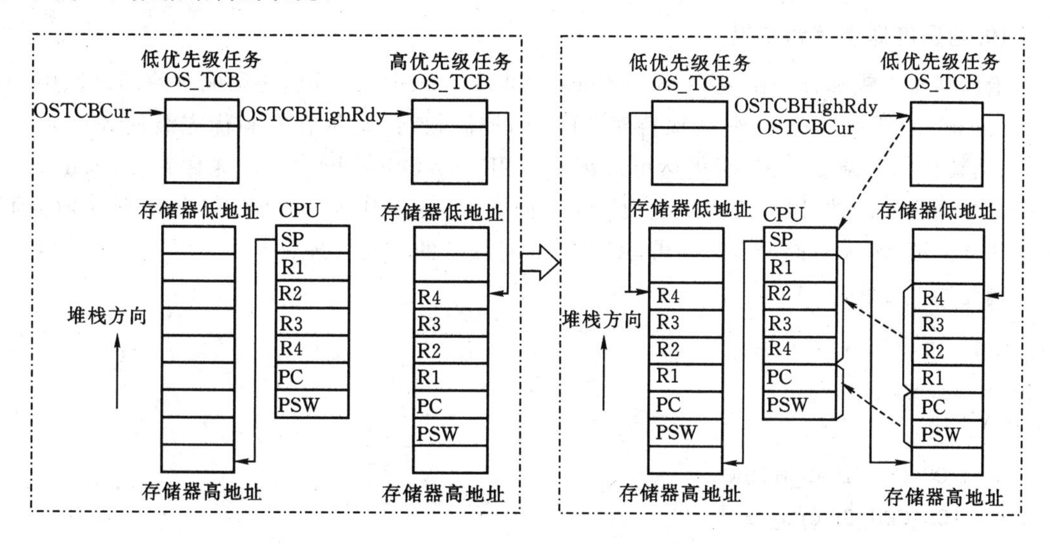

图 6-7　任务切换前、后的数据结构与操作

此时，当前任务控制块指针 OSTCBCur 指向即将被挂起的低优先级任务，CPU 堆栈指针指向自有堆栈区栈顶。同时，最高优先级任务控制块指针 OSTCBHighRdy 已经指向即将运行的任务控制块 OS_TCB，且其中的任务控制块堆栈指针 OSTCBStkPtr 指向它的堆栈区的栈顶。

在 OS_TASK_SW()任务切换宏调用中，首先需要保存低优先级任务的工作区间，如通过软中断强制处理器保存 PSW 和 PC 的当前值，再保存通用寄存器，此时 CPU 工作区的 SP 指针和当前任务控制块中的堆栈指针 OSTCBCur. OSTCBStkPtr 都指向任务堆栈的同一位置。

保护原低优先级任务，还需要恢复准备执行的高优先级任务工作区间，即先将 OSTCB-HighRdy 复制到 OSTCBCur，然后从 OS_TCB 中找出堆栈指针 OSTCBStkPtr，将其装入 CPU 的 SP 寄存器中。此时，SP 寄存器指向自有堆栈中原先最后压入堆栈的 R4 位置，然后按相反方向从堆栈中弹出通用寄存器，并通过执行中断返回指令，恢复 PC 和 PSW，完成高优先级任务工作区间的恢复。

实际任务切换是通过调用 OSCtxSw()函数来完成的，它是 OS_TASK_SW()任务切换宏调用中通过软中断调用实现的，代码通常是用汇编语言编写的。其示意性代码如下所示：

程序 C6-11：

```
void OSCtxSw(void)                    //强制保存挂起任务 PC 和 PSW
{
    将 R1,R2,R3 及 R4 推入当前堆栈;      //保存挂起任务通用寄存器
```

```
    OSTCBCur －＞ OSTCBStkPtr＝SP；          //保存挂起任务堆栈指针
    OSTCBCur＝OSTCBHighRdy；                 //指向即将运行的任务快
    SP＝OSTCBHighRdy －＞ OSTCBStkPtr；      //恢复即将运行任务的堆栈指针
    将 R4,R3,R2 及 R1 从新堆栈中弹出；        //恢复即将运行任务的通用寄存器
    执行中断返回指令；                        //恢复即将运行任务的 PC 和 PSW
}
```

10. 给调度器上锁和开锁

给调度器上锁和开锁函数 OSSchedlock()和 OSSchedUnlock()必须成对使用。调用 OS-Schedlock()的任务，则任务继续保持对 CPU 的控制权，此时尽管有高优先级任务进入就绪态，仍然禁止任务调度，而中断仍然可以识别。用变量 OSLockNesting 来跟踪 OSSchedLock()函数被调用的次数，以允许嵌套上锁嵌套。函数 OSSchedLock()和 OSSchedUnlock()的使用要非常谨慎，因为它们严重影响着 μC/OS-Ⅱ对任务的正常管理。

调度器上锁程序如下：

程序 C6－12：

```
void OSSchedLock (void)
{
    ＃if OS_CRITICAL_METHOD＝＝3
        OS_CPU_SR cpu_sr;
    ＃end if
    if (OSRunning ＝＝ TRUE)                       //如果多任务已经启动，则上锁才有意义
    {
        OS_ENTER_CRITICAL();
        if(OSLockNesting＜255){ OSLockNesting＋＋;}
                                                   //在给嵌套层数加 1 前，须确认没有超界
        OS_EXIT_CRITICAL();
    }
}
```

调用 OSSchedLock()之后，用户应用程序不得调用可能会使当前任务挂起的系统功能函数。也就是说，用户程序不得调用 OSFlagPend()，OSMboxPend()，OSMutexPend，OSQPend()，OSSemPend()，OSTaskSuspend(OS_PR1O_SELF)，OSTimeDly()或者 OSTimeDlyHMSM()，直到 OSLockNesting 回 0 为止。

调度器开锁程序如下：

程序 C6－13：

```
void OSSchedUnlock (void)
{
    ＃if OS_CRITICAL_METHOD＝＝3
        OS_CPU_SR cpu_sr;
    ＃end if
```

```
    if (OSRunning == TRUE)
    {
        OS_ENTER_CRITICAL();
        if (OSLockNesting > 0)
        {
            OSLockNesting--;
            if ((OSLockNesting==0)&&(OSIntNesting==0))//调度器嵌套和中断
                                                      嵌套都为0
            {
              OS_EXIT_CRITICAL();
              OSSched();//允许任务调度
            }
            else { OS_EXIT_CRITICAL();}
        }
        else { OS_EXIT_CRITICAL();}
    }
}
```

如果多任务已经启动了(调用过 OSStart()),调度器开锁才有意义。调度器嵌套和中断嵌套都为 0,即所有嵌套的函数执行完后,才允许调度器运行,于是在任务级调用一次任务调度 OSSched(),以及时响应在调度器上锁期间,可能的更高优先级的任务进入就绪态。

11. 空闲任务

μC/OS-Ⅱ总要建立一个空闲任务(idle task),这个任务在没有其他任务进入就绪态时投入运行。这个空闲任务(OSTaskIdle())永远设为最低优先级,即 OS_LOWEST_PRIO。空闲任务不可能被应用软件删除。

μC/OS-Ⅱ的空闲任务程序如下:

程序 C6-14:

```
void OSTaskIdle (void *pdata)
{
    #if OS_CRITICAL_METHOD==3
          OS_CPU_SR cpu_sr;
    #end if
    pdata=pdata;
    for (;;)
    {
          OS_ENTER_CRITICAL();
          OSIdleCtr++;
          OS_EXIT_CRITICAL();
          OSTaskIdleHook();                //休闲任务钩子函数
```

```
    }
}
```

空闲任务 OSTaskIdle()在不停地给一个 32 位的名为 OSIdleCtr 的计数器加 1,统计任务用该计数器确定当前应用软件实际消耗的 CPU 时间。OSTaskIdle()调用 OSTaskIdleHook(),可以在这个函数中写入任何用户代码。可以借助 OSTaskIdleHook(),让 CPU 执行 STOP 指令,从而进入低功耗模式。当应用系统由电池供电时,这种方式特别有用,OSTaskIdle()是永远处于就绪态的,故不要在 OSTaskIdleHook()中调用任何可以使任务挂起的 PEND 函数、OSTimeDly??? () 函数以及 OSTaskSuspend()函数。

12. 统计任务

μC/OS-Ⅱ有一个统计运行时间的任务,叫做 OSTaskStat()。如果将系统配置定义常数 OS_TASK_STAT_EN(见 OS_CFG. H)设为 1,这个任务就会建立。OSTaskStat()每秒运行一次(见 OS_CORE. C),计算当前的 CPU 利用率。OSTaskStat()告诉用户应用程序使用了多少 CPU 时间,用百分比表示。这个值放在一个有符号 8 位整数 OSCPUsage 中,精确度是 1%。

如果应用程序打算使用统计任务,那么必须在初始化时建立的第 1 个也是唯一的任务中调用统计任务初始化函数 OSStatInit()。在调用系统启动函数 OSStart()之前,用户初始代码必须先建立一个任务,在这个任务中调用系统统计初始化函数 OSStatInit(),然后再建立应用程序中的其他任务。

统计任务的初始化程序如下:

程序 C6-15:

```
void main (void)
{
    OSInit();       /* 初始化 μC/OS-II */
                    /* 安装 μC/OS-II 的任务切换向量 */
                    /* 创建用户起始任务(为了方便讨论,这里以 TaskStart()作为起始任
                       务) */
    OSStart();      /* 开始多任务调度 */
}
void TaskStart (void * pdata)
{
                    /* 安装并启动 μC/OS-II 的时钟节拍 */
    OSStart();      /* 初始化统计任务 */
                    /* 创建用户应用程序任务 */
    for (;;)
    {
                    /* 这里是 TaskStart()的代码! */
    }
}
```

操作系统运行之前用户必须先建立一个起始任务 TaskStart()，使多任务调度至少有一个用户任务以供调度，此时系统实际上有 3 个要管理的任务：TaskStart()，OSTaskIdle()及 OSTaskStat()，其中 TaskStart()优先级最高。

13. μC/OS-Ⅱ中的中断

μC/OS-Ⅱ中，中断服务子程序可以要用汇编语言来写。如果用户使用的 C 语言编译器支持在线汇编语言的话，也可以直接将中断服务子程序代码放在 C 语言的程序文件中。μC/OS-Ⅱ中的中断服务子程序示意性代码如下：

程序 C6-16：

```
保存全部 CPU 寄存器；
调用 OSIntEnter 或 OSlntNesting 直接加 1；
执行用户代码做中断服务；
调用 OSIntExit()；
恢复所有 CPU 寄存器；
执行中断返回指令；
```

用户代码应该将全部 CPU 寄存器推入当前任务栈。用户应该调用 OSIntEnter()，或者将全程变量 OSIntNesting 直接加 1 以通知 μC/OS-Ⅱ用户在做中断服务。μC/OS-Ⅱ允许中断嵌套，并用 OSIntNesting 跟踪嵌套层数，此时就需要用户允许中断前先清除中断源。调用脱离中断函数 OSIntExit()标志着中断服务子程序的终结，OSIntExit()将中断嵌套层数计数器减 1。当嵌套计数器减到 0 时，所有中断，包括嵌套的中断就都完成了，此时 μC/OS-Ⅱ再进行一次任务调度以判定中断返回的位置，保存的寄存器值也在这时恢复，然后执行中断返回指令。注意，如果调度被禁止了，即 OSIntNesting>0，μC/OS-Ⅱ将返回到被中断了的任务。

14. μC/OS-Ⅱ初始化

μC/OS-Ⅱ的典型启动过程如图 6-8 所示。在程序进入 main()函数之后，首先执行 OSInit()函数来初始化 μC/OS-Ⅱ所有的变量和数据结构。同时，OSInit()还创建空闲任务 OSTaskIdle()和统计任务 OSTaskStat()。OSTaskStat()用来每秒统计一次 CPU 的使用率，使用率变量 OSCPUsage 来记录。

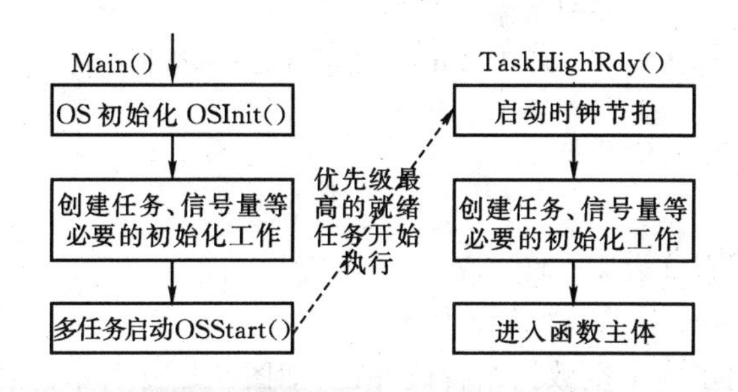

图 6-8　μC/OS-Ⅱ的典型启动过程

在 OSInit()之后，用户至少要创建一个任务，来保证多任务系统的正确启动。另外，用户还可以在此创建其他系统资源，如信号量、邮箱等，或者有可能用户还需要在此完成 μC/OS-

Ⅱ运行环境的一些初始化工作，如系统时间设置、处理器配置、外围器件设置等。

在上述工作完成之后，程序调用 OSStart()函数来启动多任务操作系统，OSStart()函数将启动已经创建的任务中的处于就绪态的优先级最高的任务。在该任务中，用户需要启动时钟节拍，可以初始化统计任务，创建其他任务、信号量、邮箱等，然后进入无限循环的函数主体，在 μC/OS-Ⅱ的管理下，与其他任务一起进行 CPU 控制权的争夺和协调。

图 6-9 表示调用 OSInit()之后，μC/OS-Ⅱ的变量和数据结构之间的关系。

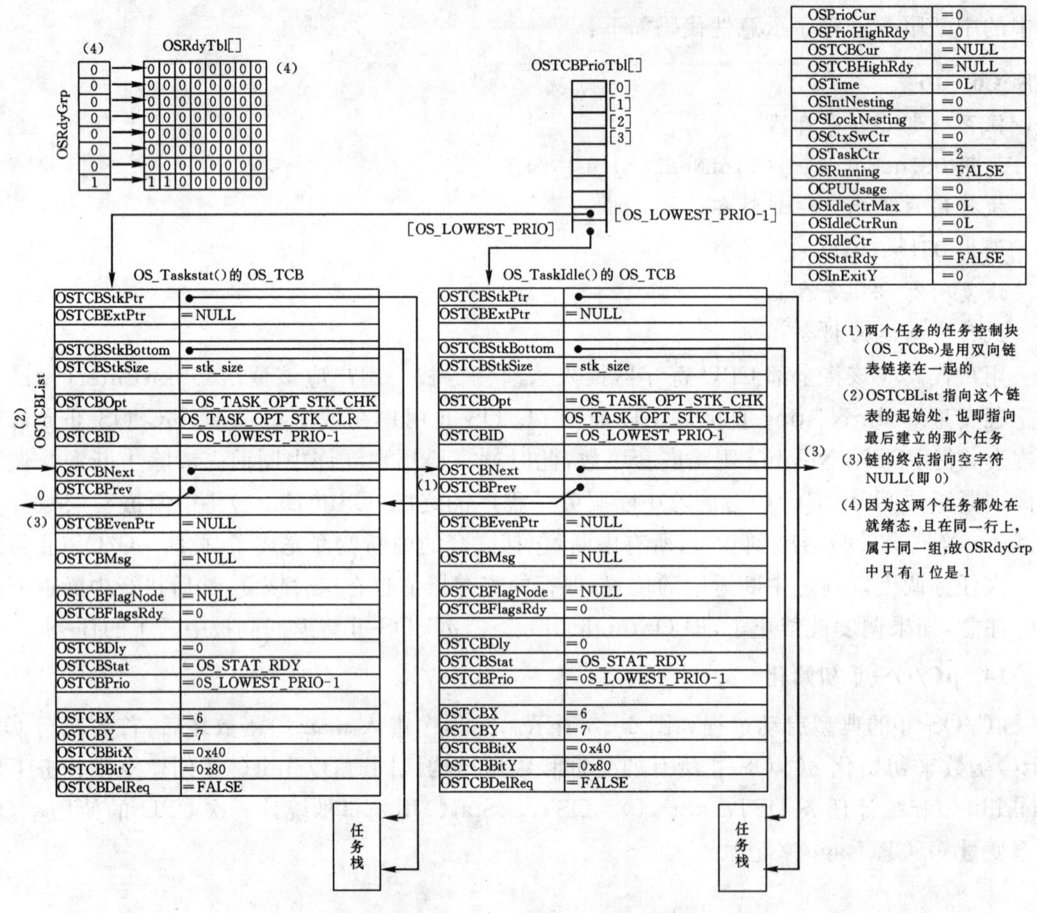

图 6-9　调用 OSInit()之后的变量和数据结构

①OS_TASK_STAT_EN 设为 1；

②OS_FLG_EN 设为 1；

③OS_LOWEST_PRIO 设为 63；

④最多任务数 OS_MAX_TASKS 设为 62。

μC/OS-Ⅱ还初始化了 5 个空数据结构缓冲区，如图 6-10 所示。每个缓冲区都是单向链表，允许 μC/OS-Ⅱ从缓冲区中迅速得到或释放一个缓冲区中的元素。

调用 OSInit()以后，任务控制块缓冲池中有 OS_MAX_TASKS 个任务控制块，事件控制块缓冲池中有 OS_MAX_EVENTS 个事件控制块，消息队列缓冲池 OS_Q 中有 OS_MAX_QS 个消息队列控制块，OS_FLAG_GRP 缓冲池中有 OS_MAX_FLAGS 个标志控制块，最后，OS_MEM 缓冲池中有 OS_MAX_MEM_PART 个存储控制块。每个空闲缓冲池以空指针结束。当然，如果所有列表中的指针全部指向 NULL，缓冲池全空。缓冲池的容量在 OS_CFG.H 中定义。

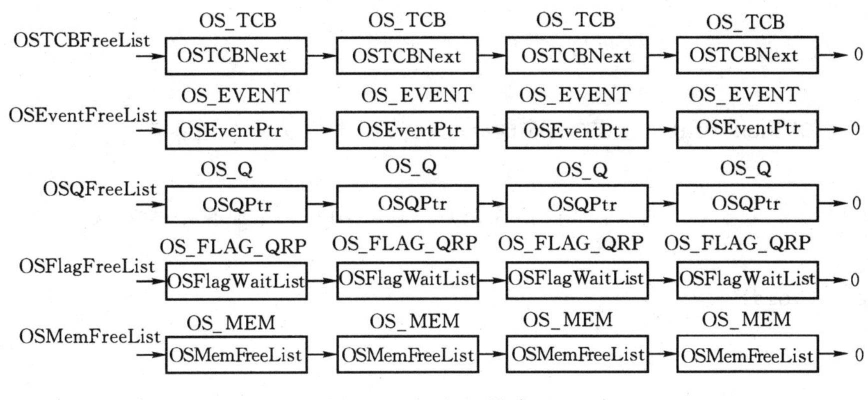

图 6-10 空闲缓冲区

15. μC/OS-Ⅱ的启动

多任务的启动是通过调用 OSStart()实现的。然而，启动 μC/OS-Ⅱ之前，至少须建立一个应用任务。多任务启动以后变量与数据结构中的内容如图 6-11 所示。这里假设建立的任务优先级为 6，OSTaskCtr 指出已经建立了 3 个任务。初始化和启动 μC/OS-Ⅱ程序如下：

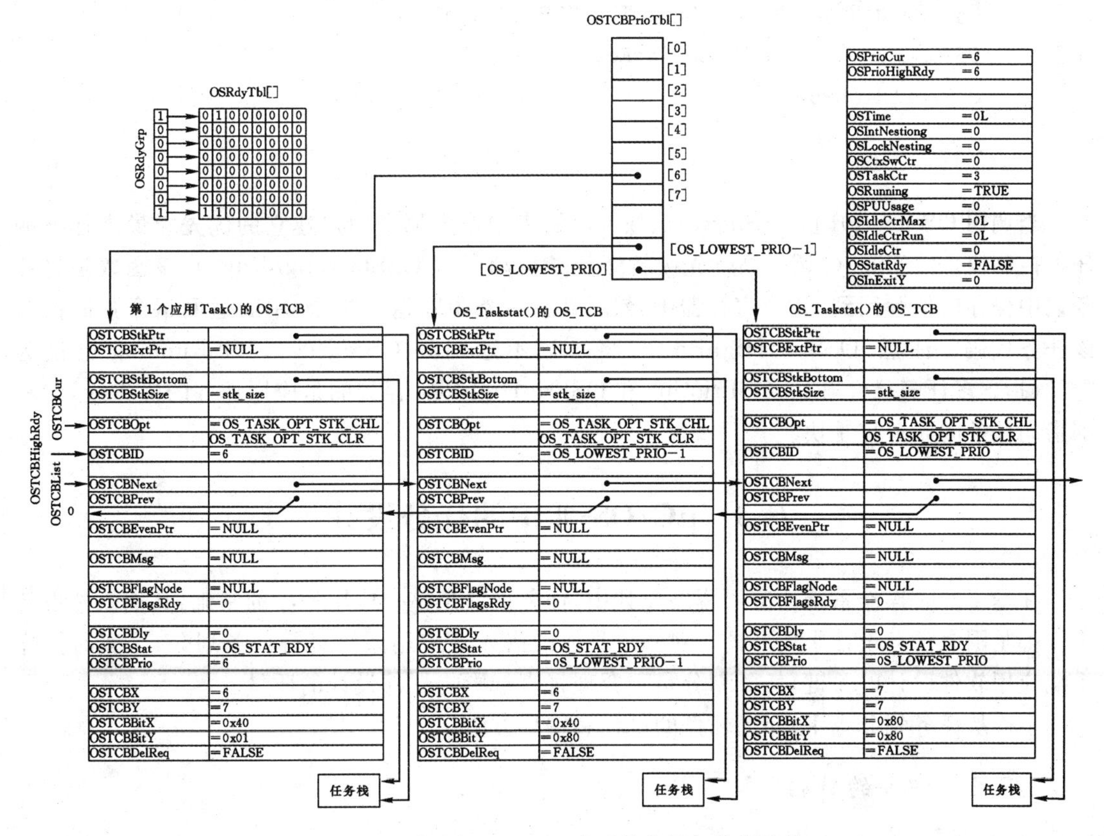

图 6-11 调用 OSStart()以后的变量与数据结构

程序 C6－17：

```
void main (void)
{
    OSInit();          /* 初始化μC/OS-II */
    . . .
    通过调用 OSTaskCreate()/OSTaskCreateExt()创建至少一个任务;
    . . .
    OSStart();         /* 开始多任务调度! OSStart()永远不会返回 */
}
void OSStart (void)
{
    INT8U y;
    INT8U x;
    if (OSRunning == FALSE) {
        y              = OSUnMapTbl[OSRdyGrp];
        x              = OSUnMapTbl[OSRdyTbl[y]];
        OSPrioHighRdy  = (INT8U)((y<<3) + x);
        OSPrioCur      = OSPrioHighRdy;
        OSTCBHighRdy   = OSTCBPrioTbl[OSPrioHighRdy];          (1)
        OSTCBCur       = OSTCBHighRdy;
        OSStartHighRdy();                                      (2)
    }
}
```

当调用 OSStart()时，OSStart()从任务就绪表中找出那个用户建立的优先级最高任务的任务控制块。OSStart()调用高优先级就绪任务启动函数 OSStartHighRdy()，该函数是将任务栈中保存的值弹回到 CPU 寄存器中，然后执行一条中断返回指令，中断返回指令强制执行该任务代码。注意：OSStartHighRdy()将永远不返回到 OSStart()。OSRunning 已设为“真”，指出多任务已经开始，OSPrioCur 和 OSPrioHighRdy 存放的是应用任务的优先级，二者都指向任务的任务控制块。

6.3 μC/OS-Ⅱ中的任务设计

在基于实时操作系统的应用程序设计中，任务设计是整个应用程序的基础，其他软件设计工作都是围绕任务设计来展开的。对一个具体的嵌入式应用系统进行任务划分，是实时操作系统应用软件设计的关键，任务划分是否合理将直接影响软件设计的质量。

下面从任务划分入手，介绍任务的设计和编程方法。

6.3.1 任务的特性

任务的基本特性包括动态性、独立性和并发性。

任务的状态是动态变化的，通常有就绪态、运行态、等待态、睡眠、中断等状态，这意味着任务并不是随时都可以运行的，而一个已经开始运行的任务并不能保证一直占有 CPU 的使用权。在没有操作系统的环境中，程序模块总是处于可执行状态，随时听候调用，只要被调用，就一直占用 CPU，直到该模块结束。

任务的独立性表现为逻辑上的平等性和信息传输的异步性。传统的程序模块是互相看得见的，一个模块可以调用另外一个模块。而在操作系统环境下的任务看来，CPU 为自己单独占有。一个任务看不见另外一个任务，所有任务在逻辑上都是平等的，任务之间的联系由操作系统中的各种通信机制完成。

为了满足实时性要求，操作系统可以让一个“已经就绪的高优先级任务”剥夺另一个“正在运行的低优先级任务”的运行权而进入运行状态，在一段时间内允许有多个任务在交替运行，它们的运行时间段有重叠部分，这种运行方式称为并发运行。从宏观上看，不同的任务可以并发运行，好像每个任务都有自己的 CPU 一样。这种交替运行称为伪并发运行。

6.3.2　任务划分的方法

任务划分可以有不同的划分方案，但首先要知道任务划分的目标，才能对不同的方案进行比较，选择最能够实现目标的方案，即首要目标就是满足“实时性”指标，即使在最坏的情况下，系统中所有对实时性有要求的功能都能够正常实现。其次，需要控制合理的任务数目，任务数目较多，任务的调度操作与通信资源开销就较大；反之，任务数目较少，每个任务功能就繁杂一些，资源开销就少一些。最后，要尽量简化软件系统，合理规划操作系统的服务功能，如时间管理、同步、通信、内存管理等，合理划分任务可以减少对操作系统的服务要求，降低系统资源需求，简化软件系统。

为了使任务划分合理，达到比较理想的目标，任务划分需要考虑的主要因素包括：

1)设备依赖性任务的划分

从系统的硬件结构框图开始，在各种功能部件中，依据与各功能模块的依赖关系，可以划分出如键盘任务、显示任务、数据采集任务、控制输出任务、通信任务等不同任务，依据与 I/O 口的连接关系可以划分出输入设备、输出设备等任务。

2)关键任务的划分

包含关键功能的任务称为关键任务，关键任务必须得到运行机会，即使遗漏执行一次也不行。必须尽可能与其他功能剥离，独立成为一个任务，通过通信方式再触发其他任务，完成后续操作。如果关键任务有严格的实时性要求，还必须赋予它足够高的优先级，以便及时获得运行权。

3)紧迫任务的划分

紧迫性是指某种功能必须在规定的时间内得到运行权，并在规定的时刻前执行完毕。这类功能有严格的实时性要求，将关键任务划出以后，剩下的对实时性有严格要求的功能作为紧迫任务来划分。这类任务大多是由异步事件触发的，并引发某种中断，在这种情况下，将紧迫任务安排在相应的 ISR 中是最有效的方法，并做到按时完成，对其尽量瘦身和剥离。

4)数据处理任务的划分

应用程序中最耗时的是各种数据处理程序单元，这种单元通常不只一个，它们分别为不同的功能服务。应该将这些单元划分出来，分别包装成不同的任务。由于这类任务需要消耗较多机时，所以它们的优先级必须安排得比较低，以便使用其他任务剩余的机时。如果各个不同的数据处理任务具有相同的运行周期，就可以将它们集中起来，组成一个综合数据处理任务。

5)功能聚合任务的划分

将关系密切的若干功能组合成为一个任务，达到功能聚合的效果。关系密切有两个含义：数据关联紧密和/或时序关联紧密。如果将关系密切的若干功能分别用不同的任务来实现，则需要进行大量的数据通信和(或)同步通信，这对系统是一个很大的负担。而将关系密切的若干功能组合成为一个任务，相关数据为各个功能共享，同步机制通过合理安排各个功能在任务中的时序来实现。

6)触发条件相同任务的划分

如果若干功能由相同的事件触发，就可以将这些功能组合成为一个任务，从而免除将事件分发给多个任务的工作量。但这样做是有条件的：当以某种次序顺序执行这些功能时，各个功能的实时性要求仍然可以得到满足，且各个功能在执行中不会出问题。被各种外部条件触发的任务通常是关键任务和(或)紧迫任务，应该按前面介绍的方法去处理。符合本类任务的触发条件通常是内部事件，例如通过运算处理产生了某种结果，根据这个结果，需要执行若干功能，这些功能就可以组合成为一个任务。

7)运行周期相同任务的划分

绝大多数功能都需要不停地重复执行，如果重复执行的条件是固定的时间间隔，则这个功能具有周期性。我们应该将周期相同的功能组合在一起封装为一个任务，就可以避免一个时间事件触发几个任务，省去事件分发操作与它们之间的通信。

8)顺序操作任务的划分

如果若干功能按固定顺序进行流水作业，相互之间完全没有“并发性”，则应该将这些功能组合为一个任务。如果将它们分别用不同的任务封装，则必须在这些任务之间进行频繁的同步通信，以实现任务之间的“接力赛”，完成规定的操作顺序。

6.3.3 操作系统中任务函数的结构

在基于实时操作系统的应用程序设计中，任务设计是整个应用程序的基础，其他软件设计工作都是围绕任务设计来展开的，任务设计就是设计“任务函数”和相关的数据结构。

在用户任务函数中，必须包含至少一次对操作系统服务函数的调用，否则比其优先级低的任务将无法得到运行机会。这是用户任务函数与普通函数的明显区别。任务函数的结构按任务的执行方式可以分为三类：单次执行类、周期执行类和事件触发类。

1)单次执行的任务

此类任务在创建后只执行一次，执行结束后即自行删除，其结构如下：

程序 C6-18：

```
void MyTask (void * pdata)                //单次执行的任务函数
{
  进行准备工作的代码；
```

```
    任务实体代码;
    调用任务删除函数;                    //调用 OSTaskDel(OS_PRIO_SELF)
}
```

单次执行的任务函数由三部分组成：第一部分是进行准备工作的代码，完成各项准备工作，如定义和初始化变量、初始化某些设备等；第二部分是任务实体代码，这部分代码完成该任务的具体功能，通常包含对若干系统函数的调用，除若干临界段代码外，任务的其他代码均可以被中断，以保证高优先级的就绪任务能够及时运行；第三部分是调用任务删除函数，该任务将自己删除，操作系统将不再管理它。

单次执行的任务采用创建任务函数来启动，当该任务被另外一个任务(或主函数)创建时，就进入就绪状态，等到比它优先级高的任务都被挂起时便获得运行权，进入运行状态，任务完成后再自行删除。启动任务就是一个例子。

采用启动任务后，主函数就可以简化为三行，只负责与操作系统有关的事情，即初始化操作系统，创建启动任务，启动操作系统，使主函数的内容固定下来，与具体的应用系统无关。真正启动系统所需要的准备工作由启动任务来完成，它的内容与具体的系统密切相关。主函数和启动任务的示意代码如下：

程序 C6－19：

```
void main (void)                        //主函数
{
    OSInit();                           //初始化操作系统
    OSTaskCreate(TaskStart,(void * )0,&TaskStartStk[TASK_STK_SIZE－1],1);
                                                            //创建启动任务
    OSStart();                          //启动操作系统，开始对任务进行调度管理
}
voidTaskStart( void * pdata)            //启动任务
{
    pdata= pdata;
    系统硬件初始化;                      //时钟系统、中断系统和外设等
    创建各个任务;                        //如键盘任务、显示任务、采样任务、数据处理任务
                                          和打印任务等
    创建各种通信工具;                    //如信号量、消息邮箱和消息队列等
    OSTaskDel (OS_PRIO_SELF);           //删除自己，并任务调度操作
}
```

在启动任务中完成与系统硬件有关的各种初始化工作，然后创建各个实质任务和所需要的各种通信工具，至此系统才真正完成准备工作，启动任务的使命也就结束了，最后将自己删除。必须将启动任务的优先级设为最高，以保证启动任务能够连续运行，而不被新创建任务打断。

因启动任务不是用户系统的实质任务，又占用高优先级资源和任务资源，故不常用。更常用的方法是将启动任务所完成的操作交给一个用户系统的实质任务来完成。这时，主函数和有启动功能的任务函数的示意代码如下：

程序 C6-20:

```
void main (void)                    //主函数
{
    OSInit ();                      //初始化操作系统
    OSTaskCreate(TaskUser1, (void * )0, &TaskUser1Stk[TASK_STK_SIZE-1],1);
                                                                    //创建任务1
    OSStart ();                     //启动操作系统,开始对任务进行调度管理
}
void TaskUser1(void * pdata)  //用户任务1
{
    pdata=pdata;
    系统硬件初始化;             //时钟系统、中断系统和外设等
    创建各个任务;               //如键盘任务、显示任务、采样任务、数据处理任务和打印
                                  任务等
    创建各种通信工具;           //如信号量、消息邮箱和消息队列等
    用户任务1本身的代码;
}
```

2)周期性执行的任务

此类任务在创建后按一个固定的周期来执行。其任务函数的结构如下:

程序 C6-21:

```
void MyTask (void * pdata)          //周期性执行的任务函数
{
    进行准备工作的代码;
    while(1)                        //无限循环
    {
        任务实体代码;
        调用系统延时函数;           //调用 OSTimeDly()或 OSTimeDlyHMSM(),并执行任
                                      务调度
    }
}
```

周期性执行的任务函数调用系统延时函数,把 CPU 的控制权主动交给操作系统,使自己挂起,再由操作系统来启动其他已经就绪的任务。延时时间到后,重新进入就绪状态,通常能够很快获得运行权。

当任务执行周期有严格要求时,可以采用 OSTimeTickHook()函数(时钟节拍函数中的钩子函数),或者采用独立于操作系统的定时中断来触发。

周期性执行的任务函数编程比较单纯,只要创建一次,就能周期运行。在实际应用中,很多任务都具有周期性,它们的任务函数都使用这种结构,如键盘扫描任务、动态显示刷新任务和模拟信号采样任务等。

3)事件触发执行的任务

此类任务在创建后,虽然很快可以获得运行权,但任务实体代码的执行需要等待某种事件的发生,在相关事件发生之前,则被操作系统挂起。相关事件发生一次,该任务实体代码就执行一次,故该类型任务称为事件触发执行的任务。其任务函数的结构如下:

程序 C6-22:

```
void MyTask (void * pdata)              //事件触发执行的任务函数
{
    进行准备工作的代码;
    while (1)                           //无限循环
    {
        调用获取事件的函数;              //如等待信号量和等待邮箱中的消息等
        任务实体代码;
    }
}
```

该任务中的调用获取事件的函数使用了操作系统提供的某种通信机制,在得到其他任务或中断发出的相关信息时,操作系统就使该任务从之前的等待状态进入就绪状态,并且通过任务调度,使任务的实体代码获得运行权,完成该任务的实际功能。例如用一个"发送"按钮启动串行口通信任务,将数据发送到上位机。在键盘任务中,按下"发送"按钮后,就能发出信号量。在串行口任务中,只要得到信号量,就可以将数据发给上位机。如果在触发任务时还需要传送参数,就可以采用发送消息的方法。

当触发条件为时间间隔时(定时器中断触发),该任务就具有周期性。这种任务函数结构适用于执行周期小于一个时钟节拍或者不是时钟节拍整数倍的周期性任务,即周期性任务也能用事件触发执行的任务函数来实现。

在实际应用系统中,同样存在各种事件触发执行的任务,那些非周期性的任务均可归入这一类,如打印任务、通信任务和报警任务等。

6.3.4　任务优先级安排

为不同任务安排不同的优先级,其最终目标是使系统的实时性指标能够得到满足。

1)任务的优先级资源

任务的优先级资源由操作系统提供,在μC/OS-Ⅱ中共有64个优先级,优先级的高低按编号从0～63,0级最高。由于用户实际使用到的优先级总个数通常远小于64,所以为节约系统资源,可以通过定义系统常量OS_LOWEST_PRIO的值来限制优先级编号的范围。如当最低优先级定为19时,应定义为:"# define OS_LOWEST_PRIO　19"。

μC/OS-Ⅱ实时操作系统总是将最低优先级OS_LOWEST_PRIO分配给"空闲任务",将次低优先级OS_LOWEST_PRIO-1分配给"统计任务"。用户实际可使用的优先级资源为0～17,共18个。

μC/OS-Ⅱ实时操作系统还保留对最高的四个优先级(0,1,2,3)和OS_LOWEST_PRIO-3与OS_LOWEST_PRIO-2的使用权,以备将来操作系统升级时使用。如果用户的应用程序希望在将来升级后的操作系统下仍然可以不加修改地使用，则用户任务可以放心使用的优先级个数为 OS_LOWEST_PRIO-7。在本例中，软件优先级资源为 19－7＝12 个，即可使用的优先级为 4～15。实际可使用的软件优先级资源数目应该留有余地，以便将来扩充。

2)任务优先级安排原则

任务的优先级安排原则如下：

(1)中断关联性：与中断服务程序(ISR)有关联的任务应该安排尽可能高的优先级。

(2)紧迫性：因为紧迫任务对响应时间有严格要求，通常与 ISR 关联，在所有紧迫任务中，按响应时间要求排序，越紧迫的任务安排的优先级越高。

(3)关键性：任务越关键安排的优先级越高，以保障其执行机会。

(4)频繁性：对于频繁执行的周期性任务优先级较高，以保障及时得到执行。

(5)快捷性：越快捷(耗时短)的任务安排的优先级越高，以缩短其他就绪任务延时。

(6)传递性：信息传递的上游任务优先级高于下游任务的优先级。

例如，一个应用系统中安排有键盘扫描、显示、模拟信号采集、数据处理、串口接收、串口发送等任务。其中，模拟信号采集、串口接收、串口发送任务均与 ISR 关联，实时性要求比较高。其中，串口接收任务是关键任务和紧迫任务，遗漏接收内容是不允许的；模拟信号采集任务是紧迫任务，但不是关键任务，遗漏一个数据还不至于发生重大问题；在串行口发送任务中，CPU 是主动方，慢一些也可以，只要将数据发出去就可以；键盘任务和显示任务是人机接口任务，实时性要求很低；数据处理任务根据其运算量来决定，运算量很大时，优先级安排最低，运算量不大时，优先级可安排得比键盘任务高一些。

根据以上分析，最低优先级 OS_LOWEST_PRIO 定为 19，各个任务的优先级安排如下：串口接收任务为 2，模拟信号采集任务为 4，串口发送任务为 6，数据处理任务为 9，键盘任务为 12，显示任务为 14。

6.3.5 任务的数据结构设计

对于一个任务，除了任务函数以外，还需要其他相关的信息。为保存这些信息，必须为任务设计对应的若干数据结构。任务需要配备的数据结构分为两类：一类是与操作系统有关的数据结构；另外一类是与操作系统无关的数据结构。

1)与操作系统有关的数据结构

一个任务要想在操作系统的管理下工作，必须首先被创建。在 μC/OS-Ⅱ中，任务的创建函数原型如下：

程序 C6－23：

```
INT8U OSTaskCreate (void ( * task) (void * pd), void * pdata, OS_STK * ptos,
INT8U prio);
```

从任务的创建函数的形参表可以看出，除了任务函数代码外，还必须准备三样东西：任务参数指针 pdata、任务堆栈指针 ptos 和任务优先级 prio。这三样东西实际上与任务的三个数据结构有关：任务参数表、任务堆栈和任务控制块。

任务参数表：由用户定义的参数表，可用来向任务传输原始参数。

任务堆栈：其容量由用户设置，必须保证足够大。

任务控制块:由操作系统设置。

操作系统还控制其他数据结构,这些数据结构与一个以上的任务有关,如信号量、消息邮箱、消息队列、内存块和事件控制块等。

操作系统控制的数据结构均为全局数据结构,用户可以对这些与操作系统有关的数据结构进行合理剪裁。

2)与操作系统无关的数据结构

每个任务都有其特定的功能,需要处理某些特定的信息,为此需要定义对应的数据结构来保存这些信息。常用的数据结构有变量、数组、结构体和字符串等。

每个信息都有其生产者(对数据结构进行写操作)和消费者(对数据结构进行读操作),一个信息至少有一个生产者和一个消费者,且都可以不只一个。

当某个信息的生产者和消费者都是同一个任务(与其他任务无关)时,保存这个信息的数据结构应该在该任务函数内部定义,使它成为私有资源,如局部变量。但一些大型数组(如字库、参数表格和数据缓冲区)也可以被定义为全局数组,这可以使任务代码简洁一些。

当某个信息的生产者和消费者不是同一个任务(包括 ISR)时,保存这个信息的数据结构应该在任务函数的外部定义,使它成为共享资源,如全局变量。对这部分数据结构的访问需要特别小心,必须保证访问的互斥性。

6.3.6　任务设计中的问题

每个任务都有其规定的功能,这些功能必须在任务函数的设计中得到实现。任务的功能设计过程即任务函数的编写过程,与传统的(没有操作系统的)功能模块设计类似,同样需要注意运行效率、可靠性和容错性等常规问题。

运行效率:针对具体场合,采用最合适的处理方法(算法),以提高处理效率。

可靠性:采用合适的算法与措施,以提高系统的抗干扰能力。

容错性:采用合适的算法与措施,以提高系统的容错能力。

除了以上共性问题以外,任务函数的编写还有一些特殊的问题需要特别关注。

1)公共函数的调用

当若干个任务均需要使用某些基本处理功能时,为简化设计,通常将这种基本处理功能单独编写为一个公共函数,供不同任务调用。因为大多数任务都有数据处理过程,所以各种数据处理的基本函数常常被编写为公共函数。

如果一个任务正在调用(运行)某个公共函数时被另一个高优先级的任务抢占,那么当这个高优先级任务也调用同一个公共函数时,极有可能会破坏原任务的数据。为了防止这种情况发生,常采用两种措施:互斥调用和可重入设计。

互斥调用:将公共函数作为一种共享资源看待,以互斥方式调用公共函数。如果公共函数比较简单,运行时间很短,则可以将其置入临界代码保护中;反之则可以使用互斥信号量进行调用。

可重入设计:这种方式允许多个任务嵌套调用,各个任务的数据相互独立,互不干扰。对于比较简单的公共函数,尽可能设计成可重入函数,其关键是不使用全局资源,其函数变量均为局部变量。

2)与其他任务的协调

一个任务的功能往往需要其他任务配合才能完成，但不允许任务之间相互调用，必须采用操作系统提供的资源同步、数据通信等通信机制来解决共享资源的完整性和安全性。

6.3.7 任务的代码设计过程

任务函数的代码中包含若干处对操作系统服务函数的调用，通过对系统服务函数的调用完成各种系统管理功能，如任务管理、通信管理和时间管理等。凡是操作系统已经提供了的服务功能，必须调用相应的服务函数，用户不要自己去编写相同功能的代码。

系统的实际运行效果是各个任务配合运行的结果，这种配合过程又是通过操作系统的管理来实现的，即通过调用操作系统服务函数来实现的。何时调用系统服务和调用什么系统服务是任务设计中的关键问题，这个问题与任务之间的相互关联程度有关，需要通过分析这种关联关系才能确定。

鉴于任务的独立性和并发性，任务代码的编写与程序模块差异较大，任务之间不仅有数据流动，还有行为互动，而且相互之间的作用是通过操作系统的服务来实现的。

一个任务的代码设计过程是从上到下的过程，应先分析系统总体任务关联图，明确每个任务在系统整体中的位置和角色，再对每个任务进行详细关联分析，然后画出任务的程序流程图，最后按程序流程图编写程序代码。

6.3.8 任务的创建

μC/OS-Ⅱ的任务管理是通过任务控制块来完成的。因此，创建任务的工作实质上是创建一个任务控制块，并通过任务控制块把任务代码和任务堆栈关联起来形成一个完整的任务。当然，还要使刚创建的任务进入就绪状态，并接着引发一次任务调度。

μC/OS-Ⅱ有两个用来创建任务的函数：OSTaskCreate()和 OSTaskCreateExt()。其中，函数 OSTaskCreateExt()是函数 OSTaskCreate()的扩展，并提供了一些附加功能。用户可根据需要使用这两个函数之一来完成任务的创建工作。

1)用函数 OSTaskCreate()创建任务

应用程序通过调用函数 OSTaskCreate()来创建一个任务，其源代码如下：

程序 C6-24：

```
INT8U OSTaskCreate ( void( * task)(void * pd),void * pdata,OS_STK * ptos,INT8U prio )
{
  #if OS_CRITICAL_METHOD == 3
        OS_CPU_SR cpu_sr;
  #endif
  void   * psp;
  INT8U err;
  if(prio>OS_LOWEST_PRIO))                        //检测任务的优先级是否合法
  {
        return (OS_PRIO_INVALID);
```

```
    }
    OS_ENTER_CRITICAL();
    if (OSTCBPrioTbl[prio]==(OS_TCB *)0)              //确认优先级未被使用
    {
        OSTCBPrioTbl[prio]=(OS_TCB *)1;               //保留优先级
        OS_EXIT_CRITICAL();
        psp=(void *)OSTaskStkInit( task, pdata, ptos, 0 );
                                                      //初始化任务堆栈
        err=OSTCBInit(prio,psp,(void *)0,0,0,(void *)0,0);
                                                      //获得并初始化任务控制块
        if (err==OS_NO_ERR)
        {
            OS_EMTER_CRITICAL();
            OSTaskCtr++;                              //任务计数器加 1
            OS_EXIT_CRITICAL();
            if (OSRunning) { OSSched();}              //任务调度
        }
        else
        {
            OS_EKTER_CRITICAL();
            OSTCBPrioTbl[prio]=(OS_TCB)0;             //放弃任务
            OS_EXIT_CRITICAL();
        }
        return (err);
    }
    else
    {
        OS_EXIT_CRITICAL();
        return (OS_PRIO_EXIST);
    }
}
```

从函数 OSTaskCreate()的源代码中可以看到，函数对待创建任务的优先级别进行一系列判断，确认该优先级别合法且未被使用之后，随即调用函数 OSTaskStkInit()和 OSTCBInit()对任务堆栈和任务控制块进行初始化。初始化成功后，除了把任务计数器加 1 外，还要进一步判断 μC/OS-Ⅱ的核是否在运行状态(即 OSRunning 的值是否为 1)。如果 OSRunning 的值为 1，则调用 OSSched()进行任务调度。

调用函数 OSTaskCreate()成功后，将返回 OS_NO_ERR；否则，根据具体情况返回 OS_PRIO_INVAUD、OS_PRIO_EXIST 及在函数内调用任务控制块初始化函数失败时返回的信息。

2)函数 OSTaskCreateExt()创建任务

在任务及应用程序中也可以通过调用函数 OSTaskCreateExt()来创建一个任务。用函数 OSTaskCreateExt()来创建任务将更为灵活,但也会增加一些额外的开销。函数 OSTaskCreateExt()的原型如下:

程序 C6-25:

```
INT8U OSTaskCreateExt (  void     (*task)(void *pd), //指向任务的指针
                         void     *pdata,             //传递给任务的参数
                         OS_STK   *ptos,              //指向任务堆栈栈顶的指针
                         INT8U    prio,               //任务的优先级
                         INT16U   id,                 //任务的标识
                         OS_STK   *pbos,              //任务堆栈栈底的指针
                         INT32U   stk_size,           //任务堆栈的容量
                         Void     *pext,              //指向附加数据域的指针
                         INT16U   opt                 //用于设定操作选项
                      );
```

3)创建任务的一般方法

一般来说,任务可在调用函数 OSStart()启动任务调度之前来创建,也可在任务中来创建,但是,μC/OS-Ⅱ不允许在中断服务程序中创建任务。

μC/OS-Ⅱ有一个规定:在调用启动任务函数 OSStart()之前,必须已经创建了至少一个任务。因此,人们习惯上在调用函数 OSStart()之前先创建一个任务,并赋予它最高的优先级别,从而使它成为起始任务,然后在这个起始任务中,再创建其他各任务。

如果要使用系统提供的统计任务,则统计任务的初始化函数也必须在这个起始任务中来调用。下面是创建任务的示意性代码:

程序 C6-26:

```
void main(void)//主函数
{
    ……
    OSInit();                       //对μC/OS-Ⅱ进行初始化
    ……
    OSTaskCreate(TaskStart,……);    //创建起始任务 TaskStart
    OSStart();                      //开始多任务调度
}
void TaskStart(void *pdata)
{
    …                               //在这个位置安装并启动μC/OS-Ⅱ的时钟
    OSStatInit();                   //初始化统计任务
    …                               //在这个位置创建其他任务
    for(;;)
```

```
    {
        起始任务 TaskStart 的代码
    }
}
```

6.3.9　任务的挂起和恢复

所谓挂起一个任务,就是停止这个任务的运行。

在 μC/OS-Ⅱ中,用户任务可通过调用系统提供 OSTaskSuspend()函数来挂起自身或者除空闲任务之外的其他任务。用函数 OSTaskSuspend()挂起的任务,只能在其他任务中通过调用恢复函数 OSTaskResume()使其恢复为就绪状态。

1)挂起任务

挂起任务函数 OSTaskSuspend()的原型如下:

程序 C6 - 27:

```
INT8U OSTaskSuspend ( INT8U prio );
```

参数 prio 为待挂起任务的优先级别。可以用常数 OS_PRIO_SELF(在文件 uCOS-II. H 中被定义为 0xFF)挂起自身。当函数调用成功时,返回信息 OS_NO_ERR。

2)恢复任务

恢复任务函数 OSTaskResume()的原型如下:

程序 C6 - 28:

```
INT8U OSTaskResume( INT8U prio);
```

函数的参数为待恢复任务的优先级别。若函数调用成功,则返回信息 OS_NO_ERR。

6.3.10　任务管理函数

1)任务优先级别的修改

任务的优先级别可通过调用函数 OSTaskChangePrio()来改变任务的优先级别。函数 OSTaskChangePrio()的原型如下:

程序 C6 - 29:

```
INT8U OSTaskChangePrio(IHT8U oldprio,INT8U newprio );
                                        //提供任务修改前后的优先级
```

若调用函数 OSTaskChangePrio()成功,则函数返回 OS_NO_ERR。

2)任务的删除

所谓删除一个任务,就是把该任务置于睡眠状态。具体做法是,把被删除任务的任务控制块从任务控制块链表中删除,并归还给空任务控制块链表,然后在任务就绪表中把该任务的就绪状态位置 0,于是该任务就不能再被调度器所调用了。

在任务中,可以通过调用函数 OSTaskDel()来删除任务自身或者除了空闲任务之外的其他任务。函数 OSTaskDel()的原型如下:

程序 C6-30:

```
#if  OS_TASK_DEL_EM                          //允许删除任务标志使能
     INT8U OSTaskDel( INT8U prio );          //要删除任务的优先级别
```

任务删除一般要求自己删除自己,即上述参数 prio 应为常数 OS_PRIO_SFLF。如通过其他任务删除该任务,则必须调用请求删除任务函数 OSTaskDelReq(),以修改被删除任务的任务控制块成员 OSTCBDelReq 的值为 OS_TASK_DEL_REQ,通知被删除任务删除自己。函数 OSTaskDelReq()的原型如下:

程序 C6-31:

```
INT8U OSTaskDelReq( INT8U prio );     //待删除任务的优先级别
```

例如,有任务请求删除优先级别为 44 的任务,其代码如下:

程序 C6-32:

```
while (OSTaskDelReq(44)! =OS_TASK_NOT_EXIST)    { OSTimeDly(1);}
                                               //延时 1 个时钟节拍
```

通过不断地调用函数 OSTaskDelReq()来查询优先级别为 44 的任务是否还存在,直到查询结果为 OS_TASK_NOT_EXIST 时,任务才被删除。而具体删除过程是在任务延时期间,由被删除任务自己删除的。被删除任务以 OS_PRTO_SELF 参数也调用上述请求删除任务函数,以查询是否有其他任务请求删除自己,如果返回值为 OS_TASK_DEL_REQ,意味着有其他任务发出了删除任务请求,那么被删除任务就应该在适当的时候删除自己。典型代码段如下:

程序 C6-33:

```
if(OSTaskDelReq(OS_PRIO_SELF)==OS_TASK_DEL_REQ)
{
   释放资源和动态内存的代码
   OSTaskDel(OS_PRIO_SELF);
}
else{  其他应用代码}
```

3)查询任务的信息

有时,在应用程序运行中需要了解一个任务的指针、堆栈等信息,这时就可以通过调用函数 OSTaskQuery()来获取选定的任务的信息。函数 OSTaskQuery()的原型如下:

程序 C6-34:

```
INT8U OSTaskQuery(   INT8U prio,          //待查询任务的优先级别
                     OS_TCB * pdata );    //存储任务信息的结构
```

若调用函数 OSTaskQuery()查询成功,则函数将返回 OS_NO_ERR,并把查询得到的任务信息存放在结构 OS_TCB 类型的变量中。

6.3.11　任务堆栈

所谓堆栈,就是在存储器中按数据“后进先出(LIFO)”的原则组织的连续存储空间。为了

满足任务切换和响应中断时保存 CPU 寄存器中的内容及存储任务私有数据的需要，每个任务都应该配有自己的堆栈。任务堆栈是任务的重要的组成部分。

1)任务堆栈的创建

为了定义任务堆栈的方便，在文件 OS_CPU. H 中专门定义了一个数据类型 OS_STK：

程序 C6－35：

```
typedef unsigned int OS_STK;  //该类型长度为 16 位
```

这样，在应用程序中定义任务堆栈的栈区就非常简单，只要定义一个 OS_STK 类型的数组即可。例如：

程序 C6－36：

```
#define  TASK_STK_SIZE  512          //定义堆栈的长度(1024 字节)
OS_STK TaskStk[TASK_STK_SIZE] ;      //定义一个数组来作为任务堆栈
```

当调用函数 OSTaskCreate()来创建一个任务时，把数组的指针传递给函数 OSTaskCreate()中的堆栈栈顶参数 ptos，就可以把该数组与任务关联起来而成为该任务的任务堆栈。

例如创建一个任务，该任务的代码如下例所示。堆栈的长度为 128 字节，优先级别为 20，任务参数 pdata 的实参为 MyTaskAgu。

程序 C6－37：

```
#define MyTaskStkN 128
OS_STK MyTaskStk[MyTaskStkN];
void main(void)
{
    ……
    OSTaskCreate{MyTask,&MyTaskAgu,&MyTaskStk[MyTaskStkN－1],20 );
……
}
```

堆栈的增长方向是随系统所使用的处理器不同而不同的。上例是假设使用了堆栈递减的方式设置的参数 ptos。如果是递增的方式，则创建任务时应写成如下形式：

程序 C6－38：

```
OSTaskCreate( MyTask, &MyTaskAgu, &MyTaskStk[0], 20 );
```

程序设计时，可以利用 OS_CFG. H 文件中的常数 OS_STK_GROWTH 作为选择开关，选择适应不同的堆栈增长方式。

2)任务堆栈的初始化

当 CPU 在启动运行一个任务时，CPU 的各寄存器总是需要预置一些初始数据，例如指向任务的指针、程序状态字 PSW 等。一个最方便的方法就是让 CPU 从这个任务的任务堆栈里获得这些数据。为此，应用程序在创建一个新任务时，就必须把在系统启动这个任务时 CPU 各寄存器所需要的初始数据事先存放在任务堆栈中。这样当任务获得 CPU 使用权时，就把堆栈的内容复制到 CPU 的各寄存器，从而可使任务顺利地启动并运行。

任务堆栈的初始化工作应该是由操作系统负责的。μC/OS-Ⅱ在创建任务函数 OSTaskCreate()中通过调用任务堆栈初始化函数 OSTaskStkInit()来完成任务堆栈初始化工作，其原型如下：

程序 C6－39：

```
OS_STK * OSTaskStkInit(  void ( * task) (void * pd),void * pdato,OS_STK * ptos,
INT16U opt );
```

此函数由于涉及处理器内部寄存器和堆栈的操作，因此在进行 μC/OS-Ⅱ的移植时，按所使用的处理器由用户来编写。

6.4 μC/OS-Ⅱ中的中断和时钟

中断是计算机系统处理异步事件的重要机制。当异步事件发生时，事件通常通过硬件向 CPU 发出中断请求。在一般情况下，CPU 响应这个请求后会立即运行中断服务程序来处理该事件。为了处理任务延时、任务调度等一些与时间有关的事件，任何一个计算机系统都应该有一个系统时钟。与其他计算机系统一样，μC/OS-Ⅱ的时钟是通过硬件定时器产生定时中断来实现的。

6.4.1 中断优先级安排

为不同的中断服务程序安排不同的优先级，在允许中断嵌套的情况下，最高优先级的中断总是能够得到及时响应。

1）中断的优先级资源

中断的优先级资源就是 CPU 的中断系统。以 ARM7 体系的 CPU 为例，最多可以有 32 个中断资源（在一个实际应用中使用的中断源数目远少于 32 个）。每个具体的中断源可以将其设定为 FIQ，使其具有最高优先级，但 FIQ 最好是分配给唯一的中断源，否则就失去意义；也可以设定为向量 IRQ，使其具有中等优先级，但向量 IRQ 的总数不能超过 16 个，这些中断源优先级的高低按向量编号从 0（最高）到 15（最低）排序；如果中断源的个数超过 17 个，则剩余的中断源只能设定为非向量 IRQ，其优先级最低。操作系统本身必须使用一个定时器中断源来作为系统节拍中断，它是操作系统工作的基础。

只要没有关闭中断，中断服务程序可以中断任何任务的运行，故可以将中断服务程序看成比最高优先级（0 级）的任务还要优先的“任务”。

2）中断优先级安排原则

中断源是系统及时获取异步事件的主要手段，其优先级安排原则如下：

（1）紧迫性：触发中断的事件允许耽误的时间越短，设定的中断优先级就越高。例如脉冲峰值数据采样时耽误的时间越短，采样结果就越真实。紧迫性为最高原则。

（2）关键性：触发中断的事件越关键（重要），设定的中断优先级就越高。

（3）频繁性：触发中断的事件发生越频繁，设定的中断优先级就越高。频繁事件的间隔时间比较短，如不及时处理有可能遗漏。

（4）快捷性：ISR 处理越快捷（耗时短），设定的中断优先级就越高。

中断服务程序的功能应该尽量简单，只要将获取的异步事件通信给关联任务即可，后续处理交由关联任务完成。

6.4.2　μC/OS-Ⅱ的中断

任务在运行过程中，应内部或外部异步事件的请求中止当前任务，而去处理异步事件所要求的任务的过程叫做中断。应中断请求而运行的程序叫做中断服务子程序(Interrupt Service Routines，ISR)，中断服务子程序的入口地址叫做中断向量。

1)不受操作系统管理的中断服务程序设计

在正常情况下，ISR 应该接受操作系统的管理，因为很多任务是靠 ISR 触发的。但在某种特殊情况下，ISR 也可以不受操作系统管理。

如在具有掉电时间检测需要的应用中，需要在电源电压开始下降时及时触发掉电中断(配备最高优先级)，在掉电 ISR 中将各种现场动态数据保存起来，以备恢复原状态继续运行，然后使系统进入掉电状态。由于掉电 ISR 运行之后系统不再运行任何程序，因此掉电 ISR 没有必要受操作系统管理。

实时操作系统 μC/OS-Ⅱ移植到 ARM7 体系的 CPU 上时，没有对 FIQ 进行处理，即 FIQ 是不受操作系统管理的。选用 FIQ 来响应实时性要求最高的高速采样操作是一个有效措施，保护现场的工作量很小(FIQ 专有的 8 个寄存器不需要保护)。在工程模板的系统启动文件 Startup. s 中，已经把汇编代码部分处理好了，用户只需要用 C 语言编写快速中断服务函数 FIQ_Exception()即可，不需要考虑保护现场和恢复现场的问题。

程序 C6－40：

```
Reset                                          ;异常向量表
    LDR     PC,     ResetAddr                  ;跳转到复位入口地址
    LDR     PC,     UndefinedAddr
    LDR     PC,     SWI_Addr                   ;跳转到软件中断入口地址
    LDR     PC,     PrefetchAddr
    LDR     PC,     DataAbortAddr
    DCD     0xb9205f80
    LDR     PC,     [PC,  #-0xff0]             ;跳转到向量中断入口地址(向量中断控制器)
    LDR     PC,     FIQ_Addr                   ;跳转到快速中断入口地址
    ResetAddr       DCD     ResetInit
    UndefinedAddr   DCD     Undefined
    SWI_Addr        DCD     SoftwareInterrupt
    PrefetchAddr    DCD     PrefetchAbort
    DataAbortAddr   DCD     DataAbort
    Nouse           DCD     0
    IRQ_Addr        DCD     0
    FIQ_Addr        DCD     FIQ_Handler        ;快速中断服务程序入口地址

FIQ_Handler                                    ;快速中断服务程序
```

```
STMFD    SP!,    {R0-R3,  LR}           ;保护现场
BL       FIQ_Exception                  ;调用C语言编写的快速中断服务函数
LDMFD    SP!,    {R0-R3,  LR}           ;恢复现场
SUBS     PC,     LR,      #4            ;中断返回
```

因没有操作系统介入，FIQ 的 ISR 无法与关联任务进行通信，所获取的信息不能及时得到关联任务的处理，故只能以原始形式保存在一个缓冲区内，等待以后进行离线处理。其典型的例子是高速数据采集系统。

由于使用 FIQ 方式进行采样，其 ISR 不受操作系统管理，所以只能用“使能中断源”和“关闭中断源”来控制采样过程，这时需要设置一个采样任务来控制采样过程。其代码结构如下：

程序 C6－41：

```
void TaskSamp (void * pdata)          //高速采样任务函数
{
    进行相关硬件设置；                  //设置 FIQ 和 ADC，为高速采样做好准备
    while(1)                          //无限循环
    {
        等待启动信号；                  //等待启动信号或可采用创建任务的方式启动采样
        进行准备工作；                  //初始化缓冲区、指针、计数器等全局数据结构
        使能采样中断；                  //启动定时器中断采样或被动采样时的外部硬件
        等待结束信号；                  //查询结束信号如停止信号、采样次数、延时信号等
        停止采样中断；                  //结束采样过程
        数据预处理；                    //对采样数据进行初步的转换处理
        输出采样数据块；                //设置采样结束标志，通知数据处理任务数据可用
    }
}
```

由于采样中断的 ISR 为 FIQ，实时性极高，因此不会被其他中断源打断。中断服务函数 FIQ_Exception()内容主要包括：

(1)例行操作：清除中断源，通知中断控制器，以便响应下一次中断。

(2)启动 A/D 进行采样：该 A/D 部件应该为高速 A/D(至少 μs 级)。

(3)读取 A/D 转换结果并保存：按指针将转换结果保存到数据缓冲区的指定位置。

(4)调整指针和计数器：指针指向下一个数据的存放地址。如果是定数测量方式，则计数器(全局变量)加 1。因采样次数达到预定值时不能及时通知采样任务，故及时关闭采样中断的操作由 ISR 自己完成。

在下面的实验中，将定时器 1 设置为 FIQ，在 FIQ 中进行快速采样。采样过程由采样任务进行控制，而采样任务本身由操作者通过按键进行控制。每次采样过程进行 200 次连续采样，采样周期为 50μs。高速采样的程序流程图如图 6－12 所示。

采样信号从 LPC2200 的 P0.27 输入，动态变化范围必须控制在 0～3000mV 之间，最好为一个包含 1500mV 直流分量的交流信号(峰峰值不超过 3000mV)。

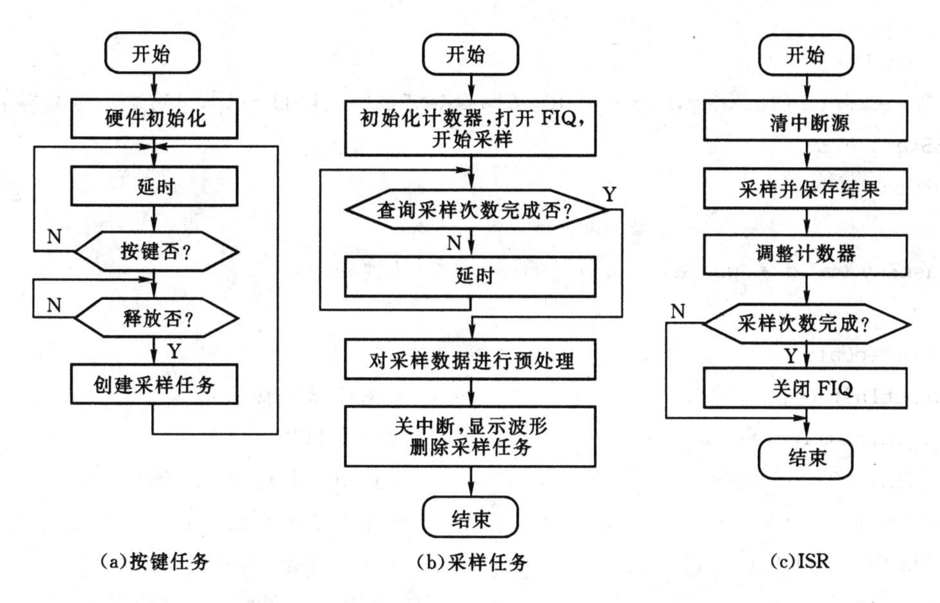

图 6-12　高速采样任务函数程序流程图

程序 C6-42:

```
#include  "config.h"               //文件 config.h 包含了 includes.h 和一些系统//
                                    配置文件
#define   KEY(1<< 20)              //P0.20 为按键控制 I/O
#define   TaskStk100               //定义任务堆栈长度
OS_STK    TaskKeyStk[TaskStk] ;    //定义按键任务的堆栈
OS_STK    TaskSampStk[TaskStk] ;   //定义采样任务的堆栈
void      TaskKey (void * pdata) ; //声明按键任务,因为这段代码在创建它的主函数的
                                    后面
void      TaskSamp (void * pdata) ;//声明采样任务,因为这段代码在创建它的按//键任
                                    务函数的后面
INT16U    Samp[200];               //保存采样结果的数组
INT8U     count=0;                 //采样次数计数器
void Show (INT16U * a. INT16U n)   //显示波形函数
{
    INT16U  i;
    GUI_ClearSCR();                //清屏
    for(i=0; i<n; i++)             //显示波形
        GUI_Point( I,240-a[i] * 240/3000,RED);
                                   //高度 240 点相当于 3000 mV
}
int main (void)                    //将 main()函数设置为整型是为了防止编译警告
```

```
{
    OSInit ();
    OSTaskCreate (TaskKey,(void * )0, &TaskKeyStk[IkskStk-1], 4);  //创建按键任务
    OSStart ();
    return 0;
}
void TaskKey (void * pdata)                          //按键任务
{
    pdata=pdata
    TargetInit ();                                   //系统目标板初始化
    GUI_Initialize();                                //初始化 LCD
    PINSEL1=0x00400000;                              //设置 P0.27 连接到 AIN0
    ADCR=(1<< 0)                  |                  //进行 ADC 模块设置:SEL=1,选择通道 0
    ((Fpclk / 1000000 -1)<<8)|                       //转换时钟为 1MHz
    (0<<16)                       |                  //BURST=0,软件控制转换操作
    (0<<17)                       |                  //CLKS=0,使用 11clock 转换
    (1<<21)                       |                  //PDN=1,正常工作模式
    (0<<22)                       |                  //TEST1:0=00,正常工作模式
    (1<<24)                       |                  //START=1,直接启动 ADC 转换
    (0 <<27);                                        //EDGE=0,引脚下降沿触发转换
    T1IR =0xffffffff;                                //复位中断源
    T1TC =0x00;                                      //初始化定时器 1
    T1PR=0x00;                                       //设置定时器 1 的分频器
    T1TCR=0x01;                                      //使能定时器 1
    TIMCR=0x03;                                      //匹配时产生中断并复位定时器 1
    T1MR0=Fpclk /20000;                              //定时时间为 50μs
    VICIntSelect=1<<5;                               //T1 设置为快速中断
    while(1)
    {
        OSTimeDly(2);                                //延时
        if ((IO0PIN & KEY) ! =0)continue;//未按键,再延吋
        else                                         //按下按键
        {
            while((IO0PIN & KEY) == 0)  //等待按键释放
            {
                IO0 SET=KEY;
                OSTimeDly(1);                        //延时
            }
```

```
            OSTaskCreate(TaskSamp,(void * )0,&TaskSampStk[TaskStk－1], 2) ;
                                                                  //创建采样任务
        }
    }
}
void TaskSamp (void * pdata)                    //高速采样任务
{
    INT8U i;                                    //临时变量
    INT32U Temp;                                //临时变量
    pdata＝pdata;
    count＝0;                                   //初始化采样计数器
    VICIntEnable＝1<<5;                         //打开定时器 1 的 FIQ,开始采样
    while(1)                                    //等待采样结束
    {
          OS_ENTER_CRITICAL();                  //关中断
          i＝count;                             //查询当前完成的采样次数
          OS_EXIT_CRITICAL();                   //开中断
          if ( i>＝200)break;                   //完成预定采样次数,结束查询
          OSTimeDly(1);                         //未完成预定采样次数,延时一个时钟节拍
                                                  继续查询
    }
    for ( i＝0; i<200; i＋＋ )                   //将采样数据进行预处理.使数据以 mV 为单位
    {
          Temp＝3000 * Samp[i];                 //参考电源为 3000 mV
          Sarap[i]＝(INT16U) (Temp>> 16);
    }
    Show (Samp, 200);                           //显示采样信号的波形
    OSTaskDel (OS_PRIO_SELF);                   //删除自己
}
void FIQ_Exception( void)                       //快速中断服务函数
{
    INT32UADC_Data;
    T1IR＝0x01;                                   //清除中断源
    VICVectAddr＝0;                               //通知中断控制器
    ADC_Data＝ADDR;                               //通过读取 ADC 结果清除 DONE 标志位
    ADCR＝(ADCR&0xFFFFFF00) |0x01| (1<<24);//切换通道并进行第一次转换
    while( (ADDP&0x80000000) ＝＝ 0 );           //等待转换结束
    ADCR＝ADCR | (1<<24);                        //再次启动转换
    while( (ADDR&0x80000000) ＝＝ 0 );           //等待转换结束
```

```
Samp[count]=(INT16U)(ADDR&0x0000FFFF); //读取并保存转换结果
count ++;                              //调整采样计数器
if (count == 200) VICIntEnClr =1<<5;   //完成采样次数,关闭 FIQ
}
```

2)μC/OS-Ⅱ管理的中断过程

受实时操作系统管理的 ISR 具有相同的结构,其进入中断和退出中断的处理流程完全相同,且与具体的 CPU 结构有关。μC/OS-Ⅱ已将 ISR 中与具体功能无关的代码剥离出来,作为实时操作系统内核的一部分,提供给实时操作系统的用户,当它移植到 ARM7 体系的 CPU 上时,这部分代码用一个汇编宏实现(移植文件 IRQ. inc),并提供 C 语言接口,用户只需要用 C 语言编写 ISR 的功能代码部分即可。

μC/OS-Ⅱ系统响应中断的过程是:系统接收到中断请求后,如果这时 CPU 处于中断允许状态,系统就会中止正在运行的当前任务,而按照中断向量的指向转而去运行中断服务子程序。当中断服务子程序的运行结束后,系统将会根据情况返回到被中止的任务继续运行,或者转向运行另一个具有更高优先级别的就绪任务,即必须进行一次任务调度去运行优先级最高的就绪任务。

μC/OS-Ⅱ系统允许中断嵌套,即高优先级别的中断源的中断请求可以中断低优先级别的中断服务程序的运行,并用全局变量 OSIntNesting 记录中断嵌套的层数。μC/OS-Ⅱ响应中断的过程如图 6-13 所示。

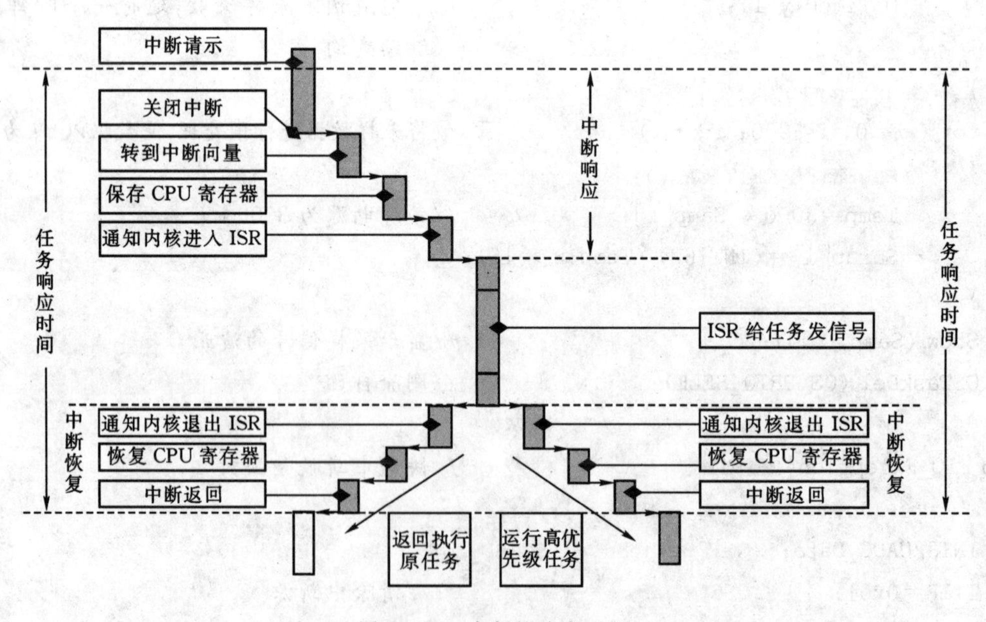

图 6-13 中断的响应过程

在编写 μC/OS-Ⅱ的中断服务程序时,要用到两个重要的函数 OSIntEnter()和 OSIntExit()。

(1)OSIntEnter()。函数 OSIntEnter()比较简单,它的作用就是把全局变量 OSIntNesting 加 1,从而用它来记录中断嵌套的层数。函数 OSIntEnter()的代码如下:

程序 C6－43：

```
void OSIntEnter(void)
{
    if(OSRunning==TRUE)
    {
        if(OSIntNesting<255){  OSIntNesting++;}  //中断嵌套层数计数器加 1
    }
}
```

函数 OSIntEnter()经常放在中断服务程序中保护被中断任务的断点数据之后，运行用户中断服务代码之前执行，所以通常把它叫做进入中断服务函数。

(2)OSIntExit()。OSIntExit()是退出中断服务函数，这个函数在没有中断嵌套(OSIntNesting=0)，调度器未被锁定，并且从任务就绪表中查找到的最高级就绪任务又不是被中断的任务时，需要进行任务切换，否则就返回原来被中断的服务子程序。退出中断服务函数 OSIntExit()的源代码如下：

程序 C6－44：

```
void OSIntExit (void)
{
    #if OS_CRITICAL_METHOD == 3
        OS_CPU_SR cpu_sr;
    #endif
    if(OSRunning == TRUE)
    {
        OS_ENTER_CRITICAL();
        if (OSIntNesting >0){OSIntNesting--;}              //中断嵌套层数计数器减 1
        if ((OSIntNesting==0)&&(OSLockNesting==0))        //嵌套层数为 0 切未被锁定
        {
            OSIntExitY=OSUnMapTbl[OSRdyGrp];             //取得当前最高优先级任务
            OSPrioHighRdy=(INT8U)((OSIntExitY<<3)+OSUnMapTbl[OSRdyTbl[OS-
                          IntExitY]]);
            if(OSPrioHighRdy! =OSPrioCur)    //最高优先级任务不是当前中断的任务
            {
                OSTCBHighRdy=OSTCBPrioTbl[OSPrioHighRdy];
                OSCtxSwCtr++;
                OSIntCtxSw();                        //中断退出时进行中断级任务切换
            }
        }
        OS_EXIT_CRITICAL();
    }
}
```

在 μC/OS-Ⅱ中,通常用一个任务来完成异步事件的处理工作,而在中断服务程序中只是通过向任务发送消息的方法去激活这个任务。

3)中断级任务切换函数

由前所述,中断返回时有可能需要任务切换,相对于任务级切换函数 OSCtxSw(),中断级任务切换函数是 OSIntCtxSw(),它通常是用汇编语言来编写,其示意性代码如下:

程序 C6-45:

```
OSIntCtxSw()
{
    OSTCBCur=OSTCBHighRdy;                  //任务控制块的切换
    OSPrioCur=OSPrioHighRdy;
    SP=OSTCBHighRdy->OSTCBStkPtr;           //使 SP 指向任务堆栈,调入工作区
    RETI;                                   //中断返回,使 PC 指向待运行任务
}
```

上述代码与任务级任务切换函数相比,两者后半段完全相同,即被中断任务的断点保护工作已经在中断服务程序中完成了。

4)中断服务程序设计

(1)中断句柄。为了使用 ISR 的汇编宏,每个受操作系统管理的 ISR 都必须按汇编宏要求的格式,在文件 IRQ.S 的尾部添加中断句柄:“XXXX_Handler HANDLER XXXX_Exception”。其中 XXXX_Handler 是 ISR 的起始地址,即汇编宏的起始地址,在初始化向量中断控制器时作为中断向量地址使用;HANDLER 是句柄关键词;XXXX_Exception 是用户用 C 语言编写的功能函数名,该函数供汇编宏调用。

例如,要使用定时器 1 作为一个中断源,用来控制某个周期性操作,则需要在文件 IRQ.S 的尾部添加如下中断句柄:“Timer1_Handler HANDLER Timer1_Exception”。

(2)配置和初始化中断源。在一个中断源开始工作之前,需要配置和初始化中断源。这部分工作可以在系统初始化时完成,也可以在某个任务运行中完成。

在中断源开始工作前,需要对中断源工作参数进行配置。以定时器 1 中断为例,让定时器 1 产生周期为 1ms 中断的参数配置程序如下:

程序 C6-46:

```
T1IR=0xffffffff;              //复位中断源
T1TC=0x00;                    //初始化定时/计数器 1
T1PR=0x00;                    //设置定时器 1 的分频器(不分频)
T1TCR= 0x01;                  //使能定时/计数器 1
T1MCR=0x03;                   //匹配时产生中断并复位定时/计数器
T1MR0=(Fpclk / 1000);         //匹配值为 1ms
```

为了使中断信号和对应的 ISR 联系起来,还必须对向量中断控制器进行配置。对于通道号为 X 的中断源 XXXX,如果配置中断优先级为 Y,则需要在向量中断控制器的初始化函数里添加如下的程序代码:

程序 C6-47：

```
extern void XXXX_Handler(void);            //声明中断源 XXXX 的中断服务函数 ISR
VICVectAddrY=(INT32U)XXXX_Handler;         //将 ISR 入口地址填入向量寄存器 Y
VICVectCntlY=(0x20 |X);                    //向量中断方式,通道号为 X
```

在运行过程中，随时可用如下程序代码来启动和关闭通道号为 X 的中断源。

程序 C6-48：

```
VICIntEnable=1<<x;          //使能中断源 x 产生中断
VICIntEnClr=1<<x;           //禁止中断源 x 产生中断
```

以定时器 1(通道号 X=5)中断为例，配置优先级 Y=2 时需要将如下程序代码加入向量中断控制器的初始化函数里。

程序 C6-49：

```
extern void Timer1_Handler(void) ;          //声明定时器 1 的小断服务函数(ISR)
VICVectAddr2=(INT32U)Timer1_Handler;        //将 ISR 入口地址填入向量寄存器 2
VICVectCntl2=(0x20 | 0x05);                 //向量中断方式,中断源为定时器 1
```

在运行过程中，随时可用如下程序代码来启动和关闭定时器 1 的中断源：

程序 C6-50：

```
VICIntEnable=1<< 5;          //使能定时器 1 产生中断
VICIntEnClr=1<<5;            //禁止定时器 1 产生中断
```

(3)设计与关联任务的通信手段。ISR 与关联任务的通信方式有两种基本类型：信号(信号量)型和数据(消息)型。当使用信号量进行通信时，ISR 只完成发送信号量的工作，通过信号量的同步功能触发关联任务，所有具体工作均由关联任务完成；当使用数据进行通信时，ISR 需要完成对异步事件的信息采集工作，然后使用消息邮箱(或消息队列)将数据发送给关联任务，由关联任务完成后续数据处理工作。

到底使用哪种方式，需要根据实际情况来决定。

①触发 ISR 的事件不包含数据：不需要进行信息采集，ISR 只需要触发关联任务，后续操作由各关联任务完成，此时可以使用信号量与关联任务通信。

②触发 ISR 的事件是包含数据的低频事件：将数据采集的工作放在关联任务中完成，ISR 使用信号量与关联任务进行通信。

③触发 ISR 的事件是包含数据的中高频事件：数据采集的工作应该放在 ISR 中完成，由 ISR 使用消息邮箱与关联任务进行通信，由各关联任务完成后续处理工作。

④触发 ISR 的事件是包含数据的非周期高频事件：数据采集的工作应该放在 ISR 中完成，由 ISR 使用消息队列与关联任务进行通信，由各关联任务完成后续处理工作。

(4)编写中断服务程序的功能函数。用户中断服务程序的 C 语言函数部分结构如下：

程序 C6-51：

```
void XXXX_Exception(void)          //由汇编宏调用的C语言函数
{
    OS_ENTER_CRITICAL();           //关中断
    清除中断源;
```

```
    通知中断控制器中断结束;
    OS_EXIT_CRITICAL();          //开中断
    用户中断处理代码;
}
```

在移植操作系统时编写的汇编宏会加入到所有受管理的 ISR 中,因此,该汇编宏本身不能包含具体的中断源信息,涉及具体中断源的操作代码必须由用户完成,故用户编写的 C 函数中除了功能代码外,首先要完成“清除中断源”和“通知中断控制器中断结束”的工作。这部分工作安排在临界代码端(不允许中断嵌套),以保证顺利完成。

用户中断处理代码为 ISR 的功能代码,内容由用户根据需要编写,原则是尽可能简洁、高效,不允许调用任何可能使自己“挂起”的系统服务函数。

下面的例子为一个采样周期为 10ms 的低速数据采集程序。采样周期由定时器 1 来控制,使用信号量与关联的采样任务进行通信,采样操作在采样任务中完成,采样过程由按键启动,采样数据保存在全局数组中。由于定时器 1 的中断为 IRQ,所以必须为其添加中断句柄,并按照前述方法对向量中断控制器进行配置。低速采样的程序流程图如图 6-14 所示。低速采样的程序如下:

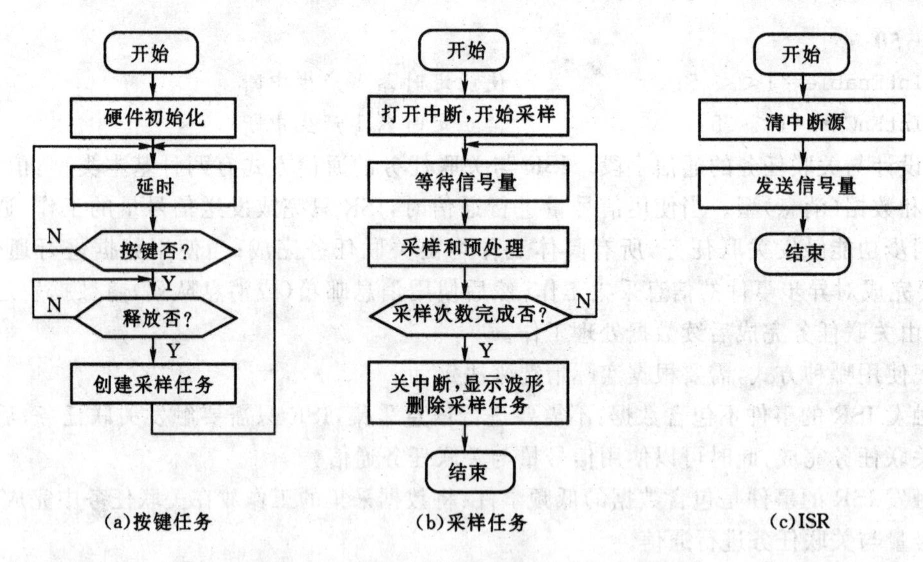

图 6-14 低速采样任务函数程序流程图

程序 C6-52:

```
#include    "config.h"                 //文件 config.h 包含了 includes.h 和一些系统
                                         配置文件
#define     KEY (1 <<20)               //P0.20 为按键控制 I/O
#define     TaskStk 100                //定义任务堆栈长度
OS_STK      TaskKeyStk[TaskStk] ;      //定义按键任务的堆栈
OS_STK      TaskSampStk[TaskStk] ;     //定义采样任务的堆栈
void        TaskKey (void * pdata) ;   //声明按键任务,因为这段代码在主函数的后面
void        TaskSamp (void * pdata) ;  //声明低速采样任务,因为这段代码在按键任务函
```

```
                                        数的后面
OS_EVENT        * Sem;                  //定义信号量指针
INT16U          Samp[200];              //定义保存采样结果的数组
void Show (INT16U * a, INT16U n)  //显示波形函数
{
    INT16U i;
    GUI_ClearSCR();                     //清屏
    for (i=0; i < n;i++)                //显示波形
    GUI_Point( i,240-a[i] * 240/3000, RED);  //高度 240 点相当于 3000 mV
}
int main (void)
{
    OSInit ();
    OSTaskCreate (TaskKey,(void * )0, &TaskKeyStk[TaskStfc-1], 4);//创建按键任务
    OSStart ();
    return 0;
}
void TaskKey (void * pdata)             //按键任务
{
    pdata=pdata;
    Targetlnit ();                      //系统电路初始化
    GUI_Initialize();                   //初始化 LCM(液晶屏)
    PINSEL1=0x00400000;                 //设置 P0.27 连接到 AIN0
    ADCR=(1<<0)                         //ADC 模块设置:SEL=1,选择通道 0
    ((Fpclk / 1000000 -1)<<8)   |       //即转换时钟为 1MHz
    (0<<16)                     |       //BURST=0,软件控制转换操作
    (0<<17)                     |       //CLKS=0,使用 11clock 转换
    (1<<21)                     |       //PDN=1,正常工作模式(非掉电转换模式)
    (0<<22)                     |       //TEST1:0=00,正常工作模式(非测试模式)
    (1<<24)                     |       //START=1,直接启动 ADC 转换
    (0<<27);                            //EDGE=0,引脚下降沿触发转换
    T1IR=0xffffffff;                    //复位中断源
    T1TC =0x00;                         //初始化定时器 1
    T1PR=0x00;                          //设置定时器 1 的分频器(不分频)
    T1TCR=0x01;                         //使能定时器 1
    T1MCR=0x03;                         //匹配时产生中断并复位定时器 1
    T1MR0=Fpclk/100;                    //矩时时间为 10 ms
    Sem=OSSemCreate(0);                 //创建信号量
    while(1)
```

```
    {
        OSTimeDly(2);//延时
        if ((IO0PIN & KEY)! =0) continue;//未按键,再延时
        else//按下按键
        {
            while((IO0PIN & KEY) == 0)//等待按键释放
            {
                IO0SET=KEY;
                OSTimeDly(1);//延时
            }
            OSTaskCreate(TaskSamp,(void * )0, &TaskSampStk[TaskStk-1], 2);
                                                                    //创建采样任务
        }
    }
}
void TaskSamp (void * pdata)                        //低速采样任务
{
    INT8U i,err;
    INT32U Temp;                                    //临时变量
    pdata=pdata;
    VICIntEnable=1<<5;                              //打开定时器1的中断,开始采样
    for  ( i=0;i<200;i++)                           //采样200次,数据以mV为单位
    {
        OSSemPend(Sem,0,Serr);                      //等待信号量
        Temp=ADDR;                                  //通过读取ADC结果清除DONE标志位
        ADCR=(ADCR&0xFFFFFF00) | 0x01 | (1<<24); //进行第一次转换
        while( (ADDR&0x80000000) == 0 ); //等待转换结束
        ADCR=ADCR | (1<<24);                        //再次启动转换
        while( (ADDR&0x80000000) == 0 ); //等待转换结束
        Temp=ADDR;                                  //读取转换结果
        Temp=3000 * (Temp&0x0000ffff);              //参考电源为3000mV
        Samp[i]=(INT16U) (Temp >> 16);              //保存采样结果
    }
    VICIntEnClr =1<<5;                              //禁止定时器1产生中断
    Show (Samp, 200);                               //显示采样信号的波形
    OSTaskDel (OS_PRIO_SELF);                       //删除自己
}
void Timer1_Exception (void)//T1中断服务函数
{
```

```
    OS_ENTKR_CRITICAL();                        //关中断
    T1TR=0x01;                                  //清除中断源
    VICVectAddr=0;                              //通知中断控制器中断结束
    OS_EXIT_CRITICAL();                         //开中断
    OSSemPost(Sem);                             //发送信号量
}
```

下面的例子为一个采样周期为 200μs 的中速数据采集程序，采样周期由定时器 1 来控制，采样操作在定时器 1 的 ISR 中完成，使用消息邮箱与采样任务进行通信，采样过程由按键启动。采样数据保存在全局数组中。由于定时器 1 的中断为 IRQ，所以必须为其添加中断句柄，并按照前述程序对向量中断控制器进行配置。中速采样的程序流程图如图 6-15 所示。中速采样的程序如下：

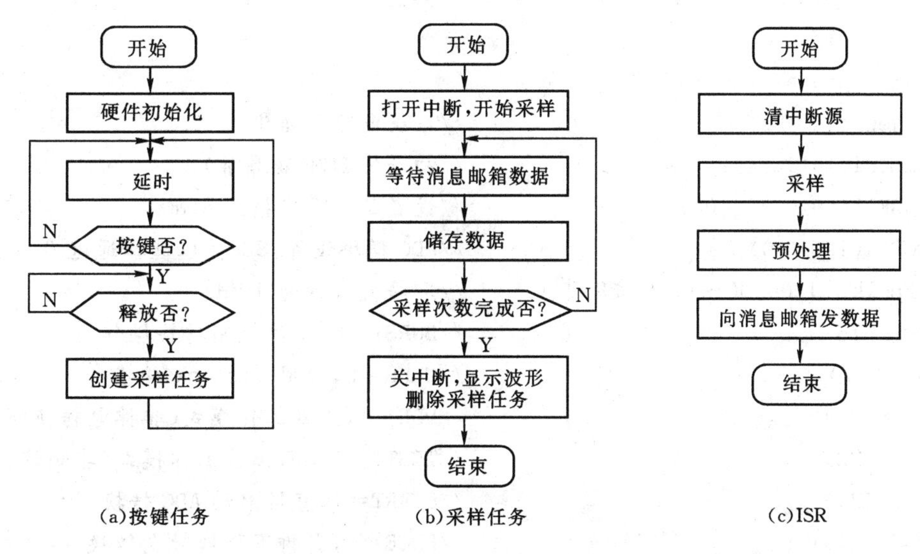

图 6-15　低速采样任务函数程序流程图

程序 C6-53：

```
# inciude      "config.h"       //文件 config.h 包含了 inciudes.h 和一些系统配置文件
#define        KEY (1<<20)                      //P0.20 为按键控制 I/O
#define        TaskStk 100                      //定义任务堆栈长度
OS_STK         TaskKeyStk[TaskStk];             //定义按键任务的堆栈
OS_STK         TaskSampStk[TaskStk];            //定义采样任务的堆栈
void           TaskKey (void * pdata);          //按键任务
void           TaskSamp (void * pdata);         //中速采样任务
OS_EVENT *          Mybox;                      //定义消息邮箱指针
INT16U              Samp[200];                  //定义保存采样结果的数组
void Show (INT16U * a,INT16U n)                 //显示波形函数
{
    INT16U i;
```

```
    GUI_ClearSCR();                              //清屏
    for (i=0;i < n; i ++ )                       //显示波形
    GUI_Point( i, 240-a[i] * 240/3000,RED);//高度 240 点相当于 3000 mV
}
int main (void)
{
    OSInit ();
    OSTaskCreate (TaskKey,(void * )0, &TaskKeyStk[TaskStk-1], 4);//创建按键任务
    OSStart ();
    return 0;
}
void TaskKey (void * pdata)                    //按键任务
{
    pdata=pdata;
    TargetInit ();                             //系统电路初始化
    GUI_Initialize();                          //初始化 LCM(液晶屏)
    PINSEL1=0x00400000;                        //设置 PQ.27 连接到 AINO
    ADCR=(1<< 0)                    |          //ADC 模块设置:SEL=1,选择通道 0
    ((Fpclk / 1000000-1) <<8)       |          //即转换时钟为 1 MHz
    (0<<16)                         |          //BURST=0,软件控制转换操作
    (0 <<7)                         |          //CLKS=0,使用 llclock 转换
    (1<<21)                         |          //PDN=1,正常工作模式(非掉电转换模式)
    (0<<22)                         |          //TEST1:0=00,正常工作模式(非测试模式)
    (1<<24)                         |          //START=1,直接启动 ADC 转换
    (0<<27);                                   //EDGE=0,引脚下降沿触发转换
    T1IR=0xffffffff;                           //复位中断源
    T1TC =0x00;                                //初始化定时器 1
    T1PR=0x00;                                 //设置定时器 1 的分频器(不分频)
    T1TCR=0x01;                                //使能定时器 1
    T1MCR=0x03;                                //匹配时产生中断并复位定时器 1
    T1MRO=Fpclk/5000;                          //定时时间为 200μs
    while(1)
    {
        OSTimeDly(2);                          //延时
        if ((IO0PIN & KEY) ! =0)   continue; //未按键,再延时
        else                                   //按下按键
        {
            while((IO0PIN & KEY) == 0)         //等待按键释放
            {
```

```
                IO0SET=KEY;
                OSTimeDly(1);                //延时
            }
            OSTaskCreate(TaskSamp,(void * )0, &TaskSampStk[TaskStk-1], 2);
                                                                    //创建采样任务
        }
    }
}
void TaskSamp (void * pdata)      //中速采样任务
{
    INT8U i,err;
    pdata=pdata;
    Mybox=OSMboxCreate((void * )0);                        //创建消息邮箱
    VICIntEnable=1<<5;                                     //打开定时器 1 的中断,开始采样
    for  ( i=0;i<200;i++ )                                 //采样 200 次,数据以 mV 为单位
    Samp[i]= * (INT16U * )OSMboxPend(Mybox,0,&err);        //获取并保存转换结果
    VICIntEnClr=1<<5;                                      //禁止定时器 1 产生中断
    OSMboxDel(Mybox,OS_DEL_ALWAYS,&err) ;                  //删除消息邮箱
    Show (Samp, 200);                                      //显示采样信号的波形
    OSTaskDtel (OS_PRIO_SELF);                             //删除自己
}
void Timer1_Exception(void)                                //T1 中断服务函数
{
    static INT32U Temp;                                    //静态变量
    OS_ENTER_CRITICAL( );                                  //关中断
    T1IR=0x01;                                             //清除中断源
    VICVectAddr=0;                                         //通知中断控制器中断结束
    Temp=ADDR;                                           //通过读取 ADC 结果清除 DONE 标志位
    ADCR=(ADCR&0xFFFFFF00) | 0x01 | (1<<24);               //进行第一次转换
    while( (ADDR&0x80000000) == 0 );                       //等待转换结果
    ADCR=ADCR | (1<< 24);                                  //再次启动转换
    while( (ADDR&0X80000000) == 0 );                       //等待转换结束
    Temp= (3000 * (ADDR&0x0000ffff) ) >> 16;               //参考电源为 3000 mV
    OS_EXIT_CRITICAL();                                    //开中断
    OSMboxPost(Mybox, (void * )&Temp);                     //发送以 mV 为单位的采样结果
}
```

6.4.3　时钟控制与管理

时钟节拍一般是一个硬件的定时中断,中断的频率需要综合考虑时间的精度要求和系统

的要求。μC/OS-Ⅱ与大多数计算机系统一样，用硬件定时器产生一个周期为毫秒(ms)级的周期性中断来实现系统时钟。两次中断之间相间隔的时间，就是时钟节拍(Time Tick)。

时钟节拍的启动必须在操作系统开始运行之后，时钟节拍的中断处理函数需要控制每个任务的延时或者定时，是影响操作系统性能的重要因素。

1)时钟中断函数

硬件定时器以时钟节拍为周期定时地产生中断，该中断的中断服务程序叫做 OSTickISR()。中断服务程序通过调用函数 OSTimeTick()来完成系统在每个时钟节拍时需要做的工作。

因为使用 C 语言不便于对 CPU 的寄存器进行处理，所以时钟节拍的中断服务程序 OSTickISR()是用汇编语言来编写的。OSTickISR()的示意性代码如下：

程序 C6-54：

```
void OSTickISR(void)
{
    保存 CPU 寄存器;
    调用 OSIntEnter();                    //记录中断嵌套层数
    if (OSIntNesting==1;
    {
        OSTCBCur->OSTCBStkPtr=SP;         //在任务 TCB 中保存堆栈指针
    }
    调用 OSTimeTick();                    //节拍处理
    清除中断;
    开中断;
    调用 OSIntExit();                     //中断嵌套层数减 1
    恢复 CPU 寄存器;
    中断返回;
}
```

在时钟中断服务程序中调用的 OSTimeTick()叫做时钟节拍服务函数。该函数的源代码如下：

程序 C6-55：

```
void OSTimeTick(void)
{
    #if OS_CRITICAL_METHOD==3
        OS_CPU_SR cpu_sr;
    #endif
    OS_TCB *ptcb;
    OSTimeTickHook();
    #if OS_TIME_GET_SET_EN>0
        OS_ENTER_CRITICAL();
```

```
        OSTime++;                                  //记录节拍数
        OS_EXIT_CRITICAL();
    #endif
    if (OSRunning==TRUE)
    {
        ptcb=OSTCBList;
        while(ptcb->OSTCBPrio! =OS_IDLE_PRIO)
        {
            OS_EMTER_CRITICAL();
            if(ptcb->OSTCBDly! =0)
            {
                if(--ptcb->OSTCBDly==0)            //任务的延时时间减 1
                {
                    if ((ptcb->OSTCBStat & OS_STAT_SUSPEND)==OS_STAT_RDY)
                    {
                        OSRdyGrp |=ptcb->OSTCBBitY;
                        OSRdyTbl[ptcb->OSTCBY]|=ptcb->OSTCBBitX;
                    }
                    else{tcb->OSTCBDly=1;}
                }
            }
            ptcb=ptcb->OSTCBNext;
            OS_EXIT_CRITICAL();
        }
    }
}
```

在上述代码中，μC/OS-Ⅱ在每次响应定时中断时调用 OSTimeTick()做了两件事情：一是给计数器 OSTime 加 1；二是遍历任务控制块链表中的所有任务控制块，把各个任务控制块中用来存放任务延时时限的 OSTCBDly 变量减 1，并使该项为 0，同时又不使被挂起的任务进入就绪状态。

简单地说，函数 OSTimeTick()的任务就是在每个时钟节拍了解每个任务的延时状态，使其中已经到了延时时限的非挂起任务进入就绪状态。

OSTimeTick()是系统调用的函数，为了方便应用程序设计人员能在系统调用的函数中插入一些自己的工作，μC/OS-Ⅱ提供了时钟节拍服务函数的钩子函数 OSTimeTickHook()。此类可供用户在系统调用函数中书写自己的代码的钩子函数共有 10 个函数：

```
OSStkInitHook()          //堆栈函数钩子函数
OSInitHookBegin()        //初始化钩子开始函数
OSInitHookEnd()          //操作系统初始化钩子函数
OSTaskCreateHook()       //任务创建钩子函数
```

```
OSTaskDelHook()          //任务删除钩子函数
OSTaskSwHook()           //任务切换钩子函数
OSTaskStatHook()         //统计任务钩子函数
OSTCBInitHook()          //任务控制块初始化钩子函数
OSTaskIdleHook()         //休闲任务钩子函数
OSTimeTickHook()         //时钟节拍钩子函数
```

例:设计一个有3个任务的程序Test,3个任务分别是MyTask,YouTask和InterTask。其中,任务InterTask是在时钟节拍中断服务程序中用钩子函数OSTimeTickHook()中断了10 000次时使用一个信号变量InterKey激活的。运行并分析由中断服务程序激活任务的工作特点。

程序C6-56:

```
#include        "includes.h"
#define         TASK_STK_SIZE 512                     //任务堆栈长度
OS_STK          MyTaskStk[TASK_STK_SIZE];             //定义任务堆栈区
OS_STK          YouTaskStk[TASK_STK_SIZE];            //定义任务堆栈区
OS_STK          InterTaskStk[TASK_STK_SIZE];          //定义任务堆栈区
INT16S          key;                                  //用于退出μC/OS-Ⅱ的键
INT8U           x=0,y=0;                              //字符显示位置
BOOLEAN         InterKey=FALSE;                       //中断与任务联系的变量
char            *s="运行了中断所要求运行的任务InterTask";
void            MyTask(void *data);                   //声明任务
void            YouTask(void *data);                  //声明任务
void            InterTask(void *data);                //声明任务
void main(void)
{
    char *s_M="M";                                    //定义要显示的字符
    OSInit();                                         //初始化μC/OS-Ⅱ
    PC_DOSSaveReturn();                               //保存DOS环境
    PC_VectSet(uCOS, OSCtxSw);                        //安装μC/OS-Ⅱ中断
    OSTaskCreate(MyTask,s_M,&MyTaskStk[TASK_STK_SIZE-1],0 );
    OSStart();                                        //启动多任务管理
}
void MyTask (void *pdata)
{
    char *s_Y="Y";                                    //定义要显示的字符
    char *s_H="H";
    #if OS_CRITICAL_METHOD==3
        OS_CPU_SR cpu_sr;
    #endif
```

```
    pdata=pdata;
    OS_ENTER_CRITICAL();
    PC_VectSet(0x08,OSTickISR);                    //安装时钟中断向量
    PC_SetTickRate(OS_TICKS_PER_SEC);              //设置时钟频率
    OS_EXIT_CRITICAL();
    OSStatInit();                                  //初始化统计任务
    OSTaskCreate(YouTask,s_Y,&YouTaskStk[TASK_STK_SIZE-1],1 );
    OSTaskCreate(InterTask,s_H,&InterTaskStk[TASK_STK_SIZE-1],2 );
    for (;;)
    {
        if (x>50){x=0;y+=2;}
        PC_DispChar(x,y,                           //字符的显示位置
         *(char*)pdata,
        DISP_BGND_BLACK+DISP_FGND_WHITE);
        x+=1;                                      //如果按下 ESC 键,则退出 μC/OS-Ⅱ
        if(PC_GetKey(&key)==TRUE)
        {
            if(key==0x1B){PC_DOSReturn();}         //恢复 DOS 环境
        }
        OSTimeDlyHMSM(0,0,3,0);                    //等待 3s
    }
}
void YouTask (void *pdata)
{
    #if OS_CRITICAL_METHOD == 3
         OS_CPU_SR cpu_sr;
    #endif
    pdata=pdata;
    for(;;)
    {
        if(x>50)
        {
            x=0;
            y+=2;
        }
        PC_DispChar(x,y,                           //字符的显示位置
                   *(char*)pdata,
                   DISP_BGND_BLACK+DISP_FGND_WHITE
                  );
```

```
        x+=1;
        OSTimeDlyHMSM(0,0,1,0);                    //等待1s
    }
}
void InterTask (void * pdata)
{
    #if OS_CRITICAL_METHOD==3
        OS_CPU_SR cpu_sr;
    #endif
    pdata=pdata;
    for(;;)
    {
        if(InterKey)
        {
            if(x>50){x=0;y+=2;}
            PC_DispChar(x,y,*(char*)pdata,DISP_BGND_BLACK+DISP_FGND_WHITE);
            PC_DispStr(5,6,s,DISP_BGND_BLACK+DISP_FGND_WHITE);
            x+=1;
        }
        InterKey=FALSE;
        OSIntNesting--;
        OSTimeDlyHMSM( 0,0,1,0 );                  //等待1s
    }
}
externBOOLEAN InterKey;
INT16UInterCtr=0;
void OSTimeTickHook (void)
{
    if(InterCtr == 10000){InterKey=TRUE;}
    InterCtr++;
}
```

2)任务延时

由于嵌入式系统的任务是一个无限循环，并且 μC/OS-Ⅱ还是一个抢占式内核，所以为了使高优先级别的任务不至于独占 CPU，可以给其他任务优先级别较低的任务获得 CPU 使用权的机会，μC/OS-Ⅱ规定：除了空闲任务之外的所有任务必须在任务中合适的位置调用系统提供的函数 OSTimeDly()，使当前任务的运行延时一段时间并进行一次任务调度，以让出 CPU 的使用权。

OSTimeDly()函数的代码如下：

程序 C6 - 57：

```
void OSTimeDly (INT16U ticks)
{
    #if OS_CRITICAL_METHOD == 3
        OS_CPU_SR cpu_sr;
    #endif
    if(ticks>0)
    {
        OS_ENTER_CRITICAL();
        if((OSRdyTbl[OSTCBCur->OSTCBY]&=~OSTCBCur->OSTCBBitX)==0)
        {
            OSRdyGrp&=~OSTCBCur->OSTCBBitY;    //取消当前任务的就绪状态
        }
        OSTCBCur->OSTCBDly=ticks;              //延时节拍数存入任务控制块
        OS_EXIT_CRITICAL();
        OS_Sched();                            //调用调度函数
    }
}
```

形式参数 Ticks 定义了任务延时的具体时间，以时钟节拍为单位，它初始化了任务的延时项。μC/OS-Ⅱ将在时钟节拍中断服务中调用 OSTimeTick()函数，对每个任务对应的延时项减 1，当某个任务的延时项为 0 的时候，该任务进入就绪态，除非它还被其他因素挂起。

μC/OS-Ⅱ还提供了另一种实现任务延时的方式，对应函数 OSTimeDlyHMSM()，它不是以时钟节拍为单位进行延时的，而是直接给出延时的时间。OSTimeDlyHMSM 的函数原型为：

程序 C6 - 58：

```
void OSTimeDlyHMSM( INT8U hours,       //延时的小时数
                    INT8U minutes,     //延时的分钟数
                    INT8U seconds,     //延时的秒数
                    INT8U milli);      //延时的毫秒数
```

这种延时方式更直接，但由于 μC/OS-Ⅱ是基于时钟节拍进行时间计数的，因此如果定义的延时不是时钟节拍周期的整数倍数，延时会具有一定的误差。

μC/OS-Ⅱ使用 OS_TICK_PER_SEC 宏定义来指示每秒对应的 Tick 数目，用户可以利用该变量进行延时设置。

3）结束任务延时

用户可以通过函数 OSTimeDlyResume()来取消处于延时状态的任务延时，即将任务的延时项清零，这样可以使处于等待状态的任务结束等待。调用了函数 OSTimeDly()或 OSTimeDlyHMSM()的任务，当规定的延时时间期满，或有其他任务通过调用函数 OSTimeDlyResume()取消了延时时，它立即会进入就绪状态。

OSTimeDlyResume()函数的源代码如下：

程序 C6-59：

```
INT8U OSTimeDlyResume (INT8U prio)
{
    #if OS_CRITICAL_METHOD==3
        OS_CPU_SR  cpu_sr;
    #endif
    OS_TCB   *ptcb;
    if(prio>=OS_LOWEST_PRIO)  {  return(OS_PRIO_INVALID);  }
    OS_ENTER_CRITICAL();
    ptcb=(OS_TCB *)OSTCBPrioTbl[prio];
    if(ptcb! =(OS_TCB *)0)
    {
        if(ptcb->OSTCBDly! =0)
        {
            ptcb->OSTCBDly=0 ;
            if((ptcb->OSTCBStat & OS_STAT_SUSPEND)==OS_STAT_RDY)
            {
                OSRdyGrp             |=ptcb->OSTCBBitY;
                OSRdyTbl[ptcb->OSTCBY]|=ptcb->OSTCBBitX;
                OS_EXIT_CRITICAL();
                OS_Sched();
            }
            else{  OS_EXIT_CRITICAL();  }
            return (OS_NO_ERR);
        }
        else
        {
            OS_EXIT_CRITICAL();
            return(OS_TIME_NOT_DLY);
        }
    }
    OS_EXIT_CRITICAL();
    return(OS_TASK_NOT_EXIST);
}
```

4)获取和设置系统时间

μC/OS-Ⅱ中，用一个计数器按照时钟节拍来记录系统时间。该计数器是一个 32 位的无符号整型变量 OSTime，每发生一次时钟节拍中断，OSTime 就加 1，直到溢出之后从 0 重新开始计数。可以通过系统时间获取函数 OSTimeGet()获取和修改系统时间 OSTime 数值。函数 OSTimeGet()的原型为“INT32U OSTimeGet(void);”,函数的返回值即为 OSTime 的值。

如果在应用程序中调用函数 OSTimeSet(),则可设置 OSTime 的值。函数 OSTimeSet()的原型为“void OSTimeSet(INT32U ticks);”,函数的参数 ticks 为 OSTime 的设置节拍数。

6.5 事件控制块与任务同步

6.5.1 事件控制块

任务或者中断服务子程序 ISR 之间的协调通信是通过事件控制块 ECB(Event Control Blocks)来完成的。这里,信号(signal)被看成是事件(Event),用于通信的数据结构叫做事件控制块,事件控制块 ECB 可以是信号量的、消息邮箱的或者消息队列中的一种。

图 6-16 说明了任务和 ISR 之间采用 ECB 进行协调通信时信息的产生方和接收方的关系,注意 ISR 是不能等待事件控制块 ECB 给它发送信号的。

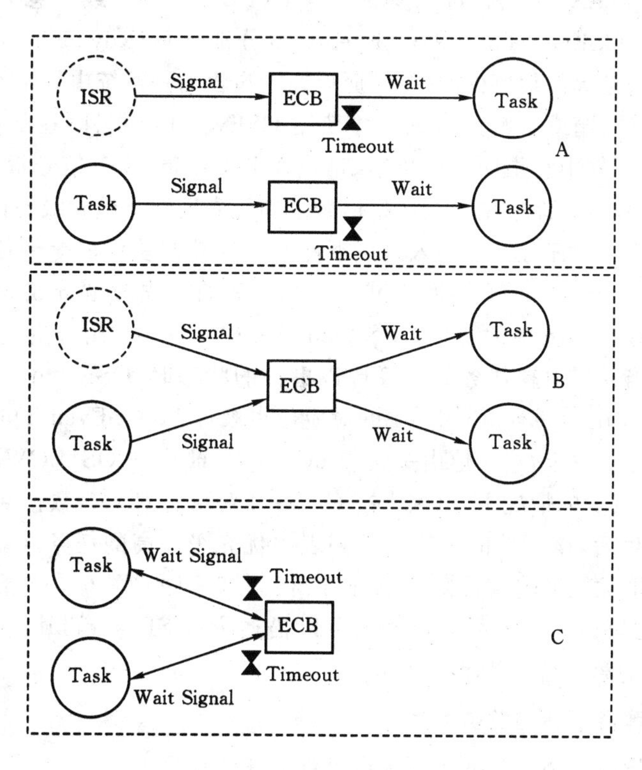

图 6-16　事件控制块的使用

事件控制块 ECB 是用于实现“信号量管理”、“互斥型信号量管理”、“消息邮箱管理”及“消息队列管理”等功能的基本数据结构。

μC/OS-II 通过 μCOS_II. H 中定义的 OS_EVENT 数据结构,维护一个事件控制块 ECB 的所有信息。该结构中除了包含了事件本身的定义外(如用于信号量的计数器,用于互斥型信号量的位,用于指向邮箱的指针,或者用于指向消息队列的指针数组等),还定义了等待该事件的所有任务的列表。每个信号量、互斥型信号量、消息邮箱及消息队列都应分配到一个事件控制块 ECB。

事件控制块 ECB 的数据结构定义程序如下：

程序 C6－60：

```
typedef struct {
            INT8U    OSEventType;                        //事件类型
            INT8U    OSEventGrp;                         //等待任务所在的组
            INT16U   OSEventCnt;                         //计数器(当事件是信号量时)
            void     *OSEventPtr;                        //指向消息或者消息队列的指针
            INT8U    OSEventTbl[OS_EVENT_TBL_SIZE];      //等待任务列表
} OS_EVENT;
```

此数据结构中的 OSEventType 定义了事件的具体类型。用户根据该域的具体值来调用 μC/OS-II 的相应功能函数。类型值可以是信号量(OS_EVENT_SEM)、互斥型信号量(OS_EVENT_TYPE_MUTEX)、邮箱(OS_EVENT_TYPE_MBOX)或消息队列(OS_EVENT_TYPE_Q)中的一种；OSEventTbl[]和 OSEventGrp 分别与 OSRdyTbl[]和 OSRdyGrp 相似，只不过前两者包含的是等待某事件的任务，而后两者包含的是系统中处于就绪状态的任务；只有在所定义的事件是邮箱或者消息队列时才使用 OSEventPtr 指针，在邮箱事件中它指向一个消息，在消息队列事件中它指向一个数据结构；OSEventCnt 用于信号量事件中作为信号量的计数器，互斥型信号量事件中用于互斥型信号量和优先级继承优先级的计数器。

每个等待事件发生的任务都被加入到该事件的事件控制块中的等待任务列表中，该列表包括 OSEventGrp 和 OSEventTbl[]两个域。所有任务的优先级被分成 8 组(每组 8 个优先级)，分别对应. OSEventGrp 中的 8 位。OSEventGrp 中的每一位用来指示是否有任务处于等待该事件的状态。当某组中有任务处于等待该事件的状态时，OSEventGrp 中对应的位就被置 1。相应地，该任务在 OSEventTbl[]中的对应位也被置 1。OSEventTbl[]数组的大小由系统中任务的最低优先级决定，这个值由头文件 uCOS_II. H 中的 OS_LOWEST_PRIO 常数定义。这样，在任务比较少的情况下，可减少？ C/OS-II 对系统 RAM(数据空间)的占用量。

在一个事件发生后，该事件的等待事件列表中优先级最高的任务，(即在 OSEventTbl[]中所有被置 1 的位中优先级的数值最小的任务)得到该事件。图 6－17 给出了 OSEventGrp 和 OSEventTbl[]之间的对应关系。该关系可以描述为：OSEventTbl[x]中的任何一位为 1 时，OSEventGrp 中的第 x 位为 1，x＝0～7。

1. 将任务置于等待事件的任务列表

下面的代码示意将一个任务插入到等待事件的任务列表中。

程序 C6－61：

```
pevent－>OSEventGrp                 |= OSMapTbl[prio >> 3];
pevent－>OSEventTbl[prio >> 3]      |= OSMapTbl[prio & 0x07];
```

其中，prio 是任务的优先级，pevent 是指向事件控制块的指针。

从程序清单可以看出，将一个任务插入到等待事件任务列表中所需的时间是常数，与表中现有多少个任务无关。图 6－17 中任务优先级的最低 3 位决定了该任务在相应的 OSEventTbl[]中的位置，紧接着的高 3 位则决定了该任务优先级在 OSEventTbl[]中的字节索引。该算法中用到的查找表 OSMapTbl[]（定义在 OS_CORE.C 中）一般在 ROM 中实现。

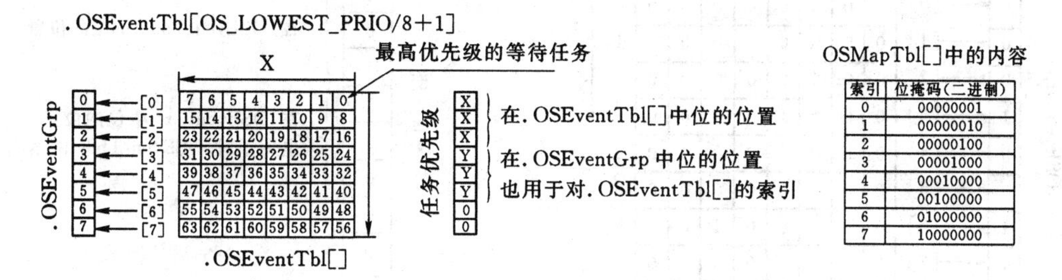

图 6-17　事件的等待列表

2. 从等待事件的任务列表中使任务脱离等待状态

从等待事件的任务列表中使任务脱离等待状态的算法则正好相反，程序如下：

程序 C6-62：

```
if ((pevent->OSEventTbl[prio >> 3] &= ~OSMapTbl[prio & 0x07]) == 0)
{   pevent->OSEventGrp &= ~OSMapTbl[prio >> 3]; }
```

该代码清除了任务在.OSEventTbl[]中的相应位，并且，如果其所在的组中不再有处于等待该事件的任务时（.OSEventTbl[prio>>3]为 0），将.OSEventGrp 中的相应位也清除了。

3. 在等待任务的任务列表中查找优先级最高的任务

从等待任务列表中查找处于等待状态的优先级最高的任务的代码如下：

程序 C6-63：

```
y     = OSUnMapTbl[pevent->OSEventGrp];
x     = OSUnMapTbl[pevent->OSEventTbl[y]];
prio = (y << 3) + x;
```

使用 OSEventGrp 作为 OSUnMapTbl[]的索引，可快速确定 OSEventTbl[]中优先级最高的任务所在组。OSUnMapTbl[]返回优先级最高的任务所在的组的位置（0～7 的一个数），这个值与 OSEventTbl[]的 y 坐标相对应。

知道优先级最高的任务所在的组后，可通过再次查 OSUnMapTbl[]表，以确定其在该组中的具体位置，也会得到一个 0～7 的值，这个值与 OSEventTbl[]的 x 坐标相对应。

结合前两项操作，即可确定优先级最高的任务的优先级序号值，其值范围为 0～63。OSUnMapTbl[]的取值在程序 C6-9 中已给出，这里不再赘述。

举例来说，如图 6-18 所示，如果 OSEventGrp 的值是 11001000B，即 0xC8，而对应的 OSUnMapTbl[OSEventGrp]值为 3，则说明优先级最高的任务在第 3 组。这正是 OSEventTbl[]的索引号，即在 OSEventTbl[]表的第 0～7 字节中，从第 3 字节开始出现第 1 个不为 0 的值。

同样的，如果 OSEventTbl[3]的值是 00010000B，即 0x10，OSUnMapTbl[OSEventTbl[3]]的值为 4（第 4 位），则处于等待事件状态的任务中最高优先级是 3×8+4=28。

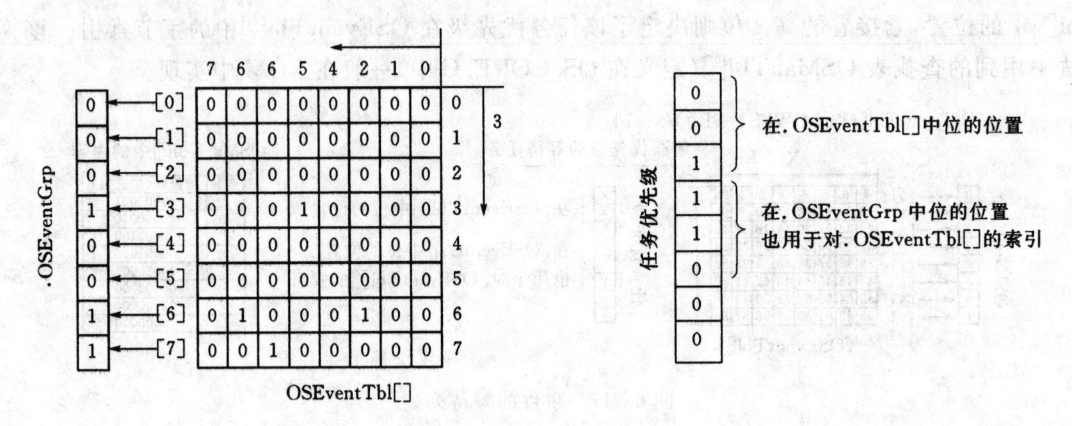

图 6-18 等待任务列表范例

4. 事件控制块链表操作

事件控制块 ECB 的总数由应用程序所需要的信号量、互斥型信号量、邮箱及消息队列的总数决定。该值由文件 OS_CFG.H 中的“#define OS_MAX_EVENTS”语句定义。在调用 OSInit()时,所有事件控制块 ECB 被链接成一个单向链表——空余事件控制块链表(见图 6-19)。每当建立一个信号量、互斥型信号量、邮箱或者消息队列时,就从该链表中取出一个空余事件控制块,并对它进行初始化。调用删除信号量、互斥型信号量、邮箱及消息队列的函数 OS??? Del(),可将事件控制块放回到空余事件控制块链表中。

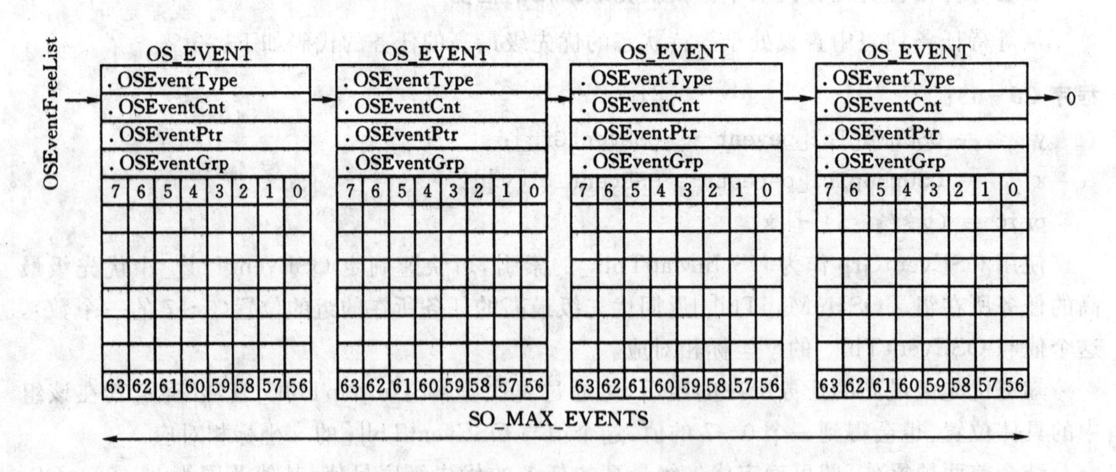

图 6-19 空余事件控制块链表

对事件控制块进行的操作一般包括:

1)事件控制块初始化函数:OS_EventWaitListInit()

当建立一个信号量、邮箱或者消息队列时,相应的建立函数 OSSemCreate(),OSMutex-Create(),OSMboxCreate()或者 OSQCreate()通过调用该函数对事件控制块中的等待任务列表进行初始化。该函数初始化一个空的等待任务列表,当初始化完成时,表中没有任何等待事件的任务。它只是传递一个指针变量给事件控制块,该指针变量就是创建信号量、互斥型信号量、邮箱或消息队列时分配的事件控制块的指针 pevent。函数 OS_EventWaitListInit()的源代码如下：

程序 C6-64：

```
void OSEventWaitListInit (OS_EVENT *pevent)
{
    INT8U    *ptbl;
    pevent->OSEventGrp = 0x00;
    ptbl= &pevent->OSEventTbl[0];
    #if OS_EVENT_TBL_SIZE > 0     *ptbl++=0x00;     #end if
    #if OS_EVENT_TBL_SIZE > 1     *ptbl++=0x00;     #end if
    #if OS_EVENT_TBL_SIZE > 2     *ptbl++=0x00;     #end if
    #if OS_EVENT_TBL_SIZE > 3     *ptbl++=0x00;     #end if
    #if OS_EVENT_TBL_SIZE > 4     *ptbl++=0x00;     #end if
    #if OS_EVENT_TBL_SIZE > 5     *ptbl++=0x00;     #end if
    #if OS_EVENT_TBL_SIZE > 6     *ptbl++=0x00;     #end if
    #if OS_EVENT_TBL_SIZE > 7     *ptbl++=0x00;     #end if
}
```

2)使一个任务进入就绪态函数:OS_EventTaskRdy()

当某个事件发生了,要将等待该事件任务列表中的最高优先级任务置于就绪态时,信号量、互斥型信号量、消息邮箱或消息队列所对应的 POST 函数调用 OS_EventTaskRdy()以实现该操作。函数 OSEventTaskRdy()的源代码如下：

程序 C6-65：

```
INT8U OS_EventTaskRdy(  OS_EVENT *pevent,  void *msg,  INT8U msk)
{
   OS_TCB   *ptcb;
   INT8U   x;
   INT8U   y;
   INT8U   bitx;
   INT8U   bity;
   INT8Uprio;
   y    = OSUnMapTbl[pevent->OSEventGrp];
   bity = OSMapTbl[y];
   x    = OSUnMapTbl[pevent->OSEventTbl[y]];
   bitx = OSMapTbl[x];
   prio = (INT8U)((y << 3) + x);
   if ((pevent->OSEventTbl[y] &= ~bitx) == 0x00)  { pevent->OSEventGrp&=
                                                     ~bity;}
   ptcb= OSTCBPrioTbl[prio];
```

```
    ptcb->OSTCBDly  =0;
    ptcb->OSTCBEventPtr = (OS_EVENT *)0;
    #if ((OS_Q_EN>0)&&(OS_MAX_QS>0))||(OS_MBOX_EN>0)   ptcb->OSTCBMsg= msg;
    #else                                                msg= msg;
    #endif
    ptcb->OSTCBStat  &= ~msk;
    if(ptcb->OSTCBStat == OS_STAT_RDY)
    {
        OSRdyGrp    |=bity;
        OSRdyTbl[y] |=bitx;
    }
    return(prio);
}
```

上述程序中，首先确定最高优先级任务在 OSEventTbl[]中的字节索引，得到一个 0～OS_LOWEST_PRIO/8+1 的字节索引值，利用该索引得到优先级最高的任务在 OSEventGrp 中的位屏蔽码，再判断最高优先级任务在 OSEventTbl[]中相应位的位置，其结果是一个 0～OS_LOWEST_PRIO/8+1 的数，并判断最高优先级任务在 OSEventTbl[]中相应的位屏蔽码。结合 x 和 y 索引，即可确定进入就绪态任务的优先级，并可找到指向该任务的任务控制块 TCB 的指针。

因为最高优先级任务不再等待该任务的发生，必须停止 OSTimeTick()函数对 OSTCBDly 域的递减操作，所以 OS_EventTaskRdy()直接将 OSTCBDly 域清 0，并将其任务控制块中指向事件控制块的指针指向 NULL。

如果 OS_EventTaskRdy()是由消息邮箱或消息队列的 POST 函数调用的，那么该函数还要将相应的消息作为参数传递给最高优先级任务，并放在它的任务控制块中。

当调用 OS_EventTaskRdy()时，位屏蔽码作为参数传递给它。该参数用于将 OSTCBStat 中的位清 0，它与所发生的事件的类型相对应(OS_STAT_SEM，OS_STAT_MUTEX，OS_STAT_MBOX，OS_STAT_Q)。如果 OSTCBStat 指示该任务已处于就绪态，则 OS_EventTaskRdy()将最高优先级任务插入到 μC/OS-II 的就绪任务列表中。

OS_EventTaskRdy()函数要在关中断的情况下调用，返回就绪态任务的优先级。

注意：最高优先级任务得到该事件后不一定进入就绪态，也许该任务已经由于其他原因挂起了。

3)使一个任务进入等待某事件发生状态的函数：OS_EventTaskWait()

当某个任务须等待一个事件的发生时，信号量、互斥型信号量、邮箱及消息队列会通过相应的 PEND 函数调用函数 OSEventTaskWait()，使当前任务从就绪态任务列表中脱离就绪态，并放到相应事件的事件控制块 ECB 的等待任务列表中。使一个任务进入等待状态的 OSEventTaskWait()函数的源代码如下：

程序 C6-66：

```
void OSEventTaskWait (OS_EVENT *pevent)
```

```
{
  OSTCBCur->OSTCBEventPtr = pevent;
  if ((OSRdyTbl[OSTCBCur->OSTCBY] &= ~OSTCBCur->OSTCBBitX) == 0)
  {
      OSRdyGrp &= ~OSTCBCur->OSTCBBitY;
  }
  pevent->OSEventTbl[OSTCBCur->OSTCBY]|= OSTCBCur->OSTCBBitX;
  pevent->OSEventGrp                  |= OSTCBCur->OSTCBBitY;
}
```

程序首先将指向事件控制块 ECB 的指针放到任务的任务控制块 TCB 中，建立任务与事件控制块之间的链接，然后将任务从就绪任务表中删除，最后再把该任务放到事件控制块 ECB 的等待事件的任务列表中。

4)等待超时而将任务置为就绪态函数:OS_EventTO()

如果在预先指定的等待时限内任务等待的事件没有发生，那么 OSTimeTick()函数会因为等待超时而将任务的状态置为就绪态。在这种情况下，信号量、互斥型信号量、邮箱及消息队列会通过 PEND 函数调用 OS_EventTO()函数，以完成这项工作。等待超时将任务置为就绪状态函数的源代码如下：

程序 C6-67：

```
void OSEventTO (OS_EVENT * pevent)
{
    if((pevent->OSEventTbl[OSTCBCur->OSTCBY]&=~OSTCBCur->OSTCBBitX)==
        0x00)
    {
        pevent->OSEventGrp &= ~OSTCBCur->OSTCBBitY;
    }
    OSTCBCur->OSTCBStat        =OS_STAT_RDY;
    OSTCBCur->OSTCBEventPtr    =(OS_EVENT *)0;
}
```

OS_EventTO()函数必须从事件控制块 ECB 中的等待任务列表中将该任务删除，并将该任务置为就绪态，再从任务控制块 TCB 中将指向事件控制块 ECB 的指针删除。调用 OS_EventTO()也应当先关中断。

6.5.2　任务间的同步

嵌入式系统中的各个任务都是以并发的方式来运行的，并为同一个大的任务服务。它们不可避免地要共同使用一些共享资源，并且在处理一些需要多个任务共同协作来完成的工作时，还需要相互的支持和限制。因此，对于一个完善的多任务操作系统来说，系统必须具有完备的同步和通信机制。

为了实现各个任务之间的合作和无冲突的运行，在各任务之间必须建立一些制约关系。

对此，操作系统应该解决两个问题：一是各任务间应该具有一种互斥关系，即对于某个共享资源，如果一个任务正在使用，则其他任务只能等待，等到该任务释放该资源后，等待的任务之一才能使用它；二是相关的任务在执行上要有先后次序，一个任务要等其伙伴发来通知，或建立了某个条件后才能继续执行，否则只能等待。

任务之间的这种制约性的合作运行机制叫做任务间的同步。系统中任务的同步是依靠任务与任务之间互相发送消息来保证同步的，这些消息包括信号量、邮箱（消息邮箱）和消息队列等内容，以全局函数的形式，供任务与中断之间发送事件、请求事件以及其他对事件的操作。

1. 信号量

信号量是一个相对比较简单的通信方式，除去等待它的任务列表之外，它可以看成是一个单纯的整数，在 μC/OS-Ⅱ中，它的取值范围是 0～65535。信号量主要用于任务之间的同步或者简单的信息传递，或者用来记录系统中某项共享资源目前可以使用的数量。采用信号量进行通信的任务，就是基于这个信号量的数量进行的。与邮箱和消息队列相比，信号量无法传递复杂的信息，但具有最短的 CPU 处理时间。

在 μC/OS-II 中，当事件控制块成员 OSEventType 的值被设置为 OS_EVENT_TYPE_SEM 时，这个事件控制块描述的就是一个信号量。信号量由信号量计数器和等待任务表两部分组成。信号量使用事件控制块的成员 OSEventCnt 作为计数器，而用数组 OSEvevtTbl[]来充当等待任务表。信号量不使用事件控制块成员 OSEventPtr。

每当有任务请求信号量时，如果 OSEventCnt 大于 0，则把 OSEventCnt 减 1 并使任务继续运行；如果 OSEventCnt 的值为 0，则会将任务列入任务等待表 OSEvevtTbl[]，而使任务处于等待状态。如果有正在使用信号量的任务释放了该信号量，则会在任务等待表中找出优先级别最高的等待任务，并使其就绪后调用调度器引发一次调度；如果任务等待表中已经没有等待任务，则信号量计数器就只简单地加 1。

图 6－20 是一个计数器当前值为 3 且有 4 个等待任务的信号量的示意图。等待信号量任务的优先级别分别为 4，7，10，19。

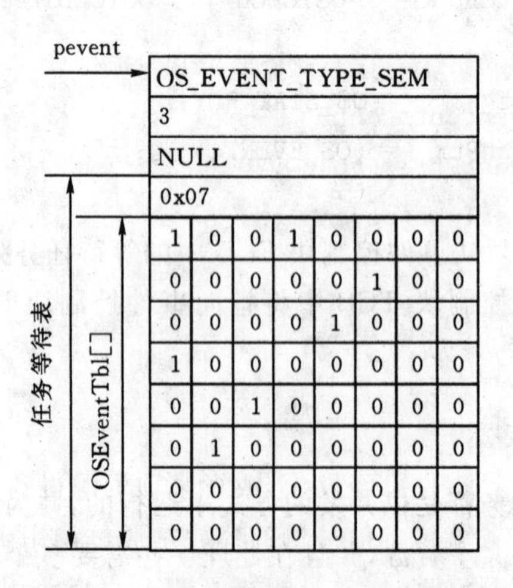

图 6－20　一个信号量的事件控制块

1)信号量的建立

通过调用函数OSSemCreate()来建立信号量,其函数原型为:

程序C6-68:

```
OS_EVENT    * OSSemCreate( WORD value );
```

形式参数value是该信号量的初始值,是一个16位的无符号整型数据量。OSSemCreate()的返回值就是该信号量的事件控制块的指针。

OSSemCreate()的源代码如下:

程序C6-69:

```
OS_EVENT * OSSemCreate(INT16U cnt)
{
    #if OS_CRITICAL_METHOD ==3
        OS_CPU_SR cpu_sr;
    #endif
    OS_EVENT * pevent;
    if(OSIntNesting >0){return((OS_EVENT * )0);}
    OS_ENTER_CRITICAL();
    pevent=OSEventFreeList;
    if(OSEventFreeList! =(OS_EVENT * )0)
    {
        OSEventFreeList=(OS_EVENT * )OSEventFreeList->OSEventPtr;
    }
    OS_EXIT_CRITICAL();
    if(pevent! =(OS_EVENT * )0)
    {
        pevent->OSEventType=OS_EVEHT_TYBE_SEM;     //设置为信号量
        pevent->OSEventCnt=cnt;                    //置计数器初值
        pevent->OSEventPtr=(void * )0;             //置空指针
        OS_EventWaitListInit(pevent);              //初始化控制块
    }
    return (pevent);
}
```

2)信号量的释放

信号量的释放标志着某一事件已经发生,或者某项资源得到了释放或者增加,它可能会引起等待该事件或者资源的任务就绪。信号量的释放是通过调用函数OSSemPost()来完成的,如果操作成功,OSSemPost()将使该信号量的数值加1。OSSemPost()的函数原型为:

程序C6-70:

```
    INT8U OSSemPost (OS_EVENT * pevent);
```

形参 pevent 就是 OSSemCreate()的返回值,即是一个信号量的事件控制块的指针。OSSemPost()函数共有 3 种返回值:OS_NO_ERR(信号量释放成功),OS_SEM_OVF(信号量的数值溢出)和 OS_ERR_EVENT_TYPE(pevent 参数有误返回)。

例如一个应用程序,包括一个函数 Fun()和两个任务(MyTask()和 YouTask())。应用程序中的两个任务都可以调用函数 Fun(),但不能同时调用。则应用程序如下:

程序 C6-71:

```
#include        "includes.h"
#define         TASK_STK_SIZE 512                //任务堆栈长度
char            *s1="MyTask";
char            *s2="YouTask";
INT8U           err;                             //用于退出的键
INT8U           y=0;                             //字符显示位置
INT16S          key;
OS_EVENT        * Fun_Semp;                      //声明信号量
OS_STK          StartTaskStk[TASK_STK_SIZE];     //定义任务堆栈区
OS_STK          MyTaskStk[TASK_STK_SIZE];        //定义任务堆栈区
OS_STK          YouTaskStk[TASK_STK_SIZE];       //定义任务堆栈区
Void            Fun(INT8U x,INT8U y);            //函数声明
Void            StartTask( void *data);          //声明起始任务
Void            MyTask(void *data);              //声明任务
Void            YouTask(void *data);             //声明任务
void main(void)
{
    OSInit();                                    //初始化μC/OS-Ⅱ
    Fun_Semp =OSSemCreate(1);                    //定义信号量
    PC_DOSSaveReturn();//保存 DOS 环境
    PC_VectSet(uCOS, OSCtxSw);                   //安装μC/OS-Ⅱ中断
    OSTaskCreate(StartTask,(void*)0,&StartTaskStk[TASK_STK_SIZE-1],0);
    OSStart();                                   //启动多任务管理
}
void StartTask(void *pdata)
{
    #if OS_CRITICAL_METHOD==3
        OS_CPU_SR cpu_sr;
    #endif
    pdata=pdata;
    OS_ENTER_CRITICAL();
    PC_VectSet(0x0B, OSTickISR);                 //安装时钟中断向量
    PC_SetTickRate(OS_TICKS_PER_SEC);            //设置μC/OS-Ⅱ时钟频率
```

```
    OS_EXIT_CRITICAL();
    OSStatInit();                                   //初始化统计任务
    OSTaskCreate(  MyTask,  (void * )0,&MyTaskStk[TASK_STK_SIZE－1],  1);
    OSTaskCreate(  YouTask,  (void * )0,&YouTaskStk[TASK_STK_SIZE－1],  2);
    for (;;)
    {
        if (PC_GetKey(&key)＝＝TRUE)                //如果按下 ESC 键,则退出
        {
            if (key＝＝0x1B){PC_DOSReturn();}
        }
        OSTimeDlyHMSM(0,0,3,0);                     //等待 3s
    }
}
void MyTask(void * pdata)
{
    #if OS_CRITICAL_METHOD＝＝3
        OS_CPU_SR cpu_sr;
    #endif
    pdata＝pdata;
    for(;;)
    {
        OSSemPend(Fun_Semp,0,&err);                 //请求信号量
        PC_DispStr(0,＋＋y,s1,DISP_BGND_BLACK＋DISP_FGND_WHITE);
        Fun(7,y);                                   //调用函数 Fun()
        OSSemPost(Fun_Semp);                        //发送信号量
        OSTimeDlyHMSM(0,0,1,0);                     //等待 1s
    }
}
void YouTask(void * pdata)
{
    #if OS_CRITICAL_METHOD＝＝3
        OS_CPU_SR cpu_sr;
    #endif
    pdata＝pdata;
    for(;;)
    {
        OSSemPend(Fun_Semp,0,&err);                 //请求信号量
        PC_DispStr(  0,＋＋y,s2,DISP_BGKD_BLACK＋DISP_FGND_WHITE);
        Fun(7,y);                                   //调用函数 Fun()
```

```
        OSSemPost(Fun_Semp);                    //发送信号量
        OSTimeDlyHMSM(0,0,2,0);                 //等待 2s
    }
}
void Fun(INT8U x,INT8U y)
{
    PC_DispStr(  x,y,"调用了 Fun()函数",DISP_BGHD_BLACK+DISP_FGND_WHITE  );
}
```

3)信号量的请求

信号量的请求是指任务正在等待某个信号量的到来,以进入就绪态。它通过任务调用 OSSemPend()函数来实现。如果信号量的值非零,OSSemPend()把该信号量的数值减 1;如果该任务在等待信号量的所有任务中具有最高的优先级,那么该任务将会进入就绪态。OSSemPend()函数可以规定任务等待信号量的最长时间,在最长时间内如果任务没有得到信号量,任务将转入就绪态,并返回超时信息。OSSemPend()函数的原型如下:

程序 C6-72:

```
void OSSemPend(OS_EVENT *pevent, INT16U timeout, int8u *err);
```

其中:

pevent:形式参数,是信号量事件控制块指针。

timeout:规定了任务等待该信号量的最长时间,它为零表示无限期地等待。

err:函数返回的错误代码,有 4 种情况——OS_NO_ERR(成功等到该信号量的时候),OS_TIMEOUT(等待超时),OS_ERR_PEND_ISR(在中断服务 ISR 中调用)和 OS_ERR_EVENT_TYPE(pevent 参数有误)。

为防止任务因得不到信号量而处于长期的等待状态,函数 OSSemPend()允许用参数 timeout 设置一个等待时间的限制。当任务等待的时间超过 timeout 时,可以结束等待状态而进入就绪状态。如果参数 timeout 被设置为 0,则表明任务的等待时间为无限长。

函数调用成功后,err 的值为 OS_NO_ERR。如果函数调用失败,则函数会根据在函数中出现的具体错误,令 err 的值分别为 OS_ERR_PEND_ISR,OS_ERR_PEVENT_NULL,OS_ERR_EVENT_TYPE 和 OS_TIMEOUT。

当任务需要访问一个共享资源时,先要请求管理该资源的信号量,这样就可以根据信号量当前是否有效(即信号量的计数器 OSEventCnt 的值是否大于 0)来决定该任务是否可以继续运行。

如果信号量有效(OSEventCnt>0),则把信号量计数器减 1,然后继续运行任务;如果信号量无效(OSEventCnt=0),则会在等待任务表中把该任务对应的位置 1 而让任务处于等待状态,并把等待时限 timeout 保存在任务控制块 TCB 的成员 OSTCBDly 中。

当一个任务请求信号量时,如果希望在信号量无效时准许任务不进入等待状态而继续运行,则不调用函数 OSSemPend(),而是调用函数 OSSemAccept()来请求信号量。该函数的原型如下:

程序 C6-73:

```
INT16U OSSemAccept(  OS_EVENT *pevent );      //信号量的指计
```

调用函数成功后，函数返回值为 OS_ON_ERR。

4)删除信号量

如果应用程序不需要某个信号量，那么可调用函数 OSSemDel()来删除该信号量。删除信号量只能在任务中进行，而不能在中断服务程序中删除。函数的原型如下：

程序 C6－74：

```
OS_EVENT *OSSemDel(  OS_EVENT *pevent,       //信号量的指针
                     INT8U opt,              //删除条件选项
                     INT8U *err );           //错误信息
```

函数中的参数 opt 用来指明信号量的删除条件。该参数有两个参数值可以选择：如果选择常数 OS_DEL_NO_FEND，则当等待任务表中已没有等待任务时才删除信号量；如果选择常数 OS_DEL_ALLWAYS，则表明在等待任务表中无论是否有等待任务都立即删除信号量。

函数调用成功后，err 的值为 OS_NO_ERR。

5)查询信号量的状态

任务可以调用函数 OSSemQuery()随时查询信号量的当前状态，函数的原型如下：

程序 C6－75：

```
INT8U OSSemQuery(  OS_EVENT *pevent,          //信号量指针
                   OS_SEM_DATA *pdata  );     //存储信号量状态的结构
```

该函数的第二个参数 pdata 是一个 OS_SEM_DATA 结构的指针，其数据结构如下：

程序 C6－76：

```
typedef struct
{
    INTI6U     OSCnt;
    INT8U      OSEventTbl[OS_EVENT_TBL_SIZE];
    INT8U      OSEventGrp;
}OS_SEM_DATA;
```

任务调用函数 OSSemQuery()对信号量查询后，会把信号量中的相关信息存储到 OS_SEM_DAT 类型的变量中，因此在调用函数 OSSemQuery()之前，须定义一个 OS_SEM_DAT 结构类型的变量。函数调用成功后，返回值为 OS_NO_ERR。

2. 互斥型信号量

互斥型信号量是一个二值信号量，任务可以用互斥型信号量来实现对共享资源的独占式处理。μC/OS-Ⅱ仍然用事件控制块来描述一个互斥型信号量。在描述互斥型信号量的事件控制块中，除了成员 OSEventType 要赋以常数 OS_EVENT_TYPE_MUTEX 以表明这是一个互斥型信号量和仍然没有使用成员 OSEventPtr 之外，成员 OSEventCnt 被分成了低 8 位和高 8 位两部分：低 8 位用来存放信号值(该值为 0xFF 时，信号为有效，否则信号为无效)；高 8 位用来存放要提升的优先级别 prio。

1)创建互斥型信号量

创建互斥型信号量需要调用函数 OSMutexCreate()，函数原型如下：

程序 C6-77：

```
OS_EVENT *OSMutexCreate(  INT8U prio,          //优先级别
                          INT8U *err  );       //错误信息
```

函数 OSMutexCreate()从空事件控制块链表获取一个事件控制块，把成员 OSEventType 赋以常数 OS_EVENT_TYPE_MUTEX，以表明这是一个互斥型信号量；然后再把成员 OSEventCnt 的高 8 位赋以 prio(要提升的优先级别)，低 8 位赋予常数 OS_MUTEX_AVAILABLE(该常数值为 0xFFFF)的低 8 位(0xFF)，以表明信号量尚未被任何任务所占用，处于有效状态。

2)请求互斥型信号量

当任务需要访问一个独占式共享资源时，就要调用函数 OSMutexPend()来请求管理这个资源的互斥型信号量。如果信号量有信号(OSEventCnt 的低 8 位为 0xFF)，则意味着目前尚无任务占用资源，于是任务可以继续运行并对该资源进行访问；否则就进入等待状态，直至占用这个资源的其他任务释放了该信号量。函数 OSMutexPend()的原型如下：

程序 C6-78：

```
void OSMutexPend(  OS_EVENT *pevent,       //互斥型信号量指针
                   INT16U timeout,         //等待时限
                   INT8U *err  );          //错误信息
```

参数 timeout 设置一个等待时间的限制，当任务等待的时间超出该时间限制值时，可以结束等待状态。任务也可通过调用函数 OSMutexAccept()无等待地请求一个互斥型信号量。该函数的原型如下：

程序 C6-79：

```
INT8U OSMutexAccept(  OS_EVENT *pevent,INT8U *err );
```

3)发送互斥型信号量

任务可通过调用函数 OSMutexPost()发送一个互斥型信号量。该函数的原型如下：

程序 C6-80：

```
INT8U OSMutexPost(OS_EVENT *pevent );      //互斥型信号量指针
```

4)获取互斥型信号量的当前状态

任务可以通过调用函数 OSMutexQuery()获取互斥型信号量的当前状态。该函数的原型如下：

程序 C6-81：

```
INT8U OSMutexQuery(  OS_EVENT *pevent,              //互斥型信号量指针
                     OS_MUTEX_DATA *pdata );        //存放互斥型信号量状态的结构
```

函数的参数 pdata 是 OS_MUTEX_DATA 结构类型的指针。函数被调用后，在 pdata 指向的结构中存放了互斥型信号量的相关信息。OS_MUTEX_DATA 结构定义如下：

程序 C6-82：

```
typedef struct
```

```
{
    INT8U  OSEventTbl[OS_EVENT_TBL_SIZE];
    INT8U  OSEventGrp;
    INT8U  OSValue;
    INT8U  OSOwnerPrio;
    INT8U  OSMutexPIP;
}OS_MUTEX_DATA;
```

5)删除互斥型信号量

任务调用函数 OSMutexDel()可以删除一个互斥型信号量。该函数的原型如下：

程序 C6－83：

```
OS_EVENT * OSMutexDel( OS_EVENT * pevent,        //互斥型信号量指针
                       INT8U  opt,               //删除方式选项
                       INT8U * err  );           //错误信息
```

3. 消息邮箱

在多任务操作系统中，常常需要在任务与任务之间通过传递一个数据(这种数据叫做“消息”)的方式来进行通信。μC/OS-II 采用事件控制块的方式来实现任务之间或任务和中断之间的数据传递，此时事件控制块也叫做消息邮箱，事件控制块的成员 OSEventPr 指向要传递的数据缓冲区，OSEventType 设为 OS_EVENT_TYPE_MBOX 常数。消息邮箱通过在两个需要通信的任务之间传递数据缓冲区指针来进行通信，消息邮箱的数据结构如图 6－21 所示。

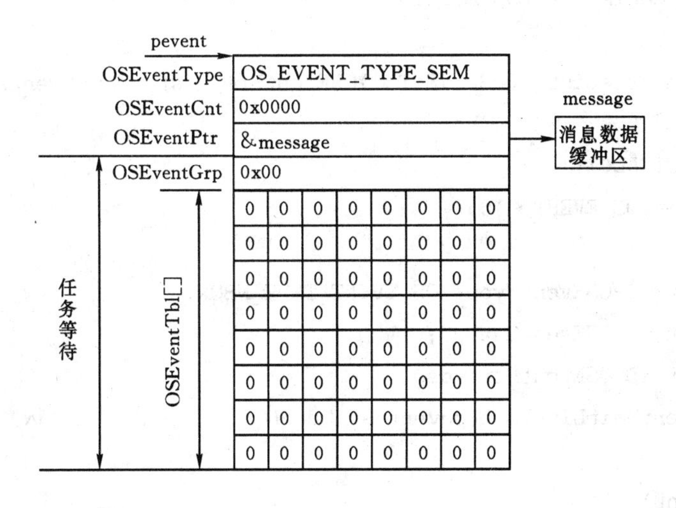

图 6－21　消息邮箱的结构

发送信息的任务或者中断将指针放入邮箱，接收信息的任务将指针从邮箱中取走。一个邮箱只能存放一条信息，当邮箱满的时候，向邮箱中添加信息会出现错误；当邮箱为空的时候，等待该信息的任务将处于等待状态或者在超时的情况下运行。

1)邮箱的建立

在 μC/OS-Ⅱ 中，通过调用函数 OSMboxCreate()来建立邮箱。函数原型为：

程序 C6－84：

```
OS_EVENT    * OSMboxCreate(void * msg);
```

形式参数 msg 用来初始化建立的消息邮箱，通常 msg 为 NULL，表示邮箱在建立的时候，内容为空。如果将 msg 指向存在的信息，则表示建立邮箱的时候向其中放入一条信息，这种用法用来进行资源共享。OSMboxCreate()的返回值就是指向该消息邮箱的事件控制块的指针。函数 OSMboxCreate()的源代码如下：

程序 C6－85：

```
OS_EVENT * OSMboxCreate(void * msg)
{
   #if OS_CRITICAL_METHOD==3
        OS_CPU_SR cpu_sr;
   #endif
   OS_EVENT * pevent;
   if(OSIntNesting>0)
   {
        return((OS_EVENT * )0)
   }
   OS_ENTER_CRITICAL();
   pevent=OSEventFreeList;
   if(OSEventFreeList! =(OS_EVENT * )0)
   {
        OSEventFreeList=(OS_EVENT * )OSEventFreeList->OSEventPtr;
   }
   OS_EXIT_CRITICAL();
   if(pevent! =(OS_EVENT * )0)
   {
        pevent->OSEventType=OS_EVENT_TYPE_MBOX;
        pevent->OSEventCnt=0;
        pevent->OSEventPtr=msg;
        OS_EventWaitListInit(pevent);
   }
   return(pevent);
}
```

2)邮箱消息的发送

任务或者中断通过 OSMboxPost()函数向消息邮箱发送消息。该函数的原型如下：

程序 C6－86：

```
INT8U OSMboxPost(OS_EVENT pevent,void * msg );//消息邮箱指针和消息指针
```

其中，pevent 是 OSMboxCreate()的返回值，消息邮箱事件控制块的指针；msg 是要发送

的消息的指针，指向规定好的数据结构；OSMboxpost()的执行结果有3种：OS_NO_ERR(消息发送成功)，OS_MBOX_FULL(发送消息的时候如果邮箱已满)和OS_ERR_EVENT_TYPE pevent(参数有误)。

μC/OS-Ⅱ还增加了一个向邮箱发送消息的函数OSMboxPostOpt()，该函数可以以广播的形式向事件等待任务表中的所有任务发送消息。该函数的原型如下：

程序C6-87：

```
INT8U OSMboxPostOpt( OS_EVENT * pevent,void * msg,INT8U opt );//消息邮箱指针、消息指
                                                          针和广播选项
```

函数中的opt用来说明是否把消息向所有等待任务广播。如把消息向所有等待任务广播，则取值为OS_POST_OPT_BROADCAST；如只向优先级别最高的等待任务发送，则取值为OS_POST_OPT_NONE。

3)等待邮箱消息

当一个任务请求邮箱时，需要调用函数OSMboxPend()，这个函数的主要作用就是查看邮箱指针OSEventPtr是否为NULL。如果邮箱指针OSEventPtr不是NULL，则把邮箱中的消息指针返回给调用函数的任务，同时用OS_NO_ERR通过函数的参数err通知任务获取消息成功；如果邮箱指针OSEventPtr是NULL，则使任务进入等待状态，并引发一次任务调度。

函数OSMboxPend的原型如下：

程序C6-88：

```
void * OSMboxPend( OS_EVENT * pevent,INT16U timeout,INT8U * err );
                                          //消息邮箱指针、等待时限和错误信息
```

任务在请求邮箱失败时也可以不进行等待而继续运行。如果要以这种方式来请求邮箱，则任务需要调用函数OSMboxAccept()。该函数的原型如下：

程序C6-89：

```
void * OSMboxAccept(OS_EVENT * pevent   );//消息邮箱指针。函数的返回值为消息的
                                          指针。
```

4)查询邮箱的状态

任务可调用函数OSMboxQuery()查询邮箱的当前状态，并把相关信息存放在一个结构OS_MBOX_DATA中。

程序C6-90：

```
INT8QOSMboxQuery( OS_EVENT * pevent,OS_MBOX_DATA * pdata );//消息邮箱指针和存放邮
                                                          箱信息的结构
```

OS_MBOX_DATA结构如下：

程序C6-91：

```
typedef struct
{
    void        * QSMsg;
    INT8U       OSEventTbl[OS_EVENT_TBL_SIZE];
```

```
    INT8U     OSEventGrp;
} OS_MBOX_DATA;
```

5)删除邮箱

任务可以调用函数 OSMboxDel()来删除一个邮箱。该函数的原型如下：

程序 C6-92:

```
OS_EVENT * OSMboxDel( OS_EVENT * pevent,INT8U opt,INT8U * err );//消息邮箱指针、删除选项和错误信息
```

例如设计一个应用程序,该程序有 MyTask 和 YouTask 两个任务。在任务 MyTask 中用一个变量 Times 记录任务 MyTask 的运行次数,将其作为消息邮箱 Str_Box 发给任务 YouTask 并由任务 YouTask 显示出来。

程序 C6-93:

```
#include     "includes.h"
#define      TASK_STK_SIZE 512                 //任务堆栈长度
OS_STK       StartTaskStk[TASK_STK_SIZE];      //定义任务堆栈区
OS_STK       MyTaskStk[TASK_STK_SIZE];         //定义任务堆栈区
OS_STK       YouTaskStk[TASK_STK_SIZE];        //定义任务堆栈区
INT16Skey;                                     //用于退出的键
Char          * s, * ss;
INT8U        err;
INT8U        y=0;                              //字符显示位置
INT32U       Times=0;
OS_EVENT      * Str_Box;                       //定义事件控制块指针
Void         StartTask(void * data);           //声明起始任务
Void         MyTask(void * data);              //声明任务
Void         YouTask(void * data);             //声明任务
void main(void)
{
    OSInit();                                  //初始化 μC/OS-Ⅱ
    ……
    Str_Box=OSMboxCreate((void* )0);           //创建消息邮箱
    OSTaskCreate(StartTask,(void * )0,&StartTaskStk[TASK_STK_SIZE-1], 0);
    OSStart();                                 //启动多任务管理
}
void StartTask(void * pdata)
{
    ……
    OSStatInit();                              //初始化统计任务
    OSTaskCreate(MyTask,(void * )0,&MyTaskStk[TASK_STK_SIZE-1],  3);
```

```
    OSTaskCreate(YouTask,(void *)0,&YouTaskStk[TASK_STK_SIZE-1],  4);
    for(;;)
    {
        if(PC_GetKey(&key)==TRUE)        //按下ESC键,则退出
        {
            if(key==0x1B){ PC_DOSReturn();}
            OSTimeDlyHMSM(0,0,3,0);      //等待3 s
        }
    }
}
void MyTask(void *pdata)
{
    #if OS_CRITICAL_METHOD==3
        OS_CPU_SR cpu_sr;
    #endif
    pdata=pdata;
    for(;;)
    {
        sprintf(s,"%d",Times);           //记录运行次数
        OSMboxPost(Str_Box,s);           //发送消息
        Times++;
        OSTimeDlyHMSM(0,0,1,0);          //等待1 s
    }
}
void YouTask(void *pdata)
{
    #if OS_CRITICAL_METHOD==3
        OS_CPU_SR cpu_sr;
    #endif
    pdata=pdata;
    for(;;)
    {
        ss=OSMboxPend(Str_Box,10,&err); //请求消息邮箱
        PC_DispStr(  10,++y,ss,DISP_BGHD_BLACK + DISP_FGHD_WHITE  );
        OSTimeDlyHMSM(0,0,1,0);          //等待1s
    }
}
```

4. 消息队列

消息队列传递的仍是指针,该指针指向的就是需要传递的某种数据结构的信息。消息队

列具有一定的容量，可以容纳多个消息，因此可以看成是多个邮箱的组合。信息的传递基本上按照先入先出(FIFO)的原则，但允许用于将某条信息改为后进先出(FIFO)，即提高该消息在队列中的优先级。可以看出，相对信号量和邮箱，消息队列提供了更丰富的信息交互机制，它通过缓冲的方式避免了信息的丢失或者混乱。

使用消息队列可在任务之间传递多条消息。消息队列由3部分组成：事件控制块、消息队列和消息。当事件控制块成员 OSEventType 的值置为 OS_EVENT_TYPE_Q 时，该事件控制块描述的就是一个消息队列。

消息队列的数据结构如图 6-22 所示。从图中可以看到，消息队列相当于一个共用一个任务等待列表的消息邮箱数组，事件控制块成员 OSEventPtr 指向一个叫做队列控制块(OS_Q)的结构，该结构管理一个数组 MsgTbl[]，该数组中的元素都是指向消息的指针。

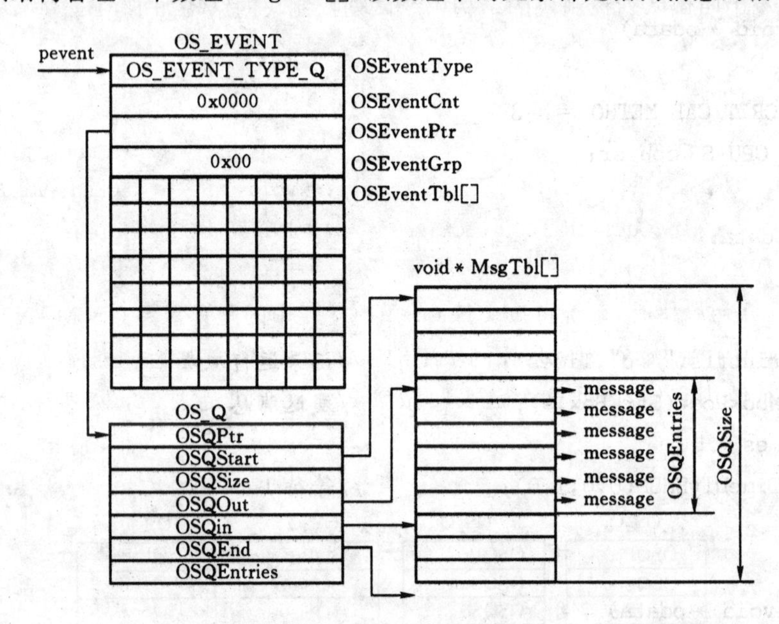

图 6-22　消息队列的数据结构

1)消息指针数组

消息队列的核心是消息指针数组，其中各参数的含义如下：

OSQStart：指针，指向消息指针数组的起始地址。

OSQSize：数组的长度。

OSQOut：指针，指向被取出消息的位置。当它移动到与 OSQEnd 相等时，被调整到指向数组的起始单元。

OSQIn：指针，指向插入一条消息的位置。当它移动到与 OSQEnd 相等时，被调整到指向数组的起始单元。

OSQEnd：指针，指向消息指针数组结束单元的下一个单元。它使得数组构成了一个循环的缓冲区。

OSQEntres：已存放消息指针的元素数目。

其中，可以移动的指针为 OSQIn 和 OSQOut，而指针 OSQStart 和 OSQEnd 只是一个标志(常指针)。当可移动指针 OSQIn 或 OSQOut 移动到数组末尾,也就是与 OSQEnd 相等时,可移动的指针将会被调整到数组的起始位置 OSQStart。也就是说,从效果上看,指针 OSQEnd 与 OSQStart 等值。于是,这个由消息指针构成的数组就头尾衔接起来形成一个循环队列。

向指针数组中插入消息的方式有两种:先进先出(FTFO)方式和后进先出(LIFO)方式。当采用先进先出方式时,消息队列将在指针 OSQIn 指向的位置插入消息指针,而把指针 OSQOut 指向消息指针做为输出。当采用后进先出方式时,则只使用指针 OSQOut。

2)队列控制块

为了对图 6-22 所示的消息指针数组进行有效的管理,μC/OS-Ⅱ把消息指针数组的基本参数都记录在一个叫做队列控制块的结构中。队列控制块的结构如下:

程序 C6-94:

```
typedefstruct os_q
{
    structos_q *OSQPtr;   void    **OSQStart;  void     **OSQEnd; void**OSQIn;
    void       **OSQOut; INT16U  OSQSize;      INT16U  OSQEntries;
}OS_Q;
```

在 μC/OS-Ⅱ初始化时,系统将按文件 OS_CFG.H 中的配置常数 OS_MAX_QS,定义 OS_MAX_QS 个队列控制块,并用队列控制块中的指针 OSQPtr 将所有队列控制块链接为链表。由于这时还没有使用它们,因此这个链表叫做空队列控制块链表。空队列控制块链表如图 6-23所示。

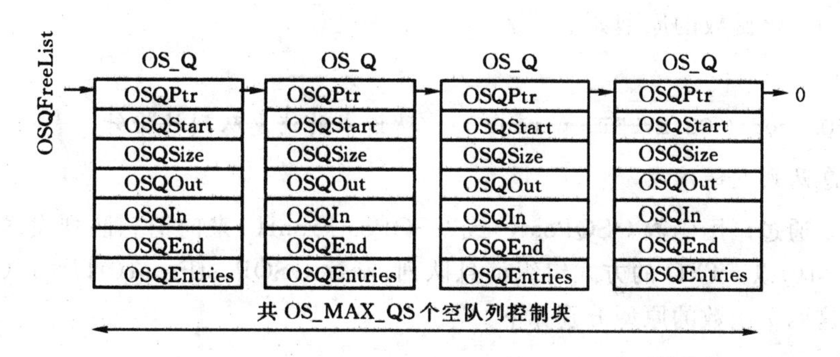

图 6-23 空队列控制块链表

每当任务创建一个消息队列时,就会在空队列控制块链表中摘取一个控制块供消息队列使用,并令该消息队列事件控制块中的指针 OSEventPtr 指向这个队列控制块;而当任务释放一个消息队列时,就会将该消息队列使用的队列控制块归还空队列控制块链表。

3)创建消息队列

创建一个消息队列首先需要定义一个指针数组,然后把各个消息数据缓冲区的首地址存入这个数组中,最后再调用函数 OSQCreate()来创建消息队列。该函数原型如下:

程序 C6－95：

```
OS_EVENT OSQCreate(   void * * start,          //指针数组的地址
                      INT16U size);            //数组长度,函数返回值为消息队列的指针
```

函数 OSQCreate()首先从空闲队列控制块链表摘取一个控制块并按参数 start 和 size 填写诸项,然后把消息队列初始化为空(即其中不包含任何消息)。

4)请求消息队列

请求消息队列的目的是为了从消息队列中获取消息。任务请求消息队列需要调用函数 OSQPend()。该函数的原型如下：

程序 C6－96：

```
void * OSQPend( OS_EVENT * pevent,          //所请求的消息队列的指针
                INT16U timeout,             //等待时限
                INT8U * err   );            //错误信息,函数的返回值为消息指针。
```

函数的参数 pevent 是要访问的消息队列事件控制块的指针；参数 timeout 是任务等待的时限。

函数要通过访问事件控制块的成员 OSEventPtr 指向的队列控制块 OS_Q 的成员 OSQEntries 来判断是否有消息可用。如果有消息可用,则返回 OS_Q 成员 OSQOut 指向的消息,同时调整指针 OSQOut,使之指向下一条消息并把有效消息数的变量 OSQEntries 减 1；如果无消息可用(即 OSQEntries＝0),则使用调用函数 OSQPend()的任务挂起,使之处于等待状态并引发一次任务调度。如果希望任务无等待地请求一个消息队列,则可调用函数 OSQAccept()。该函数的原型如下：

程序 C6－97：

```
void OSQAccept( OS_EVENT * pevent );//所请求的消息队列的指针
```

5)向消息队列发送消息

任务需要通过调用函数 OSQPost()或 OSQPostFront()来向消息队列发送消息。其中,函数 OSQPost()以 FTFO 的方式组织消息队列；函数 OSQPostFront()以 LIFO 的方式组织消息队列。这两个函数的原型分别如下：

程序 C6－98：

```
INT8U OSQPost(          OS_EVENT * pevent         //消息队列的指针
                        void * msg   );           //待发消息指针
INT8U OSQPostFront(     OS_EVENT * pevent,        //消息队列的指针
                        void * msg   );           //待发消息指针
```

如果任务希望以广播的方式通过消息队列发送消息,则需要调用函数 OSQPostOpt()。该函数的原型如下：

程序 C6－99：

```
INT8U OSQPostOpt( OS_EVENT  * pevent,       //消息队列指针
                  void *  msg,              //消息指针
```

```
            INT8U opt  );          //广播选项
```

调用这个函数发送消息时，如果参数 opt 的值为 OS_POST_OPT_BROADCAST，则凡是等待该消息队列的所有任务都会收到消息。

下面的程序段是一个应用消息队列进行通信的实例。

程序 C6-100：

```
#include     "includes.h"
#define      TASK_STK_SIZE 512                    //任务堆栈长度
#define      N_MESSAGES 128                       //定义消息队列长度
OS_STK       StartTaskStk[TASK_STK_SIZE];         //定义任务堆栈区
OS_STK       MyTaskStk[TASK_STK_SIZE];            //定义任务堆栈区
OS_STK       YouTaskStk:[TASK_STK_SIZE];          //定义任务堆栈区
INT16        Skey;                                //用于退出的键
Char         *ss;
Char         *s100;
Char         *s;
Char         *s500;
Void         *MsgGrp[N_MESSAGES];                 //定义消息指针数组
INT8U        err;
INT8U        y=0;                                 //字符显示位置
OS_EVENT     *Str_Q;                              //定义事件控制块
Void         StartTask(void *data)                //声明起始任务
Void         MyTask(void *data);                  //声明任务
Void         YouTask(void *data);                 //声明任务
void main (void)
{
    OSInit();                                     //初始化μC/OS-Ⅱ
    PC_DOSSaveReturn();                           //保存 DOS 环境
    PC_VectSet(uCOS, OSCtxSw);                    //安装μC/OS-Ⅱ中断
    Str_Q=OSQCreate(&MsgGrp[0],N_MESSAGES);       //创建消息队列
    OSTaskCreate( StartTask,(void*)0,&StartTaskStk[TASK_STK_SIZE-1],0);
    OSStart();                                    //启动多任务管理
}
void StartTask(void *pdata)
{
    #if OS_CRITICAL_METHOD ==3
        OS_CPU_SR cpu_sr;
    #endif
    pdata=pdata;
    OS_ENTER_CRITICAL();
```

```
    PC_VectSet(0x0B, OSTickISR);                          //安装时钟中断向量
    PC_SetTickRate(OS_TICKS_PER_SEC);                     //设置μC/OS-Ⅱ时钟频率
    OS_EXIT_CRITICAL();
    OSStatInit();                                         //初始化统计任务
    OSTaskCreate(MyTask,(void *)0,&MyTaskStk[TASK_STK_SIZE-1],3);   //创建任务
    OSTaskCreate(YouTask,(void *)0,&YouTaskStk[TASK_STK_SIZE-1],4); //创建任务
    s="这个串能收到几次?";
    OSQPostFront(Str_Q,s);                                //发送消息
    for(;;)
    {
        if(OSTimeGet()>100 && OSTimeGet()<500)
        {
            s100="现在OSTime的值在100到500之间";
            OSQPostFront(Str_Q,s100);                     //发送消息
            s="这个串是哪个任务收到的?";
            OSQPostFront(Str_Q,s);                        //发送消息
        }
        if(OSTimeGet()>5000 && OSTimeGet()<5500)
        {
            s500="现在OSTime的值在5000到5500之间";
            OSQPostFront(Str_Q,s500);                     //发送消息
        }
        if(PC_GetKey(&key)==TRUE)                         //如果按下ESC键,则退出μC/OS-Ⅱ
        {
            if(key==0x1B){  PC_DOSReturn(); }
        }
        OSTimeDlyHMSM(0,0,1,0);                           //等待1 s
    }
}
void MyTask(void *pdata)
{
    #if OS_CRITICAL_METHOD ==3
        OS_CPU_SR cpu_sr;
    #endif
    pdata=pdata;
    for(;;)
    {
        ss=OSQPend( Str_Q,0,&rr );                        //请求消息队列
        PC_DispStr( 10,++y,ss,DISP_BGND_BLACK+DISP_FGHD_WHITE );
```

```
        OSTimeDlyHMSM( 0,0,1,0 );                //等待 1s
    }
}
void YouTask(void * pdata)
{
    #if OS_CRITICAL_METHOD ==3
        OS_CPU_SR cpu_sr;
    #endif
    pdata=pdata;
    for(;;)
    {
        ss=OSQPend( Str_Q,0,&err);               //请求消息队列
        PC_DispStr( 10,++y,ss,DISP_BGHD_BLACS+DISP_FGND_WHITE );
        OSTimeDlyHMSM( 0,0,1,0);                 //等待 1s
    }
}
```

6)清空消息队列

任务可以通过调用函数 OSQFlush()来清空消息队列。该函数的原型如下：

程序 C6-101:

```
INT8U OSQFlush(  OS_EVENT * pevent  );     //消息队列指针
```

7)删除消息队列

任务可以通过调用函数 OSQDel()来删除一个已存在的消息队列。该函数的原型如下：

程序 C6-102:

```
OS_EVENT *  OSQDel(OS_EVENT *  pevent      //消息队列指针);
```

8)查询消息队列

任务可以通过调用函数 OSQQuery()来查询一个消息队列的状态。该函数的原型如下：

程序 C6-103:

```
INT8U OSQQuery( OS_EVENT *  pevent,OS_Q_DATA *  pdata ); //消息队列指针和存放状态信息
                                                           的结构
```

函数中的参数 pdata 是 OS_Q_DATA * pdata 类型的指针。OS_Q_DATA * pdata 的结构如下：

程序 C6-104:

```
typedef struct
{
    void           * OSMsg;
    INT16U           OSNMsgs;
    INT16U           OSQSize;
```

```
    INT8U        OSEventTbl[OS_EVENT_TBL_SIZE];
    INT8U        OSEventGrp;
}OS_Q_DATA;
```

函数 OSQQuery()的查询结果就放在以 OS_Q_DATA 为类型的变量中。

6.6　μC/OS-Ⅱ采样任务设计

对外部信号进行采样是嵌入式系统获取外部信息的主要手段，采样对象可分为模拟信号和数字信号两大类。这里只讨论对模拟信号的采样。

如果采样对象是动态的持续信号，则系统可按一个预定的频率对其进行连续采样，只要采样频率高于信号高频上限频率的两倍，就可以将该模拟信号包含的信息完全采集到。

系统以固定的频率对信号进行采样时，采样的主动权在系统，称为主动采样。由于实时操作系统的介入，主动采样的实现方式与采样频率（采样周期）有很大的关系，本节分四种情况分别进行讨论。

1. 使用延时函数控制采样周期

当采样对象是一个低频信号时，采样频率就可以设置得比较低，即采样周期比系统节拍周期长得多。将采样周期设置为系统节拍周期的整数倍，就可以用系统提供的延时函数来控制采样周期。这时，采样功能就可以由一个独立的采样任务来完成，而不需要 ISR 配合。使用延时函数控制采样周期的程序流程如图 6-24 所示。

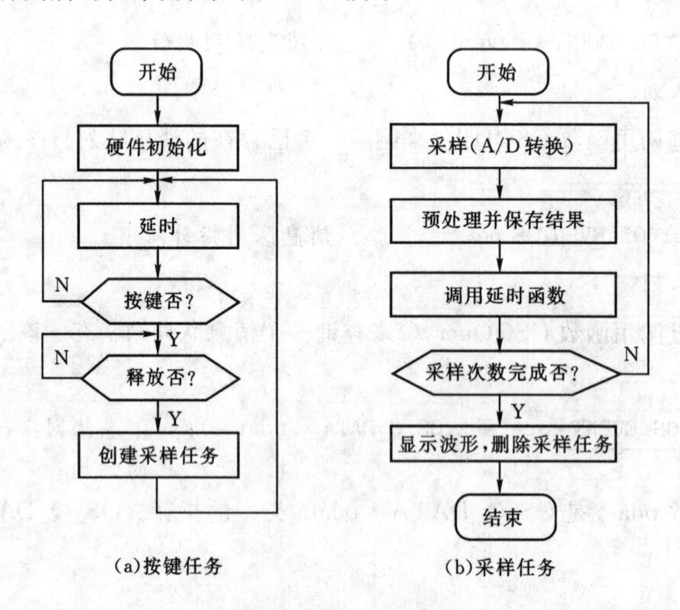

图 6-24　使用延时函数控制采样周期的程序流程图

2. 使用定时中断控制采样周期

当采样周期与系统节拍周期在同一个数量级时，如果仍然用延时函数来控制采样周期，其采样周期的时间抖动将比较明显（相邻两次采样的时间间隔误差不能忽略），从而严重影响采样结果的质量。这时，我们可以另外使用一个定时器，由定时中断产生稳定的采样周期。

这时，采样功能由一个定时中断服务程序和一个关联任务共同完成。定时中断服务程序按稳定的周期对信号进行采样，然后将采样结果保存到共享数组(或内存数据块)中，也可以通过通信手段发送给关联任务，由关联任务进行后续处理。

3. 使用快速定时中断进行采样

前述情况中，每次对信号进行采样后，关联任务都可以对采样结果及时进行处理。随着采样对象的上限频率提高，采样周期必然缩短，以致于系统再也不能对采样结果进行及时处理。解决这个问题的硬件措施是使用专用芯片或提高 CPU 档次；解决这个问题的软件措施是离线处理，即先进行连续高速采样，采样结束后再集中处理。

4. 使用节拍钩子函数进行采样

当某种功能的运行周期与系统节拍周期相同时，可以使用系统节拍函数的钩子函数来完成采样任务。这时，采样功能由系统节拍函数的钩子函数和一个关联任务共同完成。系统节拍函数的钩子函数按稳定的节拍对信号进行采样，然后将采样数据通过通信手段发送给关联任务。

要使用系统节拍函数的钩子函数，必须将系统配置常量 OS_CPU_HOOKS_EN 设置为 1，系统节拍函数调用的钩子函数就可以被编译到目标代码中。为了避免函数重复定义，应该将 os_cpu_c. c 文件中的函数“void OSTimeTickHook(void)”注释掉。

使用系统节拍钩子函数进行采样的程序流程图如图 6 - 25 所示，用一个全局变量来控制钩子函数是否执行功能代码。

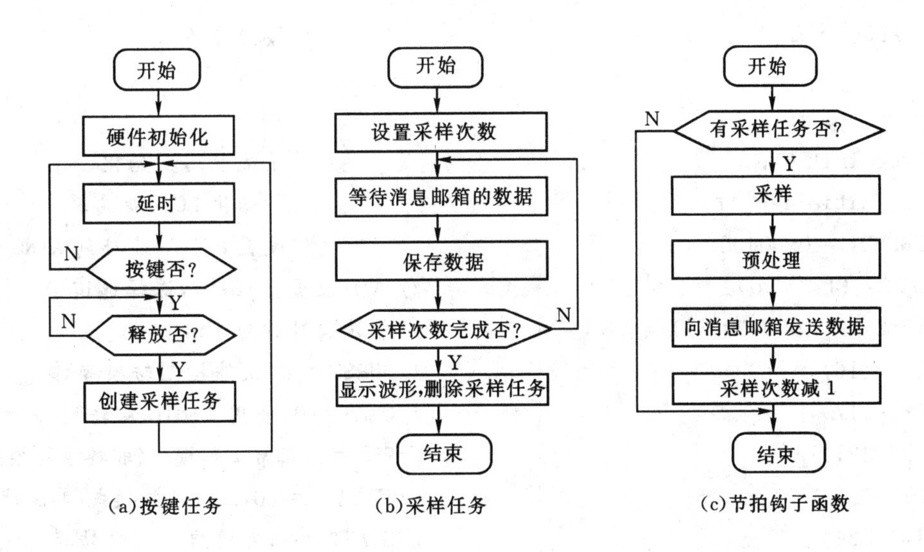

图 6 - 25　使用系统节拍钩子函数的程序流程图

程序 C6 - 105：

```
#include    "config.h"
#define     KEY (1 << 20)                          //P0.20 为按键控制 I/O
#define     TaskStk 100                            //定义任务堆栈长度
```

```
OS_STK    TaskKeyStk[TaskStk];                       //定义按键任务的堆栈
OS_STK    TaskSampStk[TaskStk];                      //定义采样任务的堆栈
void      TaskKey (void * pdata);                    //声明按键任务
void      TaskSamp (void * pdata);                   //声明采样任务
OS_EVENT       * Mybox;                              //定义消息邮箱指针
INT16U    Samp[200];                                 //定义保存采样结果的数组
INT16U    Samps =0;                                  //定义全局变置(采样次数)
void Show (INT16U * a, INT16U n)                     //显示波形函数
{
    INT16U i;
    GQI_ClearSCR();                                  //清屏
    for (i =0;i<n; i++)                              //显示波形
        GUI_Point(i,240-a[i] * 240/3000,RED);        //高度 240 点相当于 3000mV
}
int main (void)
{
    OSInit ();
    OSTaskCreate (TaskKey, (void * )0,&TaskKeyStk[TaskStk-1], 4); //创建按键任务
    OSStart (); return 0;
}
void TaskKey (void * pdata)                          //按键任务
{
    pdata =pdata;
    TargetInit ();                                   //系统电路初始化
    GUI_Initialize();                                //初始化 LCM(液晶屏)
    PINSEL1 =0x00400000;                             //设置 P0.27 连接到 AINO
    ADCR =(1<< 0)                  |        // A/D 设置:SEL=1,选择通道 0
    ((Fpclk / 1000000-1)<<8)       |        //即转换时钟为 1MHz
    (0<<16)                        |        //BURST =0,软件控制转换操作
    (0<<17)                        |        //CLKS =0,使用 11clock 转换
    (1<<21)                        |        //PDN =1,正常工作模式(非掉电转换模式)
     (0<<22)                       |        //TEST1:0 =00,正常工作模式(非测试模式)
    (1<<24)                        |        //START =1,直接启动 ADC 转换
    (0 <27);                                //EDGE =0,引脚下降沿触发转换
    Mybox =OSMboxCreate((void * )0);        //创建消息邮箱
    while(1)
    {
        OSTimeDly(2);                       //延时
        if ((XOOPIN & KEY) ! =0)continue; //未按键,再延时
```

```
        else                                    //按下按键
            while((IO0PIN & KEY) ==0)           //等待按键释放
                    IO0SET =KEY;
        OSTimeDly(2);                           //延时
    }
    OSTaskCreate(TaskSamp, (void * )0,&TaskSampStk[TaskStk-1],2);//创建采样任务
}
void TaskSamp (void * pdata)                    //使用系统节拍钩子函数的采样任务
{
    INT8U i,err; pdata =pdata ;
    Samps =200;                                 //设置采样 200 次,开始采样
    for ( i =0;i<200;i++ )                      //采样 200 次,数据以 mV 为单位
        Samp[i] = * (INT16U * )OSMboxPend(Mybox,0,&err); //获取并保存转换结果
    Show (Samp, 200);                           //显示波形
    OSTaskDel ( OS_PRIO_SELF);                  //删除自己
}
void OSTimeTickHook (void)                      //系统节拍钩子函数
{
    static INT32U Temp;                         //静态变量
    if (Samps ! =0)
    {
        Temp =ADDR;                                     //通过读取 ADC 结果清除 DONE
                                                          标志位
        ADCR=(ADCH&0xFFFFFF00) | 0x01| (1<<24);         //进行第一次转换
        while ( (ADDR&0x80000000) ==0 );                //等待转换结束
            ADCR =ADCR | (1<< 24);                      //再次启动转换
        while ( (ADDR&0x80000000) ==0 );                //等待转换结束
            Temp=(3000 * (ADDR&0x0000ffff)) >>16;//参考电源为 3000 mV
        OSMboxPost(Mybox, (void * )&Temp) ;             //发送以 mV 为单位的采样结果
        Samps--;
    }
}
```

6.7　μC/OS-Ⅱ键盘任务设计

键盘是最常用的输入设备,操作者可以通过键盘输入系统运行所需要的数据,也可以通过键盘来输入操作者的操作意图,控制系统的运行状态。键盘任务必须可靠地获取操作者的按键信息,然后按系统预定的操作流程触发相应的任务,完成规定的操作功能。

1. 可靠地获取键盘操作信息

按键的触点在闭合和断开时均会产生抖动，这时触点的逻辑电平是不稳定的，如不妥善处理，将会引起按键命令的错误执行或重复执行。这一抖动过程一般大于5ms。在有实时操作系统的环境下，系统节拍周期大于按键触点的抖动时间。可以利用系统延时函数来处理触点抖动问题，即一次键盘操作至少需要维持一个以上系统节拍时间才算有效。可将键盘任务设计为周期性任务，用系统延时函数来控制周期。每次读取键盘状态时，都与上一次读取键盘的结果进行比较：若相同，说明这次按键操作已经稳定，可以进行解释和执行了；若不同，说明按键操作尚未稳定，暂不处理，只是保留本次键盘状态，以便下一次进行比较。

为避免按键的连击现象，关键是一次按键只智能响应一次，即要检测到按键按下和释放的时刻。有两种处理方法可以解决连击问题：一种方法是按下键盘就执行，执行完后等待操作者释放按键，在未释放前不再执行指定功能，从而避免了一次按键重复执行的现象；另一种方法是在按键释放后再执行指定功能，同样可以避免连击。

如图6-26所示的键盘任务函数结构可以同时解决抖动和连击两个问题，按图中的程序流程图可得到程序如下：

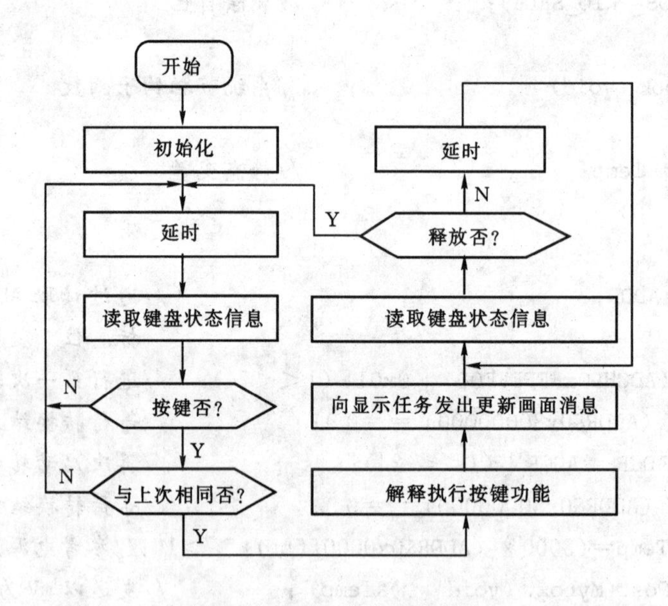

图6-26　键盘任务函数结构

程序 C6-106：

```
void TaskKey (void * pdata)                          //键盘任务函数
{
    INT8U key,key0;                                   //键码
    while (1)                                         //无限循环
    {
        OSTimeDlyCl);                                 //延时
        key =keyin();                                 //获取按键操作消息
        if ((key ==未按键)|(key ! =key0))            //未按键或与上次不同
```

```
        {
            key0 =key;                          //记录本次按键
            continue;                           //再延时
        }
        switch (key)                            //有按键并稳定,依据键值执行不同
                                                  处理
        {
            解释执行按键对应的功能，并设置画而更新消息的内容；
        }
        向显示任务发出更新画面的消息；
        while (1)                               //等待按键释放
        {
            key =keyin();                       //获取按键操作位息
            if (key ==未按键)break;             //已经释放
            OSTimeDlay(1);                      //延时
        }
    }
}
```

2. 基于菜单操作的监控流程

液晶显示器件是一个很好的人机交互界面,为以菜单驱动的工作方式工作提供了可能。菜单驱动中列举了当前可以进行的各种操作,用户通过选择自己希望执行的菜单项来控制系统的运行。

采用菜单驱动的工作方式时,凡是当前不可执行的操作都不会出现在当前的菜单上,用户想误操作都不可能,故容错性极好。因各种操作指示均在显示器件上显示出来,故面板上就不必再标注各种操作说明了。除去电源开关、系统复位等特殊开关按键外,一般只需两套按键即可:一套为选择菜单项时使用的上、下、左、右四个“方向键”和选中菜单项时的“确认键”;另一套为输入数据时使用的 10 个数字键。有了这两套按键,原则上就可以满足大多数系统的需要了。

1)系统功能分析和菜单结构设计

首先对该系统的功能进行详细规划,将紧密相关的功能分在一组,系统功能的分组数即为系统主菜单的项目数。因为主菜单的每一项对应于一组功能,所以选中主菜单中某项后往往并不能明确指定具体操作,还必须将该组功能一一列出,供操作者具体指明。这就是二级菜单,也称子菜单。有时二级菜单中的某项可能还有更详细的分类,为此就有三级菜单等。各级菜单之间的关系构成了一棵多分支的菜单树,主菜单为树根,各级子菜单为树杈,各执行功能为树叶。在进行程序设计前,一定要将所有各级菜单的内容和相互关系规划好,这是监控程序的设计基础。在进行监控程序设计前,必须将各类画面设计好,并一一编好号码。以后系统工作时,就是在这些画面之间来回切换。

2)监控程序设计

监控程序的功能是解决系统的因果对应关系。在传统的监控程序设计中,用“状态变量”来表示系统的状态;而在菜单驱动的应用系统中,就可用“画面编号”来表示系统的状态。这样一来,监控程序实质上就是要完成这样一个任务:在某一画面下,选中某一菜单选项后应该进入哪一个画面。直接为监控程序服务的系统状态信息主要有当前画面号、当前光标、当前有效按键的键码、历史状态的辅助信息等。

在以菜单驱动的应用系统中,初始化过程中必须将当前画面号初始化为主菜单的画面号,并将光标定在菜单的第一项。有时为了商业广告的目的,也可在上电初始化后先进入“封面”画面,用来显示系统名称、研制生产单位等信息,延时(或触键)后再进入主菜单。监控程序实体就是图 6-26 中键盘任务的“解释执行按键功能”部分,将这部分展开就得到图 6-27 所示的监控程序流程图。

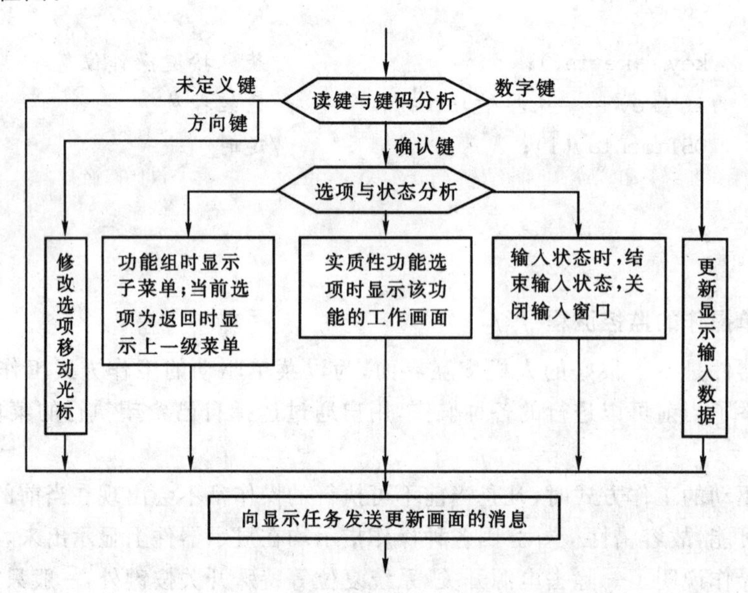

图 6-27　键控监控程序流程图

3. 与显示任务的通信

每次键盘操作后,系统必须在显示设备(或音响设备)上有所反应;否则会使用户产生“系统死机”的感觉。因此,键盘任务与显示任务的关系非常密切,它们组成了最基本的人机接口。显示任务是为键盘任务服务的,不同的键盘操作在显示画面上应该有不同的反应,即每次键盘操作都会引起画面的更新。更新的程度可能很大(全部改变),也可能很小(局部数字改变),这与具体的按键操作有关。为此,在每次按键之后,键盘任务必须把画面更新的具体要求告诉显示任务,以便显示任务配合完成相应的操作。

由于两次按键操作之间的时间间隔远远大于显示任务更新画面所需时间,因此采用消息邮箱完全可以满足键盘任务对更新画面的需要。但在实际应用系统中,显示任务不仅要为键盘任务服务,还要为其他任务服务,故可以使用消息队列来接收各个任务的画面更新要求。

6.8　在 ARM7 上移植 μC/OS-Ⅱ

μC/OS-Ⅱ操作系统可以在多种处理器上运行，在以 ARM7 为核的处理器上运行时需要考虑处理器多种工作模式和两种不同的支撑指令集，因而在把 μC/OS-Ⅱ向 ARM 移植时除了要考虑通常的移植问题以外，还要考虑这些特殊的问题。

6.8.1　移植规划

任何嵌入式操作系统都必须运行在一个包含微处理器的硬件平台上，因此嵌入式操作系统中都包含了与处理器相关的代码，在用户自己设计的硬件上使用某个操作系统时，必须保证该操作系统内核能在所选择微处理器上运行，必要时需要修改操作系统中某些与硬件相关的代码，这种修改就是移植。

大部分嵌入式操作系统具有很好的可移植性。为了实现这一性能，嵌入式操作系统大部分的代码是用 C 语言写成的，并且将处理器相关的代码尽量压缩到很少一部分(百分之几以下)，通常只有汇编程序和少量的 C 代码在移植的时候需要修改。尽管如此，移植工作要求对操作系统有较深的理解和对处理器结构、运行模式的深入掌握。对正确移植一个操作系统的基本要求包括：

(1)对目标体系结构要有很深了解。

(2)对 OS 原理要有较深入的了解。

(3)对所使用的编译器要有较深入的了解。

(4)对需要移植的操作系统要有相当的了解。

(5)对具体使用的芯片也要有一定的了解。

本节仅对 μC/OS-Ⅱ的内核移植作简单介绍。内核主要分为 3 个部分：处理器无关代码、处理器相关代码和系统配置代码。处理器无关代码提供了 μC/OS-Ⅱ大部分的资源，实现了任务管理、事件管理等功能；处理器相关代码是移植工作的重点，它提供了操作系统与硬件平台的接口，操作系统运行过程中需要的一些操作，如任务切换时堆栈操作等，都在这部分代码中实现；系统配置代码根据处理器的特点和用户对操作系统的需求，定义了一些配置 μC/OS-Ⅱ的选项。

在许多嵌入式操作系统的官方网站或者其他网站上都提供了一些该操作系统在某些微处理器上的移植范例，用户自己在移植时，可以参考或者直接使用。

μC/OS-Ⅱ代码大部分是用 C 语言编写的，并且为了方便移植，将与处理器相关的代码清晰地列举出来。相对于其他嵌入式操作系统来说，μC/OS-Ⅱ的移植比较容易，适合于嵌入式操作系统初学者参考。另外，在 μC/OS-Ⅱ的众多网站上也提供了 μC/OS-Ⅱ在许多处理器上的移植代码和说明文档，是很好的借鉴资料。

1. 编译器的选择

目前，适用于 ARM 处理器核的 C 编译器有很多种，例如 SDT，ADS，IAR，TASKING 和 GCC 等。其中，使用比较多的是 SDT，ADS 和 GCC。SDT 和 ADS 都是由 ARM 公司自己开发的，其中 ADS 是 SDT 的升级版，而且以后 ARM 公司不再支持 SDT，所以进行 μC/OS-Ⅱ向 ARM7 的移植时最好采用 ADS 编译器。

2. ARM7 工作模式的选择

ARM7 处理器核具有用户、系统、管理、中止、未定义、中断和快中断 7 种模式。由于管理、中止、未定义、中断和快中断这 5 个模式与异常相关，不太适合 μC/OS-Ⅱ任务使用。而系统模式除了是特权模式外，其他与用户模式一样，因此，μC/OS-Ⅱ任务可以使用的模式应该是用户模式和系统模式，缺省模式为 ARM 用户模式。通过系统函数 ChangeToSYSMode()和 ChangeToUSRMode()，可以实现工作模式的切换。

3. μC/OS-Ⅱ的移植条件

μC/OS-Ⅱ并不能移植到所有的微处理器上，它对目标处理器有一定的条件要求：

(1)处理器的 C 编译器能产生可重入代码。

(2)支持使用 C 语言来打开和禁止中断。

(3)处理器支持中断，并且能产生定时中断。

(4)处理器支持能够容纳一定数量的硬件堆栈。

(5)处理器有将堆栈指针和其他 CPU 寄存器读出并存储到堆栈或者内存中的指令。

尽管目前大部分处理器都满足上述 5 个条件，但是在移植时还必须要进行仔细确认。

4. μC/OS-Ⅱ移植的内容

μC/OS-Ⅱ的移植工作主要集中在多任务切换的实现上，涉及 OS_CPU. H，OS_CPU_C. C 和 OS_CPU_A. ASM 这 3 个文件，具体的内容包括：

OS_CPU. H：处理器相关的数据类型的定义，3 个宏定义(中断开关、堆栈属性和任务切换)。

OS_CPU_C. C：主要是任务堆栈初始化和 μC/OS-Ⅱ功能扩展等函数。

OS_CPU_A. ASM：编写 4 个汇编程序，完成任务执行、任务切换、Tick 时钟和 ISR 的相关处理。

对于不同的处理器，上述内容涉及的工作量也不同，移植一般需要 50～500 行的代码量的修改或者编写。

6.8.2 移植

1. 文件 OS_CPU. H 的编写

1)不依赖于编译的数据类型

μC/OS-Ⅱ不使用 C 语言中的 short，int，long 等与处理器类型有关的数据类型，而代之以移植性强的整数数据类型，这样既直观又便于移植。根据 ADS 编译器的特性，在文件 OS_CPU. H 中这些数据类型的定义如下：

程序 C6 - 107：

```
typedef    unsigned char     BOOLEAN;
typedef    unsigned char     INT8U;
typedef    signed char       INT8S;
typedef    unsigned short    INT16U;
typedef    signed short      INT16S;
```

```
typedef     unsigned int        INT32U;
typedef     signed int          INT32S;
typedef     float               FP32;
typedef     double              FP64;
typedef     INT32U              OS_STK;
```

2)用软中断实现系统调用接口

ARM7 处理器核允许用户使用两种不同的处理器模式——用户模式和系统模式，而且在不同的模式下应用程序使用系统资源时是具有不同的访问控制权限的。ARM7 中的软中断 SWI 属于管理模式，在这种特权模式下可以访问系统所有资源，因此操作系统移植采用软中断 SWI 来实现调用 μC/OS-Ⅱ底层接口函数，而不受访问权限的限制。

按 ADS 编译器的规定，系统用一个关键字_swi 来声明一个软中断调用。其格式如下：

程序 C6－108：

```
_swi(功能号)返回值类型 名称(参数列表);
```

其中功能号用来定义不同的软中断服务功能，软中断调用可以有参数返回值。用户在移植时把 μC/OS-Ⅱ需要规避 ARM 处在不同工作模式时造成的访问限制的系统函数代码编写在软中断服务程序中，就可以实现底层接口功能调用。

μC/OS-Ⅱ中须用软中断实现的函数及其软中断功能号分配见表 6－4。

表 6－4　须用软中断来实现的函数

功能号	函数名	说明
0x00	void OS_TASK_SW(void)	任务级任务切换函数
0x01	void _OSStartHighRdy(void)	运行优先级最高的任务，由 OSStartHighRdy()产生
0x02	void OS_ENTER_CRITICAL(void)	关中断
0x03	void OS_EXIT_CRITICAL(void)	开中断
0x80	void ChangeToSYSMode (void)	任务切换到系统模式
0x81	void ChangeToUSRMode(void)	任务切换到用户模式
0x82	void TaskIsARM(TNT8U prio)	任务代码是 ARM 代码
0x83	void TaskIsTHUMB(TNT8U prio)	任务代码是 Thumb 代码

在文件 OS_CPU. H 中，表 6－4 中函数的声明代码如下：

程序 C6－109：

```
_swi(0x00)voidOS_TASK_SW(void);            //任务级任务切换函数
_swi(0x01)void_OSStartHighRdy(void);       //运行优先级最高的任务
_swi(0x02)voidOS_ENTER_CRITICAL(void);     //关中断
_swi(0x03)voidOS_EXIT_CRITICAL(void);      //开中断
_swi(0x80)voidChangeToSYSMode(void);       //任务切换到系统模式
_swi(0x81)voidChangeToUSRMode(void);       //任务切换到用户模式
```

```
_swi(0x82)voidTaskIsARM(INT8U prio);          //任务代码是 ARM 代码
_swi(0x83)voidTaskIsTHUMB(INT8U prio);        //任务代码是 Thumb 代码
```

上述声明中,后 4 个函数不是 μC/OS-Ⅱ 的原有函数,而是用户根据需要编写并添加到 μC/OS-Ⅱ 中的函数。

实际上,这些带前缀_swi 的函数,其实不是通常意义上的函数,而只是可以让用户在应用程序中使用这些"函数名"去引发一个携带功能号的软中断 SWI,并且可根据中断功能号去执行对应的中断服务程序。用于可向这些中断服务程序段传递参数,并且也可以有返回值,因此也可把它们看作函数。

3)OS_STK_GROWTH

虽然 ARM 处理器对堆栈向上及向下的两种增长方式都给予了支持,但由于编译器 ADS 仅支持堆栈从上往下长,并且必须是满递减堆栈,所以在文件中用来定义堆栈增长方式的常量 OS_STK_GROWTH 的值应该为 1:" #define OS_STK_GROWTH1 "。

2. 文件 OS_CPU_C. C 的编写

1)任务堆栈初始化函数 OSTaskStkInit()

在编写任务堆栈初始化函数 OSTaskStkInit()之前,必须先根据处理器的结构和特点确定任务的堆栈结构。移植的堆栈结构如图 6-28 所示,据此可以写出函数任务堆栈初始化函数 OSTaskStkInit()的代码如下:

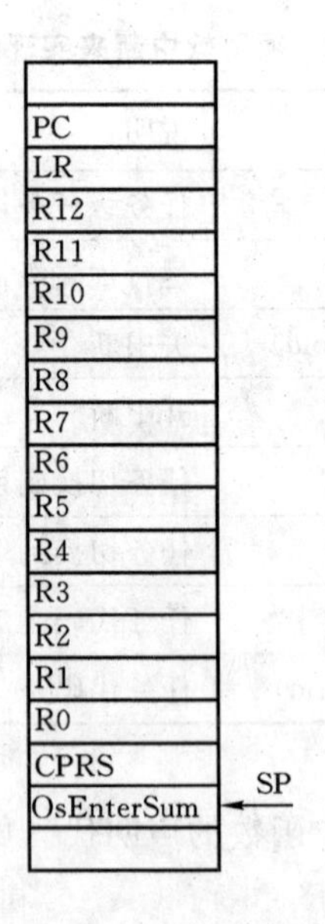

图 6-28 任务堆栈结构

程序 C6-110:

```
OS_STK * OSTaskStkInit(void ( * task)(void * pd),void * pdatat,OS_STK  * ptos,INT16U opt )
{
   OS_STK * stk;
```

```
    opt=opt;
    stk=ptos;                                     //获取堆栈指针
    *stk=(OS_STK) task;                           //pc
    *--stk=(OS_STK) task;                         //lr
    *--stk=0;                                     //R12
    *--stk=0;                                     //R11
    *--stk=0;                                     //R10
    *--stk=0;                                     //R9
    *--stk=0;                                     //R8
    *--stk=0;                                     //R7
    *--stk=0;                                     //R6
    *--stk=0;                                     //R5
    *--stk=0;                                     //R4
    *--stk=0;                                     //R3
    *--stk=0;                                     //R2
    *--stk=0;                                     //R1
    *--stk=(unsigned int) pdata;                  //R0,No1 使用 R0 传递
    *--stk=(USER_USING_MODE|0x00);                //允许 IRQ,FIQ 中断
    *--stk=0;                                     //关中断计数器 OsEnterSum
    return (stk);
}
```

在程序定义中,task 参数是指向任务代码的指针,将它赋予程序计数器(PC);pdata 参数指向一个数据结构,用来向任务传递参数。在 ARM 中,通常使用 R0 寄存器来传递第 1 个参数,ptos 是指向任务栈顶的指针,opt 是一个选项,用于 OSTaskCreateExt()函数。这些参数在用户建立任务的时候,通过 OSTaskCreate()函数和 OSTaskCreateExt()函数传递给 OSTaskStkInit()函数。堆栈初始化结束后,OSTaskStkInit()函数返回新的堆栈指针,OStaskCreate()函数和 OSTaskCreateExt()函数将指针保存在任务的 OS_TCB 中。至于其他寄存器的初始值,可以任意设置。

堆栈中的 OsEnterSum 比较特别,它不是 CPU 的寄存器,而是一个全局变量,目的是用它来保存开关中断的次数。这样,用户在任务中就不必过分考虑开关中断对其他任务的影响。

2)OS_ENTER_CRITICAL()和 OS_EXIT_CRITICAL()

μC/OS-Ⅱ分别使用宏 OS_ENTER_CRITICAL()和 OS_EXIT_CRITICAL()来关中断和开中断,即通过改变 ARM 处理器状态寄存器 CPSR 中的相应控制位来实现。由于使用了软件中断,程序状态寄存器 CPSR 保存到程序状态保存寄存器 SPSR 中,软件中断退出时会将 SPSR 恢复到 CPSR 中,所以程序只要改变程序状态保存寄存器 SPSR 中相应位就可以了。

关中断宏 OS_ENTER_CRITICAL()的实现代码如下:

程序 C6-111:

```
_asm
```

```
{
    MRS     R0,
    ORR     R0, R0, #NoInt
    MSR     SPSR_c, R0
}
OsEnterSum++;
```

开中断宏 OS_EXIT_CRITICAL()的实现代码如下：

程序 C6-112：

```
if(--OsEnterSum==0)
{
        _asm
        {
            MRS  R0, SPSR
            BIC  R0, R0, #NoInt
            MSR  SPSR_c,R0
        }
}
```

3)处理器模式转换函数 ChangeToSYSMode()和 ChangeToUSRMode()

移植方案根据 ARM 核的特点和移植目标，移植时在 μC/OS-Ⅱ中增加了 4 个系统函数。其中，两个是用来转换处理器模式的函数 ChangeToSYSMode()和 ChangeToUSRMode()；两个是设置任务的初始指令集的函数 TaskIsARM()和 TaskIsTHUMB()。

处理器模式转换函数 ChangeToSYSMode()和 ChangeToUSRMode()使用软件中断功能 0x80 和 0x81 实现，其中函数 ChangeToSYSMode()把当前任务转换到系统模式。

程序 C6-113：

```
_asm
{
    MRSR0,        SPSR
    BICR0,        R0,       #0x1F
    ORRR0,        R0,       #SYS32Mode
    MSRSPSR_c,    R0
}
```

函数 ChangeToUSRMode()把当前任务转换到用户模式。

程序 C6-114：

```
_asm
{
    MRSR0,        SPSR
    BICR0,        R0,       #0x1F
    ORRR0,        R0,       #USR32Mode
```

```
    MSRSPSR_c,  R0
}
```

通过上述软件中断服务程序，改变程序状态保留寄存器 SPSR 的相应位段，再在软件中断退出时复制到程序状态寄存器 CPSR，从而改变任务的处理器模式，实现任何情况下的用户模式和系统模式的相互转换。

4）设置任务的初始指令集函数 TaskIsARM()和 TaskIsTHUMB()

函数 TaskIsARM()和 TaskIsTHUMB()被用来在一个 μC/OS-Ⅱ任务运行之前，指定该任务可以使用 ARM 指令集还是使用 THUMB 指令集。在调用这两个函数时，都需要传递一个被该任务的优先级作为输入参数。

指定用户任务初始指令集为 ARM 指令集的函数 TaskIsARM()函数代码段如下：

程序 C6－115：

```
if(Regs[0]<=OS_LOWEST_PRIO)
{
     ptcb=OSTCBPrioTbl[Regs[0]];
     if(ptcb ! =NULL)    { ptcb -> OSTCBStkPtr[1]&=~(1<<5);}
}
```

指定用户任务初始指令集为 Thumb 指令集的函数 TaskIsTHUMB()函数代码段如下：

程序 C6－116：

```
if(Regs[0]<=OS_LOWEST_PRIO)
{
     ptcb=OSTCBPrioTbl[Regs[0]];
     if(ptcb! =NULL)    { ptcb->OSTCBStkPtr[1]|=(1<<5);}
}
```

由于 ARM 是用处理器的寄存器 CPSR 的 T 标志位来指示和设置系统当前指令集的，而 μC/OS-Ⅱ任务在创建之后未运行之前，是把寄存器 CPSR 的值存放在任务堆栈中的，所以函数 TaskIsARM()和 TaskIsTHUMB()的核心工作就是修改存放在任务堆栈中的 CPSR 的 T 标志位。其过程为：首先，程序判断传递的参数（任务的优先级）是否在允许的范围内；然后获取任务的任务控制块 TCB 的指针，如果指针指向有效 TCB，则修改在任务堆栈中存储的 CPSR 的 T 标志位。

5）软件中断服务程序的 C 语言部分

前面曾经谈到，为了使 μC/OS-Ⅱ的一些底层系统函数在调用时与处理器工作模式无关，所以在移植时这些函数是通过软件中断来实现的。该软件中断服务程序如下：

程序 C6－117：

```
void SWI_Exception( int SWI_Num,int * Regs )  //软中断号和堆栈中保存寄存器值的指针
{
    OS_TCB *ptcb;
    switch(SWI_Num)
```

```
{
    case 0x02;                                    //宏 OS_ENTER_CRITICAL()的代码段
            _asm
            {
                MRS R0,SPSR
                ORR R0,R0,#NoInt
                MSR SPSR_c,R0
            }
            OsEnterSum++;
            breaks
    case 0x03;                                    //宏 OS_EXIT_CRITICAL()的代码段
            if(--OsEnterSum==0)
            {
                _asm
                {
                    MRSR0,SPSR
                    BICR0,R0,#NoInt
                    MSRSPSR_c,R0
                }
            }
            break;
    case 0x80;                                    //函数 ChangeToSYSMode()的代码段
            _asm
            {
                MRSR0,          SPSR
                BICR0,          R0,       #0x1F
                ORRR0,          R0,       #SYS32Mode
                MSRSPSR_c,      R0
            }
            breaks;
    case 0x81;                          //函数 ChangeToUSRMode()的代码段
            _asm
            {
                MRSR0,SPSR
                BICR0,R0,#0x1F
                ORRR0,R0,#USR32Mode
                MSRSPSR_c,R0
            }
            breaks;
```

```
        case 0x82;                          //函数 TaskIsARM()的代码段
                if(Regs[0]<=OS_LOWEST_PRIO)
                {
                    ptcb=OSTCBPrioTbl[Regs[0]];
                    if(ptcb! =NULL){   ptcb->OSTCBStkPtr[1]&=~(1<<5);}
                }
                breaks;
        case 0x83;                          //函数 TaskIsTHUMB()的代码段
                if(Regs[0]<=OS_LOWEST_PRIO)
                {
                    ptcb=OSTCBPrioTbl[Regs[0]];
                    if(ptcb! =NULL){   ptcb->OSTCBStkPtr[1]|=(1<<5);}
                }
                break;
        default:break;
    }
}
```

从以上的代码中可以看出，程序中使用一个 switch 开关结构把软件中断功能号为 0x02，0x03，0x80，0x81，0x82，0x83 的 6 个组织到一个中断服务程序 SWI_Exception()中了。而软中断功能号为 0x00 和 0x01 的函数并没有在这里实现，而是在 OS_CPU_A.S 文件中实现的。

6）OSStartHighRdy()

函数 OSStartHighRdy()的代码如下：

程序 C6－118：

```
void OSStartHighRdy(void){_OSStartHighRdy();}
```

由前述表 6－4 可知，这是调用软中断的 0x01 号功能，该功能是在文件 OS_CPU_A.S 中用汇编语言实现的。

7）钩子函数

μC/OS-Ⅱ为了用户在系统函数中书写自己的代码而预置了一些函数名带有 Hook 字样的钩子函数，这些函数在移植时可全为空函数。

3. 文件 OS_CPU_A.S 的编写

1）软件中断服务程序的汇编语言部分

软中断服务程序的汇编语言部分程序如下：

程序 C6－119：

```
SoftwareInterrupt
     LDR      SP,  StackSvc
     STMFD    SP!, {R0-R3,R12,LR}
     MOV      R1,  SP
```

```
    MRS     R3,  SPSR
    TST     R3   ,#T_bit
    LDRNEH  R0,  [LR,       #-2]
    BICNE   R0,  R0,        #0xFF00
    LDREQ   R0,  [LR,       #-4]
    BICEQ   R0,  R0,        #0xFF000000
    CMP     R0,  #1
    LDRLO   PC,  =OSIntCtxSw
    LDREQ   PC,  =_OSStartHighRdy
    BL      SWI_Exception
    LDMFD   SP!, {R0-R3,R12,PC}^
```

ARM 处理器要求软中断的功能号必须包含在 SWI 指令中,这样应用程序就可以在执行 SWI 指令时,通过读取该条指令的相应位段来获得功能号。

由于 ARM 处理器核两个指令集的指令长度不同,在不同的指令集中 SWI 指令的功能号所处的位段也不同,因此在上面的代码中先判断处理器是处在什么指令集状态,然后分两种状态分别获取软中断功能号,再执行_OSStartHighRdy()。

其他功能由软件中断的 C 语言处理函数处理。其所需的两个参数,即功能号和保存参数和返回值的指针分别存于 R0 中和 R1~R3 中,如上述代码所示。

2)_TASK_SW()和 OSIntCtxSw()

任务级任务切换函数 OS_TASK_SW()及中断级任务切换函数 OSIntCtxSw()均用汇编语言编写。

因为在进行任务切换时,被切换的任务可能正处于系统模式,也可能正处于用户模式;可能使用 ARM 指令集,也可能使用 Thumb 指令集;又由于只有用系统模式的 SPSR 保存任务的 CPSR,才能保证正确的任务切换;所以一定要在 ARM 的系统模式下进行任务切换(参见下面代码指令)。

OS_TASK_SW()和 OSIntCtxSw()的程序如下:

程序 C6-120:

```
OSIntCtxSw
;保存任务环境
    LDR     R2,       [SP,    #20]          ;获取 PC
    LDR     R12,      [SP,    #16]          ;获取 R12
    MRS     R0,       CPSR
    MSR     CPSR_c,   #(NoInt|SYS32Mode)
    MOV     R1,       LR
    STMFD   SP!,      {R1-R2}               ;保存 LR、PC
    STMFD   SP!,      {R4-R12}              ;保存 R4、R12
    MSR     CPSE_c,   R0
    LDMFD   SP!,      {R4-R7}               ;获取 R0~R3
```

```
    ADD       SP,       SP,#8                 ;出栈 R12、PC
    MSR       CPSR_c,   #(NoInt|SYS32Mode)
    STMFD     SP!,      {R4-R7}               ;保存 R0～R3
    LDR       R1,       =OsEnterSum           ;获取 OsEnterSum
    LDR       R2,[R1]
    STMFD     SP!,      {R2,R3}               ;保存 CPSR、OsEnterSum
;保存当前任务堆栈指针到当前任务的 TCB
    LDR       R1,       =OSTCBCur
    LDR       R1,       [R1]
    STR       SP,       [R1]
    BL        OSTaskSwHook                    ;调用钩子函数
;  OSPrioCur <=OSPrioHighRdy
    LDR       R4,       =OSPrioCur
    LDR       R5,       =OSPrioHighRdy
    LDRB      R6,       [R5]
    STRB      R6,       [R4]
;  OSTCBCur <=OSTCBHighRdy
    LDR       R6,       =OSTCBHighRdy
    LDR       R6,       [R6]
    LDR       R4,       =OSTCBCur
    STR       R6,       [R4]
OSIntCtxSw_1                                  ;获取新任务堆栈指针
    LDR       R4,       [R6]                  ;17 个寄存器 CPSR、OsEnterSum、R0～R12、
                                               LR、SP
    ADD       SP,       R4,      #68
    LDR       LR,       [SP,     #-8]
    MSR       CPSR_c,   #(NoInt|SVC32Mode)    ;进入管理模式
    MOV       SP,       R4                    ;设置堆栈指针
    LDMFD     SP!,      {R4,R5}               ;CPSR、OsEnterSum
    LDR       R3,       =OsEnterSum           ;恢复新任务的 OsEnterSum
    STR       R4,       [R3]
    MSR       SPSR_cxsf,R5                    ;恢复 CPSR
    LDMFD     SP!,      {R0-R12,LR,PC}^       ;运行新任务
```

3)启动最高优先级就绪任务函数 OSStartHighRdy()

由 8.2.2 小节可知，函数 OSStartHighRdy()是通过调用_OSStartHighRdy 来启动最高优先级就绪任务的，而_OSStartHighRdy 是必须用汇编语言来编写的。其代码如下：

程序 C6-121：

```
_OSStartHighRdy
```

```
    MSR     CPSR_c,     #(NoInt|SYS32Mode)
    LDR     R4,         =OSRunning
    MOV     R5,         #1
    STRB    R5,         [R4]
    BL      OSTaskSwHook
    LDR     R6,         =OSTCBHighRdy
    LDR     R6,         [R6]
    B       OSIntCtxSw_1
```

4. 关于中断及时钟节拍

在移植中，只使用了 ARM 的 IRQ 中断。由于不同的 ARM 芯片的中断系统并不完全一样，因此不可能编写出对所有使用 ARM 核的处理器通用的中断及时钟节拍移植代码。

但是，为了使用户可用 C 语言编写中断服务程序时不必为处理器的硬件区别而困扰，这里还是根据 μC/OS-Ⅱ对中断服务程序的要求以及 ARM7 体系结构特点和 ADS 编译器特点，编写了一个适用于所有基于 ARM7 核处理器的汇编宏。这个宏实现了 μC/OS-Ⅱ for ARM7 中断服务程序的汇编代码与 C 函数代码的之间的通用接口。其程序如下：

程序 C6－122：

```
MACRO
  $ IRQ_Label    HADLER     $ IRQ_Exception_Function
      EXPORT    $   IRQ_Label                ;输出的标号
      IMPORT    $   IRQ_Exception_Function   ;引用的外部标号
  $IRQ_Label
      SUB       LR,    LR,   #4              ;计算返回地址
      STMFD     SP!,   {R0-R3,R12,LR}        ;保存任务环
      MRS       R3,    SPSR                  ;保存状态
      STMFD     SP,    {R3,SP,LR}^           ;保存用户状态的R3、SP、LR
 ;OSIntNesting++
      LDR       R2,    =OSIntNesting
      LDRB      R1,    [R2]
      ADD       R1,    R1,   #1
      STRB      R1,    [R2]
      SUB       SP,    SP,   #4*3
      MSR       CPSR_c,   #(NoInt|SYS32Mode)  ;切换到系统模式
      CMP       R1,     #1
      LDREQ     SP,     =StackUsr
      BL        $IRQ_Exception_Function      ;调用C语言的中断处理程序
      MSR       CPSR_c,#(NoInt|SYS32Mode)    ;切换到系统模式
      LDR       R2,=OsEnterSum               ;OsEnterSum使OSIntExit退出时关中断
      MOV       R1,     #1
```

```
    STR      R1,    [R2]
    BL       OSIntExit
    LDR      R2,    =OsEnterSum              ;因为服务程序退出,所以 OsEnterSum=0
    MOV      R1,    #0
    STR      R1,[R2]
    MSR      CPSR_c,#(NoInt|IRQ32Mode)       ;切换回 IRQ 模式
    LDMFD    SP,{R3,SP,LR}^                  ;恢复用户状态的 R3、SP、LR
    LDR      R0,    =OSTCBHighRdy
    LDR      R0,    [R0]
    LDR      R1,    =OSTCBCur
    LDR      R1,    [R1]
    CMP      R0,    R1
    ADD      SP,    SP,   #4*3
    MSR      SPSR_cxsf,R3
    LDMEQFD  SP!,{R0-R3,R12,PC}^             ;不进行任务切换
    LDR      PC,=OSIntCtxSw                  ;进行任务切换
    MEND
```

有了这个宏,中断服务程序的 C 语言部分的编写很简单。其示意代码如下:

程序 C6-123:

```
void ISR(void)
{
    OS_ENTER_CRITICAL();
    清除中断源;
    通知中断控制器中断结束;
    开中断:OS_EXIT_CRITICAL();
    用户处理程序;
}
```

因为在系统响应了中断并进入中断服务程序之后,中断计数器 OsEnterSum 的值一定是 0,如果在此之后服务程序调用了 μC/OS-Ⅱ系统服务函数(它们一般会成对调用 OS_ENTER_CRTTICAL()和 OS_EXIT_CRITICAL()),则很可能在系统没有清中断源情况下就打开中断,造成处理器中断系统的异常而使应用程序工作异常,所以在中断服务程序中必须设置一个临界段,并且在这个临界段中处理清除中断源事宜。

6.8.3　嵌入式操作系统的剪裁

每个具体的嵌入式应用系统对实时操作系统的要求是不完全相同的,可以通过对实时操作系统的剪裁,得到一个既满足需要,又非常紧凑的应用软件系统。对于实时操作系统 μC/OS-Ⅱ,剪裁过程可通过对操作系统配置文件 OS_CFG.H 中的相关常量进行设置来完成。

1. 服务功能的剪裁

根据应用系统的实际情况,保留需要的系统服务功能,并删除不需要的服务功能。进行合

理的功能剪裁之后,应用系统的目标代码就会比较紧凑,从而降低了对程序代码存储空间的要求。如果代码存储空间非常充足,则可以将全部系统服务函数包含到应用系统中(相关常量均配置为1),不需要考虑功能剪裁。

1)任务管理功能的剪裁

OS_TASK_CREATE_EN:应用系统是否需要使用"创建任务函数 OSTaskCreate()"?需要使用时配置为1,不需要使用时配置为0。

OS_TASK_CREATE_EXT_EN:应用系统是否需要使用"功能扩展的创建任务函数 OSTaskCreateExt()"?需要使用时配置为1,不需要使用时配置为0。以上两个创建任务函数中,至少需要使用一个。

OS_TASK_DEL_EN:应用系统是否需要使用"任务删除函数 OSTaskDel()"?需要使用时配置为1,不需要使用时配置为0。

OS_TASK_SUSPEND_EN:应用系统是否需要使用"挂起任务函数 OSTaskSuspend()与恢复任务函数 OSTaskResume()"?需要使用时配置为1,不需要使用时配置为0。

OS_TASK_STAT_EN:应用系统是否需要使用"统计任务"?需要使用时配置为1,不需要使用时配置为0。

OS_TASK_CHANGE_PRIO_EN:应用系统是否需要使用"改变优先级函数 OSTaskChangePrio()"?需要使用时配置为1,不需要使用时配置为0。

OS_TASK_QUERY_EN:应用系统是否需要使用"获取任务信息函数 OSTaskQuery()"?需要使用时配置为1,不需要使用时配置为0。

OS_SCHED_LOCK_EN:应用系统是否需要使用"给任务调度器上锁函数 OSSchedLock()和给任务调度器开锁函数 OSSchedUnlock()"?需要使用时配置为1,不需要使用时配置为0。

2)有关"信号量"服务功能的剪裁

OS_SEM_EN:应用系统是否需要使用信号量?需要使用时配置为1,不需要使用时配置为0。该常量配置为0后,所有有关信号量的函数均不能使用,即使对应的常量配置为1。

OS_SEM_ACCEPT_EN:应用系统是否需要使用"无等待获取信号量函数 OSSemAccept()"?需要使用时配置为1,不需要使用时配置为0。

OS_SEM_DEL_EN:应用系统是否需要使用"删除信号量函数 OSSemDel()"?需要使用时配置为1,不需要使用时配置为0。

OS_SEM_QUERY_EN:应用系统是否需要使用"OSSemQuery()查询信号量状态函数"?需要使用时配置为1,不需要使用时配置为0。

3)有关"互斥型信号量"服务功能的剪裁

OS_MUTEX_EN:应用系统是否需要使用"互斥型信号量"?需要使用时配置为1,不需要使用时配置为0。该常量配置为0后,所有有关互斥型信号量的函数均不能使用,即使对应的常量配置为1。

OS_MUTEX_ACCEPT_EN:应用系统是否需要使用"无等待获取互斥型信号量函数 OSMutexAcept()"?需要使用时配置为1,不需要使用时配置为0。

OS_MUTEX_DEL_EN:应用系统是否需要使用"删除互斥型信号量函数 OSMutexDel

()”？需要使用时配置为 1，不需要使用时配置为 0。

OS_MUTEX_QUERY_EN：应用系统是否需要使用“查询互斥型信号量状态函数 OSMutexQuery()”？需要使用时配置为 1，不需要使用时配置为 0。

4)有关“事件标志组”服务功能的剪裁

OS_FLAG_EN：应用系统是否需要使用“事件标志组”？需要使用时配置为 1，不需要使用时配置为 0。该常量配置为 0 后，所有有关事件标志组的函数均不能使用，即使对应的常量配置为 1。

OS_FLAG_ACCEPT_EN：应用系统是否需要使用“无等待从事件标志组获取事件标志函数 OSFlagAcept()”？需要使用时配置为 1，不需要使用时配置为 0。

OS_FLAG_DEL_EN：应用系统是否需要使用“删除事件标志组函数 OSFlagDel()”？需要使用时配置为 1，不需要使用时配置为 0。

OS_FLAG_QUERY_EN：应用系统是否需要使用“查询事件标志组状态函数 OSFlagQuery()”？需要使用时配置为 1，不需要使用时配置为 0。

5)有关“消息邮箱”服务功能的剪裁

OS_MBOX_EN：应用系统是否需要使用“消息邮箱”？需要使用时配置为 1，不需要使用时配置为 0。该常量配置为 0 后，所有有关消息邮箱的函数均不能使用，即使对应的常量配置为 1。

OS_MBOX_ACCEPT_EN：应用系统是否需要使用“无等待从消息邮箱获取消息函数 OSMboxAcept()”？需要使用时配置为 1，不需要使用时配置为 0。

OS_MBOX_DEL_EN：应用系统是否需要使用“删除消息邮箱函数 OSMboxDel()”？需要使用时配置为 1，不需要使用时配置为 0。

OS_MBOX_POST_EN：应用系统是否需要使用“向邮箱发送消息函数 OSMboxPost()”？需要使用时配置为 1，不需要使用时配置为 0。

OS_MBOX_POST_OPT_EN：应用系统是否需要使用“增强功能的向邮箱发送消息函数 OSMboxPostOpt()”？需要使用时配置为 1，不需要使用时配置为 0。以上两个发送消息函数至少选用一个。

OS_MBOX_QUERY_EN：应用系统是否需要使用“查询消息邮箱状态函数 OSMboxQuery()”？需要使用时配置为 1，不需要使用时配置为 0。

6)有关“消息队列”服务功能的剪裁

OS_Q_EN：应用系统是否需要使用“消息队列”？需要使用时配置为 1，不需要使用时配置为 0。该常量配置为 0 后，所有有关消息队列的函数均不能使用，即使对应的常量配置为 1。

OS_Q_ACCEPT_EN：应用系统是否需要使用“无等待从消息队列获取消息函数 OSQAcept()”？需要使用时配置为 1，不需要使用时配置为 0。

OS_Q_DEL_EN：应用系统是否需要使用“删除消息队列函数 OSQDel()”？需要使用时配置为 1，不需要使用时配置为 0。

OS_Q_FLUSH_EN：应用系统是否需要使用“清空消息队列函数 OSQFlush()”？需要使用时配置为 1，不需要使用时配置为 0。

OS_Q_POST_EN：应用系统是否需要使用“按 FIFO 规则向消息队列发送消息函数

OSQPost()”？需要使用时配置为1,不需要使用时配置为0。

OS_Q_POST_FRONT_EN:应用系统是否需要使用“按LIFO规则向消息队列发送消息函数OSQPostFront()”？需要使用时配置为1,不需要使用时配置为0。

OS_Q_POST_OPT_EN:应用系统是否需要使用“按FIFO或LIFO规则向消息队列发送消息函数OSQPostOpt()”？需要使用时配置为1,不需要使用时配置为0。该函数功能灵活,可以替代上面两个消息发送函数。

OS_Q_QUERY_EN:应用系统是否需要使用“查询消息队列状态函数OSQQuery()”？需要使用时配置为1,不需要使用时配置为0。

7)有关“内存管理”服务功能的剪裁

OS_MEM_EN:应用系统是否需要使用“内存管理功能”？需要使用时配置为1,不需要使用时配置为0。该常量配置为0后,所有有关内存管理功能的函数均不能使用,即使对应的常量配置为1。

OS_MEM_QUERY_EN:应用系统是否需要使用“查询内存分区状态函数OSMemQuery()”？需要使用时配置为1,不需要使用时配置为0。

8)其他功能的剪裁

OS_TIME_DLY_HMSM_EN:应用系统是否需要使用“按时、分、秒的延时函数OSTimeDlyHMSM()”？需要使用时配置为1,不需要使用时配置为0。

OS_TIME_DLY_RESUME_EN:应用系统是否需要使用“恢复延时任务函数OSTimeDlyResume()”？需要使用时配置为1,不需要使用时配置为0。

OS_TIME_GET_SET_EN:应用系统是否需要使用“获得系统时间函数OSTimeGet()和设置系统时间函数OSTimeSet()”？需要使用时配置为1,不需要使用时配置为0。

OS_CPU_HOOKS_EN:应用系统是否需要使用“钩子函数”？需要使用时配置为1,不需要使用时配置为0。

OS_ARG_CHK_EN:应用系统是否需要使用“参数检查功能”？需要使用时配置为1,不需要使用时配置为0。

2. 数据结构的剪裁

根据应用系统的实际情况,保留系统运行所必须的数据结构,并合理安排其规模大小。进行合理的剪裁之后,降低了对数据存储空间的要求。如果数据存储空间非常充足,则可以将各种数据结构的规模取大一些。

1)与任务有关的数据结构

OS_MAX_TASKS:最大任务个数,其中包含操作系统保留的任务个数。由于μC/OS-Ⅱ目前保留了两个任务(统计任务和空闲任务),所以实际用户任务个数比最大任务数至少要少两个。

OS_LOWEST_PRIO:最低优先级。总优先级数目为OS_LOWEST_PRIO+1,当前μC/OS-Ⅱ保留了两个最低优先级给统计任务和空闲任务(将来有可能保留8个优先级)。为了给每个任务分配优先级,OS_LOWEST_PRIO必须大于或等于OS_MAX_TASKS,但不能大于63。

OS_TASK_IDLE_STK_SIZE:空闲任务堆栈容量。可与其他任务配置相同容量。

OS_TASK_STAT_STK_SIZE:统计任务堆栈容量。可与其他任务配置相同容量。

TASK_STK_SIZE:任务堆栈的容量。该容量不在系统配置文件 OS_CFG. H 中定义,而在用户程序中定义。堆栈容量的单位(OS_STK)与 CPU 类型有关。对于 ARM7 系列 CPU,OS_STK 为 32 位。

2)与通信功能有关的数据结构

OS_MAX_EVENTS:事件控制块的最大数目,包含各种信号量、消息邮箱和消息队列的总数。

OS_MAX_FLAGS:事件标志组的最大数目。

OS_MAX_MEM_PART:内存控制块的最大数目。

OS_MAX_QS:消息队列的最大数目。

若使用了事件标志组,还要定义事件标志组包含的标志位数(只能是 8 位、16 位或 32 位),例如定义 16 位事件标志组:typedef INT16U OS_FLAGS;

3)其他参数

OS_TICKS_PER_SEC:系统节拍频率(每秒节拍数),通常在 10~100 之间。

6.8.4 移植 μC/OS-Ⅱ 到 LPC2000

目前,由于 ARM 公司的政策,基于 ARM7 处理器核的各种处理器芯片在存储系统、片内外设设备、中断系统等方面都存在或多或少的差异,再加之嵌入式系统的具体应用项目对资源的要求不一样,因此移植时,在前面介绍的 μC/OS-Ⅱ 在 ARM7 上移植的通用代码的基础上,还需要有一些与上述问题相关的代码由用户自行编写。如果使用 ADS1.2 这个集成开发环境来编译代码,则还需要用户或厂家编写部分启动代码。由于启动代码编写与用户具体使用的 ARM 器件关联很大,限于篇幅,本书不做介绍,只以 PHILIPS 公司的 LPC2200 系列芯片为例,介绍相对比较通用的汇编语言和移植代码。

1. 挂接 SWI 软件中断

将软中断异常处理程序挂接到内核是通过修改启动代码来实现的,程序如下:

程序 C6-124:

```
Reset
    LDR   PC,         ResetAddr;
    LDR   PC,         UndefinedAddr;
    LDR   PC,         SWI_Addr;
    LDR   PC,         PrefetchAddr;
    LDR   PC,         DataibortAddr;
    DCD   0xB9205F80;
    LDR   PC,         [PC,#-0xFF0];
    LDR   PC,         FIQ_Addr;
    ResetAddr         DCD     Resetlnit;
    UndefinedAddr     DCD     Undefined;
    SWI_Addr          DCD     Sof twareInterrupt;
```

```
PrefetchAddr    DCD   PrefetchAbort;
DataAbortAddr   DCD   DataAbort;
Nouse           DCD   0;
IRQ_Addr        DCD   IRQ_Handler;
FIQ_Addr        DCD   FIQ_Handler;
```

2. 中断及时钟节拍中断

编写中断服务程序代码比较简单，关键在于把程序与芯片的相关中断源挂接，使芯片在产生相应的中断后，会调用相应的处理程序。这需要做以下两方面的工作。

1)增加汇编语言接口的支持

方法是在文件中IRQ.S适当位置添加如下代码：

程序C6-125：

```
xxx_Handler    HANDLER Xxx_Exception
```

在实际编写代码时，其中的xxx应该替换为用户自己所需要的字符串。

2)初始化向量中断控制器

初始化向量中断控制器示意代码如下：

程序C6-126：

```
VICVectAddrX=(uint32)xxx_Handler;
VICVectCntlX=(0x20|Y);
VICIntEnable=1<<Y;
```

其中，X为分配给中断的优先级，Y为中断的通道号。

至于时钟节拍服务中断服务程序的编写，除了在时钟节拍服务中断服务程序中必须调用函数OSTimeTick()外，与普通中断服务没有什么区别，这里不再介绍。

3. 一个基于μC/OS-Ⅱ和ARM的应用程序实例

这是一个基于μC/OS-Ⅱ和ARM的应用程序实例。该应用程序运行后，用户每按一下按键KEY1，则会使蜂鸣器发出两声鸣叫。这个应用程序中共有两个任务：Task1和Task2。用Task1作为启动任务并处理按键事务；用任务Task2来处理蜂鸣器的鸣叫。应用程序主要的程序如下：

程序C6-127：

```
#include "config.h"
OS_STK    TaskStartStk[TASK_STK_SIZE];          //任务Task1的任务堆栈
OS_STK    TaskStk[TASK_STK_SIZE];               //任务Task2的任务堆栈
int main (void)
{
    OSInit();                                   //初始化μC/OS-Ⅱ系统
    OSTaskCreate(Task1,                         //创建任务Task1
                (void *)0,
                &TaskStartStk[TASK_STK_SIZE-1],
```

```
                0);
    OSStart();                                  //启动μC/OS-Ⅱ任务管理
    return 0;
}
void Task1(void * pdata)
{
    pdata=pdata;
    TargetInit();                               //目标板初始化
    for(;;)
    {
        OSTimeDly(OS_TICKS_PER_SEC/50);
        if(GetKey()! =KEY1){continue;}          //按键不是key1,则不理会
        OSTimeDly(OS_TICKS_PER_SEC/50);         //延时20ms,用于按键去抖
            if(GetKey()! =KEY1){ continue;}     //确认按键是否仍然是KEY1
        OSTaskCreate(Task2,                     //创建任务Task2
                    (void * )0,
                    &TaskStk[TASK_STK_SIZE-1],
                    10);
        while(GetKey()! =0)                     //等待按键被释放
        {  OSTimeDly(OS_TICKS_PER_SEC/50);}     //延时20 ms
    }
}
void Task2(void *  pdata)
{
    pdata=pdata;
    BeeMoo();                                   //使蜂鸣器鸣叫
    OSTiiaeDly(OS_TICKS_PER_SEC/8);             //延时
    BeeNoMoo();                                 //关闭蜂鸣器
    OSTimeDly(OS_TICKS_PER_SEC/4);              //延时
    BeeMoo();                                   //使蜂鸣器鸣叫
    OSTimeDly(OS_TICKS_PER_SEC/8);              //延时
    BeeNoMoo();                                 //关闭蜂鸣器
    OSTaskDel(OS_PRIO_SELF);//任务删除自身
}
```

从以上代码中可以看到，应用程序用任务Task1来完成按键的识别、消抖工作，并在确认按键KEY1被按下时创建能使蜂鸣器鸣叫的任务Task2，Task2在完成蜂鸣器的两次鸣叫之后，就把任务自身删除。

6.5　本章小结

嵌入式实时操作系统已成为嵌入式系统的重要组成部分，本章在综述了常用的几种嵌入式操作系统和智能手机操作系统的基础上，重点介绍了实时操作系统 μC/OS-Ⅱ。它是一个用 C 语言编写的结构小巧、抢占式的多任务实时内核，最多可以管理 64 个任务，并提供任务调度与管理、内存管理、任务间同步与通信、事件管理和中断服务等功能，具有执行效率高、占用空间小、实时性能优良和可扩展性强等特点。介绍了 μC/OS-Ⅱ内核的主要技术特点，详细分析了操作系统任务设计方法、中断管理与时钟节拍、事件控制块与任务同步、采样和按键设计方法。最后给出了在 ARM7 系列单片机上移植 μC/OS-Ⅱ操作系统的移植规划和移植方法。作为嵌入式系统中必不可少的系统设计软件，通过本章的学习，可以使读者对嵌入式实时操作系统，尤其是 μC/OS-Ⅱ操作系统的设计实现有一个深入的理解，为用户应用程序设计提供有力的支撑。

第7章　嵌入式系统存储器结构与设计

7.1　常用存储器概述

1. 存储器分类

存储器件是数字系统和计算机体系中用以存储数据、程序代码等二进制信息的设备。构成存储器的介质目前主要有两类：半导体器件和磁性材料。一个双稳态的半导体电路和磁性存储单元，均可存储一位二进制数据，称为存储位或存储元。若干的存储元构成一个存储单元，若干的存储单元构成了整个的存储器。

嵌入式系统中常用的存储器件的类型划分及产品举例如图7-1所示。

按存储介质可以将存储器分为半导体存储器和磁性存储器两大类。目前使用的存储介质主要是半导体器件和磁性材料。用半导体器件组成的存储器称为半导体存储器；用磁性材料做成的存储器称为磁表面存储器，例如磁盘存储器和磁带存储器。

按存储器的读写功能可以将存储器分成随机存取存储器RAM和只读存储器ROM两大类。RAM是指可以对任意地址任意时刻随机进行读或写操作访问的存储器。ROM是指在应用中用以存储不变信息而只能进行读操作访问的存储器。通常随机存储器用来存储数据信息，又称为数据存储器；只读存储器用来存储程序代码，又称为程序存储器。

按信息的非易失性可以将存储器划分为易失性存储器VRAM和非易失性存储器NVRAM两大类。易失性存储器是指存储芯片在外部电源掉电后数据就会丢失；而非易失性存储器中的数据不会因系统掉电而发生改变，掉电后数据仍然不变。一般来讲，ROM都是非易失性的，而RAM大多是易失性的。一些新型的半导体存储器，如一次性可编程存储器OTP、电擦除可编程存储器E^2PROM、闪速存储器FLASH、铁电存储器FRAM等，既具有ROM存储器的特性，又具有RAM存储器的特性，它们的非易失性特点非常适合现代数据信息存储的需求。

按串、并行访问方式可以将存储器划分为并行存储器和串行存储器两大类。并行存储器的数据操作二进制位是并列的，进行读/写操作的访问速度很快，但外围需要很多I/O口线。根据并行存储器的数据二进制位数的多少，并行存储器通常又可以划分为8/16/32位并行存储器。串行存储器的数据输入/输出是一个一个的二进制位通过串行移动进行的，数据的串/并与并/串转换先在存储器内部完成，再进行存储或读出。根据串行接口的不同形式，串行存储器分为1线串行存储器、I^2C串行存储器和SPI串行存储器等类型。

2. 存储器的速度与容量

存储器的速度和容量是衡量存储器的重要指标。存储器的速度是指读/写操作访问存储器时的最快速率。并行存储器速度常常用一次读或写操作访问的时间周期来表示。例如，铁电存储器FM1808的访问速度是70～140ns，双端口静态存储器CY7C024的访问速度是20～

25ns。串行存储器速度常常用每秒读或写操作访问的二进制位数，即时间频率表示。例如，SPI 接口 E^2PROM 存储器 SA25C20 的读操作访问速度是 25MHz；3 线 E^2PROM 存储器 AT93C46 的读操作访问速度是 2MHz。

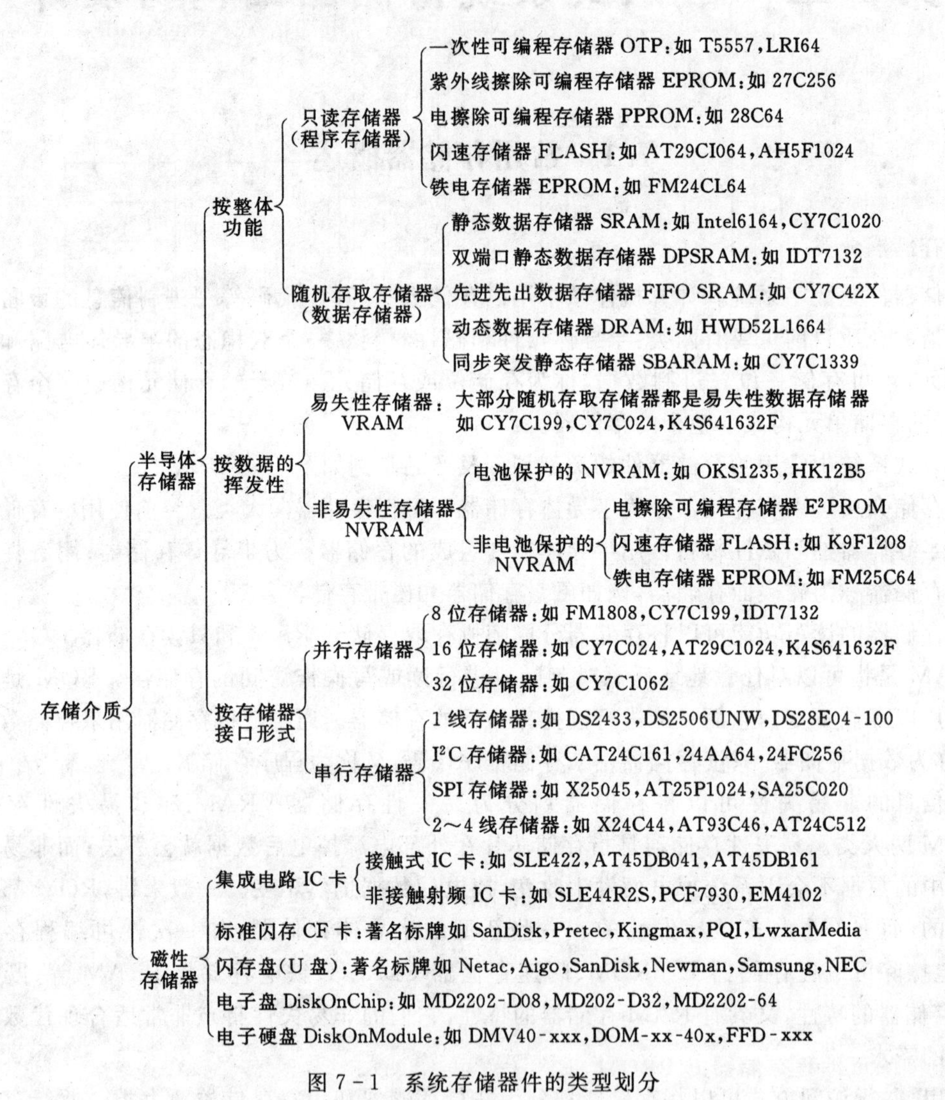

图 7-1　系统存储器件的类型划分

存储器的容量是指存储器所能存储数据信息的最大数量。并行存储器的容量常常根据地址线所能表示的最大宽度 n 以 2^n 表示。例如，8 位存储器 FM1808 的容量是 $2^{15}=32768$，即 $2^{15}\times 8$ 位；16 位双口静态存储器 CY7C024 的容量是 $2^{12}=4096$，即 $2^{12}\times 16$ 位。串行存储器的容量常常以其所含的二进制位数来表示。例如，SPI 接口的 E^2PROM 存储器 SA25C020 的容量是 2M；I^2C 接口的 E^2PROM 存储器 24AA256 的容量是 256K。这种称谓是大多数应用工程师的叫法，隐含的单位，对串行存储器是位（bit），对并行存储器是字节或字。

3. 存储器的基本结构组成

1）随机存储器 RAM

随机存储器 RAM 主要由存储矩阵、地址译码器、读/写控制器、输入/输出控制和片选控制等几部分组成，其基本结构组成如图 7-2 所示。

存储单元矩阵中的每一个存储单元都有一个固定的编号，称为地址。随机存储器 RAM 是一种时序逻辑电路，具有记忆功能。静态数据存储器 SRAM 用触发器记忆数据，动态数据存储器 DRAM 靠 MOS 管栅极电容存储数据，因此，在不停电的情况下，SRAM 的数据可以长久保持，而 DRAM 则需要定期刷新。

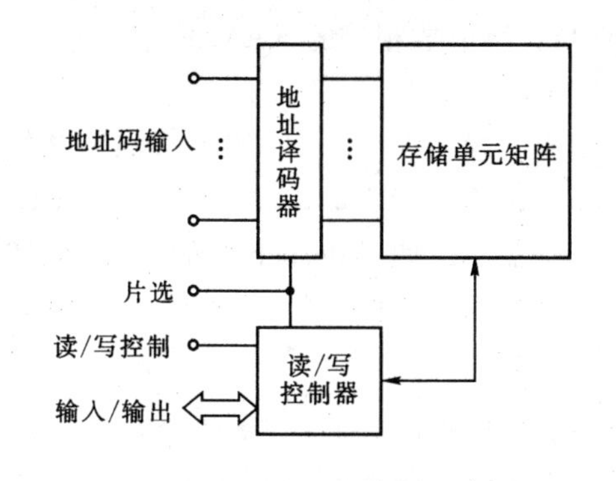

图 7-2　RAM 的基本结构组成

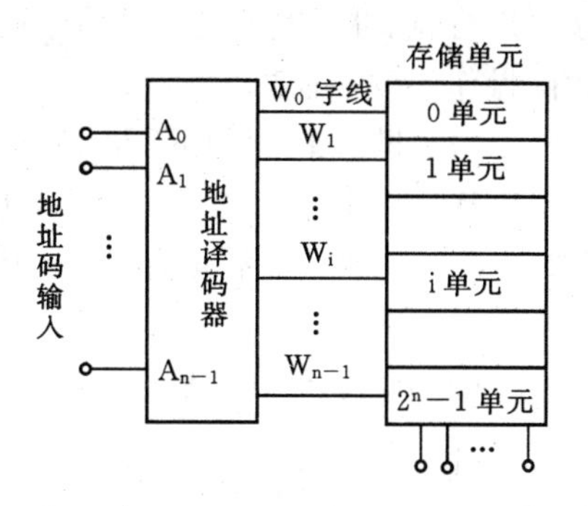

图 7-3　ROM 的基本结构组成

2）只读存储器 ROM

只读存储器 ROM 主要由地址译码器和存储矩阵组成，其基本结构组成如图 7-3 所示。并行 FLASH 存储器和串行 E^2PROM，FLASH 存储器，为了加快其写操作访问速度，在其内部常常设置一定容量的随机存取存储器作数据缓冲器（Cache）和相关控制逻辑，实现批量数据操作。

从逻辑电路构成的角度看，ROM 是由“与”门阵列（地址译码器）和“或”门阵列（存储矩阵）构成的组合逻辑电路。

7.2　常用存储器件特性与选择

7.2.1　常用存储器件特性

1. 电擦除可编程存储器 E^2PROM

电擦除可编程只读存储器 E^2PROM 是基于浮栅型场效应管的隧道效应现象，使浮栅带电或不带电从而进行数据存储的。E^2PROM 器件既具有 ROM 存储器的非易失性，又具备类似于 RAM 存储器的可随时改写性，应用广泛。

E^2PROM 器件通常具有读出、写入和擦除三种工作方式。为改善器件写入和擦除操作速度太慢的现象，器件还常常采用分页方式进行写与擦除操作，并且在页写入时采用相同数量的 RAM 作为数据缓冲。E^2PROM 器件的重复擦写次数在 1～10 万次，掉电情况下的数据保存时间可达 10 年。

目前市场上供应 E^2PROM 器件差不多都是单一电源供电的，器件的工作电压与擦/写操作编程电压相同，有 5V/3.3V/3V/2.7V/2.5V/l.8V 多种方式。在使用中，常常用 PE^2PROM 表示并行 E^2PROM 器件，以 SE^2PROM 表示串行 E^2PROM 器件。常用的 SE^2PROM

器件有1线制的SE²PROM器件、2线SE²PROM器件、I²C接口的SE²PROM器件、3线SE²PROM器件、SPI接口的SE²PROM器件等。

1)PE²PROM存储器

PE²PROM器件的写操作可以按字节进行，也可以按页进行。一页的大小是64/128/256字节，同一种器件的页大小一般是一样的，而且具有分页模式的器件不能跨页写操作，擦除操作可以按页进行，也可以整体进行。由于同时配有与页字节数相等的RAM数据缓冲区，因而页写或擦除操作的效率很高。

Atmel公司是世界上PE²PROM器件的首位制造商，其8位并行E²PROM典型器件有单5V电源512KB的AT28C020、单3.3V电源128KB的AT28LV010和单3V电源64KB的AT28BV256等。其他厂商也有不少PE²PROM器件，如Microchip的28C04/16/17/32/64A。

2)1线制SE²PROM存储器

Maxim-Dallas的1-Wire制技术，采用单根信号线，既传输数据位，又传输数据位的定时同步时钟，而且通过该线向1线制器件进行供电，并实现对该线上不同1线制器件的寻址。

使用1线制SE²PROM存储器，可以大大简化系统硬件设计，因而1线制存储器在便携式产品中得到了广泛应用。1线制SE²PROM存储器有两种数据传输速率：14Kbps的标准数据和142Kbps的高速数据速率。1线制SE²PROM存储器多为低功耗器件，6或8脚的SO，SOT，TSOC或CSP封装，容量在256～4Kb，是“页”模式写操作机制，具有WP(Write Protect)或SHA-1(Secure Hash Algorithm版本1)数据写保护机制。

3)2线制SE²PROM存储器

2线制SE²PROM存储器，通过一条数据线SDA和一条同步数据传输的时钟线SCL两条信号线与外界交换信息。除少部分器件外，大多数2线制SE²PROM存储器的这两条信号线是漏极开路输出的，使用时需要外加上拉电阻，以增强2线制的驱动能力。2线制总线以主从模式工作，任何时候总线只能有一个主器件与一个或若干个从器件。2线制总线传输协议规范后，形成了更为标准的I²C总线(Inter－IntegratedCircuitBus)。现在市场上的2线制SE²PROM存储器大多数是I²C SE²PROM存储器。

I²C SE²PROM存储器，容量在128b～1Mb，低功耗，多为8脚SMD小型封装，有各种类型的低电源器件。I²C SE²PROM存储器有3种速度：100kHz标准速率、400kHz高速、1MHz全速。I²C SE²PROM存储器支持字节写操作，也支持页模式的写操作。不少I²C SE²PROM存储器具有硬件或软件数据保护机制，有些存储器还有硬件地址分配引脚。

I²CSE²PROM存储器多用作简化硬件系统设计中的非易失性数据存储，如计算机板卡的配置存储器、简易IC卡等。

很多半导体厂商生产I²C SE²PROM系列存储器，如24XXxxx(Microchip公司)，24Cxxx(Atmel公司)，NM24Cxxx(Firechild公司)，SA24Cxxx(Saifun公司)，CAT24Cxxx(Catalyst公司)，S524Axxx(Samsung公司)，TCWMXxxx(Toshiba公司)，SLExxx(Infineon公司)等系列型号。

4)3线制SE²PROM存储器

3线制SE²PROM存储器通过串行数据输入线SI、串行数据输出线SO和同步数据传输的时钟线SCK 3条信号与外界交换数据信息。3线制总线以主从模式工作，构成体系中还有一条主器件发给从器件的使能信号CS，一些3线制SE^2PROM存储器还有数据保护、保持、或复位等外接信号引脚。3线制总线遵循特定的串行通信协议，其中SPI(Serial Protocol Interface)总线协议是一种由Philips提出的规范化的通用的串行通信协议。目前3线存储器以SPI总线类型最多，应用最广泛。3线制SE^2PROM存储器多是采用8引脚多种封装形式，存储器访问速度可达2MHz，容量在256b～4Mb。

X24Cxxx与93xx系列3线制SE^2PROM存储器是早期的产品，容量和速度较低，以字节或字为单位进行写操作，没有写数据保护机制，常用于计算机板卡的接口器件、FPGA器件、仪表仪器等进行配置的非易失性数据存储。

SPI SE2PROM存储器，多以含有一定数量字节数的页模式进行写操作，带有页缓冲RAM存储器，有软件/硬件数据保护机制。SPI SE2PROM存储器的型号多以25C开头，如Xicor公司的X25043/X25045，Microchip公司的25XX040(4Kb)/25XX256(256Kb)，Atmel公司的AT25010(1Kb)，AT25256(256Kb)，AT252048(2Mb)，AT254096(4Mb)，Saifun公司的SA25C512(512Kb)，SA25C040(4Mb)等。

2. 闪速存储器Flash

闪速存储器的存储单元有两种基本类型结构：单级单元技术SLC与多级单元技术MLC。MLC技术指通过向多晶硅浮栅极充电至不同的电平来对应不同的阈电压，代表不同的数据，在每个存储单元中设有4个阈电压(00/01/10/11)，因此可以存储2位信息；而传统单级单元技术SLC(Signal－LevelCell)中，每个存储单元只有2个阈电压(0/1)，只能存储1位信息。

根据Flash存储单元的组合形式的差异，Flash主要有两种类型："或非"NOR型与"与非"NAND型。

1)NOR型Flash存储器特点

(1)程序和数据存放在同一芯片，拥有独立的数据总线和地址总线，能快速随机读取，允许系统直接从FLASH中读取代码执行，而无须先下载再在RAM中执行。

(2)可以单字节或单字编程，但必须以块或整片来进行擦除操作，对存储器进行编程前必须先进行预编程和擦除操作。

常见的NOR技术型闪速存储器是8/16位的并行存储器，如Intel公司的28Fxxx系列、Sharp公司的LH28Fxxx系列和Toshiba公司的TC58F/Bxxx等。

2)NAND型Flash存储器特点

(1)以页为单位进行读和编程操作，1页为256B或512B；以块为单位进行擦除操作，1块为4KB，8KB或16KB。编程和擦除的速度较快。

(2)数据线与地址线复用，并行读取。随机读取速度慢且不能按字节随机编程。

(3)芯片尺寸小，引脚少，单位成本低，容量大。

常见的NAND型Flash是8/16位并行存储器，如Samsung的K9Fxxx系列，Toshiba的TC58V64，Fujistu的MBM30VLV0064和Sandisk的SDTNFAH-128等。

NAND型Flash适合于纯数据存储和文件存储，主要作为SmartMedia卡、CompactFlash卡、PCMCIAATA卡和固态盘的存储介质等。

3)由 E^2PROM 派生的 Flash 存储器

E^2PROM 具有很高的灵活性,可以单字节读/写(不需要擦除,可直接改写数据),但存储密度小,单位成本高。部分制造商生产出另一类以 E^2PROM 做闪速存储阵列的闪速存储器,如 Atmel,SST 的小扇区结构闪速存储器和 Atmel 的海量闪速存储器。这类器件具有 E^2PROM 与 NOR 型 Flash 二者折中的性能特点:

(1)读/写的灵活性逊于 E^2PROM,不能直接改写数据。在编程之前需要先进行页擦除,但与 NOR 技术闪速存储器的块结构相比,其“页”尺寸小,具有快速随机读取和快编程、快擦除的特点。

(2)与 E^2PROM 比较,具有明显的成本优势。

(3)存储密度比 E^2PROM 大,但比 NOR 技术 Flash 小。

正因为这类器件在性能上的灵活性和成本上的优势,其在如今闪速存储器市场上仍占有一席之地。

4)SPI 接口的串行 Flash 存储器

SPI 接口的串行闪速存储器,以页模式进行写入编程操作,每次写入的字节数限制在一页内,写操作前必须进行页、扇区或整体擦除。页大小通常是 256 字节,由若干页构成一个扇区,具有页操作 RAM 缓冲区,速度较快。SPI 接口的串行闪速存储器,多为大容量、低功耗、低电压供电器件,具有硬件/软件模式的数据保护机制,8 引脚封装,引脚与同规格的 SPIE^2PROM 器件兼容,其型号多以 25F 开头。

需要注意的是,对 SPI 接口的串行闪速存储器进行写入编程操作或擦除操作前,必须进行写使能操作,每次写入或擦除操作后,SPI 接口的串行闪速存储器是自动禁止写操作的。Atmel 与 Saifun 等厂商提供有这种型号的产品。

SPI 接口的串行 Flash 应用广泛,包括个人计算机添加卡、图形卡和网络接口卡等。SPI 接口的串行 Flash 也被许多卡驱动器制造厂商用来代替标准并行 FLASH,通过减少 AS1C 的引脚数以降低整体的成本。

3. 铁电存储器 FRAM

1)铁电存储技术

铁电晶体存储器 FRAM(FerroelectricRAM)是 Ramtron 开发并推出的高速非易失性存储器。其原理是基于铁电晶体的铁电效应现象,即在铁电晶体上施加一定的电场时,晶体中心原子在电场的作用下运动,并达到一种稳定状态;在电场从晶体移走后,中心原子会保持在原来的位置。铁电效应是铁电晶体所固有的一种偏振极化特性,与电磁作用无关。

FRAM 存储器的特点是速度快,具有 RAM 和 ROM 优点,读/写速度快,功耗极低,可以像非易失性存储器一样使用,不存在如 E^2PROM 的最大写入次数的问题,但是 FRAM 存储器访问(主要是读操作)次数是有限的,超出限度,FRAM 存储器就不再具有非易失性。给出的最大访问次数是 100 亿次,但是并不是说在超过这个次数之后,FRAM 就会报废,而是它仅仅没有了非易失性,但它仍可像普通 RAM 一样使用。

2)FRAM 存储器的读/写操作

FRAM 存储器的存储单元主要是由电容和场效应管构成的。FRAM 存储器保存数据不是通过电容上的电荷，而是由存储单元电容中铁电晶体的中心原子位置进行记录。

FRAM存储器的读操作过程：在存储单元电容上施加一已知电场（即对电容充电），如果原来晶体中心原子的位置与所施加的电场方向使中心原子要达到的位置相同，中心原子不会移动；若相反，则中心原子将越过晶体中间层的高能阶到达另一位置，在充电波形上就会出现一个尖峰，即产生原子移动的比没有产生移动的多了一个尖峰。把这个充电波形同参考位（确定且已知）的充电波形进行比较，便可以判断检测的存储单元中的内容是“1”或“0”。对存储单元进行读操作时，数据位状态可能改变而参考位则不会改变。由于读操作可能导致存储单元状态的改变，需要电路自动恢复其内容，所以每个读操作后面还伴随一个预充过程来对数据位恢复，而参考位则不用恢复。晶体原子状态的切换时间小于1ns，读操作的时间小于70ns，加上预充时间60ns，一个完整的读操作时间约为130ns。

写操作和读操作十分类似，只要施加所要的方向的电场改变铁电晶体的状态就可以了，而无需进行恢复。但是，写操作仍要保留一个预充时间，所以总的时间与读操作相同。FRAM存储器的写操作与其他非易失性存储器的写操作相比，速度要快得多，而且功耗小。

3）FRAM存储器件及其应用

Ramtron的FRAM存储器主要包括两大类：串行FRAM存储器和并行FRAM存储器。串行FRAM存储器又分为I^2C接口的FM24xx系列、带实时时钟RTC的FM30XX/FM31xx系列和SPI接口的FM25xx系列。这些存储器与传统的24xx，25xx型的E^2PROM引脚与时序兼容，可以直接替换，而且没有页模式限制与擦除要求，存储器速度可达25MHz，I^2C接口类型的容量可达256Kb，SPI接口类型的容量可达4Mb。

并行FRAM存储器多是8位的并行存储器，速度可达95ns，容量可达128KB。并行FRAM存储器在封装上与相同规格的SRAM存储器和E^2PROM存储器引脚兼容，但由于并行FRAM存储器存在“预充”问题，在时序上与它们有所不同，所以读/写操作时要特别注意微处理与存储器的时序的对应统一。常用的8位并行FRAM存储器有8KB的FM1608，32KB的FM1808，128KB的FM2008，还有带实时时钟RTC的32KB的FM3808等。

FRAM存储器广泛地用于进行数据的采集与记录、存储配置参数、非易失性缓冲记忆、取代和扩展SRAM器件等方面。

4. 数据存储器RAM

常见的数据存储器RAM有静态数据存储器SRAM、双端口静态数据存储器DP_SRAM和动态数据存储器DRAM等，下面分别介绍。

1）静态数据存储器SRAM

静态数据存储器SRAM的基本存储单元是触发器。地址线与数据线分离，具有独立的写操作、输出使能、片选等控制逻辑。因此，相对于动态存储器DRAM，静态存储器SRAM的速度快，容量低，功耗大，不需要刷新，外围电路简单。

静态存储器SRAM主要有两种类型：同步SRAM和异步SRAM。同步SRAM速度较快，但需要搭配同步时钟电路。异步SRAM速度较慢，但外围电路简单，在嵌入式硬件体系中应用广泛。SRAM数据宽度一般有8/16/32位等不同类型，容量各有不同，其速度在8～200ns，有很多低功耗、低电源要求的器件。

2)双端口静态数据存储器 DPSRAM

双端口静态数据存储器 DPSRAM,具有两套完全独立的数据线、地址线和读/写操作控制线等的接口结构,广泛应用于多 CPU 之间、不同系统之间或主从系统之间的数据共享处理中。

DPSRAM 数据存储器,允许与其相连的两个 CPU 同时对其不同的地址单元进行读或写操作,两个端口在访问同一个地址单元时存在严重的矛盾冲突,可通过如下 3 种仲裁机制解决冲突。

(1)忙判断机制:根据双方 CPU 片选信号与地址信号产生的微小时间差异,允许一方进入操作,并通过硬件向另一方发出忙指示,直到忙指示解除。

(2)信号机制:在存储器单元存放约定读或写操作的状态信号,通过这些状态信号,解决操作相同地址单元时产生的冲突。

(3)中断机制:一方 CPU 写完存储单元后,通过信箱方式向另一方发出中断信号,另一方收到中断信号后,作相应的存储器读或写操作,之后读信箱,解除中断信号。

上述 3 种仲裁方法中,前两种方法是通过查询方式实现的,相对繁琐一些,中断判断机制则比较简便迅速,应用较广。

常用的 DPSRAM 数据存储器,多是 8/16 位的并行存储器,速度在 8～100ns 之间,有 1.8V,2.5V,3V,3.3V,5V 等电压等级。主/从 DPSRAM 数据存储器通过级联,还可以得到更多位数的总线宽度。IDT,Cypress 等公司提供有各种类型的 DP_SRAM 数据存储器。IDT 的典型 DPSRAM 数据存储器有 IDT7030(1K×8 位),IDT7025(8K×16 位)和 IDT70V3569(16K×36 位)等。Cypress 的 DPSRAM 数据存储器速度快、容量大,功耗低,主要型号有 CY7C024(4K×16 位)和 CY7C057V(32K×36 位)等。

3)动态数据存储器 DRAM

动态数据存储器 DRAM 是利用其内部电容器的充电或放电来记忆"1"或"0"信息的。由于电容器上电荷的易失特点,DRAM 必须周期性地进行充电,这个过程称为"刷新"。相对于静态数据存储器 SRAM,DRAM 存储器速度较慢,需要刷新电路,但容量很大。

DRAM 存储器有常规动态数据存储器、扩展数据输出数据存储器、同步动态数据存储器和双数据速率同步动态数据存储器等几种类型,其中后两种存储器应用非常广泛。

DRAM 存储器在嵌入式系统中,特别是在个人数字 PDA、智能手机等便携式产品中应用最多,其工作时钟频率在 50～200kHz 之间,多是 3.3V 等低电源供应的低功耗器件,具有自动刷新功能。常用的动态存储器有 Hynix 的 32M×8 位的 HY57V56820,Samsung 的 1M×16 位的 K4S641632F 以及华微电子的 4M×16 位的 HWD52L1664 等器件系列。

4)非易失性数据存储器 NVRAM

非易失性数据存储器 NVRAM 在正常工作时可以像 RAM 一样使用,在存储器断电后仍能保持存储的数据不丢失。NVRAM 存储器广泛用于系统配置数据、运算参数等方面的应用。

NVRAM 存储器的最基本结构形式是"SRAM 存储器+备用锂电池",即用电池提供存储器的数据不丢失保存,而在正常工作时则仍通过系统电源保存数据。NVRAM 存储器速度快,容量小,功耗低,体积较大,以 5V 电源供应为主。

常见的 NVRAM 存储器有 HK12 系列存储器，如 32K×8 位的 HK1235，1M×8 位的 HK1275 等，它们与常规 SRAM 管脚完全兼容，存取速度为 55ns，70ns，在无外部供电情况下，10 年数据不丢失，单 5V 供电，功耗小于 5mW，静态电流小于 20μA。OKS 系列存储器如 32K×8 位的 OKS1235，1M×8 位的 OKS1275 等，采用双列直插标准封装，引脚排列与同容量的 SRAM 完全相同，读写速度有 55ns，70ns，120ns 可选，具有硬件保护锁。此外，还有 ST 与 Maxim-Dallas 的零功耗 NVRAM 系列、带实时时钟的 NVRAM 系列等。

上述传统结构形式的 NVRAM 存储器，体积大，价格高，在嵌入式硬件体系设计中，这类存储器可以作为 E^2PROM、Flash、铁电存储器等存储器之外，根据不同需求作为备用方案提供。

7.2.2 存储器选择

1. 注意问题与网站资源

对于嵌入式系统，主要从易失性、可在线写否、容量、速度、功耗、可靠性、价格等方面来评价和选择存储器。在选择嵌入式系统的存储器时，应注意以下问题：

(1)尽量使用微处理器片内存储单元，如 ROM，RAM，Flash 等。

(2)嵌入式系统体积有限，尽量用一片或几片高密度存储器，不使用内存条方式组合。

(3)存储器平均功耗应尽可能小。

(4)存储器大小要与微处理器外部地址总线相匹配。若超出地址寻址范围，则需要用其他 I/O 线代替，并解决好读写操作时序问题。

(5)使启动代码位于片内或扩充的 ROM 或 Flash 中。

有很多半导体存储器件厂商和开发设计公司在其网站上都列有详细的存储器件选择及其应用设计网页，参考查阅这些网页，对系统存储器件的扩展设计有很大的帮助。下面列出了部分网站地址，以供参考学习。

http://www. samsung. com/us/Products/Semiconductor：三星电子(南韩)

http://www. toshiba. com. cn/：东芝(日本)

http://sharp-world. corn/products/device-china/：厦普(日本)

http://www. epson. com. cn/：艾普生(日本)

http://www. Maxim-ic. com. cn/：Maxim(美国)

http://www. stmicroelectronics. com. cn/：意法半导体(美国)

http://www. cypress. com/portal/server. pt：赛普拉斯(美国)

http://www. microchip. com/：Microchip(美国)

http://www. intel. com/：Intel(美国)

http://www. atmel. com/cn/：爱特梅尔 Atmel

http://www. infineon. com/cn：/英飞凌

http://www. ramtron. com. cn/：Ramtron

http://www. saifun. cn/：赛芬

http://hscs. hynix. com/hscs/index. jsp：Hynix

http://www. hknvram. com/gongsijianjie. htm：美新宏控

http://www. laogu. com：老古开发网

http://www.epc.com.cn/:今日电子

http://www.21ic.com21IC:中国电子网

http://www.ec66.com/:中国电子技术信息网

http://www.icbase.com:武汉力源

http://www.b2bic.com/:电子咨询网技术专栏

2.存储器件的选择与使用

为系统选择合适的存储器,除了要考虑IC芯片的常规问题如功耗、电源供应、温度、湿度等要求,还应注重以下因素:

1)存储器的类型

存储器设计时首先要考虑硬件体系要什么样的存储器,是并行的还是串行的,是数据存储器还是程序存储器,要不要做到非易失性存储等。确定采用并行存储器时,还需要进一步确定存储器的数据位宽度是8/16/32位。确定采用串行存储器时,还需要进一步确定是采用SE^{2}PROM类型的存储器还是采用Flash类型的存储器,是采用I^{2}C接口形式还是采用SPI接口形式。确定采用数据存储器时,还需要进一步确定,是采用SRAM存储器、SDRAM存储器还是DPSRAM存储器。确定采用程序存储器时,还需要进一步确定是采用E^{2}PROM类型的存储器还是Flash类型的存储器。确定进行非易失性存储时,还需要进一步确定是采用内含锂电的SRAM存储器、FLASH存储器还是铁电FRAM存储器。

2)存储器的速度

主要是针对并行存储器,考虑的重点问题是系统CPU的速度与所选用的存储器的速度匹配问题。系统CPU慢,存储器快,此时不需考虑速度匹配;反之,则需要在系统CPU与存储器之间设置硬件等待状态发生器电路或使用系统微控制器内部的软件等待状态发生器。对于I^{2}C或SPI接口的串行存储器,其速度是相应接口规范明确规定的,需要采取适当处理措施使系统CPU与之适配。现代很多微控制器片内集成有相应接口的外设,两者的接口直接相连即可。

3)存储器的容量

选择存储器的容量时,首先要明确所设计的系统需多大容量的存储器和存储器的接口类型,然后再去选择相应容量的存储器,并注意存储器所给容量的单位。

4)存储器的接口

要根据微控制器具有的接口类型选择相应的存储器,如明确外部存储器接口EMIF、SPI接口、I^{2}C接口等,并明确还需要I/O口数量,接口逻辑电平匹配,驱动电路设计等问题。

5)存储器的使用寿命

这是进行非易失性数据存储时要重点考虑的因素,E^{2}PROM存储器寿命在1～10万次之间,FLASH存储器在5～100万次之间,铁电FRAM存储器在10～100亿次之间。

6)存储器存取访问的易用性

选择存取访问易用性好的存储器构成硬件体系,更有利于后期的软件设计工作。所谓存取访问易用性好,就是希望所选择的存储器读/写操作随机性强,不受操作长度、位置等限制。

7)存储器的成本

存储器的成本也是进行存储器选择时需要着重考虑的因素。存储器的位宽、容量等都是影响存储器成本的重要因素。

3. 存储器的扩展设计

1)数据位扩展

对并行存储器而言,两个 8 位的并行存储器进行数据位扩展,可以得到 16 位的数椐位宽,可连接 16 位数据总线宽度的控制器。2 个 16 位的并行存储器或 4 个 8 位的并行存储器进行数据位扩展,可以得到 32 位的数据总线宽度,连接 32 位数据总线宽度的控制器。

高数据位数的控制器扩展低数据位数的存储器,使二者的数据总线保持低端对齐即可。存储器与系统微控制器之间的读输出、写操作、使能、片选、状态等控制总线信号与地址总线信号可以直接相连。对于地址线与数据线复用的控制器,还需要地址锁存器如 8 位的 74HC573,16 位的 74HC17573 等电路配合使用。

图 7-4 中,以 32 位浮点 DSP 器件 TMS320C671x 为核心微控制器构成的数据采集控制系统中,进行数据位扩展,采用 2 片 16 位高速并行 SRAM 存储器 CY7C1061AV 构成了 TMS320C671x 的数据存储器,采用 2 片 16 位并行 FLASH 存储器 AT29C1024 构成了 TMS320C671x 的程序存储器。

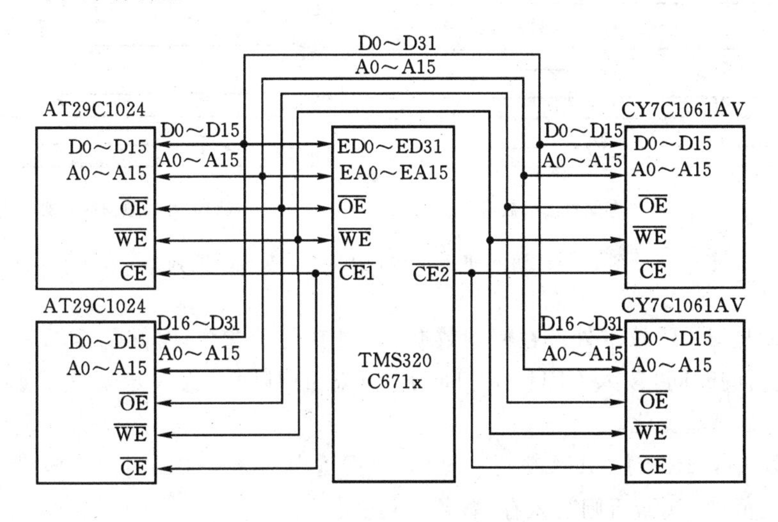

图 7-4　TMS320C671x 的程序存储器与数据存储器的扩展示意图

2)存储空间扩展

系统存储空间的扩展主要用于不同类型的并行存储器的扩展或总线结构的串行存储器的扩展。并行存储器与 SPI 接口的串行存储器的存储空间扩展,系统微控制器通过其通用 I/O 端口对不同的存储器进行选通。如 TMS320C671x 就有 4 个片选信号线$\overline{CE1}$～$\overline{CE4}$专门用于外部存储器空间的扩展。在系统微控制器的 1-Wire,I^2C,CAN,EMAC,485,M-Bus 等串行总线上进行存储空间扩展时,无需占用过多的微控制器通用 I/O 端口,只要按照总线信号类型和信号传输方向相连即可,对总线上不同存储器的识别,是软件遵循相应总线协议进行寻址编程实现的。

7.3　嵌入式存储器应用设计

7.3.1　存储器工作时序

存储器有 ROM,RAM 之分,种类有几百种,读写的时序各不相同,因此要仔细阅读相关芯片的时序操作图和微处理器指令时序图。只有把两者联系起来,才有可能进行正确的读写操作。

各种存储器需要的读/写时间差别很大,快的 5ns 可读/写一个字节数据,慢的需要 200ns,甚至 1μs。CPU 应对诸如地址建立时间、地址锁存时间、数据写入时间、数据读出时间等动态参数进行必要的编程以达到适应各种芯片接口的目的。对于地址总线与数据总线复用的必须选用地址锁存器,对先输出的低 8 位或低 16 位地址进行锁存,再读写数据。

图 7-5 是 MCS51 单片机进行数据访问时的时序图,其中控制信号一般都是在微处理器指令作用下发挥作用的。如 ALE 用于地址/数据复用时的地址锁存控制,$\overline{\text{PSEN}}$表示微处理器是与程序存储进行读写,$\overline{\text{RD}}$,$\overline{\text{WR}}$是与片外 RAM 进行读写的信号。

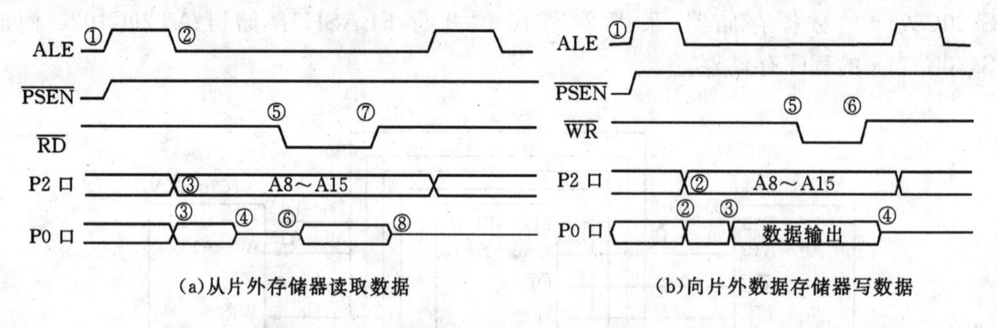

(a)从片外存储器读取数据　　(b)向片外数据存储器写数据

图 7-5　访问外部 RAM 的时序(MCS51 系列)

图 7-5(a)中,CPU 读取外部存储器数据,CPU 执行读指令,时间①至⑦一定要小于存储器从准备到读出的时间,读入 CPU 的时间为③至⑧的时间。⑧一定要比⑦迟后结束,否则 CPU 读入的数据可能变化。

图 7-5(b)中,CPU 对 RAM 执行写操作,数据输出为③至④的时间。该段时间一定要大于$\overline{\text{WR}}$的有效时间⑤至⑥,否则写入存储器是不稳定的。

7.3.2　存储器系统设计

在嵌入式应用系统中,通常使用 3 种存储器接口电路,即 Nor Flash 接口、Nand Flash 接口和 SDRAM 接口电路。引导程序既可存储在 Nor Flash 中,也可存储在 Nand Flash 中。而 SDRAM 中存储的是执行中的程序和产生的数据。存储在 Nor Flash 中的程序可直接执行,与在 SDRAM 执行相比速度较慢。存储在 Nand Flash 中的程序,需要先复制到 RAM 中再去执行。

1.8 位存储器接口设计

以 ARM 架构处理器为例,由于 ARM 微处理器的体系结构支持 8 位/16 位/32 位的存储器系统，相应地可以构建 8 位的存储器系统、16 位的存储器系统或 32 位的存储器系统。在采用 8 位存储器构成 8 位/16 位/32 位存储器系统时，除数据总线的连接不同之处，其他的信号线的连接方法基本相同。

1)构建 8 位的存储器系统

采用 8 位存储器构成 8 位的存储器系统如图 7-6 所示。此时，在初始化程序中还必须通过 BWSCON 寄存器中的 DWn 设置为 00，选择 8 位的总线方式。

(1)存储器的读使能端接 S3C2410X 的 nOE 引脚。

(2)存储器的写使能端接 S3C2410X 的 nWE 引脚。

(3)存储器的片选端接 S3C2410X 的 nGCSn 引脚。

(4)存储器的地址总线[A15～A0]与 S3C2410X 的地址总线[ADDR15～ADDR0]相连。

(5)存储器的 8 位数据总线[DQ7～DQ0]与 S3C2410X 的数据总线[DATA7～DATA0]相连。

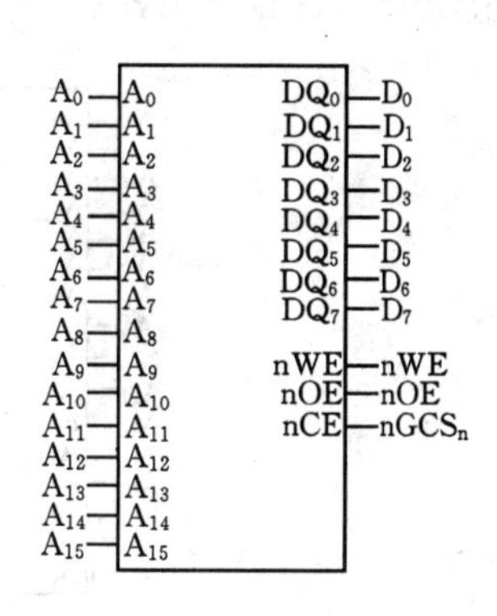

图 7-6 8 位存储器系统

2)构建 16 位的存储器系统

采用两片 8 位存储器芯片以并联方式可构成 16 位的存储器系统，如图 7-7 所示。此时，在初始化程序中将 BWSCON 寄存器中的 DWn 设置为 01，选择 16 位的总线方式。

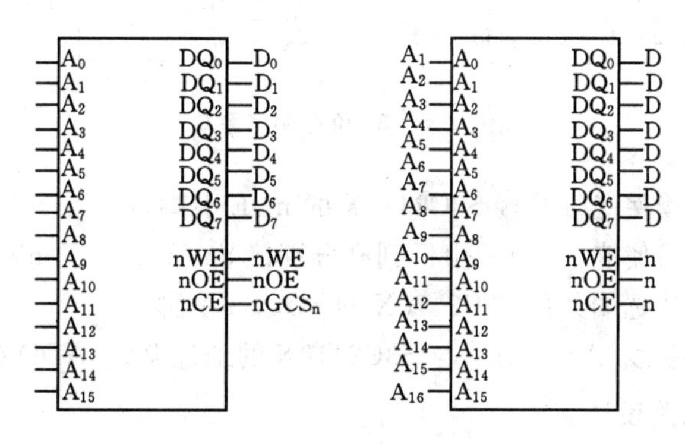

图 7-7 16 位存储器系统

(1)存储器的两个读使能端共接 S3C2410X 的 nOE 引脚。

(2)低 8 位的存储器的写使能端接 S3C2410X 的 nWBE0 引脚，高 8 位的存储器的写使能端接 S3C2410X 的 nWBE1 引脚。

(3)存储器的片选端接 S3C2410X 的 nGCS0 引脚。

(4)存储器的地址总线[A15～A0]与 S3C2410X 的地址总线[ADDR16～ADDR1]相连。

(5)低 8 位的存储器的数据总线[DQ7～DQ0]与 S3C2410X 的数据总线[DATA7～DATA0]相连，高 8 位的存储器的数据总线[DQ7～DQ0]与 S3C2410X 的数据总线[DATA15～DATA8]相连。

3)构建 32 位的存储器系统

采用四片 8 位存储器芯片以并联方式可构成 32 位的存储器系统,如图 7-8 所示。此时.在初始化程序中将 BWSCON 寄存器中的 DWn 设置为 10,选择 32 位的总线方式。

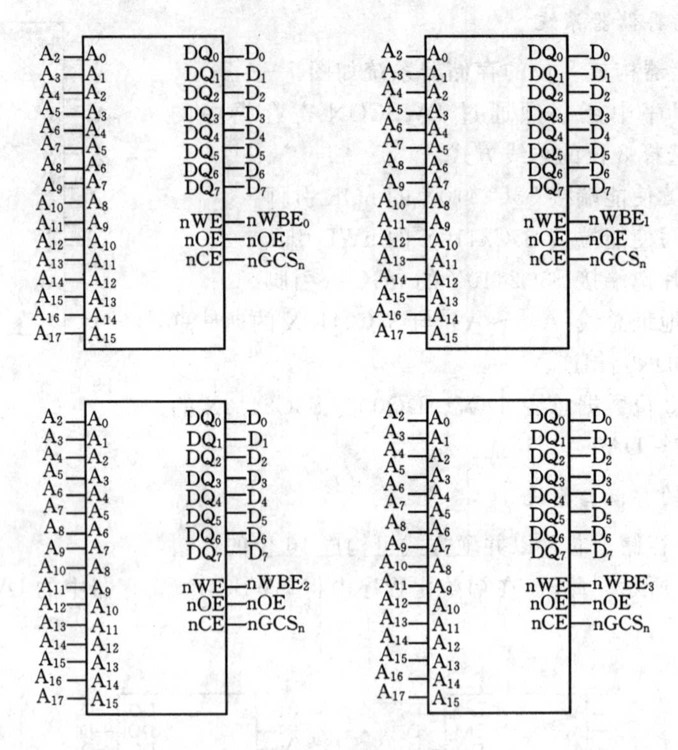

图 7-8 32 位存储器系统

(1)存储器的 4 个读使能端共接 S3C2410X 的 nOE 引脚。

(2)四个存储器的写使能端 nWE 由低到高分别接 S3C2410X 的 nWBE0~ nWBE3 引脚。

(3)存储器的 4 个片选端共接 S3C2410X 的 nGCSn 引脚。

(4)存储器的地址总线[A15~A0]与 S3C2410X 的地址总线[ADDR17~ADDR2]相连。

2. SDRAM 接口电路设计

在 ARM 嵌入式应用系统中,SDRAM 主要用于程序的运行、数据及堆栈区。当系统启动时,CPU 首先从复位地址 0x0 处读取启动程序代码,完成系统的初始化后,为提高系统的运行的速度,程序代码通常装入到 SDRAM 中运行。在 S3C2410X 片内具有独立的 SDRAM 刷新控制逻辑电路,可方便地与 SDRAM 接口。常用的 SDRAM 芯片有 8 位和 16 位的数据宽度、工作电压一般为 3.3V。下面以 K4S561632C-TC75 为例说明它与 S3C2410X 的接口方法,构成 16M×32 位的存储系统。

K4S561632C-TC75 存储器是 4 组×4M×16 位的动态存储器,工作电压为 3.3V,其封装形式为 54 脚 TSOP,兼容 LVTTL 接口,数据宽度为 16 位,支持自动刷新(Auto-Refresh)和自刷新(Self-Refresh)。其引脚如图 7-9 所示,引脚功能如表 7-1 所示。采用两片存储器芯片可组成 16M×32 位 SDRAM 存储器系统,其片选信号 CS 接 S3C2410X 的 nGCS6 引脚,具体连线如图 7-10 所示。

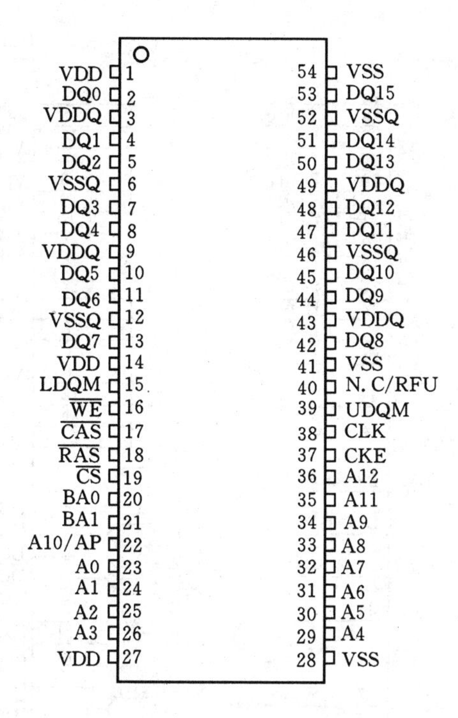

图7-9 K4S561632C-TC75引脚图

表7-1 K4S561632C-TC75引脚功能表

引脚	名称	说明
CLK	时钟	时钟输入
CKE	时钟使能	片内时钟信号使能
/CS	片选	为低电平时芯片才能工作
BA0、BA1	组地址选择	用于片内4个组选择
A12～A0	地址总线	为行、列的地址线
/RAS	行地址锁存	低电平时锁存行地址
/CAS	列地址锁存	低电平时锁存列地址
/WE	写使能	使能写信号和允许列改写，WE * 和 CAS * 有效时锁存数据
LDQM、UDQM	数据I/O屏蔽	在读模式下控制输出缓冲，写模式下屏蔽输入数据
DQ15～DQ0	数据总线	数据输入/输出引脚
VDDQ/ VSSQ	电源/地	内部电源及输入缓冲电源/地
VDD/ VSS	电源/地	输出缓冲电源/地
NC	空	空引脚

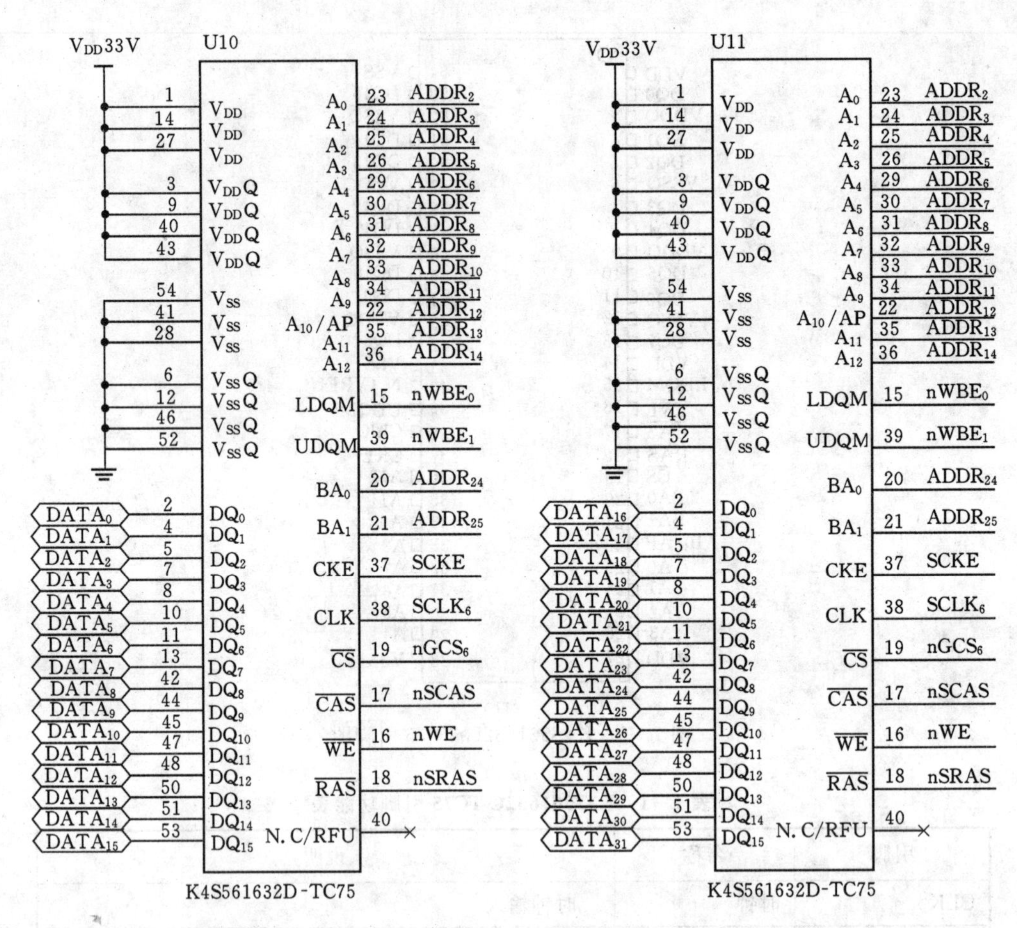

图 7-10　K4S561632C-TC75 组成的 32 位 SDRAM 存储器系统

3. Flash 接口电路的设计

Flash 闪存是非易失存储器，可以对存储器块单元进行擦写和再编程。目前所用的 Flash 芯片主要有 Nor Flash 和 Nand Flash 两种，这两种 Flash 芯片在某些方面存在一定的差异。如 Nand 器件执行擦除操作简单，而 Nor 则要求在进行写入前先将目标模块内所有的位都写为 0；Nor 的读速度比 Nand 稍快一些；Nand 的写入速度比 Nor 快很多，Nand 需 4ms 擦除，而 Nor 需要 5s 擦除。Nand Flash 的单元尺寸几乎是 Nor 器件的一半，由于生成过程更为简单，其价格低。在 Nand 闪存中每个块的最大擦写次数是一百万次，而 Nor 的擦写次数是十万次。

Nor 具有 XIP(eXecute In Place，芯片内执行)特性，应用程序可以直接在 Flash 闪存内运行，不必再把代码读到系统 ARM 中。Nor 的传输效率很高，在 1～4MB 的小容量时具有很高的成本效益，但是很低的写入和擦除速度大大影响了它的性能。Nand 结构能提供极高的单元密度，可以达到高存储密度，并且写入和擦除的速度也很快。在接口方面，Nor Flash 和 Nand Flash 也存在着差别：Nor Flash 带有 SRAM 接口，Nand 器件使用复杂的 I/O 接口来串行存取数据。

1)Nor Flash 与 S3C2410X 微处理器接口的设计

SST39LF/VF160 是 1M×16 位的 CMOS 芯片，LF160 工作电压为 3.0～3.6V，VF160

工作电压为 2.7～3.6V，采用 48 脚 TSOP 封装或 TFBGA 封装，16 位数据宽度，以字模式(16 位数据宽度)的方式工作。在系统编程和编程操作电压 3.3V，通过命令可以对芯片进行编程、擦除等操作。

这里给出了一个 SST39VF160 与 S3C2410X 微处理器的连线实例，构成了一个 1M×16 位的存储器系统。SST39VF160 的 $\overline{OE}$ 与 S3C2410X 的 nOE 相连；$\overline{WE}$ 与 S3C2410X 的 new 相连；地址总线[A19～A0]与 S3C2410X 的地址总线[ADDR20～ADDR1]相连(注意，因为是 16 位的存储器系统，半字对齐，所以 S3C2410X 的 A0 不用连线)；16 位的数据总线[DQ15～DQ0]与 S3C2410X 的低 16 位数据总线[XDATA15～XDATA0]相连，如图 7-11 所示。芯片引脚功能如表 7-2 所示。

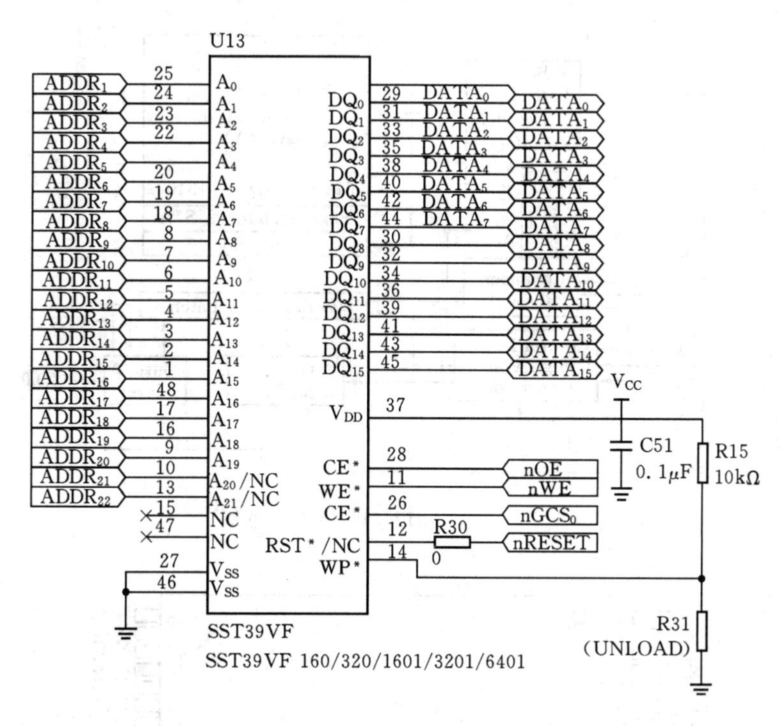

图 7-11　SST39VF160 存储器系统电路图

表 7-2　SST39LF/VF160 引脚功能表

引脚	名称	说明
$\overline{CE}$	片选	低电平时芯片工作
$\overline{OE}$	输出使能	用于片内 4 个组选择
A_{19}～A_0	地址总线	地址线
$\overline{WE}$	写使能	使能写信号和允许列改写
DQ_{15}～DQ_0	数据总线	数据线
V_{DD}	电源	3.3V 电源
V_{SS}	地	地
NC	空	空引脚

2)Nand Flash 与 S3C2410X 微处理器接口电路设计

Nand Flash 相对于 Nor Flash 接口复杂得多,但对于 S3C2410X 微处理器提供了 Nand Flash 的接口,使其在嵌入式应用系统中的接口大大简便。下面介绍一种 Nand 型存储器 K9F1208U0M－YCB0/YIB0 与 S3C2410X 微处理器接口。

K9F1208U0M 存储器是 64M×8 位的 Nand Flash 存储器,它只有 8 根数据线,没有专门的地址线,主要通过不同的控制线和发送不同的命令来实现不同的操作,按页方式进行读/写操作。工作电压为 2.7～3.6V,48 脚 TSOP 封装,系统的编程和擦除电压仅需 3.3V,其内部结构框图和引脚分布如图 7－12 和图 7－13 所示,引脚功能如表 7－3 所示。

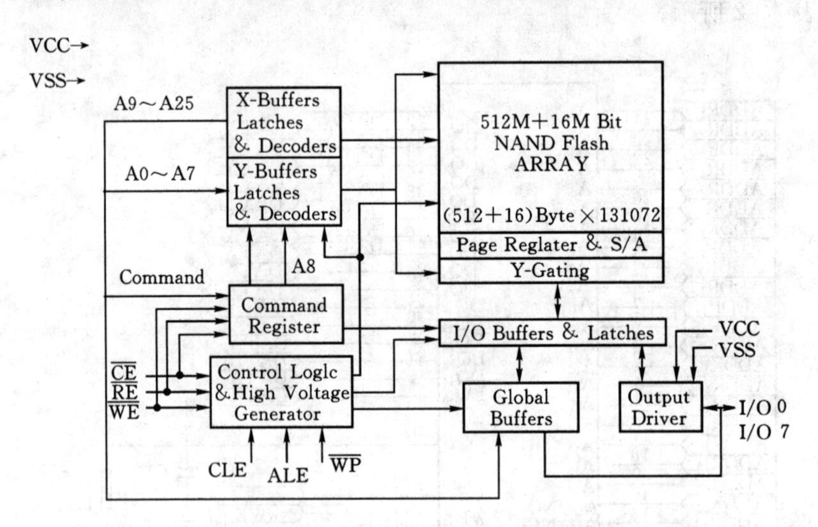

图 7－12 K9F1208U0M 芯片框图

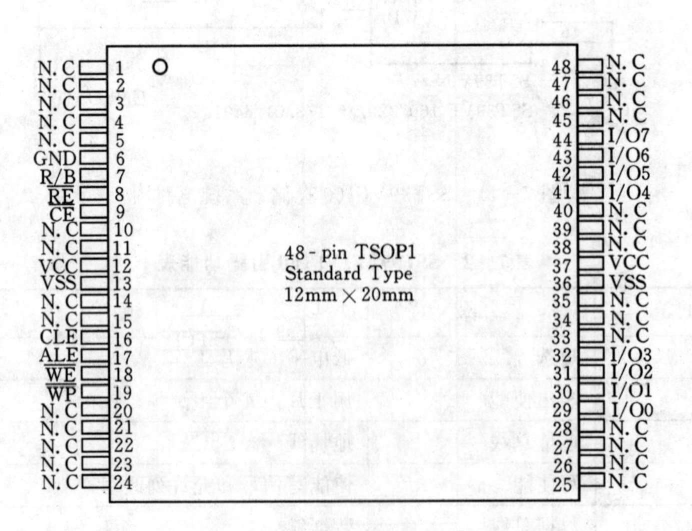

图 7－13 K9F1208U0M 芯片管脚图

表 7－3　U-K9F1208U0M 引脚功能表

引脚	名称	功能
CLE	命令锁存信号	指示输入数据为命令。当该管脚为高电平时，在$\overline{WE}$信号的上升沿时输入的数据为命令数据
ALE	地址所存信号	指示输入数据为地址。该管脚为高电平时，在$\overline{WE}$信号的上升沿时输入的数据为地址数据
$\overline{CE}$	片选信号	芯片选择管脚。当该管脚为低电平时，选通芯片，否则芯片不工作
$\overline{RE}$	读有效信号	指示读操作。当该管脚为低电平时，对芯片进行读操作
$\overline{WE}$	写使能信号	指示写操作。当该管脚为低电平时，对芯片进行写操作
I/O0～I/O7	数据 IO 信号	芯片的数据线，用这些数据线来完成地址、命令和内容等数据的传输，未选通时呈高阻状态
$\overline{WP}$	写保护信号	当该管脚为低电平时，写保护起作用
R/B	就绪/忙信号	准备好或者忙管脚，用来表示 Flash 芯片是否准备好
Vcc	正电源	电源管脚
GND	地	接地管脚

由图 7－12 可以看出，K9F1208U0M 主要由控制逻辑单元、缓存和译码单元、NAND FLASH 存储阵列，以及输出驱动几个部分组成。

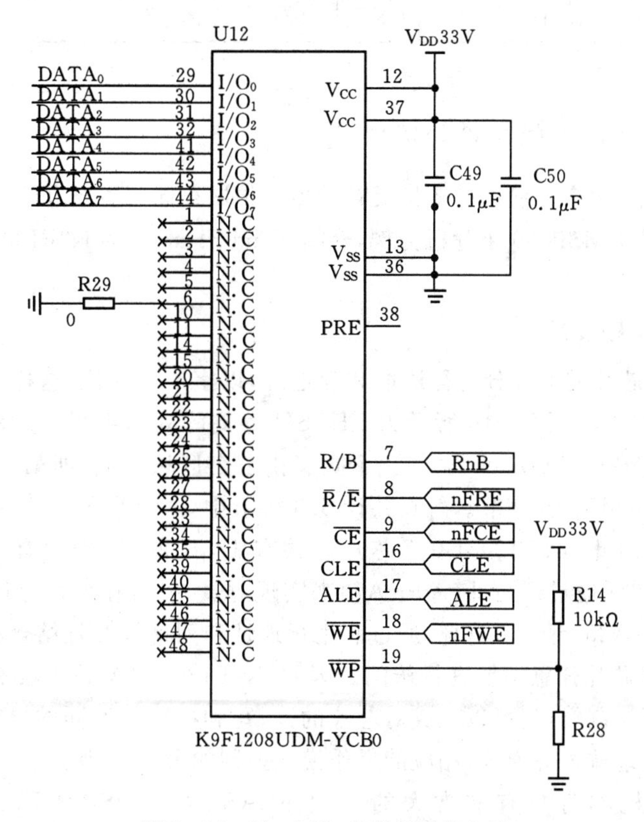

图 7－14　Nand Flash 存储系统电路

K9F1208U0M 与 S3C2410X 微处理器接口如图 7－14 所示，K9F1208U0M 的 ALE 和

CLE 引脚分别与 S3C2410X 的 ALE 和 CLE 引脚相连，K9F1208U0M 的 $\overline{WE}$，$\overline{RE}$，$\overline{CE}$和 R/B 引脚分别与 S3C2410X 的 Nfwe，Nfre，CLE 和 R/nB 引脚相连，K9F1208U0M 的数据输入线[IO7～IO0]分别与 S3C2410X 的[DATA7～DATA0]引脚相连，其操作模式如表 7－4 所示。

表 7－4　K9F1208U0M 芯片的模式选择

CLE	ALE	$\overline{CE}$	$\overline{WE}$	$\overline{RE}$	$\overline{WP}$	方式	
H	L	L	↑	H	×	读模式	命令输入
L	H	L	↑	H	×		地址输入
H	L	L	↑	H	H	写模式	命令输入
L	H	L	↑	H	H		地址输入
L	L	L	↑	H	H	数据输入	
L	L	L	H	↓	×	连续读数据或数据输出	
L	L	L	H	H	×	读期间(忙)	
×	×	×	×	×	H	编程期间(忙)	
×	×	×	×	×	H	擦除期间(忙)	
×	×	×	×	×	L	写保护	
×	×	H	×	×	0/Vcc	不工作	

7.3.3　Nand Flash 接口设计实例

在单片机应用中，很多时候都需要扩展存储器。扩展存储器主要有两个用途：作为程序空间；存储数据。本节以 MSP430 单片机为例，介绍 Nand Flash 型的 K9F1208U0M 存储器的扩展应用。

1. 存储器硬件电路设计

K9F1208U0M 芯片的地址分为行地址和列地址，以字节为单位，这样芯片的存储阵列可以看成一个三维模型。如图 7－15 所示为 FLASH 存储阵列的组织形式示意图。芯片由页(Page)组成，32 页组成一块(Block)。每一个页又由三个区域组成，即第一半区 256 字节、第二半区 256 字节和备用区 16 字节。每页共计 528 字节中，两个半区用于存放数据，备用区用于存放备注信息。因此，K9F1208U0M 芯片总共有 128K 的页，也即有 4096 个块，66MB，528Mb。这些存储单元通过列地址(A0～A7)来实现对页寻址，在地址寻址时 A8 将被忽略，行地址则通过(A9～A25)寻址。这样，通过利用行地址和列地址并且结合相应的命令就能实现对 K9F1208U0M 芯片任意地址进行访问。因此，K9F1208U0M 芯片虽然只有 8 根数据总线，通过芯片的多根控制线，就可以完成对芯片的读、写和擦除等不同的操作，完成写模式、读模式、命令模式和地址输入等模式，相应的操作模式控制如表 7－4 所示。

MSP430 单片机本身具有非常大的片内 FLASH（如 MSP430F149 有 64K 的片内 FLASH)，因此不需要扩展程序空间，这里仅用前述的 K9F1208U0M 型 Nand Flash 作为单片机的数据存储。

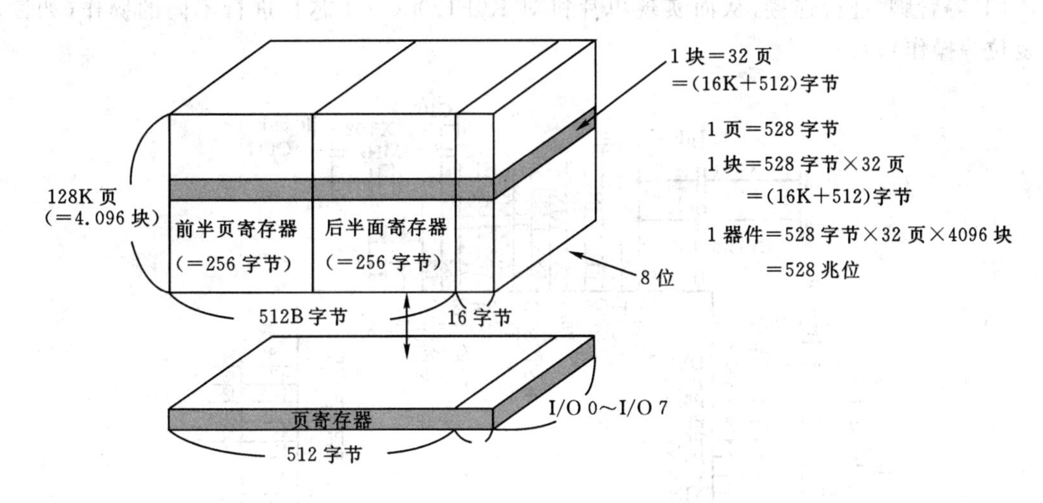

图7-15　FLASH存储阵列的组织形式示意图

由于MSP430单片机没有数据总线和地址总线，因此只能利用MSP430单片机的一般I/O接口来模拟总线。由于MSP430单片机能通过端口的方向寄存器来设置端口的输入/输出方向，因此能很好地实现总线的数据读/写功能。此外，还需要使用MSP430单片机的一般I/O接口与K9F1208U0M芯片的相应控制线接口，完成相应的控制功能。单片机通过一般I/O管脚来模拟数据总线，从而实现与存储器的接口，接口电路如图7-16和图7-17所示。

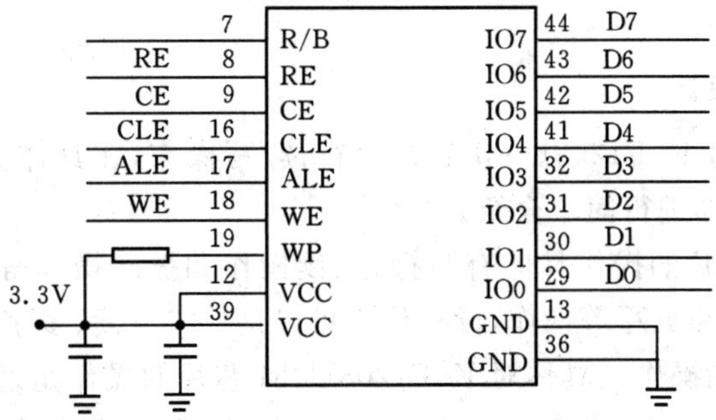

图7-16　K9F1208U0M芯片的接口电路图

从图7-16、图7-17可以看出，MSP430单片机与K9F1208U0M芯片的接口非常简单。在上面电路设计中，R/B管脚没有使用，该管脚主要判断数据是否准备好，如果准备好，则该管脚输出一个低电平。在实际处理中也可以将该管脚与MSP430的中断I/O接口连接，采用硬件方式进行判断是否准备好。由于WP管脚是输入管脚，并且低电平有效，因此为了使NAND FLASH始终可以进行读/写，将该管脚通过一个电阻上拉接高电平。在实际设计时，也可以与单片机的一般I/O接口连接，通过单片机来动态控制是否写保护。

单片机的电路非常简单。单片机的P5接口与K9F1208U0M芯片的数据线进行连接，从而实现数据的读/写。单片机的P4接口的某些管脚与K9F1208U0M芯片的控制管脚(如

RE,CLE 等管脚)进行连接,从而实现单片机对 K9F1208U0M 芯片进行不同的操作(如读、写、复位等操作)。

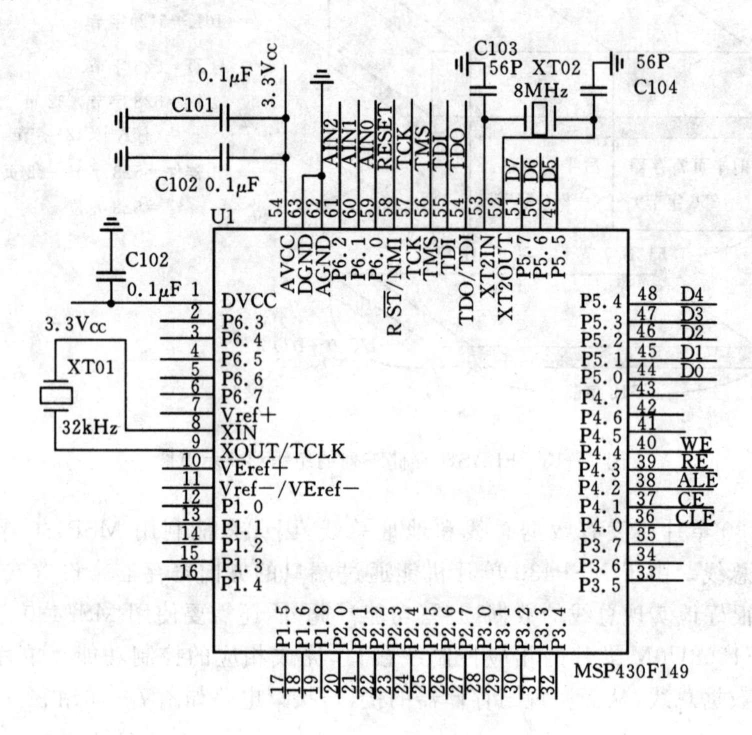

图 7-17　单片机电路图

2. 存储器操作软件设计

系统的软件主要是对 K9F1208U0M 芯片进行读/写操作,在具体介绍程序之前,首先对 K9F1208U0M 芯片的操作进行简单介绍。

对 K9F1208U0M 芯片的操作具体有写操作、读操作和擦除操作等操作。其中写操作可以是单字节写、多字节写和页写等操作,读操作也可以是单字节读、多字节读和页读等操作,对于擦除操作只能是块擦除操作。具体对 K9F1208U0M 芯片的操作是通过向芯片发送不同的命令来实现不同的操作的。表 7-5 给出了 K9F1208U0M 芯片操作的全部命令集,除了表中列出的命令外,其余所有命令都是非法的。

表 7-5 中读命令 1 的 00 表示操作页的第一半区,01 表示操作页的第二半区。读命令 2 表示操作页的备注区。将通过表中列出来的这些命令和前面介绍的模式选择结合起来就可以完成相应的操作。通过以上的介绍,读者应该对 K9F1208U0M 芯片的操作有了基本的认识。

NAND 的操作程序主要包括基本操作程序、读操作程序、写操作程序和擦除操作程序 4 个部分,下面分别对每个部分进行详细介绍。

对 K9F1208U0M 的读操作必须严格按照该芯片的读时序进行操作,具体的读操作时序这里不给出,读者可以查看该芯片的数据手册。读操作可以按页进行读,也可以按字节进行读。下面介绍读操作的具体程序。

表 7-5　K9F1208U0M 芯片的操作命令

功能	第一周期	第二周期
读命令 1	00/01	
读命令 2	0x50	
读 ID 命令	0x90	
复位命令	0xff	
页写命令	0x80	0x10
多块编程命令	0x80	0x15
块擦除命令	0x60	0xd0
多块擦除命令	0x60…0x60	0xd0
读状态命令	0x70	
读多块状态命令	0x71	

1)控制线模拟程序

控制线的模拟程序主要在控制管脚(如 RE,WE 等)产生高电平或低电平,并且需要设置正确的输入输出方向,这里仅以 CLE 管脚为例给出设计程序。

```
void CLE_Enable(void)     { P4OUT| = BIT0;return  }    //产生高电平
void CLE_Disable(void)    { P4OUT& = ～(BIT0);return  }//产生低电平
```

2)读操作程序

```
void PageRead( int nCol, unsigned long nRow, char *pBuf )
{
    int    i, j;
    unsigned charnADD1, nADD2, nADD3;

    nADD1 = (unsigned char) ( ( nRow & 0x000000ff )>>0 );  //分解行 17 位行地址
    nADD2 = (unsigned char) ( ( nRow & 0x0000ff00 )>>8 );
    nADD3 = (unsigned char) ( ( nRow & 0x00010000)>>16 );
    CE_Enable();                  //片选使能
    P5DIR = 0xff;                 //设置 P5 口输出方向

    CLE_Enable();
    WE_Enable();P5OUT = 0x00;WE_Disable();    //输出读命令代码
    CLE_Disable();

    ALE_Enable();
    WE_Enable(); P5OUT = ( unsigned char )( nCol );WE_ Disable();  //发送列起始地址
    WE_Enable(); P5OUT = (unsigned char)(nADD1);WE_ Disable();    //发送行地址的第
                                                                    1 个字节
    WE_Enable(); P5OUT = (unsigned char)(nADD2);WE_ Disable();    //发送行地址的第
```

```
                                                                  2个字节
    WE_Enable(); P5OUT = (unsigned char)(nADD3);WE_ Disable();   //发送行地址的第
                                                                  2个字节
    ALE_ Disable();

    for( i = 100; i>0; i-- );              //延时等待R/B低电平
    P5DIR = 0;                             //P5口为输入口
    for( j = 0; j<528; j++ )
    {
        RE_Enable();
        pBuf[j] = P5IN;
        RE_Disable();
    }
    CE_Disable();
    return;
}
```

上面给出的是按页读的程序,为了增加处理的灵活性,读也可以按照字节进行读。与按页读不同的是,按字节读必须分别传送不同的读命令(0x00,0x01,x50)来指定操作的是第一半区还是第二半区或者是备注区。

```
char ReadByte( int nCommand, int nCol, unsigned long nRow )
{
    int  i;
    charchrLow = 0;
    unsigned charnADD1, nADD2, nADD3;
    nADD1 = (unsigned char) ( ( nRow )& 0xff );  //分解行17位行地址,无用位应为0
    nADD2 = (unsigned char) ( ( nRow>>8)& 0xff );
    nADD3 = (unsigned char) ( ( nRow>>16)& 0xff );
    CE_Enable();
    P5DIR = 0xff;    //设置P5口输出方向
    CLE_Enable();
    WE_Enable();P5OUT = ( unsigned char )( nCommand );WE_Disable();
    CLE_Disable();
    ALE_Enable();
    WE_Enable(); P5OUT = ( unsigned char )( nCol );WE_ Disable();for(i = 3;i>0;i--);
    WE_Enable(); P5OUT = (unsigned char)(nADD1);WE_ Disable();for(i = 3;i>0;i--);
    WE_Enable(); P5OUT = (unsigned char)(nADD2);WE_ Disable();for(i = 3;i>0;i--);
    WE_Enable(); P5OUT = (unsigned char)(nADD3);WE_ Disable();
    ALE_ Disable();
    for( i = 100; i>0; i-- );              //延时等待R/B低电平
```

```
    P5DIR = 0;                        //P5 口为输入口
    RE_Enable();chrLow = P5IN;RE_Disable();
    CE_Disable();
    return;
}
```

上面的程序是单字节读的操作，对上面的程序稍作修改，就可以实现多字节读的操作。

3)写操作程序

对 K9F1208U0M 的写操作必须严格按照该芯片的写时序进行操作，具体的写操作时序这里不给出，读者可以查看该芯片的数据手册。写操作可以按页进行写，也可以按字节进行写。下面介绍写操作的具体程序。

```
int PageWrite(int nCol,unsigned long nRow, char *pBuff)
{
    inti, j, nTemp = 0;
    unsigned charnADD1, nADD2, nADD3;
    nADD1 = (unsigned char) ( ( nRow & 0x000000ff )>>0 );  //分解行 17 位行地址
    nADD2 = (unsigned char) ( ( nRow & 0x0000ff00 )>>8 );
    nADD3 = (unsigned char) ( ( nRow & 0x00010000)>>16 );
    CE_Enable();
    P5DIR = 0xff;                                           //设置 P5 口输出方向
    CLE_Enable();WE_Enable();P5OUT = 0x80;WE_Disable();CLE_Disable();
    ALE_Enable();
    WE_Enable();P5OUT = ( unsigned char )( nCol );WE_ Disable(); //列起始地址
    WE_Enable();P5OUT = (unsigned char)(nADD1);WE_ Disable(); //行第 1 字节
    WE_Enable();P5OUT = (unsigned char)(nADD2);WE_ Disable(); //行第 2 字节
    WE_Enable();P5OUT = (unsigned char)(nADD3);WE_ Disable(); //行第 3 字节
    ALE_ Disable();
    for( j = 0; j<528;j + + );                          //写入数据
    {
    WE_Enable();P5OUT = pBuff[j];WE_ Disable();
    }
    CLE_Enable();
    WE_Enable();P5OUT = 0x10;WE_Disable();              //写操作确认命令
    CLE_Disable();
    for(i = 100;i>0;i - -);                             //延时
    CLE_Enable();
    WE_Enable();P5OUT = 0x70;WE_Disable();
    CLE_Disable();
    P5DIR = 0x00;
    for(i = 1000;i>0;i - -)//读状态寄存器
```

```
    {
        RE_Enable();        nTemp = P5IN;RE_Disable();
        if(nTemp = = 0xc0)  Break;
    }
    if(nTemp = = 0xc0)  return 1;
    else          return 0;
}
```

上面给出的的页写操作的程序，为了增加处理的灵活性，写操作也可以按照字节进行写。与按页写不同的是，按字节写必须分别设置指针(0x00，0x01，x50)来指定操作的是第一半区还是第二半区或者是备注区。下面为按字节写的具体程序。

```
int PageWrite(int nCol,unsigned long nRow, char * pBuff)
{
    int    i, nTemp = 0;
    unsigned charnADD1, nADD2, nADD3;
    nADD1 = (unsigned char) ( ( nRow )& 0xff );  //分解行 17 位行地址,无用位应为 0
    nADD2 = (unsigned char) ( ( nRow>>8)& 0xff );
    nADD3 = (unsigned char) ( ( nRow>>16)& 0xff );
    CE_Enable();
    P5DIR = 0xff;           //设置 P5 口输出方向
    CLE_Enable();
    WE_Enable();P5OUT = (unsigned char)(nCommand);WE_Disable();
    CLE_Disable();
    CLE_Enable();
    WE_Enable();P5OUT = 0x80;WE_Disable();
    CLE_Disable();
    ALE_Enable();
    WE_Enable();P5OUT = (unsigned char)(nCol);      WE_ Disable();//列起始地址
    WE_Enable();P5OUT = (unsigned char)(nADD1);     WE_ Disable();//行第 1 字节
    WE_Enable();P5OUT = (unsigned char)(nADD2);     WE_ Disable();//行第 2 字节
    WE_Enable();P5OUT = (unsigned char)(nADD3);     WE_ Disable();//行第 3 字节
    ALE_ Disable();
    for( j = 0; j<528;j + + ) { WE_Enable(); P5OUT = pBuff[j]; WE_ Disable(); }
                                                            //写入数据
    WE_Enable();P5OUT = nValue;    WE_Disable();
    CLE_Enable();
    WE_Enable();P5OUT = 0x10;      WE_Disable();            //写操作确认命令
    CLE_Disable();
    for(i = 100;i>0;i - - );                    //延时
    CLE_Enable();
```

```
    WE_Enable();P5OUT = 0x70;       WE_Disable();
    CLE_Disable();
    P5DIR = 0x00;
    for(i = 1000;i>0;i - - )                                        //读状态寄存器
    {
         RE_Enable();        nTemp = P5IN;   RE_Disable();
         if(nTemp = = 0xc0) Break;
    }
    if(nTemp = = 0xc0)     return 1;
    else              return 0;
}
```

上面的程序是单字节写的操作，对上面的程序稍作修改，就可以实现多字节写的操作。

7.4　本章小结

本章主要介绍了嵌入式硬件体系中存储器件的基础知识与类型划分，常用的串/并行 E^2PROM，FLASH，FRAM，SRAM，DRAM，DPSRAM，NVRAM 等存储器的结构与特征，在嵌入式系统中进行存储器件扩展时的选择与设计原则。为了使存储器件的扩展应用更贴近嵌入式硬件体系设计实践，特地给出了几个典型项目的存储器件扩展设计实例，以期进一步加深理解与体会。

第8章 嵌入式系统接口电路设计

8.1 嵌入式系统接口概述

嵌入式系统的接口是其核心微控制器与外部设备进行连接和数据交换的必经通道。接口设备品种繁多,各种接口规范与电路各不相同,这里就嵌入式系统中常见的各类接口特征及其应用控制作简要介绍。

8.1.1 嵌入式系统接口的类型划分

从数据通信的传输形式上看,嵌入式系统接口可以划分为串行数据传输接口和并行数据传输接口两种形式。串行数据传输接口又分为数字数据传输接口和模拟数据传输接口两种形式。数字数据传输接口又有单极性/双极性、归零 RZ/非归零 NRZ、差分/非差分、同步/异步、全双工/半双工之分;模拟数据传输接口又有幅值键控 ASK(Amplitude-Shift Keying)和频移键控 FSK(Frequency-Shift Keying)和相移键控 PSK(Phase-Shift Keying)之分。归零 RZ 数据形式是指每一位二进制信息在传输后均返回到零电平。差分数据形式是用电平的变化与否来代表逻辑"1"和"0"。差分数据传输需要有两个波形完全相反的信号,可以通过 JK 触发器实现。差分数据传输能够有效地抵制干扰,提高数据传输速度或距离。串行同步传输接口中用得最多的是携带有同步信息的曼彻斯特编码(Manchester Encoding)数据。全双工/半双工是指串行数据的接收与发送能否同时完成,能够同时完成的就是全双工形式;否则就是半双工形式。实现全双工串行数据传输需要收发各一路信号,而半双工传输收发数据可以共用一路信号。

常见的嵌入式系统接口可以划分为有线通信接口和无线通信接口两大类(见图 8-1),有线通信接口又分为近距离通信接口和远距离通信接口两大类。近距离通信接口从功能上又分为串/并行接口、人机接口、工业计算机板卡接口等几大类。远距离通信接口主要是常见的各类现场总线接口。

在这些常见的接口中,除了并行通信接口、人机接口和工业板卡接口外,其余的都是通过串行数据传输与外设进行连接和交换数据的。UART RS-232-C 接口是双极性、非归零、全双工、异步串行接口。I^2C/SCCB,SPI,JTAG,l-Wire 接口是单极性、非归零、半双工串行接口。USB,1394,RS-485,M-Bus/C-M-Bus,CAN,EMAC,PROFIBUS 与部分 LonWorks 总线接口是非归零、差分串行接口。其中 USB,M-Bus/C-M-Bus,CAN,PROFIBUS 接口是半双工的;RS-485 总线接口既可以设计成半双工形式,也可以设计成全双工形式;1394, EMAC 和工作在差分模式的 LonWorks 总线接口是全双工的。无线通信接口是串行调制信号 接口,大多数无线通信接口都是以半双工方式工作的。

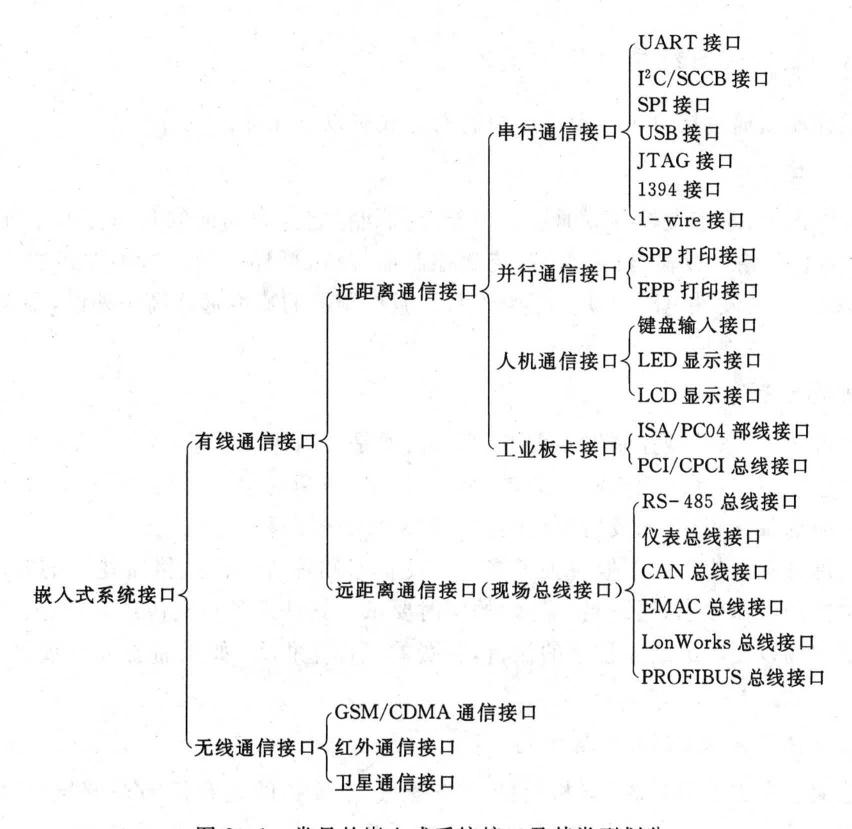

图 8-1　常见的嵌入式系统接口及其类型划分

8.1.2　嵌入式系统接口的功能描述

由于外部设备与系统微控制器之间在进行数据交换时存在着速度匹配、时序匹配、信息格式匹配、信息类型匹配等问题，因此系统微控制器与外设之间的数据交换必须通过接口来完成。通常接口应具有以下功能：

(1)设置数据的寄存、缓冲逻辑，以适应系统微控制器与外设之间的速度差异。

(2)能够进行信息格式的转换，例如串行和并行的转换。

(3)能够协调系统微控制器和外设之间的信息类型和信号电平的差异，如电平转换驱动器、数/模或模/数转换器等。

(4)协调时序差异。

(5)地址译码和设备选择功能。

(6)设置中断和直接存储器存取 DMA 控制逻辑，完成中断处理和 DMA 传输。

现代大多数微控制器，如单片机、DSP 等，为了方便用户开发使用，内部常常集成了大量的片内接口外设，如 UART 串口、I²C 串口、SPI 串口、USB 串口、CAN 总线接口、EMAC 总线接口等，应用这些微控制器设计系统接口时，只要直接相连对应类型接口的外设，在软件上通过设置所需类型接口的速度、工作方式等参数从而使能这些接口即可。

8.1.3　嵌入式系统接口的控制方式

系统微控制器通过接口对外设进行控制的方式有以下几种：

1)程序查询方式

在这种方式下，系统微控制器通过I/O指令询问指定外设当前的状态。如果外设准备就绪，则进行数据的输入或输出；否则，系统微控制器等待，循环查询。这种方式的优点是结构简单，只需要少量的硬件电路。缺点是由于系统微控制器的速度远远高于外设，因此通常处于等待状态，工作效率很低。

2)中断处理方式

在这种方式下，系统微控制器不再被动等待，而是可以执行其他程序。一旦外设向系统微控制器提出服务请求，系统微控制器如果响应该请求，便暂时停止当前程序的执行，转去执行与该请求对应的服务程序，完成后再继续执行原来被中断的程序。

中断处理方式的优点是不但省去了查询外设状态和等待外设就绪所花费的时间，提高了系统微控制器的工作效率，还满足了外设的实时要求。其缺点是每次传送都要进行中断，还要保护和恢复现场以便能继续原程序的执行，花费的工作量很大，如果需要大量数据交换，系统的性能就会很低。

3)直接存储器存取DMA传送方式

直接存储器存取DMA是PC机上的一个概念，主要指的是并行的外设与内存之间的一种快速数据传输方式。DMA最明显的特点是它采用一个专门的控制器来控制内存与外设之间的数据交流，无须系统微控制器介入，通过DMA向系统控制器申请总线控制权后进行数据传输，从而大大提高系统微控制器的工作效率。

8.2　嵌入式系统常用接口技术

计算机CPU与外部设备之间常常要进行信息交换，一台计算机与其他计算机之间也往往要交换信息，所有这些信息交换均可称为数据通信。

数据通信方式按照数据总线数量可以分为并行数据通信和串行数据通信，串行数据通信又可以分为同步方式和异步方式(见图8-2)。大多数单片机都具有并行和串行两种基本数据通信方式。

数据通信
- 并行通信
- 串行通信
  - 同步通信
  - 异步通信

图8-2　数据通信分类

并行数据通信是指数据的各位同时进行传送(发送或接收)的通信方式。其优点是传递速度快；缺点是数据有多少位，就需要多少根传送线(见图8-3(a))。并行通信在位数多、传送距离又远时就不太适宜。

串行数据通信指数据是一位一位顺序传送的通信方式(见图8-3(b))。它的突出优点是只需一对传送线，特别适用于远距离通信。其缺点是传送速度较低。假设并行传送 n 位数据所需时间为 t，那么串行传送的时间至少为 nt，实际上总是大于 nt 的。

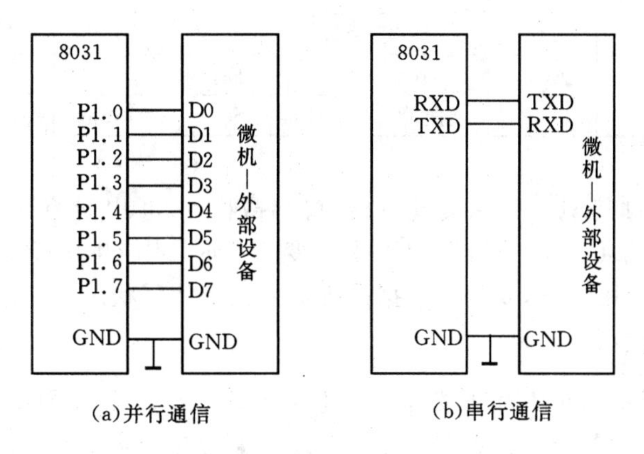

图 8-3　数据通信的两种常用方式

8.2.1　并行接口

并行接口即 LPT 口。嵌入式系统通过并行口，可以连接普通并口打印机、微型并口打印机，可以与 PC 机进行各种各样的数据通信。并行口含有 8 根并行数据线、5 个状态线和 4 根控制线，主要用于系统与外设进行 8 位并行数据传输。并行口有 3 种类型：标准并行口 SPP、增强型并行口 EPP 和扩展型并口 ECP。

1）标准并行口 SPP

标准并行口（Standard Parallel Port）的数据是单向输出的，其通信速度可达 150Kbps，SPP 的信号定义如表 8-1 所列。

表 8-1　标准并口的信号定义表

引脚	信号名称	信号方向	信号描述	
2～9	D[0 : 7]	输出	数据线	
10	$\overline{\text{ACK}}$	输入	状态线	确认响应，低有效
11	Busy	输入		忙，高有效
12	PError	输入		缺纸错，高有效
13	Select	输入		联机，高有效
15	$\overline{\text{Error}}$	输入		出错，低有效
1	Strobe	输出	控制线	选通信号，低有效
14	AutoFD	输出		自动输纸，低有效
16	$\overline{\text{Intial}}$	输出		初始化，低有效
17	Select in	输出		选择输入，低有效

SPP 的数据输出、状态和控制寄存器的地址分别为 378H～37AH，各寄存器的格式如表 8-2 所列。

表 8-2　标准并口的寄存器格式描述表

地址	位 7	位 6	位 5	位 4	位 3	位 2	位 1	位 0
378H	D7	D6	D5	D4	D3	D2	D1	D0
379H	Busy	$\overline{\text{ACK}}$	PError	Select	$\overline{\text{Error}}$			
37AH			读使能	中断使能	Select	$\overline{\text{Intial}}$	Auto FD	Strobe

并口中断功能通过其$\overline{\text{ACK}}$引脚实现，由并口和微机 8259 中断控制器两级控制。只有并口控制寄存器的位 4 为 1，当信号引脚$\overline{\text{ACK}}$由 1 变为 0 时，才产生中断 IRQ7，然后由 8259 允许 IRQ7 申请中断。利用 SPP，要实现数据采集输入只能使用状态线并进行字节或字的拼接。

2)增强型并口 EPP

EPP(Enhanced Parallel Port)增强型并行口，与 SPP 兼容且能完成双向数据传输，其数据传输率可达 500Kbps～2Mbps，接近 PC 之 ISA 总线。应用时需在 PC 机的 BIOS SETUP 中将并口设成 EPP 方式。EPP 信号的定义如表 8-3 所列。

表 8-3　增强型并行口 EPP 的信号定义表

引脚	信号名称	信号方向	信号描述	
2～9	AD(0～7)	双向	地址/数据线	
10	Intr	输入	状态线	外设对主机的中断申请，高有效，上升沿触发
11	WAit	输入	状态线	握手，数据/地址传输完成时置高，表示外设应答，为低，表示可进行下一次传输
12	自定义	输入	状态线	按不同外设自定义
13	自定义	输入	状态线	按不同外设自定义
15	自定义	输入	状态线	按不同外设自定义
1	$\overline{\text{write}}$	输出	控制线	写(0)/读(1)
14	$\overline{\text{datastb}}$	输出	控制线	低行效，衣示正在进行数据读/写操作
16	ReSET	输出	控制线	低有效，复位外设
17	$\overline{\text{addstb}}$	输出	控制线	低有效，表示正在进行地址读/写操作
18 ～25	地		信号地	

EPP 的数据、状态和控制寄存器对应地址是 378H～37AH，各寄存器的格式描述如表 8-4 所列。

表 8-4　增强型并口的寄存器格式描述表

地址	位 7	位 6	位 5	位 4	位 3	位 2	位 1	位 0
378H	AD7	AD6	AD5	AD4	AD3	AD2	AD1	AD0
379H	WAit	Intr	脚 12	脚 13	脚 15			
37AH			读使能	中断使能	$\overline{\text{addstb}}$	ReSET	$\overline{\text{datastb}}$	$\overline{\text{write}}$

在控制端口中，读使能和中断使能只能通过软件设置，读使能为“1”时将外部数据写进读入寄存器 378H，为“0”时将内部数据通过寄存器 378H 向外输出。

并口中断功能通过 Intr 引脚实现，由并口和 PC 机 8259 中断控制器两级控制。只有并口控制寄存器的位 4 为 1，当信号引脚 Intr 由 0 变为 1 时，才产生中断 IRQ7，然后由 8259 允许 IRQ7 申请中断。

3)扩展型并口 ECP

扩展型并口 ECP(Extened Capability Port)，与 EPP 相比，其最大优势是支持 DMA 接口操作，适应于大批量数据传输。但其协议复杂，使用时要设计出比 EPP 复杂得多的接口软件。

在嵌入式系统中，常常通过并行口连接普通并口打印机或微型并口打印机，为系统增加有形数据记录功能，也常常通过并行口与 PC 机进行各种各样的数据通信，如工业数据采集/控制、监控图像输入等。

图 8-4 给出了一个 LPC2000 ARM 单片机连接普通打印机或微型打印机的设计样例。由于标准并行接口逻辑电压机制是 5 V，LPC2000 系列 I/O 口是 3.3V，为保证输出驱动能力，LPC2000 的数据口必须增加长线驱动器(如 74HC245，74HC573 等)；控制口也必须进行电平转换，这里通过 CMOS 门电路实现；由于 LPC2000 系列的 I/O 口可以承受 5V 输入，图中电阻不是必需的。

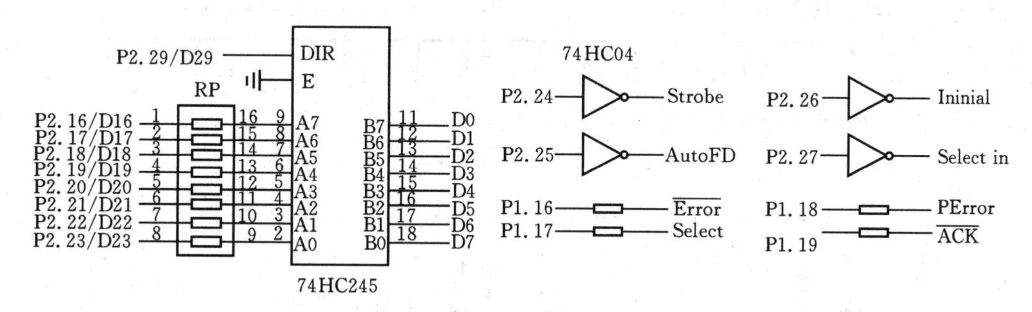

图 8-4　LPC2000 ARM 单片机与普通打印机连接设计原理图

8.2.2　串行通信基础

串行通信分为同步串行通信和异步串行通信两种方式，异步通信条件下根据数据流的方向不同而有具有三种工作方式：单工方式、半双工方式和全双工方式(见图 8-5)。

同步通信在数据开始传送前用同步字符来指示(通常约定 1～2 个字符)，并由时钟来实现发送端和接收端同步，即检测到规定的同步字符后，下面就连续按顺序传送数据，直到通信告一段落。其间字符与字符之间没有间隙，也不用起始位和停止位，仅在数据块开始时用同步字符 SYNC 来指示，其数据格式如图 8-6(a)所示。同步字符的插入可以是单同步字符方式或双同步字符方式，可以由用户约定，也可以采用 ASCII 码中规定的 SYN 代码，即 16H。按同步方式通信时，先发送同步字符，接收方检测到同步字符后，即准备接收数据。

在同步传送时，要求用时钟来实现发送端和接收端的同步。为了保证接收正确无误，发送方除了传送数据外，还要把时钟信号同时传送。同步传送的优点是可以提高传送速度(达 56Kb/s 或更高)，但硬件比较复杂。

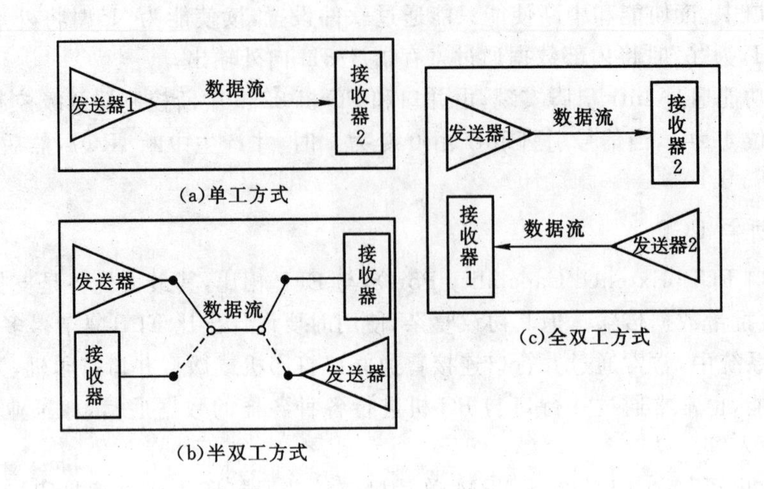

图 8-5 串口异步通信方式说明

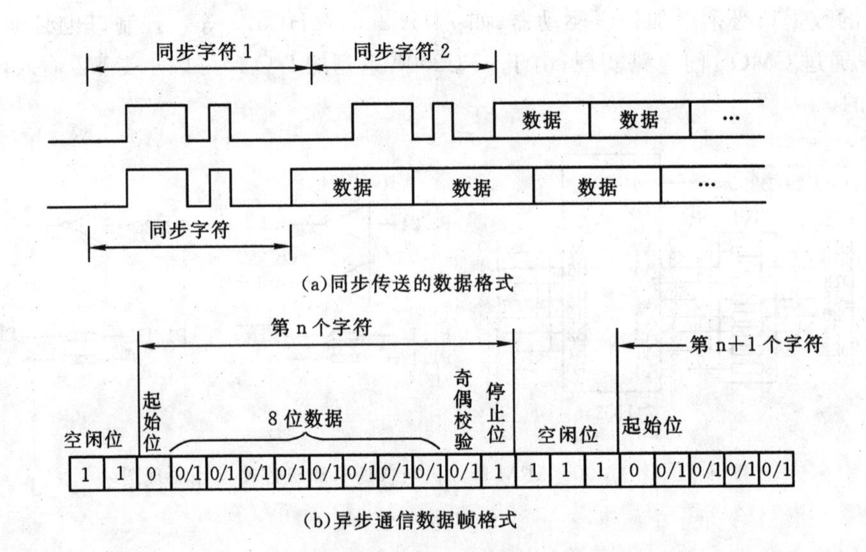

图 8-6 串口通信数据格式说明

异步串行数据通信在计算机里大多是由通用异步收/发器 (Universal Asynchronous Receiver Transmitter,UART)完成的,各种计算机与大多数微控制器中都集成有的全双工、单极性、串行通信接口模块,按字节传输数据,以一条信号线 TxD 发送数据,一条信号线 RxD 接收数据(见图 8-6(b))。

串行数据通信要要正确工作,首先必须解决好两个关键技术问题:一是数据传送,就是指数据以什么形式进行传送;二是数据转换,就是指单片机在接受数据时,如何把接收到的串行数据转化为并行数据,单片机在发送数据时,如何把并行数据转换为串行数据进行发送。其次,要明确几个基本概念:

波特率:波特率是串行通信时每秒钟传输二进制位数的数量(Kbps 或 Kb/s),例如数据发送速率 120KB/s,每个字符格式包括 10 个代码,则波特率为 10×120=1200b/s,每一位代码的传送时间为波特率倒数。

接收/发送时钟：数据发送/接收都必须有时钟信号对传送的数据进行定位。例如，在 MCS51 单片机中就由 CPU 片内定时器产生，接收时钟上升沿采样数据，发送时钟下降沿将数据移出。发送/接收时钟频率为波特率的 1/16/64 倍，同步传送时必须为 1，异步通信可选。

允许的波特率误差：串行通信的 2 台设备必须同步工作，才能有效检测到通信线路上的信号变化，从而采样传送的数据脉冲。对于 10 位一帧的数据，发送和接收的时钟如果相差 5%，则 10 位后累计误差达 50%，采样数据已经处于有效/无效的临界状态；对于 8，9，11 位帧数据，最大误差要分别小于 6.25%，5.56%，4.5%。

串行通信总线标准接口有以下几类：RS-232C，RS-232E；RS-499（RS-422，RS-423，RS-485）；20mA 电流环；USB 通用接口；IEEE-1394 总线。

为保证可靠通信，选择接口标准时应注意通信速度和通信距离的确定，各种串行接口标准都规定了可靠传输时的最大通信速度和传送距离标准，而通信速度和通信距离是紧密相关的。例如 RS-232C 最大速率 20Kb/s，最大传送距离 15m；RS-422 最大速率 10Mb/s，最大传送距离 300m，适当降低数据传输速率，传送距离可达到 1200 m。

1. 通信介质的选择

计算机间的远程数据通信一般要采用调制解调器，其传输介质本应使用专用的同轴通信电缆，但从成本角度考虑，还可使用双绞线、电话线和电力线。当然，采用光纤作为通信介质是最好不过了，但成本较高。

可根据传输特性（包括其容量及传输频率范围）、连接性（点对点或多点）、地域范围（网络上点与点之间的最大距离）、抗干扰性（介质对干扰的屏蔽能力）、成本（包括组成部件、安装和维修成本等）等几个方面对上述几种介质进行比较选择。

通信同轴电缆：有基带同轴电缆（如 50Ω 同轴电缆）和宽带同轴电缆（如公用天线电视 CATV 系统中使用的 75Ω 电缆）之分。当用于数字传输时，其波特率可高达 50Mb/s。典型基带同轴电缆所覆盖的最大距离限于几千米，而带宽同轴电缆可延伸到数十千米。同轴电缆的抗干扰性较双绞线好，其成本介于双绞线和光纤之间。

双绞线：一根作为信号线，而另一根作为地线，两根线扭绞在一起可大大减小外部电磁干扰对传输信号的影响。双绞线可用来传输模拟信号及数字信号，对数字信号，每 2～3km 需用一个转发器。双绞线最大带宽为 1000kHz～1MHz。双绞线可用于点对点和多点应用场合。当用于点对点数据传输时，其距离可达 15km 或更长。双绞线的优点是较为便宜，安装成本也较低。

电话线：这是一种利用现成电话线进行串行数据通信的非常经济的途径。由于两导线的距离和长度会构成很大的分布电容，这种方式下导线越长，电容越大，对数据波形的影响越严重。电话线的传输波特率也对数据传输质量有较大影响。

电力线：利用电力线载波实现计算机间的数据通信，将大大降低成本，缩短工时。这种方式是将传输信号耦合至电力线，完成数据发送，接收端再从电力线上耦合进来载波信号，经解调使信号得以还原，完成两地的数据通信。

光缆：光缆是由光纤组成可传输光信号的介质，其传送数据的速率可达几百 Mb/s。在不用转发器情况下，可在几千米里范围内传输。光纤不受电磁干扰的影响，具有良好的保密性，信息传输可靠性好，数据传输精度高，特别适合用于距离为几十米至数百米有强电场、强磁场干扰的场合。

2. RS-232C 总线标准、芯片及接口电路

RS-232C 标准接口(Recommended Standard 232 No. 3)是“使用二进制进行交换的数据终端设备(DTE)和数据通信设备(DCE)之间的接口”的简称，它是美国电子工业协会(EIA)正式公布的，在异步串行通信中应用最广的标准总线。RS-232 接口的每个信号使用一根导线，信号回路共用一根地线，是非平衡型接口。其接口信号，标准有 25 针和 9 针 D 型头两种(见图 8-7)，其引脚分配与定义如表 8-5 所示。

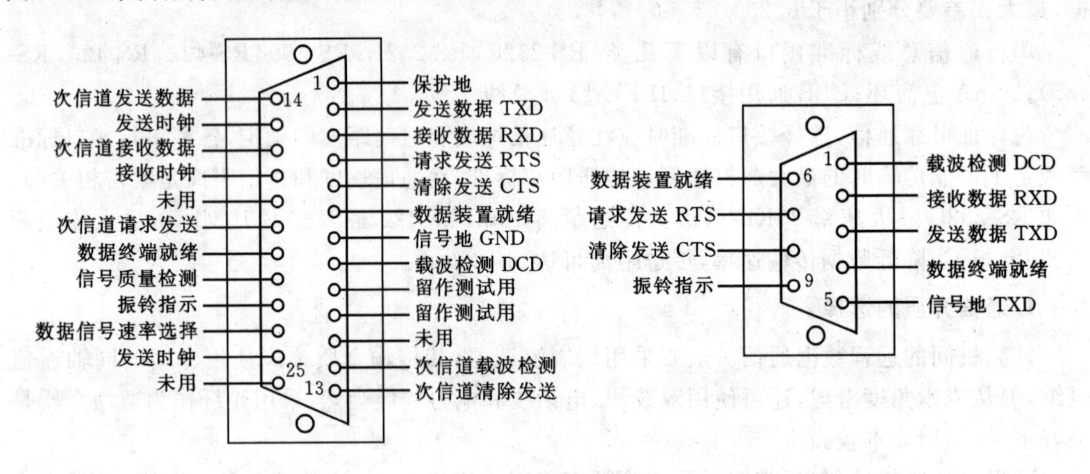

图 8-7　异步串行通信接口标准

表 8-5　RS-232 接口定义与说明

引脚		方向	符号	功能
25 针	9 针			
2	3	输出	TxD	发送数据
3	2	输入	RxD	接收数据
4	7	输出	RTS	请求发送：告诉 Modem 发送数据
5	8	输入	CTS	为发送清零，告诉 PC 机. Modem 已做好接收数据的准备
6	6	输入	DSR	数据设备(DCE)准备好：告诉 PC 机，Modem 已接通电源并准备好
7	5		GND	信号地
8	1	输入	DCD	数据信号检测：告诉 PC 机，Modem 已与对端 Modem 建立了连接
20	4	输出	DTR	数据终端(DTE)准备好：告诉 Modem，PC 机已接通电源并准备好
22	9	输入	RI	振铃指示器：告诉 PC 机对端电话已在振铃

1)RS-232C 总线电气特性

(1)逻辑“1”：－3～－15V；逻辑“0”：＋3～＋15V。

(2)传输距离≤15m。

(3)最大负载电容≤2500pF。

(4)波特率≤20Kb/s。

(5)接收器输入阻抗 3～7kΩ。

(6)驱动器输出阻抗≤300Ω。

(7)驱动器转换速率≤30V/μs。

(8)输出短路电流≤0.5A。

2)用 RS-232C 总线标准连接系统

采用 RS-232C 进行数据通信，按照传送距离可分为远程通信方式和近程通信方式。远程通信实际上是近程通信方式的扩展，通过增加调制解调器的方式来增加通信距离，其连接线路如图 8－8 所示。当两台 PC 系列机进行近距离点对点通信，或 PC 系列机与外部设备进行串行通信时，可将两个 DTE 直接连接，而省去作为 DCE 的调制解调器 MODEM。

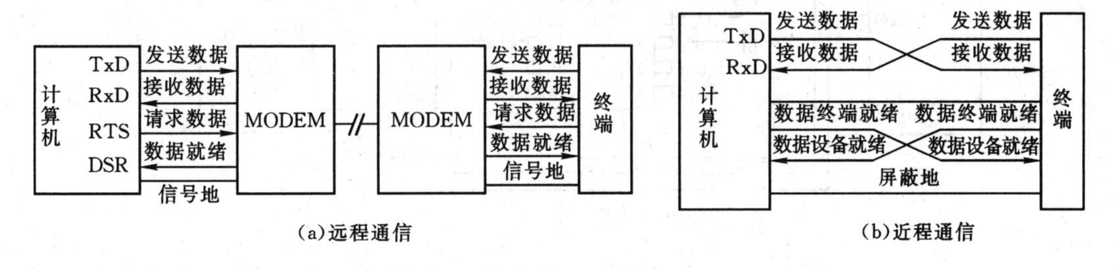

图 8－8　RS-232C 总线连接方式

3)电平转换

单片机采用正逻辑 TTL 电平，它与 RS-232C 的副逻辑电平不兼容，必须进行电平转换。电平转换的电路很多，MAX232 是一种常用的专用集成电路，它是 MAXIM 公司生产的包含 2 路接收器和驱动器的集成电路，单 5V 供电，硬件接口简单。图 8－9 给出了 MAX232 芯片管脚和它在单片机与计算机串口通信电路中的连接方法。

4)RS-232C 在现代网络通信中暴露的缺点

(1)数据传输速率慢。

(2)传送距离短。

(3)未规定标准的连接器，出现了互不兼容的 25 芯连接器。

(4)接口处各信号间容易产生串扰。

3. RS-449/423/422/485 总线标准

鉴于 RS-232C 接口的缺点，EIA(Electronic Inductres Assocition)1977 年制定了新标准 RS-449，力图在解决传输距离、传输速率和抗干扰能力等方面有所突破。新标准定义了以前没有的 10 种电路功能，提供了平衡电路以改进接口的电气特性，规定用 37 脚连接器；其中 RS-423/422(全双工)是 RS-449 标准的子集，RS-485 是 RS-422 的变形。图 8－10 给出了几种串行标准接口信号传输的不同方式，表 8－6 对串口标准的性能做了比对。

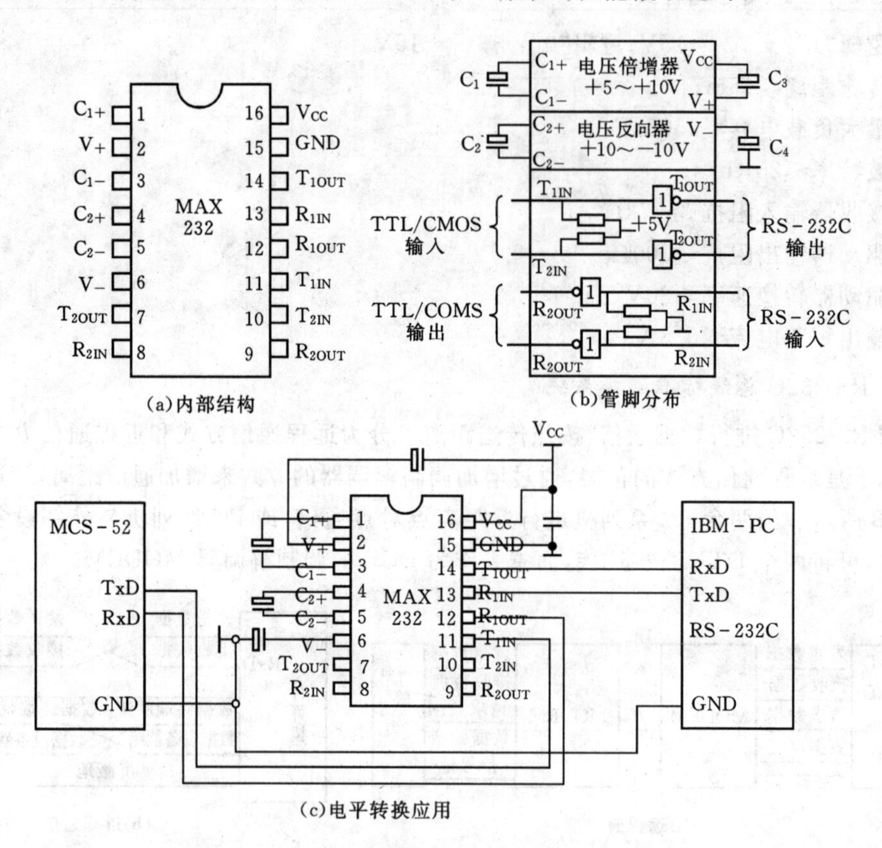

(a)内部结构　　(b)管脚分布

(c)电平转换应用

图 8－9　MAX32 芯片管脚与串口电平转换应用

表 8－6　异步串行接口标准性能比较

接口性能	RS-232C	RS-422A	RS-485
功能	双向，全双工	双向，全双工	双向，半双工
传输方式	单端	差分	差分
逻辑“0”电平	3～15V	2～6V	1.5～6V
逻辑“1”电平	－3～－15V	－2～－6V	－1.5～－6V
最大速率	20Kb/s	10Mb/s	10Mb/s
最大距离	30m	1200m	1200m
驱动器加载输出电压	±5～±15V	±2V	±1.5V
接受器输入敏感度	±3V	±0.2V	±0.2V
接收器输入阻抗	3～7kΩ	＞4kΩ	＞7kΩ
组态方式	点对点	1 台驱动器，10 台接收器	32 台驱动器，32 台接收器
抗干扰能力	弱	强	强
传输介质	扁平或多芯电缆	二对双绞线	一对双绞线

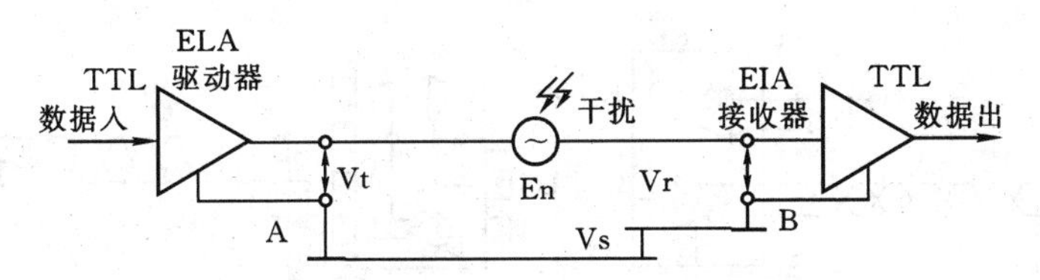

(a)单端驱动非差分接收电路(RS-232C)

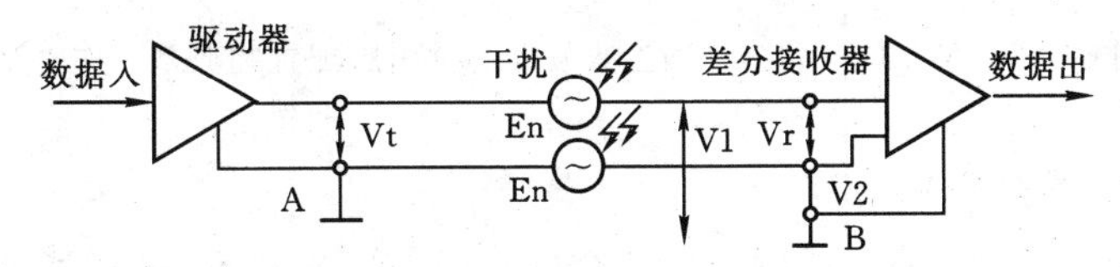

(b)单端驱动差分接收电力(RS-423A)

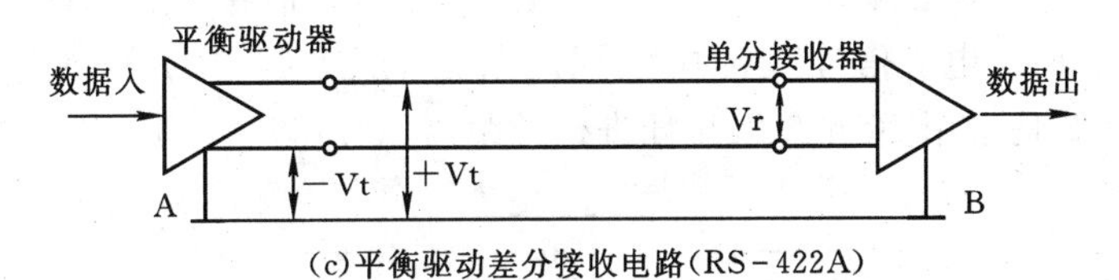

(c)平衡驱动差分接收电路(RS-422A)

图 8-10　串口不同标准的信号传输方式说明

1)RS-423A 标准

RS-423A 标准是 EIA 公布的“非平衡电压数字接口电路电气特性”标准。RS-423A 标准与 RS-232C 标准兼容,并进行了改进。RS-423A 采用非平衡发送,差分接收,电平变化范围是±(3～15)V。两条接收线绞合在一起,所受干扰大大减弱。单端接地,可忽略两端公共地的影响。最大距离 1200m,最大速率 300Kb/s。

2)RS-422A 标准

RS-422A 标准是 EIA 公布的“平衡电压数字接口电路电气特性”标准。RS-422A 标准与 RS-232C 标准兼容,并进行了改进。RS-422A 通道采用两条信号线(±),采用平衡驱动差分接收电路,发送电平±(2～6)V,接收最低电平 200mV。最大传输速率 10Mb/s,此时最大距离 120m,90Kb/s 时可达 1200m,主要用于点对点的数据传送。

3)RS-485 标准

RS-485 通信接口是 RS-422A 的变形,将 RS-422A 的发送端与接收端对应连接就可。主要用于多站互联,如智能仪器互联网。只能采用半双工工作方式。

4)MAX48X/49X 系列收发器芯片及接口电路

MAXIM 公司生产的差分平衡型收发器芯片共有 8 种型号:MAX481,MAX483,MAX485 和 MAX487～MAX491。每种型号的芯片都包含一个驱动器和一个接收器,适合于 RS-422 和 RS-485 通信标准。采用单+5V 供电,工作电流 120～500μA,有过载保护,最多可接 128 个收发器,不同信号电路组合可实现半双工和全双工通信电路,共模输入电压−7～+12V。其中 MAX488-MAX491 用于全双工,MAX481/483/485/487 只用于半双工(见图8-11)。

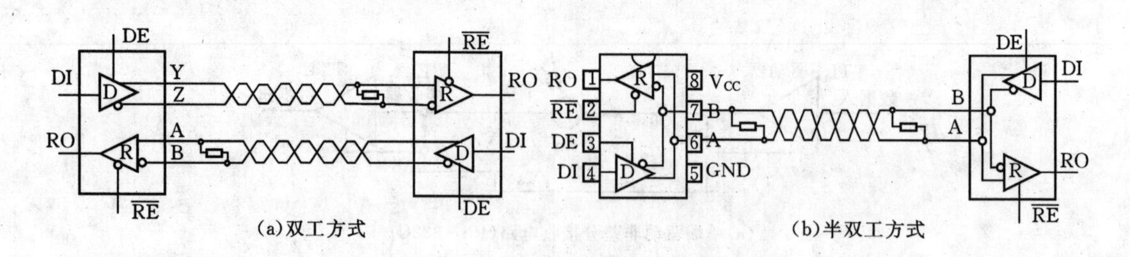

图 8-11 MAXIM 差分平衡型收发器芯片引脚配置和典型工作电路

5)20mA 电流环串行接口

20mA 电流环是 EIA 未经正式颁布的一个串行通信电气标准，通过通信环路的电流的有 20mA 和无(0 mA)来表示逻辑信号的 1 和 0。通信电路电平信号容易受到电磁干扰和线路本身分布电容的影响，而对电流信号影响不大，因此电流环具有很强的抗干扰能力，大大提高了通信距离。图 8-12 是采用 20 mA 电流环进行长距离(2km 以上)串行通信的原理示意图。

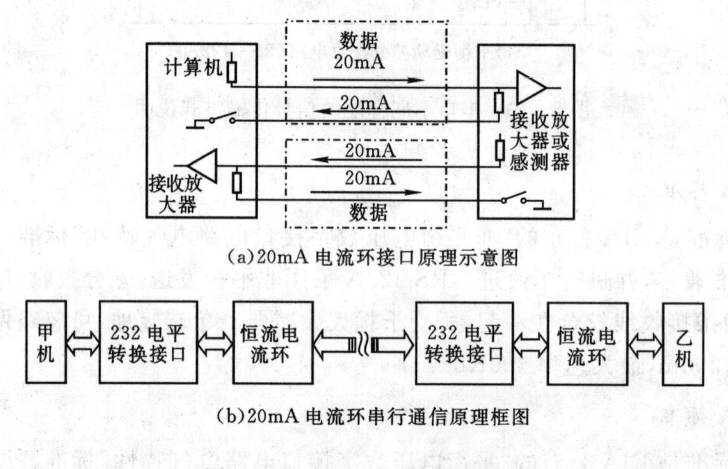

图 8-12 20mA 电流环原理图

图中的发送正、发送负、接收正、接收负四根线组成一个输入电流回路，一个输出电流回路。当发送数据时，根据数据的逻辑 1,0，使回路有规律地形成通、断状态(图中用开关示意)。由于 20 mA 环电流是一种异步串行接口标准，所以，在每次发送数据时必须以电流的起始作为每一个字符的起始位，接收端检测到起始位时便开始接收字符数据。电流环串行通信接口的最大优点是低阻传输线对电气噪声不敏感，而且易实现光电隔离，因此，在长距离通信时要比 RS-232C 优越得多。

8.2.3 常用串行通信总线

1. USB——通用串行总线

Compaq，Digial，IBM，Intel，MicroSoft，NEC 和 Northern Universial Serial Bus Telecom 七家公司联合提出了外部输入/输出接口的新规格：通用串行总线（Universal Serial Bus，USB)接口，是一种单极性、差分、倒转不归零 NRZI 编码、半双工串行数据传输，用于将 USB

外围设备连接到主机的外部总线结构。

1)USB 总线概述

USB 提供主机和 USB 外部设备之间的数据交换。USB 物理连接采用分层的星形结构,集线器(Hub)是每个星形结构的中心,用户终端或外部设备都可看作是连接主机一个节点或通过集线器(Hub)连接的一个节点,PC 机是主机和根集线器。USB 最多支持 5 个 Hub 层,127 个外设节点,各个点(Node,功能器件,即设备)利用总线供电或自供电的集线器串接起来。

USB 通过一根四线电缆来传输信号与电源,其中 D+ 和 D- 是一对差模信号线,而 VBUS 和 GND 则提供了 +5 V 的电源,可以有条件地给一些设备(包括 Hub)供电。因此,四线制的 USB 接口比串口、并口、游戏(MIDI)口都要少,接口体积也要小很多。

现有 USB 标准有三种 1.0,2.0,3.0,传输速率分别达到 1.5Mb/s,60Mb/s,640Mb/s。USB 信号线在高速模式下必须使用带有屏蔽的双绞线,而且最长不能超过 5 m;在低速模式中可以使用不带屏蔽或不是双绞的线,但最长不能超过 3m。为了保证提供一定的信号电压,以及与终端负载相匹配,在电缆的每一端都使用了不平衡的终端负载即上拉电阻。这种终端负载也保证了能够检测外设端口的连接或分离,并且可以区分高速与低速设备。若上拉电阻接在 D+ 端,则形成全速传输;若上拉电阻接在 D- 端,则形成低速传输。

2)USB 总线数据传输

USB 总线以“轮询”方式工作,主机控制端口初始化所有的数据传输。每一总线执行动作最多传送 3 个数据包。按照传输前制定好的原则,在每次传送开始时,主机控制器发送一个描述传输运作的种类、方向、USB 设备地址和终端号的 USB 标志包(Token Packet)。在传输开始时,由标志包来标志数据的传输方向,然后发送端开始发送包含信息的数据包或表明没有数据传送。接收端也要相应发送一个握手的数据包表明是否传送成功。每个 USB 数据包都包括有 CRC 循环冗余校验码。发送端和接收端之间的 USB 数据传输,在主机和设备的端口之间,可视为一个通道。有两种类型的通道:流和消息。流的数据不像消息的数据,它没有 USB 所定义的结构,而且通道与数据带宽、传送服务类型和端口特性(如方向和缓冲区大小)有关。多数通道在 USB 设备设置完成后即存在。USB 中有一个特殊的通道——缺省控制通道,它属于消息通道,设备一启动即存在,从而为设备的设置、查询状况和输入控制信息提供一个入口。

事务预处理允许对一些数据流的通道进行控制,在硬件级上防止了对缓冲区的高估或低估,通过发送不确认握手信号,从而阻塞了数据的传输速度。当不确认信号发过后,若总线有空闲,数据传输将再次进行。这种流控制机制允许灵活的任务安排,可使不同性质的流通道同时正常工作,这样多种流通常可在不同间隔进行工作,传送不同大小的数据包。

数据和控制信号在主机和 USB 设备间的交换存在两种通道:单向和双向。USB 的数据传送在主机软件和一个 USB 设备的指定端口之间进行。这种主机软件和 USB 设备的端口间的联系称作通道。总的来说,各通道之间的数据流动是相互独立的。一个指定的 USB 设备可有许多通道。

为了满足不同外设和用户的要求,USB 提供了四种传输方式:控制传输、同步传输、中断传输和批量传输。它们在数据格式、传输方向、数据包容量限制和总线访问限制等方面有着各自不同的特征。

控制传输：通常用于配置/命令/状态等情形；其中的设置操作(SETup)和状态操作(stAtus)的数据包具有USB定义的结构，因此控制传输只能通过消息管道继续进行；支持双向传输；对于高速设备，允许数据包的最大容量为8/16/32/64字节，对于低速设备只有8字节一种选择；端点不能指定总线访问的频率和占用总线的时间，USB系统软件会做出限制；具有数据传输保证，在必要时可以重试。

同步传输：它是一种周期的、连续的传输方式，通常用于与时间有密切关系的信息传输；数据没有USB定义的结构；单向传输，如果一个外设需要双向传输，则必须使用另一个端点；只能用于高速设备，数据的最大容量可以从0～1023个字节；具有带宽保证，并且保持数据传输的速率固定(每个同步管道每帧传输一个数据包)；没有数据重发机制，要求具有一定的容错性；与中断方式一起，占用总线的时间不得超过一帧的90%。

中断传输：用于非周期的、自然发生的、数据量很小的信息传输，如键盘、鼠标；数据没有USB定义的结构(数据流管道)；只有输入这一种传输方式(即外设到主机)；对于高速设备，允许数据包的最大容量≤64字节，对于低速设备只能≤8字节；具有最大服务周期保证，即在规定时间内保证有一次数据传输；与同步方式一起，占用总线的时间不得超过一帧的90%；具有数据传输保证，在必要时可以重试。

批(大量)传输：用于大量的对时间没有要求的数据传输；数据没有USB定义的结构(数据流管道)；单向传输，如果一个外设需要双向传输，则必须使用另一个端点；只能用于高速设备，允许数据包的最大容量为8，16，32或64字节；没有带宽的保证，只要总线空闲，就允许传输数据(优先级小于控制传输)；具有数据传输保证，在必要时可以重试以保证数据的准确性。

3)USB接口器件

USB接口器件主要有3大类：USB主机接口器件、USB设备接口器件和USB集线器器件。其中，USB设备接口器件实际应用最多，种类也最多。这些器件一端是USB设备接口，另一端可能是8位或16位并口，也可能是串口如I^2C接口，也可能就直接是单片机内嵌USB设备接口，如微控制器CY7C630/1xxA(低速USB)，EZ-USB-FX(全速USB)，LPC214x(高速USB)等系列。

2. IEEE-1394总线

IEEE-1394是高性能的串行总线，主要用于硬盘和视像信号的外设，它要求总线的数据传送速率超过100 Mb/s。协议对在同一组四根信号传输线上支持进行等时传送和异步传送，当时钟和数据信号对出现差别时，则中止。IEEE-1394规范是十分优秀的，据此规范做出的第一代产品很快便进入了市场。

IEEE-1394接口标准允许把电脑、电脑外部设备、各种家电非常简单地连接在一起。从IEEE-1394可以连接多种不同外设的功能特点来看，也可以称为总线，即一种连接外部设备的机外总线。IEEE-1394的原型是运行在Apple MAc电脑上的Fire Wire(火线)，由IEEE采用并且重新进行了规范。它定义了数据的传输协定及连接系统，可用较低成本达到较高的性能，以增强电脑与外设如硬盘、打印机、扫描仪、数码相机、DVD播放机、视频电话等的连接功能。

1)IEEE-1394的主要性能特点

(1)采用“级联”方式连接各个外部设备。IEEE-1394在一个端口上最多可以连接63个设备，设备间采用树形或菊花链结构。设备间电缆的最大长度是4.5 m，采用树形结构时可达16

层，从主机到最末端外设总长可达 72 m。

(2)能够向被连接的设备提供电源。IEEE-1394 的连接电缆中共有六条芯线，其中，两条线为电源线，可向设备提供 8～40V 直流电源，其他四条线被包装成两对双绞线，用来传输信号。

(3)采用基于内存的地址编码，具有高速传输能力。总线采用 64 位的地址宽度(16 位网络 ID，6 位节点 ID，48 位内存地址)，数据传输速率最高可达 400Mb/s。

(4)采用点对点结构。任何两个支持 IEEE-1394 的设备可以直接连接，不需要通过电脑控制。

(5)安装方便且容易使用，允许热即插即用。

2)IEEE-1394 的工作模式

IEEE-1394 标准定义了两种总线数据传输模式，即 BAckplAne 模式和 CAble 模式。其中，BAckplAne 模式支持 12.5 Mb/s，25 Mb/s，50 Mb/s 的传输速率；CAble 模式支持 100Mb/s，200 Mb/s，400 Mb/s 的速率。

IEEE-1394 可同时提供同步(Synchronous)和异步(Asynchronous)数据传输方式。同步传输用于实时性的任务，而异步传输则是将数据传送到特定地址(Explicit Address)。这一标准的协议称为等时同步(Isosynchronous)。

3)IEEE-1394 总线协议与操作

通过 3 层分层协议实现：物理层、链路层和处理层。

链路层(Link LAyer)：提供数据包传送服务，具有异步/同步传送功能。异步传送与大多数计算机的应答式协议相似；同步传送为实时带宽保证式协议。同步传送适合处理高带宽的数据，特别是对于多媒体信号。

物理层(PhySIcAl LAyer)：提供 1394 电缆与 1394 设备间的电气及机械方面的连接，它除了完成实际的数据传输和接收任务之外，还提供初始设置(InitiAlizAtion)和仲裁(ArBI-TrAtion)服务，以确保在同一时刻只有一个节点传输数据，使所有的设备对总线能进行良好的存取操作。

处理层(TrAnsAction LAyer)：用于实现信号请求和响应协议，其中的串行总线管理负责系统结构控制。处理层支持异步协议写、读和锁定指令。

3. JTAG 串行接口及其连接

1)JTAG 接口概述

JTAG 是联合测试小组(Joint Test Action Group)的英文缩写，由于 JTAG 小组采用的芯片测试协议被确定为国际标准而沿用其名。一般来说，JTAG 是基于 IEEE1149.1 标准的一种边界扫描测试(BoundAry-ScAn Test)方式，主要用于对集成电路 IC 芯片进行扫描测试，大多数高级器件，如 ARM，DSP 器件和 CPLD/ FPGA 都含有 JTAG 接口，支持 JTAG 边界扫描测试标准。支持 JTAG 边界扫描测试标准的器件内部含有一个测试访问端口 TAP(Test Access Port)，能够支持 JTAG 测试工具对芯片内部的节点进行硬件电路边界扫描和故障检测等测试。

JTAG 接口主要有 4 条信号线——测试时钟输入线 TCK、测试数据输入 TDI、测试数据输出线 TDO 和测试模式选择线 TMS，还有一条可选信号线——测试复位线 $\overline{\text{TRST}}$，系统对联的基本连接线是地 GND。

JTAG 测试规范允许多个器件通过 JTAG 接口以菊花链的形式互相连接在一起，形成一个 JTAG 链，实现对各个器件的测试、程序下载或仿真调试。

2)常用的 JTAG 接口形式及其驱动

在实际应用中，常使用 JTAG 接口进行在系统编程 ISP (In System ProgrAmming)，使用 JTAG 接口进行软硬件仿真与调试。不同类型器件的 JTAG 接口信号的排列定义不同，常用的 AlterA 的 CPLD/FPGA 使用 10 脚双排 IDC 接口，TI 的 DSP 使用 14 脚双排 IDC 插口，8 位单片机使用 4 脚单排 SIP 插口，ARM 系列使用 20 脚双排 IDC 插口。

JTAG 插口与器件的 JTAG 接口之间需要增加适当的数据缓冲器或上拉电阻，以增强 JTAG 信号的驱动能力，常用的数据缓冲器有 74244，74245 等。

当 ISP 下载线或仿真器连接线长度过长，超过 6in 时，下载线或仿真头端口上也需要增加适当的数据缓冲器或上拉电阻，以增强 JTAG 信号的驱动能力。

图 8-13 给出了 ARM 单片机的 20 脚 JTAG IDC 插口定义及其接口连接的框图。图 8-14 给出了 TI DSP 仿真时的 14 脚 JTAG IDC 插口形状、仿真头驱动及其接口连接的框图。常用 JTAG 接口到其他类型接口的变换器件有到 16 位主机接口的桥接件 SN54/74ACT8990 等。

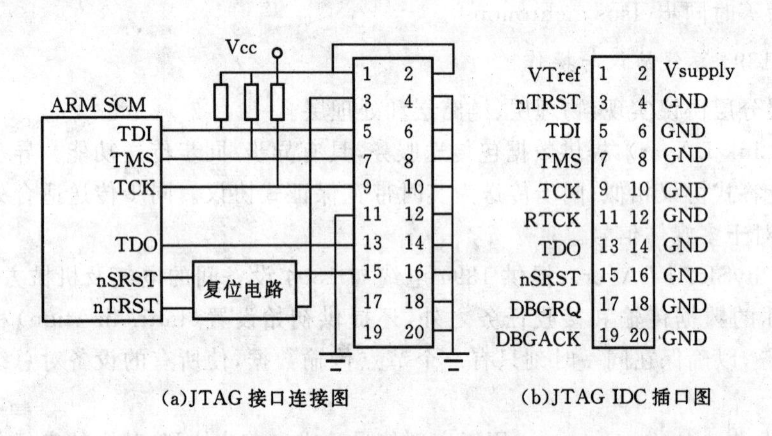

(a)JTAG 接口连接图　　(b)JTAG IDC 插口图

图 8-13　ARM 的 JTAG 接口及其连接框图

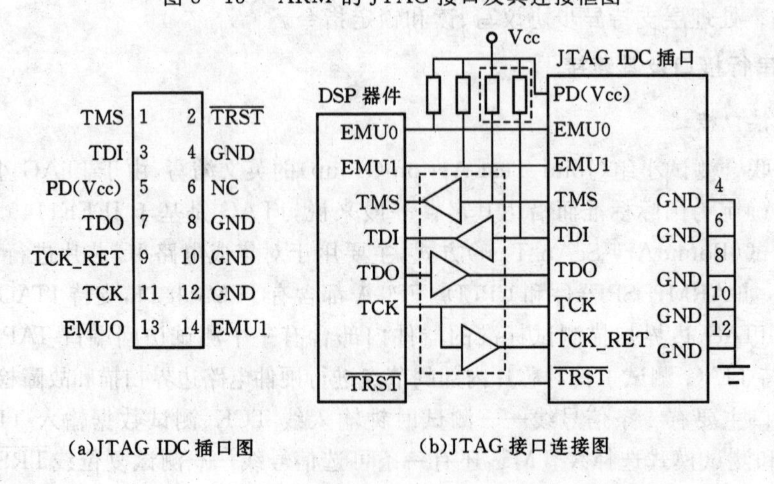

(a)JTAG IDC 插口图　　(b)JTAG 接口连接图

图 8-14　TI DSP 的 JTAG 接口及其连接框图

4. 1-Wire 单总线及其连接

1-Wire 单总线是 Maxim-Dallas 推出的一种半双工串行通信连接总线，它采用单根信号线，既传输数据位，又传输数据位的定时同步时钟，同时又能够以寄生供电方式给总线上的器件提供电源。这条数据线被地址、控制及数据信息复用。

1-Wire 单总线以单主机多从机的方式工作。1-Wire 单总线协议规定的标准速率是 16Kbps，高速速率是 142Kbps。1-Wire 单总线的网络半径和长度通常在 3m 以内。1-Wire 单总线具有节省 I/O 口线资源、结构简单、成本低廉、便于总线扩展和维护等诸多优点，在嵌入式系统中，尤其是便携式产品中，广泛地应用于数据存储、电池电量监控、物理量测量、输入/输出控制、实时时钟、电子标签和加密控制等方面。

1)1-Wire 单总线操作

1-Wire 单总线网络的典型通信流程如图 8-15 所示。每个 1-Wire 器件都有全球唯一的 64 位 ROM ID 码(含 8 位 CRC 校验码)，即 256 种不同组合的全球唯一标识码，既可以作为产品身份标识，还可以作为多节点应用中的地址标识。

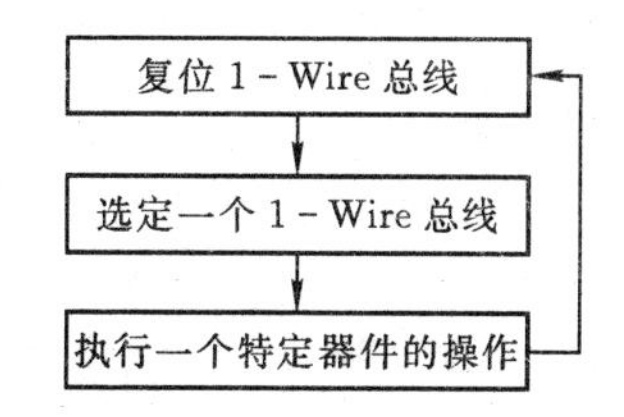

图 8-15　1-Wire 总线通信流程

1-Wire 总线有 4 种基本操作：复位、写 1 位、写 0 位和读位。字节传输可以通过多次调用“位操作”来实现。完成一位传输的时间称为一个时隙。常用线路条件下 1-Wire 主机与 1-Wire 器件通信的最短、最长和推荐时间可以查阅相关手册。

1-Wire 采用线“或”配置，主机为漏极开路输出，由一个电阻上拉至 3V 或 5V。从机为漏极开路输出，只能将总线下拉至低电平。

1-Wire 数据波形类似于脉冲宽度调制信号，主机发出复位信号，同步整个总线。然后主机启动每一位数据时隙，利用宽脉冲或窄脉冲实现写 0/1。读取数据时，主机用窄脉冲启动时隙，从机将数据线保持在低电平，展宽低电平脉冲而返回逻辑“0”，或保持脉宽不变而追回逻辑“1”。

通用 I/O 口作为 1-Wire 主机接口的微处理器，用软件模拟 1-Wire 时序时应注意 3 点：

(1)微处理器的通信端口必须是双向的，其输出为漏极开路，总线上要有“弱上拉”。

(2)微处理器必须能产生 1-Wire 通信所需的精确延时(标准速度 1μs/高速 0. 25μs)。

(3)通信过程不能被中断。

2)1-Wire 接口器件介绍

Maxim-Dallas 生产有大量的 1-Wire 器件，概括起来主要有以下几类：数字 I/O、模拟 I/O、温度传感器、存储器、总线扩展器、电量监测器和主机接口器件等。

大多数 Maxim-Dallas 的 1-Wire 器件提供经久耐用的不锈钢外壳封装，称为信息纽扣(iButton™)。有些内部带有微型锂电池，为内部实时时钟或数据记录仪供电，保持 NVSRAM 内的数据或配置信息达 10 年之久。有些 iButton™ 采用 E2PROM，无须备用电池。iButton™ 器件可以直接连接至 1-Wire 网络，完成一些特定的功能，如门锁钥匙等。

3)1-Wire 单总线连接

在嵌入式系统中采用 1-Wire 单总线，设计重点为作为 1-Wire 单总线主机的系统微控制器接口。大多数微控制器都没有专门的 1-Wire 接口，可以用 I/O 或 UART 接口作为 1-Wire

单总线接口,也可以采用上述的串/并口到 1-Wire 接口器件。图 8-16 是一个通用 I/O 口的设计实例,图中的"摆率调整"指 1-Wire 总线高低电平变化时的时间调整。采用 1-Wire 器件组成的 1-Wire 单总线典型网络如图 8-17 所示。

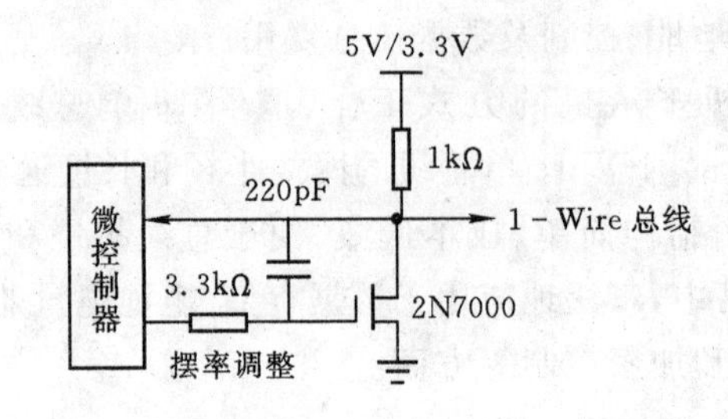

图 8-16 通用 I/O 口作为 1-Wire 接口扩展

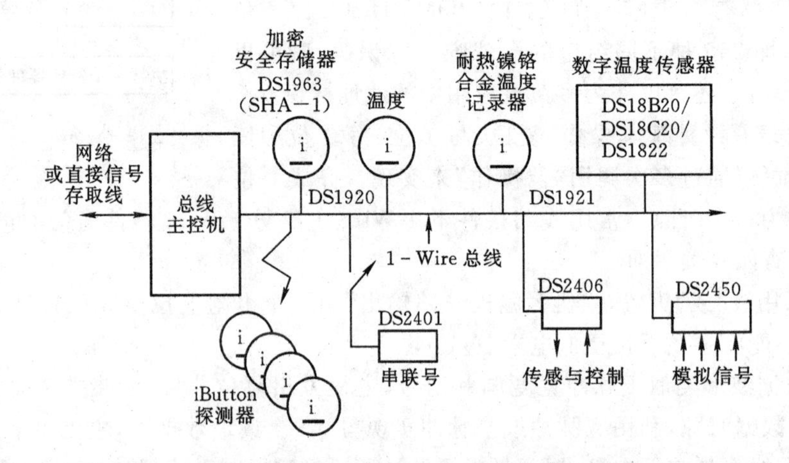

图 8-17 典型的 1-Wire 单总线网络构成框图

8.2.4 常用无线通信接口

常见的无线通信包括常规无线通信、红外通信、卫星通信等。常规无线通信一般指短距离无线传输和移动通信,简称无线通信。下面对几种常见通信形式及其接口加以介绍。

1. 无线通信接口

嵌入式系统中常常采用无线通信,以实现短距离数据传输以及语音、短信息、数据、传真的收发等。短距离数据传输,常常借助于相应的收/发器件、编解码器件或收发集成模块,实现几十米到 1 km 以内的数据传输,收/发器件的工作频率在 100 MHz~1GHz 之间。语音、短信息、数据、传真的收发主要是使用现代成熟的数字蜂窝移动通信技术,采用可控的 GSM,GPRS 或 CDMA 模块来实现。选用含有 GPS 接收能力的 GSM 模块或一体化 GPSOne 技术的 CDMA 模块,还可以利用卫星信息实现快速、简单、精确的定位、同步或授时。

1)无线通信器件

无线通信器件主要是无线通信芯片和模块,无线通信集成芯片有无线通信收/发器和编解码器,无线通信模块有短距离无线收/发模块、GSM 通信模块、CDMA 通信模块、3G 通信模块和4G通信模块等。根据用户不同要求，可以方便地选择应用。

2)无线通信接口设计

无线通信集成芯片或模块提供有并行或串行数据接口，可以直接与系统微控制器相连接。大多数无线通信芯片或模块的串行数据接口都是UART接口，与现代多数含有UART片内外设的微控制器对接，更加方便。在系统中嵌入无线通信芯片或模块，必须特别注意系统整体的设计，要使系统微控制器外部的晶振频率尽可能低，使高频时钟区尽可能远离无线收发区，必要时可对系统微控制器部分做相应的屏蔽。

图8-18给出了一个采用TRF6900实现远程温度采集系统的实际应用框图。该系统包括温度传感器、微处理器、TRF6900、终端显示与存储设备、天线和电源等组成部分。TRF6900是TI公司推出的单片射频收发器芯片，工作频率为850～950MHz，具有FM/FSK调制模式，采用三线制串行接口，方便与微控制器连接。应用中将温度采集系统一次性埋入探测点，测量温度时，微控制器控制温度传感器，使之输出温度数据。微控制器接收到温度数据后，对温度数据进行处理，按照一定的格式发送给TRF6900，利用TRF6900完成数据的发送和接收。地面上的微控制器接收到的温度数据经过处理后，予以显示或存储，从而完成了整个温度数据的采集。

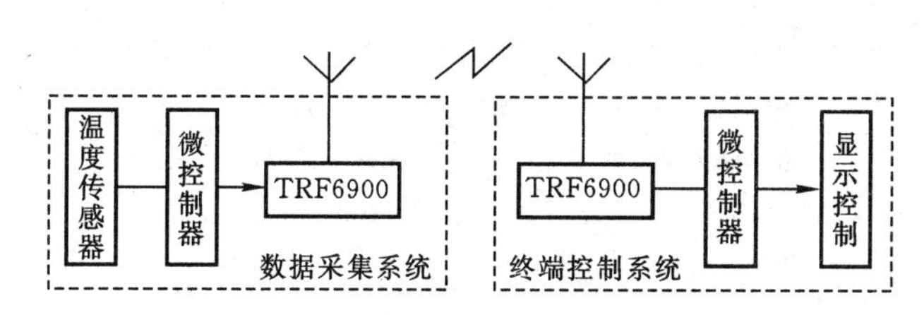

图8-18 TRF6900组成的无线收/发系统框图

2. 红外通信接口

1)红外数据传输及其规范简介

红外数据传输，一般采用红外波段内的近红外线，国际红外数协据会IrDA(Infrared Data Association)限定所用红外波长为850～900nm。IrDA相继制定了很多红外通信协议，有侧重于传输速率方面的，有侧重于低功耗方面的，也有二者兼顾的。如IrDAl.1协议通信速率达到4Mbps，采用4PPM(Pulse Position Modulation)编/译码机制，同时在低速时保留1.0协议规定。

IrDA标准包括3个基本的规范和协议：

①物理层规范IrPHY(Physical Layer Link Specification)；

②连接建立协议IrLAP(Link Access Protocol)；

③连接管理协议IrLMP(Link Management Protocol)。

物理层规范制定了红外通信硬件设计上的目标和要求，IrLAP和IrLMP为两个软件层，负责对连接进行设置、管理和维护。红外传输距离在几厘米到几十米，发射角度通常在0°～15°，发射强度与接收灵敏度因不同器件的不同应用设计而强弱不一，使用时只能以半双工方式进行红外通信。

2)IrDA 器件的类型划分

红外数据传输可用图 8－19 简单表示，其基本类型划分如图 8－20 所示。

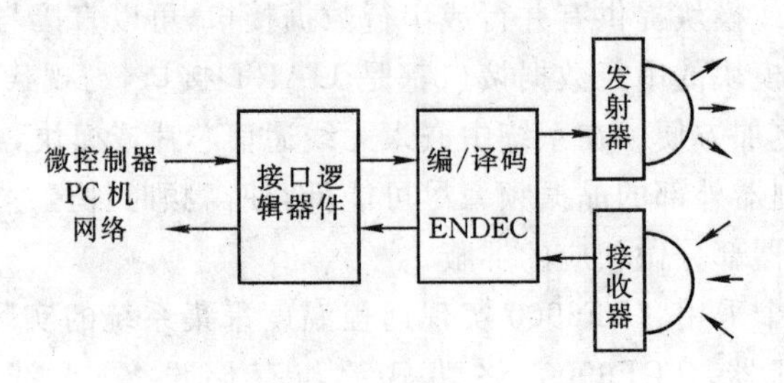

图 8－19　红外数据传输的基本模型图

IrDA 器件
- 发射器
  - 仅发射管，如 Agilent 的 HSDL－4200 系列
  - 内置驱动，如 Sharp 的 GLF20
- 接收器
  - 仅接收，如 Agilent 的 HSDL－4400 系列
  - 带放大功能，如 Omron 的 RPM－638
  - 带放大与解调功能，如 Vishay 的 TSOP322
- 收/发器，如 Zilog 的 ZH010，Vishay 的 TFDU4100
- 编码器，如 Mitsubishi 的 M50462AP
- 编/译码器，如 Agilent 的 HSDL－7001
- 接口器件，SigmaTel 的 STIr4200

图 8－20　IrDA 器件的类型图

根据传输速率的大小，可以把 IrDA 器件区分为 SIR，FIR，VFIR 类型。例如 Vishay 的红外收/发器，TFDU4300 是 SIR 器件，TFDU6102 是 FIR 器件，TFDU8108 是 VFIR 器件。

根据应用功耗的大小，可以把 IrDA 器件区分为标准型和低功耗型。低功耗型器件，通常使用 1.8～3.6V 电源，传输距离较小(约 20 cm)，如 Agilent 的红外收/发器 HSDL－3203。标准型器件，通常使用 DC5V 电源，传输距离大(几十米)，如 VishAy 的红外接收器 TSOP12xx 系列，配合其发射器 TSAL5100，传输距离可达 35m。

3)IrDA 器件的构成及其使用

红外收/发器件的发送器大多是使用 Ga，As 等材料制成的红外发射二极管，能够通过的 LED 电流越大，发射角度越小，产生的发射强度就越大；发射强度越大，红外传输距离就越远，传输距离正比于发射强度的平方根。红外发送器件内部常带有驱动电路(见图 8－21(a))，在使用时通常需要串联限流电阻，用以分压限流。

红外检测器件的主要部件是红外敏感接收管件。有独立接收管构成器件的，有内含放大器的，有集成放大器与解调器的(见图 8－21(b)，(c))。接收灵敏度越高，传输距离越远，误码越低。

红外收/发器件集发射与接收于一体(见图 8－21(d))。通常器件的发射部分含有驱动器，接收部分含有放大器，并且内部集成有关断控制逻辑，以便在发送时关断接收，避免引入干扰，通过 SD 引脚还可以关断器件电源供应，降耗节能。

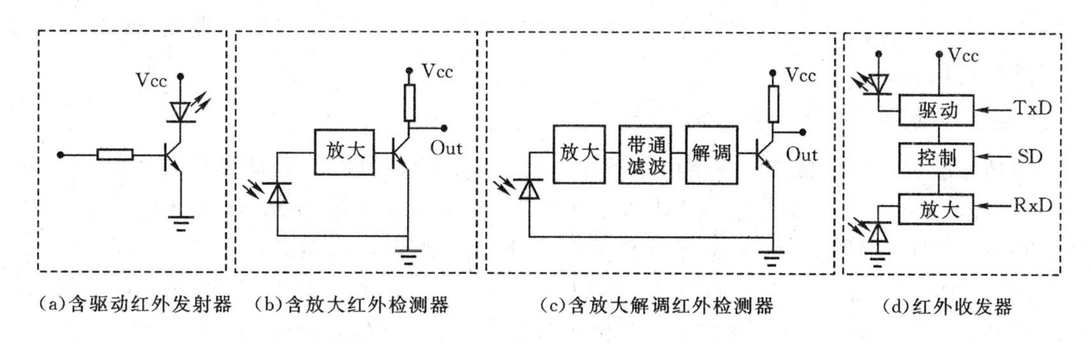

图8-21　红外收发器件结构框图

4)常用红外数据传输应用技术

近距离红外数据传输在很多领域都得到了应用，如家电里的红外遥控收发器，笔记本电脑、掌上电脑、移动手机等的红外接口。在进行红外数据传输电路设计时，需要注意以下几点：

(1)选型红外器件：要解决好低功耗与传输性能之间的矛盾，根据传输距离的远近选择不同的红外器件。

(2)传输性质：红外数据传输是半双工性质的，不能同时进行数据接收和发送，并且收发转换应有一定的延时。

(3)电源设计：红外器件电源电压各不相同，为了防止外界干扰和降低功耗，需要仔细设计选择适当的DC-DC器件和系统关断设计。

(4)PCB板设计：滤波电感、电容等器件要就近放置，以确保滤波效果，采用单点接地技术以减少串扰和外界辐射。

(5)性能提高技术：为了增大红外传输距离，提高收/发灵敏度，可以增加发射电路的数量和发射功率，使几只发射管同时启动发送；在接收管前加装红色滤光片，以滤除其他光线的干扰；在接收管和发射管前面加凸透镜，提高其光线采集能力等。

3. 卫星通信接口

1)卫星定位-授时-同步概述

卫星定位-授时-同步技术中的关键部件是人造地球导航卫星组。目前，主要的导航卫星组有美国的全球卫星定位系统GPS、俄罗斯的全球导航卫星系统GLONASS、中国的北斗导航系统，还有欧盟的伽利略全球导航系统Galileo。

卫星导航系统通常由3部分组成：导航卫星、地面监测校正维护系统和用户接收机或收/发机。对于北斗局域卫星导航系统，地面监测中心还要帮助用户一起完成定位-授时-同步。在民用方面，GPS，GLONASS和北斗的定位精度是米级，卫星授时时钟精度是毫秒级，数据同步能力在1μs以下。未来的Galileo导航卫星系统，其民用定位—授时—同步精度是GPS的10倍左右。

2)卫星定位-授时-同步的基本原理

卫星导航基于多普勒效应的多普勒频移规律：$\Delta f=\lambda/\nu$。其中，Δf为运行物体之间的电磁波信号频率变化，λ为其信号电磁波的波长，ν为其相对速度。上式说明所接收卫星信号的多普勒频移曲线与卫星轨道有一一对应关系。也就是说，只要获得卫星的多普勒频移曲线，就可确定卫星的轨道。反之,已知卫星运行轨道,根据所接收到的多普勒频移曲线,便能确定接收体的地面位置。

3)全球导航卫星信号的接收端设计

全球导航卫星信号接收端主要由以下几部分组成:卫星接收天线、低噪声放大器(Lower Noise Amplifier,LNA)、前端射频下变换器(End-Front Radio Frequency Down Converter,End-Front RF)、信号通道相关器、数字信号运算处理控制器(Digital Signal Processor,DSP)、实时时钟(Real Time Clock,RTC)、数据存储器 Memory 与输入/输出 接口(Input/ Output,I/O)组成,整个体系如图 8-22 所示。从图中可以看出,卫星信号接收端的核心是 DSP 运算控制器,从导航电文到卫星位置的确定,再到接收端所在待测点位置与接收端时钟钟差的确定,以及卫星通道数据的整定控制等都是由 DSP 完成的。实际应用中,常选用 32 位的通用数字信号处理器件或 ARM 内核的单片机来执行这一系列复杂的运算与控制。接收端向外输出精确的定位/授时数据结果和 PPS 秒脉冲信号,并且可以接收外界的通信配置。

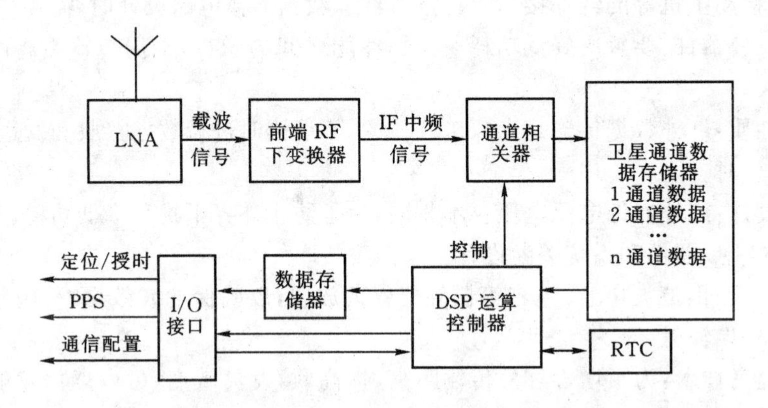

图 8-22 全球导航卫星信号的接收端的结构框图

卫星信号的接收电路设计可以选择集成组件构建卫星信号接收端,但设计任务繁杂。因此,更常用的是选用集成模块构建卫星信号接收端,使用卫星信号接收 OEM 板或接收模块。卫星信号接收 OEM 板或模块是一些知名半导体设计厂商利用集成组件设计的模块化卫星信号接收端,工作稳定可靠,精确程度高,接口规范标准。

4)精确卫星定位-授时-同步的应用设计

应用卫星导航信号进行精确的异地或同地的多通道工业数据的采集与控制,主要是直接使用由卫星信号接收端得到的 PPS 秒脉冲信号或由 PPS 信号得到分脉冲、时脉冲等脉冲信号,同步启动多通道的数据采集,同步打开或关闭各个通道开关,还有用于测量判断的,制作精确时间标签的,如电力系统中的故障定位、录波、功率因数测量等。此外,还需用精确的机器时钟配合 PPS 时间,以得到高分辨率的时间间隔。其应用模型如图 8-23 所示,其中 CPU,ADC,DAC 等的速度、类型、规格等应根据实际设计系统的状况决定。

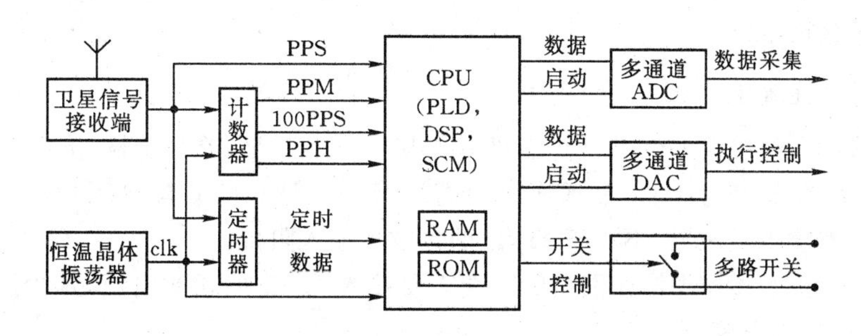

图 8-23 应用卫星信号的同步数据采集与控制的模型框图

8.2.5 现场总线接口

1. 常用现场总线接口

现场总线(Field Bus),是现场仪表与控制系统之间的一种全分散、全数字化、智能、双向、互联、多变量、多点、多站的通信网络,是一种应用于生产现场,在现场设备之间、现场设备与控制装置之间实行双向、串行、多节点数字通信的技术,是一个定义了硬件接口和通信协议的标准。

现场总线通信协议基本要求是响应速度和操作可预测性的最优化。总线通信协议的基础是国际标准化组织ISO的开放系统互联OSI的7层协议,大多数都采用了其中的第1,2,7层,即物理层、数据链路层和应用层,并增设了第8层用户层。

物理层:定义了信号的编码/传送方式、传送介质、接口的电气/机械特性、信号传输速率等。

数据链路层:分为介质访问层MAC和逻辑链路控制层LLC两部分,前者对传输介质上信号的收/发进行控制,后者控制数据链路从而保证数据传输到指定的设备上。

应用层:分为应用服务层FMS和现场总线存取层FAS两部分,前者为用户提供服务,后者实现同数据链路层的连接。应用层的功能是进行现场设备数据的传送及现场总线变量的访问。

用户层:定义了从现场装置中读/写信息和向网络中其他装置分派信息的方法。

选择现场总线时,除了应考虑现场总线通信的主要性能指标,如数据传输速率、频带利用率、协议效率、通信效率、误码率等因素外,还应考虑以下几点:

(1)控制网络的特点:主要指实时性、可靠性、安全性、应用需求、传输速度与数据格式。

(2)标准支持:有国际、国家、地区、企业标准等。

(3)网络结构:主要指支持介质、拓扑形式、最大长度、本质安全、总线供电、最大电流、可寻址的最大节点数、可挂接的最大节点数、介质冗余等。

(4)网络性能:主要指时间同步准确度、执行准确度、媒体访问控制方式、发布/预订接收能力、撰文分段能力、设备识别、位号名分配、节点对节点的直接传输、支持多段网络、可寻址的最大网段数等。

(5)测控系统应用考虑:功能块、应用对象、设备描述等。

(6)市场因素:主要指供货的成套性、持久性、地区性,产品的互换性、性能价格比等。

2. RS-485 总线接口

1)RS-485 总线概述

RS-485 采用的是二线差分平衡传输机制。其接口标准是:差分传输,屏蔽双绞线通信介质,最大 32 个标准节点,1200m 最远通信距离,－7～＋12V 的共模电压/差分输入范围,±200mV 的接收器输入灵敏度,不小于 12kΩ 的接收器输入阻抗。

当传输距离超过 300m 时,在网络的两端需要接入 120Ω 的匹配电阻,减少因阻抗不匹配引起的反射和吸收线路噪声。

节点数指 RS-485 接口芯片驱动器所能驱动标准 RS-485 负载的个数。标准驱动节点数为 32。为适应更多节点通信的需求,有些芯片的输入阻抗设计成 1/2 负载(≥24kΩ)、1/4 负载(≥48kΩ)甚至 1/8 负载(≥96kΩ),相应的节点数可增加到 64,128 和 256。如 MAX485 支持 32 个节点,MAX487 就可以支持 128 个节点。

RS-485 通信网络支持两种工作方式:半双工和全双工通信方式。图 8-24 是 485 总线通信网络的架构框图,图中不同的工作方式下,就必须采用不同的工作器件来构建。支持半双工通信方式的器件有 SN75176, SN75276, SN75LBC184, MAX485, MAX1487, MAX3082, MAX1483 等;支持全双工通信方式的器件有 SN75179, SN75180, MAX488～MAX491, MAX1482 等。

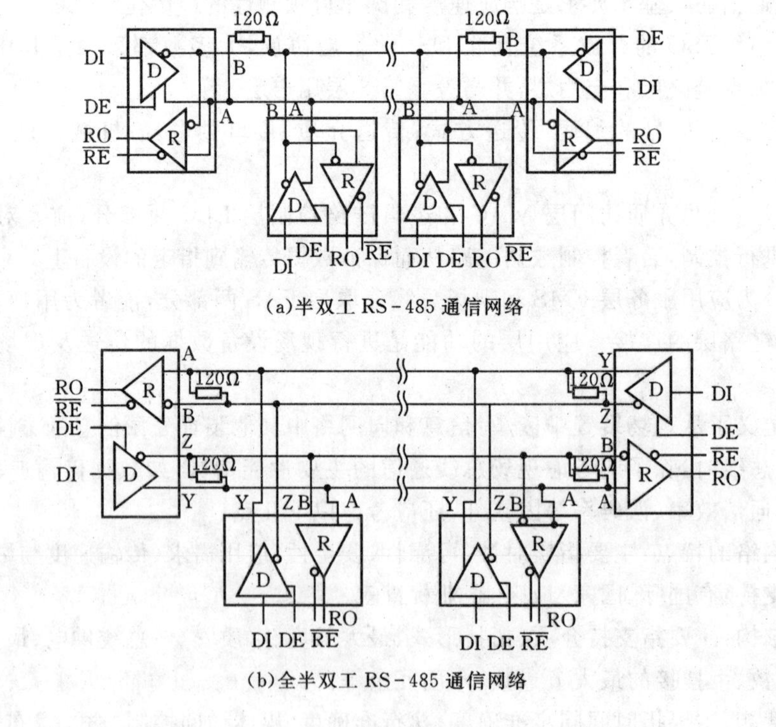

(a)半双工 RS-485 通信网络

(b)全半双工 RS-485 通信网络

图 8-24　RS-485 总线通信网络的构成框图

2)RS-232 与 RS-485 的接口转换

在实际应用中,经常需要进行 RS-232 与 RS-485 的接口转换。常用方法有两种:一种是进行有源转换，一种是进行无源转换。有源转换电路简单，但需要外接电源；无源转换则相反。图 8－25 是一种使用 Maxim 的 CMOS 电压变换器 ICL7662 实现的 RS-232 与 RS-485 的无源接口转换电路。

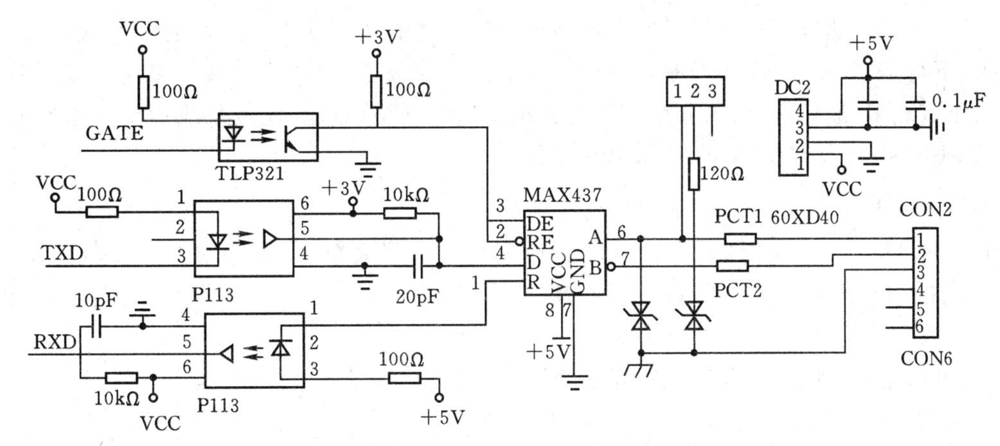

(a)由芯片 MAX487 构成的标准 RS－485 接口电路

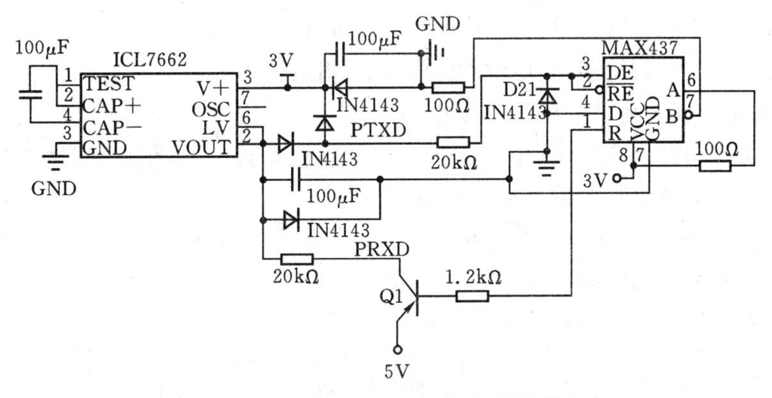

(b)RS－232 与 RS－485 标准的无源转换电路

图 8－25　ICL7662 实现的 RS-232 与 RS-485 的接口无源转换电路

图 8－25(a)所示为由 RS-485 芯片 MAX487 构成标准 RS-485 接口电路。其中，2 片 P133 为快速光电耦合器，用于把控制内核部分与网络隔离开，控制端口用相对廉价的 TPL521 隔离；TVS1 和 TVS2 为瞬态电压抑制二极管，用以对网络上的高压噪声干扰进行吸收，保护接口芯片 MAX487 免予损坏；PCT1 和 PCT2 为自复位保险丝，在网络过流的情况下起保护作用，它在网络过流时进入高阻限流状态，在网络恢复正常的情况下，又恢复到正常零电阻的工作状态下；R7 为可选终端匹配电阻。

图 8－25(b)完成 RS-232 与 RS-485 标准之间的无源转换。电路的工作电源来自于 RS-232 的发送信号线 PTXD，由电荷泵 ICL7662 进行正负电源转换，能量存储于储能电容 C1，C2，C3 中，作为本部分电路的工作电源。由 MAX487 完成 RS-232 与 RS-485 标准之间的转换，电路自动完成收/发控制的转换。该部分对控制内核来讲处于无源工作状态下，不受所在终端工作状态的影响，自动完成收、发状态控制，避免网络“死锁”。当电路所在的节点不接 RS-232 时，该部分电路不工作，使得系统的功耗最小；当节点通过 RS-232 与系统通信时，监控

系统的数据首先转换到 RS-485 网上，节点数据先经过本节点转换电路转换到 RS-232 的电平状态，然后与监控系统通信。

3. M-Bus 仪表总线接口

在水、电、气、热等民用计量仪表及楼宇自动化控制中，仪表总线应用广泛。仪表总线的通信电平，下行是 12 V 电压，上行是电流环。仪表总线克服了 RS-485 总线网络的诸多缺陷，非常适合于节点多、通信距离长、分布分散的远距离通信网络系统。仪表总线主要有两种形式：传统的 M-Bus 总线和改进型的 C-M-Bus 总线。

1)M-Bus 总线概述

M-Bus(Meter Bus)总线是在欧洲广泛应用的一种仪表总线，由德国 Paderborm 大学的 Ziegler 教授和德国的 TechemAG 公司以及 TI 公司共同开发的。采用 M-Bus 仪表总线和相关技术的数据采集系统，具有以下特点：

(1)可采用普通的双绞线电缆线连接及任意总线拓扑结构(星型、树型等)，系统布线施工简单、扩展灵活。

(2)最大的总线长度可以达到 1km(波特率≤9600bps 时)。

(3)系统的每一个标记具有唯一的地址码，方便管理。

(4)双绞线同时完成数据通信和提供电源，可为用户提供 3 种供电方式(远程供电、电池和远程供电以及运用光耦合后单一的电池供电)。

(5)系统可实现 300～9600bps 半双工异步通信。通信媒介可采用普通双绞线，总线极性可互换，并可以通过中继器扩大网络或系统的覆盖范围。

(6)每个 M-Bus 系统都有一个电平转换器。该转换器提供 RS-232 或者 RS-485 接口，以实现与中心计算机的通信，该系统最多可以连接 250 个用户。

M-Bus 总线网络的结构组成如图 8-26 所示。

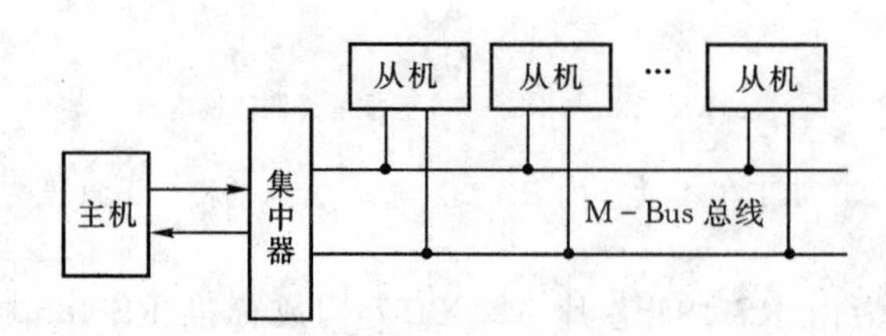

图 8-26　M-Bus 总线构成框图

2)典型总线接口器件介绍

TSS721A 是 TI 公司生产的一种用于 M-Bus 总线的专用收/发器芯片，其内含的接口电路可以调节仪表总线结构中主/从机之间的电平，可通过光电耦合器等隔离器件与总线连接。该收/发器由总线供电，对从机不增加功率需求；外形采用 16 脚 DIP 双列直插封装，将整个数据发送功能集于一体。

图 8-27 是由 TSS721A 连接与供电的 MSP430 单片机无源数据采集系统的 M-Bus 总线网络节点框图。TSS721A 的 8 位波段开关可以用来设置总线上节点的唯一地址，M-Bus 总线主机通过寻址的方式来实现和 MSP430 之间的通信。主/从机之间的通信是半双工的。图中各个电阻、电容、场效应管的规格型号，可根据 TSS721A 的资料手册的要求和实际需要而

确定。

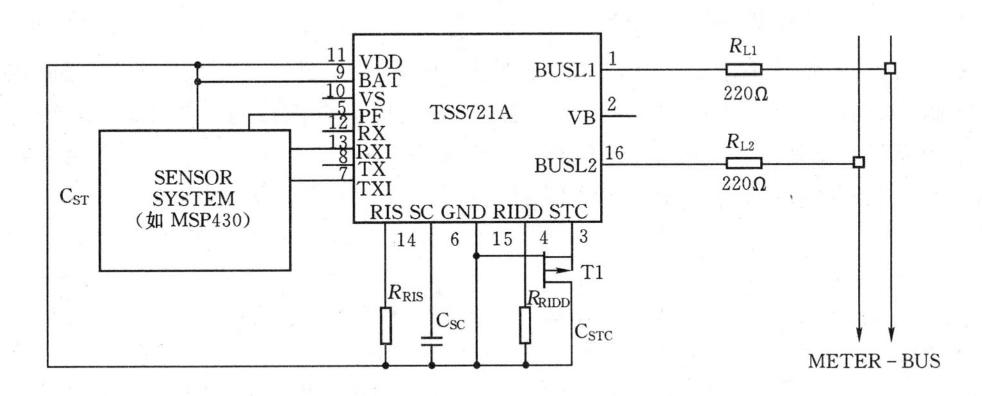

图 8-27　MSP430 单片机无源数据采集系统 M-Bus 总线节点

4. C-M-Bus 仪表总线接口

1)C-M-Bus 总线概述

C-M-Bus 是一种由美国优倍公司推出的、低成本的、一点对多点的总线通信系统，具有 通信设备容量大(400 点)，通信速率高(9600 bps)，成本低，设计简单，布线简便(无极性可任意分支，普通双绞线)，抗干扰能力强，并且总线可提供高达 500mA 供电电流的特点。系统具有自动登录功能，可完成设备的自动登录、节点中断报警等双向可中断的先进的通信功能。总线隔离设备具有总线故障隔离性能，保证部分总线发生故障时，其他部分正常通信。以该芯片为核心构成的总线通信系统可广泛应用于三表(水表、气表、电表)集抄、智能家庭控制网络、消防报警及联动网络、小区智能化控制网络、中央空调控制系统等。C-M-Bus 总线又比 M-Bus 具有更高的节点容量，更远的通信距离，更低的功耗，并且 C-M-Bus 可为总线上的设备提供更大的供电电流。C-M-Bus 还提供配套的主站专用集中控制芯片 CMT100，可与计算机 RS-232，RS-485 等接口连接，系统兼容性及扩展性好。

2)C-M-Bus 总线网络的构成

C-M-Bus 总线网络的构成如图 8－28 所示。其中，A 表示智能电表、水表、煤气表、热量表、家庭自动化设备终端、火灾报警、联动设备、手动报警按钮、网络显示器、网络仪表设备、控制设备、温度探测器、温度控制器等节点通信设备。B 表示总线隔离(保护)器，其作用是当其所在分支发生短路时，自动断开其分支，使其他设备正常通信。其工作电流小于 0.1 mA，总线故障时电流大于 15 mA，因此可提供如保险丝等电流保护装置防止短路对系统的影响。当通信距离超过 2km 时，可使用隔离中继器再延长 2km，需要现场供电，工作电流 0.5mA。集中控制器向上连接计算机 (或手持式抄表设备)，向下连接 C-M-BUS 总线的控制设备，内部有以

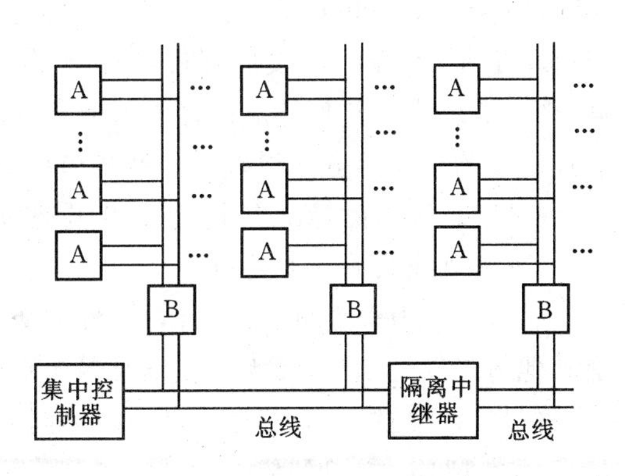

图 8-28　C-M-Bus 型总线系统构成

CMT100 为核心的电源控制器、RS-232/485 与 C-M-Bus 之间的通信转换器等电路。

3)总线主机和从机设备节点设计

总线主机中心设计采用 CMT100 芯片作为 C-M-Bus 中心通信专用集成电路,完成数字通信的调制解调功能。其中 TxD,RxD 和收/发控制经光电耦合直接输入芯片,系统使用 12～30V 电源,总线传送速率小于等于 9.6Kbps,封装为 SO－14。图 8－29 给出了采用 CMT100 设计的 C-M-Bus 网络主机中心的一个实例。

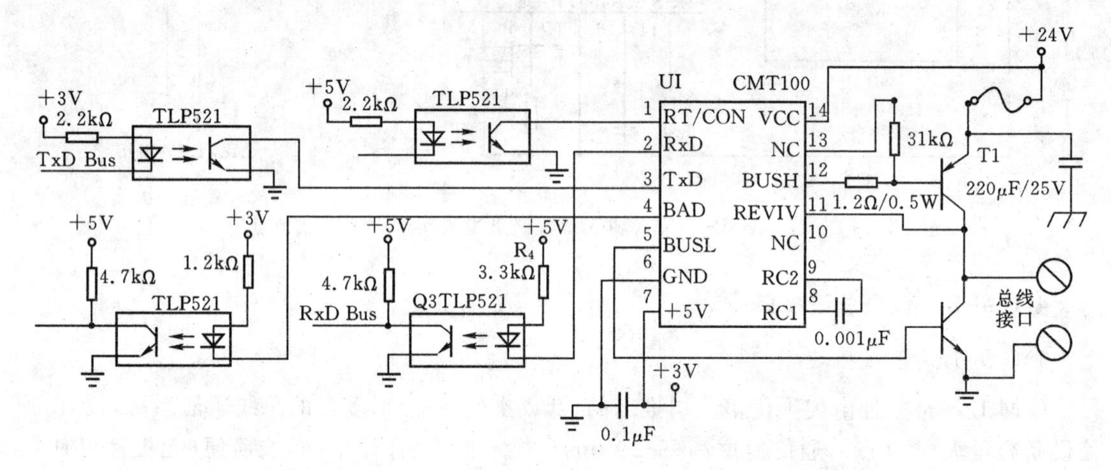

图 8－29　采用 CMT100 设计的 C-M-Bus 网络主机节点原理图

C-M-Bus 网络从机设备节点电路采用 CMT001 芯片完成数字通信的调制解调功能。总线信号直接输入芯片,芯片 RxD,TxD 信号可直接输入单片机或通过光耦与单片机连接,输出 12～35 V,100mA 电源及 5(1±5%)V,4mA 电源。

5. CAN 总线接口

1)CAN 总线概述

CAN(Controller Area Network,控制器局域网)总线是德国 Bosch 公司提出的,最初应用于汽车工业,而今已经发展到过程控制、纺织机械、农用机械、机器人、医疗器械、传感器等领域。CAN 总线以其独特的设计和低成本、高可靠性、实时性、抗干扰能力强等特点在工业过程监控设备的互连等方面得到了广泛的应用。

CAN 总线国际标准有 IS011519 低速应用标准和 ISO11898 高速应用标准两种。

CAN 总线具有以下特点:

(1)CAN 为多主机方式工作,不分主从,网络上任意节点均可以在任意时刻主动地向网络上其他节点发送信息,且无须站地址等节点信息。利用这一特点可以构成多机备份系统。

(2)CAN 网络上的节点信息分成不同的优先级,可满足不同的实时要求,高优先级的数据最多可在 134μs 内得到传输。

(3)CAN 采用非破坏性总线仲裁技术。当多个节点同时向总线发送信息时,优先级较低的节点会主动地退出发送,而最高优先级的节点可不受影响地继续传输数据,从而大大节省了总线冲突仲裁时间,尤其是在网络负载很重的情况下,也不会出现网络瘫痪的情况。

(4)CAN 只需通过报文滤波即可实现点对点、一点对多点及全局广播等几种方式传送接收数据，无须专门的“调度”。

(5)CAN的直接通信距离最远可达10km(速率5Kbps以下)；通信速率最高可达1Mbps(此时通信距离最长为40m)。

(6)CAN上的节点数主要取决总线驱动电路，目前可达110个；报文标识符可达2032种(CAN2.0A)，而扩展标准(CAN2.0B)报文标识符几乎不受限制。

(7)采用“短帧”结构，传输时间短，受干扰概率低，具有极好的检错效果。

(8)CAN的每帧信息都有CRC校验及其他检错措施，保证了数据出错率极低。

(9)CAN的通信介质可为双绞线、同轴电缆或光纤，用户可灵活选择。

(10)CAN节点在错误严重的情况下具有自动关闭输出功能，以使总线上其他节点的操作不受影响。

2)CAN总线器件

CAN总线器件主要有两类：CAN协议控制器和CAN总线收/发驱动器。

常用的CAN协议控制器有Philips公司的SJA1000和PCA82C200，Intel公司的82527，Siemens公司的81C90/91等。常用的CAN总线收/发驱动器有Philips公司的PCA82C250/251，TJA1050/ 1040，NEC公司的72005等。另外，很多著名半导体厂商还推出带有CAN协议控制器的微控制器，如Philips公司的P87591，LPC209x，Intel公司的87C196CA/CB，Microchip公司的PIC248/258/448/458，Motorola公司的MC68908AZ60A，Siemens公司的C167C等。

SJA1000是Philips公司推出的一种单机CAN协议控制器。它有两种工作模式：BASICCAN和PeliCAN。这两种模式可通过时钟分频寄存器中的CAN模式位来选择，复位默认模式是BASIcCAN。BASIcCAN模式与PCA82C200 CAN控制器软硬件兼容。SJA1000扩展了接收缓存，支持CAN2.0B协议，支持11位和29位标识符，时钟频率为24MHz，位速率可达1Mbps，接口适合多种微处理器，CAN输出驱动配置可编程，工作环境温度为－40～125℃，28脚DIP或SO封装。

PeliCAN模式的新特点是：接收和发送采用扩展帧格式，64字节扩展的FIFO接收缓冲器，双重验收滤波器，错误计数，错误警告限制可编程，错误代码可捕捉，自测试，有针对每种CAN总线错误的中断。

图8-30给出了CAN总线应用节点硬件体系设计的一个典型样例。该节点主要由Atmel公司的增强型MCS-51单片机AT89S52，CAN协议控制器SJA1000，CAN总线收/发驱动器PCA82C250及其复位电路IMP708组成。IMP708有两路反相位的复位控制信号，分别连接SJA1000和AT89S52的复位端，IMP708还可以实现手动复位。

6. EMAC总线接口

1)EMAC总线概述

EMAC(Earthnet Media Access Control)总线即以太网总线，应用在工业领域，也称为工业以太网总线。工业以太网相对于传统的办公以太网，抗干扰能力、环境的适应性、本质安全性、网络供电特征及网卡、集线器(Hub)、交换机(Switches)、路由器、网关、服务器等以太网设备都有了很大改进和增强。

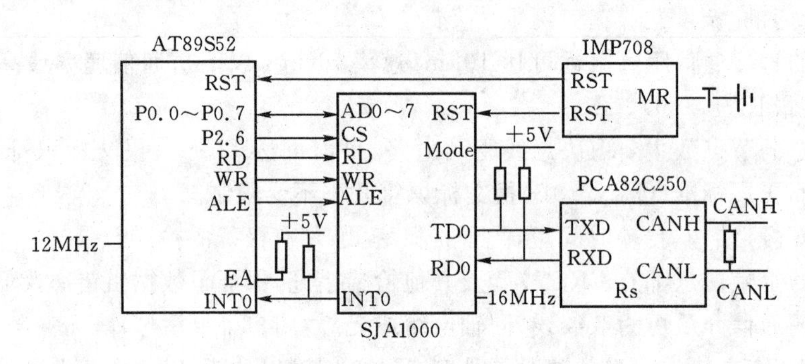

图 8-30　CAN 总线应用节点设计样例框图

以太网引入工业现场总线，为提高传输效率，一般只定义物理层、数据链路层和应用层。为与以太网融合，通常在数据包前加入 IP 地址，并通过 TCP 来进行数据传递。即：在 OSI/ISO 7 层协议中，以太网只定义了物理层、数据链路层；其他高层控制协议，以太网使用了 TCP/IP 协议。IP 协议用来确定信息的传输路线，TCP 协议(Transmission Control Protocol)保证数据传输的可知性，常用的数据传输协议还有 UDP(User Datagram Protocol)，FTP(File Transfer Protocol)和 SMTP(Simple Mail Transfer Protocol)等。

2)常见 EMAC 通信介质及其接头

常用的以太网通信介质是八芯五类双绞线，它有 4 个线对，各信号线对的颜色是橙白、橙，绿白、绿，蓝白、蓝，棕白、棕。通常使用其中 4 条——发送(TX+，TX−)、接收(RX+，RX−)，其余 4 条不用。

双绞线以太网通常使用 RJ45 插头/插座。RJ45 插头有两种接线类型——T568A 与 T568B，其外形如图 8-31 所示。

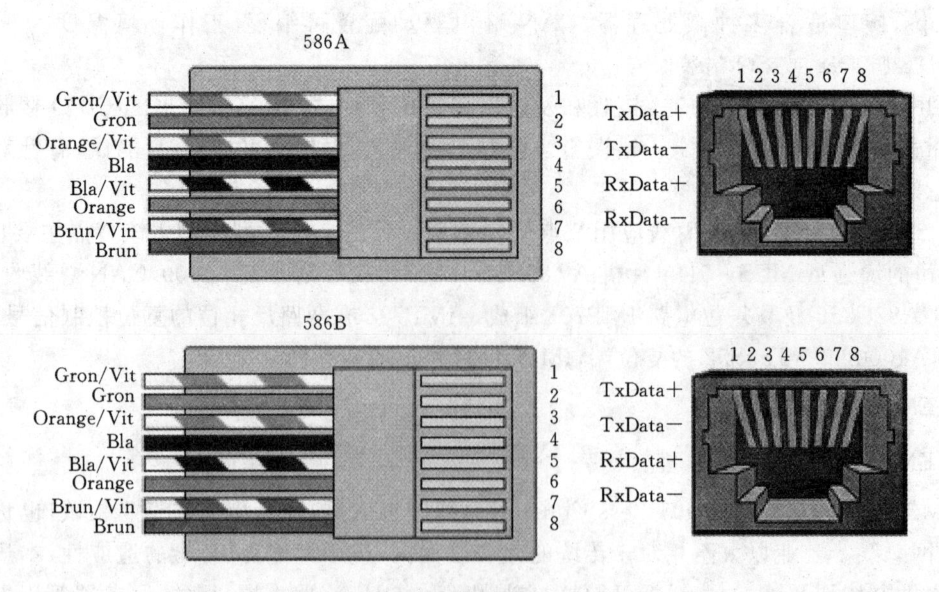

图 8-31　RJ45 插头外形图

插头所连双绞信号线颜色，从 1 到 8，T568A 型的顺序是绿白、绿、橙白、蓝、蓝白、橙、棕白、棕，T568B 型的顺序是橙白、橙、绿 白、蓝、蓝白、绿、棕白、棕。计算机网卡对联，一端使用 T568A 型接法，另一端使用 T568B 型接法。集线器连接计算机，每端都要采用 T568B 型接法。

3）常用 EMAC 接口器件及其特性

常用 EMAC 总线接口器件是以太网控制器件和 TCP/IP 协议处理器件。常用的以太网控制器件多是 ISA 总线或 PCI 总线接口类型的芯片，在嵌入式系统中常用的是基于 ISA 总线系统的以太网控制器件，如 Realtek 的 10Mbps 速率的 RTL8019AS，SMsC 的 10/100Mbps 自适应速率的 LAN81C111 等。下面以上海精致的 E5122 协处理器控制器为例，简要介绍一下 EMAC 接口器件特性

E5122 是一款常用的 TCP/IP 协议处理器芯片，用来实现以太网和 I^2C 或 UART 串口之间的 TCP/IP 协议转换，最大串行速率 115.2Kbps，5V 工作电压。E5122 工作时，需要使用 22.1184MHz 的外部晶振，使用 32KB 外部 SRAM 作为以太网数据缓冲器，使用至少 256 字节的 I^2C 接口的 SEEPROM 存储系统参数，并通过外接 RTL8019AS 等以太网控制芯片来实现网络连接。

4）EMAC 接口设计举例

最简单的 EMAC 接口就是使用“微控制器串口＋TCP/IP 协议处理器＋EMAC 接口控制器”。图 8－32 给出了单片机 UART 串口、E5122 和 RTL8019AS 构成的 EMAC 接口电路。以太网通信，几乎无须单片机软件干预，简单方便，但传输速度有限。

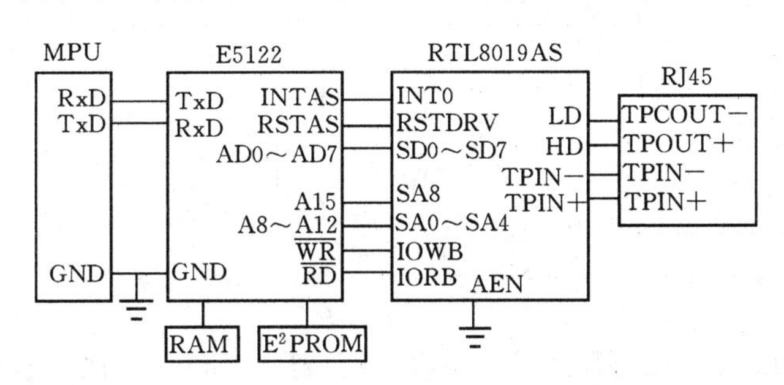

图 8－32　由串口到以太网的通信接口电路

图 8－33 给出了 32 位 ARM7 单片机 LPC2200 通过其 16 位数据总线直接外接 LAN81C111 的 EMAC 接口电路原理图。此电路采用并行数据总线连接，通信速度很快，但需要系统微控制器 LPC220 多做一些通信设置工作。

7. LonWorks 总线接口

1）LonWorks 总线及其技术概述

LonWorks(Local Operating Networks)，是 Echelon 推出的一种可靠、快速、抗干扰能力强的现场总线，采用国际标准化组织 ISO 的开放系统互联 OSI 网络协议参考模型的全部 7 层通信协议和面向对象的设计方法，通过网络变量把网络通信设计简化为参数设置，其通信速率从 300bps 至 1.5Mbps 不等，直接通信距离可达到 2700m，支持双绞线、同轴电缆、光纤、射频、红外线、电源线等多种通信介质，被誉为通用控制网络。LonWorks 技术的主要特点如下：

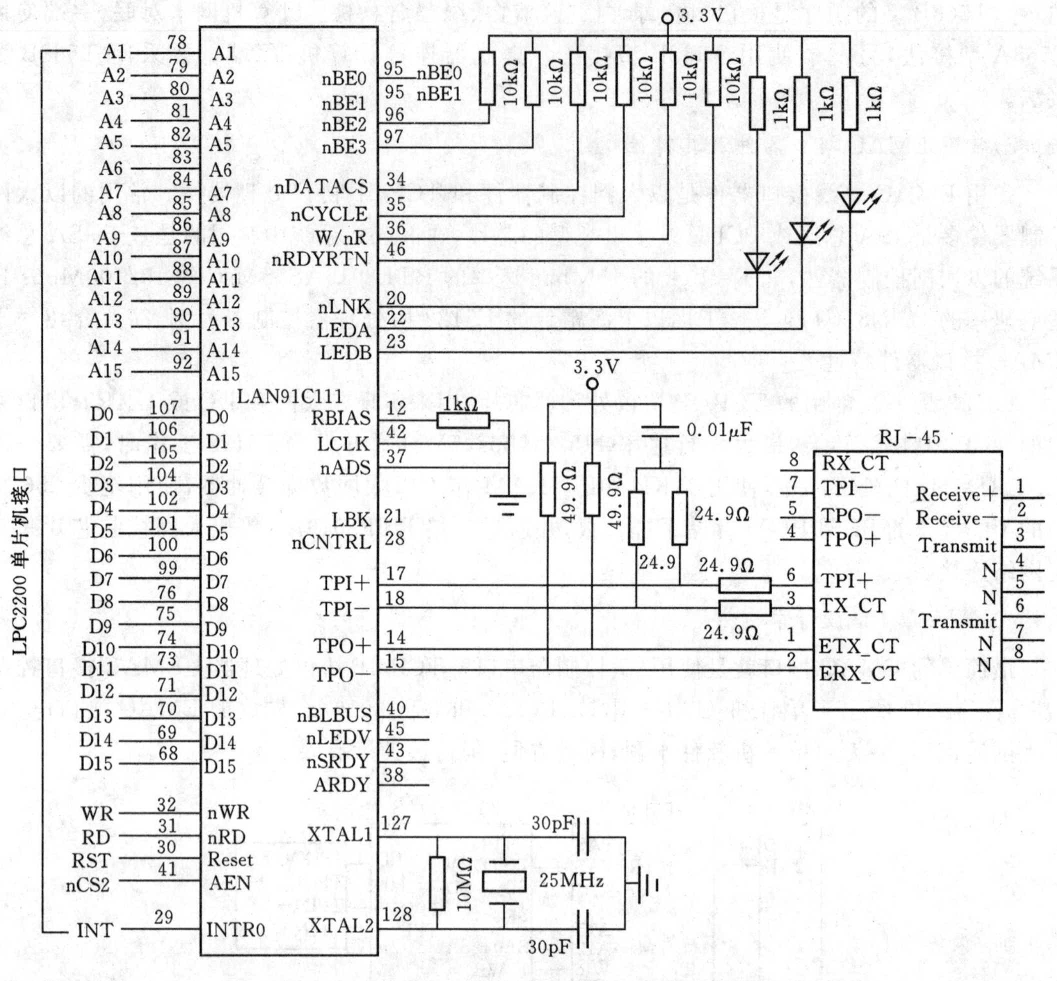

图 8-33　ARM 单片机系统 EMAC 接口电路图

(1)互操作性。LonWorks 通信协议 LonTalk 是符合 ISO 定义的 OSI 模型。任何制造商的产品都可以实现互操作。

(2)网络结构可以是主从式、对等式或客户/服务器式结构。

(3)网络拓扑有星形、总线形、环形以及自由形。

(4)网络通信采用面向对象的设计方法。LonWorks 网络技术称之为“网络变量”,它使网络通信的设计简化成为参数设置,增加了通信的可靠信。

(5)通信的每帧有效字节数为 0～228。

(6)通信速率可达 1.25Mbps,此时有效距离为 130m;对于 78Kbps 的双绞线,直线通信距离长达 2700m。

(7)LonWorks 网络控制技术在一个测控网络上的节点数可达 32000 个。

(8)提供强有力的开发工具平台 LonWorks 与 Nodebuilder。

(9)LonWorks 技术核心元件。Neuron 芯片内部装有 3 个 8 位微处理和 34 种 I/O 对象及定时器/计数器,另外还具有 RAM,ROM,LonTalk 通信协议等。Neuron 芯片具备通信和控制功能。

(10)改善了 CSMA,采用可预测 P 坚持 CSMA(Predictive P-Persistent CSMA),这样,在网络负载很重的情况下,不会导致网络瘫痪。

2)LonWorks 总线接口器件

LonWorks 技术所采用的 LonTalk 协议被封装在神经元芯片(Neuron Chip)中。神经元芯片主要有 3120 和 3150 两大系列:3120 本身带有 EEPROM,不支持外部存储器;3150 支持外部存储器,适合功能较为复杂的应用场合。主要的神经元芯片型号有 Echelon 公司的 FT3120,FT3150,Toshiba 公司的 TMPN3120,TMPN3150,Cypress 公司的 CY7C53120,CY7C53150,Motorola 公司的 MC143120E2 等。

神经元芯片的主要性能特点如下:

(1)内有 3 个 8 位 CPU。第 1 个是媒体访问控制处理器,用于完成开放互连模型中第 1~2 层功能,实现介质访问的控制与处理;第 2 个是网络处理器,用于完成第 3~6 层功能,完成网络变量处理的寻址、处理、背景诊断、函数路径选择、软件计量、网络管理,并负责网络通信控制、收/发数据包等;第 3 个是应用处理器,执行操作系统服务与用户代码;输入时钟在 625 kHz~40 MHz 之间可选。

(2)芯片中集成有存储信息缓冲区,以实现 CPU 之间的信息传递,并可作为网络缓冲区和应用缓冲区。

(3)11 个可编程 I/O 引脚可设置为 34 种预编程工作方式,预编程工作方式主要有直接 I/O对象、串行 I/O 对象和定时器/计数器 I/O 对象 3 类形式,可以采用串行、并行或双口 SRAM 的方式使用这些 I/O 口。串行方式的通信速率可达 4800bps,并行方式的通信速率可达 3.3Mbps,双口 SRAM 方式则更高。

(4)网络通信端口可以设置为单端、差分、专用 3 种工作方式之一。

(5)外部存储器接口采用 8 位数据宽度、16 位地址线,可用于扩展各类存储器,存储固化 LonTAlk 协议、I/O 驱动程序、事件驱动多任务调度程序等固件,也可以作为用户的额外数据区、应用缓冲区和网络缓冲区。

(6)提供用于远程识别和诊断的服务引脚。

(7)48 位的内部 NeuronID,用于唯一识别 Neuron 芯片。

(8)3 个 CPU 各有 1 个看门狗定时器,以防止存储器故障或软件出错。

(9)5V 或 3.3V 电源供给,32/44/64 脚 SMD 封装,内含休眠/唤醒电路功能。

LonWorks 总线接口上使用的收/发器主要有 4 种类型:双绞线收/发器、电力线收/发器、电力线智能收/发器和无线收/发器。Echelon 公司为不同接口提供有相应的接口驱动芯片满足用户需求。

3)LonWorks 总线网络及其开发

一个 LonWorks 智能网络主要由 5 部分组成:LonWorks 节点、路由器、LonTalk 网络协议、通信介质和网络管理工具。LonWorks 节点有两类:一类是由神经元芯片、I/O 处理单元、收/发器和电源组成的基于神经元芯片的节点;一类是以 PC 机或其他微处理器为主机,以神经元芯片为通信协处理器,充当 Lon 网络接口的基于主机的节点。路由器用来连接不同通信介质的 Lon 网络,包括中继器、桥接器、路由器等。网络协议定义了设备间传递的信息格式与一个设备对另一个设备发送信息时希望对方采取的操作,通常采用嵌入式软件的形式驻留在设备内或通过网络管理工具下载到设备中。通信介质是节点(设备)之间信息传输的物理介质,包括双绞线、电力线、红外线、光纤、同轴电缆等。网络管理工具负责网络的逻辑地址分配、连接、维护和管理。

LonWorks 技术的关键部件包括神经元芯片、Neuron C 编写的神经元应用程序、收/发器、LonWorks 节点、路由器、由 NodeBuilder 和 LonBuilder 或 LonMaker 等构成的开发工具、网络适配器、网络操作系统 LonWorks 网络服务工具等。

4)LonWorks 总线接口设计样例

图 8-34 给出了一个 4 路差分输入的毫伏信号检测智能 LonWorks 节点电路设计实例。该节点的神经元芯片采用 TMPN3150B1AF 芯片,利用其 IO6～10 口模拟 SPI 串行口,选择多路差分毫伏信号进入无源低通滤波器后输入 24 位高精度Δ-Σ模/数转换器 ADSl216 进行 A/D 变换,转换结果再通过 SPI 接口进入神经元芯片准备传输。Echelon 的 78Kbps 的双绞线收/发器 FTT－10A 接收神经元芯片的转换结果,再发送到 LonWorks 总线上, 8 位并行 EEPROM 存储器 AT29C512 用于保存系统参量和配置参数。该系统可用于测量现场,通过 LON 总线的 78 Kbps 双绞线收/发器将各路测量信息传送到监控计算机,方便组成智能分布式系统。

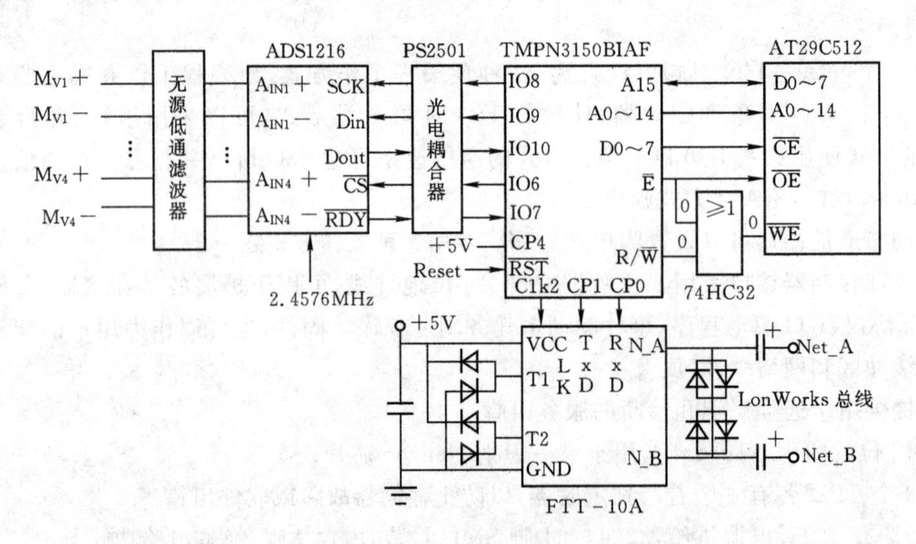

图 8-34 基于神经元芯片的 LonWorks 智能数据采集节点构成框图

图 8-35 给出了一个基于主机的并联形式的 LonWorks 节点硬件连接电路图。主机选用的是 Atmel 的 CMOS8 位单片机,它与 MCS51 单片机完全兼容,内含 8KB 的片内 FLASH,它和神经元芯片之间通过 P1 口和 P3 口进行数据交换,再通过 74HC574 和 74HC74 来完成必要的逻辑变换。

8. PROFIBUS 总线接口

1)PROFIBUS 总线概述

PROFIBUS 总线,是由德国 Siemens 等著名厂商开发的,广泛应用于工业过程控制及其楼宇、交通、电力等自动化领域的一种现场总线。

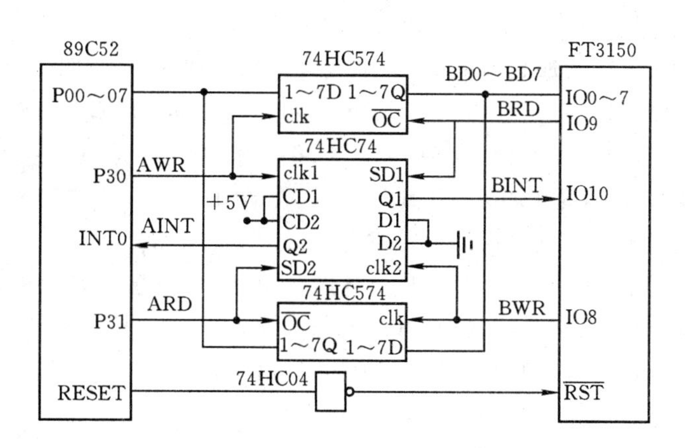

图 8 - 35　基于主机的 LonWorks 结构节点硬件连接框图

PROFIBUS 总线有 3 个系列：PROFIBUS-DP，PROFIBUS-FMS 和 PROFIBUS-PA。

PROFIBUS-DP 型总线用于传感器和执行级的高速传输，一般构成单主站系统，主站与从站间采用循环数据传输方式工作，适合于加工自动化领域的应用。

PROFIBUS-FMS 为现场信息规范，适用于纺织、楼宇自动化、可编程控制器、低压开关等一般自动化。

PROHBUS-PA 型是用于过程自动化的总线类型，具有本质安全特性，应用于安全性要求较高的场合。

PROFIBUS 支持主-从系统、纯主站系统、多主多从混合系统等几种传输方式。主站具有对总线的控制权，可主动发送信息。对多主站系统来说，主站之间采用令牌方式传递信息，得到令牌的站点可在一个事先规定的时间内拥有总线控制权，并事先规定好令牌在各主站中循环一周的最长时间。按 PROFIBUS 的通信规范，令牌在主站之间按地址编号顺序，沿上行方向进行传递。主站在得到控制权时，可以按主-从方式，向从站发送或索取信息，实现点对点通信。主站可采取对所有站点广播(不要求应答)，或有选择地向一组站点广播。典型的 PROFIBUS-DP 总线网络结构如图 8 - 36 所示。

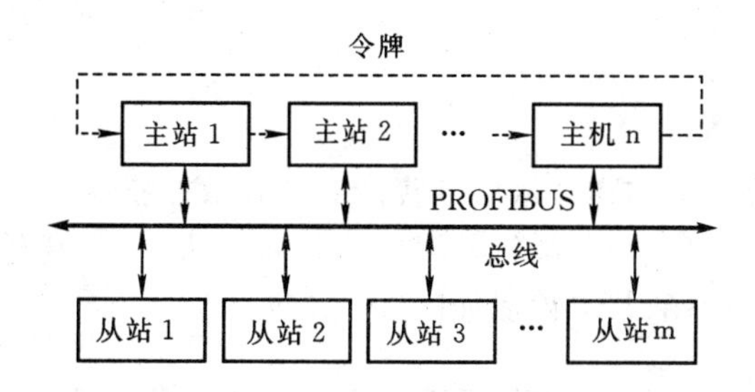

图 8 - 36　PROFIBUS-DP 现场总线的网络结构框图

PROFIBUS 的传输速率为 9.6Kbps～12Mbps，最大传输距离在 9.6Kbps 时为 120m，1.5Mbps时为 200m，可用中继器延长至 10km。其传输介质可以是双绞线，也可以是光缆，最多可挂接 127 个站点。

2)PROFIBUS总线结构

常用的PROFIBUS总线形式有两种:屏蔽双绞电缆形式的PROFIBUS-DP/FMS总线和屏蔽/非屏蔽双绞电缆形式的PROFIBUS-PA总线。前者符合EIA RS-485标准,又称为PROFIBUS RS-485,其总线段的两端各有一个终端器,传输时序是以半双工、异步、无间隙同步为基础的,其数据帧又称为PROFIBUS UART数据帧;后者采用电流调节法实现数据传输,以确保本质安全并通过总线给现场设备供电。

PROFIBUS总线有5种结构形式的报文格式:具有固定信息字段长度的报文格式;带有数据的固定信息字段长度的报文格式;具有可变信息字段长度的报文格式;令牌报文格式;短应答报文格式。通过这些不同的报文格式实现信息的传递。

3)接口设计与总线协议控制器的使用

PROFIBUS总线活动遵循其总线存/取协议,但该总线存/取协议复杂,在实际设计中常常采用集成了全部或部分总线存/取协议的总线协议控制器或网络接口卡来简化设计和应用。常用的集成总线协议控制器,如SIemens公司的ASPC2,SPC3,SPC4等。ASPC2集成了数据链路层的大部分功能,可支持12MbAud总线,主要用于复杂的主站接口设计。SPC3集成了全部的PROFIBUS-DP协议,可支持12MbAud总线,主要用于从站总线接口设计。SPC4支持PROFIBUS-DP/FMS/PA协议类型,且可以工作于12MbAud总线。对于自动化领域中的一些简单设备,如开关、热元件,还可以选用一些低成本的总线协议控制器。

8.3 嵌入式系统接口电路设计

8.3.1 单片机测控电路设计

测量与控制通道是嵌入式系统感知与改造外部世界的主要途径,如同人体的经络。测量的主要对象有模拟信号量、开关事件量、周期图像信号、语音信号等。控制的目的主要是执行事物的开关、动作、图像图形显示、运动变化等,以得到所需的模拟信号、开关事件信号、周期性信号、图像信号或语音信号等。

1. 测控电路组成

1)测量电路的基本构成

测量的意图是把需要测量的物理量信号转换成系统微控制器进行分析运算能够使用的数字量信号。测量通道的构成环节有现场信号采集、信号放大、信号传输、信号隔离、信号滤波、模/数转换等。测量通道电路的基本构成如图8-37所示。

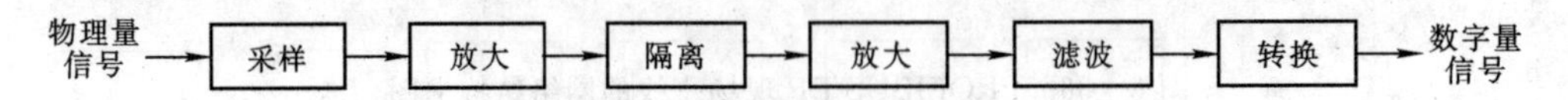

图8-37 测量通道基本构成模型图

物理信号的测量,是通过各种类型的传感器得到的各种形式的电信号。不同测量对象的测量通道有不同的测量特点和过程侧重,并不都须经过上述各个环节,有些还有特别的环节。

2)控制电路的基本构成

控制通道电路用于输出各种控制执行信号,把系统微控制器的数字信号变成现场所需的物理信号,其主要过程包括信号的变换、隔离、输出、驱动等。控制通道是测量通道的逆过程,但并不纯粹是测量通道的逆反,控制通道电路的基本构成如图 8-38 所示。不同控制对象的控制通道有不同的控制特点和过程侧重,并不是需要都经过上述各个环节。

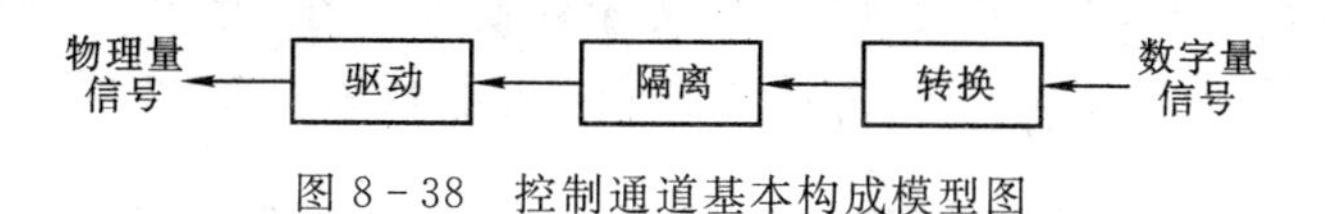

图 8-38 控制通道基本构成模型图

2. 常见测量通道的设计

1)模拟量测量通道设计

模拟量信号测量的基本过程可以概括为:传感器模拟信号→隔离→放大→滤波→采样/保持→多路切换→A/D 转换→数字量数据。其中,隔离通常采用集成的光电耦合器或隔离放大器,以减少或消除现场干扰信号对所设计系统的不良影响,同时也消除所设计系统对所测量系统的影响,如来自测量现场的冲击电流、冲出电压,可能引发被测物体的损坏、毁灭等。对于易燃易爆的测量对象,还要进行本质安全设计,加装安全隔离栅等强安全器件。放大过程通常是采用集成运算放大器,把现场测量的弱信号,变换成容易识别的强信号。滤波主要用于消除同测量信号一起传入的各类噪声干扰信号。滤波分为低通滤波、带通滤波、高通滤波和带阻滤波等类型。滤波电路有两种形式:由 RC 阻容器件组成的无源滤波电路和由集成运算放大器及 RC 阻容器件组成的有源滤波电路。嵌入式系统中常用的是以集成运算放大器为中心的二阶有源滤波器电路。采样/保持电路用于采样速率较高的应用,常采用集成的单通道或多通道采样/保持器件予以实现。对于采样速率低的应用,如果所选的 A/D 转换器内含采样/保持电路,可以不设计专门的采样/保持通道。常用的采样/保持器件,如 DATEL 的单通道器件 SHM-49,SHM-950,AD 的 4 通道器件 AD684 等。多路切换器用于实现多路模拟信号的轮流切换 A/D 变换,使用多路切换器,可以有效减少 A/D 转换器的数量。常用的多路切换器,如 MAXIM 的 8 通道器件 DG407/DG508,16 通道器件 DG406 等。

图 8-39 给出了 16 路交流配电线路的测量通道设计框图,图 8-39(a)是每个通道的原始信号传感变换过程,图 8-39(b)是整个 16 通道的采样/保持、多路切换和 A/D 转换过程。

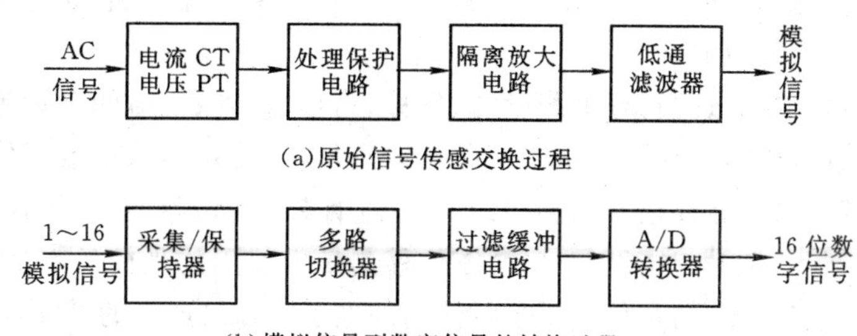

图 8-39 16 路交流配电线路的测量通道设计框图

2)开关量测量通道设计

开关量信号测量的基本过程可以概括为:开关事件量信号→触点信号发生电路→光电隔离电路→数字量数据。其中,触点信号发生电路通常是由5V/12V/24V/48V直流供电电路和现场的开关触点组成;开关触点通常是接触器、继电器等反映通断变化的器件输出;光电隔离电路主要部件是光电耦合器,可以是通用型、高速型、多通道型、光敏感型等器件。

图8-40给出了一个32路开关量通道的测量转换示意图。图8-40(a)是单独一个开关通道的采样转换过程,图8-40(b)表示了32路信号组合成为一个32位数字量信号的过程。

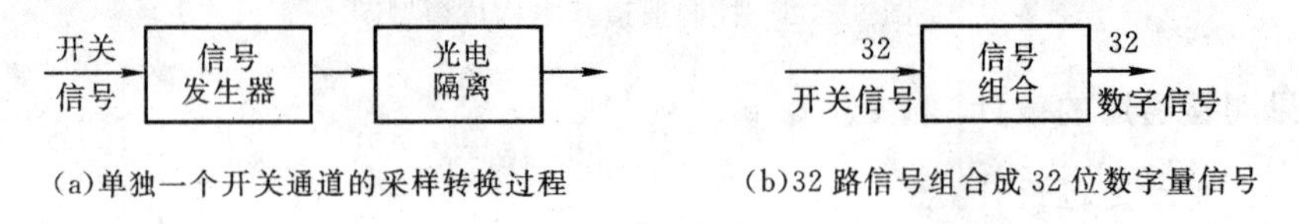

图8-40　32路开关量信号的测量通道设计框图

3)模拟量的频率/周期测量通道设计

频率/周期测量的基本过程可以概括为:模拟量信号→整形电路→放大电路→计数电路→数字量数据。其中,整形电路通常采用晶体三极管或场效应管电路搭建;放大电路可以采用晶体三极管或场效应管电路,也可以选用集成运算放大器构成;计数电路可以选用通用数字逻辑集成器件或专用的定时/计数器(如54/74xxx系列、CD4XXX系列计数器)。如果所选用的控制器资源丰富,这部分电路也可以采用其内部的“定时/计数器”片内外设。图8-41给出了一个交流电信号频率测量的电路设计框图。

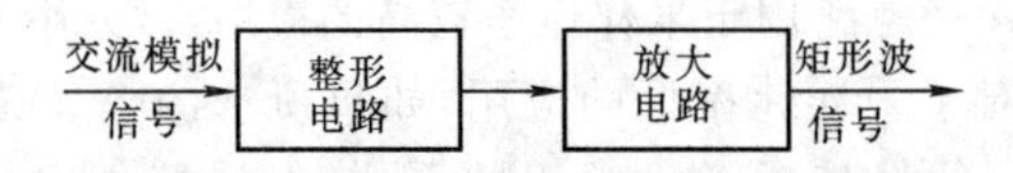

图8-41　交流电的频率测量电路框图

4)脉冲信号量测量通道设计

串行脉冲信号量测量的一般过程是:脉冲信号→定时计数+脉冲边缘捕获或移位串/并转换→数字量数据。在嵌入式系统中,对这类信号的测量,常使用具有合适位数的带脉冲边沿捕获功能的CPU微控制器,如MCS-52,C166,LPC2100等系列单片机,进行计数捕获,并分析计算,得出其中隐含的测量值。

一些不能直接精确测量的物理量测量,如位移、高程、密度、气体的含量等,为了减少现场运算处理量和传输的需要,又能够既精密又简易地测量,多使用传感器或一体化传感器,使其送出含有一定物理意义的脉冲信号。例如约8mg的烟支重量测量时使用的激光核源产生的3种串行脉冲信号:同步、增量与密度信号;精密位移测量中使用的光栅尺产生的3种串行脉冲信号:位置与相对位置信号,精密位移测量时使用的电子容栅尺产生的遵守特定规约的串行脉冲信号等。

5)图像传感信号量测量通道设计

图形/图像信号的获得,主要是使用图像传感器。常见的图像传感器有两种类型:电荷耦合器件 CCD 图像传感器和互补金属氧化物半导体 CMOS 图像传感器。这两种类型的器件都利用电荷感应技术得到图像信号，感应光的方式相同，但感应到光之后，CCD 器件马上把电荷包传送出去，CMOS 器件则是被电荷感应放大器探测。CCD 图像传感器可以达到很高的分辨率，但成本较高；CMOS 图像传感器虽然分辨率没有 CCD 图像传感器高，但价格低廉，因此在实际应用设计中多选用 CMOS 传感器。

运用 CMOS 图像传感器及其相关器件构成的图像数据采集体系模型，可以用图 8－42 所示框图描述。CMOS 图像的得到、转换与控制主要由 3 类器件完成：CMOS 图像传感器、前端数字信号处理器件 DSP 和过程控制器件。

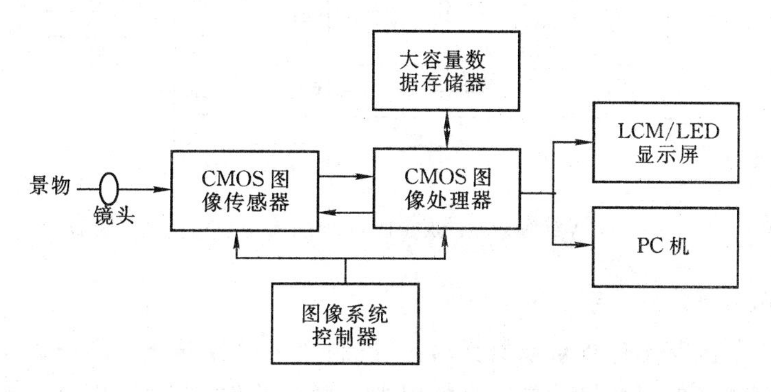

图 8－42　CMOS 图像采集与控制系统的构成模型

CMOS 图像传感器完成图像信号的采集、放大、数据编码及输出。输出的图像信号可以是模拟形式的视频信号，也可以是 8 位、10 位或 16 位的数字 YUV/RGB/RAW 信号；可以是黑白信号，也可以是彩色信号。

嵌入式系统中常采用数字信号输出接口的 CMOS 图像传感器，这类传感器的信号组有 8/10/16 位的数据信号线，像素时钟、帧时钟、场时钟等输出信号线，系统时钟、复位、掉电保持、捕获等输入信号线。这些信号可以直接连接大多数 DSP 或单片机。CMOS 图像传感器的输出帧变化率通常在 10～60fps，分辨率越高的器件，帧输出变化率越小。CMOS 图像传感器的电源有常规 5V 的或低功耗 3.3V/2.5V 2.5V/1.8V 的。CMOS 图像传感器通常有模拟电源、信号电源和数字电源之分，它们是需要严格分开的。

CMOS 图像处理器件用于完成图像数据的各种校正、格式变换、压缩存储或传输。通常这类器件提供有与 CMOS 图像处理器件、微控制器件、大容量存储器等的接口，提供有常规数据输出端口，如 USB 接口、UART 接口、LPT 并行口等。

CMOS 图像控制器件控制图像传感器与图像处理器件的初始配置、图像处理及传输等过程。常用的 CMOS 图像控制器件是一些增强型的 MCS－51 类型的单片机，如 OnmiViSIon 的 OV651/681，WinBond 的 78LE516/812，Cypress 的 CY7C68013 等器件。

3. 常见控制输出通道的设计

1）模拟量输出通道设计

模拟量输出控制的基本过程可以概括为：数字量数据→D/A 转换→驱动输出→模拟量信号。其中，D/A 转换采用集成 D/A 转换器完成；驱动输出用以放大或变换输出的模拟量信号，以适合驱动执行器件的信号要求；驱动输出电路通常采用晶体三极管、场效应管构成的放大电路。常用的三极管器件有 NPN 型的 9013,8050,9014,3904,127,PNP 型的 9012,9015,8550,3906,122 等。常用的场效应管主要是 PMOS,NMOS 型 FET 和 IGBT 类器件。

图 8-43 给出了一个采用 8 位双通道 D/A 转换器实现的模拟量输出通道的设计样例,驱动电路是 9012 三极管构成的 24V 的放大电路。

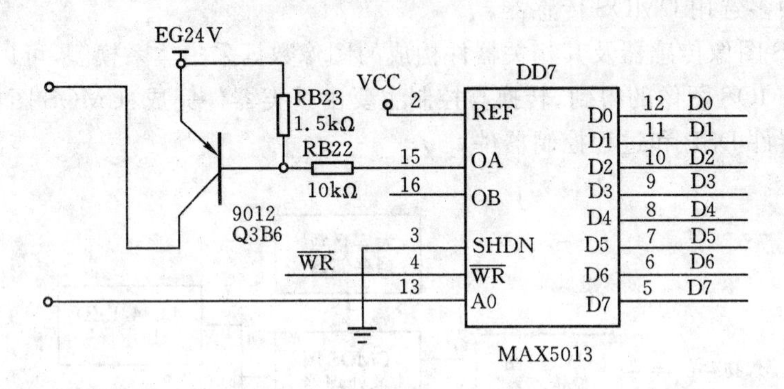

图 8-43 8 位 D/A 转换器 MAX5012 实现的模拟量输出通道设计实例

2)开关量控制通道设计

开关量输出控制的基本过程可以概括为:二进制数字量数据→隔离→驱动输出→开关事件量。开关量控制通道的隔离措施主要是使用光电耦合器件,驱动输出电路与模拟量输出通道类似。

图 8-44 给出了 4 个开关量控制通道的设计样例。隔离部分,3 个采用了光耦,1 个采用了继电器;驱动输出部分,2 个采用了晶体三极管,1 个采用了功率场效应管 NMOS 器件;4 个样例的前端,都采用了反相器,这样发送一侧的电流通过反相器流至"地",避免了直接流入微控制器的控制输出端,阻止了灌入电流对微控制器的冲击,使微控制器能够更稳定地工作;4 个样例中,两个是同相输出,两个是反相输出。

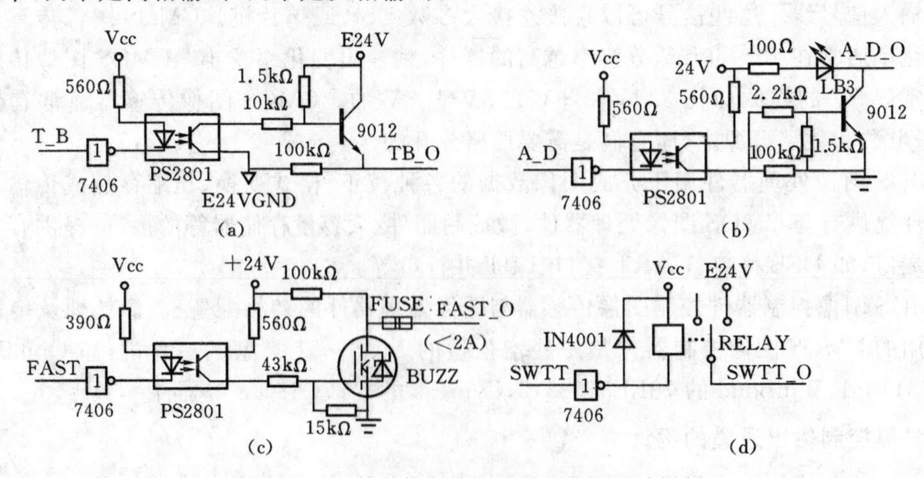

图 8-44 开关量控制输出通道的典型设计样例

3)脉冲信号输出通道设计

脉冲信号通常由定时/计数器周期性运作而产生。现代微控制器已经把产生该项功能的定时/计数器硬件化，构成了周期、占空比可以调整的脉冲宽度调制器，只要在软件上做相关设置和在需要时进行人为改变控制即可。脉冲宽度调制器是现代多数微控制器的片内集成外设。

脉冲信号在微控制器的指定引脚上送出，再通过隔离、信号放大变换，离开系统。其输出通道可以概括为：数字调制信号→隔离→放大变换→脉冲信号。

8.3.2　常用外围接口电路

1. I/O 接口硬件结构

嵌入式微处理器绝大多数是用 MOS 工艺制成的。用户在使用 I/O 口时首先应了解 I/O 口的硬件结构组成。MOS 管是一个电压控制源极和漏极电流的器件。输入阻抗一般为 100～1000MΩ。当输入时可以上拉、下拉、高阻三态设置输入口，CPU 读引脚状态时是引脚输入逻辑状态与上拉“1”或下拉“0”进行线与的结果。所以，设计上拉、下拉输入对输入数据状态是有影响的。

图 8-45 所示为微处理器内部输入接口用 CMOS 管做上拉电阻时和做下拉电阻时的等效电路结构。图 8-46 所示为输出是标准的 I/O 输出口电路结构，图示的微控制器 I/O 口硬件结构只是一种通用结构，各种微处理器会有所不同，但原理上基本是相同的。

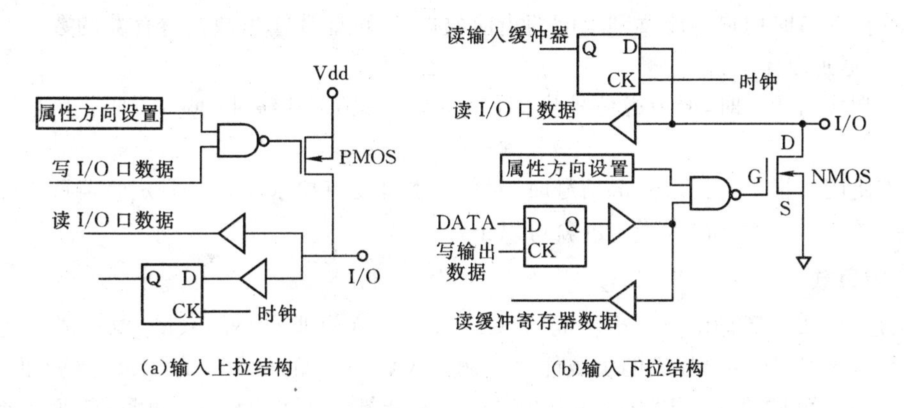

图 8-45　I/O 接口上拉、下拉电路图结构

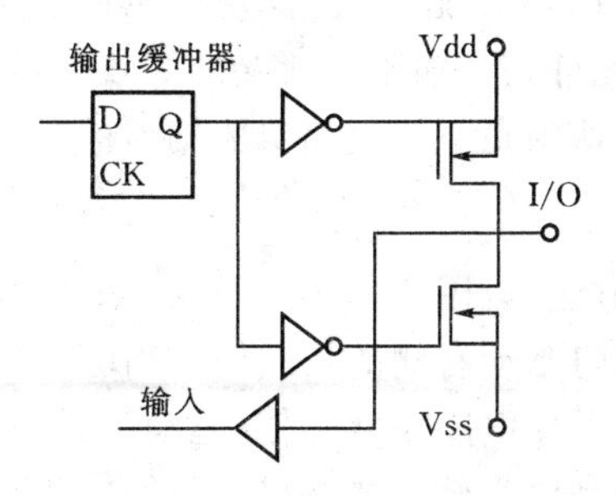

图 8-46　I/O 接口状态输出结构

I/O 是作为输入口使用还是作为输出口使用，或作为多功能口使用，这主要取决于控制

I/O口的寄存器设置。例如方向控制寄存器、属性控制寄存器、数据寄存器、输入中断控制寄存器以及事件管理寄存器等,都必须进行统一管理和控制,而且不同的处理器的 I/O 接口使用方法还是有很大不同的,需要特别关注。

嵌入式系统早期只有 1～2 个控制字控制 I/O 口工作状态,而从目前发展趋势来看,I/O口越来越复杂。微处理器引脚大多具有多个功能复用,每一引脚可能有四至五种功能。因此,I/O 控制越来越复杂,将 I/O 口作为输出输入口使用时要注意以下几个问题:

(1)接收信号的外设可能没有输入锁存器,输出数据要有锁存器存储瞬时写入的数据。

(2)输出口要有一定的驱动能力。动态驱动以 MOS 管作为负载,一般可驱动 4～8 个 TTL 电路,静态驱动一般只有一个 TTL 电路。一般微处理器瞬时驱动能力较强($<1\mu s$),而静态驱动能力较弱。

(3)驱动时可以使用高电平拉电流和低电平灌电流两种方式驱动。前者一般通用 I/O 口最大驱动电流不能超过 4～5mA,后者灌电流一般最大可达 25mA。

(4)负载特性。对于电容性负载,高频驱动会使 I/O 驱动电路负载加重,损坏 I/O 口。一般 I/O 口负载不得大于 50pF,否则需要增加缓冲器进行隔离。对于电阻性负载,主要考虑驱动电流大小是否合适。

(5)对于 I/O 口多功能复用,要考虑各个端口之间的隔离和区分。例如 8031 的 P0 口作为数据/地址总线扩充时的复用,以及扩充时剩余端口线的使用方法。

(6)读输入口时用户可能读到引脚的当前数据,也可能读输出数据寄存器的数据。两种读法的指令和通道是不同的。

(7)引脚作为输入时,要考虑信号状态变化,要考虑锁存或缓冲问题,以防止信号改变或影响信号总线。

(8)当使用捕捉功能记录外部信号时,对信号宽度是有要求的,否则,定时器可能来不及做一些必须的设置,一般脉冲大于 $1\mu s$ 就可以正常工作。

2. 总线负载

无论是由 CPU 还是由单片机构成的系统,除非是规模非常小的系统,要构成一定规模的系统,必须考虑 CPU 或单片机的负载能力。例如 MCS－51 的负载能力厂家已经告诉使用者,它的 P0 口最大可推动 8 个 LS 门,而其他 3 个口只能推动 4 个 LS 门。可见,其驱动能力是很小的。要构成规模稍大的系统,必须提高它的驱动能力。

在微型计算机中,某一芯片的驱动能力,也就是它能在规定的性能下供给下一级的电流(或是吸收下级电流)的能力和允许在其输出端所接的等效电容的能力。前者认为是下级电路对驱动器的直流负载;后者则被认为是下级电路对驱动器的交流负载。

1)直流负载的估算

为了说明直流负载的估算方法,以图 8－47 所示的门电路为例说明具体计算方法。

在图 8－47 中,左侧的驱动门驱动右侧的负载门。当驱动门的输出为高电平时,它为负载门提供高电平输入电流 I_{IH}。为了使电路正常工作,驱动门必须有能力为所有负载门提供它们所需要的电流。因此,驱动门的高电平输出电流 I_{OH} 不得小于所有负载门所需要的高电平输入电流 I_{IH} 之和,即满足下面的算式:

$$I_{OH} \geqslant \sum_{i=1}^{N} I_{IHi} \tag{8-1}$$

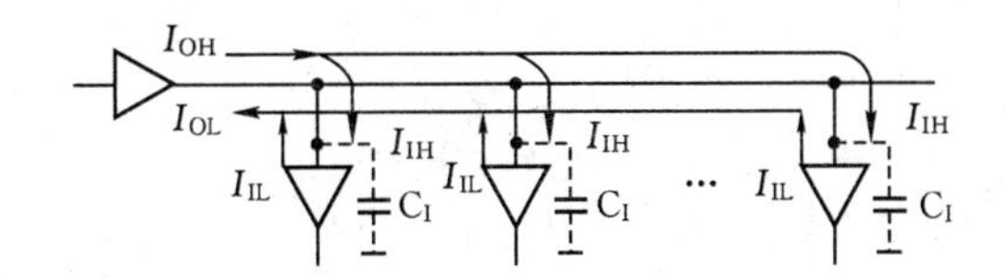

图 8-47　负载计算示意图

同样，当驱动门输出为低电平时，驱动门的低电平输出电流 I_{OL}（实际是负载的灌电流）应不小于所有负载门的低电平输入电流 I_{IL}（实际是负载门的漏电流），即应满足下式：

$$I_{OL} \geqslant \sum_{i=1}^{N} I_{ILi} \tag{8-2}$$

利用上面两个公式，就可以进行驱动门负载的估算了。例如，查手册得到某一门电路的 $I_{OH}=15$ mA，$I_{OL}=24$ mA。它的 $I_{IL}=0.2$ mA，$I_{IH}=0.1$ mA。若用这样的门来驱动同样的门，则输出高电平时可以驱动 $N=15\text{mA}\div0.1\text{mA}=150$ 个门电路，而输出低电平时可以驱动 $N=24\text{mA}\div0.2\text{ mA}=120$ 个门电路。因此在仅考虑直流负载条件下，理论上这个门电路可以驱动 120 个同样的门，但实际应用时，一般不超过 20 个。

2）交流负载的估算

对于实际应用中输出电平变化频率并不很高的情况，一般只考虑电容的影响。电容的存在可使脉冲信号延时，边沿变坏，因此，许多电路芯片都规定允许的负载电容 C_P。另一方面，总线的引线和每一个负载都有一定的输入电容 C_I。从交流负载来考虑，必须满足下式：

$$C_P \geqslant \sum_{i=1}^{N} C_{Ii} \tag{8-3}$$

式中，C_P为驱动门所能驱动的最大电容；C_{Ii}为第 i 个负载的输入电容。例如，若某门电路所能驱动的最大电容为 150pF，而每个负载的输入电容为 5pF，则该驱动门以交流负载估算，在理想情况下可驱动 30 个负载。

注意，在进行负载估算时，必须对直流负载和交流负载都进行计算，然后选取最小的数量为驱动能力，再考虑到留有一定余量。当然，一般取 20 个以内或更小一些。

3. 键盘接口设计

键盘及其接口设计是嵌入式人机界面设计中的重要部分，是人机交互的重要工具。键盘及其接口设计性能的优劣直接影响着系统的稳定可靠程度、主 CPU 的负载状况、用户的操作便利性等诸多方面。便携式产品开发应用中形成了很多常见的规范设计方法。

1）键盘及其接口设计概述

键盘主要由控制器和按键两部分组成。复杂的键盘控制器使用独立的 CPU，便携式产品常常是其主 CPU 兼做键盘控制器。常见键盘的类型划分及其简易的工作原理如图 8-48 所示。

描述一种键盘应根据不同的分类方法综合说明，如独立无接触电荷转移感测面板型编码键盘。常用的键盘有两种类型，即编码式键盘和非编码式键盘。前者硬件复杂，价格较高；后者主机效率低，费时间，但价格低。目前小型的嵌入式系统常使用非编码式的键盘。

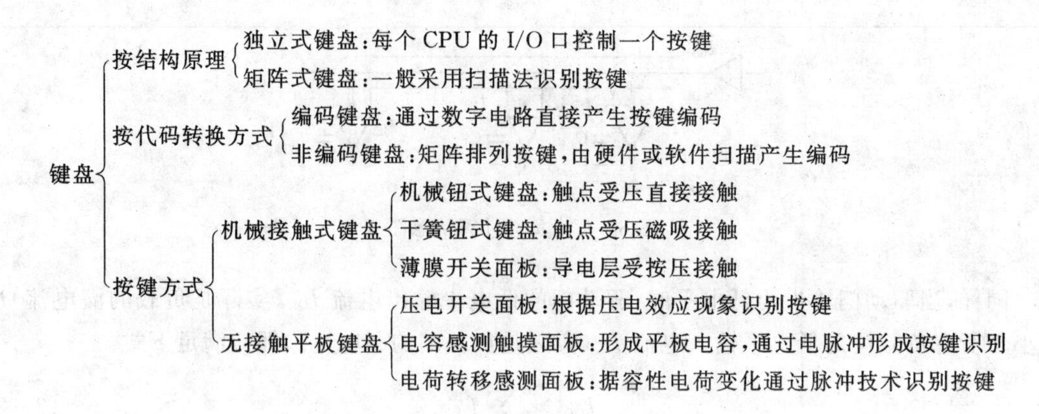

图 8-48　键盘的类型划分与工作原理

键盘接口,对于便携式产品,通常为主 CPU 的若干个 I/O 口;对于含有独立微控器的编码键盘,通常有串行和并行两种形式。串行接口通常有 UART 口、SPI 口、I^2C 口、PS/2 口等形式;并行口通常是 4～8 位宽度数据线并含有控制线与状态线的形式;编码键盘接口多使用串行方式。

在扫描键盘过程中,应特别注意按键消抖动问题。当按下或松开按键时,按键会产生机械抖动。这种抖动经常发生在按下或松开的瞬间,一般持续几到十几毫秒,抖动时间随按键的结构不同而不同。消除按键抖动可以用硬件电路来实现,例如,利用 R－S 触发器来锁定按键状态,利用现成的专用消抖电路,如 MC14490 就是六路消抖电路。软件上消除抖动的方法是用软件延时的方法,一旦发现有键按下,就延时 20 ms 以后再测按键的状态。这样就避开了按键发生抖动的那一段时间,使 CPU 能可靠地读按键状态。在编制键盘扫描程序时,只要发现按键状态有变化,即无论是按下还是松开,程序都应延时 20 ms 以后再进行其他操作。对于响应快的微控器可以采取"一次按键只让它响应一次、键不释放不执行第二次"来专门对待连击问题。

2)嵌入式体系中常见的键盘及接口设计

便携式产品开发应用过程中形成了许多规范的设计方法,沿用在嵌入式体系中的常见设计方法有以下几种,硬件接口电路结构如图 8-49 所示。

(1)独立式按键及其接口。常见的独立式按键接口电路如图 8-49(a)所示。独立式按键每个按键连接一根 CPU 输入线,按键工作状态互不影响,电路配置灵活。按键的识别与软件编程也很简单,但在按键数目多时,它占用 CPU 的输入口多,电路结构变得复杂。这种键盘适合于按键较少、操作速度较高的场合。

(2)矩阵式按键及其接口。矩阵式键盘按行列排布,按键分布于各个行列的交叉点上,用作输出的行或列需要外加上拉电阻。图 8-49(b)是典型的 3×4 矩阵键盘。矩阵键盘一般采用逐行(或列)扫描的方式识别按键,通常分两步进行,第一步识别键盘有无键按下,第二步在有键按下时识别出具体的按键。键盘的工作方式有 3 种:编程扫描、定时扫描和中断扫描。显然,在按键数量较多的场合,相比独立式键盘,矩阵键盘可以节省许多微控器的 I/O 口,但逐行循环扫描识别按键增加了微控器 CPU 的负荷。

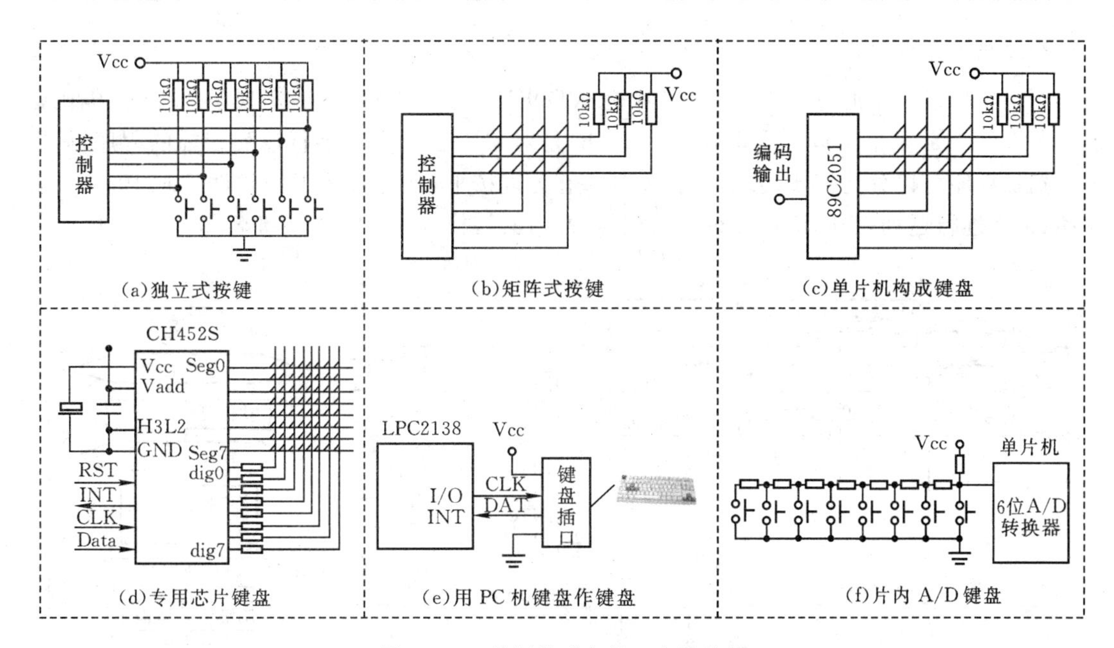

图 8-49 按键构成与接口电路结构

(3)用简易单片机构成编码键盘。在按键数量较多、系统主控制器负荷繁重且其I/O口数量有限的情况下,常常设计编码 键盘,应用中常以低廉易用的8位单片机为核心构成编码键盘。编码键盘检测到有键按下,立即形成按键编码,通过串口报告系统主控器。图8-49(c)是MCS-51单片机AT89C2051构成的3×4编码键盘。

(4)用专用芯片构成编码键盘。用简易单片机构成编码键盘,虽然实用,但需要软件编程。为了简化设计,实际应用中又常常选用廉价的专用芯片直接构成编码电路,这样只进行硬件设计和便宜的软件配置即可。这类键盘编码专用芯片往往带有显示驱动能力,如Intel的8位并行接口芯片8279,比高的8/16位2线串行接口芯片BC7280/81,日本HitAchi的8位4线串行接口芯片HD7279,周立功单片机的8位SPI串行接口芯片ZLG7289A,沁恒的4/2线串行接口芯片CH451/452等。图8-49(d)是CH452S构成的2线串行接口8×8编码键盘。

(5)用PC机键盘作人机接口。编码键盘的应用设计,常常采用工作稳定、价格低廉、适合用户操作习惯的PC机键盘,特别是PC机小键盘。PC机键盘多是含有时钟线CLK和数据线DAT的PS/2接口,CLK和DAT线可以直接相连。常见的单片机或DSP微控器,按照PS/2收发时序和编码规则在微控器软件中可以轻易识别键盘按键。图8-49(e)是直接选用PC机键盘做编码键盘的例子,图中的主控器是ARM7单片机LPC2138,键盘解码是在LPC2138的一个外部中断中完成的。

(6)一线接口键盘的软硬件设计。在微控制器I/O资源有限的情况下设计人机键盘输入部分时,可以考虑利用微控制器内 集成的模/数转换器ADC设计一线接口键盘。图8-49(f)是利用单片机片内集成的6位ADC实现的一线接口8按键键盘,图中所示各个电阻值,根据A/D转换特点和常用电阻规格系列特别选定,每个按键动作时对应一定范围的ADC转换结果。

3)编码键盘电路设计与程序设计

下面给出了一个通过 MCS-51 单片机 AT89C51 的 P1 口来扩展实现了 4×4 的编码键盘。图 8-50(a)是电路设计实现,图 8-50(b)是对编码键盘进行逐行逐列扫描的程序框图。键盘扫描程序可以分为三步实现,即首先判断有无键按下;如有键按下则软件延时 10ms 去除抖动;最后逐行逐列扫描,确定按键的行列号,并将其转换为 1~16 的按键名称。

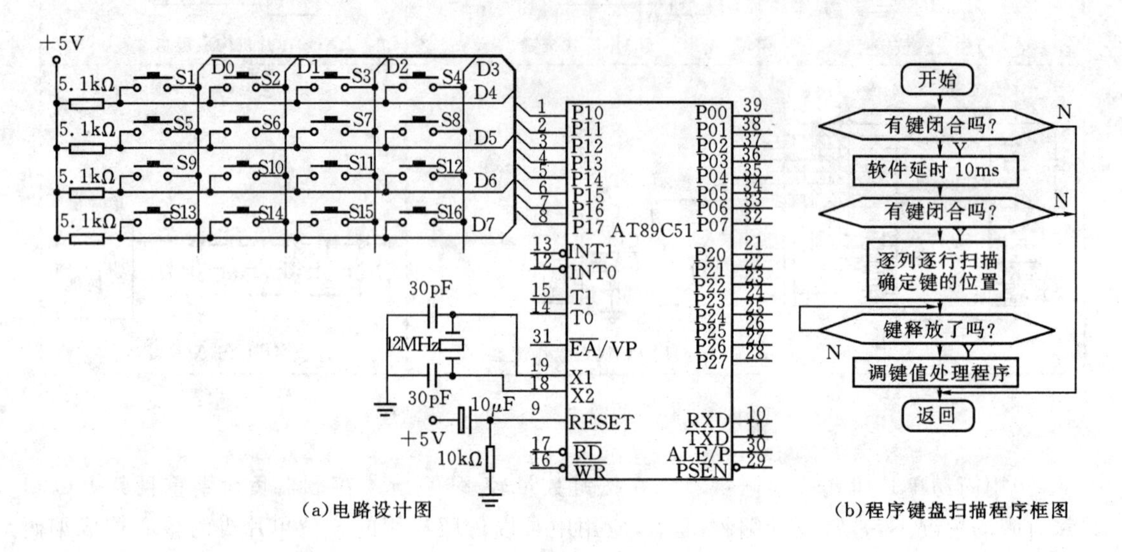

图 8-50 编码键盘设计实例

```
KSCAN:  ACALL   KEYS1               ;调用判键闭合子程序
        JNZ     KEY1                ;有键闭合则转至去抖动
        AJMP    RETN                ;无键闭合则返回
KEY1:   ACALL   D10MS               ;调用 10ms 延时程序
        ACALL   KEYS1               ;再次调用判键闭合子程序
        JNZ     KEY2                ;确认有键闭合,开始扫描
        AJMP    RETN                ;无键闭合则返回
KEY2:   MOV     R2,       #0FEH     ;送首列扫描字
        MOV     R4,       #00H      ;送首列号
KEY0:   MOV     A,        R2
        MOV     P1,       A
        MOV     A,        P1        ;扫描字从 P1 口送出
        JB      ACC.4,    LINE1     ;第 1 行无键闭合,转第 2 行
        MOV     A,        #00H      ;第 1 行首键号送 A
        AJMP    KPV                 ;转键值计算程序
LINE1:  JB      ACC.5,    LINE2     ;第 2 行无键闭合,转第 3 行
        MOV     A,        #04H      ;第 2 行首键号送 A
        AJMP    KPV                 ;转键值计算程序
```

```
LINE2:  JB      ACC.6,   LINE3   ;第 3 行无键闭合,转第 4 行
        MOV     A,       #08H    ;第 3 行首键号送 A
        AJMP    KPV              ;转键值计算程序
LINE3:  JB      ACC.7,   NEXT    ;第 4 行无键闭合,转下 1 列
        MOV     A,       #0CH    ;第 4 行首键号送 A
KPV:    ADD     A,       R4      ;计算键值
        PUSH    ACC
KEY3:   ACALL   KEYS1            ;等待键释放
        JNZ     KEY3             ;不为 0 则有键未释放
        POP     ACC
        SETB    FLAG             ;置有键按下标志
        SJMP    KEY4
RETN:   CLR     FLAG             ;清有键按下标志
KEY4:   RET
NEXT:   INC     R4               ;列号加 1
        MOV     A,       R2
        JNB     A.3,     RETN    ;4 行扫描完则返回
        RL      A                ;为扫描下 1 行做准备
        MOV     R2,A
        AJMP    KEY0             ;开始扫描下 1 列
KEYS1:  MOV     P1,      #0F0H   ;判键闭合子程序
        MOV     A,       P1
        CPL     A
        ANL     A,       #0F0H
        RET
D10MS:  MOV     R7,      #14H    ;10ms 延时子程序
DLY:    MOV     R6,      #0F8H
DLY1:   DJNZ    R6,      DLY1
        DJNZ    R7,      DLY
        RET
```

4)各种键盘及接口设计方法对比

在嵌入式体系常见的键盘及接口设计方法中,独立式按键软件识别与编码简便,但按键数量较多时浪费微控制器 I/O 资源;矩阵式按键适合按键数量多的情形,但软件扫描编码烦琐;用简易单片机构成编码键盘,仍离不了烦琐的软件扫描编码;用专用芯片构成编码键盘和直接用 PC 机键盘构成人机键盘输入,省去了软件上的设计规划,但硬件形式固定,没有灵活性。

在现代嵌入式体系常见的键盘及接口设计方法中,线反转式扫描编码矩阵键盘继承了矩阵式按键的优点,简化了按键扫描编码设计,但应该看到由于上拉电阻的增多,有键按下时,系统电流的变化性增大了,系统的稳定可靠程度有所下降;用可编程逻辑器件构成编码键盘,软件设计变化很灵活,现场调整调试很方便。

4. LED 数码显示器接口设计

嵌入式计算机系统中使用的显示器种类繁多。简单的有 LED 数码显示或 LCD 液晶数码,复杂的有液晶点阵、CRT 或大屏幕彩色发光管点阵等,这里只对 LED 做简单介绍。

七段数码显示器如图 8－51 所示,其工作原理通过等效电路即可明白:当某个发光二极管通过一定的电流(如 5～10mA)时,该段就发光。控制让某些段发光,某些段不发光,则可以显示一系列数字和符号。由于 8 段数码管正好是一个字节,因此一般就按照图示的方式将 8 个段码放入一个字节,dp 段在最高位,A 段在最低位。按照此方法编码,表 8－7 给出了常用字符在共阴极接法和共阳极接法中的字段编码表,程序设计时可将其作为常数存放在程序存储区或定值区域,以方便查表使用。

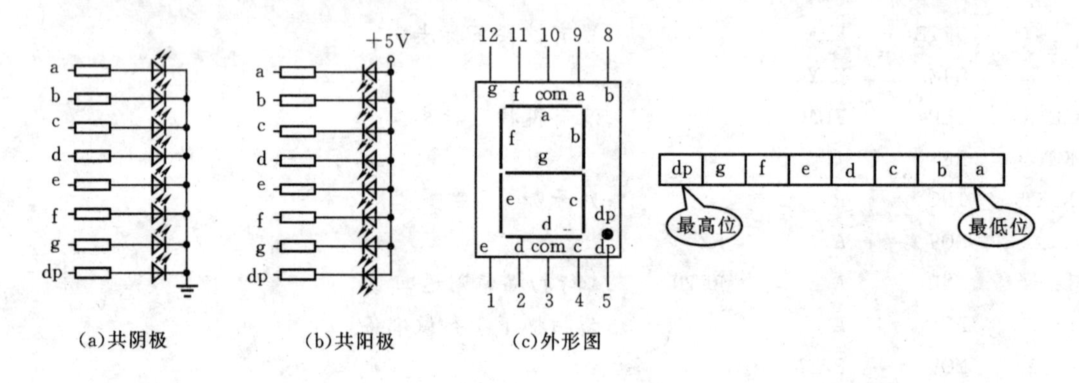

图 8－51　七段数码显示器

表 8－7　数码管常用字符编码表

显示字符	共阴极段选码	共阳极段选码	显示字符	共阴极段选码	共阳极段选码
0	3FH	C0H	b	7CH	83H
1	06H	F9H	C	39H	C6H
2	5BH	A4H	d	5EH	A1H
3	4FH	B0H	E	79H	86H
4	66H	99H	F	71H	8EH
5	6DH	92H	P	73H	8CH
6	7DH	82H	U	3EH	C1H
7	07H	F8H	y	6EH	91H
8	7FH	80H	Γ	31H	CEH
9	6FH	90H	8.	FFH	00H
A	77H	88H	灭	00H	FFH

用最简单的锁存器加上 OC 门驱动器或总线驱动器即可将 LED 接到总线上,最简单的形式如图 8－52 所示。

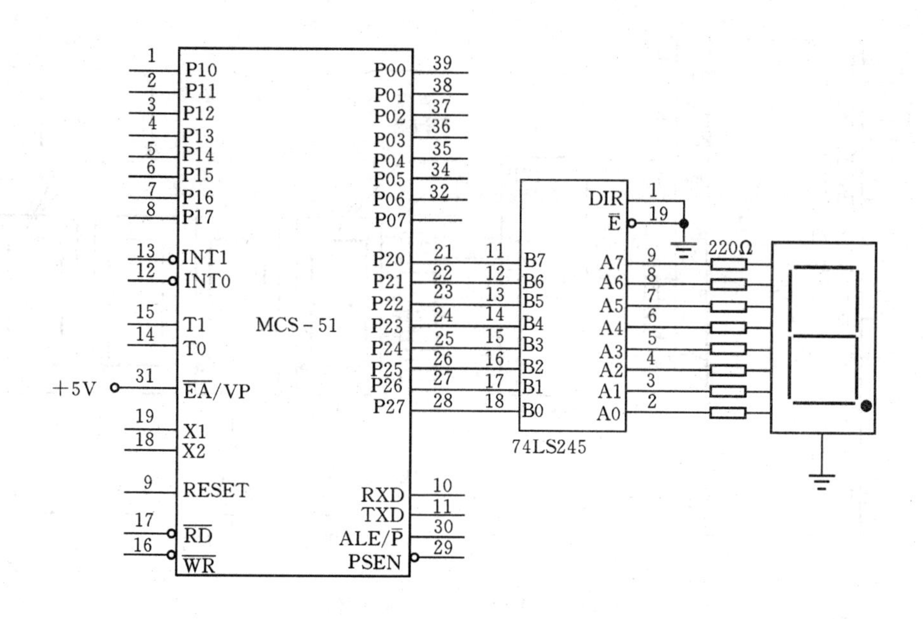

图 8-52　锁存器用做 LED 接口

若需 LED 显示什么数字或符号，需要在锁存器上锁存该数码相对应的代码。例如，要想让 LED 显示“5”这个数字，则需使 a，c，d，f，g 点亮，而其他各段熄灭。这就要在锁存器上锁存 6DH 这样一个代码，即：

程序代码：

```
MOV     DPTR,     # 8000H
MOV     A,        # 6DH
MOVX    @DPTR,    A
```

执行完上述三条指令，LED 便可以显示“5”。

为了给用户提供更大的方便，许多厂家将锁存器、译码器、驱动器集成在一个集成电路中，这将为用户提供最大的方便。如使用专用的七段数字锁存译码芯片 CD4511，CD4511 的最大好处在于，它集锁存和译码于一身。用户要显示什么数字，只需将数字写入就可以。这就省掉了内存的显示代码表。在工程应用中，一般需要采用多位 LED 同时进行显示，通常采用两种方法来实现。

1）动态显示

动态显示的基本思路就是利用人的视觉暂留特性，使每一位 LED 每钞钟显示几十次（例如 50 次），显示时间为 1～5 ms。显示时间越短，显示亮度越暗。动态 LED 显示接口电路如图 8-53 所示。

显示过程中，采用定时器 T0 每 1ms 产生一次中断，在中断服务程序中更换一次显示位，4 位一个扫描周期，扫描时间为 4 ms。除了定时中断扫描显示外，也可以程序控制扫描显示，但采用定时中断扫描显示的扫描周期固定，特别是当单片机的工作任务重时，定时中断扫描显示是一种很好的方式。

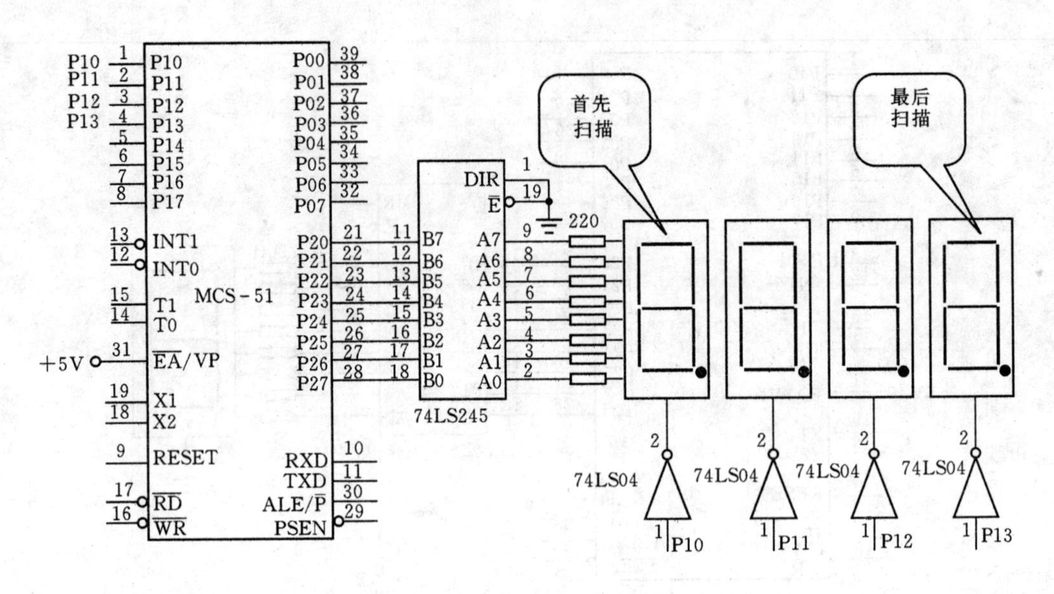

图 8-53 LED的动态显示接口

程序清单：

```
        ORG0000H
        AJMP    MAIN
        ORG000BH
        AJMP    INTT0
MAIN:   MOV     TMOD,   #01H        ;T0定时1ms中断初始化
        MOV     TL0,    #18H
        MOV     TH0,    #0FCH
        MOV     IE,     #82H
        SETB    TR0
AGAIN:  MOV     R0,     #30H        ;显示缓冲区首地址
        MOV     R2,     #01H        ;显示位控制字
NEXT:   MOV     A,      R2
        JB      ACC.3,  AGAIN       ;4位扫描完又重复
        SJMP    NEXT                ;4位未完等待显示下一位
INTT0:  MOV     TL0,    #18H        ;重为定时器赋初值
        MOV     TH0,    #0FCH
        MOV     P1,     #00H        ;关所有显示
        MOV     A,      @R0         ;取显示数字
        MOV     DPTR,   #SEG
        MOVC    A,      @A+DPTR     ;查字段码表的段选码
        MOV     P2,     A           ;输出段选码
        MOV     A,      R2
```

```
        MOV     P1,     A           ;输出位控制字
        RL      A                   ;为显示下一位做准备
        MOV     R2,     A
        INC     R0
        RETI
SEG:    DB  3FH,06H,5BH,4FH,66H
        DB  6DH,7DH,07H,7FH,6FH
    END
```

2)静态显示

静态显示每一位占用一个接口地址。如果是多位显示，就需要多个8位接口，每一位LED都有自己单独的锁存器或专用LED锁存译码器。一旦将显示的数据写入锁存器，显示的数据就一直显示下去，直到写入新的数码。

3)8位串行LED显示驱动器MAX7219/7221

MAX7219/7221是集成的串行输入/输出共阴极显示驱动器，这种接口微处理器可驱动8位8段数字型的LED或条形图显示器或64只独立LED。MAX7219/7221内置有BCD码译码器、多路扫描电路、段及数字驱动器和用于存储每一位的8×8静态RAM。对所有的LED来说，只需公用一个电阻以控制显示段电流。MAX7221和SPI，QSPI，Microwire是兼容的，并且可限制压摆率以减少电磁干扰，这点与MAX7219不同。

MAX7219/7221内有150μA的低功耗掉电模式和多种数控电路，提供有显示位数(1～8位)可选择的扫描界线寄存器，允许用户为每一位选择BCD译码控制电路。芯片采用24脚封装，有窄24脚和宽24脚DIP。工作温度范围有0～+70℃和−45～+85℃两种。

(1)主要性能参数。

串行接口频率：10MHz(典型值)；

低功耗停机电路：＜150μA(保存数据)；

连续功耗(+85℃)：窄DIP封装约0.87W，宽SO封装约0.76W；

DIG0～DIG7吸收电流：＜500mA；

工作电流：320mA(典型值)；

显示扫描速度：500～1300Hz(8位LED扫描)；

位驱动吸收电流：＞320mA。

(2)引脚功能与使用。MAX7219/7221的引脚排列与典型应用电路如图8-54所示，其中12脚对MAX7219信号是LOAD，对MAX7221是CS。MAX7219/7221的引脚功能如表8-8所示。

MAX7219/7221的工作时序如图8-55所示，其串行数据都为16位串行数据，其中高4位为任意值，D11～D8为各个控制寄存器的地址，而最低8位则为要写入数据或控制寄存器的数据，16位串行数据发送和接收时高位在前。对MAX7219，在LOAD为低电平时，将16位数据串发送到DIN端，在每个CLK的上升沿把数据移入到内部16位寄存器中。

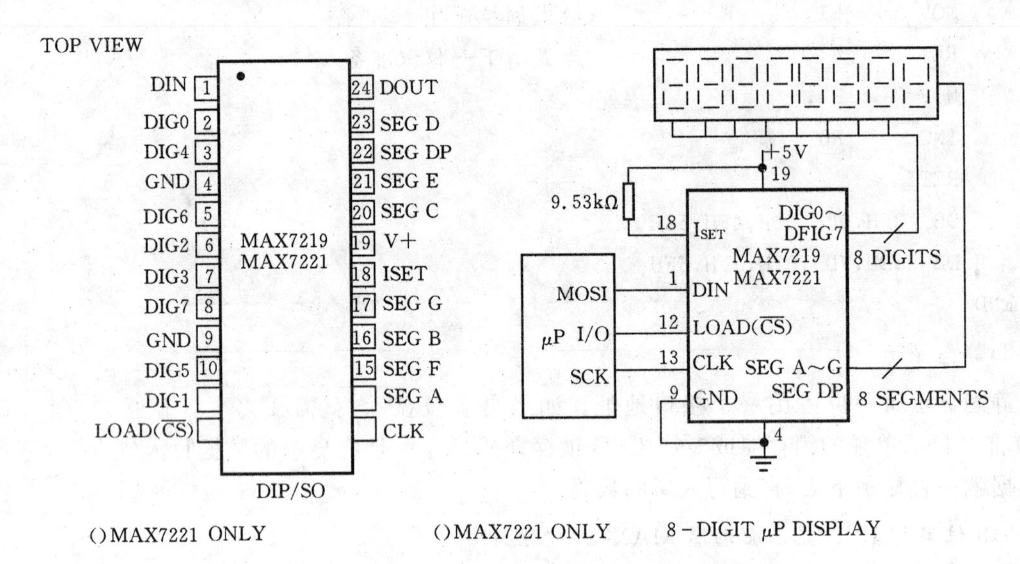

图 8-54　MAX7219/7221 管脚配置与典型应用电路

表 8-8　MAX7219/7221 的引脚功能

引 脚	名 称	功 能
1	DIN	串行数据输入。在 CLK 的上升沿，数据被加载到内部 16 位移位寄存器中
2,3,5～8,10,11	DIG0～DIG7	8 位数字驱动线。从共阴极显示器吸收电流
4,9	GND	地。这两个引脚必须连接起来
12	LOAD(CS)	对于 7219 为装载数据输入。在 LOAD 的上升沿，串行数据的最后 16 位被锁定。对 7221 位片选输入。当 CS 位低电平时，串行数据被锁存到移位寄存器中
13	CLK	时钟输入。最高频率为 10MHz。在 CLK 的上升沿，数据被移入到内部移位寄存器中。在 CLK 的下降沿，数据从 DOUT 输出。对 7221，当 CS 位低电平时，CLK 输入才是有效的
14～17,20～23	SA～SG	8 段驱动器，它供给显示器源电流。对 MAX7219，当一段驱动器被关掉时，它被接地；对 MAX7221，当段驱动器被关掉时，它呈高阻状态
18	ISET	通过一个电阻和 Vcc 相连来调节最大段电流
19	Vcc	电源电压，接＋5V
24	DOUT	串行数据输出。输入到 DIN 的数据在 16.5 个时钟周期后，在 DOUT 端有效。此信号常用于几个 MAX7219/7221 级联

表 8-9 列出了 14 个可寻址数字和控制寄存器。数字寄存器由一个片内 8×8 双端口 SRAM 组成。控制寄存器包括译码方式寄存器、显示亮度寄存器、扫描界限寄存器（扫描数据字的数量）和停机、测试等电路。

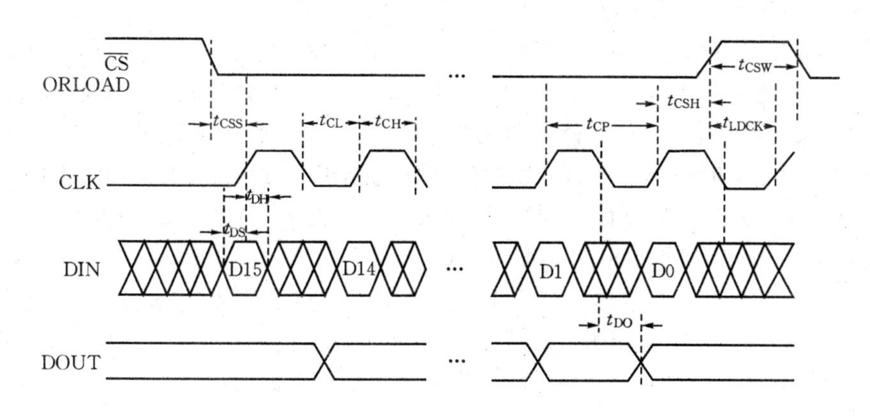

图 8-55　MAX7219/7221 工作时序图

表 8-9　寄存器地址划分

寄存器	地　址					十六进制代码(HEX)
	D15～D12	D11	D10	D9	D8	
空操作	X	0	0	0	0	X0
DIG0	X	0	0	0	1	X1
DIG1	X	0	0	1	0	X2
DIG2	X	0	0	1	1	X3
DIG3	X	0	1	0	0	X4
DIG4	X	0	1	0	1	X5
DIG5	X	0	1	1	0	X6
DIG6	X	0	1	1	1	X7
DIG7	X	1	0	0	0	X8
译码方式	X	1	0	0	1	X9
亮度	X	1	0	1	0	XA
扫描界限	X	1	0	1	1	XB
掉电模式	X	1	1	0	0	XC
显示测试	X	1	1	1	1	XF

(3)数据控制寄存器说明。芯片在起始上电时，所有控制寄存器被复位，显示器不显示，并且 MAX7219/7221 进入掉电方式。在正常显示前，必须先给显示驱动器进行初始化编程，否则，它将被设置成扫描一个数字，而且它将不译码数据寄存器中的数据，并且亮度寄存器的亮度被设置为最小。下面对各个寄存器作一说明。

掉电模式寄存器：在地址为 XC 的寄存器中写入任意数值使芯片进入掉电模式，器件将所有字段接地，所有的数字驱动器拉高，显示器不显示，此时器件具有最小供给电流，如再次向

XC 地址写入任意值则退出掉电模式。

译码方式寄存器：对 X9 地址写入的 8 位数据可以控制相应 8 位字段的译码方式，设置为 1 则对应位对每个数字设置 BCD 码(0～9，E，H，L，P 和－)，且译码器仅针对数字寄存器中数据的低 4 位有效。而小数点 D7 与译码器无关，为 1 点亮。正逻辑(D7＝1 时接通小数点)。

亮度控制：对 XA 地址写入数据可以对外接电阻(RSET)设置的显示段电流 ISET 进行再次细分调节，以实现对显示亮度的精细调整，写入数据的低 4 位有效，即有 16 级调整范围。最大设置段电流为 40mA，对应 RSET 值是 9.53kΩ。

扫描界限寄存器：扫描界限寄存器用于设置当前有效显示位数(可从 1～8)。一般以扫描速率 800Hz、8 位数据、多路复用方式进行显示。如果显示的数据较少，扫描速率为 $8\times f/N$(其中 N 为扫描数字的数量，f 为扫描频率)。扫描界限寄存器的格式列于表 8－10 中。

表 8－10　扫描界限寄存器的格式(地址＝XBH)

扫描界限	寄存器数据								十六进制码(HEX)
	D7	D6	D5	D4	D3	D2	D1	D0	
仅显示位 0	X	X	X	X	X	0	0	0	X0
显示位 0 和 1	X	X	X	X	X	0	0	1	X1
…	…	…	…	…	…	…	…	…	…
显示位 0～7	X	X	X	X	X	1	1	1	X7

显示测试寄存器：显示测试寄存器有两种工作方式：正常测试和显示测试。显示测试方式在不改变所有控制和数字寄存器(包括停机寄存器)的情况下接通所有 LED。在显示测试方式中，8 位数字被扫描，占空比为 31/32(对 MAX7221 为 18/16)。当在 XFH 中送 01H 时，为显示测试；送 00H 时，为正常显示。

非工作(ON－OP)寄存器：当 MAX7219/7221 级联时，使用非工作寄存器，把所有器件的 LOAD/CS 输入连接在一起，而把 DOUT 连接到相邻 MAX7219/7221 的 DIN。例如，如果 4 片 MAX7219 级联，那么对第 4 片芯片写入时，发送所需的 16 位字，当 LOAD/CS 变高时数据被锁存在所有器件中。前 3 个芯片接收非工作指令，而第 4 个芯片接收预期的数据。

电源旁路及布线：要使由峰值数字驱动器的电流引起的文波减到最小，需要 Vcc 到 GND 间尽可能靠近芯片处外接一个 10μF 的陶瓷电容。MAX7219/7221 应放置在靠近 LED 显示器的地方，且对外引线尽量短，以减小引线电感和电磁干扰。

(4)应用实例。选择 AT89C51 单片机作为微控制器，单片机的 I/O 口 P1.0 和 P1.2 分别作为 MAX7219 的串行数据输入信号 DIN 和时钟信号 CLK，P1.1 作为 LOAD 信号。下面是用 51 指令编写的相关程序。

```
        ORG     0000H
DIN     BIT     P1.0
CLK     BIT     P1.2
LOAD    BIT     P1.1
LED_BF  EQU     50H
        AJMP    MAIN
```

```
MAIN:     MOV     SP,         #70H
          LCALL   PROCESS                ;初始化设置
          LCALL   DISPLAY                ;显示
WAIT:     SJMP    WAIT                   ;等待
PROCESS:  MOV     A,          #0BH       ;边界设置显示全部 8 位
          MOV     B,          #07H
          LCALL   W_7219
          MOV     A,          #09H       ;选择非译码方式
          MOV     B,          #00H
          LCALL   W_7219
          MOV     A,          #0AH       ;显示亮度为第 9 级
          MOV     B,          #09H
          LCALL   W_7219
          MOV     A,          #0CH       ;掉电模式
          MOV     B,          #01H
          LCALL   W_7219
          RET
DISPLAY:  MOV     R0,         #LED_BF;显示缓冲区
          MOV     R4,         #01H
          MOV     R3,         #08H
C_DISP:   MOV     A,          @R0        ;取得一个字节送显示
          MOV     B,          A
          MOV     A,          R4         ;第一个数据显示在最低位
          LCALL   W_7219
          INC     R0                     ;指向现一个显示缓冲区
          INC     R4                     ;选择下一个显示位
          DJNZ    R3,         C_DISP     ;8 位显示完?
          RET
W_7219:   CLR     LOAD
          LCALL   SD_7219
          MOV     A,          B
          LCALL   SD_7219
          SETB    LOAD
          RET
SD_7219:  MOV     R6,         #08H
C_SD:     NOP
          CLR     CLK
          RLC     A
          RET
```

5. LCD 显示界面及其接口设计

LCD 液晶显示是利用液晶材料在电场作用下发生位置变化而遮蔽/通透光线的性能制作成的一种平板显示器件。通常使用的 LCD 器件有 TN 型(Twist Nematic,扭曲向列型液晶)、STN 型(Super TN,超扭曲向列型液晶)和 TFT 型（Thin Film Transistor,薄膜晶体管型液晶)。三种 LCD 性能依次增强,制作成本也随之增加。TN 和 STN 型常用作单色 LCD,STN 型可以设计成单色多级灰度 LCD 和伪彩色 LCD,TFT 型常用作真彩色 LCD。TN 和 STN 型 LCD,不能做成大面积 LCD,其颜色数在 218 种以下。218 种颜色以下的称为伪色彩,218 种及其以上颜色的称为真彩色。TFT 型可以实现大面积 LCD 真彩显示,其像素点可以做成 0.3mm 左右。TFT-LCD 技术日趋成熟,长期困扰的难题已获解决:视角达 170°,亮度达 500nt,分辨率达 40in,变化速度达 60 帧/秒。

进行 LCD 设计主要是 LCD 的控制/驱动和与外界的接口设计。控制主要是通过接口与外界通信,管理内/外显示 RAM,控制驱动器,分配显示数据;驱动主要是根据控制器要求驱动 LCD 进行显示。控制器还常含有内部 ASCII 字符库,或可外扩的大容量汉字库。小规模 LCD 设计,常选用一体化控制/驱动器;中大规模的 LCD 设计,常选用若干个控制器、驱动器,并外扩适当的显示 RAM、自制字符 RAM 或 ROM 字库。控制与驱动器大多采用低压微功耗器件。与外界的接口主要用于 LCD 控制,通常是可连接单片机的 8/16 位并口或 SPI 串口。显示 RAM 除部分 SAMSUNG 器件需用自刷新动态 SDRAM 外,大多公司器件都用静态 SRAM。

LCD 及其控制驱动、接口、基本电路一起构成 LCD 模块。常规嵌入式设计多使用现成的 LCD 模块做人机界面,把 LCD 及其控制驱动器件、基本电路直接做入系统。

控制 LCD 显示,常采用单片机,通过 LCD 部分的 PPI 或 SPI 接口,按照 LCD 控制器的若干条协议指令执行。LCD 程序一般包括初始化程序、管理程序和数据传输程序。大多数 LCD 控制驱动器厂商都随器件提供有汇编或 C 语言的例程资料,十分方便程序编制。

1)LCD 控制驱动电路接口设计实例

以点阵字符型液晶显示器为例,HD44780 是一种点阵字符型液晶驱动芯片。所设计的单片机硬件接口电路如图 8-56 所示,其中 A0 作为控制信号,命令口地址为 FEH,数据口地址为 FFH。HD44780 的主要命令字如表 8-11 所示,使用前必须初始化,工作在 1 行 5×8 模式时的初始化程序如下。初始化完成后,就可以将要显示的数据写入 HD44780,实现显示。

表 8-11　HD44780 的主要命令格式

功能	RS	R/W#	DB7	DB6	DB5	DB4	DB3	DB2	DB1	DB0
清显示	0	0	0	0	0	0	0	0	0	1
光标回原位	0	0	0	0	0	0	0	0	1	—
进入模式设置	0	0	0	0	0	0	0	1	I/D	S
显示开关控制	0	0	0	0	0	0	1	D	C	B
光标或显示移动控制	0	0	0	0	0	1	S/C	R/L	—	—
功能设置	0	0	0	0	1	DL	N	F	—	—
读忙标志和地址	0	1	BF	AC	AC	AC	AC	AC	AC	AC

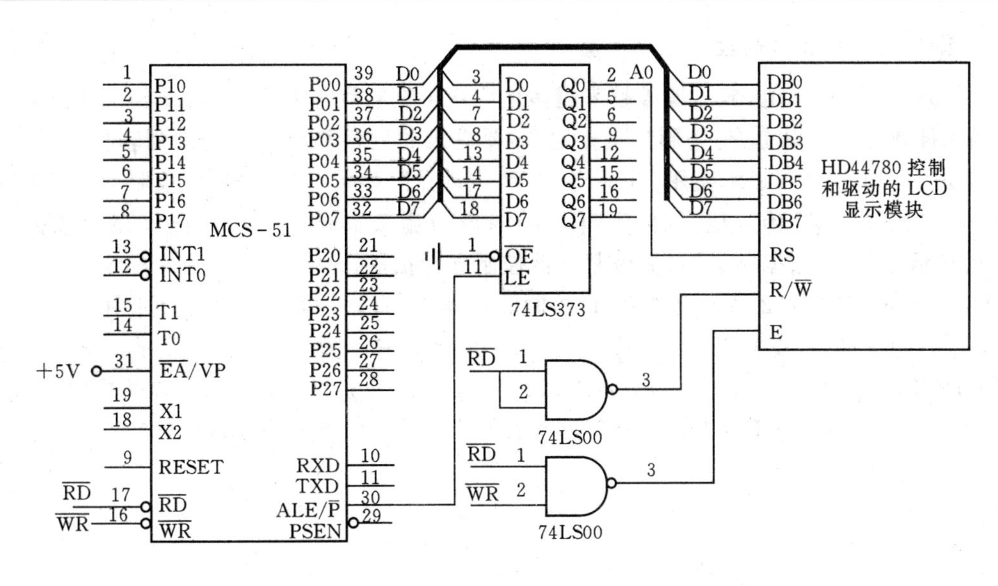

图 8-56　点阵液晶显示电路接口设计电路

程序清单：

```
        MOV     R0,     #0FEH
        MOV     A,      #38H        ;8 位数据线,1 行,5×8 模式
        MOV     X@R0,   A
        MOV     R2,     #01H        ;清屏幕命令
        ACALL   WRCMD               ;调写命令子程序
        MOV     R2,     #06H        ;进入模式为增量
        ACALL   WRCMD
        MOV     R2,     #0EH        ;开显示,显示光标,不闪烁
        ACALL   WRCMD
WRCMD:  MOVR0,  #0FEH
        MOVX    A,      @R0
        JB      ACC.7,  WRCMD       ;BF = 1 则等待
        MOV     A,      R2
        MOVX    @R0,    A
        RET
WRDAT:  MOV     R0,     #0FEH
        MOVX    A,      @R0
        JB      ACC.7,  WRDAT       ;BF = 1 则等待
        MOV     R0,     #0FFH
        MOV     A,      R2
        MOVX    @R0,    A
        RET
```

2)真彩点阵型 LCD 的控制驱动与接口

现代高档 PDA、家电、显示墙等越来越多地应用了真彩点阵 LCD 显示技术。LCD 真彩显示的颜色种数在 218 以上，与伪彩显示相比，需要更大的显存和更高的控制驱动技术，且需达到高速动画。LCD 真彩显示使用 TFT 型 LCD，主动点阵显示，需要采用源极驱动器和栅极驱动器分别去控制 LCD 场效应晶体管 FET 的源极与栅极。源极驱动器接收显示数据驱动 LCD 列显示，也称为数据驱动器，栅极驱动器控制逐行扫描。

Hitachi 的 HD66772 系列真彩 LCD 控制驱动器件是嵌入式人机界面设计中表现丰富多彩世界的理想选择，可以实现 176RGB×240 点 218 色高速动画 TFT 点阵显示。该系列器件包括 HD66772/HD66774/HD66775/HD667P01，HD66772 是内嵌 95KB 显存的控制器与 176 RGB 段的源极驱动器，HD66774 是内含驱动电源的 240 行栅极驱动器，HD66772 具有与单片机直接连接的 8/16 位并行接口、6/16/18 位动画接口和同步串行接口。图 8－57 是与 16 位单片机的接口电路实现方案，采用 HD66772 系列器件，控制驱动 176RGB×240 点 TFT 型 LCD 实现真彩显示。

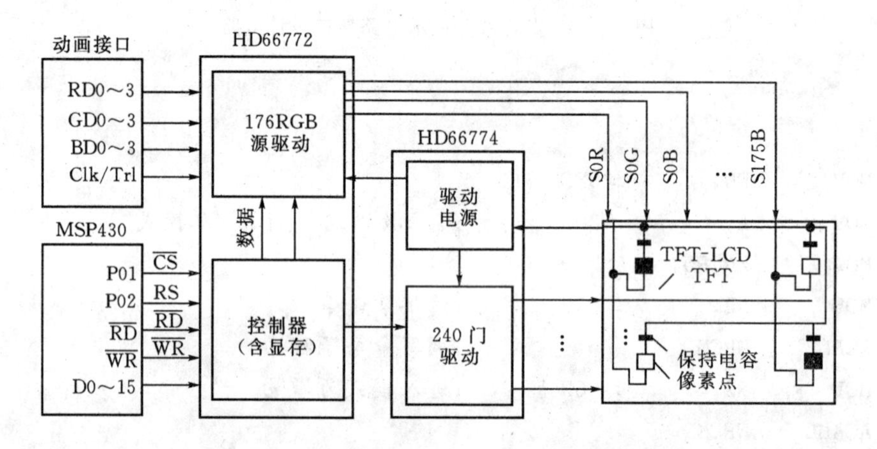

图 8－57　真彩点阵型 LCD 控制驱动及其接口图

6. 光电隔离输入输出接口设计

1)隔离的概念及意义

在嵌入式计算机系统中，单片机与外设通过接口相连接，单片机的控制信号和外设的状态信息都通过接口总线进行传输交换。为了进行电信号的传送，它们必须有公共的接地端。当它们之间有一定距离时，公共地端会有一定的电阻存在，倒如几到几十毫欧或更大。图 8－58所示的等效图可以简略说明这个问题。图中将接地电阻集中表示为 R。可以这样理解：当图中的三部分工作时，它们的电流都会流过接地电阻 R。

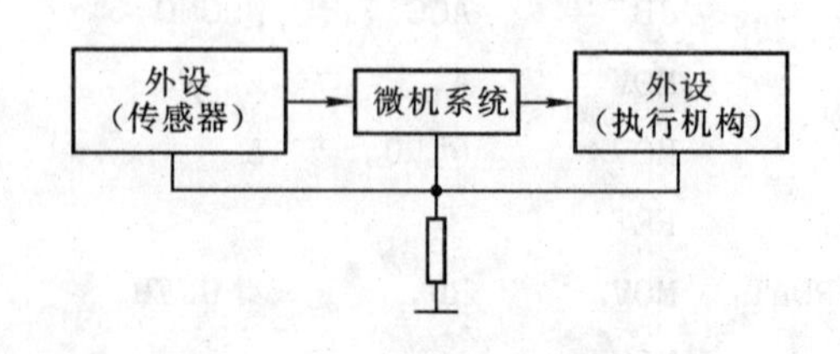

图 8－58　共地电阻示意图

当大功率外设工作时，会有数十安培或更大的电流流过 R，即使小功率器件如继电器、电机、阀门等，其工作电流也比较大，这些大功率设备会在地上造成很大的干扰电压，足以导致单片机无法正常工作。

对弱信号的外设，例如，传感器输出信号有时只有毫伏（或毫安）级的水平，信号弱、电流小，极易受到干扰。CPU 工作时的脉冲电流在地电阻上的影响足以干扰外设的弱信号，更不用说大功率外设所构成的干扰。因此，若不采取措施，大功率外设所产生的共地干扰就足以使系统无法工作。

由上述可知，在嵌入式计算机系统中，由于共地的干扰，系统不能正常工作。但是，没有了共地关系，电信号又无法构成回路，传感器传来的信号和微型机送出的控制信号也就无法传送。为此，必须采取措施，保证既能将地隔开，又能将信号顺利地进行传送。可以采用如下的措施：

(1)采用变压器隔离。使变压器的初级和次级不共地，而初次极之间的耦合磁场又不需要共地，故可以将初、次级的地进行隔离。

(2)采用光电耦合器件隔离。因光传送不需要共地，故可以将光电耦合器件两边的地加以隔离。

(3)继电器隔离。利用继电器将控制边与大功率外设边的地隔离开。

总之，这里强调的隔离是指将可能产生共地干扰的部件间的地加以隔离，以有效地克服设备间的共地干扰。有的系统中大功率外设的共地干扰高达 2000V，不采取措施是无法保证系统可靠工作的。

2)光电耦合器件

光电耦合器件的结构如图 8-59 所示。光电耦合器件由发光二极管和光敏三极管构成。当发光二极管流有一定电流时，发光二极管就发光，发出的光照射到光敏三极管上，就会产生一定的基极电流，使光敏三极管导通。若没有电流（或电流非常小）流过发光二极管，则其不发光，光敏三极管就处于截止状态。

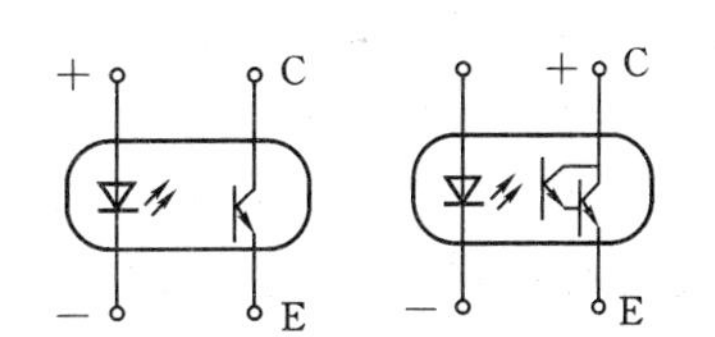

图 8-59　光电耦合器件的结构

光电耦合器件具有一些主要的技术指标，系统设计者在选用时应注意。

发光二极管的额定工作电流：光电耦合器件的发光二极管正常工作时流过的额定电流，其额定工作电流一般在 10mA 左右。

电流传输比：发光照射到光敏三极管上激发的输出电流 I_C 与发光二极管上额定电流 I_F 之比。一般电流传输比在 0.5～0.6 之间。复合管光电耦合器件电流传输比一般在 20～30 之间。

光电耦合器件的传输速度：由于光电耦合器件在工作过程中需要进行电—光—电的两次物理量转换，这种转换需要时间。常见的光电耦合器件的速度在几十到几百千赫，高速光电耦合器件的传输速度可达几兆赫。

光电耦合器件的耐压：光耦两边分属不同的地系统，为了避免两者之间被击穿，应选择耐压合适的光电耦合器件，常见的光电耦合器的耐压在 0.5～10kV 之间。

3）光电隔离器件的应用

光电隔离输出接口典型应用电路如图 8-60 所示，图中利用 8D 锁存器作为输出接口，利用 OC 门 7406 与发光二极管相连接。当 273 的 Q_7 输出为“1”时，经光电隔离器，将高电平输出；当 Q_7 为“0”时，输出也为低电平。图中输出反相器是工作在＋15V 的 CMOS 反相器。8D 锁存器实际可以连接 8 路光电耦合输出供系统使用。

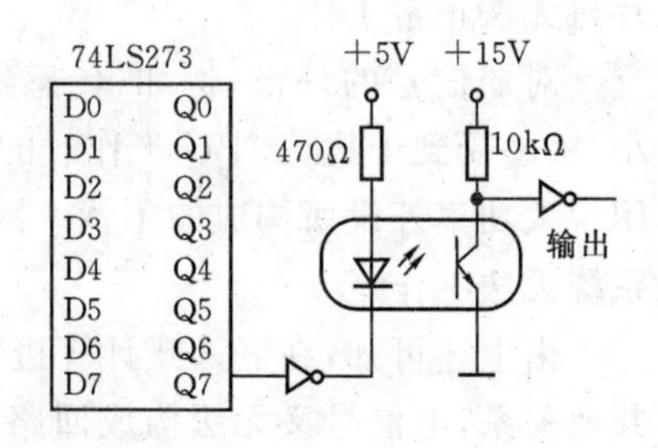

图 8-60　光电隔离输出接口

图 8-61 给出了一个利用光电耦合器件实现对继电器的控制的实例，并利用继电器的常闭接点将继电器的状态经三态门输入接口反馈到控制器。

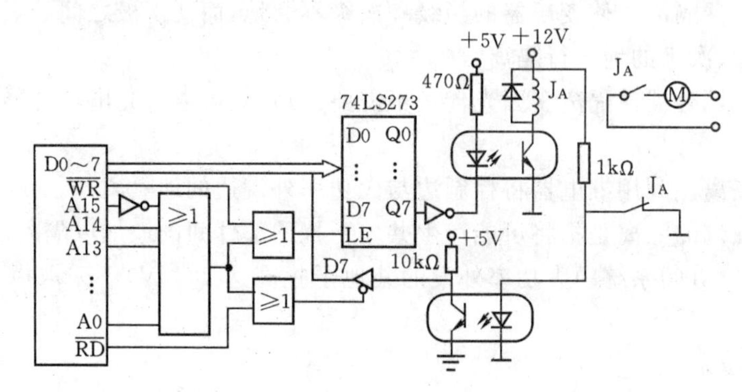

图 8-61　利用光电耦合器件实现对继电器的控制

图示电路的功能就是通过光电隔离输出接口来控制一个电机转动。同时，为了形成闭环控制，引入继电器常闭接点接入单片机总线 D7 位。

在图 8-61 中使用的是 12V/10mA 的小型继电器，可直接接在光敏三极管上。若要求电流很大、电压很高，可外接大功率晶体管进行驱动。若选用的继电器厂家给出绕组电阻，则需要根据吸合电流确定是否需要加入串联的限流电阻。由于继电器绕组作为光敏三极管的负载，它是一个感性负载，因此在继电器两端需要并联一个保护二极管，以免在三极管截止时电感产生的反峰电压损坏光敏三极管。在图示中，利用光电耦合器件将单片机与外设相隔离，这时两边的地是不相连的，是完全独立的两个地系统。

7. 步进电机接口设计

在工业控制系统中，通常要控制机械部件的平移和转动。这些机械部件的驱动大都采用交流电机、直流电机和步进电机。电机将电能转换成机械能，步进电机将电脉冲转换成特定的旋转运动。每个脉冲所产生的运动是精确的，并可重复，这就是步进电机为什么在定位应用中如此有效的原因。步进电机最适用于数字控制，因此它在数控机床等设备中得到了广泛应用。在设计微机工业控制系统时，如何设计步进电机接口是一个经常要遇到的问题。

1）步进电机的基本工作原理

步进电机，顾名思义，它是一步一步转动的，例如每一步，电机轴转动 1.5°。它可以顺时针转，也可以逆时针转。因此，其功能完全和一般电动机相似。

用四个开关控制四相步进电机的示意图如图 8－62(a)所示。开关 SW1～SW4 如图 8－62(b)所示的时序接通和断开就可使步进电机正转和反转。

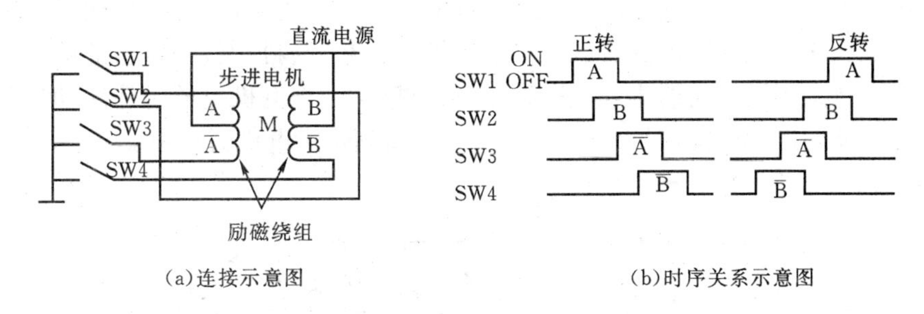

(a)连接示意图　　　(b)时序关系示意图

图 8－62　四相步进电机示意图

步进电机在应用时需注意它的技术指标，在满足额定工作条件之下，它才能正常工作。主要的技术指标有：

(1)工作电压：工作电压即步进电机工作时所要求的工作电压。

(2)绕组电流：励磁绕组流过的电流，数值从毫安级到安培级不等，步进电机工作时应使其工作在此电流之下。

(3)转动力矩：转动力矩是指在额定条件下(电流，电压)，步进电机的轴上所能产生的转矩，单位通常为 N/cm 或 g/cm 或 kg/cm。步进电机通常是用来驱动物体转动或产生位移的，应根据用户的需求来选择一定转矩的步进电机。

(4)每步转角：步进电机每走一步实际上就是其转子(轴)转一个角度。小的有 0.5°/步、1.5°/步等，大的到 15°/步。在应用中可根据用户的需求选用。

(5)工作频率：所谓工作频率，就是步进电机每钞钟能走的额定步数。由于步进电机走步实际上是转子的机械运动，不可能很快。例如，有的工作频率 500 Hz，就意味着每一步需要 2ms。目前频率高的可达 10kHz，但是总的来说，与微型机的速度相比，步进电机的速度是十分慢的。

(6)激励方式：目前四相步进电机驱动的激励方式有以下三种：

①1 相激励方式，其激励波形如图 8－63(a)所示。在这种方式中，当步进电机工作时温升较高，电源功耗小。但是，当速度较高时容易产生失步。

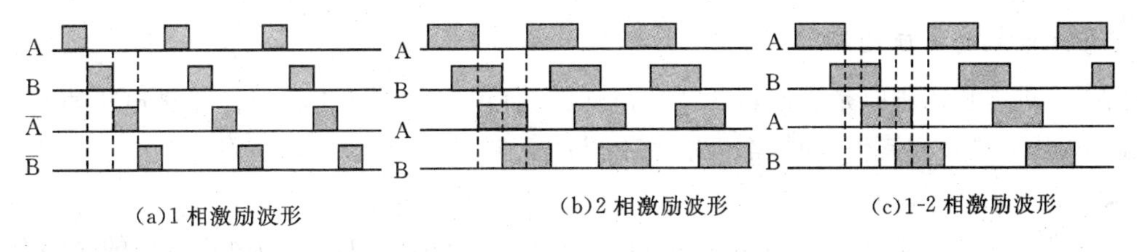

(a)1 相激励波形　　(b)2 相激励波形　　(c)1-2 相激励波形

图 8－63　四相步进电机的各种激励波形

②2 相激励方式，其激励波形如图 8－63(b)所示。在这种方式中，当步进电机工作时温升较高，电源功率较大，但不容易失步。

③1－2 相激励方式，其激励波形如图 8－63(c)所示。在这种方式中，步进电机的工作状态介于 A 和 B 之间，每转动一次只走半步。例如，在 A 和 B 方式中步进电机每步转动 1°，那

么在该方式下每步只转动 0.5°。

一般步进电机控制电路框图如图 8-64 所示。它由脉冲分配电路和驱动电路构成。脉冲分配器有两个输入信号：一个是步进脉冲序列，每输入一个步进脉冲，脉冲分配器的四相输出时序将发生一次变化，从而使步进电机转动一步；另一个是方向控制信号，它的两个不同状态将使脉冲分配器产生不同方向的步进时序脉冲，从而控制步进电机是顺时针转动还是逆时针转动。脉冲分配器的四相激励信号经驱动电路后，再接到步进电机的激励绕组上，对步进电机进行功率驱动。

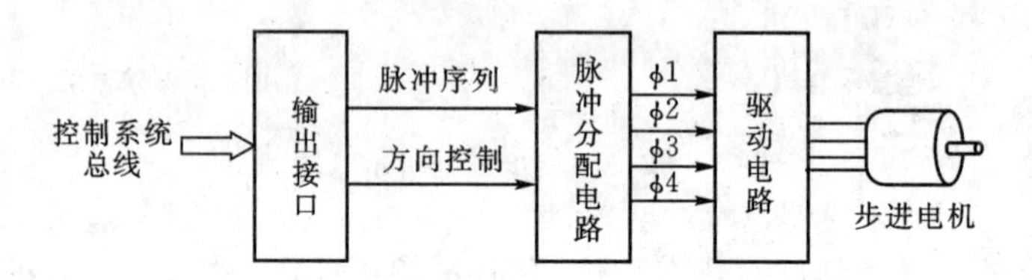

图 8-64 步进电机控制电路框图

2)步进电机的种类和特点

步进电机在构造上有三种主要类型：反应式、永磁式和混合式。

反应式：定子上有绕组，转子由软磁材料组成。结构简单，成本低，步距角小，可达 1.2°，但动态性能差，效率低，发热大，可靠性难保证。

永磁式：永磁式步进电机的转子用永磁材料制成，转子的极数与定子的极数相同。其特点是动态性能好、输出力矩大，但这种电机精度差，步矩角大(一般为 7.5°或 15°)。

混合式：混合式步进电机综合了反应式和永磁式的优点，其定子上有多相绕组，转子上采用永磁材料，转子和定子上均有多个小齿以提高步矩精度。其特点是输出力矩大，动态性能好，步矩角小，但结构复杂，成本相对较高。

按定子上绕组来分，共有二相、三相和五相等系列。最受欢迎的是二相混合式步进电机，约占 97% 以上的市场份额，其原因是性价比高，配上细分驱动器后效果良好。该种电机的基本步矩角为 1.8°/步。配上半步驱动器后，步矩角减少为 0.9°；配上细分驱动器后，其步矩角可细分达 256 倍(0.007°)。由于摩擦力和制造精度等原因，实际控制精度略低。同一步进电机可配不同细分的驱动器，以改变精度和效果。

3)步进电机的速度控制

由于步进电机步进时是机械转动，因而有惯性存在。当从静止状态使步进电机直接运行最高速，或从最高速直接停止时，都可能由于惯性而失步。比如，开始该走 30 步，实际上只走了 28 步，丢失了 2 步。

如何进行速度控制，保证步进电机正确工作呢？步进电机的速度与每步所用的时间有关。每步时间越长，则速度就越慢。因此，只要控制每步的延时时间，便可以控制步进的速度。为此，可以按照上面的思路对每一步延时时间进行控制，使速度如图 8-65 所示。图示表明开始逐步加速，结束前逐步减速。例如，开始时第一步延时 20ms，第二步延时 19ms，以每步减少 1ms 的速率延时到 1ms。此时达到最高速。也就是从起始 50Hz 逐步增加到 1000Hz，然后以最高速 1000Hz 运行。当运行到停止步数前 20 步时，再每步加 1ms 减速；当停止步进时，其速度也是慢速的 50Hz。

若步进电机一次走的步数比较少，则可一半步进数加速，另一半步进数减速，如图 8-65 所示的虚线。显然，加速与减速的过程不一定要选 20 步，可以少些或更多一些。

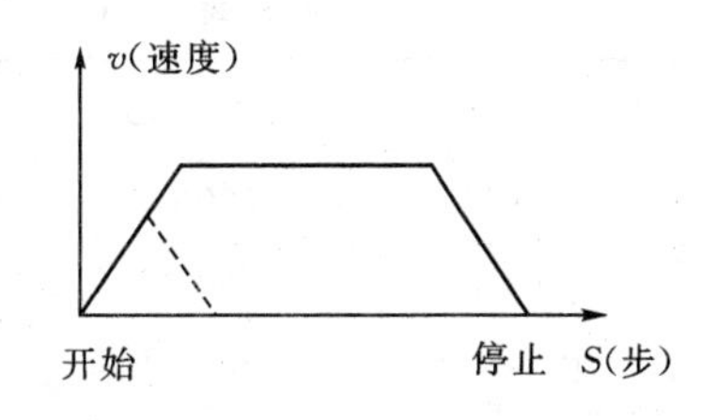

图 8-65 速度控制示意图

8. 其他串行外设器件

1) 多功能单片机监控器件 X25043/45

X25043/45 是 XICOR 公司的单片机监控芯片。它把四种常用的功能——上电复位、看门狗定时器、电压监控和串行 EEPROM 功能——组合在单个封装之内。这种组合降低了系统成本并减少了对电路板空间的要求。X25043/45 的主要功能特点包括：

①可编程看门狗定时器；

②低电压监控；

③提供复位信号：X25043 低电平有效，X25045 高电平有效；

④最大 1MHz 时钟速率；

⑤512× 8b 的 SEEROM，每页包含 4 字节，全部、1/4、1/2 空间提供保护，所有空间提供写保护；

⑥50μA 的保持电流和 3mA 的工作电流；

⑦宽的工作电压 2.7～5.5V；

⑧高可靠性：10 万次操作/字节，数据有效期 100 年；

⑨提供多种封装形式：8 脚 PDlP，8 脚 SOIC，14 脚 TSSOP。

在 X25043/45 多种封装形式中，有效的管脚包括：

①串行数据输入接口 SI，它在串行时钟上升沿有效；

②串行数据输出接口 SO，它在串行时钟下降沿有效；

③串行时钟 SCK 用于控制串行数据的 I/O；

④芯片片选信号 $\overline{\text{CS}}$，低电平有效；

⑤写保护输入接口 $\overline{\text{WP}}$，低电平有效；

⑥上电复位和电压监控看门狗超时复位信号 $\overline{\text{RESET}}$；

⑦供电电源 Vcc，Vss。

X25043 有一个 8 位的命令寄存器来控制其读出和写入的操作(见表 8-12)。操作命令通过 SI 端口写入，有两种写操作格式需要命令寄存器，即写入 EEPROM 数据和写入状态寄存器。读出操作是通过 SO 端口的，X25043 也有两种读出格式需要命令寄存器，即读出 EEPROM 数据和读出状态寄存器。对于状态寄存器的读写，先要完成命令寄存器的操作，然后再进行数据的读出或写入。对 EEPROM 的操作，需要先写命令寄存器，然后进行目的地址的 I/O，最后是数据的操作。所有的操作在 SCK 时钟下按照 SPI 协议进行。数据的 I/O 是从最高位字节开始的。

表 8-12　XC5043/45 存储器操作命令格式说明

命令名称	命令格式	命令说明
WREN	0000 0110	写使能
WRDI	0000 0100	禁止写
RDSR	0000 0101	读状态寄存器
WRSR	0000 0001	写状态寄存器
READ	0000 $A_8$011	从某个存储器地址开始读数据
WRITE	0000 $A_8$010	从某个存储器地址开始写数据(1～4 个字节)

状态寄存器的低 6 位有效(见表 8-13)。其中，WIP 是写状态指示位，只可读，1 表示目前 X25043 是否正在忙着内部写工作，这在判断 EEPROM 写入完成是十分重要的。WEL 位表示目前 X25043 是否可写，0 表示 X25043 无法执行写操作。BL0 和 BL1 的逻辑组合来控制 EEPROM 区域的块锁定(Block Lock)大小，可分为全部锁存、部分锁存或不锁存等 4 种保护类型。WD0 和 WD1 的逻辑组合则决定了看门狗计数器定时值的大小。

表 8-13　状态寄存器位定义

7	6	5	4	3	2	1	0
X	X	WD1	WD0	BL1	BL0	WEL	WIP

Status Register Bits		Array Addresses Protected	Status Register Bits		Watchdog Time-out (Typical)
BL1	BL0		WD1	WD0	
0	0	None	0	0	1.4 Seconds
0	1	$180 - $1FF	0	1	600 Milliseconds
1	0	$100 - $1FF	1	0	200 Milliseconds
1	1	$000 - $1FF	1	1	Disabled

下面以 8031 为控制器，扩展连接 X25043 芯片的应用实例，分析 X25043 的工作原理和时序关系。电路连接和 X25043 的管脚分布如图 8-66 所示，单片机的 P1 口与 X25043 连接，其中 P1.0 作为片选线，P1.1 作为串行输入线，P1.2 作为串行时钟端，P1.3 作为串行输出线。在图 8-67～图 8-70 中给出了 X25043 芯片在读写使用时的工作时序。其中最关键的就是要注意，写入 X25043 数据位时，先复位时钟，再准备好数据位，再置位时钟，即上升沿将数据写入芯片；读 X25043 数据位时，先置位时钟，再复位时钟，即产生下降沿，数据输出到控制器准备读取。

图 8-67 是写使能设置工作时序，图中，片选 $\overline{CS}$ 在低电平状态下，将写使能命令字 00000110B 二进制数据在时钟上升沿作用下由高位到低位依次写入芯片。此后即可以开始后续的写命令或写数据了，直到下一次写禁止命令 0000 0100B 写入后，就禁止写操作了。

图 8-68 中，在已经写使能条件下，将写数据 0000 $A_8$010B 命令字在上升沿作用下一次写入后，再写入低 8 位地址，再写入要求的 8 位数据，其中 A_8 是 512 字节地址空间的最高位。写

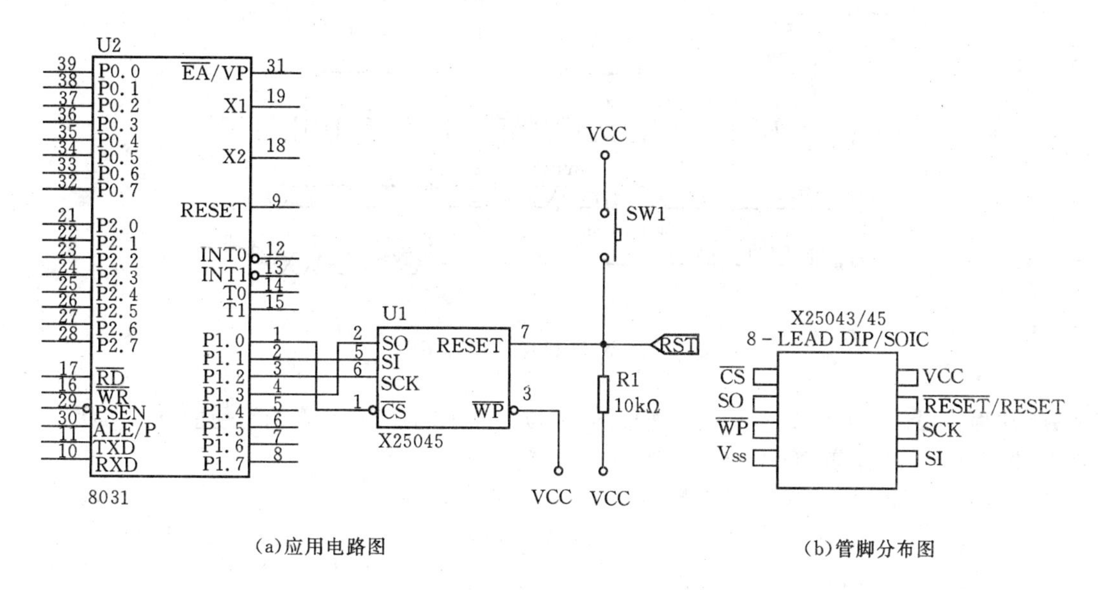

(a)应用电路图　　(b)管脚分布图

图 8 - 66　8031 单片机与 SEEROM X25045 连接电路

入时一次最多写入 1 页共 4 个字节。

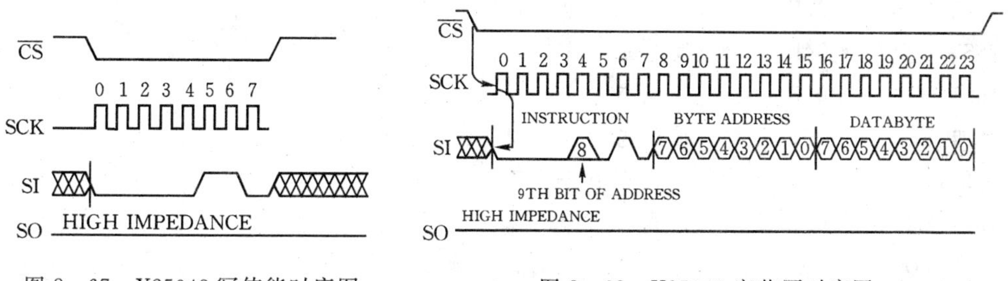

图 8 - 67　X25043 写使能时序图　　图 8 - 68　X25043 字节写时序图

图 8 - 69 中，在已经写使能条件下，将写状态寄存器命令字 0000 0101B 依次写入芯片后，时钟每产生一个下降沿，就可以读取一位数据，8 个下降沿后就可以读取到状态寄存器的完整内容了。状态寄存器在芯片初始参数设置、写等待周期查询等应用中都有频繁的读写操作。

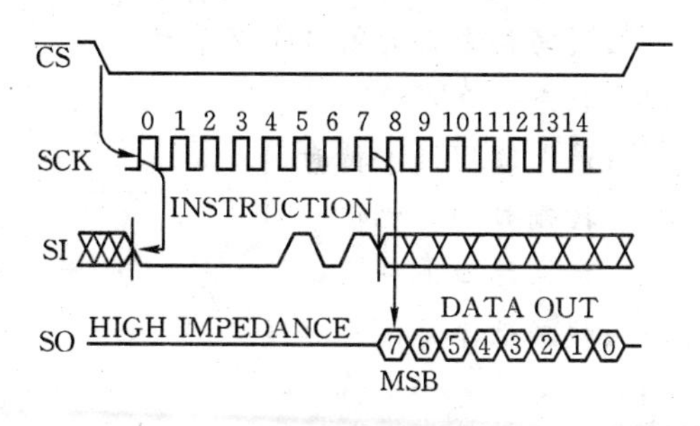

图 8 - 69　读 X25043 状态寄存器时序图

图 8 - 70 中是数据读取操作时序，在已经写使能条件下，将读数据命令字 0000 $A_8$011B 和低 8 位地址写入后，在时钟下降沿作用下，可以从起始地址依次读取所需要的存储数据，读取的数量不受限制，一次可以读取全部的存储数据。

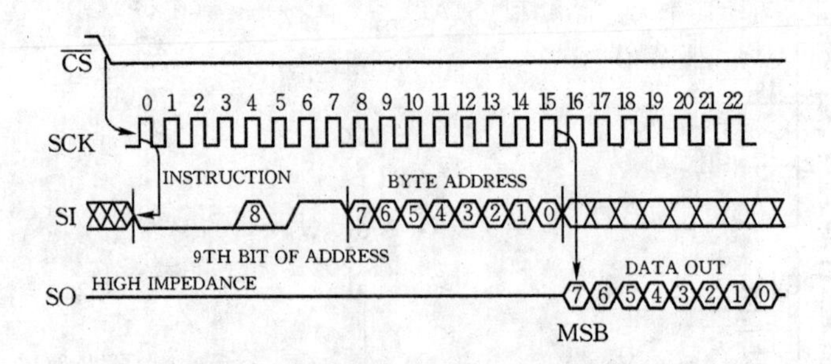

图 8-70　X25043 字节读时序图

下述程序段即按照图 8-66 电路连接图,模拟完成了芯片设置/取消写使能、读/写状态寄存器、读/写单字节、整页写、连续读、复位看门狗等功能程序段。

```
;*************************************************************
CS          BIT     P1.0      ;片选        常量定义
SI          BIT     P1.1      ;串入
SCK         BIT     P1.2      ;时钟
SO          BIT     P1.3      ;串出
WREN_INST EQU     06H       ;写使能命令
WRDI_INST EQU     04H       ;写禁止命令
WRSR_INST EQU     01H       ;写状态命令
RDSR_INST EQU     05H       ;读状态命令
WRITE_INSTEQU     02H       ;写内存命令
READ_INST EQU     03H       ;读内存命令
BYTE_ADDR EQU     55H       ;字节模式下的内存地址
BYTE_DATA EQU     11H       ;字节写操作的数据字节
PAGE_ADDR EQU     1F0H      ;页模式下的内存地址
PAGE_DATA1EQU     22H       ;页写模式下的第 1 个字节数据
PAGE_DATA2EQU     33H       ;页写模式下的第 2 个字节数据
PAGE_DATA3EQU     44H       ;页写模式下的第 3 个字节数据
STATUS_REGEQU     00H       ;状态寄存器
MAX_POLL  EQU     99H       ;最大写周期等待时间
INIT_STATEEQU     09H       ;控制口初始化值
SLIC      EQU     30H       ;用户接口地址
STACK_TOP EQU     060H      ;栈顶位于片内存储区
;*************************************************************
          ORG      0000H
          LJMP     MAIN
          ORG      0100H
MAIN:     MOV      SP,      #STACK_TOP ;堆栈指针初始化
          CLR      EA       ;关中断
```

```
        MOV     P1,      #INIT_STATE;P1 口初始化:09H ( /CS & SO =1, SCK & SI =0 )
        LCALL   WREN_CMD             ;设置写使能
        LCALL   WRSR_CMD             ;写 00H 到状态寄存器
        LCALL   WREN_CMD
        LCALL   BYTE_WRITE           ;写 11H 到 55H 地址
        LCALL   BYTE_READ            ;从 55H 读字节数据
        LCALL   WREN_CMD
        LCALL   PAGE_WRITE           ;页写 22H/33H/44H 到 1F0/1/2H 地址区
        LCALL   SEQU_READ            ;从 1F0/1/2H 地址区连续读数据
        LCALL   RST_WDOG             ;复位看门狗
        JMP     SLIC                 ;跳转到用户其他程序段
;************************************************************
WREN_CMD: CLR   SCK                  ;时钟 0  设置写使能
        CLR     CS                   ;片选有效
        MOV     A,     #WREN_INST
        LCALL   OUTBYT               ;写命令输出
        CLR     SCK                  ;时钟 0
        SETB    CS                   ;结束操作
        RET
;************************************************************
WRDI_CMD: CLR   SCK                  ;写禁止命令
        CLR     CS
        MOV     A,       #WRDI_INST
        LCALL   OUTBYT
        CLR     SCK
        SETB    CS
        RET
;************************************************************
WRSR_CMD: CLR   SCK                  ;写状态寄存器
        CLR     CS
        MOV     A,       #WRSR_INST  ;写使能
        LCALL   OUTBYT
        MOV     A,       #STATUS_REG;写数据
        LCALL   OUTBYT
        CLR     SCK
        SETB    CS
        LCALL   WIP_POLL             ;是否写完
        RET
;************************************************************
```

```
RDSR_CMD: CLR     SCK                    ;读状态寄存器
          CLR     CS
          MOV     A,        #RDSR_INST
          LCALL   OUTBYT
          LCALL   INBYT                  ;在 A 中
          CLR     SCK
          SETB    CS
          RET
;****************************************************************
BYTE_WRITE:MOV    DPTR,     #BYTE_ADDR   ;字节写
          CLR     SCK
          CLR     CS
          MOV     A,        #WRITE_INST
          MOV     B,        DPH
          MOV     C,        B.0
          MOV     ACC.3,    C
          LCALL   OUTBYT                 ;送 SEEROM 的高位地址
          MOV     A,        DPL
          LCALL   OUTBYT                 ;送 SEEROM 的低位地址
          MOV     A,        #BYTE_DATA
          OUTBYT                         ;写数据
          CLR     SCK
          SETB    CS
          LCALL   WIP_POLL               ;统计写周期
          RET
;****************************************************************
BYTE_READ:MOV     DPTR,     #BYTE_ADDR   ;字节读
          CLR     SCK
          CLR     CS
          MOV     A,        #READ_INST
          MOV     B,        DPH
          MOV     C,        B.0
          MOV     ACC.3,    C
          LCALL   OUTBYT                 ;先高后低写入地址
          MOV     A,        DPL
          LCALL   OUTBYT
          LCALL   INBYT                  ;读一个字节
          CLR     SCK
          SETB    CS
```

```
        RET
;***********************************************************
PAGE_WRITE:MOV      DPTR,     #PAGE_ADDR ;页地址  页写入
        CLR      SCK
        CLR      CS
        MOV      A,        #WRITE_INST;写使能
        MOV      B,        DPH          ;高位地址
        MOV      C,        B.0
        MOV      ACC.3,    C
        LCALL    OUTBYT
        MOV      A,        DPL
        LCALL    OUTBYT                 ;低位地址
        MOV      A,        #PAGE_DATA1;写第 1 个数据
        LCALL    OUTBYT
        MOV      A,        #PAGE_DATA2;写第 2 个数据
        LCALL    OUTBYT
        MOV      A,        #PAGE_DATA3;写第 3 个数据
        LCALL    OUTBYT
        CLR      SCK
        SETB     CS
        LCALL    WIP_POLL               ;等待写完
        RET
;***********************************************************
SEQU_READ:MOV       DPTR,     #PAGE_ADDR ;数据地址  连续读
        CLR      SCK
        CLR      CS
        MOV      A,        #READ_INST ;读命令写入
        MOV      B,        DPH
        MOV      C,        B.0
        MOV      ACC.3,    C
        LCALL    OUTBYT
        MOV      A,        DPL
        LCALL    OUTBYT
        LCALL    INBYT                  ;读字节 1
        LCALL    INBYT                  ;读字节 2
        LCALL    INBYT                  ;读字节 3
        CLR      SCK
        SETB     CS
        RET
```

```
;**************************************************************
RST_WDOG: CLR     CS                    ;片选端产生一个上升沿复位看门狗
          SETB    CS
          RET
;**************************************************************
WIP_POLL: MOV     R1,      #MAX_POLL    ;设置等待最大值
WIP_POLL1:LCALL   RDSR_CMD              ;读状态寄存器
          JNB     ACC.0,   WIP_POLL2    ;是否写完
          DJNZ    R1,      WIP_POLL1    ;未完循环
WIP_POLL2:RET
;**************************************************************
OUTBYT:   MOV     R0,      #08H         ;写1个8bit的字节
OUTBYT1:  CLR     SCK                   ;0
          RLC     A                     ;准备1bit
          MOV     SI,      C
          SETB    SCK                   ;上升沿写入
          DJNZ    R0,      OUTBYT1      ;8次1个字节
          CLR     SI                    ;SI = 0
          RET
;**************************************************************
INBYT:    MOV     R0,      #08          ;读1个8bit的字节
INBYT1:   SETB    SCK                   ;产生下降沿
          CLR     SCK
          MOV     C,       SO           ;读1bit转存入A
          RLC     A
          DJNZ    R0,      INBYT1       ;完成1个字节8bit读取
          RET
          END
;**************************************************************
```

2)高性能低功耗RAM时时钟芯片DS1302

DS1302是高性能低功耗时钟芯片,包括实时时钟/日历和31字节的静态RAM。可实时地对秒、分、时、日、周、月以及闰年进行计数处理。内部有31个字节的高速RAM,可通过外部可充电池加电长期保存数据,并能慢速为电池充电。通过简单的3线串行方式接口,能在2.5～5.5V电源下可靠工作,在2.5V时耗电小于300nA。在主电源关闭的情况下,能保持时钟的连续运行。DS1302可广泛应用于智能仪器、单片机系统和家用时钟电路等领域。

DS1302内部结构及引脚排列如图8-71所示。它主要由移位寄存器、控制逻辑、振荡器、实时时钟以及RAM等组成。为了初始化,把CE置为高电平且把提供地址和命令的信息(8位)装到移位寄存器即可。数据在SCLK的上升沿串行输入,下降沿输出数据。无论是读周期还是写周期发生,也无论传送方式是单字节还是多字节传送,开始8位指定40个字节中的

哪个将被访问。在开始 8 个时钟周期把命令字装入移位寄存器之后，另外的时钟在读操作时输出数据，在写操作时输入数据。时钟脉冲的个数在单字节方式下为 8 加 8，在多字节方式下为 8 加最大可达 248 的数。

图 8－71 中，X1，X2 脚是 32768Hz 晶振输入/输出端，通常要接补偿电容；CE 是复位输入端；I/O 是数据输入/输出端；SCLK 是串行时钟输入端；Vcc2 是主电源，一般接＋5V；Vcc1 是辅助电源，一般接 3.6V 可充电池。

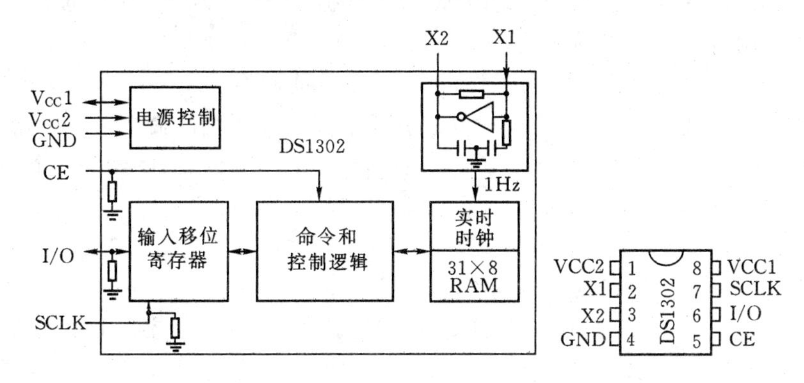

图 8－71　DS1302 的内部结构和管脚排列

(1)使用说明。DS1302 经过一个简单的串行接口与微处理器通信。实时时钟/日历提供秒、分、时、日、周、月和年等信息。对于小于 31 天的月，月末的日期自动进行调整。实时时钟/日历还包括了闰年校正功能。时钟的运行可以采用 24 小时或带 AM/PM 的 12 小时格式，使用同步串行通信。与时钟/RAM 通信仅需 3 根线：CE，I/O 和 SCLK。数据可以以每次一个字节或多达 31 字节的多字节的形式传送至时钟/RAM 或从其中送出。DS1302 被设计成能在非常低的功耗下工作，消耗小于 1μW 的功率。具有主电源和备份电源的双电源引脚，可编程的 Vcc 慢速充电以及有 7 个附加字节的高速暂存存储器。

①命令字。每一数据传送由命令字节初始化开始，命令字节总是从最低有效 LSB(位 0)开始输入，其命令时序如图 8－72 所示，数据格式说明如表 8－14 所示。

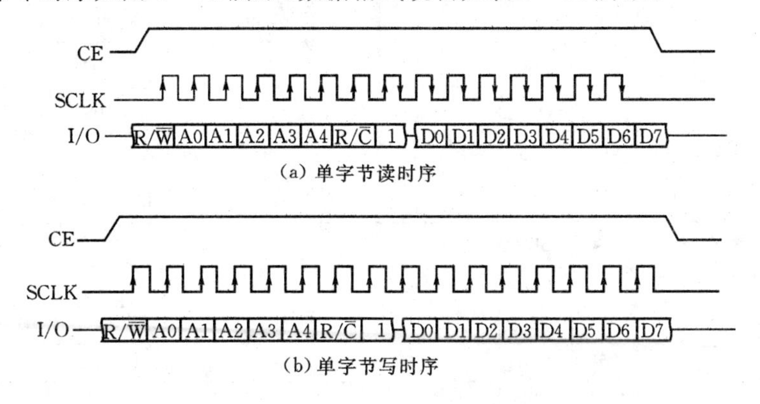

图 8－72　串行读写数据时序说明

表 8-14 DS302 命令字格式

MSB	6	5	4	3	2	1	LSB
1	RAM/CLK	A4	A3	A2	A1	A0	RD/WR

DB7:必须为逻辑 1。如果它是 0,禁止写 DS1302。

DB6:数据类型控制位,逻辑 0 指定时钟/日历数据;逻辑 1 为 RAM 数据。

DB1～5:控制访问寄存器的地址(A0～A4 地址)。

DB0:读写控制位,逻辑 0 表示写操作;逻辑 1 表示读操作。

②数据输入与输出。在图 8-72 中,紧跟着 8 个 SCLK 周期的命令字节后,就是数据的操作了。如果是读取芯片数据,在第 8 个命令字的 SCLK 的下降沿就开始,共 8 个 SCLK 周期的下降沿依次将数据位送至 I/O 线供控制器读取;如果是写入,则在命令字后继续 8 个 SCLK 上升沿,将 I/O 线上的数据位依次写入芯片。只要 CE 继续有效,命令字后的读写数据操作可以有最多 31 次,即一次 CE 有效最多读写 31 个字节。

③多字节方式。无论是时钟命令,还是 RAM 命令,如果命令字中地址位为 31(最大地址,如表 8-15 所示),则允许连续读写寄存器。对于时钟命令,则可以从地址 0 开始顺序读写 8 个寄存器,涓流控制寄存器不可访问;对于 RAM 命令,则可以从地址 0 开始,连续读写 31 个字节。表 8-15 中列出了所有 DS1302 内部可寻址寄存器,未列出的寄存器不可访问。

表 8-15 寄存器定义

地址	寄存器类型	READ命令字	WRITE命令字	BIT 7	BIT 6	BIT 5	BIT 4	BIT 3	BIT 2	BIT 1	BIT 0	RANGE
0	实时时钟	81h	80h	CH	10Seconds			Seconds				00～59
1		83h	82h		10 Minutes			Minutes				00～59
2		85h	84h	12/24	0	10 PM/AM	Hour	Hour				1～12/0～23
3		87h	86h	0	0	10Date		Date				1～31
4		89h	88h	0	0	0	10Month	Month				1～12
5		8Bh	8Ah	0	0	0	0	0	Day			1～7
6		8Dh	8Ch	10 Year				Year				00～99
7	时钟保护	8Fh	8Eh	WP	0	0	0	0	0	0	0	—
8	涓流控制	91h	90h	TCS	TCS	TCS	TCS	DS	DS	RS	RS	—
31	时钟字节控制	BFh	BEh									
0	RAM 寄存器	C1h	C0h									00～FFh
1		C3h	C2h									00～FFh
2		C5h	C4h									00～FFh
...		...	...									00～FFh
30		FDh	FCh									00～FF
31	RAM 字节控制	FFh	FEh									

④时钟/日历功能设置。时钟/日历包含在地址 0 到 6 的 7 个寄存器中,其数据是以 BCD 码形式保存的,其中秒寄存器的 DB7 定义为时钟暂停位 CH。其值为逻辑 1 时,时钟振荡器停止,DS1302 进入低功耗模式,电源消耗小于 100nA;设置为逻辑 0 时,时钟启动。小时寄存器的 DB7 定义为 12 或 24 小时方式选择位,DB5 定义为 AM/PM 位,当两位均为 1 时,选择 12 小时方式,并是 PM 时间。在 24 小时方式下,DB5 和 DB4 合并表示小时高位。

⑤写保护寄存器。写保护寄存器的 DB7 是写保护控制位。其他位均置 0,在读操作时总是 0。在对时钟或 RAM 进行写操作之前,位 7 必须为 0,否则写保护防止对任何其他寄存器进行写操作。

⑥涓流充电寄存器。该寄存器控制 DS1302 慢速充电特性。慢速充电选择(TCS)位在 1010 模式下允许涓流充电器工作,其他值将禁止涓流充电器。DS1302 上电时,涓流充电器被禁止。

⑦晶振的选择。32768Hz 的晶振可通过引脚 2 和 3(X1,X2)直接连接至 DS1302,所选用晶振规定的负载电容(C1)的值应当为 6pF,应精心选择负载电容的数值,以达到最佳的 32768Hz 振荡频率。

⑧电源控制。Vcc1 是为 DS1302 提供的备用电源,一般可接 3V 干电池或 3.6V 蓄电池(以便充电)。Vcc2 是为 DS1302 提供的主电源。在这种运用方式中,Vcc2 给芯片供电,并通过内部为备用电源充电,以便在没有主电源的情况下能保存时间信息及数据。

DS1302 由 Vcc1 或 Vcc2 两者中较大者供电。当 Vcc2 大于 Vcc1＋0.2V 时,Vcc2 给 DS1302 供电;当 Vcc2 小于 Vcc1 时,DS1302 由 Vcc1 供电。

(2)典型应用电路。DS1302 与 AT89C55 的典型连接如图 8－73 所示。

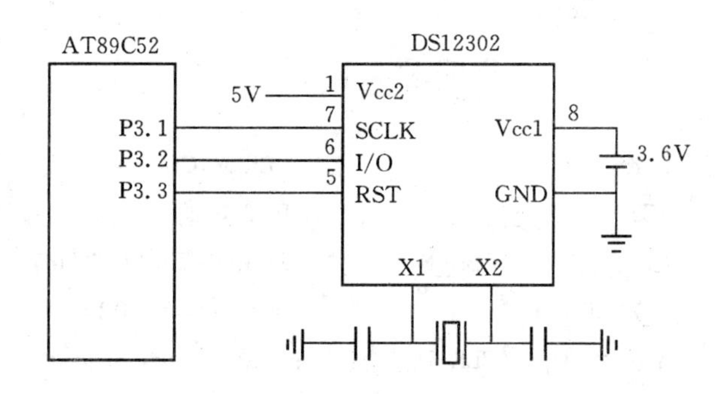

图 8－73　DS302 与 51 单片机连接

为了更清楚地了解 DS1302 的编程方法,下面给出有关读/写等子程序。

```
CLK         BIT P3.1    ;时钟信号
I/O         BIT P3.2    ;数据输入/输出
RST         BIT P3.3    ;复位信号
CLK - M     EQU 30H     ;命令单元
CLK - D     EQU 31H     ;数据单元
POINT - 1   EQU 32H     ;中间变量
POINT.2     EQU 33H     ;中间变量
CLK - SG    EQU 40H     ;时钟存储区
```

```
CLK - HS    EQU 42H   ;
W_WR_DS:    MOV     R5,      #08H       ;写 8BIT 数据(可以是 C/D)子程序;A = ?
            CLR     I/O                 ;
            CLR     CLK                 ;CLK = 0
CW-CLMD1:   RRC     A                   ;to Cy
            MOV     I/O,     C
            LCALL   A_DELAY1            ;调延时子程序
            SETB    CLK                 ;CLK = 1
            LCALL   A_DELAY1
            CLR     CLK                 ;CLK = 0
            DJNZ    R5,      CW_CLMD1
RET
R-RD-DS:    MOV     R5,      #08H       ;读 8BIT 数据子程序
            SETB    I/O                 ;in
            LCALL   A-DELAY1
C_RD_CK1:   MOV     C,       I/O
            RRC     A                   ;Cy to D7
            SETB    CLK                 ;CLK = 1
            LCALL   A_DELAY1
            CLR     CLK                 ;CLK = 0
            LCALL   A_DELAY1
            DJNZ    R5,      C_RD_CK1
            RET
W_CLK_M:    CLR     CLK                 ;CLK_M,CLK_D = ?
            SETB    RST                 ;RST 置高
            MOV     A,       CLK_M      ;load 'CLK COMMAND'
            LCALL   W_WR_DS             ;out to ds1302
            MOV     A,       CLK_D      ;load data
            LCALL   W_WR_DS             ;out to ds1302
            CLR     RST                 ;RST 置低
            RET
R_CLK_M:    CLR     CLK                 ;读数据命令子程序,CLK_M = ?
            SETB    RST
            MOV     A,       CLK_M      ;load 'CLK COMMAND'
            LCALL   W_WR_DS             ;out to ds1302
            LCALL   R_RD_DS
            MOV     CLK_D,   A
            CLR     RST
            RET
```

```
A_DELAY1:  NOP                                  ;延时子程序
           NOP
           RET
ON_CLOCK:  LCALL     READ_CLK                   ;开 DS1302 子程序
           LCALL     CLR_WPRT                   ;取消写保护子程序
           CLR       CLK                        ;CLK = 0
           SETB      RST                        ;CLOCK rest = 1
           MOV       CLK_M,      #08H           ;'W_S'
           MOV       R1,         #CLK_SG
           MOV       A,          @R1
           ANL       A,          #7FH           ;D7 = 0
           MOV       CLK_D,      A              ;
           LCALL     W_CLK_M
           CLR       RST                        ;rest = 0
           LCALL     SET_WPRT                   ;写保护子程序
           RET
SET_CK24:  LCALL     READ_CLK                   ;
           LCALL     CLK_WPRT                   ;
           CLR       CLK                        ;CLK = 0
           SETB      RST                        ;CLOCK rest = 0
           MOV       CLK_M,      #84H           ;''W_H'
           MOV       R1,         #CLK_HS
           MOV       A,          @R1
           ANL       A,          #3FH           ;D7 = 0,24hos
           MOV       CLK_D,      A              ;
           LCALL     W_CLK_M
           CLR       RST                        ;rest = 0
           LCALL     SET_WPRT                   ;
           RET
CLR_WPRT:  CLR       CLK                        ;CLK = 0
           SETB      RST                        ;CLOCK rest = 1
           MOV       CLK_M,      #8EH           ;'W_H'
           MOV       CLK_D,      #00H           ;D7 = 0
           LCALL     W_CLK_M
           CLR       RST
           RET
SET_WPRT:  CLR       CLK                        ;rest = 0
           SETB      RST                        ;CLOCK rest = 1
           MOV       CLK_M,      #8EH           ;'W_H'
```

```
          MOV     CLK_D,      #80H        ;D7 = 1
          LCALL   W_CLK_M
          CLR     RST                     ;rest = 0
          RET
RD_RAM1:  CLR     CLK                     ;读 RAM 子程序,CLK = 0
          SETB    RST                     ;clock_rest = 1
          MOV     A,          #11111111B  ;'RAM' Burst mode reAd
          LCALL   R_RD_DS                 ;write 'COMMAND'
          MOV     R1,         #0A0H       ;将 31 个单元数据放到 A0H 开始内存中
RD_RAJ:   MOV     POINT_1,    #31H        ;
C_RD_RAM: LCALL   R_RD_DS
          MOV     @R1,        A           ;Byte1
          INC     R1
          DJNZ    POINT_1,    C_RD_RAM
          CLR     RST                     ;Clock Rest = 0
          RET
RD_RAM:   MOV     POINT_2,    #50
R_READM:  LCALL   RD_RAM1
          DEC     POINT_2
          MOV     A,          POINT_2
          JZ      Q_RD_M12
          MOV     R1,         #AD_R0
          MOV     R0,         #0A0H
          MOV     POINT_1,    #24
C_RM1:    MOV     A,          @R1
          MOV     B,          A
          MOV     A,          @R0
          CJNE    A,   B,     R_READM
          INC     R0
          INC     R1
          DJNZ    POINT_1,    C_RM1_2
Q_RD_M12: RET
WR_RAM:   LCALL   CLR_WPRT                ;写 RAM 子程序
          CLR     CLK                     ;CLK = 0
          SETB    RST                     ;clock_rest = 1
          MOV     A,          #11111110B  ;'RAM' Burst mode write
          LCALL   W_WR_DS                 ;write 'COMMAND'
          MOV     POINT_1,    #28
          MOV     R1,         #0A0H       ;
```

```
C_WR_RAM:  MOV      A,          @R1
           LCALL    W_WR_DS
           INC      R1
           DJNZ     POINT_1,    C_WR_RAM
           CLR      RST                     ;Clock Rest = 0
           LCALL    SET_WPRT
           RET
CLK_COM1:  LCALL    R_CLK_M                 ;result:CLK_D&A
           ANL      A,          #7FH        ;
           MOV      @R0,        A
           INC      R0
           RET
READ_CLK:  MOV      R0,         #CLK_SG     ;读时钟子程
           MOV      CLK_M,      #81H        ;read 'SG'
           LCALL    CLK_COM1                ;
           MOV      CLK_M,      #83H        ;read 'MIM'
           LCALL    CLK_COM1                ;
           MOV      CLK_M,      #85H        ;read 'HOS'
           LCALL    CLK_MCOM1
           MOV      CLK_COM1,   #87H        ;read 'DATE'
           LCALL    CLK_M1
           MOV      CLK_M,      #89H        ;read 'MONTYH'
           LCALL    CLK_COM1
           MOV      CLK_M,      #8BH        ;read 'DRY'
           LCALL    CLK_COM1
           MOV      CLK_M,      #8DH        ;read 'YER'
           LCALL    CALK_COM1
           RET
CLK_COM2:  MOV      A,          @ R0
           MOV      CLK_D,      A
           INC      R0
           LCALL    W_CLK_M
           RET
WIRE_CLK:  LCALL    CLR_WPRT                ;写时钟子程序,ENB 'write'
           MOV      R0,         #CLK_SG     ;
           LCALL    CLK_M,      #80H        ;write 'SG'
           MOV      CLK_COM2                ;
           LCALL    CLK_M,      #82H        ;write 'MIM'
           MOV      CLK_COM2                ;
```

```
        LCALL   CLK_M,     #84H     ;write 'HOS'
        MOV     CLK_COM2            ;
        LCALL   CLK_M,     #86H     ;write 'DATE'
        MOV     CLK_COM2            ;
        LCALL   CLK_M,     #88H     ;write 'MONTYH'
        MOV     CLK_COM2            ;
        LCALL   CLK_M,     #8AH     ;write 'DRY'
        MOV     CLK_COM2
        MOV     CLK_M,     #8CH     ;write 'YER'
        LCALL   CLK_COM2
        LCALL   SET_WPRT            ;write protect
        RET
```

8.3.3　模拟信号的I/O口设计

单片机应用于一个测量系统，主要由硬件系统和软件系统组成。硬件部分主要包括主机电路，模拟量输入输出通道，人机接口等单元，其中模拟量I/O通道用来输入输出模拟量信号，主要由A/D转换器，D/A转换器和相应的模拟信号处理电路组成。这里仅介绍模拟信号调理方法，并给出实际电路。

1.模拟通道在测控系统中的地位

嵌入式控制系统主要包括三大部分：输入测量、嵌入式计算机和输出控制。

输入测量部分：用来将被控对象的各种参数通过传感器转换成电信号(电流、电压频率等)。假定传感器输出的都是模拟信号，并经过放大、滤波、模拟门、保持器而到达A/D变换器。数字信号经接口可直接进入嵌入式计算机。

嵌入式计算机部分：嵌入式计算机的功能是对测量信号进行处理，包括工程量的转换、显示、打印、存储、报警及进行所规定的自动控制算法的计算，并将计算的结果送出。

输出控制部分：许多控制执行机构需要模拟量工作，而嵌入式计算机送出的是数字量。为此，需要经接口将数字量加到D/A变换器上，利用D/A变换器将数字量转换成模拟信号，经放大及驱动加到执行机构上，对被控对象实施控制。

2.模拟信号输入输出特点

1)模拟量输入通道的结构

模拟量输入通道一般由传感器、放大器、多路模拟开关、采样保持器(S/H)和A/D转换器组成。模拟输入通道有单通道和多通道之分。多通道结构又分为以下两种(见图8-74)：

(1)每个通道有独自的S/H和A/D。这种形式多用于高速数据采集系统，它允许各通道同时进行转换。

(2)多路通道共享S/H和A/D。这种形式通常用于对速度要求不高的数据采集系统，由多路模拟开关轮流采入各通道模拟信号，经采样保持和A/D转换后送入主机电路。对于直流或者低频信号，通常可以不用采样保持器。

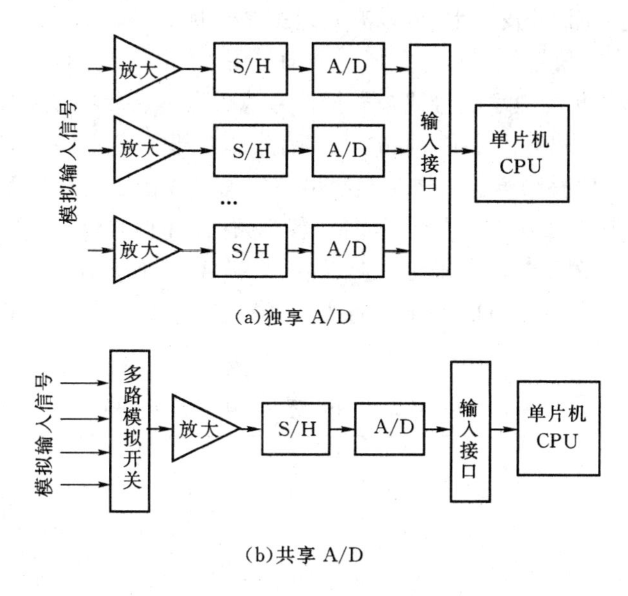

(a)独享 A/D

(b)共享 A/D

图 8－74　多通道 A/D 通道结构

2)模拟量输出通道的结构

模拟量输出通道也有单通道和多通道之分。多通道的结构又分为独享 D/A 和共享 D/A 方式(见图 8－75)。

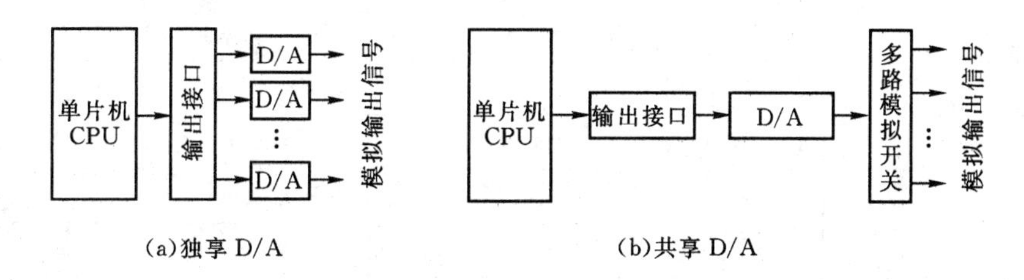

(a)独享 D/A　　(b)共享 D/A

图 8－75　D/A 通道架构

独享 D/A 的每个通道有独自的 D/A 转换器，这种形式通常用于各个模拟量可分别刷新的快速输出通道。多路通道共享 D/A 转换器通常用于输出通道不多，对速度要求不太高的场合。每个通道要有足够的接通时间，以保证有稳定的模拟量输出。

3)模拟通道引入 D/A，A/D 转换器的干扰源

A/D，D/A 转换器作为计算机与系统外部信息的交换通道，又是数字量与模拟量共存的部位，根据它们所处位置及功能特点，所受干扰有如下六个特点。

(1)来自输入/输出电路的干扰。对于 A/D 转换器，输入的模拟量一般来自传感器放大器的输出。因此，关于测量电路的抗干扰技术，如采用差动式测量放大器、输入滤波、隔离放大器、电压/电流变选器等，对于 A/D 装置的抗干扰以及提高转换精度，是十分必要的。

(2)来自供电电源的干扰。供电电源是外部瞬时脉冲窜入系统的主要通道，必须对其采取必要的抗干扰措施，如电源滤波，变压器初、次级屏蔽隔离等。

(3)来自空间电磁波的辐射干扰。一般来说，这种干扰相对于其他外部干扰是比较弱的，

将设备装入金属盒内，并且外皮接地，可以有效地抑制干扰。

(4)数字信号对模拟信号的窜扰。一般采取的主要措施有：数字电路与模拟电路的地线要分开，防止地线干扰，尽量使数字信号线与模拟信号线远离，电源线与地线间要接入去耦电容，防止电源公共阻抗干扰，采用软件抗干扰技术以消除掉大部分随机干扰引起的误差。

(5)A/D转换中的混叠噪声。采样定理给出了实现采样信号完全恢复模拟信号的最低频率 $\omega_S \geqslant \omega_B$。实际上，模拟信号都是非有限频带，各个频谱间的重叠是不可避免的，其结果也总会有误差。结合具体对象及精度要求，确定系统的采样频率，使混叠噪声不影响系统的性能。表8-16列出了几种不同物理量的采样周期的参考数值，表8-17给出了一些人体生理参数信号的电特性。

表8-16 常见物理参量采样周期参考数值

被测物理量	采样周期/(次/s)	备注
流量	1～5	优先选用1～2s
压力	3～10	优先选用6～8s
液位	6～8	
温度	15～20	

表8-17 典型生理参数电信号特性

电信号	幅值	频率/Hz
心电	0.5～4mV(10μV～5mV)	0.01～250(1～100)
脑电	5～300μV(1～100μV)	直流～150(直流～100)
胃电	10～1000μV(0.5～80μV)	直流～1(直流～1)
肌电	0.1～5mV	直流～1000
眼电	50～3500μV	0～50
视网膜电	0～900μV	0～50
细胞内活动电位	几十mV	0～50

(6)A/D转换中的量化噪声。在A/D转换中，不可避免地会产生量化噪声，从而导致转换误差。增加位数N和提高采样频率，可以有效地降低量化噪声。

和其他逻辑器件不同，A/D转换芯片的转换原理与抗干扰有密切关系，即ADC的噪声抑制与变换形式有关。例如，双积分型、V/F型对外部输入信号的随机干扰有较强的抑制能力；Σ-Δ型对降低量化噪声干扰，提高线性度有很好的效果。因此，在A/D转换器配置与抗干扰设计中，除了采取通用软件、硬件抗干扰措施外，根据测控对象及精度要求，选择A/D转换型式是十分重要的。

3. 模拟信号放大器与信号调理

1)小信号放大技术

信号放大电路的主要任务是对电信号进行各种加工，如放大和滤波、运算、恢复信号特征、抑制伪迹与干扰等。一般来说，信号的运算有加、减、微分、积分、对数、指数、相除、乘方和开方等。信号处理电路的另一大类是信号比较电路以及由比较电路所构成的功能更多、更复杂的电路。

放大器是任何一台智能测量仪器不可缺少的基本电路。越灵敏的仪器，越需要高增益、高性能的放大器。对放大器性能的要求有很多，如增益的高低，频带的宽窄，输入阻抗的高低，非线性放大器，程控放大器，差动放大器，微功耗放大器等。实际应用中，最适合的放大器一般都不是采用通用运算放大器所构成的放大器，而是采用具有某些特色的运算放大器或专门设计的放大器芯片，如仪表放大器、数据放大器等。

放大器和滤波器往往是难以分开的。一方面，往往要求限制放大器工作在某个或某些频带。另一方面，几乎所有工作在低频段的测量仪器的滤波器都采用有源滤波器的形式，而有源滤波器中的核心部件是放大器。即使是运算放大器，也有很多种类可供选择使用，例如低噪声放大器、高速放大器、高频放大器、高输入阻抗放大器、精密放大器、低功耗与微功耗放大器、大功率放大器、低偏置电流放大器、双运算放大器、四运算放大器、单电源放大器等等。

要选用合适的放大器，应对放大器的主要参数有所了解。运算放大器的参数有很多，但放大器类型的选择取决于最关键指标。例如，如果要为交流应用选择一种高输入阻抗的放大器，那么电压失调和漂移可能比偏置电流的重要性小得多，而它们与带宽相比，可能都不重要了；要为直流弱信号放大选择一种放大器，那么电压失调和漂移可能是最重要的参数了。

2)隔离放大与变送器件及其应用电路

在数据采集系统中，往往需要对弱信号进行测量。一般情况下，先要对弱信号进行放大，再进行数据变换等处理。但是，在某些场合(例如，强噪声、高压测量或有很高共模电压环境中)因为存在严重干扰，所以不能用常规的办法进行放大处理，而需要隔离放大或将电压信号变成电流信号进行远距离传送，在另一端，再将不易干扰的电流信号变回成电压信号进行处理。这样做会大大减少因环境影响带来的较大误差或干扰，从而使整个测量有质的飞跃。这类器件如基于变压器、光电耦合原理的隔离放大器件以及 0～20mA 与 4～20mA 电流变送器件。

4. 典型应用

1)微功率单电源满幅运算放大器 MAX492/494/495

MAX495/492/494 为单路/双路/四路微功率单电源满幅运算放大器，有优越的直流精确性及输入/输出满幅运行特性。它既可在单电源＋2.7～＋6V，也可在双电源±1.35～±3V 范围内工作。每一运放所需电源电流小于 150μA。即使在极低的电流情况下工作，也能驱动 1kΩ 的负载或 1nF 的容性负载，并且输入折合噪声电压只有 25nV。MAX492/494/495 的基本接法(如反相放大、同相放大、差分放大等，见图 8－76)与其他的运放一样，不同之处在于它的精确的直流特性。

其优越的特性，使得它广泛用于便携式设备、电池供电仪表、数据采集、信号调节器等低电压干电池供电的应用场合。

(1)满电源幅度输入和输出范围。MAX492/494/495 的共模输入范围可扩展至超出正、负电源电压 0.25V，且共模抑制性能良好。在指定的共模输入范围内，可保证输出相位不会反转或闭锁。因此，器件能够用在共模信号达到甚至超出电源的应用场合，而不存在常规运放所出现的问题。

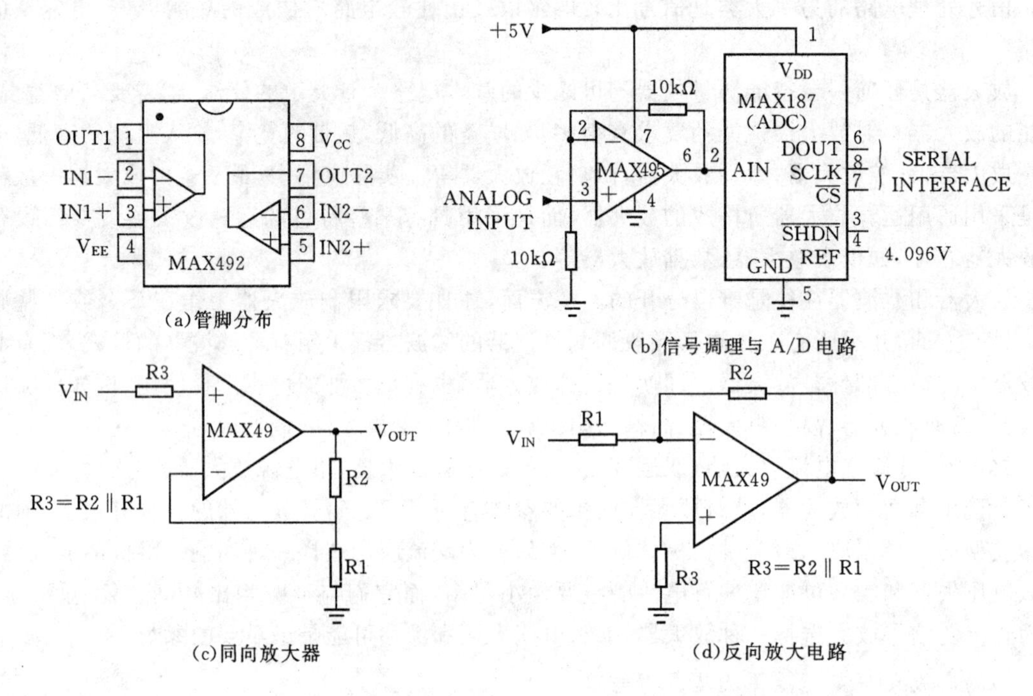

(a)管脚分布

(b)信号调理与 A/D 电路

(c)同向放大器

(d)反向放大电路

图 8－76　MAX492/494/495 放大器管脚分布与典型应用

MAX492/494/495 在 100kΩ 负载情况下，其输出电压的摆幅与电源电压的差值在 50mV 之内。这样的满电源摆幅，明显地增大了动态范围，特别是在低电源电压的应用中更是如此。

(2)输入失调电压。器件内部的失调电压虽经过调整，但它们之间仍有残余的失配。这一失配产生了双电平输入的失调，与常规器件共模电压 1.3V 相比，失配电压降到 600mV，使由于失配造成的共模抑制比降低程度最小。

MAX492/494/495 的输入偏置电流典型值小于 50nA。为了降低由于偏置电流流过外部信号源电阻造成的失调误差，每个输入端输入的有效电阻应该匹配。在反相电路运用时，在同相输入端和地之间应连接平衡电阻(见图 8－76(d))；在同相电路运用时，在同相输入端与输出信号之间应连接平衡电阻(见图 8－76(c))。

(3)输出负载和稳定性。即使每个运放的静态电流都小于 150μA，MAX492/494/495 仍然十分适合于驱动达 1kΩ 的负载，同时保持直流精确度。另外，当驱动大电容性负载时，其稳定性能超过一般的 CMOS 运算放大器。

(4)电源和布线。MAX492/494/495 在单电源供电时，用一个 1μF 的独石电容器与一个 0.1μF 的陶瓷电容并联对电源滤波。对于双电源供电，则用 0.47μF 电容对每一电源滤波。良好的布线可减小运放输入端和输出端的杂散电容，使其性能得到改善。为了减少杂散电容，应使布线长度和电阻引线最短，并将外部元件放置在最靠近运放的对应引脚处。

2)单电源低价格仪表放大器 AD623

AD623 是单电源低价格仪表放大器(见图 8－77)。它能在单电源(＋3～＋12V)下提供满电源幅度输出。AD623 允许使用单一电阻进行增益编程，其使用具有更大的灵活性，且符合 8 引脚工业标准排列。在无外接电阻条件下，AD623 增益 $G=1$；在接入外接电阻后，AD623 可编程设置 1～1000 倍的增益，由式 $G=1+100\text{k}\Omega/R_g$ 决定。

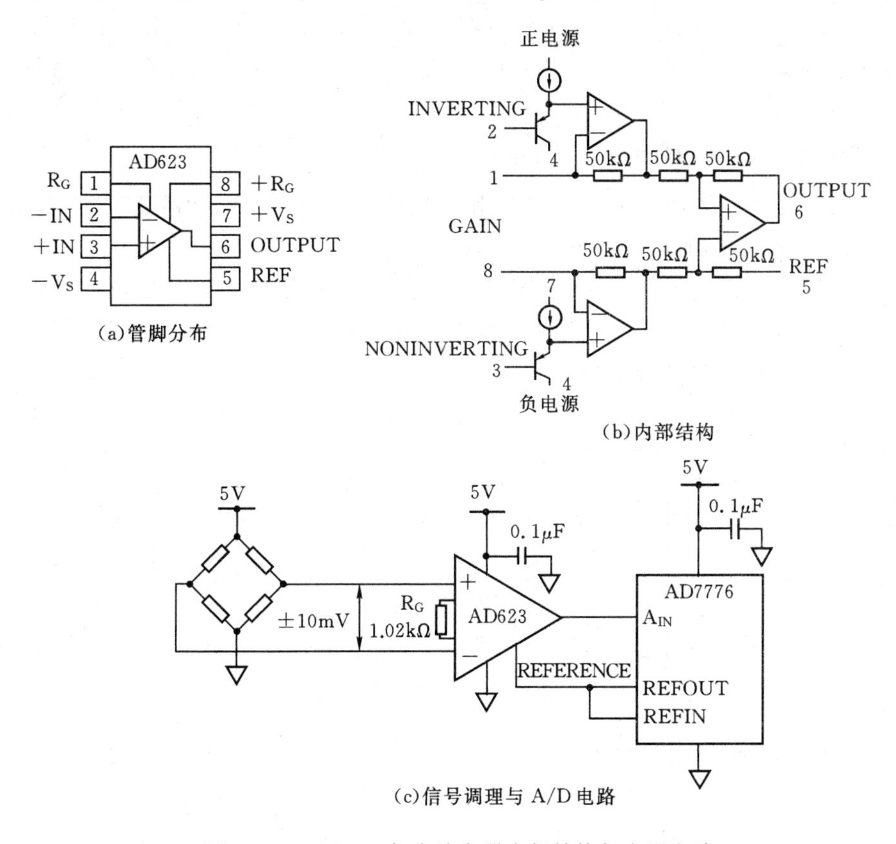

图 8-77　AD623 仪表放大器内部结构与应用电路

AD623 通过提供极好的随增益增大而增大的交流共模抑制比而保持最小的误差。电路噪声及谐波由于共模抑制比在高达 200Hz 时仍保持恒定，因而得到了有效的抑制。AD623 具有较宽的共模输入范围，可以放大低于地电平 150mV 的共模电压信号。虽然 AD623 是按照工作于单电源方式进行的优化设计，但当它工作于双电源(±2.5～±6.0V)时，仍能保证优良的性能。

低功耗(3V 时为 1.5mA)、宽电源电压范围、满电源幅度输出，使 AD623 成为电池供电应用的理想选择。AD623 可取代分立的仪表放大器，且能提供很好的线性度、温度稳定性和可靠性。它可广泛应用于低功耗医疗仪器、传感器接口、热电偶放大、工业过程控制、差分放大及低功耗数据采集等领域。

AD623 是同类产品中最通用的仪表放大器。在其内部(见图 8-77(b))，差分电压通过输出放大级转变为单端电压，并能抑制输入、输出信号中的任何共模电压。由于其输出摆幅都能达到电源的正、负限，且它们的共模输入电源范围能到电源负限以下，所以 AD623 可工作的范围较宽。基准端(5 脚)的阻抗为 100 kΩ。在需要电压/电流转换的连接中，仅需要在 5 脚与 6 脚之间连接一只小电阻即可。需在靠电源脚处加电容去耦。去耦电容最好选用 0.1μF 表贴瓷片状电容和 10μF 的钽电解电容。

图 8 - 77(c)是由 AD623 构成的单电源数据采集电路。电桥电源为 5V,共模电平为 2.5V,桥路的输出约±20mV。在 R_g 为 1.02kΩ 时,AD623 的放大倍数为 100,其输出约±1V。为了防止此信号进入 AD623 的地电平,REF 端(5 脚)上的电平必须提升到至少 1V。图中,AD7776 模数转换器的 2V 基准电压被用来偏置 AD623 的输出电压到 2V ±1V。该电压正好与 A/D 转换器的输入电压相符。

3)增益可控的单端输入仪用放大器 PGA103

PGA103 是增益可控的单端输入通用仪用放大器,其基本连接电路和宽输入电压范围放大器电路如图 8 - 78 所示,通过数字电平直接选择的基本编程增益为 1,10,100。它是一个高速器件,动态响应很好,本身所提供的建立时间仅为 8μs。在增益为 100 时,带宽达 250kHz。在±4.5V 的电源电压下器件能可靠工作,而静态电流仅为 2.6mA。该器件成本低,可广泛应用于数据采集系统、多增益模拟放大系统和医疗仪器等领域。

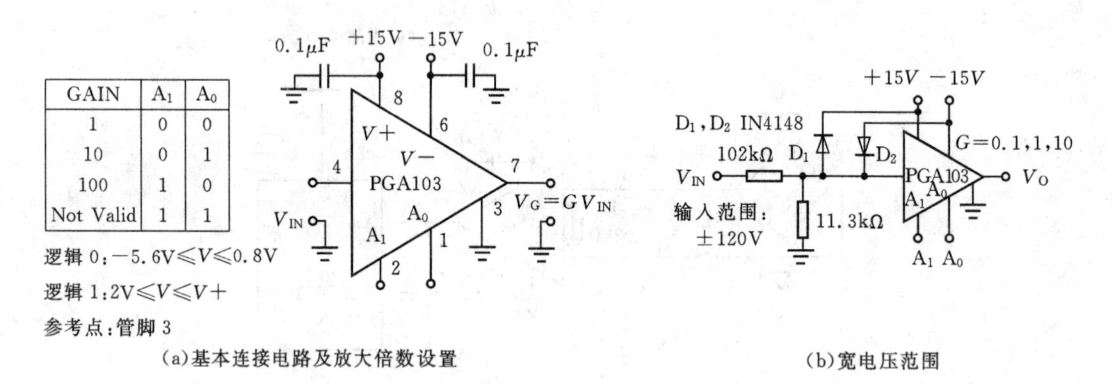

(a)基本连接电路及放大倍数设置　　　　(b)宽电压范围

图 8 - 78　PGA103 医用放大器应用电路图

在应用 PGA103 作为增益可控放大器时,既可采用自动控制方式(由 CPU 自动设置),也可采用手动方式。对 A_1,A_0 进行接通与断开的组合,就可设置不同的增益。图 8 - 78(b)是展宽输入模拟范围的放大接法。模拟输入信号 V_{in} 经分压电阻 R_1,R_2 和保护二极管 D_1 与 D_2 加到输入端 4 脚,其输出电压 V_O 就可展宽,如图参数,其输入范围可达±120V。

4)小型廉价光电隔离放大器 ISO100

ISO100 是一种小型廉价光电隔离放大器。其内部通过 LED 发光激励,光电接收管接收传输,实现输入和输出间的电气隔离,隔离电压高达 750V。在 240V/50Hz 时,输入、输出回路的漏电流小于 0.3μA。

ISO100 基本上是一种单位增益电流放大器,使用非常方便。既可工作在单极性模式,也可工作在双极性模式;既可工作在输出电流模式,也可工作在输出电压模式。由于其体积小、失调电压低、漂移小、频带宽、漏电流小和价格低,因此它很合适用于各种输入、输出间需隔离的应用场合。特别在工业过程控制、电机和 SCR 控制、生物医学测量、测试设备、数据采集和电流变换等领域,ISO100 都有广泛的应用。

ISO100 的内部电路结构如图 8 - 79 所示。输入电路由运放 A_1 和恒流源 I_1 组成,输出电路由运放 A_2 和恒流源 I_2 组成,输入、输出间的信号耦合是由 A_1 输出激励的发光管 LED 和发

光管 D_2 通过光传输实现的。光电管 D_1 的输出信号反相送回 A_1 输入端，通过这个负反馈作用提高放大器的精度、线性度和温度稳定性。电路中的光组件经仔细匹配，放大器经光微调，保证有极好的跟踪性能和很小的偏移误差。

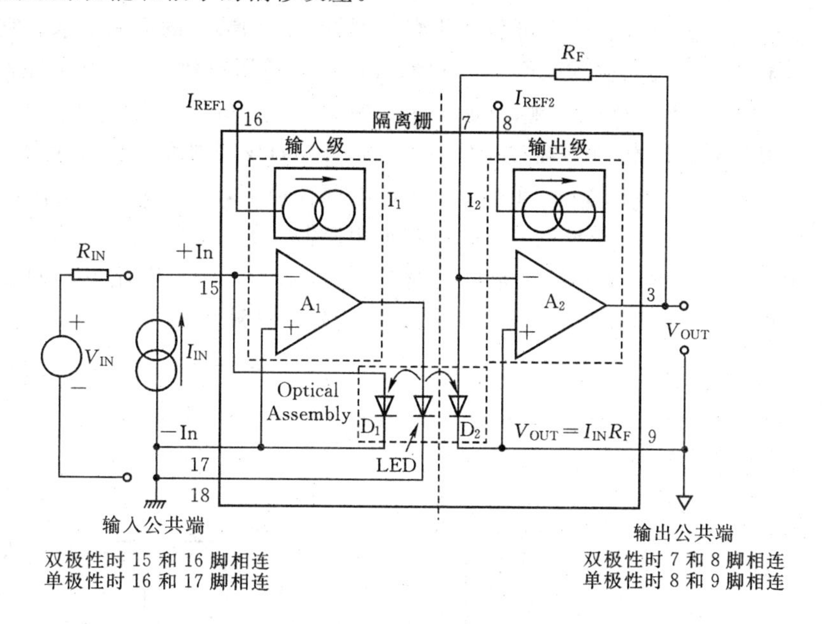

图 8-79　ISO100 的内部电路结构

ISO100 的基本接法有单极性和双极性两种。单极性连接方式中(见图 8-80)，因输入、输出级的两个恒流源是无用的，故分别接输入地和输出地。两个恒流源也可作为独立的精密恒流源使用。对于双极性输入，必须保证在输入正、负信号时，运放 A_1 的输出始终能为发光管 LED 提供激励的电流。为此，将 I_1，I_2 恒流源各自接到 A_1 与 A_2 的反相端即可(见图 8-79)。为保证双极性的线性状态，输入电流的变化范围应在±10μA 以内。输出信号若是电流输入，则 $V_{OUT}=I_i\times R_F$；若是电压输入，则 $V_O=V_{IN}\times(R_F/R_1)$。

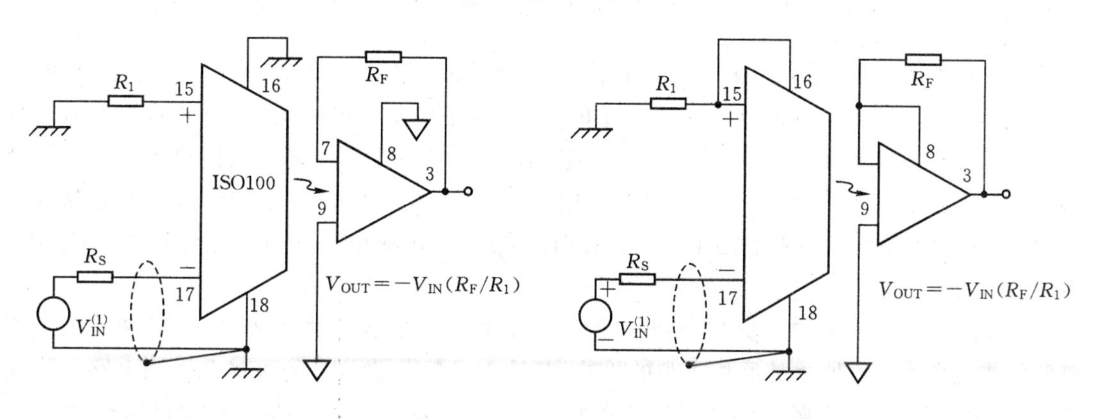

图 8-80　单极性反相工作接线图　　　图 8-81　双极性反相工作接线图

5)高速变压器隔离放大器 AD215

AD215 是模拟信号输入/输出变压器隔离的高性能放大器，大多数的模拟信号经 AD215

隔离后的动态性能和频带宽度均不受影响。非常低的噪声、低线性误差和相位延迟特性使AD215能够纯正、精密地隔离并检测快速变化的输入信号，使其成为在各种经济有效、只用一个器件解决方案中的理想选择。AD215对阶跃信号有很好的响应。它在达到快速转换速度和建立时间情况下，没有过冲，几乎可满足所有的测量速度和频带的应用要求。它的满功率带宽为120kHz，满量程线性误差为0.005%，并且能隔离的电压有效值为1500V，适用于高速模拟信号采集、电源线和瞬态特性监测、波形记录和振动频率分析等。

AD215采用430kHz载频调幅技术实现DC到120kHz模拟信号的精密变压器耦合，内部含有浮动电源(电流为10mA)、±15V DC/DC电源变换器，从而节省了设备隔离输入端信号调理器件或远程传感器所需要的DC/DC电源变换器。另外，AD215内部还含有一个备用的输入远程放大器，一个±10V输出范围的缓冲器，以及一个输出电压失调调整端。为了进一步降低输出噪声，AD215还带有一个150kHz贝塞尔带通滤波器。AD215的内部结构如图8-82所示。

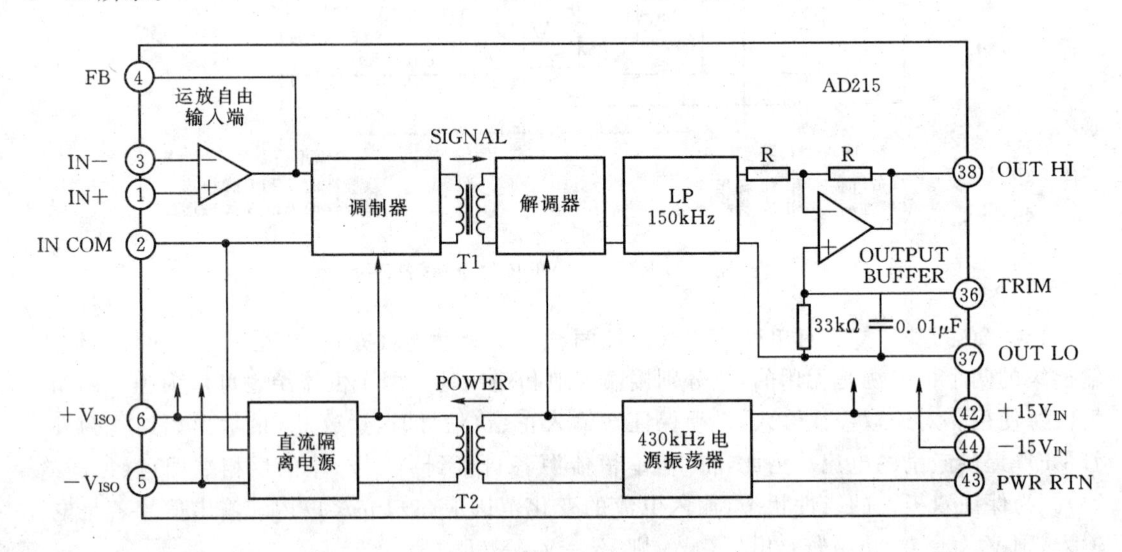

图8-82　AD512内部结构

AD215的应用是很方便的。应用时要注意电源的问题。AD215采用±15V的直流电源供电，如图8-83所示。在成对的应用时，电源的汇流排应安排有退耦电容。注意到信号地输出端OUTLO(37脚)可能会有15mA的电流，因此，应将OUTLO端就近接到±15V电源带有星花的电源公共端(43脚)上。AD215的电源电压范围为±(14.5～16.5)V。电源低于±14.5V会导致电路不能正常工作。但应特别注意的是，电源电压绝对不允许超过±17.5V，否则，将会损坏器件。

AD215的输入缓冲器放大器可连接成单位增益放大器、同相放大器、反相求和放大器等电路形式。图8-84所示是反相求和的接法，其输入是每一路信号的叠加和。该电路允许大于±10V的信号输入。例如，选择R_F=10kΩ和R_{S1}=50kΩ时，V_{S1}的输入范围可达±50V。

AD215的输出部分有输出失调的调整电路，可以外接电位器调整电路的输出零点偏移。AD215有一个固定的隔离电源，输出电压为±15V，可提供±10mA的电流，可为其他辅助电路(如信号调整电路、运算放大器、参考电源等)提供电源。

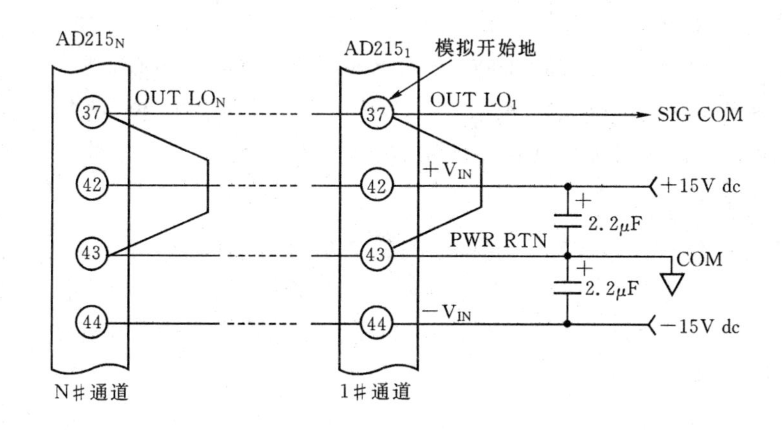

图8-83　AD512供电

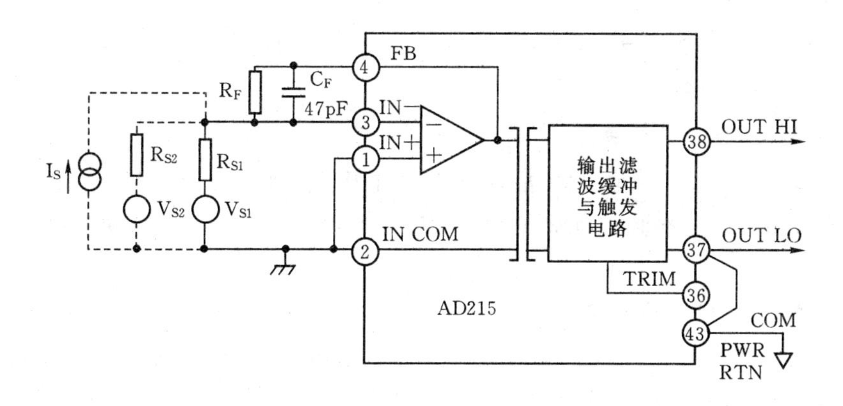

图8-84　AD512设置为反相求和放大器

8.3.4　模/数(A/D)变换器接口电路设计

A/D变换器在微机测量和控制系统中的具有重要的位置及作用。正如任何功能集成电路芯片那样，现在A/D及D/A均已集成为单片IC。其内部的工作机理对使用者来说已不很重要。从应用角度来说，我们更强调使用者掌握其外部特性并将其用好。这里，仅简单介绍一下A/D变换器的工作原理，使大家在选择和使用A/D时有一个较好的依据。

1. A/D变换器的主要技术指标

1）精度

A/D变换器的总精度由各种因素引起的误差所决定。这些误差有六类：量化误差、非线性误差、电源波动误差（电源灵敏度）、温度漂移误差、零点漂移误差和参考电压误差。这些误差构成了A/D变换器的总误差。在计算A/D变换器总误差值时，应用各种误差的均方和的根来表示。例如，总误差可表示为$\varepsilon=\sqrt{\varepsilon_1^2+\varepsilon_2^2+\varepsilon_3^2+\varepsilon_4^2+\varepsilon_5^2+\varepsilon_6^2}$，其中$\varepsilon_i$就是上述各因素引起的对应误差，$\varepsilon$为A/D变换器的总误差。

2)变换时间(变换速率)

完成一次 A/D 变换所需要的时间为变换时间。变换频率是变换时间的倒数。现在中外厂家已生产出多种位数(如 8 位、10 位、12 位、14 位、16 位,直到 24 位)的各种型号的 A/D 变换器。其变换速度的跨度可以从几百毫秒到小于 1ns 的各类 A/D 变换器。

3)分辨率及输出方式

A/D 变换器的分辨率是指 A/D 变换器对输入信号的响应能力,即多大的输入电压可使 A/D 变换器改变一个 LSB,亦即最小量化间隔。例如,满刻度为 0～5V 时,8 位的 A/D 分辨率为 19.6mV。10 位时分辨率为 4.9mV。A/D 变换器的输出形式有并行和串行之分。

4)输入动态范围

一般 A/D 变换器的模拟电压输入范围为 0～3V,0～5V 和 0～10V 等几种。在某些 A/D 变换器芯片中备有不同的模拟电压输入范围的引脚。

5)其他指标

其他指标还有许多,如供电电压、封装形式、安装方式、功耗大小及环境要求等。在选用时要根据用户的需求合理选择。

2. A/D 转换器工作原理与类型

对于 A/D 转换器,除了采取一般硬件、软件的抗干扰措施之外,其转换工作原理与抗干扰性能也有密切关系。设计者根据测控系统的具体要求,选择不同型式的转换器,可以收到更明显的效果。

1)逐次比较式 ADC 工作原理

逐次比较式 A/D 转换器是比较常用的一种 A/D 转换器。它由比较器、参考电源、逐次逼近寄存器与控制逻辑、时钟信号等部分组成。图 8-85 所示为 8 位的 ADC0809 逐次逼近式 A/D 转换器的原理框图。转换时,电阻分压网络提供 256 级差的电压,由高到低依次与比较器比较,当外接模拟电压大于某个等级电压时,该等级电压分压级别就是逐次逼近寄存器中的数字状态,也就是输入模拟量 V_i 所对应的输出数字。

在逐次逼近式 A/D 转换器中,逐次逼近寄存器的位数是转换精度的决定因素。寄存器位数越多,转换精度越高。A/D 转换器所用的参考电源的精度对转换精度有直接影响。对快速变化的输入信号,还应配备采样-保持电路才能保证转换精度的要求。此外,A/D 转换器本身对输入信号中的噪声无抑制作用,必须采取外加硬件、软件抗干扰措施,才可以抑制输入信号中大部分随机干扰。

逐次逼近式 A/D 转换器的速度较高,外用元器件也不多,是使用较广的一种转换电路。目前,单片集成 A/D 转换器芯片多采用逐次逼近转换方式,这种电路在计算机模拟通道接口中得到广泛的应用。

2)双积分 ADC 工作原理

双积分 ADC 是一种间接转换式的 A/D 转换器。它的基本原理是把待转换的模拟电压 V_A 变换成与之成比例的时间间隔 Δt,并在 Δt 时间内,用恒定频率的脉冲去计数,这就把 Δt 转换成了数字 N,这样计数脉冲 N 就与输入模拟电压 V_A 成正比。

图 8-86 给出了双积分 ADC 的基本原理,它由积分器、过零鉴别器、计数器和控制电路组

成。由 RC 积分网络组成的积分器将输入的模拟电压 V_A进行积分，输出为 V_O；鉴别器用来判别 V_O的极性，以控制计数器的计数过程。

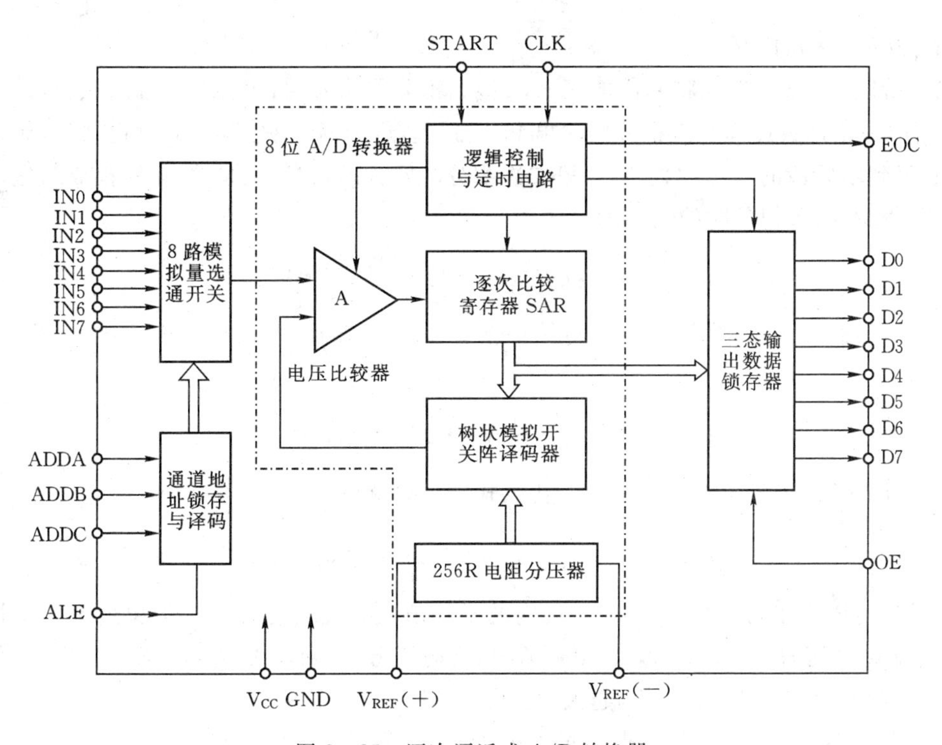

图 8-85　逐次逼近式 A/D 转换器

转换器的工作波形如图 8-87 所示。转换器先将计数器复位，积分电容 C 完全放电后，其工作分为两个阶段：

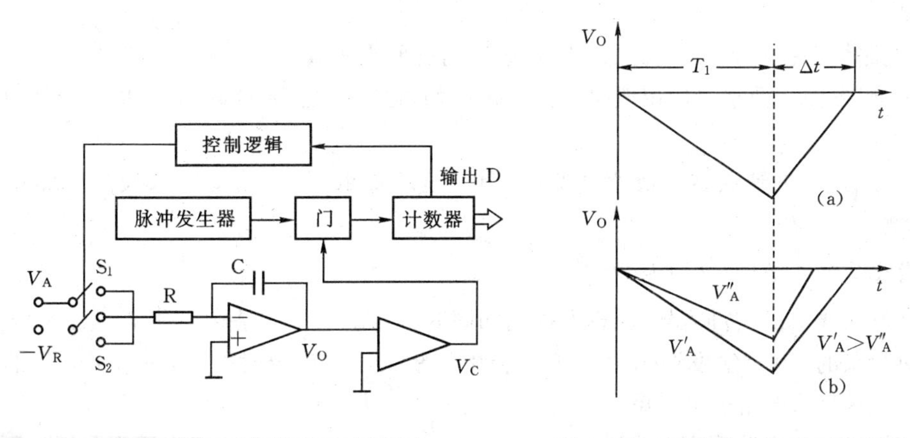

图 8-86　双积分 ADC 原理图　　　图 8-87　双积分 A/D 的工作波形

第一阶段：模拟开关 S_1将输入电压 V_A（设 $V_A>0$）接向积分器的输入端，积分器开始积分，其输出 V_O按 RC 决定的斜率向下变化。鉴别器输出 $V_C=1$，门打开，启动计数器对脉冲计数。当计数器计到满量程 N_1时，计数器回零，控制电路使模拟开关由 S_1转到 S_2，即断开 V_A，接通 $-V_R$，第一阶段结束。此阶段实质是对 V_A积分，积分时间 T_1固定为 $T_1=T_{CP}\cdot N_1$。其中 T_{CP}

是恒定频率的脉冲周期。当积分到 T_1时,积分器输出电压 V_O为

$$V_O=-\frac{1}{RC}\int_0^{T1}V_A\mathrm{d}t=-\frac{1}{RC}\overline{V}_A T_1 \tag{8-4}$$

式中,$\overline{V}_A$为 V_A在 T_1内平均值。

第二阶段:模拟开关 S_2将基准电压$-V_R$接到积分器输入端,积分器反方向积分,计数器由 0 开始新的一轮计数过程。当积分器输出 V_O回到起点(0)时,积分器积分过程结束,计数器停止计数,得到本阶段的计脉冲数 N_2。第二次积分时间为Δt,实质上是将 V_A转换成与之成正比的时间间隔Δt,结束积分时的输出为

$$V_O+\frac{1}{RC}\int_0^{\Delta t}V_R\mathrm{d}t=0\Rightarrow V_O=-\frac{1}{RC}\cdot V_R\cdot\Delta t \tag{8-5}$$

式(8-5)假定了 V_R为恒定值。将第一阶段的积分输出 V_O(式(8-4))代入式(8-5),可得

$$-\frac{1}{RC}\overline{V}_A\cdot T_1=-\frac{1}{RC}V_R\cdot\Delta t\Rightarrow\quad\Delta t=\frac{T_1}{V_R}\cdot\overline{V}_A \tag{8-6}$$

因为 $T_1=T_{CP}\cdot N_1$,$\Delta t=T_{CP}\cdot N_2$,代入式(8-6)就可得到

$$N_2=N_1\frac{\overline{V}_A}{V_R} \tag{8-7}$$

由此式可以看出,计数值与 V_A在 T_1内的平均值成正比。图 8-87 形象地说明了被转换电压 V_A与Δt 之间的关系。V_A越大,第一阶段(定时积分)结束时 V_O越大;第二阶段(是斜率积分)积分时间Δt 越长,则计数值 N_2越大,也就是输出数字量越大。

双积分式 ADC 转换过程中进行两次积分,这一特点使其具有如下优点:

(1)抗干扰能力强。尤其对工频干扰有较强的抑制能力,只要选择定时积分时间 T_1为 50Hz的整数倍即可。

(2)具有较高的转换精度。这主要取决于计数脉冲的周期,计数脉冲频率越高,计数精度也就越高。

(3)电路结构简单。对积分元件 R,C 参数精度要求不高,只要稳定性好。

(4)编码方便。数字量输出既可以是二进制的,也可以是 BCD 码的,仅决定于计数器的计数规律。

双积分 ADC 的缺点是转换速度低,常用于速度要求不高、精度要求较高的测量仪器仪表、工业测控系统中。

3)量化反馈式 ADC 工作原理

量化反馈式 A/D 转换器的原理方框图如图 8-88 所示。它是在电荷平衡式 V/F 变换基础上改进而来的,用 D 触发器代替 V/F 变换中的复杂的单稳定时电路,对精密元件的要求低于双积分型 ADC,电路也更简单。

根据图 8-88 电路原理和图 8-89 信号波形,量化反馈式 ADC 工作原理分析如下:

(1)A_1,A_2是两个射极跟随器,主要是起阻抗变换的作用。

(2)A_3是积分器,A_4是比较器。

(3)S 开关工作在 1 时,接参考电源$-V_R$,$I_R=V_R/R_2$,方向如图 8-88 所示;S 开关接 0 时,接地,$I_R=0$。

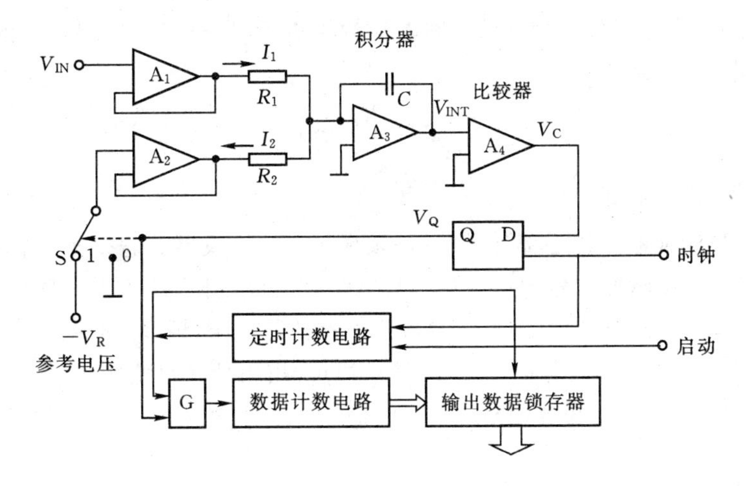

图 8-88　余数循环比较式 A/D 转换器原理方框图

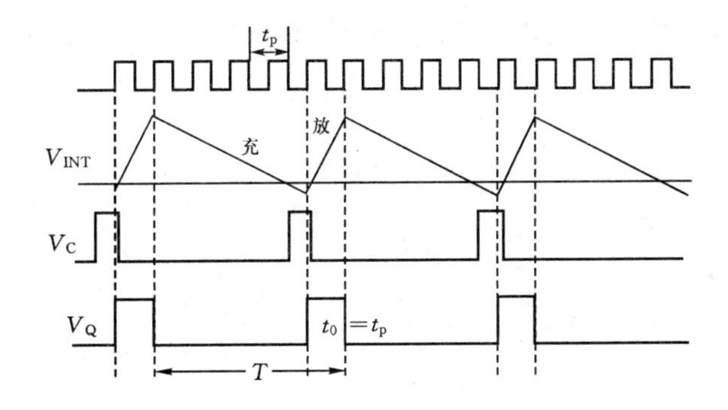

图 8-89　量化反馈式 A/D 转换电路中的波形

(4)测量时 S 接地,V_{IN}对积分电容充电：

$$\frac{V_{IN}}{R_1}=-C\frac{dV_{INT}}{dt}\Rightarrow V_{INT}=V_{INT(0)}-\frac{1}{RC}\int V_{INT}dt\Rightarrow V_{INT}=V_{INT(0)}-\frac{V_{IN}}{RC}t \qquad (8-8)$$

(5)当积分器输出电压达到 0 以下时刻,比较器翻转,等到时钟上升沿到,S 开关转接参考电源,从此经过 1 个 t_p的放电过程,比较器再次翻转,开始下一轮的充电,其放电过程为

$$\frac{V_{IN}}{R_1}+C\frac{dV'_{INT}}{dt}-\frac{V_R}{R_2}=0\Rightarrow V'_{INT}=V'_{INT(0)}-\left(\frac{V_{IN}}{R_1C}-\frac{V_R}{R_2C}\right)t \qquad (8-9)$$

(6)由此可以看出,充电过程的初始值是放电开始后一个 t_p的值,放电过程的初始值是充电$(T-t_p)$时刻的值：

$$V_{INT(0)}=V'_{INT(0)}-\left(\frac{V_{IN}}{R_1C}-\frac{V_R}{R_2C}\right)t_p$$

$$V'_{INT(0)}=V_{INT(0)}-\frac{V_{IN}}{RC}(T-t_p)$$

得到

$$V_{IN}=\frac{R_1}{R_2}\frac{t_p}{T}V_R \qquad (8-10)$$

(7)实际转换时,可以取一段较长时间内计数值 N 和 D 触发器输出为 1 的个数 N_x,最后计算得到模拟电压转换值为

$$V_{IN}=\frac{R_1}{R_2}\frac{N_x}{N}V_R \tag{8-11}$$

4)V/F ADC 工作原理

V/F 式 A/D 转换器的核心部件是电压-频率(V/F)转换器。它是把待转换模拟电压 V_A 先变换为脉冲信号,该脉冲信号的重复频率与信号幅值成正比,然后在一段标准时间内,用计数器累计所产生的脉冲数,从而实现 A/D 转换。这就是电压-频率-数字转换原理。

V/F 变换与 CPU 接口具有很多优点:接口简单,占用计算机资源较少;输入信号灵活;抗干扰新能好,容易隔离,可平滑噪声;便于远距离传输,通过调制到射频/光脉冲信号上,实现远距离传输。

V/F 转换器典型电路如图 8-90 所示。该电路由积分器、比较器、恒流源、单脉冲发生器和模拟开关组成。V/F 变换电路信号波形如图 8-91 所示,A_1 和 R,C 构成一个积分器,A_2 为比较器,根据反向充电电荷与充电电荷相等的原理,有下式成立:

$$I_R\cdot t_0=\frac{V_{IN}}{R}\cdot T\Rightarrow f=\frac{1}{T}=\frac{1}{I_R R t_0}V_{IN} \tag{8-12}$$

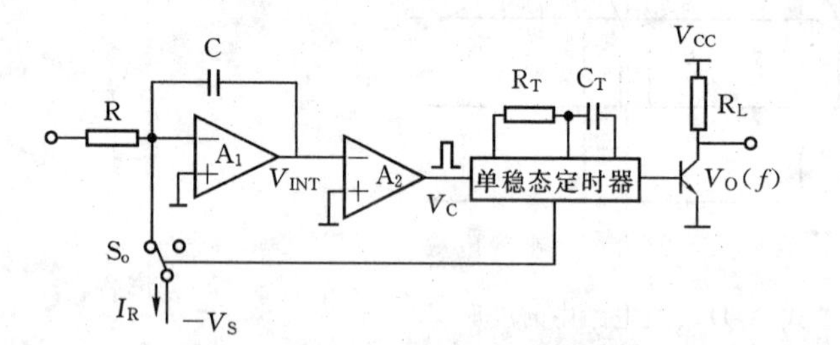

图 8-90　V/F 转换原理图

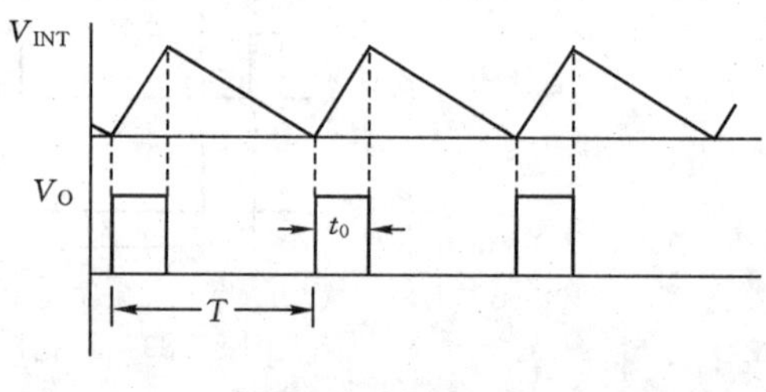

V_{INT}　V_O　t_0　T

图 8-91　V/F 变换工作波形

当电路参数固定时,输入电压只与输出信号频率成正比,即脉冲频率 f 和输入信号 V_{IN} 之间具有线性关系。

V/F 转换器只是整个 V/F 式 ADC 的核心部分,它输出的仅是频率与输入信号成正比的脉冲串。为了实现 A/D 转换,还需要增加时基电路、计数器和相应的控制逻辑,以便把脉冲串变为二进制码或 BCD 码数字量。

采用 V/F 式 ADC 具有以下优点:

(1)由于应用了积分电容,具有很好的抗干扰性能。

(2)具有良好的线性度和高的分辨率,数字位数与时基信号持续时间 T 有关,T 越长,则转换数字量的位数越多。

(3)电路结构简单,对外接电容要求也简单,仅要求保持良好的稳定性。

同双积分 ADC 一样,V/F 式 ADC 的缺点是转换速度低,在一些非快速的检测通道中,愈来愈趋向使用 V/F 代替通常的 A/D 转换器。

5)并行 ADC 工作原理

并行 ADC 是转换速度最快的一类 ADC,从图 8-92 可以看出,并行 ADC 需要大量的低

漂移电压比较器、精密电阻和门电路，它成本高，技术难度大。因此，转换位数以 6/8 位为主。下面以图 8－92 为例说明 8 位并行式 ADC 转换器的工作原理

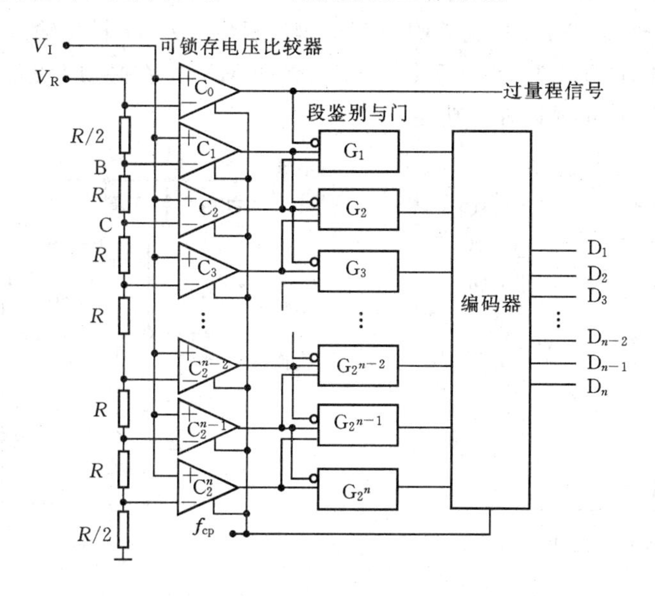

图 8－92　并行式 A/D 转换器结构

图中电阻网络的上下各有 1 个 $R/2$ 电阻，其他都是 R，即共有 $2n+1$ 个电阻。电阻 R 上的压降为 $V_R/2^n$，对应 1 个 LSB，电阻 $R/2$ 上的压降为 $V_R/2^{n-1}$，对应 1/2 个 LSB。分压器自上而下各点电压(8BIT A/D)为 V_R，$511V_R/512$，$509V_R/512$，…，$3V_R/512$，$V_R/512$。

例如，如果输入电压 V_I位于 V_C和 V_B之间，则比较器 C_0和 C_1输出都为 0，而 C_2，C_3等以下的比较器输出都为 1。此时，只有 G_2与门输出为 1，其他所有门输出都为 0，编码器对 G_2门输出编码得到输出结果为 0FEH，这就是 V_I的转换结果。理论上一次转换，只需要一个机器周期就可以完成，实际上还需要 1 个周期的比较、编码和结果输出，即 2 个周期就可以完成一次转化。

前面介绍的并行 A/D 转换速度最高，逐次比较式 A/D 次之，量化反馈式 A/D 具有量化噪声小、分辨率高特点；积分式(双积分 ADC 和 V/F ADC)A/D 转换器转换速度慢，但具有较强的抗干扰能力。

3. 典型应用

这里以高速低功耗 8 通道 12 位串行 A/D 转换器 AD7888 为例，简要说明一下 ADC 的应用。

AD7888 是一个高速低功耗 12 位 A/D 转换器，采用 2.7～5.25V 供电，最大通过率为 125Kb/s。AD7888 的输入采样/保持电路在 500ns 内获取信号，采取单端采样方式，包含 8 个单端模拟输入，每个通道的模拟输入范围为 0～Vref。正常工作时 AD7888 功耗的典型值为 2mW，在转换后自动掉电，掉电时功耗为 3μW。电源范围为 2.7～5.25V，兼容多种串行接口。串行时钟输入端不仅访问器件的数据，而且为逐次逼近 A/D 转换器提供时钟源。控制寄存器控制 8 通道多路转换器，也允许用户关掉内部基准并决定工作模式。

AD7888 可广泛应用于电池供电系统(个人数字助理、医疗仪器、移动通信)、仪表控制系

统和高速/解调器等领域。

AD7888 的引脚排列及基本连接电路如图 8-93 所示，其引脚说明见表 8-18。AGND 脚应接到系统的模拟地层。Vref 接到去耦的 Vcc 脚以提供 0～Vcc 模拟输入范围。转换结果以 16 位字的形式输出，起首 4 位为 0，后接 12 位结果的 MSB。在必须考虑功耗的应用中，转换结束时应采用自动掉电模式以降低功耗。

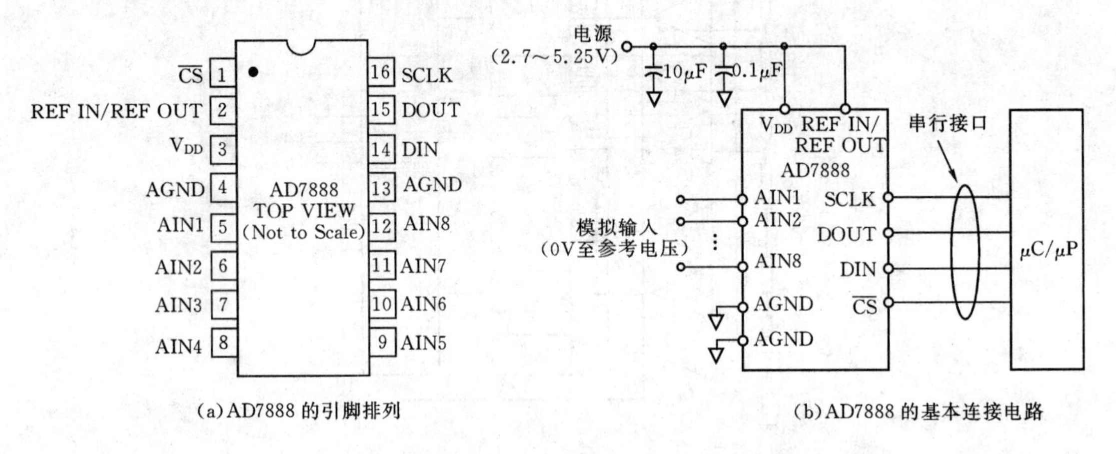

图 8-93　高速低功耗 8 通道 12 位串行 A/D 转换器 AD788

表 8-18　AD7888 的引脚说明

引脚	名称	功　能
1	CS	片选端，低电平有效。提供两个功能：启动转换和规定各串行数据传输帧
2	REFI/O	基准输入/输出端。可输出一个基准电压 2.5V 或引入一个＋1.2V～Vcc 的外部基准电压
3	Vcc	电源输入端。范围为＋2.7～＋5.25V
4,13	AGND	模拟地。两个 AGND 引脚都必须连接到系统的 AGND 上
5～12	AIN1～AIN8	1～8 模拟输入端。通过控制寄存器的 ADD0，ADDl，ADD2 位来选择每一通道的输入范围是 0～Vcc。不用的输入端接地
14	DIN	串行数据输入端。写入控制寄存器的数据由此引脚输入，由 SCLK 的上升沿同步输入寄存器
15	DOUT	串行数据输出端。AD7888 的转换结果作为一个串行数据流由此脚串行输出，在 SCLK 的下降沿移出
16	SCLK	串行时钟。用于串行数据输入输出的同步信号，也用作 AD7888 在转换过程中的时钟源

AD7888 的工作首先是靠片内的 8 位只写控制寄存器来控制的，每个 SCLK 上升沿，数据从 DIN 引脚读入一位，高位在前，在 SCLK 下降沿 A/D 转换结果移出到 DOUT 管脚。数据传输需要 16 次操作，写入只有前 8 位有效，而结果读出后 12 位有效。

图 8－94 示出了 AD7888 串行接连的详细时序。串行方波提供转换时钟并控制转换过程中的同步信号。

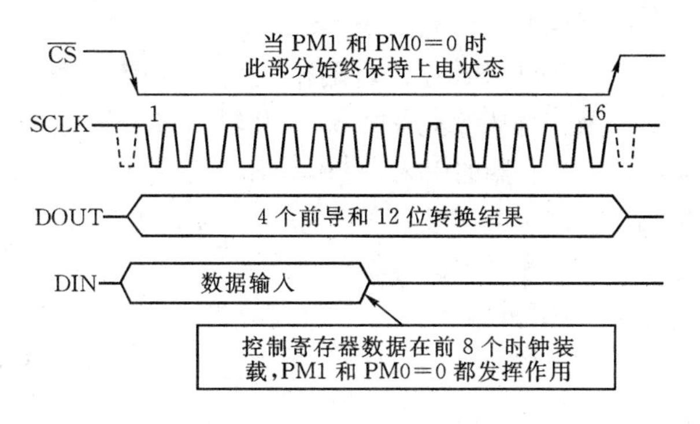

图 8－94　AD7888 串行接连的详细时序

CS 初始化数据传输和转换过程。在自动关断模式下，CS 下降沿后的第 1 个 SCLK 下降沿唤醒器件。AD7888 装入串行时钟，使片内采样/保持进入采样模式。输入信号在 CS 下降沿后的第 2 个 SCLK 上升沿被采样，因而，CS 下降沿之后的 1 个半时钟周期是输入信号采集时间。在自动关断模式下，采集时间必须考虑 5μs 的唤醒时间。在 SCLK 的第 2 个上升沿，片上采样/保持从采样进入保持阶段，转换也在这时开始。转换过程需要在接下来的 14 个半周期的时间才能完成。CS 的上升沿使总线回到三态。CS 一旦为低电平，新的转换又将开始。

被采样的输入通道是上一次采样时通过控制寄存器来选择的，因此用户必须在上一次采样过程中为下一次转换事先写入通道地址。

写入控制寄存器是在数据传输中的 SCLK 的前 8 个上升沿发生。当发生数据传送时，通常会写入控制寄存器。当从器件读数据时，用户必须非常小心地在 DIN 线上建立正确的信息。

从 AD7888 上访问数据和执行转换需要 16 个串行时钟周期。在应用中，如果 CS 下降沿之后的第 1 个串行时钟边沿是下降沿，那么这个边沿随时钟输出第 1 个前导 0。因此，SCLK 的第 1 位前导 0 可能不会及时设置，处理器无法正确地读到。尽管如此，接下来的各位在 SCLK 的下降沿之后的下降沿随时钟输出，在接下来的上升沿它们被提供给处理器。随后，在紧接着的第 1 个上升沿之后的下降沿随时钟输出第 2 个前导 0。数据传送的最后一个位在第 16 个上升沿有效，并在前一个下降沿就随时钟输出。

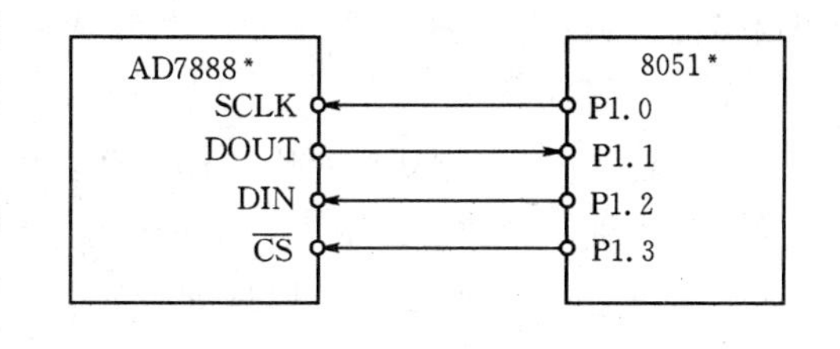

图 8－95　AD7888 典型应用

可以用 8051 的数据端口实现串行连接，并实现全双工串行传送(见图 8－95)。用 I/O 口产生串行时钟(如 P1.0)，用其他两个 I/O 口(如 P1.1 和 P1.2)使数据移位。

8.3.5 数/模(D/A)变换器接口电路设计

1. D/A 变换器的主要技术指标

分辨率：表示 D/A 变换器的 1LSB 输入时输出变化的程度。对于一个分辨率为 n 位的 D/A 变换器来说，当 D/A 变换器输入变化 1LSB 时，其输出将变化满刻度值的 2^{-n}。

精度：精度表示由于 D/A 变换器的引入，使其输出和输入之间产生的误差。D/A 变换器的误差主要包括非线性、温度系数、电源波动等误差。一般要求 D/A 变换器最低有效位的 1 位变化所引起的误差要远小于系统要求的总误差。

变换时间：满刻度条件下从数码输入到输出达到终值的±0.5LSB 时所需要的时间称为变换时间，一般还应包括运算放大器的建立时间。通常电流输出型 D/A 变换器比电压输出型 D/A 变换器具有更短的变换时间。

动态范围：就是 D/A 变换电路的最大和最小的电压输出值范围。一般决定于参考电压 U_{REF}的高低。

2. DAC 变换器工作原理与接口

按照工作原理的不同，D/A 转换器可分成两大类，即直接 D/A 转换器和间接 D/A 转换器两种。直接 D/A 转换器的工作方式是指直接将输入的数字信号转换为输出的模拟信号；而间接 D/A 转换器的工作方式，则是先将输入的数字信号转换为某种中间量，然后再把这种中间量转换成为输出的模拟量。例如，可以把输入的数字信号首先转换成为频率一定、宽度随数字信号变化的脉冲信号，然后再利用低通滤波器取其平均值，从而得出相应的模拟信号。直接 D/A 转换器通常由一组 T 形电阻网络与一组控制开关组成。其输入端为一组数据输入线与联络信号线(控制线)，其输出端为模拟信号线。按输入端的结构分类大致又可以分为两种：一种是输入端带有数据锁存器，这种 D/A 转换器的数据线可以直接和计算机的数据总线相接；另一种 D/A 转换器的数据输入端不带数据锁存器，这时就需要另外配接数据锁存器。

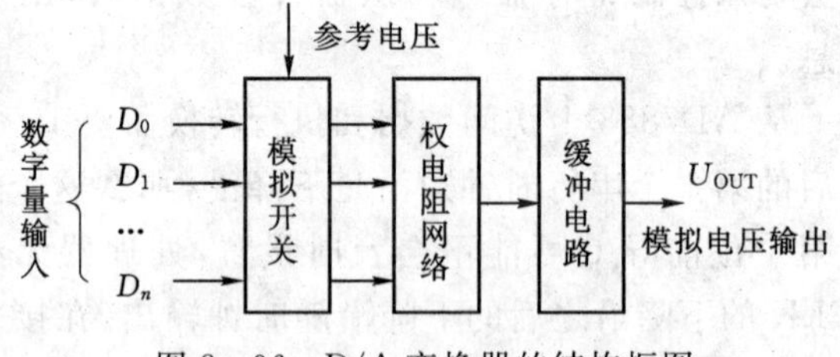

图 8-96 D/A 变换器的结构框图

典型的 D/A 变换器由如图 8-96 所示的模拟开关、权电阻网络和缓冲电路组成。在图中，数字量的每一位都对应一个模拟开关。当某位为 1 时，与其相对应的模拟开关就接通。参考电压通过权电阻网络，在网络的输出端就可以得到与该位二进制相对应的权值电压，从而实现各位的数/模转换。

T 型电阻 D/A 转换器的原理如图 8-97 所示。此电路包括以下四部分内容。

T 型电阻网络：由 R 和 $2R$ 两种电阻组成。网络的下端与参考电源 V_{REF} 相接，网络的上端通过模拟开关 S 与运算放大器反相输入端或同相输入端相接。

模拟开关 S：开关受输入数字信号代码 $d_3 \sim d_0$ 控制。代码为“1”时，开关 S 将电阻 $2R$ 接向集成运放的反相输入端；当代码为“0”时，开关 S 将电阻 $2R$ 接向集成运放的同相输入端。这样，开关的状态就表示了相应位的二进制代码。

求和集成运放：作为电阻网络的缓冲器，使输出的模拟电压 V_O 不受负载变化的影响。同时，还可以通过改变反馈电阻的大小方便地调节变换系数(即改变放大器的放大倍数)，使输出模拟信号电压符合实际的需要。

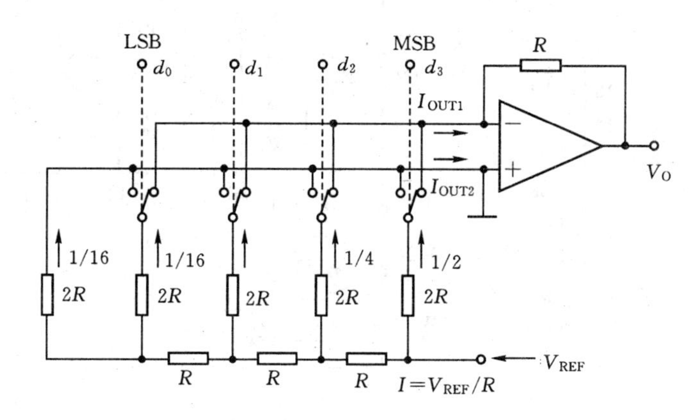

图 8－97　T 型电阻 D/A 转换器

参考电压源 V_{REF}：使电阻网络产生和输入数字信号相对应的电流，提供恒压源。

根据原理图可看出，不管输入的数字信号状态是“1”还是“0”，对应数字信号各位的模拟开关 S，不是接同相输入端的地，就是接反相输入端的虚地点。所以，该电路电阻网络的特点则是从参考电源 V_{REF}看进去的等效电阻，不管输入数字信号的大小如何，始终为 R。

因此，电路图中 T 型 D/A 转换器的输出电压可以计算得到：

$$V_O = I_{OUT1} \cdot R = \frac{-V_{REF}}{2^4}(2^3 d_3 + 2^2 d_2 + 2^1 d_1 + 2^0 d_0) \tag{8-15}$$

对于 N 位转换器，有

$$V_O = \frac{-V_{REF}}{2^N}(2^{N-1} d_{N-1} + 2^{N-2} d_{N-2} + \cdots + 2^1 d_1 + 2^0 d_0) \tag{8-16}$$

该式表明：在 V_{REF}不变时，输出的模拟信号电压 V_O 与输入的数字信号的大小成正比。这样也就实现了从数字量到模拟量的转换。对于 T 型电阻 D/A 转换器，引起静态误差的主要原因有参考电压 V_{REF}偏离基准电压值，模拟开关的压降，电阻阻值的偏差以及集成运放的温度漂移（即温度变化所引起的零点漂移）等。

目前，各国生产的 D/A 变换器的型号很多，如按数码位数分为 8 位、10 位、12 位等；如按速度分为低速、高速等。但是，无论是哪一种型号的芯片，它们的基本原理和功能是一致的，其芯片的引脚定义也是类同的。一般都有数码输入端和模拟量的输出端。其中模拟量的输出端又有单端输出和差动输出两种。D/A 芯片所需参考电压 U_{REF}由芯片外电源提供。为了使 D/A 变换器能连续输出模拟信号，CPU 送给 D/A 变换器的数码一定要进行锁存保持，然后与 D/A 变换器相连接。有的 D/A 变换器芯片内部带有锁存器，那么此时 D/A 变换器可作为 CPU 的一个外围设备端口而挂在总线上。在需要进行 D/A 变换时，CPU 通过选片信号和写控制信号将数据写至 D/A 变换器。

3. 典型应用

1)8 位 D/A 变换器 DAC0832

下面我们介绍一个常用的 8 位 D/A 变换器 DAC0832，其引脚和内部结构框图如图 8－98 所示。从 DAC0832 芯片的内部结构框图可以看出，D/A 变换是分两个步骤进行的。

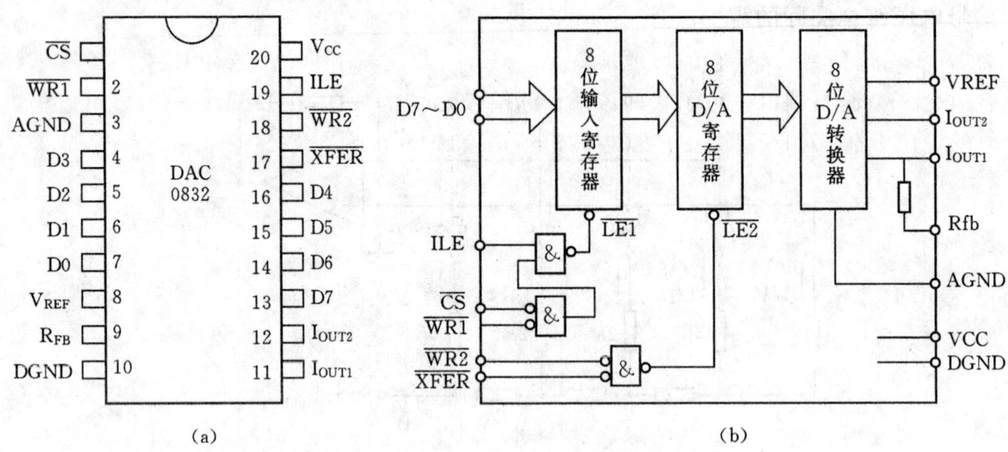

图 8-98　DAC0832 引脚图及内部结构框图

首先当 CPU 将要变换的数据送到 D_0～D_7 端时，使 ILE=1，$\overline{CS}$=0，$\overline{WR1}$=0，这时数据可以锁存到 DAC0832 的输入寄存器中，但输出的模拟量并未改变；接着应使$\overline{WR2}$，$\overline{XFER}$同时有效，在这两个信号作用下，输入寄存器中的数据才被锁存到变换寄存器，再经变换网络，使输出模拟量发生一次新的变化。

在通常情况下，如果将 DAC0832 芯片的$\overline{WR2}$，$\overline{XFER}$接地，ILE 接高电平，那么只要在 D_0～D_7 端送一个 8 位数据，并同时给$\overline{CS}$和$\overline{WR2}$送一个负选通脉冲，则可完成一次新的变换。

如果在系统中接有多片 DAC0832，且要求各片的输出模拟量在一次新的变换中需要同时发生变化，那么可以分别利用各片的$\overline{CS}$和$\overline{WR2}$及 ILE 信号将各路要变换的数据送入各自的输入寄存器中，然后在所有芯片的$\overline{WR2}$和$\overline{XFER}$端同时加一个负选通脉冲。这样，在$\overline{WR2}$的上升沿，数据将由各输入寄存器锁存到变换寄存器中，从而实现多片的同时变换输出。

DAC0832 是一种 8 位的 D/A 芯片，片内有两个寄存器作为输入和输出之间的缓冲。它可以直接接在单片机系统的扩展总线上，图 8-99 是与 MCS-51 扩展总线的连接电路。

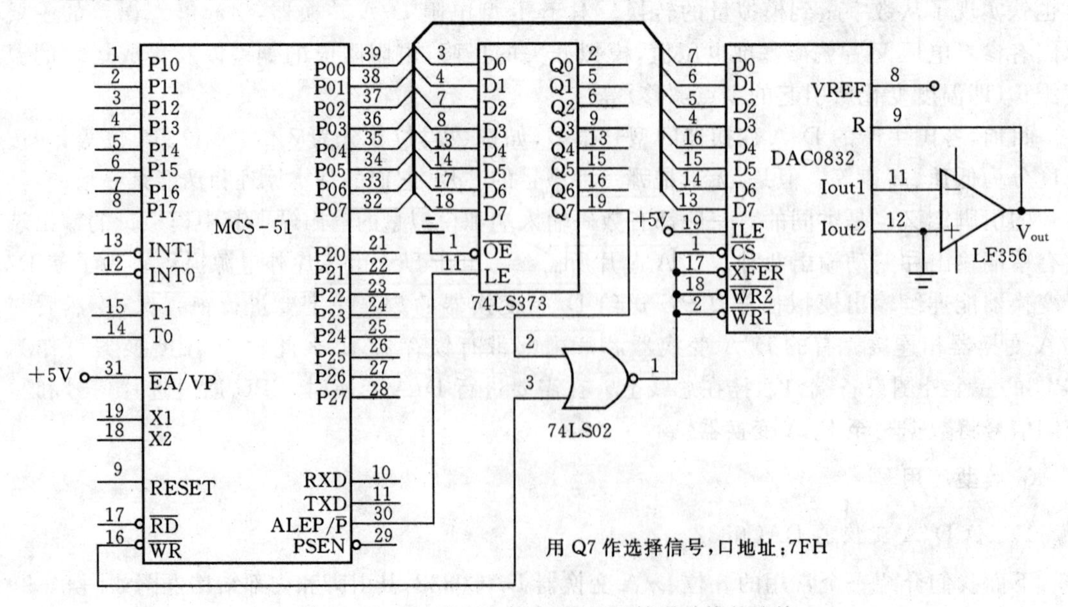

图 8-99　DAC0832 与 MCS-51 扩展总线的连接

采用单极性连接方法，在 $V_{REF}=5V$ 情况下，单极性输出范围为 0～－5V。74LS373 的 Q7 端作为 D/A 片选信号，这样它的口地址就是 7FH，因此在编制 D/A 驱动程序时，只要把 D/A 芯片看成是一个输出端口就行了。向该端口送一个 8 位的数据，在 D/A 输出端就可以得到一个相应的输出电压。如下就是一段锯齿波汇编语言程序：

```
DAOUT:  MOV     DPTR,       #0EE78H
        MOV     A,          #00H
LOOP:   MOVX    @DPTR.   A
        INC     A
        SJMP    LOOP
```

可以想像，利用 D/A 变换器可以产生频率比较低的任意波形。因此，它可以作为函数发生器产生所需波形。这些波形是由程序产生的，当 CPU 的速度一定时，所产生的波形频率不可能很高。

2）高精度高速 D/A 转换器 AD9764

AD9764 是美国 AD 公司生产的高性能电流输出型 DAC 器件，其分辨率为 14 位。该系列器件分别有 8 位、10 位、12 位的 DAC，速率均为 100 MHz，是高性能低功耗的数/模转换器，系列器件间的管脚是相互兼容的。

图 8－100 给出了 AD9764 的管脚分布和内部结构框图。AD9764 包括一个大的 PMOS 电流源阵列，该阵列具有提供 20 mA 总电流的能力。这个阵列被分成 31 个相等的电流，它们形成了 5 个最高有效位（MSB）。接着的 4 个位即中间位包括 15 个相等的电流源，它们的值是一个 MSB 电流源的 1/16。其余的 LSB 是中间位电流源的二进制权的一部分。以电流源来实现中间位和低位，不用 R－2R 阶梯电阻，对多通道或小幅度信号而言，优化了它们的动态性能，并且有助于保持 DAC 的高输出阻抗（>100kΩ）。所有这些电流源通过 PMOS 的差分电流开关转换到两个端点的任何一个上（即 I_{OUTA} 或 I_{OUTB}）。

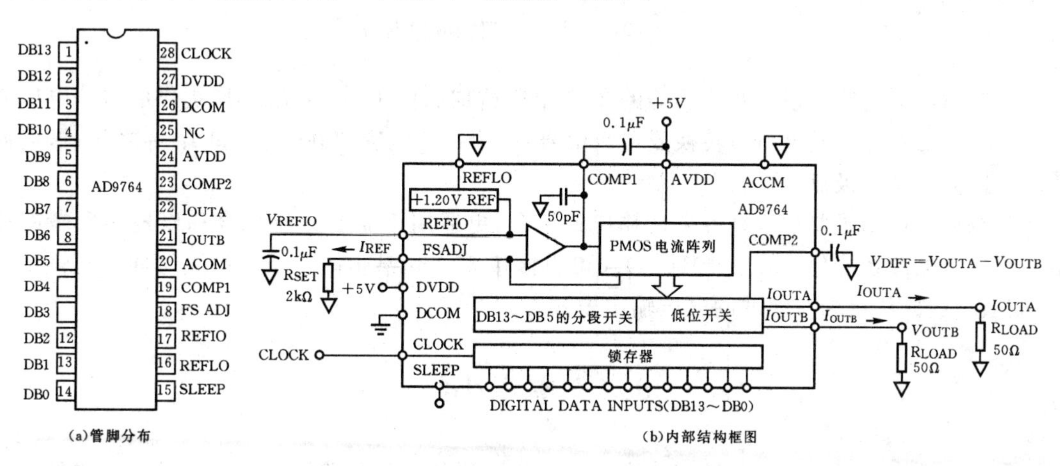

图 8－100　AD9764 转换器管脚分布与内部结构框图

AD9764 的模拟和数字部分具有独立的电源输入（即 V_{cc} 和 V_{dd}），它们分别工作在 2.7～5.5V 的电压范围内。数字部分能够工作在 125MHz 时钟速率上，它包括边沿触发锁存和分段译码逻辑电路。模拟部分包括 PMOS 电流源、差分开关、一个 1.2V 电压基准和一个基准控制放大器。

满量程输出电流由基准控制放大器通过一个外部电阻 R_{SET} 调整，并能够在 2～20mA 间变化。分部电阻与基准控制放大器和电压基准 V_{REF} 相接，该电阻设定基准电流 I_{REF}。该基准电流应是分段电流源电流的适当倍数。满量程电流 I_{OUT} 是 I_{REF} 的 32 倍。

AD9764 的主要特点包括：

(1)电压基准：内部提供 1.2V 电压基准，并允许外接增益可控的外部基准电压。

(2)基准控制放大器：内部基准放大器用于调整 DAC 的满量程输出电流 I_{out}。

(3)模拟输出：产生两个互补电流输出 I_{OUTA} 和 I_{OUTB}，可实现模拟电压的单端或差分结构输出。

(4)数字输入：包括带锁存的 14 位数据和一个上升沿有效的时钟输入。

(5)休眠模式操作：通过 SLEEP 引脚置高电平可实现掉电功能，使电源电流小于 8.5mA。

对需要最优动态性能的应用来说，可以选用 AD9764 的差分输出结构，差分输出可以用 RF 变压器或差分运放来实现(见图 8-101(a))。它适用于需要交流耦合、双极性输出、信号增益等应用场合。

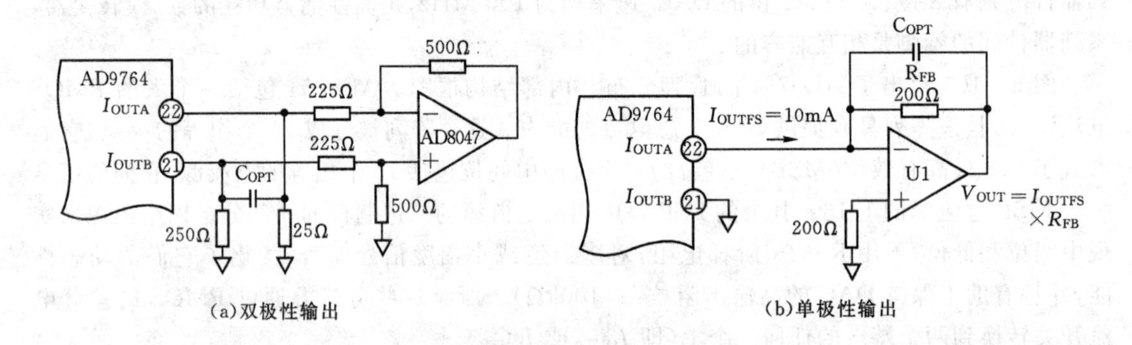

图 8-101　AD9764 典型应用电路

图中 AD9764 的负载由两个相等的 25Ω 电阻构成。由 I_{OUTA} 和 I_{OUTB} 所提供的差分电压通过 AD8047 的差分运放电路被转换成单端信号，一个可选电容放在 I_{OUTA} 和 I_{OUTB} 之间，形成低通滤波器的一个实极点。

单端输出适用于要求单极性电压输出的场合，更适用于需要直流耦合和以地为参考的输出电压的单电源系统(见图 8-101(b))。可直接接 50Ω 负载电阻形成单端无缓冲电压输出模式，或通过运放作单端有缓冲的电压输出模式。

8.4　本章小结

本章主要介绍了嵌入式系统接口电路。嵌入式系统的硬件除了核心的微处理器之外就是外围器件和接口。接口技术在嵌入式系统设计中处于如此重要的位置，是每个嵌入式系统学习者所必须掌握的硬件内容。

本章首先从嵌入式系统常用接口技术出发，分析介绍了并行接口和串行接口的基本概念和基本实现方法，介绍了 4 种常用串行通信总线的接口概况和实现技术，概述分析了 4 种无线串行通信接口技术和 8 种现场总线接口的基本技术要点和实现电路。最后，详细分析了嵌入式系统接口电路的设计实现方法和系统应用构成，对前端模拟信号和数字信号调理，后端信号放大驱动，A/D，D/A 转换器原理及应用，以及系统人机接口的硬件电路设计与软件编程都进行了详细说明，并给出了大量应用实例，以期给读者一个完整的嵌入式接口设计思路。

目前，嵌入式系统接口应用五花八门，每个接口都可以写成一本厚厚的教材，网络上也可以提供大量的原始资料和应用实例，这里以一章的内容试图包揽全部，只是希望读者能够正确把握好每种接口技术的最基本概念，理解透每个接口的最基本工作原理。

第9章 嵌入式系统可靠性设计

9.1 现代电子系统的可靠性

1. 可靠性概述

国家标准规定，可靠性的定义为“产品在规定条件下和规定时间内，完成规定功能的能力”，这三个“规定”是衡量可靠性高低的前提。

规定条件通常是指系统的工作条件（如操作方式、负载条件等）和环境条件（如温度、湿度、气压、有无腐蚀性气体等），同一个系统在不同的工作条件和环境条件下，可靠性是有很大差别的；规定时间是指系统可靠工作的时间，使用时间越长则可靠性越会变差，评价一个应用系统的可靠性时，必须指明是多长时间内的可靠性，否则就没有意义；规定功能是指系统的主要性能指标和技术指标（如采样精度、响应时间、输出输入信号等）。

可靠性设计是指在设计时采取必要的手段，使设计的系统在规定的时间内不出故障或少出故障，并且在故障后能够很快修复。

由于系统的应用环境、用途不同，所以实际对不同系统要求的可靠性等级不同。例如同样是数据采集系统，野外无人值守数据采集系统的可靠性等级要高于实验室数据采集系统。可靠性等级要求是可靠性设计的依据，可靠性等级越高，则可靠性设计的工作量与技术难度越大，所需投入的资金越多。合理的可靠性设计要以满足系统运行可靠为原则，同时符合可靠性等级要求。

2. 现代电子系统的可靠性设计

电子系统集成与软件的介入，形成了现代电子系统可靠性设计的全新概念、内容与方法。现代电子系统具有以下特征：

(1)具有嵌入式计算机系统和智能化的体系结构。

(2)它是以计算机为核心的柔性硬件基础，由软件实现其系统功能。

(3)硬件系统有微电子工艺及微电子系统集成的有力支持。

可以看出，嵌入式系统是当前最广泛、最典型的现代电子系统。可靠性设计是现代电子系统软件、硬件设计的重要组成部分。与传统电子系统相比，现代电子系统由于软件的介入，其可靠性问题更加广义，除了“正常”与“失效”以外，还出现了许多介于其间的“出错”、“失误”、“不稳定”等可靠性问题，例如，软件运行的“死机”问题、时空边界性问题、“千年虫”问题等。

9.2 电子系统硬件的可靠性设计

一般情况下，在电子产品的使用环境中，会有各种各样的电磁场，电子产品在工作时也会不断产生电磁场，这些电磁场一定会对电子产品产生影响，如何使电子产品在这样复杂的电磁环境中可靠地工作就成为电子系统硬件可靠性设计的主要工作。

9.2.1　电磁兼容性概述

1. 电磁兼容性概念

国际电工技术委员会(IEC)对电磁兼容性的定义为:设备或系统在其电磁环境中符合要求运行,并且不对其环境中的任何设备产生无法忍受的电磁干扰的能力。从电磁兼容的观点出发,除了要求系统能按设计要求完成其功能外,还有两点要求:

(1)设备本身要有一定的抗干扰能力;

(2)设备工作中产生的电磁辐射要限制在一定水平内。

要使电子设备完全不产生电磁干扰及完全不受外部电磁干扰影响是不可能的,只有通过制定设备允许产生的电磁干扰大小及抵抗电磁干扰能力的标准,才能保证电子设备的工作可靠性。国内外机构为此制定了大量电磁兼容性标准,所有电子产品必须满足相应电磁兼容性标准才可以流向市场。

2. 电磁干扰

由干扰源发出电磁波,经过耦合途径将电磁波能量传输到敏感设备,使敏感设备的工作受到影响,这一过程就称为电磁干扰。

环境中电磁波主要来源于以下三个方面:

(1)人为因素,如数字电路的开关过程,高频无线电信号的发射,汽车火花的放电等。

(2)来自大自然的噪声,如雷电、太阳黑子爆发等。

(3)电子元器件的固有噪声,如热噪声。

环境中的电磁波可以通过三种干扰模式影响电子设备:

1)共模干扰

共模干扰表现为出现在每个信号线对地的干扰电压相等(见图 9-1)。共模干扰可以由以下原因产生:

(1)静电感应:表现为所有信号线与周围环境之间的电容相同,出现在每根信号线上的干扰电压相同。

(2)电磁感应:表现为与每个信号线相连的磁场相同,出现在每个信号线上的干扰电压也相同。

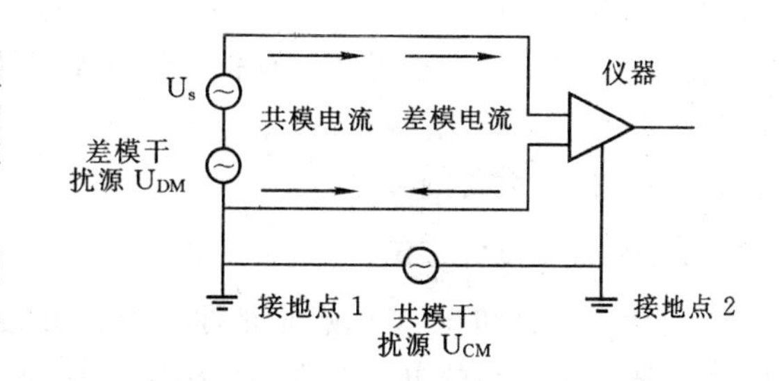

图 9-1　共模和差模干扰

共模干扰至少从一个端点(不是实际信号通道的一部分)引入信号通道。设备底座如果没有从电路网络分隔开,则视为一个端点。共模干扰经常是由接地点之间或导线对的电信号之间的电位差引起的。共模干扰不直接作用在接收器上,但共模干扰可以转换到差模干扰引起信号误差。

2)差模干扰

差模干扰作用时,干扰电压差动地出现在两个信号线之间(见图 9-1),它可由如下原因产生:

(1)静电感应:表现为每个信号线与周围环境的电容不同,出现在每根信号线上的干扰电压不同。

(2)电磁感应:表现为磁场与每个信号线的链接不同,出现在两根信号线上的干扰电压不同。

(3)共模干扰转换为差模干扰:由于电路的不平衡,感应在每根导线上的共模干扰电流幅值或多或少不相等,会形成差模干扰。

差模干扰通过与传输信号相同的通道耦合进入信号通道,通常具有不同于传输信号的频率特性。差模干扰将比共模干扰更能引起设备误动作。

3)交互干扰

在多导线对的电缆中的一对传送交流或脉动直流信号时,出于容性耦合和感性耦合,导线对之间的信号相互叠加,这称为交互干扰。图 9-2 给出了几种常见的干扰噪声波形,对这些干扰形成原因及相应的抑制措施说明如下:

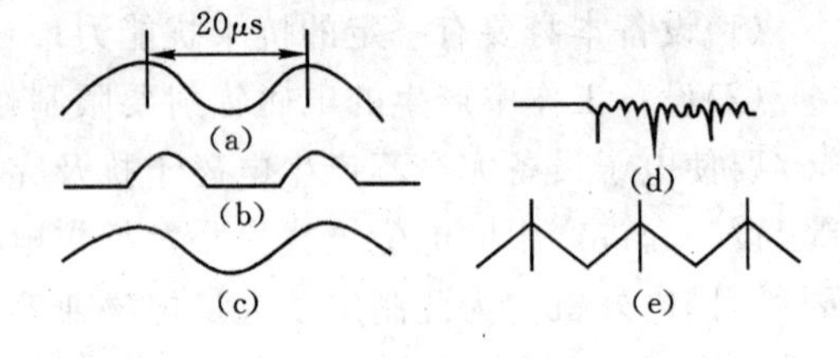

图 9-2　几种常见噪声波形

图 9-2(a):形成原因是辅助电源或基准电压的稳定性不够。抑制措施是在相关部位并接大容量电容器。

图 9-2(b):形成原因是布线不合理,引起交叉干扰。抑制措施是调整布线。

图 9-2(c):形成原因是由于变压器漏磁对采样形成干扰而引起自激,导致出现正弦振荡。抑制措施是变压器要适当加以屏蔽,且屏蔽层要接地,以及改进变压器绕制工艺。

图 9-2(d):幅值变化随机、无规则。形成原因是采样电阻所加电压过高或印制板绝缘不良。抑制措施是调整采样电路。

图 9-2(e):形成原因是整流二极管反向恢复期间引起尖峰。抑制措施是在二极管上并联电容 C 或 RC 网络。

由此可见,形成电磁干扰必须具备三个基本要素:电磁干扰源、耦合途径和敏感设备。因此,抑制电磁干扰就是要控制产生电磁干扰的三要素,对其中任何一个因素的有效控制,都可以减少电磁干扰对设备的影响。

3. 电磁兼容性设计方法

电磁兼容性设计的基本思想是指标分配和功能分块设计。也就是说,首先要根据有关标准和规范,把整个产品的电磁兼容性指标要求细分成产品级的、模块级的、电路级的、元器件级的指标要求,然后按照各级要实现的功能要求和电磁兼容性指标要求,逐级进行设计,采取一定的防护措施等。

对不同的设备或系统有不同的电磁兼容设计方法,一般有 3 种:问题解决法、规范法和系统法。

问题解决法是过去应用较多的一种方法。它就是发现产品在检测中出现问题后进行改进,这种方法虽然具有针对性,但很可能导致成本上升,延迟产品上市,不适于现代电子产品设计。

规范法即在产品开发阶段就按照有关电磁兼容性标准规范的要求进行设计,使产品可能出现的问题得到早期解决。

系统法是近些年兴起的一种设计方法,它在产品的初始设计阶段对产品的每一个可能影响电磁兼容性的元器件、模块及线路建立数学模型，利用辅助设计工具对其电磁兼容性进行分析预测和控制分配，从而为整个产品满足要求打下良好基础。

无论是规范法还是系统法设计，其有效性都应以最后产品或系统的实际运行情况或检验结果为准则，必要时还需要结合问题解决法才能达成设计目标。

9.2.2　电子设备硬件抗电磁干扰技术

电磁兼容性设计涉及的内容很多，从技术来说，主要是运用接地、屏蔽和滤波三大技术。

1. 接地技术

“地”的经典定义是“作为电路或系统基准的等电位点或平面”。“接地”有设备内部的信号接地和设备接大地两种，两者概念不同，目的也不同。设备接大地主要目的是安全防护、防静电和屏蔽；信号接地是以设备中的一点或一块金属来作为信号的接地参考点，为设备中的所有信号提供了一个公共参考电位，是我们的主要讨论对象。

1）设备的信号接地方式

信号接地方式通常有四种，分别是浮点接地、单点接地、多点接地和混合接地。

（1）浮点接地。浮点接地用于将信号地进行内部连接，与可能引起循环电流产生共模干扰的公共接地排、公共接地线或接地网形成电隔离，实现方法有变压器隔离和光电隔离。浮点接地还可以使不同电位间的电路配合变得容易。这个接地系统的缺点是可能积累静电而最终引起破坏或产生干扰放电电流。通常推荐浮点接地系统通过电阻再接大地，以避免静电积累，但要控制释放电阻的阻抗，太低的电阻会影响设备泄漏电流的合格性。浮点接地系统如图 9－3 所示。

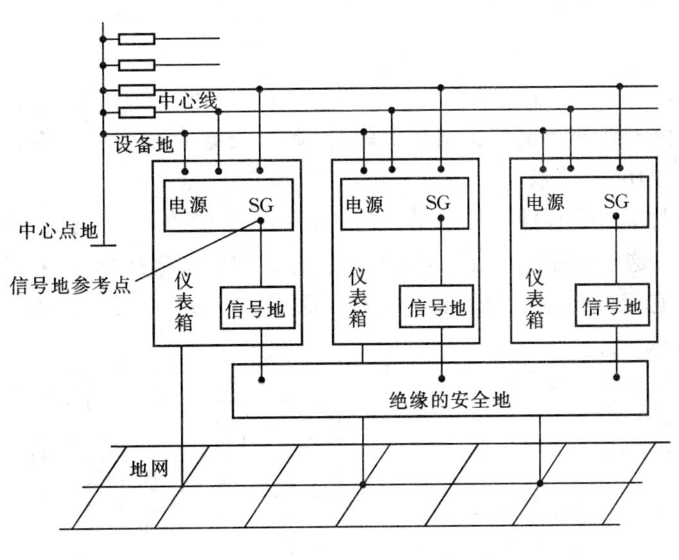

图 9－3　浮点接地系统

（2）单点接地。单点接地系统如图 9－4 所示。单点接地是为许多在一起的电路提供公共电位参考点的方法，这样信号就可以在不同的电路之间传输。若没有公共参考点，就会出现信号传输错误。单点接地要求每个电路只接地一次，并且接在同一点。由于只存在一个参考点，可以相信没有地回路存在，因而也就没有干扰问题。

(3)多点接地。多点接地系统如图 9-5 所示。从图中可以看出，设备内部电路都以机壳为参考点，而各个设备的机壳又都以地为参考点，每个设备在最接近地的点接地。这种接地结构能够提供较低的接地阻抗，这是因为多点接地时，每根接地线可以很短，并且多根导线并联能够降低接地导体的总电感。这个系统的优点是接地回路的设计和建造比较容易，可以避免高频时接地系统的驻波效应，对于工作频率高于 300kHz 或采用长接地电缆的接地设备应考虑采用多点接地系统。多点接地系统的主要缺点是可以构成多个地回路而引起共模干扰。

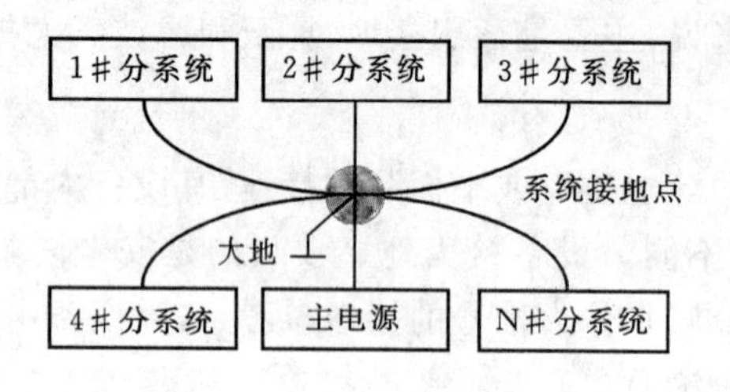

图 9-4　单点和星形接地系统

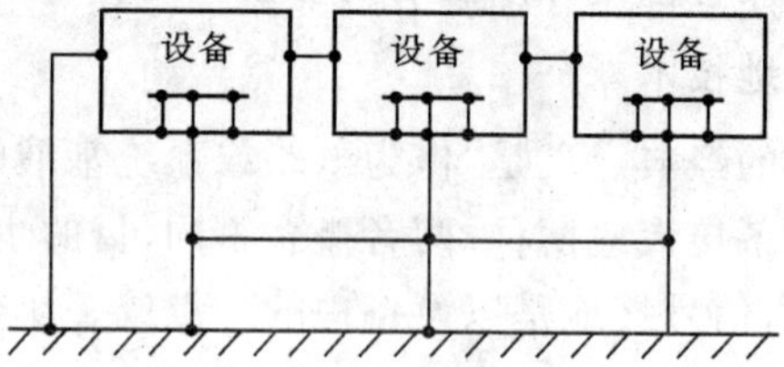

设备
设备
设备

图 9-5　多点接地系统

(4)混合接地。混合接地既包含了单点接地的特性，又包含了多点接地的特性。例如，系统内的电源需要单点接地，而系统内的高频信号又要求多点接地，这时应采用图 9-6 所示的混合接地系统。对于直流信号，电容是开路的，相当于单点接地；对于高频信号，电容是导通的，相当于多点接地。这使接地系统在低频和高频时呈现不同的特性，这在宽带敏感电路中是必要的。混合接地的缺点是：当许多相互连接的设备体积很大(设备的物理尺寸和连接电缆与任何存在的干扰信号的波长相比很大)时，就可能通过机壳和电缆产生干扰。当发生这种情况时，干扰电流通常存在于系统的地回路中。

2)电路屏蔽接地

在考虑接地问题时，需要考虑两个方面的问题：一个是系统的自兼容问题；另一个是外部干扰耦合的问题。由于外部干扰常常是随机的，因此解决起来往往更困难。根据电路灵敏度的不同，要采取相应的屏蔽措施。

高灵敏度信号电路指具有低电压水平(5～10000mV 的逻辑输入电压，热电偶)、对干扰具有高灵敏度的电路。这些电路对于干扰特别灵敏，电路的外部连接导线应单独绞结并屏蔽，以避免电磁干扰改变它们的传输特性。图 9-7 中给出了信号电路屏蔽方法，屏蔽的源端要接地，单独屏蔽应分开接地。

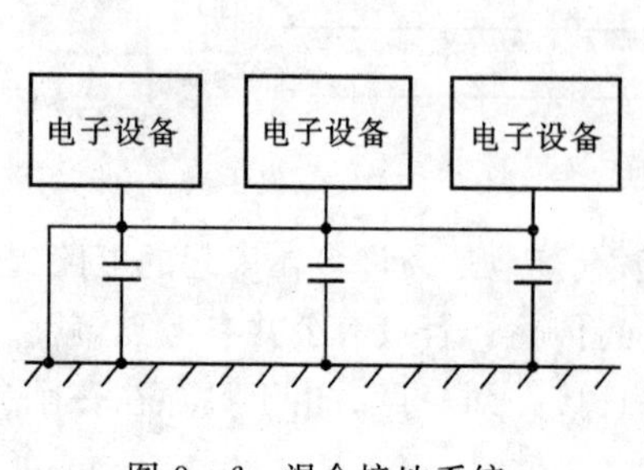

图 9-6　混合接地系统

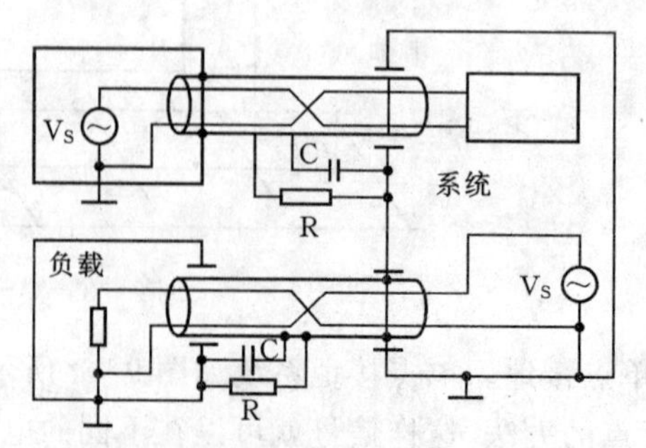

图 9-7　普通信号电路的接地

中灵敏度信号电路指采用中等电压水平的电路(逻辑输入电压为1～10V)。这种电路对共模干扰、交互干扰、电场和磁场具有一定的灵敏度。中灵敏度信号电路的外部连接导线应单独绞结并屏蔽。

低灵敏度信号电路对干扰不灵敏。这些电路的外部连接导线应是单独的绞结对,并采用一个总的屏蔽(每根电缆1个屏蔽)。

3)地线干扰产生机理

地线引起的干扰通常有地环路干扰和公共阻抗干扰这两种形式。

两个接地电路的地环路干扰示意图如图9-8所示。由于地线阻抗的存在,当电流流过地线时,就会在地线上产生电压。当电流较大时,这个电压可以很高。由于电路的不平衡性,每根导线上的电流不同,因此会产生差模干扰,对电路造成影响。由于这种干扰是由传输线与地线构成的环路电流产生的,因此称为地环路干扰。地环路中的电流也可以由外界电磁场感应产生。

当两个电路共用一段地线时,由于地线的阻抗,一个电路的地电位会受另一个电路工作电流的调制。这样一个电路中的信号会耦合进另一个电路,这种耦合称为公共阻抗耦合,如图9-9所示。在数字电路中,由于信号的频率较高,地线往往呈现较大的阻抗。这时,如果不同的电路共用一段地线,就可能出现公共阻抗耦合的问题,严重的公共阻抗耦合的问题可能会引起电路误动作,如图9-10所示。

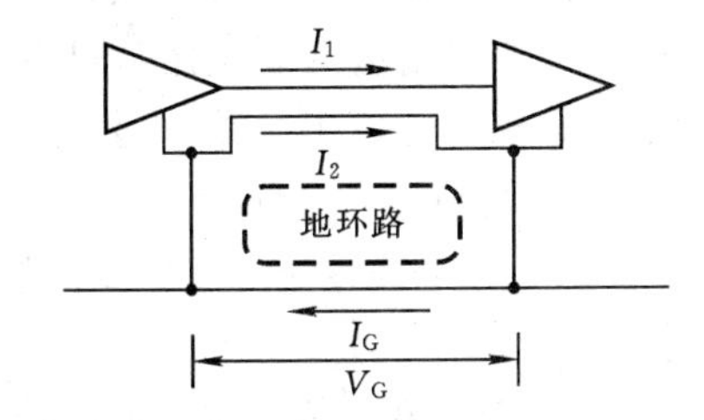

图9-8　地环路干扰示意图

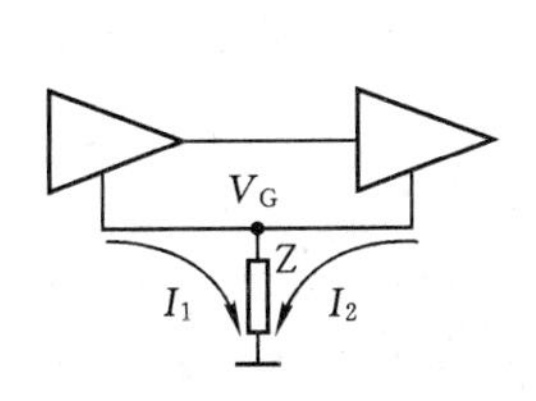

图9-9　公共阻抗耦合

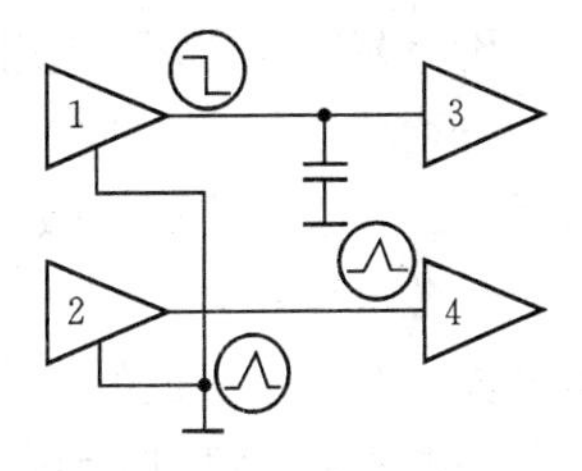

图9-10　地线阻抗造成的电路误动作

4)地线干扰对策

(1)地环路对策。从地环路干扰的机理可知,只要减小地环路中的电流就能减小地环路干扰,如果能彻底 消除地环路中的电流,则可以彻底解决地环路干扰的问题。因此,提出以下几种解决地环路 干扰的方案:

①将一端的设备浮地或通过一个电感接地,切断地环路,可以消除或减少地环路电流。

②使用变压器,利用磁路将两个设备连接起来,以切断地环路电流。

③使用光隔离器,这是解决地环路干扰问题的最理想方法。

④使用共模扼流圈。在连接电缆上使用共模扼流圈相当于增加了地环路的阻抗,这样在一定的地线电压作用下,地环路电流会减小。

(2)消除公共阻抗耦合。消除公共阻抗耦合的途径有两个:一个是减小公共地线部分的阻抗,这样公共地线上的电压也随之减小,从而减弱公共阻抗耦合;二是通过并连接地避免容易相互干扰的电路共用地线,一般要避免强电电路和弱电电路共用地线,避免数字电路和模拟电路共用地线。

减小地线阻抗的核心问题是减小地线的电感,可以使用扁平导体作为地线,或用多条相距较远的并联导体作为接地线。并联单点接地可以避免公共阻抗,但并联接地的导线过多。没有必要所有电路都采用并联单点接地,对于相互干扰较少的电路,可以采用串联单点接地。实际应用中,可以将电路按照强信号、弱信号、模拟信号、数字信号等分类,然后在同类电路内部采用串联单点接地,不同类型的电路采用并联单点接地。

2. 屏蔽技术

通常环境中会充满各种电磁场,电子设备运行时也会产生电磁场,这些电磁场会对电子设备产生影响,屏蔽是隔离设备外部电磁场和限制设备内部电磁场扩散的有效方法。

屏蔽是将元器件、电路或设备安装在铜、铝等低电阻材料或磁性材料制成的屏蔽物内,不使电场和磁场穿透这些屏蔽物。用电导率良好的材料对电场屏蔽,用磁导率高的材料对磁场屏蔽。对于电场屏蔽,屏蔽物一定要接地,否则,将起不到屏蔽效果;对于磁场屏蔽,屏蔽物不需接地。屏蔽外壳接缝处要焊接,固定螺钉间距要小,以保证电磁的连续性。

屏蔽外壳还要考虑散热和通风问题,屏蔽外壳上可以打上适量的圆形通风孔,孔径尽可能小。屏蔽外壳的引入、引出线处要采取滤波措施,否则,这些会成为电磁干扰的发射天线,严重降低屏蔽外壳的屏蔽效果。对非嵌入的外置式开关式 DC/DC 变换器的外壳一定要进行电场屏蔽,否则,很难通过电磁兼容性测试。

1)屏蔽的理论

麦克斯威尔、法拉第等人在电子学之前就建立了描述电场和磁场的基本方程式和经典的电磁波理论。然而,在实际应用中则不能直接应用这些方程式。电场和磁场的衰减用从试验中得到的方程式能够更好地进行表达,这些方程式在屏蔽的设计中被广泛应用。在电磁屏蔽中,波阻抗 Z_w 是联系这些参数重要的概念。波阻抗定义为电场 E 与磁场 H 的比值。

按照与源的距离,电磁波可以进一步分为两种,即近场和远场。两种场的分界以 $\lambda/2\pi$ 的距离为分界点,$\lambda/2\pi$ 附近的区域称为过渡区,源与过渡区是近场,超过这点为远场。近场波的特性主要由源的特性决定,而远场波的特性由传播媒介决定。大电流、低电压的源,在近场产生以磁场为主的波,高电压、小电流的源产生以电场为主的波。在设计屏蔽控制辐射时,这个概念十分有用,因为屏蔽壳与源之间的距离通常在厘米数量级,相对于屏蔽电磁波为近场。在远场,电场和磁场都变为平面波,波阻抗等于自由空间的特性阻抗。

掌握干扰辐射的近场波阻抗对于设计控制方法是十分必要的,用能将磁通分流的高导磁率铁磁性材料可以屏蔽 200kHz 以下的低阻抗波,用能将电磁波中电矢量短路的高导电性金属能够屏蔽电场波和平面波。入射波的波阻抗与屏蔽体的表面阻抗相差越大,屏蔽体反射的能量越多。因此,一块高导电率的薄铜片对低阻抗波的作用很小。

表 9-1 和表 9-2 给出了不同的屏蔽效能。表 9-3 给出了一些常用屏蔽材料的相对电导率和相对磁导率。

表 9-1 信号强度的衰减

dB	10	20	30	40	50	60	70
衰减的百分比	90%	99%	99.9%	99.99%	99.999%	99.9999%	99.99999%

表 9-2 屏蔽衰减极限值

dB	0～10	10～30	30～60	60～90	90～120	120 以上
评价	屏蔽很少	有意义的屏蔽的下限	平均屏蔽量	屏蔽较好	屏蔽很好	现有技术的极限

表 9-3 常用屏蔽材料的相对电导率和相对磁导率

金属	银	铜	铝	锌	黄铜	镍	铁	钢	化学镀镍
相对电导率 σ_r	1.05	1.00	0.61	0.29	0.26	0.20	0.17	0.1	0.02
相对磁导率 μ_r	1	1	1	1	1	1	1000	1000	1000

表 9-4 常用合金的磁特性

材 料	饱和强度(Gs)	磁导率(最高)	磁导率(起始)
铁磁合金(80%镍)	8000	400000	60000
铁磁合金(48%镍)	15000	150000	12000
硅钢	20000	5000	3000
碳钢	22000	3000	1000

需要注意的是铁磁合金是高导磁率材料，但其磁导率并不是固定不变的，它会随外加磁场强度、频率等的变化而变化。不同厚度的材料的频率特性也不一样，较厚材料的磁导率随频率变大下降得更快一些。当外加磁场强度较低时，磁导率随外加磁场的增加而升高，但当外加磁场强度超过一定值时，磁导率急剧下降，这时称材料发生了饱和。材料的磁导率越高，越容易饱和，材料一旦发生饱和，就失去了磁屏蔽作用。因此，在很强的磁场中，磁导率很高的材料不一定能起良好的屏蔽作用。表 9-4 给出了一些常用合金的磁特性。

2)屏蔽的分类

根据屏蔽对象的不同，屏蔽一般分为以下几类：

(1)静电屏蔽。静电屏蔽主要用于屏蔽静电场和恒定磁场，消除两个或几个电路之间由于分布电容耦合而产生的干扰，变压器初、次级线圈之间接地的屏蔽层即属于这一类。做静电屏蔽要保证完善的屏蔽体和良好的接地。

如图 9-11(a)所示，导体 A 上载有交变正弦电动势 E，在导体 A 附近有通过阻抗 Z 接地的导体 B，A 与 B 之间的电容为 C_{AB}。当电动势很大或高频时，A 对 B 所产生的作用就有可能

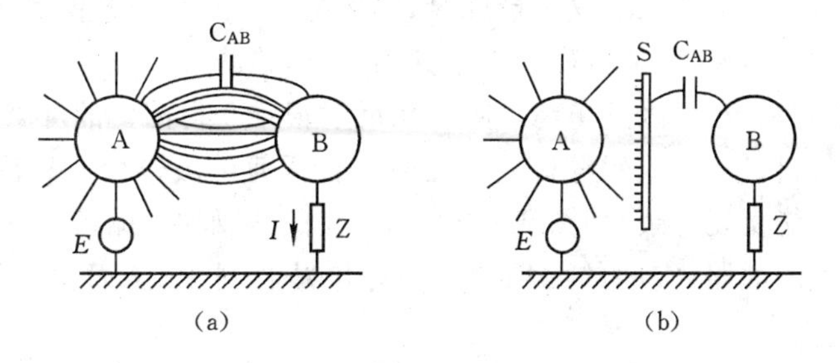

图 9-11 静电感应图

破坏B的正常工作。如果将一接地导电平板置于A,B之间,如图9-11(b)所示,导体S将从A到B的电场线截断。即由于S的存在,消除了导体A的电场对导体B的影响,起到了电场屏蔽的作用。必须指出的是导体S接地是,电场屏蔽的必要条件。

(2)电磁屏蔽。电磁屏蔽主要用于防止交变电场、交变磁场以及交变电磁场的影响。对于高频电磁干扰的屏蔽是通过反射或吸收的方法。电磁干扰穿过一种介质而进入另一种介质时,其中一部分被反射,电磁波在空气和屏蔽交界面上未被反射的电磁能量将进入屏蔽层,感应出电流,而被吸收。电磁屏蔽不但要求有良好的接地,而且要求屏蔽体具有良好的导电连续性,对屏蔽体的导电性要求要比静电屏蔽高得多。

屏蔽层所能吸收的能量A,取决于干扰场的频率、屏蔽材料的厚度、电导率以及磁导率,可用下式表示:

$$A=3.34t\sqrt{FGq} \tag{9-1}$$

式中:A为吸收能量(dB);t为屏蔽层的厚度;F为干扰场的频率;G为相对于铜的电导率;q为相对于磁铁的磁导率。

任何结构的金属都是良好的电磁干扰吸收材料,增加屏蔽物的厚度,可以增加电磁干扰的吸收量。在低频时其反射量小,且不受屏蔽层厚度的影响,故只能靠增加屏蔽层的吸收量来增大总屏蔽量。在高频时,用铜及铝等导电材料制成的屏蔽层的反射量大于钢。另外,由于铁磁材料屏蔽物在高频时损耗很大,而铜和铝等导电材料的吸收量大,磁力线穿过导电屏蔽层时在导体中产生感应电势,此电势在屏蔽层内部短路而产生涡流,涡流又产生反向磁力线,以抵消穿过屏蔽层的磁力线,从而起到了屏蔽作用。

(3)磁场屏蔽。磁场屏蔽通常指对直流磁场或甚高频磁场的屏蔽,其屏蔽的效果比电场屏蔽和电磁场屏蔽要差得多。在工程上抑制磁场干扰是一个十分棘手的问题。磁场屏蔽主要是利用高磁导率、低磁阻特性的屏蔽体对磁通所起的磁分路作用,使屏蔽体内部的磁场大大减小,如图9-12所示。

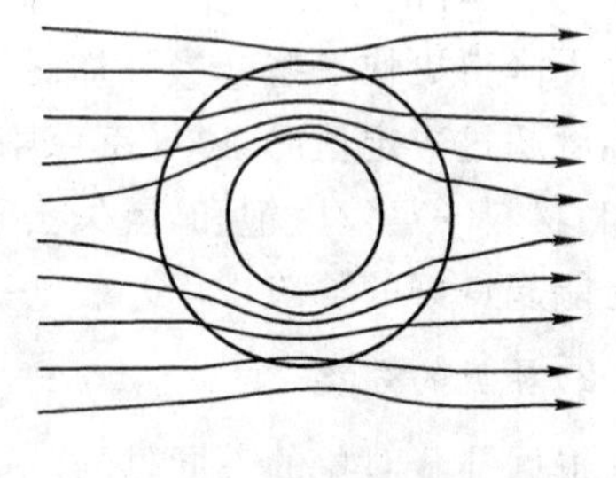

图9-12　磁场屏蔽

低频磁场是由直流电流或交流电流产生的。例如,炼钢的感应炉中有数万安的电流,会在周围产生很强的低频磁场,这个强磁场会使控制系统中的磁敏感器件失灵。最常见的磁敏感设备是彩色CRT显示器,在低频磁场的作用下,显示器屏幕上的图像会发生抖动,图像颜色会失真,导致显示质量严重降低甚至无法使用。低频磁场往往随距离的扩大衰减很快,因此在很多场合,将磁敏感器件远离磁场源是一个减小磁场干扰的十分有效的措施。但由于空间的限制而无法采取这个措施时,屏蔽是一个十分有效的措施。

根据电磁屏蔽的基本原理,低频磁场由于其频率低,趋肤效应很小,吸收损耗很小,并且其波阻抗很低,反射损耗也很小,因此单纯靠吸收和反射很难获得需要的屏蔽效能。射频屏蔽可以采用的镀铜复合材料、银、锡或铝等材料对磁场没有任何屏蔽作用,只有采用高磁导率的铁磁合金提供磁旁路才能实现屏蔽,如图9-13所示。由于屏蔽材料的磁导率很高,因此为磁场提供了一条磁阻很低的通路,空间的磁场会集中在屏蔽材料中,从而使磁敏感器件免受磁场干扰。

磁场屏蔽设计应遵循以下原则:

①磁屏蔽体应选用高磁导率的铁磁性材料，防止磁饱和。

②被屏蔽物与屏蔽体内壁应留有一定的间隙，防止磁短路现象发生。

③可增加屏蔽体的壁厚，但单层屏蔽体的壁厚不宜超过 2.5mm。若单层屏蔽体的屏蔽效果不好，可采用双层屏蔽或多层屏蔽，也可防止磁饱和。

④应使屏蔽体的接缝与孔洞的长边平行于磁场分布的方向，圆孔的排列方向要使磁路增加量最小，目的是尽可能不阻断磁通的通过。

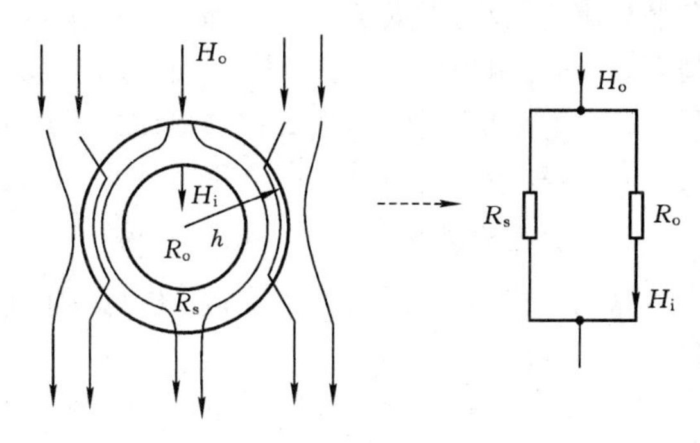

图 9-13　磁场屏蔽

⑤屏蔽体加工成型后都要进行退火处理。

⑥从磁屏蔽的机理而言，屏蔽体不需接地，但为了防止电场感应，一般还是要接地的。

3. 滤波技术

单纯采用屏蔽技术往往不能提供完整的电磁干扰防护，因为设备上的电缆会不可避免地成为干扰接收与发射的天线。许多设备单台做电磁兼容实验时都没有问题，但当两台设备连接起来以后，就不满足电磁兼容的要求了，这就是因为电缆起了接收和发射天线的作用。可靠的措施就是加滤波器，以阻止电磁干扰通过信号线或电源线传播，与屏蔽共同构成完善的电磁干扰防护。采用滤波技术，可以有效地抑制干扰源、消除耦合和提高接收电路的抗干扰能力。

1）常见的滤波电路及其特点

滤波电路是由集中参数的电阻、电感和电容，或分布参数的电阻、电感和电容构成的一种网络，也称为滤波器。这种网络允许一些频率成分通过，而对其他频率成分加以抑制。

滤波器按类型一般分为低通滤波器、高通滤波器、带通滤波器、带阻滤波器、吸收滤波器、有源滤波器和专用滤波器。

滤波器按电路一般分为单电容型（C 型）、单电感型（L 型）、Γ 型、反 Γ 型、T 型和 π 型，如表 9-5 所示。

表 9-5　简易无源滤波器

序号	名称	电路结构	序号	名称	电路结构
1	C 型滤波器		4	L 型滤波器	
2	Γ 型滤波器		5	反 Γ 型滤波器	
3	T 型滤波器		6	π型滤波器	

不同结构的电路适合于不同的信号源阻抗和负载阻抗。T 型滤波器适用于信号源内阻和

负载电阻比较小(如低于 50Ω)的情况;π 型滤波器适用于信号源内阻和负载电阻都比较高的情况;当信号源内阻和负载电阻不相等时,可以选用 L 型或 C 型滤波电路。对于低信号源阻抗和高负载阻抗,可选 L 型滤波器;反之,可选用 C 型滤波器。根据具体情况选用不同形式的滤波器,有助于减少信号源内阻和负载电阻对滤波器频率特性的影响。

2)滤波器的选择

根据干扰源的特性、频率范围、电压和阻抗等参数及负载特性的要求,适当地选择滤波器。一般应考虑:

(1)要求电磁干扰滤波器在相应工作频段范围内,能满足负载要求的衰减特性。若一种滤波器衰减量不能满足要求,则可采用多级联,以获得比单级更高的衰减。不同的滤波器级联,可以获得在宽频带内的良好衰减特性。

(2)要满足负载电路工作频率和须抑制频率的要求。如果要抑制的频率和有用信号频率非常接近,则需要频率特性非常陡峭的滤波器,才能满足把抑制的干扰频率滤掉,只允许通过有用的频率信号。

(3)在所要求的频率上,滤波器的阻抗必须与它连接的干扰源阻抗和负载阻抗相匹配。如果负载是高阻抗,则滤波器的输出阻抗应为低阻;如果电源或干扰源阻抗是低阻抗,则滤波器的输出阻抗应为高阻;如果电源阻抗或干扰源阻抗是未知的或者是在一个很大的范围内变化,可以在滤波器输入和输出端,同时并接一个固定电阻,获得良好的滤波特性。

(4)滤波器必须具有一定耐压能力。要根据电源和干扰源的额定电压来选择滤波器,使它具有足够高的额定电压,以保证在所有预期工作条件下都能可靠地工作,能经受输入瞬时高压的冲击。

(5)滤波器允许通过的电流应与电路中连续运行的额定电流一致。额定电流高了,会加大滤波器的体积和重量;额定电流低了,又会降低滤波器的可靠性。

3)滤波器的安装

(1)滤波器最好安装在干扰源出口处,再将干扰源和滤波器完全屏蔽起来。如果干扰源内腔空间有限,则应安装在靠近干扰源电源线出口外侧,滤波器壳体与干扰源壳体应进行良好的搭接。

(2)滤波器的输入和输出线必须分开,以防止输入端与输出端线路耦合,降低滤波特性。通常利用隔板或底盘来固定滤波器。若不能实施隔离措施,则应采用屏蔽引线。

(3)滤波器中电容器导线应尽量短,以防止感抗与容抗在某频率上形成谐振。

(4)滤波器接地线上有很大的短路电流,能辐射电磁干扰,要进行良好的屏蔽。

(5)焊接在同一插座上的每根导线必须进行滤波,否则会使衰减特性完全失去。

(6)管状滤波器必须完全同轴安装,使电磁干扰电流成辐射状流过滤波器。

4)滤波电路的使用

在电路中采用滤波技术的普遍做法是,对电源进入端使用简单易用的 RC 滤波或 LC 滤波,并选用电解电容或钽电容做低频滤波;对 IC 器件的电源供给端使用瓷片电容做高频滤波。

在电源变换电路中,RC 滤波电路应用广泛,为改善滤波效果,又常改 RC 滤波为 π 型 RC 滤波,进一步还可以改为有源 RC 滤波。π 型 RC 滤波和有源 RC 滤波的电路原理如图 9-14 所示。

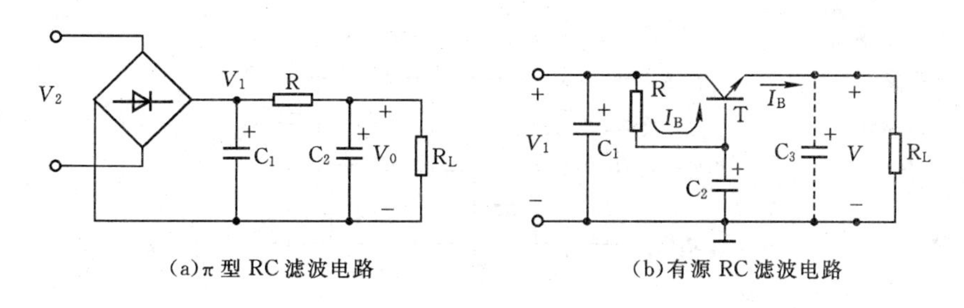

图 9-14　改进的 RC 滤波电路原理图

5)电源线滤波器

图 9-15 给出的单级电源线滤波器对源和负载的阻抗都很敏感,当工作在实际的源和负载阻抗条件下时,很容易产生增益,而不是衰减。这种增益通常出现在 150kHz～10MHz 的频率范围内,幅度可以达到 10～20dB。因此,在产品上安装一个不合适的滤波器后,可能会增加发射强度或使敏感性变得更糟。

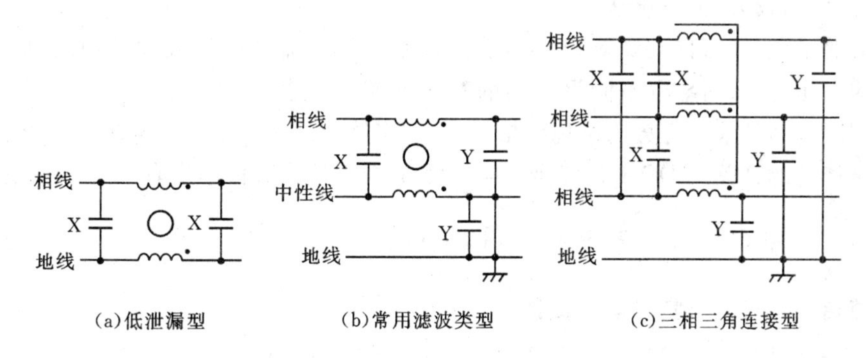

图 9-15　典型的单极电源线滤波器

图 9-16 所示的两级电源线滤波器可以使内部接点保持在相对稳定的阻抗上,因此对源和负载阻抗的依赖不是很大,可以提供接近 50/50 指标的性能。当然,这些滤波器的体积更大、价格更高。

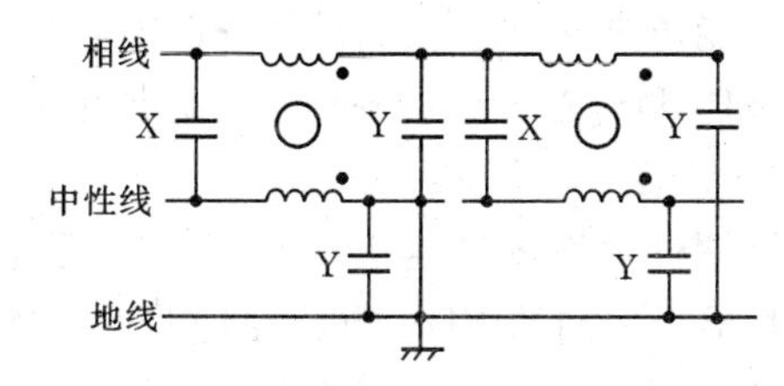

图 9-16　典型的两级电源线滤波器

大多数电源线滤波器采用共模扼流圈和连接在相线间的 X 电容处理差模干扰。如果滤波器用于解决开关式 DC/DC 变换器电路产生的低频高强度干扰问题,则通常需要比 X 电容所能提供的差模衰减更大的衰减,这时需要采用如图 9-17 所示的差模扼流圈。由于磁芯会发生饱和现象,所以很难以较小的体积获得较大的电感量。这些滤波器一般体积比较大,而且也比较昂贵。

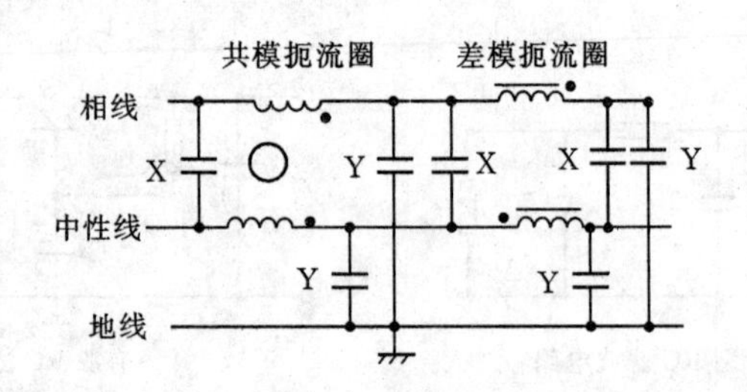

图 9-17　在开关电源转换器上使用的典型滤波器

大多数电源线滤波器采用 Y 电容，这些电容连接在相线与地线之间。为了不超过相关安全标准限定的地线允许泄漏值，这些电容的值一般为几微法。一般，Y 电容应连接到噪声干扰较大的导线上。

对于医疗设备中的开关式 DC/DC 变换器，特别是与病人身体接触的，要求地线泄漏电流相当低，因此使用任意一种 Y 电容都是不行的。这时采用的滤波器需要更大的电感或采用多级级联，因此体积较大，价格较高。

在较大的系统里，来自大量 Y 型小电容的地线泄漏电流会产生很大的地线电流，这样就会产生地线电压差，从而导致不同设备间的互连电缆上产生“嗡嗡”的交流声和瞬态高电平。现在最佳解决方案是采用等势三维地线搭接，但许多陈旧的设施中不能实现这一点。因此，决定用在大系统里的开关式 DC/DC 变换器应使用 Y 电容很小或根本没有 Y 电容的滤波器。

9.2.3　电路设计与印制电路板(PCB)设计

1. 电路自动化设计与常用软件工具

现代电子产品的设计早已实现了自动化，电子设计自动化主要使用 EDA 软件工具设计应用电路。借助 EDA 软件，电路设计的绝大多数分析处理等复杂工作，都可以由计算机直接完成，设计师所做的只是在可视化界面上进行图形设计，这使得电路设计变得形象直观，降低了工作量，缩短了设计周期短。经过不断的发展，EDA 软件功能日趋完善，性能更加可靠。借助 EDA 软件设计生产电路板的一般过程是：

电路原理图设计→电路功能仿真→PCB 板图设计→PCB 模拟测试→光绘文件输出

Cadence-OrCAD，Mentor-PADS，Altium(Protel)等提供有功能强大的 EDA 电路设计软件工具，其应用领域与范围非常广泛。

电路原理图用于表达电子硬件体系的结构组成和工作原理，它是印刷电路板 PCB(Printed Circuit Board)图设计的基础。常用的 EDA 电路原理图设计软件工具有 Cadence-OrCAD 的 Capure，Mentor-PADS 的 PADSLogic(PowerLogic)，Altium 的 Protel-Schematic 等；常用的 EDA 电路仿真软件工具有 Cadence-OrCAD 的 PSpiceA/D(PSpice)，IIT 的 Mul-tiSim (EWB)，Ivex 的 Spice 等；常用的 EDA 电路 PCB 板图设计软件工具有 Mentor-PADS 的 PADSLayout(PowerPCB)，Cadence-OrCAD 的 PCBEditor(OrCADLayout)，Altium 的 Protel-PCB 等；独立的布线器软件工具有 Mentor-PADS 的 PADSRouter(BlazeRouter)，Cadence 的 SpacctraforOrCAD，IIT 的 UltiRoute。

光绘文件用于计算机辅助制造，包含的文件有信号层图、电源层图、丝印层图、阻焊层图、助焊层图、钻孔图、孔位图等。现代的PCB光绘文件输出工具大都集成在PCB设计软件中，通常把PCB设计文件送给PCB加工厂，加工厂会免费做光绘文件输出。

功能强大的EDA软件工具，供应厂商不同，但是可以相互输入输出文件，OrCAD，PADS，Protel，超伦EDA2002等EDA软件工具都具有这种兼容能力，可以配合使用，这给复杂电路系统设计的团体合作、交流沟通带来了极大的方便。

2. 印制电路板(PCB)

1)印制电路板的基础知识

印制电路板(PCB，Printed Circuit Board)具有如下功能：

(1)提供集成电路等各种电子元器件固定、装配的机械支撑。

(2)实现集成电路等各种电子元器件之间的布线和电气连接(信号传输)或电绝缘，提供所要求的电气特性，如特性阻抗等。

(3)为自动装配提供阻焊图形，为元器件插装、检查、维修提供识别字符和图形。

PCB按照基材类型，可以划分为3种：刚性PCB、柔性PCB和刚柔结合PCB。按照所含电气连接的铜箔层的多少，可以划分为单面PCB、双面PCB和多面PCB等。

PCB主要层次结构如图9-18所示。其主要层次是各个铜箔信号连接层。铜箔层是具有电气连接特性的电路连接走线，包括3类：位于PCB表面顶层或底层，也称为元器件层或焊接层；焊接内部电源层(电源或地层)；中间信号层。

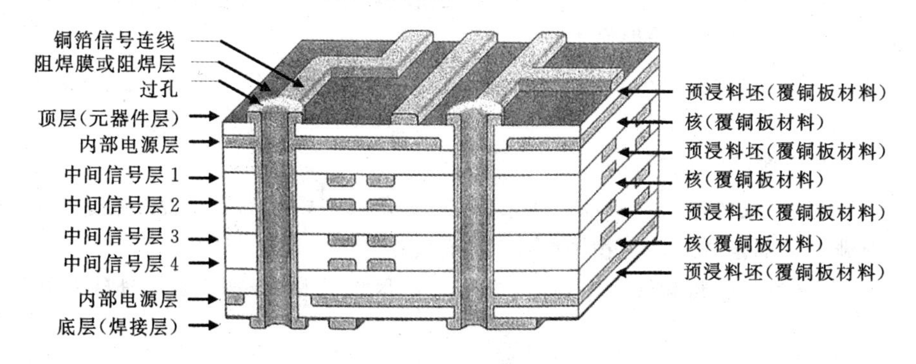

图9-18　印刷电路板PCB的主要层次结构框图

电源层和中间层又可以分为若干层次。PCB有多少铜箔层，就是多少层板。单面PCB仅有底部焊接层，双面PCB具有顶部元器件层和底部焊接层，4层PCB具有顶层、底层和两个电源层或中间层，更多层次的PCB则具有更多的中间层。各个层次间可以通过“过孔”相连接。

元器件在PCB上的安装技术主要有两种：通孔插装技术(Through Hole Technology，THT)和表面安装技术(Surface Mount Technology，SMT)。单列、双列直插器件等通常采用THT形式，贴片器件通常采用SMT形式。

2)PCB设计的一般原则

要使电子电路获得最佳性能，元器件的布局及导线的布设是很重要的。为了设计质量好、造价低的PCB，应遵循以下原则：

(1)布局。首先，要考虑PCB尺寸。PCB尺寸过大，印制线条长，阻抗增加，抗噪声能力下降，成本也增加；过小，则散热不好，且相邻线路易互相干扰。在确定PCB尺寸后，再确定特殊元件的位置。最后，根据电路的功能单元，对电路的全部元器件进行布局。

对电路的元器件进行布局时，要符合以下原则：

①电路板的最佳形状为矩形。长宽比为 3∶2 或 4∶3。电路板面尺寸大于 200mm×150mm 时，应考虑电路板所受的机械强度。

②要按照电路的工作流程安排各个功能电路单元的位置，使布局便于信号传输，并使信号传输方向尽可能保持一致。

③布局时要以每个功能电路的核心元件为中心，围绕它来进行布局。位于电路板边缘的元器件，离电路板边缘一般不小于 2mm。元器件应均匀、整齐、紧凑地排列在 PCB 上，尽可能使元器件平行排列，这样，不但美观，而且易于生产。

④尽量减少和缩短各元器件之间的连线，特别是对高频元器件，设法减少它们的分布参数和相互的电磁干扰。易受干扰的元器件不能挨得太近，热敏元器件要远离发热元件，输入和输出元器件要尽量远离。

⑤某些元器件或导线之间可能有较高的电位差，要加大它们之间的距离，以免放电引起意外短路。带高电压的元器件应尽量布置在调试时手不易触及的地方。

⑥对于电位器、可调电感线圈、可变电容器、微动开关等可调元件的布局应考虑整机的结构要求，放置在板内便于调节的地方，或机外与面板调节旋钮相应的位置。

⑦重量超过 15g 的元器件应当用支架加以固定，然后焊接，那些又大又重、发热量大的元器件，不宜装在印制电路板上，而应装在整机的机箱底板上，且要考虑散热问题。

(2)布线。印制电路板布线原则如下：

①输入输出端用的导线应尽量避免相邻平行，最好加线间地线，以免发生反馈耦合。

②导线的最小宽度主要由导线与绝缘基板间的粘附强度和流过它们的电流值决定，尽可能用宽线，尤其是电源线和地线。

③印制电路板导线转弯处一般取圆弧形，因为直角或夹角在高频电路中会影响电气性能。另外，尽量用栅格状铜箔替代大面积铜箔，以利于散热。

④电路板上有逻辑电路和线性电路时，应使它们尽量分开，特别是数字地线与模拟地线要分开。

⑤电源线要尽量加粗，减少环路电阻，同时，使电源线、地线的走向和信号传递的方向一致，这样有助于增强抗噪声能力。

⑥接地线应尽量加粗，如果有可能，接地线应在 3mm 以上，同时接地线还要构成闭环路，这样能够提高抗噪声能力。低频电路的地应尽量采用单点并联接地，实际布线有困难时可部分串联后再并联接地；高频电路宜采用多点串联接地，地线应短而粗，高频元件周围尽量用栅格状的铜箔。

(3)焊盘。焊盘中心孔要比器件引线直径稍大一些，但不能太大，太大易形成虚焊。焊盘外径要不小于 $d+1.2$mm，其中 d 为引线孔径。对高密度的数字电路，焊盘最小直径可取 $d+1.0$mm。

(4)退耦电容配置。PCB 设计的常规做法之一是在印制板的各个关键部位配置适当的退耦电容。所谓退耦，即防止前后电路电流大小变化时，在供电电路中所形成的电流冲动对电路的正常工作产生影响，换言之，退耦电容能够有效地消除电路之间的寄生耦合。退耦电容的一般配置原则是：

①电源输入端跨接 10～100μF 的电解电容器，接 100μF 以上的更好。

②原则上每个集成电路芯片都应布置一个 0.01pF 的瓷片电容，如遇印制板空隙不够，可每 4～8 个芯片布置一个 1～10pF 的钽电容。

③对于抗噪声能力弱、关断时电源变化大的器件，如 RAM，ROM 存储器件，应在芯片的电源线和地线之间直接接入退耦电容。

④电容引线不能太长，尤其是高频旁路电容不能有引线。

⑤在印制板中有接触器、继电器、按钮等元件，操作它们时均会产生较大火花放电，必须采用 RC 电路来吸收放电电流，一般 R 取 1～2kΩ，C 取 2.2～47μF；CMOS 的输入阻抗很高，且易受感应，因此在使用时不要使其 I/O 引脚直接接地或接正电源。

(5)散热设计。从散热的角度出发，PCB 上的器件最好是直立安装，而且器件在板上的排列方式要遵循一定的规则。对于采用自由对流空气冷却方式的设备，最好将集成电路(或其他器件)按纵长方式排列；对于采用强制空气冷却方式的设备，最好将集成电路(或其他器件)按横长方式排列。同一块 PCB 上的器件应尽可能按其发热量大小及散热程度分区排列，将发热量小或耐热性差的器件放在冷却气流的最上游(入口处)，发热量大或耐热性好的器件(如功率晶体管、大规模集成电路等)放在冷却气流的最下游。

在水平方向上，大功率器件要靠近 PCB 边缘布置，以便缩短传热路径；在垂直方向上，大功率器件尽量靠近 PCB 上方布置，以便减少这些器件工作时对其他器件温度的影响。另外，在 PCB 上大面积敷铜有屏蔽和散热作用，在使用时，将其开窗口设计成网状更利于散热。

3. PCB 的可靠性设计

目前，用于各类电子设备和系统的电子器材都以印制电路板为主要装配方式，实践证明，即使电路原理图设计正确，印制电路板设计不当，也会对电子设备的可靠性产生不利影响。例如，如果印制电路板两条细平行线靠得很近，会形成信号波形的延迟，在传输线的终端形成反射噪声。因此，在设计印制电路板时，应注意采用正确的方法。

1)PCB 中的电磁干扰

要设计出满足电磁兼容的 PCB，首先必须深入了解 PCB 中各种电磁干扰产生的原因。PCB 设计制造得不当可以导致系统内部干扰，也可能引入外部干扰。导致系统级电磁干扰的可能原因主要有以下几个方面：

(1)封装措施使用不当。

(2)电缆与接头的接地不良。

(30 时钟和周期信号走线布设不当。

(4)PCB 的分层排列及信号布线层的设置不当。

(5)对于带有高频 RF 能量分布成分的选择不当。

(6)共模与差模滤波设计不当。

(7)接地环路处置不当。

(8)旁路和去耦不足。

2)PCB 抗干扰设计

PCB 上的信号线要尽量短，这可以降低无关信号耦合到信号路径的可能性。数字电路的频率高，模拟电路的敏感度高，高频的数字信号线要远离敏感的模拟电路。尤其要注意的是模拟器件的输入端,这些输入端通常比输出引脚或电源引脚具有更高的阻抗,对输入电流比较敏感。如果从高阻抗输入端引出的布线靠近电压变化快的布线(如数字电路),无关信号就会通过寄生电容耦合到高阻抗布线中。

当电流通过有限阻抗的回路时,就会产生电压降,所以不管是单点接地还是多点接地,都必须构成低阻抗回路。电流流经接地线时,会产生传输线效应和天线效应,当线条长度为波长的1/4时,可以表现出很高的阻抗,接地板上会充满高频电流和干扰场形成的涡流。在地线设计中应注意以下几点:

(1)当电路中信号的工作频率小于1MHz时,信号受接线和器件间电感的影响较小,受接地电路环流干扰的影响较大,应采用一点接地;当信号的工作频率大于10MHz时,地线阻抗大,要采用就近多点接地以降低地线阻抗;当信号的工作频率为1～10MHz时,如果采用一点接地,其地线长度不能超过波长的1/20,否则采用多点接地法。

(2)接地线的宽度应尽量大于3mm,应尽量布置在PCB的边缘部分,在PCB上应尽可能多地保留铜箔作为地线,最好形成闭环路,从而提高抗噪声能力。

(3)模拟地、数字地、大功率器件地之间互不相连,只是在PCB与外界连接的接口处(如插头等)有一点连接。

(4)总地线必须严格按照高频—中频—低频一级级地由弱电到强电的顺序排列,级与级间宁肯接线长一点,也要遵守这一规定,特别是变频头、再生头、调频头的接地线安排要求更为严格,如有不当就会产生自激以致无法工作。调频头等高频电路常采用大面积包围式地线,以保证有良好的屏蔽效果。

3)高频电路的PCB电磁兼容性设计

以涉及到高频电路PCB设计的手机为例,模拟、数字和高频电路都紧密地挤在一起,用来隔开各区域的空间非常小。多用途芯片将多种功能集成在一个非常小的裸片上,连接外界的引脚排列得非常紧密,高频、中频、模拟和数字信号非常靠近。为了延长电池寿命,电路的不同部分是根据需要分时工作的,手机的电源系统需提供5～6种工作电压。考虑到成本因素,PCB层数往往又减到最小,所以手机中PCB的电磁兼容性设计是很有挑战的。

高频PCB设计在理论上还有很多不确定性,但也是有规律可循的。高频PCB布局设计总的原则是:尽可能地把高功率高频放大器和低噪音放大器隔离开来,就是让高功率高频发射电路远离低功率高频接收电路;确保PCB上高功率区至少有一整块地平面,最好上面没有过孔。需要注意的是,在实际设计时这些准则常因各种设计约束而无法准确地实施,要进行折中处理。

9.3 电子系统软件的可靠性设计

软件的可靠性是“软件在规定的条件下,规定的时间周期内执行所要求功能的能力”。

软件的可靠性与硬件的可靠性有些相似之处,更有很多差别。这些差异是由于软、硬件故障机理的差异造成的。软件可靠性的发展比硬件可靠性要迟很多年,还没有形成一套完整成熟的理论。软件的可靠性工作贯穿于软件的整个寿命周期。

软件的故障曲线也是浴盆形的,早期的软件不可避免地有若干缺陷,通过调试、试验、检查而不断地被修正。当故障率降到比较稳定的低值时,进入偶然故障期,即交付使用,在使用中发现问题时继续纠正。软件也有老化故障期，这是技术发展、应用要求提高所致。

常用的用于提高软件可靠性的方法如下：

1)减少缺陷

软件的缺陷可以导致错误，并造成系统的故障。软件的缺陷通常可分为显性和隐性两大类。显性缺陷发生在程序正常运行中，这些缺陷大部分都可通过仿真调试进行纠正；而隐性缺陷通常在系统非正常运行时暴露出来。容错能力弱的系统中会存在较多的隐性缺陷。

2)充足的时序余度

程序运行的可靠性不仅要求时序正确，而且要有足够的时序余度。

(1)系统复位时序。在系统中可能有多个具有复位端的芯片，如果单片机和这些芯片共用一个复位电路，一定要保证单片机在系统中最后复位，或者必须确保外围可编程器件复位后，单片机才能进行初始化。

(2)状态转换时序。在单片机应用系统的实际运行中，有许多状态转换过程，如低功耗运行方式的转换，电源系统的投切管理，外围器件的关断控制以及中断激励与响应等。在这些状态转换中有一个过渡过程，应用程序设计时，必须保证有足够的时序空余度。

(3)总线时序。在单片机应用系统中，有并行总线与串行总线。串行总线中又有通信总线与扩展总线。这些总线在规范化操作时，其时序由数据通信协议保证。在非规范运行，例如在虚拟总线方式下，其虚拟总线运行的可靠性在于时序的准确模拟。在并行总线中要保证读、写操作指令运行下的读、写时序；同步串行总线要保证时钟线控制下的同步运行时序，串行异步时序则要考虑波特率对数据传送的影响。

3)容错设计

容错设计的原则是屏蔽非正常激励，对未能屏蔽的非正常激励，使其形成有序化的响应，回归到正常运行路径或回复到起始点。

4)噪声失敏控制技术

CPU运行的低功耗方式主要有关断CPU时钟的休闲ID方式和关断系统时钟的掉电PD方式。在ID方式下，CPU停止工作；在PD方式下，单片机中CPU和CPU外围电路都停止工作。噪声失敏是利用这两种状态下其对外界噪声干扰失去响应能力的可靠性控制技术。PD方式较ID方式噪声的失敏效果更好。

5)程序“死机”或“跑飞”的处理

由程序执行过程中遇到的干扰，或是设计软件时的缺陷，引起程序“死机”或“跑飞”。一般可采取以下两种方法来解决：一是增加看门狗或软件超时错误处理；二是在非程序段设置“软件陷阱”，当程序非法进入这些程序段时，即转入“热启动”。一般在空余的中断矢量区和程序存储器地址单元中，全部填入无条件转入“热启动”入口地址的转移指令即可。

6)软件滤波抗干扰

(1)限幅滤波法(程序判断滤波法)。根据经验判断，确定两次采样允许的最大偏差值(设为A)。每次检测到新值时判断，如果本次值与上次值之差小于等于A，则本次值有效，否则本次值无效，放弃本次值，用上次值代替本次值。这种滤波方法能有效克服因偶然因素引起的脉冲干扰，但无法抑制周期性的干扰，平滑度较差。

(2)中位值滤波法。连续采样 N 次(N 取奇数),把 N 次采样值按大小排列,取中间值为本次有效值。这种方法能有效克服因偶然因素引起的波动干扰,对温度、液位等变化缓慢的被测参数有良好的滤波效果,但对流量、速度等快速变化的参数不宜采用。

(3)算术平均滤波法。连续取 N 个采样值进行算术平均运算,N 值较大时信号平滑度较高,但灵敏度较低;N 值较小时信号平滑度较低,但灵敏度较高。这种方法适用于对一般具有随机干扰的信号进行滤波,这样信号的特点是信号在某一数值范围附近上下波动,但对于测量速度较慢或要求数据计算速度较快的实时控制不适用。

(4)递推平均滤波法(又称滑动平均滤波法)。把连续 N 个采样值看成一个队列,队列的长度固定为 N,每次采样到一个新数据放入队尾,并扔掉原来队首的数据(先进先出原则),把队列中的 N 个数据进行算术平均,就可获得新的滤波结果。N 值的选取:流量,$N=12$;压力,$N=4$;液面,$N=4\sim12$;温度,$N=1\sim4$。这种方法对周期性干扰有良好的抑制作用,平滑度高,适用于高频振荡的系统;缺点是灵敏度低,对偶然出现的脉冲性干扰的抑制作用较差,不易消除由脉冲干扰所引起的采样值偏差。

(5)中位值平均滤波法(又称防脉冲干扰平均滤波法)。相当于“中位值滤波法”加“算术平均滤波法”,连续采样 N 个数据,去掉一个最大值和一个最小值,然后计算 $N-2$ 个数据的算术平均值。N 值的选取:3~14。这种方法融合了两种滤波法的优点,可消除由偶然出现的脉冲干扰所引起的采样值偏差。

(6)限幅平均滤波法。相当于“限幅滤波法”加“递推平均滤波法”,每次采样到的新数据先进行限幅处理,再送入队列进行递推平均滤波处理。这种方法融合了两种滤波法的优点,可消除由偶然出现的脉冲干扰所引起的采样值偏差。

(7)一阶滞后滤波法。取 $A=0\sim1$,本次滤波结果$=(1-A)\times$本次采样值$+A\times$上次滤波结果。这种方法对周期性干扰具有良好的抑制作用,适用于波动频率较高的场合。缺点是相位滞后,灵敏度低,滞后程度取决于 A 值大小,不能消除滤波频率高于采样频率的 1/2 的干扰信号。

(8)加权递推平均滤波法。这种方法是对递推平均滤波法的改进,即不同时刻的数据加以不同的权,通常是,越接近现时刻的数据,权取得越大。给予新采样值的权系数越大,则灵敏度越高,但信号平滑度越低。这种方法适用于有较大纯滞后时间常数的对象和采样周期较短的系统,缺点是对于纯滞后时间常数较小,采样周期较长,变化缓慢的信号不能迅速反应系统当前所受干扰的严重程度,滤波效果差。

(9)消抖滤波法。设置一个滤波计数器,将每次采样值与当前有效值比较:如果采样值等于当前有效值,则计数器清零;如果采样值不等于当前有效值,则计数器加 1,并判断计数器是否大于等于上限 N。如果计数器溢出,则将本次值替换当前有效值,计数器清零。这种方法对于变化缓慢的被测参数有较好的滤波效果,可避免在临界值附近控制器的反复开/关跳动或显示器上数值抖动;缺点是对于快速变化的参数不宜,如果在计数器溢出的那一次采样到的值恰好是干扰值,则会将干扰值当作有效值导入系统。

(10)限幅消抖滤波法。相当于“限幅滤波法”加“消抖滤波法”,先限幅,后消抖。这种方法继承了“限幅”和“消抖”的优点,弥补了“消抖滤波法”中的某些缺陷,避免将干扰值导入系统,但对于快速变化的参数不宜使用。

9.4　本章小结

本章主要讨论了电子系统的可靠性设计，包括电子系统的抗干扰设计、印制板技术和软件抗干扰技术。电子系统硬件的抗干扰设计方法，主要包括接地技术、屏蔽技术和滤波技术等三大抗电磁干扰技术。采用合适的接地技术可以有效地减少地线干扰；屏蔽技术可以很好地隔离外部电磁场和限制设备内部电磁场扩散；滤波技术则可以在电路中消除干扰，提高电路的抗干扰能力。灵活地运用这三种技术可以很好地控制电磁干扰对电子设备的影响。

现代电路设计与电路板设计已具备完整的技术开发能力，作为电子系统的载体，印刷电路板设计得好坏直接影响着电子系统的抗干扰能力。本章介绍了印刷电路板的基本知识、设计原则和抗干扰设计方法，它对实际的设计工作有很好的指导作用。

软件是现代电子系统的重要组成部分，软件的可靠性设计是电子系统可靠性设计不可忽视的部分。这里简单介绍了一些软件设计过程中通常需要注意的问题以及解决的方法，这些方法可以很好地提高软件的可靠性设计。

第10章　嵌入式系统应用设计

10.1　智能点火控制器系统设计

1. 系统设计原理

智能点火器是为满足高电压放电试验而专门设计的点火角度可控制的电子点火控制器及点火器。系统的主要功能是根据工频电压参考信号提供的参考角度,或远端提供的直流电压代表的0°～360°的参考角度,并根据设备手工输入的角度延时、ms延时、μs延时等延时参数,完成相对于参考角度并经过延时的触发信号输出,再控制点火器实现角度可控的准确点火,实现高压放电模拟雷电的点火时刻控制。

系统分为两部分:电子点火控制器和电子点火器。两部分通过20m长的光纤连接。控制器主要由MCS-51单片机系统、5位数码管显示器、参数控制键盘、点火触发按键、点火控制信号光纤发射器、触发角控制工频信号、电源系统等组成,主要完成点火角控制参数的输入、工频信号角度检测以及点火信号的控制等功能。电子点火器主要由光纤接收器和点火器组成,主要完成点火触发信号的接收和触发点火,系统组成框图如图10-1所示。

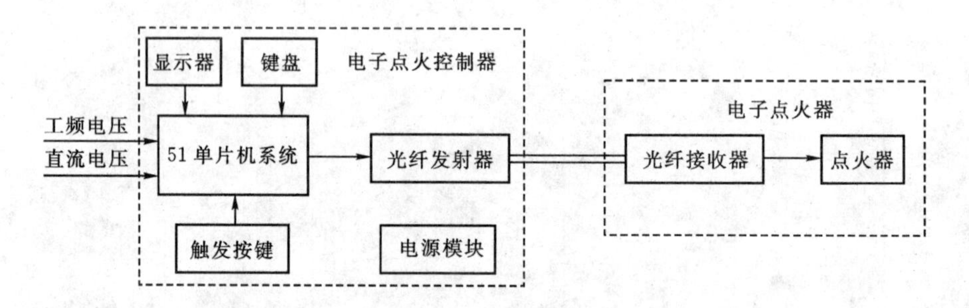

图10-1　智能点火控制器系统框图

2. 系统硬件设计

如前所述,系统设计主要是点火控制器的硬件系统设计和控制软件系统设计,其中硬件电路设计电路图如图10-2所示。MAX7219用于完成5位的数码管参数显示,2路片外A/D芯片TLC549完成10b的I^2C接口的模数转换,分别完成工频电压信号和直流电压信号的采集。其他还包括4路的按键执行参数输入,1路的远端启动按键完成远端点火控制,512字节的SEEROM存储器存储角度等设备设定参数。

3. 系统软件设计

1)基于51单片机的系统软件设计

软件程序全部用C51语言完成,各个功能模块除了初始化函数外全部在定时中断程序中完成,因此主程序模块实际上只是一个如下的空函数。

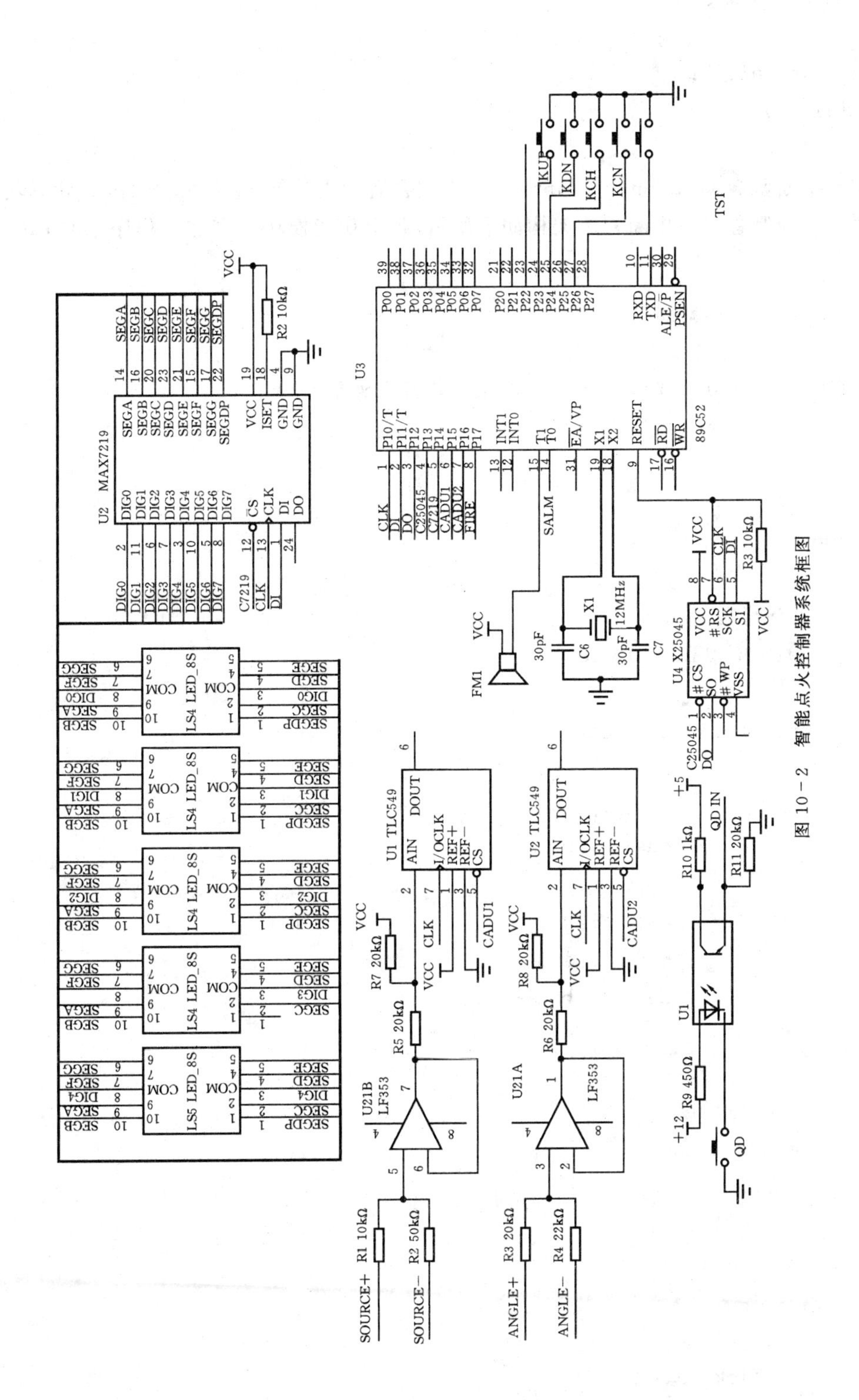

图 10－2　智能点火控制器系统框图

```
void main()//系统主函数
{
    initial_all();
    while(1)  { }
}
```

定时中断函数 void timer0() interrupt 1 主要有两大功能:定时采样与测量计算功能和精确延时点火控制程序。中断程序架构如下所示,各个功能模块只需加入程序中的 case 语句中即可。

```
void timer0() interrupt 1
{
    if ((Workst&0x23) = = 0x22)/ * 精确延时点火触发 * /
    {

    }
    else
    {
        时间常数定义
        switch(Click_50 % 10)
        {
        case 0: switch(Click_20)
                {
                    case 0: break;
                    case 1: break;
                    ......
                    case 18: break;
                    case 19:break;
                    default:break;
                }
                break;
        case 1: break;
        case 2: break;
        ......
        case 8: break;
        case 9: break;
        }
        Click_20 + + ;
        if(Click_20>19)
        {
            Click_20 = 0;
```

```
            Click_50++;
            if(Click_50>49)Click_50=0;
        }
    }
}
```

定时采样功能严格受 Click_20 和 Click_50 全局变量控制，Click_20 每毫秒加 1，Click_50 每 20 毫秒加 1，因此，整个定时采样程序每秒钟可分为 1000 个定时间隔，在这些间隔中间完成所有的 1ms 定时采样、富氏滤波、幅值计算、人机交互、延时计算等功能。

精确延时点火功能则根据已计算得到的远端电平延时、角度延时、时间延时及程序执行耗时，确定系统延时时间和修改定时时间常数，达到精确延时，控制点火。在 22.1184MHz 晶振情况下，实际点火精度可以达到 1μs，完全可以达到国家对高压实试验统的测试条件要求。

2)按键扫描程序设计

系统一共有 5 路开关量输入，其中 4 路是简易键盘输入，还有 1 路是本地测试输入，这些开关量输入都作为按键扫描输入量处理，由 scankey()函数完成初步的去抖动扫描。程序代码如下：

```
unsigned char scankey()                    /* p2 口扫描键盘 */
{
    static unsigned char key_old;
    static unsigned char key_cnt;
    unsigned char tp;

    tp=P2&0x1f;
    if(tp!=0x1f)
    {
        if(key_old!=tp)                    /* 第一次按键，更新键值 */
        {
            key_old=tp;
            key_cnt=0;
            tp=0;
        }
        else
        {
            if( key_cnt<250)(key_cnt++;)
            if((key_cnt!=2)&&(key_cnt<50)) tp=0;    /* 按键时间不长又不短，
                                                       则不响应按键 */
        }
    }
    else{ key_old=0; tp=0; }
```

```
    return(tp);
}
```

上述程序是放在定时中断程序中每 40ms 执行一次，再根据具体键值执行不同功能。扫描按键首先检测按键有无变化，再检测是否与前次状态相同，当第一次按下按键时只是更新键值，否则就对程序执行次数计数并返回按键值。本程序的关键之处在于对执行次数的计数值的利用，通过对计数值的判断，将按键按下过程分为 3 个阶段——首次按下、短时按下、长时按下，进而在按键处理程序中即可对首次按下键值执行相应按键功能，短时按下不作处理，长时按下则对输入的参数执行快速的递增/递减变化，实现参数值的快速调整。例如，对初值为 0 的参数修改为 5000 时，就只需要先按下递增键不放，几秒钟后参数就会快速递增，直至 5000 附近后释放，再单击增减按键微调到 5000，而无需递增按键单击 5000 次，这样就可以用很少的按键实现任意的按键数值修正了。

3)傅立叶滤波程序设计

傅立叶滤波是工频信号常用的数据处理方法。该系统主要利用傅立叶滤波方法实现初始工频电压信号的初始相位检测，从而精确确定点火延时时间。系统采用 20 点傅立叶滤波算法来提取工频电压的正弦分量和余弦分量，计算公式如下：

$$u = U_c + jU_s = \frac{1}{10}\sum_{k=0}^{19}\sin\left(\frac{2\pi}{20}k\right)\cdot u_k + j\,\frac{1}{10}\sum_{k=0}^{19}\cos\left(\frac{2\pi}{20}k\right)\cdot u_k = Ue^{j\theta} \qquad (10-1)$$

式中 u_k 即是 20 点交流采样的瞬时电压信号，其中初始相位 $\theta = \arctan(U_s/U_c)$。为了精确计算出初始相位并节省单片机的运行时间和存储空间，算法构造了一个 0～45°整数度数的正切表，并配以线性插值的方法计算出一个 θ 角度，再按照式(10-1)中的实部和虚部的关系计算出实际的初始相位(见表 10-1)，以此作为系统时间延时的初始点。

表 10-1　角度计算变换表

实部系数 C	虚部系数 S	系数关系	θ /(°)
0	0		无
>0	0		0
0	>0		90
<0	0		180
0	<0		270
>0	>0	$\lvert C\rvert \geqslant \lvert S\rvert$	$0<\theta\leqslant 45$
		$\lvert C\rvert \leqslant \lvert S\rvert$	$45\leqslant\theta<90$
<0	>0	$\lvert C\rvert \leqslant \lvert S\rvert$	$90<\theta\leqslant 135$
		$\lvert C\rvert \geqslant \lvert S\rvert$	$135\leqslant\theta<180$
<0	<0	$\lvert C\rvert \geqslant \lvert S\rvert$	$180<\theta\leqslant 225$
		$\lvert C\rvert \leqslant \lvert S\rvert$	$225\leqslant\theta<270$
>0	<0	$\lvert C\rvert \leqslant \lvert S\rvert$	$270<\theta\leqslant 315$
		$\lvert C\rvert \geqslant \lvert S\rvert$	$315\leqslant\theta<360$

10.2　超声加速溶解系统设计

超声加速溶解系统是以 MSP430 单片机为核心，通过外围频率合成、功率放大、频率跟踪、人机交互等模块电路，实现大功率超声波输出以加速药物溶解过程的单片机应用设备。设备需要解决的重点是解决高稳定度的可变超声频率，并采用闭环反馈系统实现动态频率跟踪。

1. 系统总体方案设计

图 10－3 所示为该仪器的系统硬件组成框图。

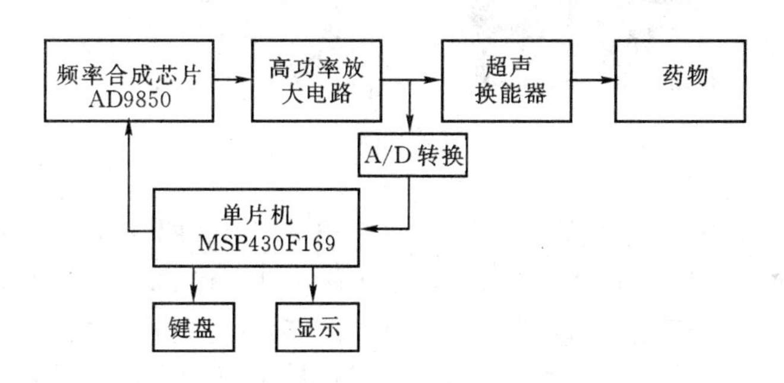

图 10－3　系统硬件框图

如图 10－3 所示，硬件系统主要包括了三个部分：超声发生电路、人机界面和电源模块。以 MSP430 单片机为主控芯片，控制 AD9850 合成频率可调的正弦波信号，作为功率放大电路的输入。信号经过功率放大，满足超声换能器的技术要求后，通过电路与超声换能器间的阻抗匹配传输到超声换能器上，驱动超声换能器发出高功率超声波，使超声波作用置于水中的药物上，加速药物溶解过程。

整个系统的难点在于，系统要保证超声换能器的输出并保持足够大的声功率，以足够对药物溶解产生作用，即必须使 AD9850 频率合成器合成输出稳定且动态可调的频率，以保证超声换能器始终工作在其谐振频率附近。其谐振频率跟踪是通过连续采样功率放大后的电压信号实现的。

在人机交互界面设计中，选用 MAX7219 控制数码管进行动态显示，帮助操作者把握系统的工作状态；并利用单片机设计简易键盘，方便操作者对系统整个工作过程的控制。

2. 功能模块硬件设计

1)MSP430 开发板简介

综合考虑到对整个硬件系统的体积、速度、功耗、AD、存储器容量、I/O 口等因素，该系统选择使用 TI 公司的单片机 MSP430F169，该型号的单片机完全满足系统的需求。在系统中，主要用到了以下几个模块：通用 I/O 口、定时器 Timer A 和 ADC12。系统时钟由 32768Hz 和 4MHz 的晶振产生。使用的 MSP430 开发板和 USB 仿真器分别如图 10－4 所示。

2)AD9850 频率合成器

系统工作时，会产生频率可调的正弦波信号，作为功率放大电路的输入。为了方便地产生频率可调的信号，选用 DDS 芯片 AD9850 来进行频率合成。AD9850 是一款高度集成的器件，采用先进的 DDS 技术，内置一个高速、高性能数模转换器和比较器，共同构成完整的数字可编程频率合成器和时钟发生器。以精密时钟源作为基准时，AD9850 能产生频谱纯净的频率/相位可编程、模拟输出正弦波。该正弦波可以直接用作频率源。AD9850 可通过并行/串行接口两种方式接受单片机控制，频率分辨率可达 0.0291Hz，输出最高频率为系统输入频率的一半。

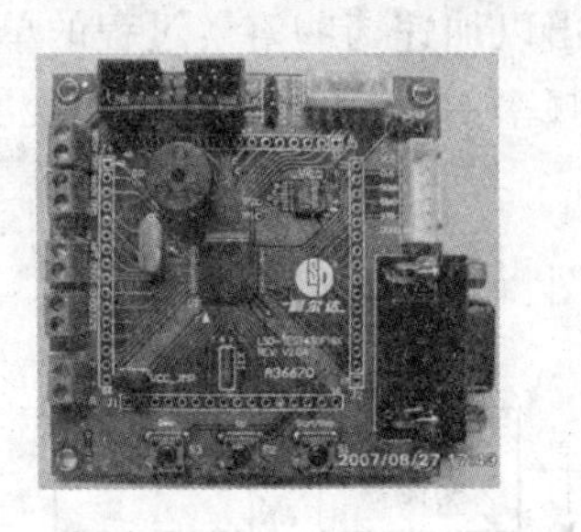

图 10－4　430 单片机开发板与 USB 仿真器

该系统电路设计如图 10－5 所示，要求输出频率 20～100kHz，频率可调。采用并行 8 位接口(8b×5)分 5 次传送控制字，它们与单片机的 I/O 口直接相连。W_CLK 是字装入时钟，单片机每发送 1 字节(8b)数据，AD9850 在 W_CLK 信号的上升沿将数据装载入数据输入寄存器。40 位控制字需要传输 5 次，在 PQ_UD 信号的上升沿将 40 位控制字装入频率/相位数据寄存器，更新产生信号的频率。W_CLK 和 PQ_UD 信号也直接与 I/O 口直接相连。

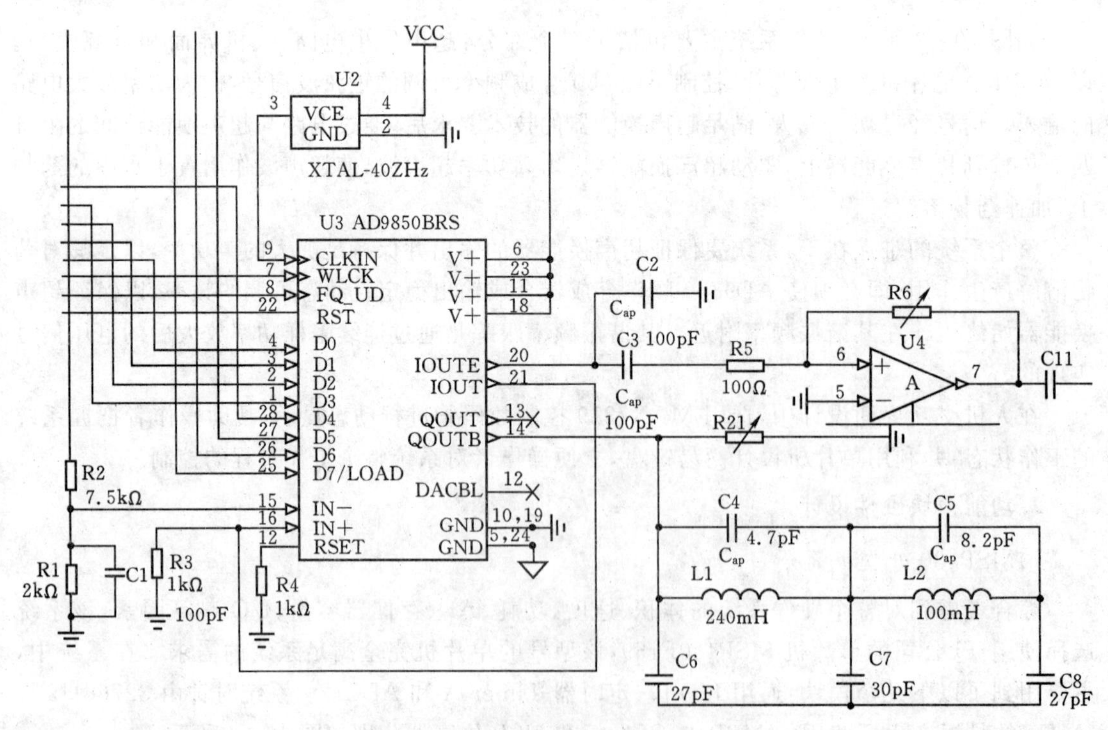

图 10－5　AD9850 频率合成电路图

AD9850 通过串行(1b×40)或并行的方式接收单片机发送的 40 位控制字。在字装入时钟的控制下将数据存入数据输入寄存器。在频率更新信号作用下，将数据输入寄存器的内容写到频率/相位数据寄存器中，利用 32 位频率控制字和相位控制字控制高速 DDS 模块，参考外部时钟的频率，输出数据到 10 位 DAC 转换模块，并复位数据寄存器。由 DAC 模块直接进行模拟输出正弦波信号或再经过比较器处理，输出方波信号。产生的信号经过低通滤波器，滤除高频分量。再经过一个反相放大电路，实现信号幅度的可调，以满足系统功率可调的要求。

3)供电模块

电源部分的要求就是安全、稳定、可靠。整个系统需要的电压包括 3.3V(MSP430，AD9850)，5V(MAX7219)，±9V(LF353，反相放大电路使用)，±35V(LM3886，高频功率放大电路的核心)。3.3V 的供电可以由 LMS1587 提供(见图 10－6)，该芯片是一款稳压芯片，输入电压在 4.75V 以上，输出 3.3V 稳压，负载可达 3A。同时在输入和输出与地之间接入 10μF 的滤波电容，以提高稳压效果。为简化设计，LMS1587 的输入由 5V 稳压源提供。

5V 供电由 L7805 芯片实现(见图 10－7)。L7805 可以稳定输出 5V 电压，负载电流可达 1.5A。利用它为 MAX7219 和 LMS1587 供电。同样在输入输出端与地之间接入滤波电容。

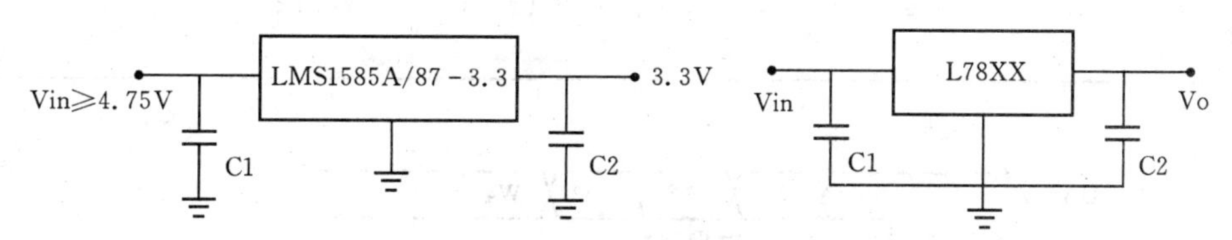

图 10－6　LMS1587 的典型电路示意图　　图 10－7　L7805/9 典型电路示意图

L7805 的供电要求在 35V，可以利用±35V 开关电源为其供电，±9V 可以通过两片 L7809 来实现。L7809 与 L7805 用法相同，同样可以用±35V 开关电源为其供电。使用的开关电源，输入为 220V 交流，输出 35V 直流。

3. 各功能模块软件设计

1)软件开发环境

IAR Embedded Workbench for MSP430 支持 MSP430 系列，能产生非常紧凑、高效的代码。标准版包含各种硬件调试系统、RTOS 的插件。

IAR 是带项目管理器和编辑器的集成开发环境，配置了链接器和库工具，拥有高度优化的 MSP430 C/C＋＋编译器及重新编排的 MSP430 汇编器，集成了所有 MSP430 芯片的配置文件和 Run-time 库。同时它支持 FET 调试，特别是配置了 MSP430 模拟器和 RTOS 内核识别调试插件的 C-SPY 调试器，在程序调试过程中具有很大的灵活性。其简洁的界面和易于理解的操作使得使用者可以很快上手。可选择在该环境下进行项目的开发和管理。在项目建立时要特别注意对项目的相应配置，如果配置不合适，可能会产生不可预料的错误，特别是对调试过程而言。配置主要包括编译器调试器的设置，以及对单片机型号的选择。

2)AD9850 频率合成器的程序设计

对 AD9850 的编程主要也是通过对控制字的编程实现的。AD9850 有 40 位控制字(见表 10－2)，其中 32 位用于频率控制，5 位用于相位控制，一位用于电源休眠(Power down)，2 位用于选择工作方式。在并行工作模式下，通过 8 位数据总线 D0～D7 将数据装入寄存器，装载 40 位控制字需要进行 5 次传输。在每个 W-CLK 的上升沿装入 8 位数据，时序图如图 10－8 所示，同时把指针指向下一个输入寄存器。连续 5 个 W-CLK 上升沿信号后，W-CLK 的边沿不再起作用。

再在 FQ-UD 的上升沿将 40 位控制字从输入寄存器装载到频率/相位数据寄存器(更新 DDS 输出频率和相位),同时把地址指针复位到第一个输入寄存器。注意发送顺序是先发送相位控制字、电源控制字和测试控制字,后发送频率控制字;先发送高位数据,后发送低位数据。

表 10－2　AD9850 的 40 位控制字

Word	Data[7]	Data[6]	Data[5]	Data[4]	Data[3]	Data[2]	Data[1]	Data[0]
W0	Phase-b4 (MSB)	Phase-b3	Phase-b2	Phase-b1	Phase-b0 (LSB)	Power-Down	Control	Control
W1	Freq-b31 (MSB)	Freq-b30	Freq-b29	Freq-b28	Freq-b27	Freq-b26	Freq-b25	Freq-b24
W2	Freq-b23	Freq-b22	Freq-b21	Freq-b20	Freq-b19	Freq-b18	Freq-b17	Freq-b16
W3	Freq-b15	Freq-b14	Freq-b13	Freq-b12	Freq-b11	Freq-b10	Freq-b9	Freq-b8
W4	Freq-b7	Freq-b6	Freq-b5	Freq-b4	Freq-b3	Freq-b2	Freq-b1	Freq-b0 (LSB)

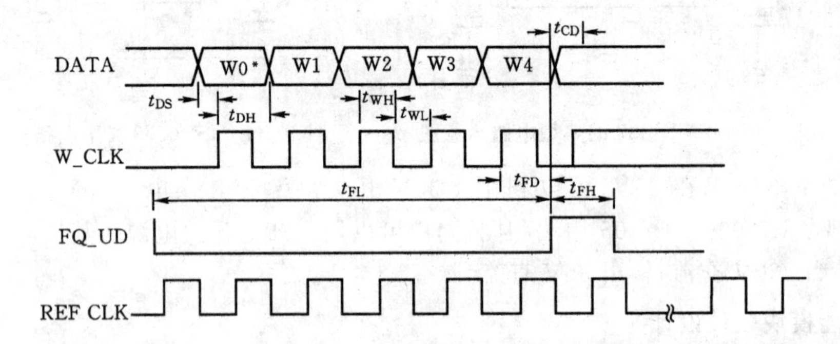

图 10－8　AD9850 并行传输模式时序图

在程序中,每通过数据总线(P3OUT)发送一个字节的控制字,先将 W-CLK(P2.7)置高,在 W-CLK 的上升沿,AD9850 接收数据总线的数据,再将 W-CLK 复位,准备进行下一字节的发送;连续发送 5 个字节后,将 FQ-UD(P2.6)置位,使 AD9850 根据刚输入的控制字更改频率和相位输出,再将 FQ-UD 复位,准备下一组控制字发送。P2.5 接 AD9850 的复位(RESET),高电平时有效。

为了方便对控制字的处理,定义了一个字符型数组 Fq_Word 用于存储 5 个字节的控制字。利用一个函数访问该数组,即可一次性将 5 个字节数据按顺序发送,完成后置位 FQ-UD,即可实现对 AD9850 的配置。程序流程如图 10－9(a)所示。

AD9850 的频率控制字计算公式如下:

$$f=\frac{1}{2^{32}}(\Delta\text{Phase}\times \text{CLK}_{\text{IN}})\qquad(10-2)$$

式中,f 是要产生的信号频率,ΔPhase 是 32 位频率控制字,CLK_{IN}是 AD9850 的时钟。该系统使用 40MHz 的晶振作为 AD9850 的时钟源,由此就可以推得频率控制字为

$$\Delta\text{Phase}=\frac{2^{32}}{40\text{MHz}}f\qquad(10-3)$$

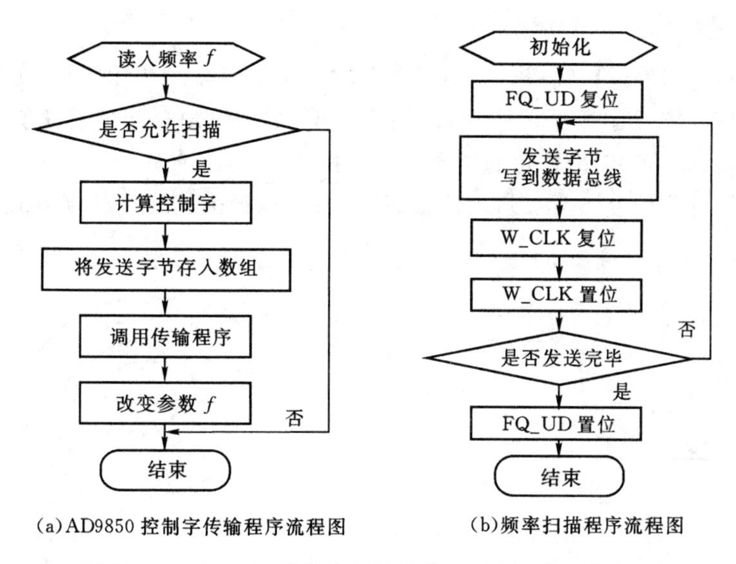

(a) AD9850 控制字传输程序流程图　　(b) 频率扫描程序流程图

图 10-9　AD9850 控制字传输程序和频率扫描程序流程图

式 10-3 可以计算产生一个固定频率时应当传输的频率控制字。相位对于系统的影响不大，所以将控制字的第一字节写为 0x00；其他几个字节分别存入数组 Fq_Word[5]中，以备程序使用。同时对 f 进行处理，将 f 表示的频率值在数码管的第 2～5 位显示出来，作为一个直观观察。

该系统需要调用 AD9850 完成输出频率的发生和扫描，实现连续变化的正弦波信号。即需要调整参数 f 来产生相应的频率控制字。每当需要产生一个新的正弦波信号，就调用 AD 转换程序对反馈信号进行测量，对测量结果进行一系列的分析，得到参数 f 的调整值，使其跟踪超声换能器的谐振频率。AD9850 频率扫描的程序流程如图 10-9(b)所示。

利用 AD9850 进行固定频率的合成效果如图 10-10 所示，通过连续不断的修正频率控制字，即可以合成一个频率连续可调的正弦信号。

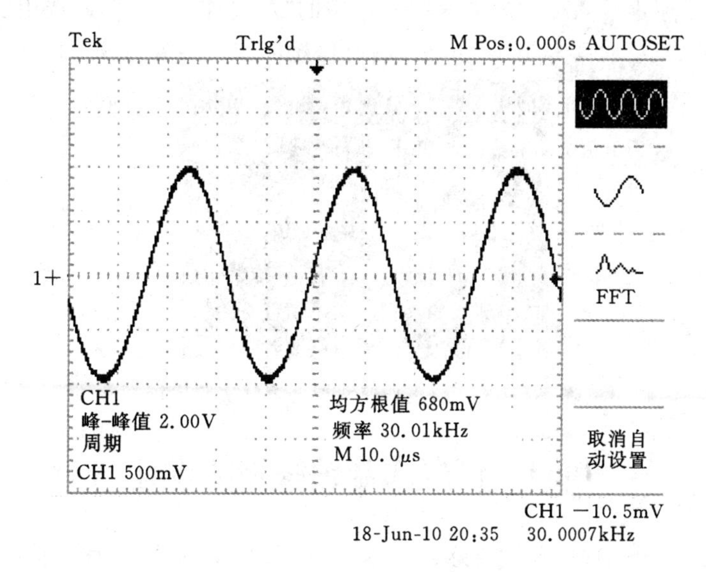

图 10-10　30kHz 正弦信号合成效果

3）频率跟踪程序设计

大功率超声换能器的谐振频率会在小范围内发生连续不断的变化，使得功率超声的输出功率变化很大。该系统就是要通过不断检测输出功率，根据输出功率的反馈值动态调整系统的输出信号频率，从而达到输出稳定的超声功率的目标。

频率搜索可以有两种方法搜索到最佳工作频率：单程扫描和往复扫描方式（见图 10－11 和图 10－12 所示）。

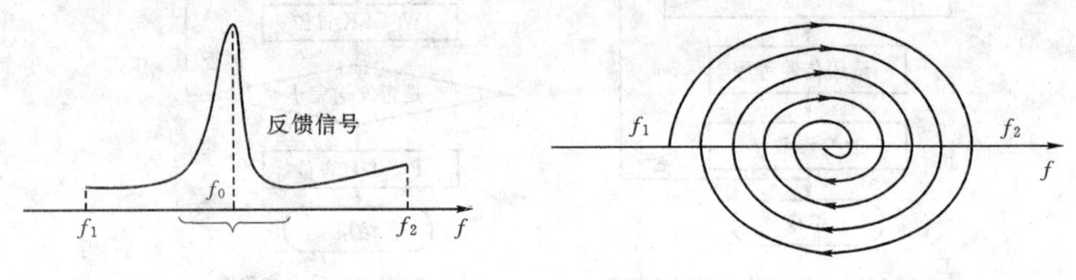

图 10－11　单程扫描示意图　　　　图 10－12　往复式扫描示意图

单程扫描就是根据换能器已知标称频率，设定一个扫描范围（$f_1 \sim f_2$），在频率扫描的同时进行反馈采集和 A/D 转换。当频率扫描到谐振频率附近时，A/D 转换的结果会相对较大，通过一次扫描就可以找出该次扫描过程中反馈最大时系统产生信号的频率。这种方式用于初始工作时谐振频率的确定。

在实际工作中采用往复式频率扫描方式，只要反馈信号幅值小于某个阈值，即以上次谐振频率为中心启动频率扫描，实现动态频率跟踪，达到稳定功率输出。要注意的是，往复式频率扫描的扫描范围要比单程扫描小很多，以使系统不要人为远离谐振频率。

4. 实验结果

超声加速溶解系统通过引入频率动态跟踪技术，采用实时采样放大器输出端功率信号，很好地解决了超声换能器谐振频率漂移的问题，实现了稳定连续的超声功率输出，达到了设计目标。图 10－13 就是超声对六神丸的加速溶解作用的效果，作为对照，还选用了手摇和静置的溶解效果作为对照，三组时间都是 1min，可以看出，超声加速溶解的效果显著。

图 10－13　超声加速六神丸溶解实验比较

10.3　便携式监护终端的设计

本节设计并实现了一种集医学传感器技术、嵌入式开发技术、现代通信技术以及 GPS 定位技术于一体的便携式网络化多生理参数监护终端设备。该终端作为远程生理监护系统的重要组成部分，以 ARM9 处理器 S3C2410A 为核心，以 μC/OS-Ⅱ，μC/GUI 以及 μC/FS 为系统软件构架，具有心电、体温、血压等生理参数的采集、计算、自动诊断分析、数据储存、GPS 实时定位、与远程数据中心 GPRS 无线通信等功能，以及方便友好的触摸屏人机交互系统。

1. 监护系统整体架构

多参数远程监护系统是一个集生物医学传感技术、嵌入式系统和通信技术有机结合的典型。系统主要包括三部分——个人终端、社区医院服务器、监护中心服务器的三级构架方式，病人的生理数据受到监护中心的持续监护，并提供户外 GPS 的患者定位功能。整个监护系统构架如图 10－14 所示。

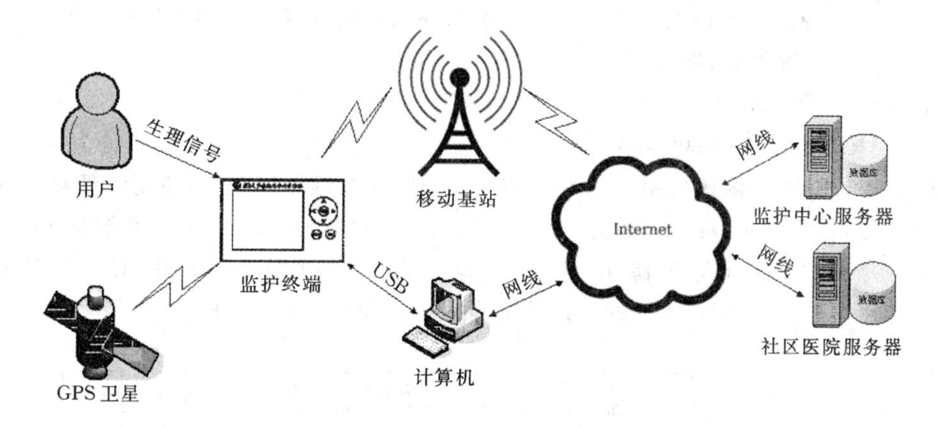

图 10－14　远程监护系统整体构架图

2. 监护终端硬件设计

根据终端功能要求，其硬件框图如图 10－15 所示。硬件模块主要包括生理数据采集（含心电采集电路、体温采集电路、其他生理参数采集部分如血压采集等）、微控制器、触摸显示屏、电源管理、GPRS 通信、GPS 实时定位以及按键设计等。使用 Altium 公司 EDA 设计工具 Altium Designer Winter 09 版本进行原理图和 PCB 图设计。

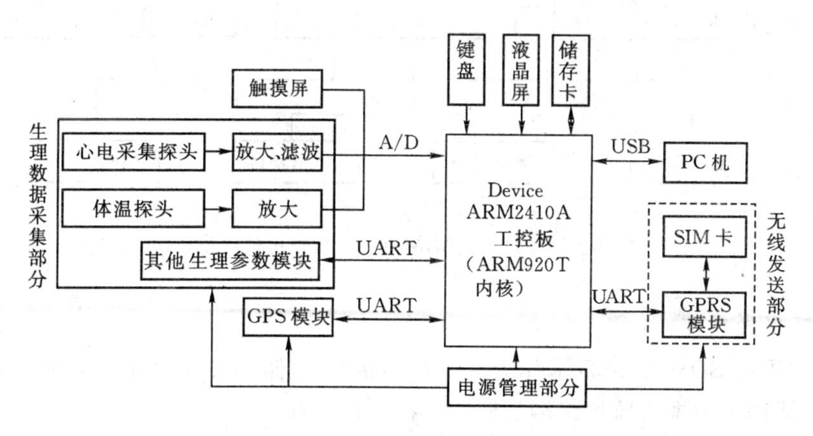

图 10－15　远程多参数监护终端架构

在原理图设计上，设计采用层次化设计方式，将相同功能电路组织在一个设计图中，分为心电前置处理及体温采集部分、心电滤波及后级放大部分、电源设计部分以及控制器部分，这样既直观、便于进行模块化设计，又方便系统升级。

1）控制器电路部分

监护终端控制器采用广州致远电子有限公司的 DeviceARM2410A 工控核心板作为系统的控制器部分。核心板主要性能如下：

(1)采用基于 ARM920T 内核的 S3C2410A 处理器。

(2)板载两片 HY57V561620 SDRAM 存储器芯片，容量 64MB。

(3)板载 2MB NOR FLASH 芯片 SST39VF1601 芯片，拥有指令片上执行能力。

(4)12MHz 晶振，CPU 内部倍频至 203MHz，外部总线频率 100～133MHz。

(5)3.3V 单电源供电，板内自带 1.8V LDO 芯片。

(6)标准 SO-DIMM144 接口。

DeviceARM 核心板的总体框图如图 10－16 所示。S3C2410A 储存器共分为 8 个 Bank，每个 Bank 为 128MB。设计采用 2 MB NOR FLASH 作为程序储存器，使用处理器的 nGCS0 作为片选信号，设置 OM[1:0]引脚为 01B(设置 nGCS0 对应 16b ROM)，则系统从 16 位 NOR FLASH 芯片启动，其地址范围为 0x00000000～0x001FFFFF。使用 nGCS6 作为两片 SDRAM 芯片片选信号，SDRAM 的地址范围为 0x30000000～0x33FFFFF。

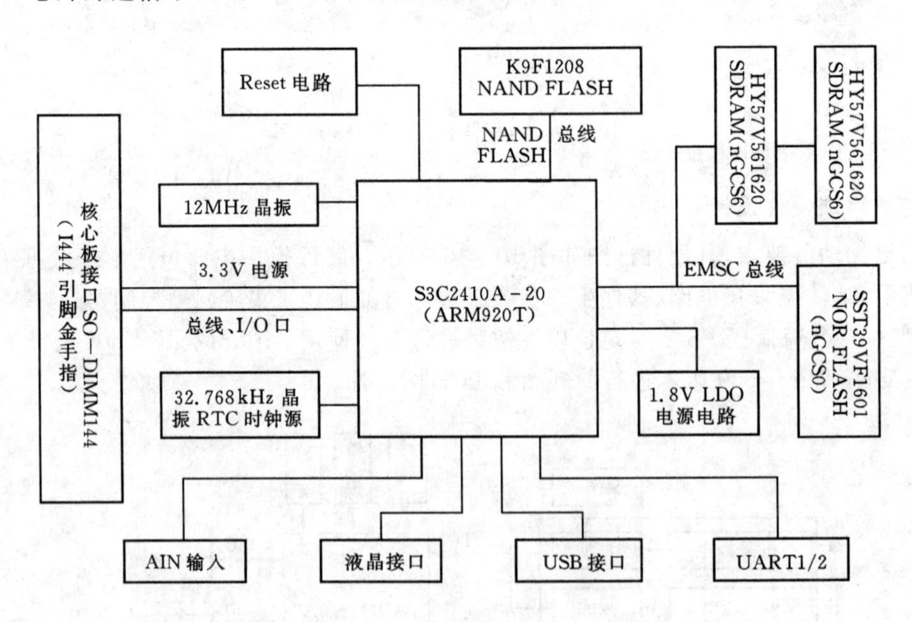

图 10－16　DeviceARM2410A 核心板结构框图

2）储存卡电路设计

监护终端采用 SD/microSD 卡作为系统外部储存器，储存采样生理数据和系统界面、配置等数据文件，适用于便携式监护终端长期的监护数据保存。

SD/microSD 卡共支持三种传输模式：SPI 模式，1 位 SD 模式以及 4 位 SD 模式。每一种传输模式对应不同的硬件连接方式。SPI 模式适用于很多拥有 SPI 控制器，但无 SD 控制器的微处理器,数据传输速度较慢;而 4 位 SD 模式能充分发挥 SD/microSD 卡的速度性能,但连接方法较 1 位 SD 模式稍复杂。这里采用 4 线 SD 模式连接 microSD 卡与 CPU 片内 SD 控制器,以达到存储卡的最大利用效率。连接电路如图 10-17 所示,其中 SD_INSERT 信号用于监测卡的插入状态,与 S3C2410A 的 EINT0 引脚相连。当卡插入时,SD_INSERT 信号为低电平,未插入时为高电平。

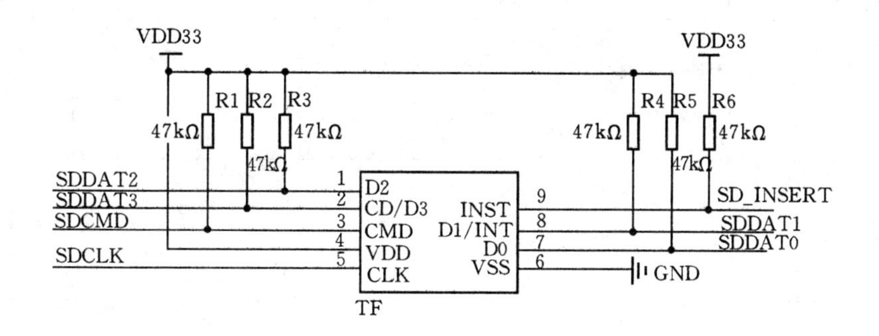

图 10-17　SD 卡与处理器连接电路图

3)电源电路设计

(1)设计要求与电池选择。移动监护终端必须具有脱离外部供电电源条件下仍能正常工作的能力,因此需要内置便携式电源。考虑到电压、能量/体积比以及重复使用性等因素,系统采用可充电锂离子电池作为系统内置电源。图 10-18 是 SANYO UPF606168M 扁平形聚合物锂离子电池(2600mA·h,内阻约为 0.47Ω,最大输出电流高于 2A)负载为 10Ω 时的放电曲线,由图中可以看出其工作电压为 3.6～4.2V,其容量和电压满足设计要求。

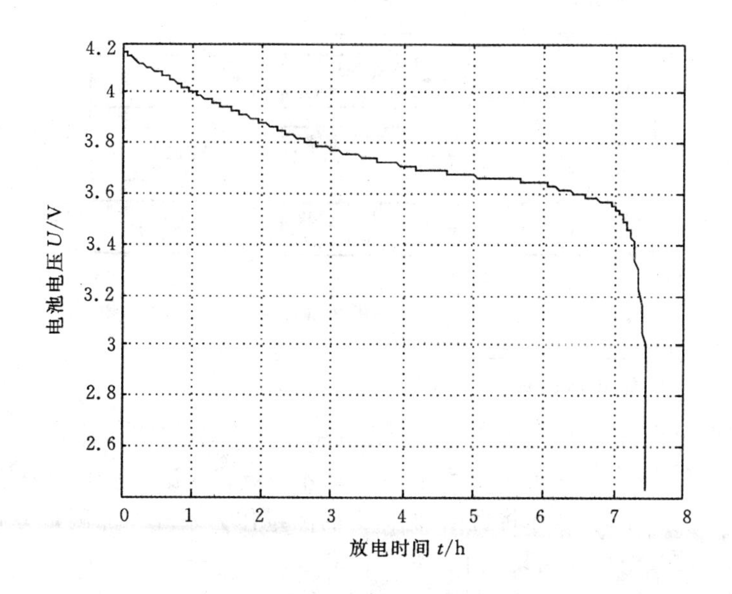

图 10-18　锂离子电池放电曲线

考虑到系统各个模块需求、成本、性能、可靠性、抗干扰、低功耗、低噪声等因素,设计采用了锂离子充电及电源路径管理、LDO、DC-DC 变换、低功耗设计等电源管理技术，以期提高电源效率和节省电池能量。表 10－3 是终端各主要模块对电源的需求以及据此制定的电源设计指标，设计容量均大于实际需求的 50％以上，以保证系统的稳定性。

表 10－3　终端主要模块及其电源需求

<table>
<tr><th>模块名称</th><th>电压(V)/电流需求(mA)</th><th>电压(V)/电流设计值(mA)</th><th>选用电源芯片</th></tr>
<tr><td>GPS 模块 SR-100</td><td>3.0～6.0/26</td><td rowspan="3">3.3/600</td><td rowspan="3">TPS73733</td></tr>
<tr><td>ARM 核心板</td><td>3.3/300</td></tr>
<tr><td>储存卡</td><td>3.3/75</td></tr>
<tr><td>数据采集模拟电路</td><td>3.3/约 50</td><td>3.3/100</td><td>TPS73633</td></tr>
<tr><td>3.5 in 液晶显示屏</td><td>3.3/250</td><td>3.3/400</td><td>TPS73733</td></tr>
<tr><td>GPRS 模块 MC52i</td><td>3.3～4.8/350</td><td>4.2/1000</td><td>TPS61020</td></tr>
</table>

(2)电源设计总体架构。图 10－19 为电源系统结构，终端可以使用 DC 5.0V 电源或者 USB 接口(5.0V，500mA)供电，电源管理芯片选用 TI 公司设计的 BQ24032A，具有锂离子充电管理功能和电源路径管理功能。模拟电路对电源抑制比要求较高，因此采用 LDO 方式供电，尽量减小纹波。综合考虑到散热、PCB 占用面积、成本、转换效率等因素，数字电源与液晶屏电源支路也使用 LDO 方式供电。而 GPRS 电源要求电压大于 3.3V，为了在发送数据时保证模块稳定工作，GPRS 电源电压设计值为 4.2V，因此在使用电池供电时，需要将系统电压升高并稳定在 4.2V 左右，系统采用 DC-DC 稳压技术实现 GPRS 模块 MC52i 的供电。

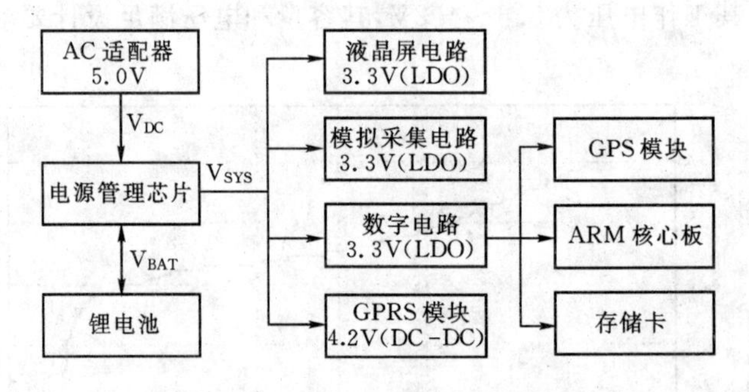

图 10－19　电源电路总体构架图

4)内置生理参数采集电路设计

对于人体生命监护而言，体温和心电监护是其中非常重要的对象，并且其测量电路不需要任何机械器件，可以比较方便地集成到系统中，因此本系统将体温和心电的采集作为终端系统的基本监护功能内置到系统中，而将血压、血糖等的测量作为系统外部测量方式，通过串口等通信方式控制外部测量模块实现其他生理参数的获取。

(1)心电采集电路设计。心电采集采用一次性体表心电电极，导联采用一体化五导联线，具有屏蔽层，分别连接 RA，LA，RL，LL，V 导联，再组合成为 V_{I}(标准 I 导联心电，左臂 LA 电位与右臂 RA 电位之差)，V_{II}(标准 II 导联心电，左腿 LL 电位与右臂 RA 电位之差)和 V_{1}

(胸骨右缘第四肋间)等三个独立的导联输入信号后,进行放大滤波处理。电路结构框图如图10-20所示。

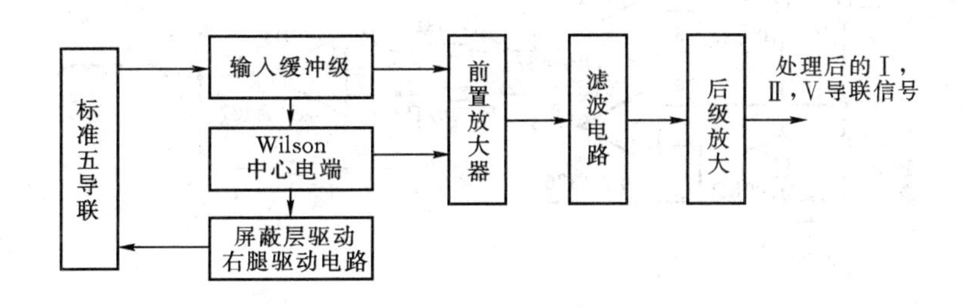

图10-20 电源电路总体构架图

心电信号的的检测属于强噪声背景下的微弱双极性信号检测,临床上心电监护的带宽一般选择为0.05～100Hz,心电信号能量主要集中在0.25～35Hz之间,幅度范围在10μV～4mV之间,典型值为1mV,并且人体阻抗也在兆欧级别,因此需要很大的输入阻抗才能采集到较好的信号。通常情况下,心电信号中还混有其他生物电信号,如肌电、呼吸波等,并且人体周围电磁场环境也常常影响心电的采集,特别是50Hz工频干扰对心电影响最为明显,并且这些干扰信号频谱与心电信号相重叠,想要完全去除非常困难。这里设计的心电处理电路设计要求包括:

①每个通道能显示最大范围为6mV,变化率为125mV/s的信号,输出电压折合到输入端电压变化幅度不能超过10%;

②加入±300mV极化直流电压,输出幅度变化量不能超过10%;

③对于10Hz信号,单端输入阻抗不小于3MΩ;

④所有折算到输入端的噪声应小于50μV;

⑤对于50Hz的抑制要达到20dB以上;

⑥共模抑制比达到80dB以上;

⑦能检测到10Hz,50μV信号;

⑧在0.67～40Hz频率范围内,幅度变化率应在70%～115%(-3.0～+1.2dB)之间;

⑨心电电路总体放大倍数约为800倍。

(2)体温采集电路设计。系统体温测量采用深圳瑞康达公司生产的10 kΩ型热敏电阻TEMP01007,在25℃时阻值为10.00 kΩ,在30～44℃范围内,其电阻变化误差为±0.3%倍阻值,其阻值-温度曲线在35～43℃区间内阻值-温度曲线近似直线,对应的热敏电阻变化范围为6.52 kΩ～4.71 kΩ,误差最大处约为83Ω。

处理器端10位A/D参考电压为3.3V,A/D分辨率约为3.3mV,在温度变化35～43℃范围内,满足分辨力0.1℃条件下对应的A/D最小输入范围为(43-35)÷0.1×3.3mV≈264mV,此时需要得到的测温电路电压/电阻变化率约为0.15V/kΩ,而尽量增大测温电路电压/电阻变化率对提高温度测量分辨力极为有力。系统设计的温度采集电路如图10-21所示,其中电路放大倍数$K=R_5/R_6=13$。

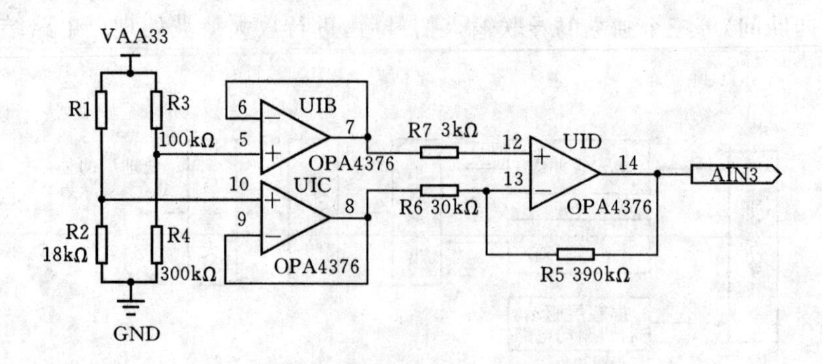

图 10-21　利用单臂电桥的热敏电阻测温电路原理图

5)GPRS 模块接口电路设计

GPRS 是 GSM 移动电话用户可用的一种移动数据业务。GPRS 的峰值速率为 115.2Kbps,平均业务速率可以达到 20～40Kbps,传输时延在 1～3s 内。监护终端采用 Cinterion 公司设计的 MC52i GPRS 模块作为终端与远程服务器进行无线连接的接口,通过串口 0 与控制核心板进行数据通信(见图 10-22),包括传输数据与 AT 指令数据等。该模块的主要特性如下:

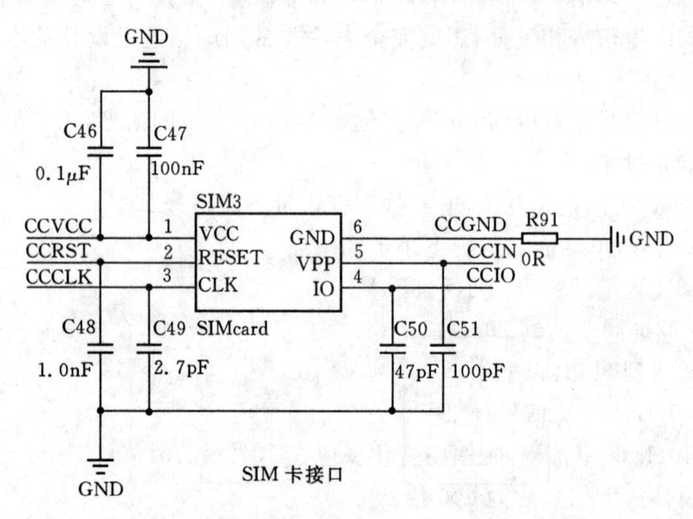

图 10-22　MC52i 与 SIM 卡及控制连接图

①支持最多 10 个 GPRS 时隙(time slots);

②由标准 AT 指令集控制;

③双频 GSM 900MHz/1800MHz 工作模式;

④内置 TCP/IP 协议栈,支持 TCP,UDP,HTTP,FTP,SMTP,POP3 协议;

⑤支持波特率从 1200bps 到 230Kbps。

GPRS 模块在不同工作模式下,功耗有很大变化(见表 10-4)。当需要将长期监护的数据上传时,GPRS 模块的功耗对系统整体功耗影响很大,需要对其工作模式和使用时间进行仔细规划,以期尽量减少功耗。

表 10-4　MC52i 网络模式对应功耗表

网络模式	睡眠态功耗	空闲态功耗	通话态功耗	数据传输态（4+1 时隙）功耗	数据传输态（3+2 时隙）功耗
900MHz	4.3 mA	15 mA	260 mA	300 mA	450 mA
1800MHz	4.3 mA	15 mA	180 mA	230 mA	330 mA

6)人机接口电路设计

人机接口电路用于接收用户信息输入和系统消息反馈，主要包括 LCD 显示、触摸屏输入、按键电路和报警电路等部分。

(1)液晶屏接口电路设计。LCD 显示器具有功耗低、机身薄、低辐射、画面柔和等特点，在可视角度和响应时间等弱点上现今也得到了极好的解决，因此十分适合基于电池供电的便携式系统。这里采用深圳盛佳明公司生产的 3.5in 26 万色 TFT 液晶显示器，底板基于三星 LTV350QV-F04 显示屏设计，采用 3.3V 供电，功耗最高 200mA，带四线电阻式触摸屏，分辨率 320×240，采用 LED 背光方式。由于 S3C2410A 片内包含 LCD 显示控制器，支持 1,2,4,8bpp 调色显示和 16,24 位真彩色显示，且其控制时序与 LTV350QV-F04 要求相符，因此连接电路简单，无需外扩液晶控制器。

(2)触摸屏接口电路设计。触摸屏一般可分为表面声波屏、电容屏和电阻屏等类型，本系统采用四线电阻式触摸屏，其测量工作原理如图 10-23 所示。测量分两步进行：首先测量触摸点 C 的 Y 轴位置，使 Y+端接 A/D 参考电压，Y-端接地，X-端为高阻态，测量 X+端输出电压 V_{X+}；再测量 C 点 X 轴位置，使 X+端接 A/D 参考电压，X-端接地，Y-端为高阻态，测量 Y+端电压 V_{Y+}。

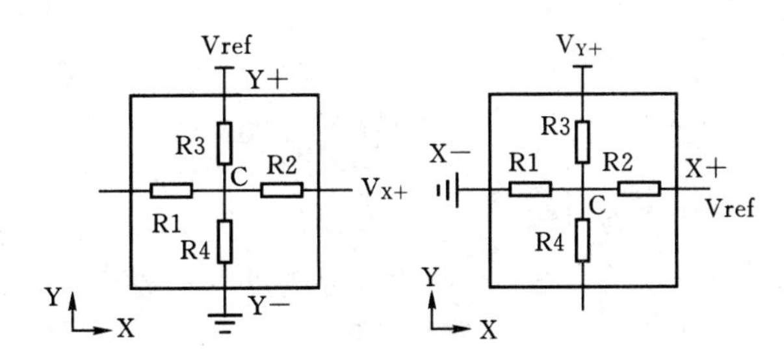

图 10-23　触摸屏测量原理示意图

实际使用时触摸屏和液晶屏叠加使用，但二者的的位置坐标并不完全相同，在 LCD 和触摸屏间的误差角度极小时，可以使用 3 点校准法得到坐标变换公式

$$\begin{cases} X_D = AX + BY + C \\ Y_D = DX + EY + F \end{cases} \tag{10-4}$$

式中，X_D，Y_D分别为液晶显示屏坐标系对应坐标值，X，Y 为触摸屏坐标系对应坐标值，此处为触摸点 C 的 X 轴与 Y 轴电压采样值，A，B，C，D，E，F 为转换常数系数，可通过 3 个校准点坐标计算得到。

在触摸屏与 S3C2410A 的接口电路图 10-24 中，触摸屏控制器通过控制其 nYPON，

YMON,nXPON,XMON 引脚状态完成上述两步触摸点坐标测量。其中,S3C2410A 的 AIN[5],AIN[7]为专用触摸屏 X/Y 轴 A/D 输入信号;TSXP,TSYP 对应触摸屏 X+和 Y+管脚;TSXM,TSYM 分别对应触摸屏 X-和 Y-管脚。

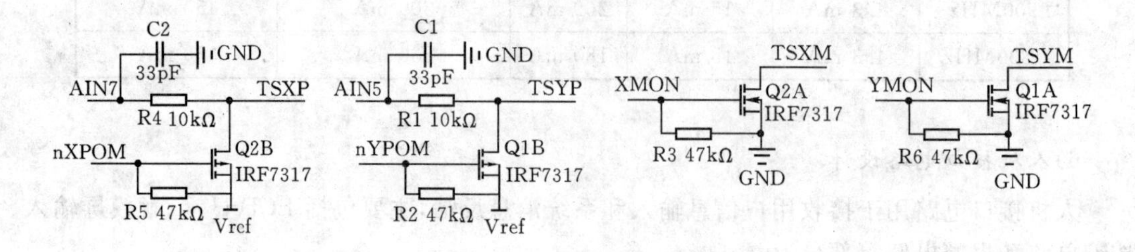

图 10-24　触摸屏接口电路图

(3)按键电路设计。终端系统除了使用触摸屏输入方式以外,还设计了按键电路,并采用定时器定时扫描的方式读取按键状态。这样设计是为了减少系统异步事件,提高系统实时性。图 10-25 所示为按键面板外观图和按键电路图,按键状态通过图示按键输入相应 I/O 口传入 CPU。

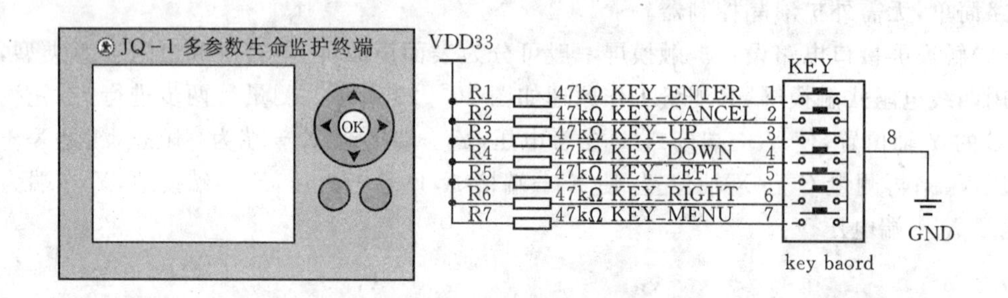

图 10-25　面板外观及按键电路图

(4)报警电路。当终端检测到用户某项生理参数异常时,通过报警电路警示用户尽快前往医院做进一步检查,同时可以提示周围人群用户需要帮助。图 10-26 所示为利用蜂鸣器设计的系统报警电路。通过使 BELL_EN 信号置高来控制 NMOS 管 Q1 导通,进而控制蜂鸣器发出警报;BELL_EN 信号置低使 Q1 截止,从而关闭警报。

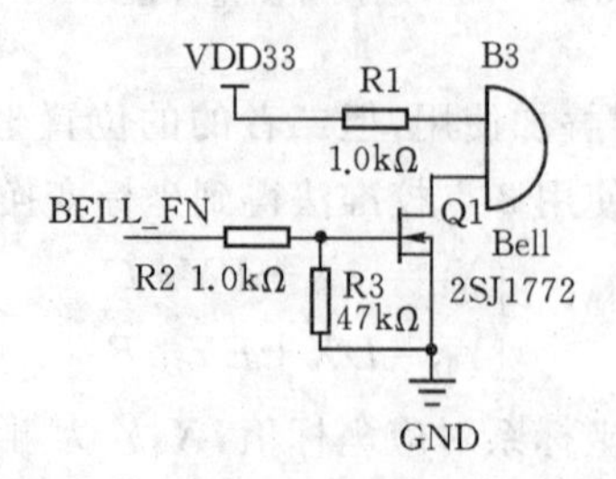

图 10-26　蜂鸣器控制电路图

3. 监护终端软件设计

1)软件系统平台介绍

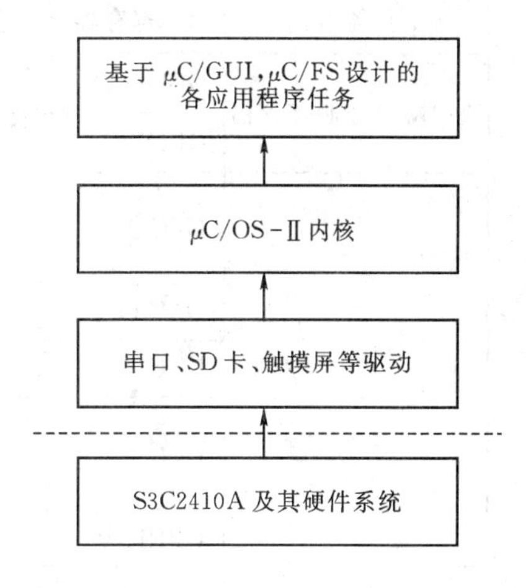

图 10-27　软件系统结构图

系统软件部分采用 C 语言编写,开发环境为 ARM Developer Suite 1.2 (ADS 1.2),使用 Segger 公司设计的 Jlink 仿真器通过 JTAG 接口下载和调试程序。为了增加系统稳定性与系统资源分配,使用了嵌入式实时操作系统 μC/OS-Ⅱ负责终端系统的全部软、硬件资源的分配、任务调度、控制、协调并发活动;使用 μC/GUI 嵌入式图形界面系统作为终端图形用户接口;为了使数据能与 PC 平台无障碍交互,移植了支持 FAT 文件格式的 μC/FS 文件系统。图 10-27 所示为此次设计的软件系统结构图。

μC/GUI 是一个通用的嵌入式图形界面系统,它是美国 Micrium 公司设计开发的一种高效的、可移植性很好的 GUI,全部代码均用 ANSI C 编写,可以兼容各种类型的 CPU 和显示屏,也可以在单任务或多任务操作系统中工作。移植时在只需配置 LCD 尺寸、LCD 总线宽度、每个像素点的位数、LCD 控制器型号、GUI 动态分配内存块的大小等参数,然后在应用程序中直接调用相应的 API 函数即可。

μC/FS 同样是由美国 Micrium 公司开发的一套嵌入式文件系统,用户只需要提供特定媒质的基本硬件读取和访问函数,即可在其上实现 FAT 文件管理系统。

2)外设驱动程序设计

设备驱动可以理解为操作系统的一部分,驱动程序设计是嵌入式系统设计中必要的过程,现代设计方法往往将操作系统与驱动设计分离,以提高系统可移植性。

在本系统设计中,I/O 设备的存取一般通过一个固定的入口点函数进行,这组入口点是由每个设备的设备驱动程序提供的。一般来说,入口点都需要提供以下几个部分:

①open 函数,打开设备准备 I/O 操作,需要进行设备初始化、设置设备占用状态等。

②close 函数,关闭该设备,并重置设备占用状态等。

③read 函数,从设备上读数据,对于有缓冲区的设备,一般是从缓冲区读数据。

④write 函数,向设备写数据,对于有缓冲区的设备,一般是向缓冲区写数据。

⑤iocrl 函数,执行读写之外的 I/O 操作,如储存器擦除、格式化等操作。

因此,对于设备驱动开发,核心内容即是根据设备特点设计实现上述入口点函数。

(1)串口驱动设计。系统 GPS 模块使用串口 2,GPRS 使用串口 0,而外部生理参数测量模块使用串口 1 与处理器部分进行通信,各个串口驱动设计完全类似。由于 S3C2410A 处理器 UART 控制器拥有 16 字节的发送 FIFO 和 16 字节的接收 FIFO,为了提高 CPU 利用率,串口采用 FIFO 工作方式并采用中断方式收发数据,尽可能地提高系统效率。

根据上述设备驱动开发思想,对于 UART 驱动,open 函数实现串口的初始化,涉及的寄存器及其功能如表 10-5 所示。

表 10-5 串口驱动相关寄存器设置表

寄存器组别	寄存器名	选择功能
通用端口控制寄存器	GPHCON	将 I/O 口功能设置为 UART 对应功能
	GPHUP	设置允许上拉电阻
UART 控制寄存器	UFCON	FIFO 使能，重置 FIFO，Tx FIFO 设置为 4 字节触发中断，Rx FIFO 设置为 8 字节触发中断
	UMCON	禁止流控功能
	ULCON	非红外模式，无校验位，8 数据位，1 停止位
	UCON	UART 时钟源为 PCLK，中断为边沿触发方式，使能接收超时/错误中断，中断或查询方式收发
	UBRDIV	设置分频系数产生需要的波特率
中断控制寄存器	INTMOD	设置对应 UART 中断模式为 IRQ 模式
	INTSUBMSK	允许 Rx/Tx 二级中断
	INTMSK	允许 UART 中断
	PRIORITY	优先级为非循环模式

设置好以上寄存器后，再写好 UART 中断处理函数，并将此中断函数地址加入对应的中断向量表位置即完成了 open 入口函数的所有内容，即串口的打开及初始化。

close 函数实现串口的关闭，串口关闭后，UART 相关引脚恢复为 Input 功能状态，并屏蔽 UART 相应中断。

read 函数实现串口的数据接收功能，根据每个 UART 口对应的不同通信对象，其每次通信的最大传输数据长度不同，因此设置了不同的接收缓冲区长度。当中断源为 UART 接收中断时，从接收缓冲寄存器（URXH）中读取数据，直至 FIFO 状态寄存器（UFSTAT）中接收 FIFO 字节数为 0。

write 函数实现 UART 的数据发送功能，在发送中断程序中，每次发送缓冲器中最多可以写入 8 个字节到发送 FIFO。write 函数主要设置发送中断初始状态，包括数据起始地址与字节数，然后等待发送信号量，等待过程允许任务切换。

(2)SD 卡驱动设计。系统采用 microSD 卡存储采样数据，为了与 Windows 系统兼容，此设备驱动程序与支持 FAT 文件系统的 μC/FS 相结合，实现储存卡的数据管理。同样，SD 卡驱动的设计也按照通用设备驱动程序构架设计，包括 open，close，write，read 和 ioctrl 入口点函数。

(3)触摸屏驱动设计。监护终端 A/D 采集需要完成 3 路 ECG 和 1 路体温等生理信号采样，在非生理信号采样期间，采用中断模式进行触摸屏测量，否则采用定时器扫描方式测量触摸屏输入。这样做是为了保证采样时序的稳定性，尽量减少外部异步事件的干扰。

S3C2410A 的触摸屏控制器与 AD 控制器集成在一起，在 AD&TS 控制器一级中断 INT_ADC 下，再对应两个二级中断 INT_TC 和 INT_ADC，前者由触摸屏按下触发，后者对应 AD 转换结束，数据可用。触摸屏 X，Y 轴位置的测量由 AD 转换器的 AIN[5]和 AIN[7]完成，在获得触摸点 X/Y 轴电压采样值之后，再根据前述公式(10 - 4)即可计算出其对应的显示屏坐标系[x, y]值。这一过程是由 GUI_TOUCH_StoreState()函数来完成的，并放在输入任务中，每触摸一次就至少需要调用此函数一次，即触发该任务一次。

(4)GPRS 模块驱动设计。GPRS 模块 MC52i 的 open 函数需要完成模块的初始化工作，需要完成：

①使能模块使能端 VGR_EN，开启 GPRS 模块电源；

②初始化处理器端与模块的串口通信波特率；

③拉低 MC52i 的 IGT 引脚 100ms，启动模块；

④通过串口向 MC52i 发送建立 TCP/IP 连接相关设置以及打开网络连接的 AT 指令，依次发送 CPIN，CREG，SICS，SISS，SISO 指令，如果返回"OK"则联网成功，完成初始化。

read 函数主要通过向 MC52i 发送 SISR 指令完成，返回接收数据首地址与字节数。

write 函数是向 MC52i 发送 SISW 指令，指明待发送数据量(小于 1500 字节)，收到确认消息后，紧接着通过串口发送指定长度的数据，如果收到 OK 确认消息，则表示发送成功。

close 函数实现 MC52i 的关闭，通过发送 SISC 指令关闭网络连接后，再发送 SMSO 指令正常关闭模块，置低 VGR_EN 信号以关闭模块电源。

ioctrl 函数实现上述功能以外的其他功能，如 GPRS 模块连接状态查询，通过发送 SISI 指令实现，查询本次 TCP/IP 连接建立以来已发送/接收数据，以及发送数据中的已/未应答字节数等。

3)系统任务划分与任务设计

由于 μC/OS-Ⅱ中根据优先级进行任务调度，优先级最高的任务具有最高的 CPU 占用能力，因此有必要根据功能及系统要求对系统软件部分进行划分和优先级配置。然后才能开始系统的多任务设计，完成各个任务的编程实现和各个任务间的同步及通信，以达到终端系统的正常、持续运行。

(1)μC/OS-Ⅱ任务间同步与通信方式。为了实现各任务之间的合作和无冲突运行，在各任务之间必须建立一些制约关系，一种是源于任务之间合作的直接制约关系，另一种是任务对资源共享的间接制约关系。系统中任务同步是靠任务与任务之间相互通信来保证同步的。在 μC/OS-Ⅱ中，使用信号量、事件标志组、消息邮箱、消息队列等中间环节来实现任务间通信。

(2)任务划分。在多任务系统中，任务的状态是动态变化的，分为睡眠态、就绪态、运行态、等待态等。一个运行的任务并不能总是占有 CPU 使用权，而 μC/OS-Ⅱ是一个按任务优先级调度的 RTOS，因此给不同的任务划分不同的优先级，赋予它们不同的 CPU 占用能力相当重要。这里创建的主要任务及任务优先级如下：

TaskFS：优先级 6，负责文件管理及数据储存的文件系统任务(紧迫任务)；

TaskDataSave：优先级 8，心电、体温数据实时保存任务(紧迫任务)；

TaskInputDevice：优先级 10，按键、触摸屏等输入设备扫描任务(关键任务)；

TaskGPRS：优先级 12，GPRS 通信任务(关键任务)；

TaskGPS：优先级 16，GPS 定位任务；

TaskDataCal：优先级 18，生理信号数据计算任务(数据处理任务)；

TaskMeasureBP：优先级 14，血压测量任务，负责通过血压仪读出血压参数；

TaskDispLcd：优先级 20，显示任务，负责刷新 LCD 屏；

数据采集和串口通信:ISR 处理,代码量不多且实时性要求高。

(3)文件系统任务。文件系统任务为系统核心任务之一,SD 卡驱动在 μC/FS 中移植完成之后,SD 卡中数据的组织按照 FAT 格式进行,以文件路径为操作对象。当中断函数或者其他任务有文件操作需求时,通过发送文件操作消息邮箱的方式向文件系统任务请求文件操作,此时触发任务调度(中断函数触发时在中断退出后执行任务调度),图 10-28 所示为其任务函数程序流程图。

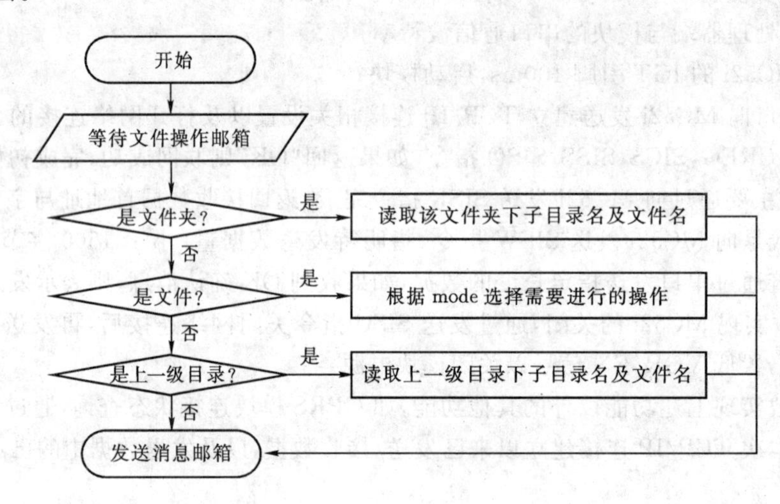

图 10-28 文件系统任务操作流程图

因为文件系统任务在系统中优先级最高,所以执行文件系统任务代码。首先从消息邮箱中提取需要操作的文件路径,如果是目录名,则读取该目录下所有文件名及子目录名到预设字符串数组中(预设一个目录下最多有 50 个子文件),然后通过消息邮箱将数组首地址发送出去,作为文件系统处理结果;如果是上一级目录(“..”目录项),则返回上一级目录中的目录名与文件名;如果是文件名,则通过文件操作结构体中的 mode 变量选择对应操作,文件操作结构体如下所示,操作完成后则发送消息邮箱。文件请求任务通过 ret_num 变量查询返回的操作个数与要求操作个数 num 是否相同来确认是否成功读取或写入数据,也可通过 file_size 变量查询此时的文件大小。

```
typedef struct
{
    unsigned int    mode;       //模式-读、写等操作如 0-default,1-"r",2-"
                                  rb"等
    unsigned int    dir_index;  //记录读取的当前文件目录下的文件索引位置
    char            *dir_name;  //路径名
    void            *pdata;     //待写的数据头指针或者读出数据的内存空间首地址
    unsigned int    size;       //数据元大小,以字节为单位
    unsigned int    num;        //要求操作的数据元数量
    unsigned int    ret_num;    //文件系统返回的正确读/写数据元个数
    int             offset;     //文件偏移指针
```

```
    unsigned int        file_size;    //文件操作后更新的文件大小,以字节为单位
}FS_OPT;
```

(4)数据采集保存任务。采集数据保存任务用于将已采样的 ECG、体温数据按 FAT 文件系统格式存储到 SD 中。为了保证采样的实时性,将数据的采集放在中断函数中完成。为了减少外部异步事件可能影响采样时序,在生理数据采样状态下,关闭了触摸屏二级中断 INT_TC,将触摸屏与键盘的扫描与采样同步进行。

此时,定时器(Timer0)中断向量设置为 AD 启动定时器功能,将采样率设置为 250Hz,4ms,体温数据采集和触摸屏与键盘的扫描速度 60ms。心电数据采样时,通过 Timer0 中断函数启动Ⅰ导联进行 AD 采样,并通过中断方式读取其值后立即启动下一导联的采样。按照上述设计的采样方式,得到的采样时序图如图 10-29 所示。

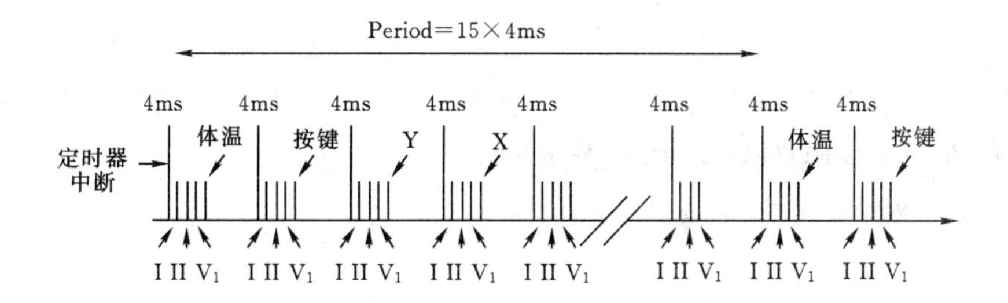

图 10-29　心电、体温采样及按键、触摸屏扫描时序图

由于 SD 卡的按块储存特性(块大小为 512 字节),其数据是按块继续操作,如果每采样一个数据就储存到 SD 卡中,必然降低系统效率,甚至可能是不能完成的,因此在内存中开辟了如图 10-30 所示的心电缓冲区,缓冲区大小为 6KB。当 V1 导联采样点数达到 509 点时,Ⅰ,II 导联也已达到 509 点,此时触发数据保存任务,从而将 3 个导联数据以及其采样起始时间共计 3KB,6 个 SD 卡扇区数据写入 SD 卡,这样设计大大提高了数据保存效率。

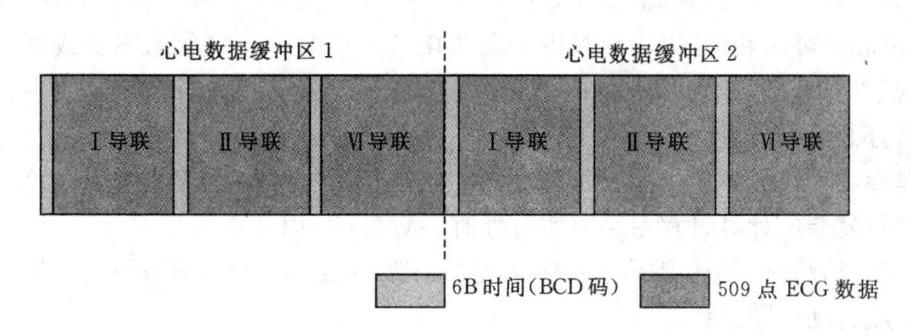

图 10-30　心电数据缓冲区示意图

由于采样率设置为 250Hz,则每秒钟共产生 750 个数据,不压缩时占用 1500 字节储存空间,全天监护将产生大约 126MB 心电数据,而 SD 卡储存器容量为 2GB,可以连续储存约 15 天的采样数据,满足了全天候监护的需求。数据保存任务的伪代码如下:

```
voidTaskDataSave(void * pdata)      //数据保存任务伪代码
{
```

```
    pdata = pdata;
    任务相关资源初始化;
    while(1)
    {
        等待V1导联第509个数据采样完成的信号量;
        找到刚采样完成的数据缓冲区;
        发送消息给文件系统任务,通知其向消息中的文件名写入采样心电数据;
        发送消息给数据计算任务,通知其计算相关生理参数;
        发送消息给显示任务,通知其更新心电波形;
        调用系统延时函数;
    }
}
```

体温数据的保存有所不同,其存放在SD中的数据并非采样数据,而是计算出来的体温值,共循环存储16个体温数值,存储格式如下结构体:

```
typedef struct _MON_TMP//体温数据格式
{
    MON_TIME time; //6字节体温采集时间
    float temprature; //1个浮点型体温数据
}MON_TMP;
```

(5)按键与触摸屏输入任务设计。根据按键状态,如是弹起,则调用GUI_StoreKeyMsg(GUI_KEY_XX, 0),反之则调用GUI_StoreKeyMsg(GUI_KEY_XX, 1),其中GUI_KEY_XX为传给GUI系统的按键编码。当触摸屏触摸点坐标计算在液晶屏范围之外时,调用GUI_TOUCH_StoreState(−1, −1),通知GUI系统触摸屏无输入;在范围之内时,调用GUI_TOUCH_StoreState(x, y),通知GUI系统点[x, y]处被按下,需进行相应处理。同时,该任务还设计有液晶屏屏保功能,以尽量减少系统功耗。当长时间按键状态不变或者没有触摸屏输入,则控制VLCD_EN信号输出低电平,关闭液晶屏电源;反之,当有按键或触摸屏触摸事件发生时,则打开液晶屏电源。

(6)生理参数计算任务。虽然近年来嵌入式处理器飞速发展,但整体计算能力与桌面服务器仍然有差距,复杂的计算过程对系统实时性有一定影响,因此在终端只计算了一部分参数,如瞬时、平均心率,瞬时、平均RR间期等,其他的参数待数据上传到服务器后由服务器端复杂计算,进而完成自动诊断过程。

(7)显示任务。显示任务一方面作为系统启动任务,负责硬件初始化、GUI及文件系统初始化、通信及同步工具初始化以及其他任务的创建;另一方面监控用户输入,根据预定设计刷新显示屏。系统采用菜单式操作方式,在某个界面内按下某一个按钮即进行相关操作或进入其他界面。显示任务本身的代码段仅需要调用更新屏幕函数GUI_Exec()和系统延时函数进行任务切换,具体处理过程在GUI内部进行,GUI通过监测当前活动窗口上的一系列控件状态及待刷新数据,完成LCD刷新,用户不必关心具体过程。

对于界面的GUI实现方法,其通用的设计模式为先定义界面控件资源,μC/GUI提供了按钮、复选框、下拉框、编辑框、框架窗口、绘图窗、列表、菜单、进度条、单选框、滑动条、弹出框

以及文本显示等多种控件,程序如下:

```
static const GUI_WIDGET_CREATE_INFO _aDialogWindow[] =
{
  { FRAMEWIN_CreateIndirect, "xxx",  0, 0, 0, 320, 240, 0},
                                                     //含标题 xxx 的框架窗口
  { GRAPH_CreateIndirect,    "  ",  GUI_ID_GRAPH0, 0, 0, 280, 180, 0}, //绘图控件
  { TEXT_CreateIndirect,     "xxx",  GUI_ID_TEXT0, 0, 200, 40, 20}, //xxx 文本显示
  { BUTTON_CreateIndirect,   "xxx",  GUI_ID_BUTTON0, 280, 15, 40, 20 }, //xxx 按键
  …………,                                                      //其他需要的控件
};
```

然后定义界面回调函数,实现 GUI 系统对于不同消息的自动处理,程序如下:

```
static void _cbDialogWindow(WM_MESSAGE * pMsg)
{
    变量定义等操作;
    switch (pMsg->MsgId)  //消息处理
    {
        case WM_PAINT:                    //重绘窗口消息
                        重绘窗口;
                        break;
        case WM_INIT_DIALOG:              //窗口建立消息,用于初始化个控件状态
                        初始化控件状态;
                        break;
        case WM_KEY:                      //按键消息
                        按键响应;
                        break;
        case WM_NOTIFY_PARENT:
                        窗口对于其子控件状态改变时的相应处理;
                        break;
        …………;                          //其他消息及处理
        default:
        WM_DefaultProc(pMsg);             //默认处理
    }
}
```

最后,调用如下两个会话窗口建立函数中的一个就可实现上述设计的各个界面。

```
GUI_CreateDialogBox(
        _aDialogWindow,GUI_COUNTOF(_aDialogWindow),
        _cbDialogWindow,hParent,x0,y0);
GUI_ExecDialogBox(
```

```
    _aDialogWindow,GUI_COUNTOF(_aDialogWindow),
    _cbDialogWindow,hParent,x0,y0);
```

其中,GUI_CreateDialogBox 创建的是非阻塞式会话窗口,创建窗口后程序可以往下执行;而 GUI_ExecDialogBox 创建的是阻塞式会话窗口,在调用该函数之后的程序不能立即执行。

图 10-31 是终端系统显示界面关系结构图,通过点击界面上相应按钮进行界面切换。

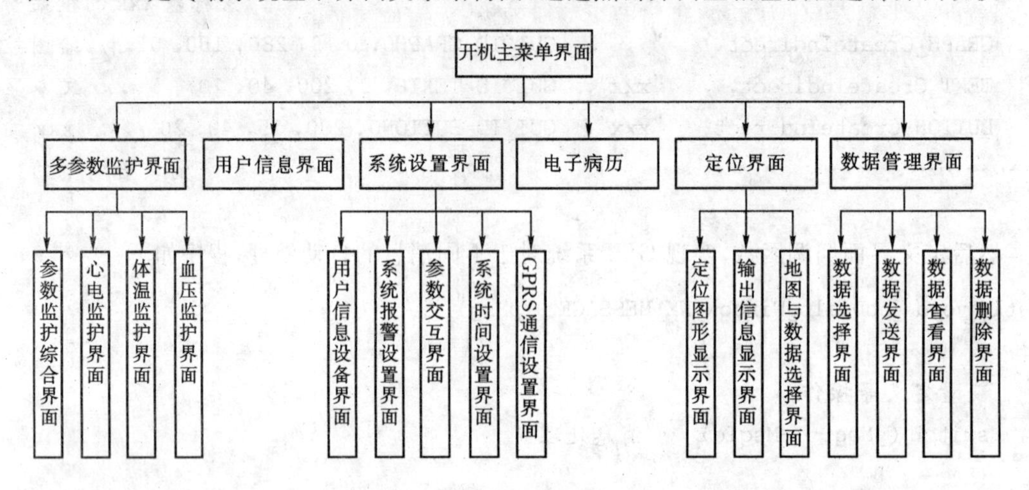

图 10-31　显示界面关系图

(8)血压测量任务。血压测量属于系统外置扩展测量功能,因此将其独立作为一个任务。本次使用的外部血压测量模块是欧姆龙 HEM-741C 电子血压计,测量精度为 4mmHg (0.5kPa),终端通过 UART1 与其进行通信。监护终端发送测量开始信号给血压计,测量完成后血压计反馈舒张压和收缩压数值给监护终端。

(9)通信任务。通信任务负责依据通信协议建立与服务器之间的数据传输,使用 GPRS 网络作为通信的主要手段,其核心内容是通信队列的操作。

为了克服周围环境以及网络干扰对通信的影响,数据通信首先是通信协议的设计,终端与服务器之间的通信按照通信协议,将数据拆分为一帧一帧的数据格式后再一次发送。每帧数据由待传输数据和数据帧表头构成,其通信协议数据帧格式如表 10-6 所示。

表 10-6　通信协议数据帧格式表

通信协议字段	字段长度	字段描述	数据所属段
终端 ID	8	终端预设的 8 位唯一 ID	数据帧表头(22 字节)
标志字	2	标识本帧通信数据类型	
特征字	2	通信数据类型附加特征	
通信时间	6	本次通信触发时间	
数据帧长度	2	整个数据帧长度	
校验码	2	帧表头与内容的 CRC16 校验码	
通信数据	N	待通信的数据内容	数据帧内容

GPRS 通信模块要求一个数据帧长度不能超过 1500 字节，因此待发送的数据内容长度 $N \leqslant (1500-22=1478)$。在协议字段中，终端 ID 采用 ASCII 码形式，通信时间使用压缩 BCD 编码，其他数据使用十六进制。为了保证数据传输的正确性，加入了对数据帧包头与通信数据的 CRC16 校验，对数据进行多项式计算，并将得到的结果附在帧的后面，接收设备也执行类似的算法，以保证数据传输的正确性和完整性。通信标志字类型主要有心电、体温、血压、定位、报警、校时等类型，可分为 3 类，即需要反馈应答类、无需应答类和备用扩展类。

通信任务的功能即根据终端系统发送请求，通过 GPRS 模块，遵循通信协议与服务器进行数据交互。该任务主程序伪代码如下：

```
voidTaskGPRS(void * pdata)//数据计算任务伪代码
{
    pdata = pdata;
    初始化 GPRS 模块;
    初始化通信任务队列;
    while(1)
    {
        等待启动通信任务;
        建立与服务器的连接;
        while(1)
        {
            如果队列为空，则发送心跳信号保持通信连接;
            如果有断开连接信号，则处理完通信队列后关闭 GPRS 模块并跳出循环;
            根据通信队列选择相关操作;
            调用系统延时函数;
        }
    }
}
```

当某任务触发通信任务进行通信时，有可能其他任务也有通信请求。因此，为了使数据传输正常进行又能响应其他通信请求，使用了 32 级的发送队列。当通信任务量过重导致队列满时，将拒绝对应任务的通信请求，并显示“发送队列满”的提示消息。此时，用户应等待通信任务执行一段时间，减少不必要的主动发送请求。

(10)GPS 定位任务设计。GPS 定位任务实现用户的实时定位功能，通过串口 2 向 GPS 模块 SR－100 发送命令，并接收地理信息数据。根据地图上三个已知点 A,B,C 的经纬度和像素坐标，就可以得到地图中任一点 $E(x,y)$ 的经纬度位置信息：

$$\begin{cases} L_E = L_A + x \cdot \Delta X_L + y \cdot \Delta Y_L \\ G_E = G_A + x \cdot \Delta X_G + y \cdot \Delta Y_G \end{cases} \tag{10-5}$$

其中

$$\Delta Y_L = \frac{L_C - L_B}{Y_C - Y_B}, \quad \Delta X_L = \frac{L_B - L_A}{X_B - X_A}$$

4. 系统测试结果

由于终端系统的软硬件设计是按照模块化设计思想进行的，在完成了硬件、软件部分设计与制作工作后，接下来对终端系统各个设计功能进行相应测试，图 10－32 为监护终端系统对人体心电检测、GPRS 远程通信功能和 GPS 定位方式的测试结果。

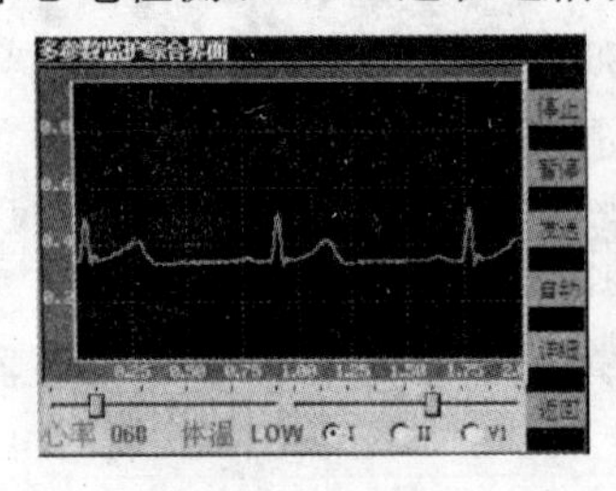

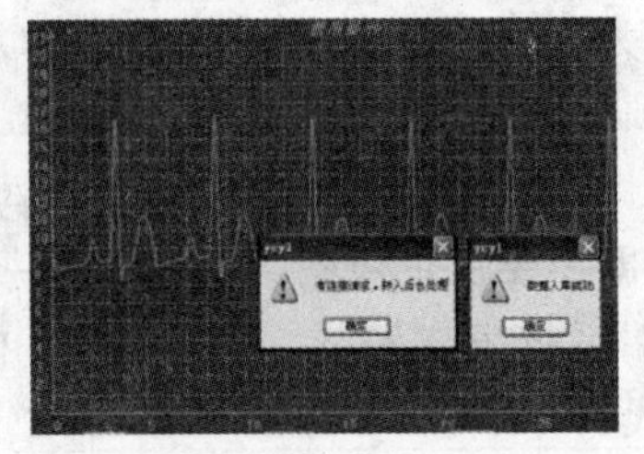
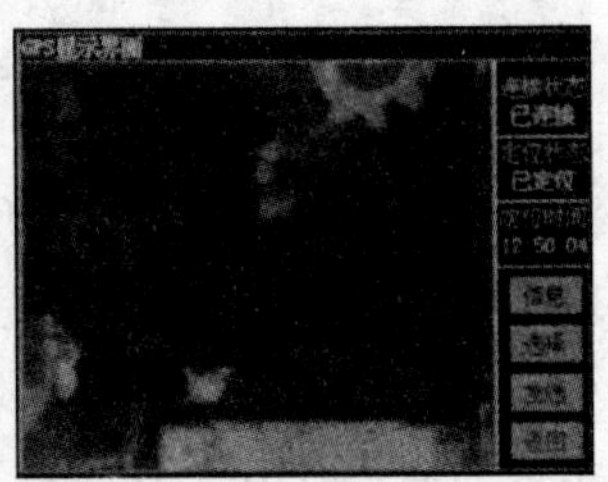

图 10－32　监护终端功能测试结果

10.4　PC 机与多台 8051 单片机间的多机通信

1. 通信原理

1)8051 实现多机通信原理

8051 单片机的串行通道是一个全双工的串行通信口，既可以实现双机通信，也可以实现多机通信。特殊功能寄存器 SCON 和 PCON 分别用于设定四种不同的通信方式及定义波特率。当串行口工作在方式 2 或方式 3 时，若特殊功能寄存器 SCON 的 SM2 由软件置为“1”，则为多机方式；若 SM2 为“0”，则为 9 位异步通信方式。串行口工作方式 3 是可变波特率的 9 位数据异步通信方式，发送或接收一帧数据为 11 位：1 位起始位(0)、8 位数据位、1 位附加的校验位和 1 位停止位(1)。其中，附加的第 9 位数据是可编程的，利用这一可控的第 9 位数据，可实现多机通信。

在多机通信时，8051 发送的帧格式是 11 位，其中第 9 位是 SCON 中的 TB8，它是多机通信时发送地址(TB8＝1)或发送数据(TB8＝0)的标志。串行发送时自动装入串行的帧格式的相应位。在接收端，一帧数据的第 9 位信息被装入 SCON 的 RB8 中，接收机根据 RB8 以及 SM2 的状态确定是否产生串行中断标志，从而可以相应或不响应串行中断，这样就实现了多机通信。

2)PC 机与多个 8051 通信原理

利用 PC 机的串行通信适配器，其核心为可编程通用异步收发器 UART 8250 芯片，8250 有 10 个可寻址寄存器供 CPU 读/写，实现与外界的数据通信，制定通信协议和提供通信状态信息。

PC 机的串行通信由接口芯片 8250 完成。它并不具备多机通信功能，也不能产生 TB8 或者 RB8. 但可以灵活使用 8250，用软件完成上述功能。8250 可以发送几种字长，其中一帧最长为 11 位，与 8051 发送的帧格式相比，差别仅在第 9 位，即 PC 机的 8250 发送的第 9 位是奇/偶校验位，而不是相应的地址/数据标志，可以采用软件编程的方法使奇/偶位形成正确的地址/数据标志。

3)PC 机与 8051 的多机通信控制问题

虽然 PC 机的串行通信没有多机通信的功能，但可以使其串行口发出的数据设为与 8051

串行数据格式相匹配的 11 位格式来实现多机通信。其中，第 9 位是奇偶位，即通过软件的方法，可使得 8250 满足 8051 单片机通信的要求。方法是：

8250 可发送 11 位数据帧，这 11 位数据帧由 1 位起始位、8 位数据位、1 位奇偶校验位和 1 位停止位组成，其格式如表 10－7 所示。

表 10－7　PC 机与单片机穿行通信数据帧格式比较

8250	起始位	D0	D1	D2	D3	D4	D5	D6	D7	奇偶位	停止位
8051	起始位	D0	D1	D2	D3	D4	D5	D6	D7	TB8	停止位

其中，TB8 是可编程位，通过使其为 0 或为 1 而将数据帧和地址帧区别开来。

主机送出地址信息，同时控制奇偶位为 1(对应 8051 的 TB8)以引起从机的中断，之后控制奇偶位为 0，发送数据或指令。对 PC 机来说，奇偶位通常是自动产生的，它根据 8 位数据的奇偶情况而定，因而大多数设计者均采用人为控制 8 位数据的奇偶：将 8 位数据的某一位(一般是 D7 位)作为奇偶控制位，以达到间接控制奇偶位的目的。这种方法实现起来，不但有软件开销，还会使通信速度减慢。因为每次将欲发送的数据送往串行口发送之前，先要经软件调整奇偶情况，花费一定的时间，而且有效传送位数由 8 位降为 7 位。

比较上面两种数据格式可知：它们的数据位长度相同，不同的仅在于奇偶校验位和 TB8。如果通过软件的方法可以编程 8250 的奇偶校验位，使得在发送地址时为"1"，发送数据时为"0"，则 8250 的奇偶校验位完全模拟单片机多机通信的 TB8 位对于这一点是不难办到的，只要给 8250 的通信线控制寄存器写入特定的控制字即可。

仔细研究串行卡的通信线控制寄存器 3FB 的 D5 位功能可发现，在串行口初始化时设 3FB 的 D5＝1，D3＝1，而在发送地址时置 D4＝0，在发送数据时置 D4＝1，这样便实现了 8051 中 TB8 的功能，不必每次都进行调整。这种方法不仅节省了软件开支，而且提高了通信速度。

通过对 8250 的线路控制寄存器(LCR)的设置，可使 8250 具有很大的灵活性。要使 8250 与 8051 实现多机通信，关键在于控制它的线路状态，使它的数据传输格式与 8051 保持一致。根据 8250 线路控制寄存器(LCR)的结构特点，可以在编程中作如下选择：

若要求 8250 发送帧的奇偶校验位为"1"，只需执行

```
MOV  DX,3FBH
MOV  AL,2BH
OUT  DX,AL
```

若要求 8250 的奇偶校验位为"0"，只需执行

```
MOV  DX,3FBH
MOV  AL,3BH
OUT  DX,AL
```

显然，前者可作为多机通信中的地址帧，而后者可作为数据帧。

4)PC 机非标准波特率的设置

8051 单片机系统时钟绝大多数情况下都采用 6MHz 的石英晶体振荡器，当其串行口的波特率是由其内部定时器 TH1(8 位)决定时，具体计算公式为

$$\text{Baud}=\frac{f_{\text{OSC}}\times 2^{\text{SMOD}}}{32\times 12\times(256-\text{TH1})}=\frac{15625\times 2^{\text{SMOD}}}{256-\text{TH1}} \qquad (10-6)$$

式中,SMOD 可编程控制,TH1 的不同值所确定的波特率如表 10-8 所示,表中给出了 TH1 不同值时 8051 的波特率及 PC 机所能实现的最接近波特率。

表 10-8 TH1 对应的波特率表

TH1	Baud(8051)		PC 机对应除数	除数取整	取整后的 Baud
	SMOD=0	SMOD=1			
253	5208.3		22.1	22	5236.4
251	3125		36.9	37	3113.5
249		4464	25.8	26	4430.8
248	1953.1		58.9	59	1952.9
247		3472	33.2	33	3490.9
245	1420.5		81.1	81	1422.2
245		2840.9	40.6	41	2809.8

假设多机通信波特率计算值为 2400,由于单片机无法实现,因此可设计为 1953。在单片机上令 TH1=248 且 SMOD=0,而在 PC 机上令除数等于 59,这样便可实现通信。

5)单片机与 PC 机通信协议的约定

PC 机和 8051 单片机双向传送数据代码和功能代码。数据代码是通信过程必须传送的目的代码,功能代码应为应答信号(如 PC 要求向 8051 发数据、PC 允许 8051 发数据、有误码重发等)以及表征数据特征和数量的代码。数据的传输如果使用 ASCII 码,一字节需两个 ASCII 码传送,使数据代码传输效率损失一半,这在多机通信中不宜采用。

通信程序必须具有以下三种功能:

(1)帧格式。PC 机必须能够向单片机发送被寻呼的单片机站号(地址)、命令、字段、数据首地址长度、数据块及各种校验,同时单片机能够向 PC 机发送自身站号(地址)、数据长度、数据块及校验值。

(2)差错检测。通信线的传输差错是不可避免的,通信系统必须具有识别这种差错的功能,例如,可以采用数据位累积法,即统计信息位中"1"的个数来进行差错检测。

(3)差错处理。每发送一数据块,仅当数据接收正确时,才会发送一个响应帧;否则回送出错信息,要求重发数据块,直至正确为止。为了防止系统出错而引起"死锁",最多只允许重发三次,否则转向出错处理程序,显示系统出错。

把通信协议分为三段,即主机与从机的连接挂钩与握手阶段、发送(接收)阶段、结束阶段。在连接阶段主要完成通信联络任务,主机发送从机的地址信号,从机接收后如果与本机地址相符,则置 SM2=0,回送应答信号,否则不予理睬(SM2 仍为 1),实现主机与从机间的点对点通信,然后主机向从机发送命令代码,收到应答信号后,开始发送或接收数据;接收(发送)阶段收/发数据及检验码,完成数据传输的校验;结束阶段则是由于通信系统出错或误码次数越限,宣告通信失败而结束通信。

2. 汇编语言通信程序设计

1)PC 机的通信软件

PC 机有多种支持串行通信的软件。例如,BASIC 通信语句使用方便,但速度较慢;PC 机 ROM 中的基本输入/输出系统(BIOS)的内部中断调用(INT1H)可提供串行通信驱动程序,用户编程时可以不必了解通信的硬件结构,但它只能以查询方式进行通信,不宜在实时控制中使用;使用 8086/8088 汇编语言设计程序,可以直接操作 UART(8250 或 8251)各寄存器,以中断方式与 8031 机进行通信,但编制程序比较繁琐。此外,还可以使用 C 语言、TURBO、PASCAL 语言等编写串行通信程序。

通信软件必须包括如下内容:

(1)根据用户的要求和通信协议规定,对 8250 初始化,即设置波特率(9600 b/s)、数据位数(8 位)、奇偶类型和停止位数(1 位)。需要指出的是,这里的奇偶校验位用作发送地址码(通道号)或数据的特征值,而数据通信的校核采用累加和校验方法。

(2)确定数据传送方式。采用查询方式发送地址或数据时,可先用输入指令检查发送器的保持寄存器是否为空,若空,则用输出指令将一个数据输出给 8250 即可,8250 会自动依据初始化设置的要求把二进制数串行发送到串行通信线上。接收数据时,8250 把串行数据转换成并行数据送到接收器的数据寄存器中,并把"接收数据准备好"信号放入状态寄存器中。计算机读到这个信号后,就可以用输入指令从接收器的数据寄存器中读入一个数据了。8250 在接收数据时,还可通过查看状态寄存器的内容进行错误检查(例如奇偶错误、超越错误、帧格式错误等)。若发现有错,则取消读入的数据,并给出错误的信息。

采用中断方式发送时,用输出指令发一个数据给 8250。若 8250 已将此数发送完毕,则发出一个中断信息,说明 CPU 可以继续发送。若 8250 接收到一个数据,则发一个中断信号,说明 CPU 可以取出数据。如果有错误,则会发出错误中断信息。

下面给出的是查询方式的发送和接收程序。PC 机的程序用 8088 汇编语言编写,由于程序过长,这里只选取与通信有关的部分。

PC 机的内存分配按四个区域分割,如果程序比较短,各段均可安排在代码段。其中堆栈段首地址为 0000H～0064H,数据段首地址为 0200H,代码段首地址为 1000H。

程序清单如下:

```
STACK    SEGMENT   PARA   STACK   ‘STACK’
         STAPN   DB100(DUP)?
         TOP     EQU    LENGTH STAPN
         STACK   ENDS
DATA     SEGMENT
         SOURCE  DB   255   DUP(?)
         DEST    DB   255   DUP(?)
         NUMBER       DB ?
         ERRORL  DB ?
         DATA    ENDS
CSEG     SEGMENT
```

```
ASSUME  CS:CSEG,  DS:DATA,  ES:DAT(以上为段地址分配)
        ORG     100H
COMUN1: MOV     DX,     3FBH            ;设置波特率(8250初始化)
        MOV     AL,     80H
        OUT     DX,     AL
        MOV     DX,     3F8H
        MOV     AL,     0CH             ;9600 b/s
        OUT     DX,     AL
        MOV     DX,     3F9H
        MOV     AL,     0
        OUT     DX,     AL
        MOV     DX,     3FBH
        MOV     AL,     2BH             ;设置8位数据位,1位停止位,奇偶位为"1"
        OUT     DX,     AL
        MOV     DX,     3FCH
        MOV     AL,     03H
        OUT     DX,     AL              ;控制寄存器初始化
        MOV     AL,     0
        MOV     DX,     3F9H
        OUT     DX,     AL              ;禁止中断
        MOV     AX,     0
        MOV     BX,     00FFH           ;设置传送字节数
        MOV     SI,     OFFSET  SOURCE  ;设置发送数据指针
        MOV     DI,     OFFSET  DEST    ;设置接收数据指针
        MOV     DX,     3FDH
LEEP:   MOV     CX,     2801H           ;延时常数
LEEP1:  IN      AL,     DX
        TEST    AL,     20H
        JZ      LEEP1
        MOV     DX,     3F8H
        MOV     AL,     NUMBER          ;发送地址码
        OUT     DX,     AL
LEEP2:  LOOP    LEEP2
        MOV     DX,     3FDH
LEEP3:  IN      AL,     DX
        TEST    AL,     01H
        JZ      LEEP3                   ;没收到回答信号,重发
        TEST    AL,     1EH
        JNZ     ERROR
```

```
        MOV     DX,     3F8H
        IN      AL,     DX              ;接收回答信号
        JNZ     ERROR
        MOV     DX,     3FBH
        MOV     AL,     3BH             ;奇偶位为“0”
        OUT     DX,     AL
START:  MOV     DX,     3FDH
        MOV     CX,     2801H
SEND:   IN      AL,     DX
        TEST    AL,     20H
        JZ      SEND
        MOV     DX,     3F8H
        MOV     AL,     [SI]            ;发送数据
        OUT     DX,     AL
        ADD     AL,     AH              ;累加和
        MOV     AH,     AL
RECV:   LOOP    RECV
        MOV     DX,     3FDH
        IN      AL,     DX
        TEST    AL,     01H
        JZ      SEND                    ;没收到重发数据
        TEST    AL,     LEH
        JNZ     ERROR                   ;有错退出
        MOV     DX,     3F8H            ;读入数据
        IN      AL,     DX
        MOV     [DI],   AL
        DEC     BX
        JZ      ED                      ;没完,继续
        INC     SI
        INC     DI
        JMP     START
ERROR:  MOV     DX,     OFFSET  ERROR1          ;显示出错信息
        MOV     AH,     9
        INT     21H
        INT     20H
ED:     MOV     DX,     3FDH            ;数据传送结束后校验和
        MOV     CX,     2801H
ED1:    IN      AL,     DX
        TEST    AL,     20H
```

```
        JZ      ED1
        MOV     DX,     3F8H
        MOV     AL,     AH
        OUT     DX,     AL
        MOV     DX,     3FDH
ED2：   LOOP    ED2
        IN      AL,     DX
        TEST    AL,     01H
        JZ      ED                      ;重发
        MOV     DX,     3F8H
        IN      AL,     DX              ;接收回答信号
        AND     AL,     AL
        JZ      ED3
        JMP     ERROR
ED3：   INT     28H
        CSEG    ENDS
        END
```

2)8051 单片机通信软件

单片机的数据通信由串行口完成，定时器 T1 作为波特率发生器，其波特率要与 PC 机一致。数据的传送格式为 1 位起始位、8 位数据位、作为地址/数据控制位的第 9 位和 1 位停止位。采用中断方式发送和接收数据，定时器 T1 设置为工作模式 2，串行口设置为工作方式 3，由第 9 位判断地址码或数据。当某台单片机与 PC 机发出的地址码一致时，就发出应答信号给 PC 机，而其他三台则不发应答信号，这样在某一时刻 PC 机只与一台单片机传输信息。下面给出 8051 单片机的数据通信程序。

```
         ORG     1000H                  ;主程序
COMUN2： MOV     TMOD,    ＃20H         ;设置波特率
         MOV     TH1,     ＃0FDH
         SETB    TR1
         SETB    EA
         SETB    ES
         MOV     SCON,    ＃0F8H
         MOV     PCON,    ＃80H
         MOV     23H,     ＃0CH         ;设置接收数据指针
         MOV     22H,     ＃00H
         MOV     21H,     ＃08H
         MOV     20H,     ＃00H         ;设置发送数据指针
         MOV     R5,      ＃00H         ;累加和单元置零
         MOV     R6,      ＃25H
```

```
        MOV     R7,     26H         ;取传送字节数
        INC     R6
        INC     R7
RPTT:   SJMP    RPTT                ;等待中断
RPTR:   CLR     ES
RPTR1:  SJMP    RPTR1               ;结束
        ORG     102FH               ;中断服务子程序
INTU:   JBC     RI,     R11
INTUR:  JBC     TI,     INTUR1
INTUR1: RET1
T11:    MOV     A,      24H         ;取校验码
        XRL     A,      R5
        JZ      vT13
T12:    POP     A                   ;校验不正确回送“FF”
        POP     A
        MOV     DPTR,   #RPT
        PUSH    DPL
        PUSH    DPH
        MOV     SBUF,   #0FFH
        RETI
T13:    POP     A
        POP     A
        MOV     DPTR,   #RPTR
        PUSH    DPL
        PUSH    DPH
        MOV     SBUF,   #00H
        RETI
T14:    MOV     DPH,    21H         ;发送数据
        MOV     DP1,    20H
        MOVX    A,      @DPTR
        INC     DPTR
        MOV     21H,    DPH
        MOV     20H,    DPL
        MOV     SBUF,   A
T15:    RETI
R11:    JNB     9DH,    R13         ;判 SM2
        MOV     A,      SBUF        ;接收地址码
        CLR     C
        SUBB    A,      27H         ;与本机地址码比较
```

```
        JNZ     R12                      ;与本机地址码不符则返回
        MOV     SBUF,       #00H         ;与本机地址码相符则送回"00"
        CLR     9BH
R12:    RETI
R13:    DJNZ    R6,         R14
        DJNZ    R7,         R14          ;未完,继续传送和接收数据
        MOV     24H,        SBUF
        AJMP    T11
R14:    MOV     SBUF                     ;接收数据
        MOV     DPH,        23H
        MOV     DPL,        22H
        MOVX    @DPTR,      A
        ADD     A,          R5
        MOV     R5,         A
        INC     DPTR
        MOV     23H,        DPH
        MOV     23H,        DPL
        AJMP    T14
```

附录

附录 A

表 A-1　MSP430x1xx 系列单片机选型表

(C) ROM (F) Flash	Program (KB)	SRAM (B)	I/O	16-bit Timers A	16-bit Timers B	Watchdog	BOR	SVS	USART: (UART/ SPI)	DMA	MPY (16×16)	Comp_A	Temp Sensor	ADC Ch/ Res	Additional Features	Packages	1-KU Price
x11x1																	
MSP430F1101A	1	128	14	3	—	√	—	—	—	—	—	√	—	slope	—	20DGV,DW,PW,24RGE	0.99
MSP430C1101	1	128	14	3	—	√	—	—	—	—	—	√	—	slope	—	20DW,PW,24RGE	1.25
MSP430F1111A	2	128	14	3	—	√	—	—	—	—	—	√	—	slope	—	20DGV,DW,PW,24RGE	1.35
MSP430C1111	2	128	14	3	—	√	—	—	—	—	—	√	—	slope	—	20DW,PW,24RGE	1.10
MSP430F1121A	4	256	14	3	—	√	—	—	—	—	—	√	—	slope	—	20DGV,DW,PW,24RGE	1.70
MSP430C1121	4	256	14	3	—	√	—	—	—	—	—	√	—	slope	—	20DW,PW,24RGE	2.15
F11x2																	
MSP430F1122	4	256	14	3	—	√	√	—	—	—	—	—	√	5ch,ADC10	—	20DW,PW,32RHB	2.00
MSP430F1132	8	256	14	3	—	√	√	—	—	—	—	—	√	5ch,ADC10	—	20DW,PW,32RHB	2.25
F12x																	
MSP430F122	4	256	22	3	—	√	—	—	1	—	—	√	—	slope	—	28DW,PW,32RHB	2.15
MSP430F123	8	256	22	3	—	√	—	—	1	—	—	√	—	slope	—	28DW,PW,32RHB	2.30

续表 A-1

(C) ROM (F) Flash	Program (KB)	SRAM (B)	I/O	16-bit Timers		Watchdog	BOR	SVS	USART: (UART/ SPI)	DMA	MPY (16×16)	Comp_A	Temp Sensor	ADC Ch/ Res	Additional Features	Packages	1-KU Price
				A	B												
F12x2																	
MSP430F1222	4	256	22	3	—	√	√	—	1	—	—	—	√	8ch, ADC10	—	28DW, PW, 32RHB	2.40
MSP430F1232	8	256	22	3	—	√	√	—	1	—	—	—	√	8ch, ADC10	—	28DW, PW, 32RHB	2.50
F13x																	
MSP430F133	8	256	48	3	3	√	—	—	1	—	—	√	√	8ch, ADC12	—	64PM, PAG, RTD	3.00
MSP430F135	16	512	48	3	3	√	—	—	1	—	—	√	√	8ch, ADC12	—	64PM, PAG, RTD	3.60
F13x1																	
MSP430C1331	8	256	48	3	3	√	—	—	1	—	—	√	—	slope	—	64PM, RTD	2.00
MSP430C1351	16	512	48	3	3	√	—	—	1	—	—	√	—	slope	—	64PM, RTD	2.30
F14x																	
MSP430F147	32	1024	48	3	7	√	—	—	2	—	√	√	√	8ch, ADC12	—	64PM, PAG, RTD	5.05
MSP430F148	48	2048	48	3	7	√	—	—	2	—	√	√	√	8ch, ADC12	—	64PM, PAG, RTD	5.75
MSP430F149	60	2048	48	3	7	√	—	—	2	—	√	√	√	8ch, ADC12	—	64PM, PAG, RTD	6.05
F14x1																	
MSP430F1471	32	1024	48	3	7	√	—	—	2	—	√	√	—	slope	—	64PM, RTD	4.60
MSP430F1481	48	2048	48	3	7	√	—	—	2	—	√	√	—	slope	—	64PM, RTD	5.30
MSP430F1491	60	2048	48	3	7	√	—	—	2	—	√	√	—	slope	—	64PM, RTD	5.60
F15x																	
MSP430F155	16	512	48	3	3	√	√	√	1withI2C	√	—	√	√	8ch, ADC12	(2)DAC12	64PM, RTD	4.95
MSP430F156	24	1024	48	3	3	√	√	√	1withI2C	√	—	√	√	8ch, ADC12	(2)DAC12	64PM, RTD	5.55
MSP430F157	32	1024	48	3	3	√	√	√	1withI2C	√	—	√	√	8ch, ADC12	(2)DAC12	64PM, RTD	5.85

续表 A－1

(C) ROM (F) Flash	Program (KB)	SRAM (B)	I/O	16-bit Timers		Watchdog	BOR	SVS	USART: (UART/ SPI)	DMA	MPY (16×16)	Comp_A	Temp Sensor	ADC Ch/ Res	Additional Features	Packages	1-KU Price
				A	B												
F16x1																	
MSP430F167	32	1024	48	3	7	√	√	√	2withI2C	√	√	√	√	8ch,ADC12	(2)DAC12	64PM,RTD	6.75
MSP430F168	48	2048	48	3	7	√	√	√	2withI2C	√	√	√	√	8ch,ADC12	(2)DAC12	64PM,RTD	7.45
MSP430F169	60	2048	48	3	7	√	√	√	2withI2C	√	√	√	√	8ch,ADC12	(2)DAC12	64PM,RTD	7.95
MSP430F1610	32	5120	48	3	7	√	√	√	2withI2C	√	√	√	√	8ch,ADC12	(2)DAC12	64PM,RTD	8.25
MSP430F1611	48	10240	48	3	7	√	√	√	2withI2C	√	√	√	√	8ch,ADC12	(2)DAC12	64PM,RTD	8.65
MSP430F1612	55	5120	48	3	7	√	√	√	2withI2C	√	√	√	√	8ch,ADC12	(2)DAC12	64PM,RTD	8.95

表 A-2　MSP430F2xx 系列单片机选型表

(F)Flash	Program (KB)	SRAM (B)	I/O	16-bit Timers		Watch-dog	BOR	SVS	USI: I2C/SPI	USCI		DMA	MPY (16×16)	Comp_A	Temp Sensor	ADC Ch/Res	Additional Features	Packages	1-KU Price
				A	B					Ch A: UART/LIN/IrDA/SPI	Ch B: I2C/SPI								
F20xx																			
MSP430F2001	1	128	10	2	—	√	√	—	—	—	—	—	—	√	—	slope	—	14PW,N,16RSA	0.55
MSP430F2011	2	128	10	2	—	√	√	—	—	—	—	—	—	√	—	slope	—	14PW,N,16RSA	0.65
MSP430F2002	1	128	10	2	—	√	√	—	√	—	—	—	—	—	√	8ch,ADC10	—	14PW,N,16RSA	0.80
MSP430F2012	2	128	10	2	—	√	√	—	√	—	—	—	—	—	√	8ch,ADC10	—	14PW,N,16RSA	0.95
MSP430F2003	1	128	10	2	—	√	√	—	√	—	—	—	—	—	√	4ch,SD16	—	14PW,N,16RSA	1.20
MSP430F2013	2	128	10	2	—	√	√	—	√	—	—	—	—	—	√	4ch,SD16	—	14PW,N,16RSA	1.35
F21xx																			
MSP430F2101	1	128	16	3,2	—	√	√	—	—	—	—	—	—	√	—	slope	—	20DGV,DW,PW,24RGE	0.75
MSP430F2111	2	128	16	3,2	—	√	√	—	—	—	—	—	—	√	—	slope	—	20DGV,DW,PW,24RGE	0.80
MSP430F2121	4	256	16	3,2	—	√	√	—	—	—	—	—	—	√	—	slope	—	20DGV,DW,PW,24RGE	1.10
MSP430F2131	8	256	16	3,2	—	√	√	—	—	—	—	—	—	√	—	slope	—	20DGV,DW,PW,24RGE	1.40
MSP430F2112	2	256	22	3,2	—	√	√	—	—	1	1	—	—	√	√	8ch,ADC10	—	28PW,32RHB	1.55
MSP430F2122	4	512	22	3,2	—	√	√	—	—	1	1	—	—	√	√	8ch,ADC10	—	28PW,32RHB	1.65
MSP430F2132	8	512	22	3,2	—	√	√	—	—	1	1	—	—	√	√	8ch,ADC10	—	28PW,32RHB	1.75
F22x2																			
MSP430F2232	8	512	32	3	3	√	√	—	—	1	1	—	—	—	√	12ch,ADC10	—	38DA,40RHA	1.95
MSP430F2252	16	512	32	3	3	√	√	—	—	1	1	—	—	—	√	12ch,ADC10	—	38DA,40RHA	2.20
MSP430F2272	32	1024	32	3	3	√	√	—	—	1	1	—	—	—	√	12ch,ADC10	—	38DA,40RHA	2.50

续表 A-2

(F)Flash	Program (KB)	SRAM (B)	I/O	16-bit Timers		Watch-dog	BOR	SVS	USI: I2C/SPI	USCI		DMA	MPY (16×16)	Comp_A	Temp Sensor	ADC Ch/Res	Additional Features	Packages	1-KU Price
				A	B					Ch A:UART/LIN/IrDA/SPI	Ch B:I2C/SPI								
F22x4																			
MSP430F2234	8	512	32	3	3	√	√	—	—	1	1	—	—	—	√	12ch,ADC10	(2)OPAMP	38DA,40RHA	2.15
MSP430F2254	16	512	32	3	3	√	√	—	—	1	1	—	—	—	√	12ch,ADC10	(2)OPAMP	38DA,40RHA	2.40
MSP430F2274	32	1024	32	3	3	√	√	—	—	1	1	—	—	—	√	12ch,ADC10	(2)OPAMP	38DA,40RHA	2.70
F23x0																			
MSP430F2330	8	1024	32	3	3	√	√	—	—	1	1	—	√	√	—	slope	—	40RHA	1.85
MSP430F2350	16	2048	32	3	3	√	√	—	—	1	1	—	√	√	—	slope	—	40RHA	2.15
MSP430F2370	32	2048	32	3	3	√	√	—	—	1	1	—	√	√	—	slope	—	40RHA,49YFF	2.55
F23x																			
MSP430F233	8	1024	48	3	3	√	√	√	—	1	1	—	√	√	√	8ch,ADC12	—	64PM,64RGC	2.40
MSP430F235	16	2048	48	3	3	√	√	√	—	1	1	—	√	√	√	8ch,ADC12	—	64PM,64RGC	2.90
F24x/2410																			
MSP430F247	32	4096	48	3	7	√	√	√	—	2	2	—	√	√	√	8ch,ADC12	—	64PM,64RGC	4.05
MSP430F248	48	4096	48	3	7	√	√	√	—	2	2	—	√	√	√	8ch,ADC12	—	64PM,64RGC	4.60
MSP430F249	60	2048	48	3	7	√	√	√	—	2	2	—	√	√	√	8ch,ADC12	—	64PM,64RGC	4.75
MSP430F2410	56	4096	48	3	7	√	√	√	—	2	2	—	√	√	√	8ch,ADC12	—	64PM,64RGC	4.85
F24x1																			
MSP430F2471	32	4096	48	3	7	√	√	√	—	2	2	—	√	√	—	slope	—	64PM,64RGC	3.70
MSP430F2481	48	4096	48	3	7	√	√	√	—	2	2	—	√	√	—	slope	—	64PM,64RGC	4.25
MSP430F2491	60	2048	48	3	7	√	√	√	—	2	2	—	√	√	—	slope	—	64PM,64RGC	4.40

续表 A－2

(F)Flash	Program (KB)	SRAM (B)	I/O	16-bit Timers		Watch-dog	BOR	SVS	USI: I2C/SPI	USCI		DMA	MPY (16×16)	Comp_A	Temp Sensor	ADC Ch/Res	Additional Features	Packages	1-KU Price
				A	B					Ch A:UART/LIN/IrDA/SPI	Ch B:I2C/SPI								
F241x																			
MSP430F2416	92	4096	48/64	3	7	√	√	√	—	2	2	—	√	√	√	8ch,ADC12	—	64PM,80PN,113ZQW	5.60
MSP430F2417	92	8192	48/64	3	7	√	√	√	—	2	2	—	√	√	√	8ch,ADC12	—	64PM,80PN,113ZQW	6.10
MSP430F2418	116	8192	48/64	3	7	√	√	√	—	2	2	—	√	√	√	8ch,ADC12	—	64PM,80PN,113ZQW	6.40
MSP430F2419	120	4096	48/64	3	7	√	√	√	—	2	2	—	√	√	√	8ch,ADC12	—	64PM,80PN,113ZQW	6.10
F261x																			
MSP430F2616	92	4096	48/64	3	7	√	√	√	—	2	2	√	√	√	√	8ch,ADC12	(2)DAC12	64PM,80PN,113ZQW	7.10
MSP430F2617	92	8192	48/64	3	7	√	√	√	—	2	2	√	√	√	√	8ch,ADC12	(2)DAC12	64PM,80PN,113ZQW	7.60
MSP430F2618	116	8192	48/64	3	7	√	√	√	—	2	2	√	√	√	√	8ch,ADC12	(2)DAC12	64PM,80PN,113ZQW	7.90
MSP430F2619	120	4096	48/64	3	7	√	√	√	—	2	2	√	√	√	√	8ch,ADC12	(2)DAC12	64PM,80PN,113ZQW	7.60

表 A-3 MSP430x4xx 系列单片机选型表

(C) ROM (F) Flash	Program (KB)	SRAM (B)	I/O	16-bit Timers		Watchdog and Basic Timer	BOR	SVS	USART (UART/SPI)	USCI		LCD Segments	DMA	MPY (16×16)	CompA	Temp Sensor	ADC Ch/Res	Additional Features	Package(s)	1-KU Price
				A	B					Ch A: UART/LIN/IrDA/SPI	Ch B: I2C/SPI									
x41x																				
MSP430F412	4	256	48	3	—	√	√	√	—	—	—	96	—	—	√	—	slope	—	64PMRTD	2.60
MSP430C412	4	256	48	3	—	√	√	√	—	—	—	96	—	—	√	—	slope	—	64PMRTD	1.90
MSP430F413	8	256	48	3	—	√	√	√	—	—	—	96	—	—	√	—	slope	—	64PMRTD	2.95
MSP430C413	8	256	48	3	—	√	√	√	—	—	—	96	—	—	√	—	slope	—	64PMRTD	2.10
MSP430F415	16	512	48	3,5	—	√	√	√	—	—	—	96	—	—	√	—	slope	—	64PMRTD	3.40
MSP430F417	32	1024	48	3,5	—	√	√	√	—	—	—	96	—	—	√	—	slope	—	64PMRTD	3.90
F41x2																				
MSP430F4152	16	512	56	2	—	√	√	√	—	1	1	144	—	—	√	—	8ch,ADC10	—	64PM,48RGZ	1.70
MSP430F4132	8	512	56	2	—	√	√	√	—	1	1	144	—	—	√	—	8ch,ADC10	—	64PM,48RGZ	1.90
F42x																				
MSP430F423	8	256	14	3	—	√	√	√	1	—	—	128	—	√	—	√	(3)SD16	—	64PM	4.55
MSP430F425	16	512	14	3	—	√	√	√	1	—	—	128	—	√	—	√	(3)SD16	—	64PM	5.05
MSP430F427	32	1024	14	3	—	√	√	√	1	—	—	128	—	√	—	√	(3)SD16	—	64PM	5.45
FW42x																				
MSP430FW423	8	256	48	3,5	—	√	√	√	—	—	—	96	—	—	√	—	slope	Flow—meter	64PM	3.75
MSP430FW425	16	512	48	3,5	—	√	√	√	—	—	—	96	—	—	√	—	slope	Flow—meter	64PM	4.05
MSP430FW427	32	1024	48	3,5	—	√	√	√	—	—	—	96	—	—	√	—	slope	Flow—meter	64PM	4.45

续表 A-3

(C) ROM (F) Flash	Program (KB)	SRAM (B)	I/O	16-bit Timers		Watchdog and Basic Timer	BOR	SVS	USART (UART /SPI)	USCI		LCD Segments	DMA	MPY (16×16)	CompA	Temp Sensor	ADC Ch/Res	Additional Features	Package(s)	1-KU Price
				A	B					Ch A: UART /LIN /IrDA/SPI	Ch B: I2C /SPI									
FE42xx																				
MSP430FE423	8	256	14	3	—	√	√	√	1	—	—	128	—	√	—	√	(3)SD16	Emeter	64PM	4.90
MSP430FE425	16	512	14	3	—	√	√	√	1	—	—	128	—	√	—	√	(3)SD16	Emeter	64PM	5.40
MSP430FE427	32	1024	14	3	—	√	√	√	1	—	—	128	—	√	—	√	(3)SD16	Emeter	64PM	5.95
MSP430FE4232	8	256	14	3	—	√	√	√	1	—	—	128	—	√	—	√	(2)SD16	Emeter	64PM	3.50
MSP430FE4242	12	512	14	3	—	√	√	√	1	—	—	128	—	√	—	√	(2)SD16	Emeter	64PM	3.70
F42x0																				
MSP430F4250	16	256	32	3	—	√	√	—	—	—	—	56	—	—	—	√	5ch,SD16	DAC12	48DL,RGZ	3.10
MSP430F4260	24	256	32	3	—	√	√	—	—	—	—	56	—	—	—	√	5ch,SD16	DAC12	48DL,RGZ	3.45
MSP430F4270	32	256	32	3	—	√	√	—	—	—	—	56	—	—	—	√	5ch,SD16	DAC12	48DL,RGZ	3.80
FG42x0																				
MSP430FG4250	16	256	32	3	—	√	√	—	—	—	—	56	—	—	—	√	5ch,SD16	DAC12(2),OPAMP	48DL,RGZ	3.35
MSP430FG4260	24	256	32	3	—	√	√	—	—	—	—	56	—	—	—	√	5ch,SD16	DAC12(2),OPAMP	48DL,RGZ	3.70
MSP430FG4270	32	256	32	3	—	√	√	—	—	—	—	56	—	—	—	√	5ch,SD16	DAC12(2),OPAMP	48DL,RGZ	4.05
F43x																				
MSP430F435	16	512	48	3	3	√	√	√	1	—	—	128/160	—	—	√	√	8ch,ADC12	—	80PN,100PZ	4.45
MSP430F436	24	1024	48	3	3	√	√	√	1	—	—	128/160	—	—	√	√	8ch,ADC12	—	80PN,100PZ	4.70
MSP430F437	32	1024	48	3	3	√	√	√	1	—	—	128/160	—	—	√	√	8ch,ADC12	—	80PN,100PZ	4.90

续表 A-3

(C) ROM (F) Flash	Program (KB)	SRAM (B)	I/O	16-bit Timers A	16-bit Timers B	Watchdog and Basic Timer	BOR	SVS	USART (UART /SPI)	USCI Ch A: UART /LIN /IrDA/SPI	USCI Ch B: I2C /SPI	LCD Segments	DMA	MPY (16×16)	CompA	Temp Sensor	ADC Ch/Res	Additional Features	Package(s)	1-KU Price
F43x1																				
MSP430F4351	16	512	48	3	3	√	√	√	1	—	—	128/160	—	—	√	√	slope	—	80PN,100PZ	4.05
MSP430F4361	24	1024	48	3	3	√	√	√	1	—	—	128/160	—	—	√	√	slope	—	80PN,100PZ	4.30
MSP430F4371	32	1024	48	3	3	√	√	√	1	—	—	128/160	—	—	√	√	slope	—	80PN,100PZ	4.50
FG43x																				
MSP430FG437	32	1024	48	3	3	√	√	√	1	—	—	128	√	—	√	√	12ch, ADC12	(2)DAC12, (3)OPAMP	80PN	6.50
MSP430FG438	48	2048	48	3	3	√	√	√	1	—	—	128	√	—	√	√	12ch, ADC12	(2)DAC12, (3)OPAMP	80PN	7.35
MSP430FG439	60	2048	48	3	3	√	√	√	1	—	—	128	√	—	√	√	12ch, ADC12	(2)DAC12, (3)OPAMP	80PN	7.95
F44x																				
MSP430F447	32	1024	48	3	7	√	√	√	2	—	—	160	—	√	√	√	8ch,ADC12	—	100PZ	5.75
MSP430F448	48	2048	48	3	7	√	√	√	2	—	—	160	—	√	√	√	8ch,ADC12	—	100PZ	6.50
MSP430F449	60	2048	48	3	7	√	√	√	2	—	—	160	—	√	√	√	8ch,ADC12	—	100PZ	7.05
xG461x																				
MSP430FG4616	92	4096	80	3	7	√	√	√	1	1	1	160	√	√	√	√	12ch, ADC12	(2)DAC12, (3)OPAMP	100PZ, 113ZQW	9.45
MSP430FG4617	92	8192	80	3	7	√	√	√	1	1	1	160	√	√	√	√	12ch, ADC12	(2)DAC12, (3)OPAMP	100PZ, 113ZQW	9.95
MSP430FG4618	116	8192	80	3	7	√	√	√	1	1	1	160	√	√	√	√	12ch, ADC12	(2)DAC12, (3)OPAMP	100PZ, 113ZQW	10.35
MSP430FG4619	120	4096	80	3	7	√	√	√	1	1	1	160	√	√	√	√	12ch, ADC12	(2)DAC12, (3)OPAMP	100PZ, 113ZQW	9.95

附录 B

表 B－1　S3C2410A 芯片 272 管脚 FBGA 封装形式下的管脚配置表

编号	名称	编号	名称	编号	名称	编号	名称	编号	名称	编号	名称
A1	DATA 19	B1	DATA 22	C1	DATA 24	D1	DATA 27	E1	DATA 31	F1	TOUT1/GPB1
A2	DATA 18	B2	DATA 20	C2	DATA 23	D2	DATA 25	E2	DATA 29	F2	TOUT0/GPB0
A3	DATA 16	B3	DATA 17	C3	DATA 21	D3	VSSMOP	E3	DATA 28	F3	VSSMOP
A4	DATA 15	B4	VDDMOP	C4	VDDi	D4	DATA 26	E4	DATA 30	F4	TOUT2/GPB2
A5	DATA 11	B5	DATA 13	C5	DATA 12	D5	DATA 14	E5	VDDMOP	F5	VSSOP
A6	VDDMOP	B6	DATA 9	C6	DATA 7	D6	DATA 10	E6	VSSMOP	F6	VSSi
A7	DATA 6	B7	DATA 5	C7	DATA 4	D7	DATA 2	E7	DATA 3	F7	DATA 8
A8	DATA 1	B8	DATA 0	C8	VDDi	D8	VDDMOP	E8	ADDR26/GPA11	F8	VSSMOP
A9	ADDR21/GPA6	B9	ADDR24/GPA9	C9	ADDR25/GPA10	D9	ADDR22/GPA7	E9	ADDR23/GPA8	F9	VSSi
A10	ADDR16/GPA1	B10	ADDR17/GPA2	C10	VSSMOP	D10	ADDR19/GPA4	E10	ADDR18/GPA3	F10	ADDR20/GPA5
A11	ADDR13	B11	ADDR12	C11	ADDR14	D11	VDDi	E11	VDDMOP	F11	VSSi
A12	VSSMOP	B12	ADDR8	C12	ADDR7	D12	ADDR10	E12	ADDR11	F12	VSSMOP
A13	ADDR6	B13	ADDR4	C13	ADDR3	D13	ADDR5	E13	nWE	F13	SCLK0
A14	ADDR2	B14	ADDR0/GPA0	C14	nSCAS	D14	ADDR1	E14	nGCS3/GPA14	F14	SCLK1
A15	VDDMOP	B15	nSRAS	C15	nBE2:nWBE2:DQM2	D15	VSSMOP	E15	nGCS1/GPA12	F15	nGCS5/GPA16
A16	nBE3:nWBE3:DQM3	B16	nBE1:nWBE1:DQM1	C16	nOE	D16	SCKE	E16	nGCS2/GPA13	F16	nGCS6:nSCS0
A17	nBE0:nWBE0:DQM0	B17	VSSi	C17	VDDi	D17	nGCS0	E17	nGCS4/GPA15	F17	nGCS7:nSCS1

续表 B-1

编号	名称	编号	名称	编号	名称	编号	名称	编号	名称	编号	名称
G1	nXBACK/GPB5	H1	VSSiarm	J1	TDI	K1	VDDOP	L1	VD0/GPC8		
G2	nXDACK1/GPB7	H2	nXDACK0/GPB9	J2	VCLK:LCD_HCLK/GPC1	K2	VM:VDEN:TP/GPC4	L2	VD1/GPC9		
G3	TOUT3/GPB3	H3	nXDREQ0/GPB10	J3	TMS	K3	VDDiarm	L3	LCDVF2/GPC7		
G4	TCLK0/GPB4	H4	nXDREQ1/GPB8	J4	LEND:STH/GPC0	K4	VFRAME:VSYNC:STV/GPC3	L4	VD2/GPC10		
G5	nXBREQ/GPB6	H5	nTRST	J5	TDO	K5	VSSOP	L5	VDDiarm		
G6	VDDalive	H6	TCK	J6	VLINE:HSYNC:CPV/GPC2	K6	LCDVF0/GPC5	L6	LCDVF1/GPC6		
G7	VDDiarm			J7	VSSiarm			L7	IICSCL/GPE14		
G9	VSSMOP							L9	EINT11/nSS1/GPG3		
G11	ADDR15			J11	EXTCLK			L11	VDDi_UPLL		
G12	ADDR9	H12	CLE/GPA17	J12	nRESET	K12	RXD2/nCTS1/GPH7	L12	nRTS0/GPH1		
G13	nWAIT	H13	VSSOP	J13	VDDi	K13	TXD2/nRTS1/GPH6	L13	UPLLCAP		
G14	ALE/GPA13	H14	VDDMOP	J14	VDDalive	K14	RXD1/GPH5	L14	nCTS0/GPH0		
G15	nFWE/GPA19	H15	VSSi	J15	PWREN	K15	TXD0/GPH2	L15	EINT6/GPF6		
G16	nFRE/GPA20	H16	XTOpll	J16	nRSTOUT/GPA21	K16	TXD1/GPH4	L16	UEXTCLK/GPH8		
G17	nFCE/GPA22	H17	XTIpll	J17	nBATT_FLT	K17	RXD0/GPH3	L17	EINT7/GPF7		
M1	VSSiarm	N1	VD6/GPC14	P1	VD10/GPD2	R1	VDDiarm	T1	VD13/GPD5	U1	VD15/GPD7
M2	VD5/GPC13	N2	VD8/GPD0	P2	VD12/GPD4	R2	VD14/GPD6	T2	VD16/GPD8	U2	VD19/GPD11
M3	VD3/GPC11	N3	VD7/GPC15	P3	VD11/GPD3	R3	VD17/GPD9	T3	VD20/GPD12	U3	VD21/GPD13
M4	VD4/GPC12	N4	VD9/GPD1	P4	VD23/nSS0/GPD15	R4	VD18/GPD10	T4	VD22/nSS1/GPD14	U4	VSSiarm

续表 B-1

编号	名称	编号	名称	编号	名称	编号	名称	编号	名称	编号	名称
M5	VSSiarm	N5	VDDiarm	P5	I2SSCLK/GPE1	R5	VSSOP	T5	I2SLRCK/GPE0	U5	I2SSDI/nSS0/GPE3
M6	VDDOP	N6	CDCLK/GPE2	P6	SDCMD/GPE6	R6	SDDAT 0/GPE7	T6	SDCLK/GPE5	U6	I2SSDO/I2SSDI/GPE4
M7	VDDiarm	N7	SDDAT 1/GPE8	P7	SDDAT 2/GPE9	R7	SDDAT 3/GPE10	T7	SPIMISO0/GPE11	U7	SPIMOSI0/GPE12
M8	IICSDA/GPE15	N8	VSSiarm	P8	SPICLK0/GPE13	R8	EINT8/GPG0	T8	EINT10/nSS0/GPG2	U8	EINT9/GPG1
M9	VSSiarm	N9	VDDOP	P9	EINT12/LCD_PWREN /GPG4	R9	EINT14/SPIMOSI1/ GPG6	T9	VSSOP	U9	EINT13/SPIMISO1/ GPG5
M10	DP1/PDP0	N10	VDDiarm	P10	EINT18/GPG10	R10	EINT15/SPICLK1/ GPG7	T10	EINT17/GPG9	U10	EINT16/GPG8
M11	EINT23/nYPON/ GPG15	N11	DN1/PDN0	P11	EINT20/XMON/ GPG12	R11	EINT19/TCLK1/ GPG11	T11	EINT22/YMON/ GPG14	U11	EINT21/nXPON/ GPG13
M12	RTCVDD	N12	Vref	P12	VSSOP	R12	CLKOUT0/GPH9	T12	DN0	U12	CLKOUT1/GPH10
M13	VSSi_MPLL	N13	AIN7	P13	DP0	R13	R/nB	T13	OM3	U13	NCON
M14	EINT5/GPF5	N14	EINT0/GPF0	P14	VDDi_MPLL	R14	OM0	T14	VSSA_ADC	U14	OM2
M15	EINT4/GPF4	N15	VSSi_UPLL	P15	VDDA_ADC	R15	AIN4	T15	AIN1	U15	OM1
M16	EINT2/GPF2	N16	VDDOP	P16	XTIrtc	R16	AIN6	T16	AIN3	U16	AIN0
M17	EINT3/GPF3	N17	EINT1/GPF1	P17	MPLLCAP	R17	XTOrtc	T17	AIN5	U17	AIN2

表 B-2 S3C2410X 处理器特殊功能寄存器列表

Register Name	Address	Acc. Unit	Read/Write	Function
1. Memory Controller				
BWSCON	0x48000000	W	R/W	Bus Width & Wait Status Control
BANKCON0	0x48000004			Boot ROM Control
BANKCON1	0x48000008			BANK1 Control
BANKCON2	0x4800000C			BANK2 Control
BANKCON3	0x48000010			BANK3 Control
BANKCON4	0x48000014			BANK4 Control
BANKCON5	0x48000018			BANK5 Control
BANKCON6	0x4800001C			BANK6 Control
BANKCON7	0x48000020			BANK7 Control
REFRESH	0x48000024			DRAM/SDRAM Refresh Control
BANKSIZE	0x48000028			Flexible Bank Size
MRSRB6	0x4800002C			Mode register set for SDRAM
MRSRB7	0x48000030			Mode register set for SDRAM
2. USB Host Controller				
HcRevision	0x49000000	W		Control and Status Group
HcControl	0x49000004			
HcCommonStatus	0x49000008			
HcInterruptStatus	0x4900000C			
HcInterruptEnable	0x49000010			
HcInterruptDisable	0x49000014			
HcHCCA	0x49000018			Memory Pointer Group
HcPeriodCuttentED	0x4900001C			
HcControlHeadED	0x49000020			
HcControlCurrentED	0x49000024			
HcBulkHeadED	0x49000028			
HcBulkCurrentED	0x4900002C			
HcDoneHead	0x49000030			
HcRmInterval	0x49000034			Frame Counter Group
HcFmRemaining	0x49000038			
HcFmNumber	0x4900003C			
HcPeriodicStart	0x49000040			
HcLSThreshold	0x49000044			
HcRhDescriptorA	0x49000048			Root Hub Group
HcRhDescriptorB	0x4900004C			
HcRhStatus	0x49000050			
HcRhPortStatus1	0x49000054			
HcRhPortStatus2	0x49000058			
3. Interrupt Controller				

续表 B－2

Register Name	Address	Acc. Unit	Read/Write	Function
SRCPND	0X4A000000	W	R/W	Interrupt Request Status
INTMOD	0X4A000004		W	Interrupt Mode Control
INTMSK	0X4A000008		R/W	Interrupt Mask Control
PRIORITY	0X4A00000C		W	IRQ Priority Control
INTPND	0X4A000010		R/W	Interrupt Request Status
INTOFFSET	0X4A000014		R	Interrupt request source offset
SUBSRCPND	0X4A000018		R/W	Sub source pending
INTSUBMSK	0X4A00001C		R/W	Interrupt sub mask
4. DMA				
DISRC0	0x4B000000	W	R/W	DMA 0 Initial Source
DISRCC0	0x4B000004			DMA 0 Initial Source Control
DIDST0	0x4B000008			DMA 0 Initial Destination
DIDSTC0	0x4B00000C			DMA 0 Initial Destination Control
DCON0	0x4B000010			DMA 0 Control
DSTAT0	0x4B000014		R	DMA 0 Count
DCSRC0	0x4B000018			DMA 0 Current Source
DCDST0	0x4B00001C			DMA 0 Current Destination
DMASKTRIG0	0x4B000020		R/W	DMA 0 Mask Trigger
DISRC1	0x4B000040			DMA 1 Initial Source
DISRCC1	0x4B000044			DMA 1 Initial Source Control
DIDST1	0x4B000048			DMA 1 Initial Destination
DIDSTC1	0x4B00004C			DMA 1 Initial Destination Control
DCON1	0x4B000050			DMA 1 Control
DSTAT1	0x4B000054		R	DMA 1 Count
DCSRC1	0x4B000058			DMA 1 Current Source
DCDST1	0x4B00005C			DMA 1 Current Destination
DMASKTRIG1	0x4B000060		R/W	DMA 1 Mask Trigger
DISRC2	0x4B000080			DMA 2 Initial Source
DISRCC2	0x4B000084			DMA 2 Initial Source Control
DIDST2	0x4B000088			DMA 2 Initial Destination
DIDSTC2	0x4B00008C			DMA 2 Initial Destination Control
DCON2	0x4B000090			DMA 2 Control
DSTAT2	0x4B000094		R	DMA 2 Count
DCSRC2	0x4B000098			DMA 2 Current Source
DCDST2	0x4B00009C			DMA 2 Current Destination
DMASKTRIG2	0x4B0000A0		R/W	DMA 2 Mask Trigger
DISRC3	0x4B0000C0		R/W	DMA 3 Initial Source
DISRCC3	0x4B0000C4			DMA 3 Initial Source Control
DIDST3	0x4B0000C8			DMA 3 Initial Destination
DIDSTC3	0x4B0000CC			DMA 3 Initial Destination Control
DCON3	0x4B0000D0			DMA 3 Control
DSTAT3	0x4B0000D4		R	DMA 3 Count
DCSRC3	0x4B0000D8			DMA 3 Current Source
DCDST3	0x4B0000DC			DMA 3 Current Destination
DMASKTRIG3	0x4B0000E0		R/W	DMA 3 Mask Trigger
5. Clock & Power Management				

续表 B－2

Register Name	Address	Acc. Unit	Read/Write	Function
LOCKTIME	0x4C000000	W	R/W	PLL Lock Time Counter
MPLLCON	0x4C000004			MPLL Control
UPLLCON	0x4C000008			UPLL Control
CLKCON	0x4C00000C			Clock Generator Control
CLKSLOW	0x4C000010			Slow Clock Control
CLKDIVN	0x4C000014			Clock divider Control
6. LCD Controller				
LCDCON1	0X4D000000	W	R/W	LCD Control 1
LCDCON2	0X4D000004			LCD Control 2
LCDCON3	0X4D000008			LCD Control 3
LCDCON4	0X4D00000C			LCD Control 4
LCDCON5	0X4D000010			LCD Control 5
LCDSADDR1	0X4D000014			STN/TFT:Frame Buffer Start Address1
LCDSADDR2	0X4D000018			STN/TFT: Frame Buffer Start Address2
LCDSADDR3	0X4D00001C			STN/TFT: Virtual Screen Address Set
REDLUT	0X4D000020			STN: Red Lookup Table
GREENLUT	0X4D000024			STN: Green Lookup Table
BLUELUT	0X4D000028			STN: Blue Lookup Table
DITHMODE	0X4D00004C			STN: Dithering Mode
TPAL	0X4D000050			TFT: Temporary Palette
LCDINTPND	0X4D000054			LCD Interrupt Pending
LCDSRCPND	0X4D000058			LCD Interrupt Source
LCDINTMSK	0X4D00005C			LCD Interrupt Mask
LPCSEL	0X4D000060			LPC3600 Control
7. NAND Flash				
NFCONF	0x4E000000	W	R/W	NAND Flash Configuration
NFCMD	0x4E000004			NAND Flash Command
NFADDR	0x4E000008			NAND Flash Address
NFDATA	0x4E00000C			NAND Flash Data
NFSTAT	0x4E000010		R	NAND Flash Operation Status
NFECC	0x4E000014		R/W	NAND Flash ECC
8. UART				
ULCON0	0x50000000	W	R/W	UART 0 Line Control
UCON0	0x50000004			UART 0 Control
UFCON0	0x50000008			UART 0 FIFO Control
UMCON0	0x5000000C			UART 0 Modem Control
UTRSTAT0	0x50000010		R	UART 0 Tx/Rx Status
UERSTAT0	0x50000014			UART 0 Rx Error Status
UFSTAT0	0x50000018			UART0 FIFO Status
UMSTAT0	0x5000001C			UART 0 Modem Status

续表 B-2

Register Name	Address	Acc. Unit	Read/Write	Function
UTXH0	0x50000023	B	W	UART 0 Transmission Hold
URXH0	0x50000027	B	R	UART0 Receive Buffer
UBRDIV0	0x50000028	W	R/W	UART0 Baud Rate Divisor
ULCON1	0x50004000	W	R/W	UART1 Line Control
UCON1	0x50004004	W	R/W	UART1 Control
UFCON1	0x50004008	W	R/W	UART1 FIFO Control
UMCON1	0x5000400C	W	R/W	UART1 Modem Control
UTRSTAT1	0x50004010	W	R	UART1 Tx/Rx Status
UERSTAT1	0x50004014	W	R	UART1 Rx Error Status
UFSTAT1	0x50004018	W	R	UART1 FIFO Status
UMSTAT1	0x5000401C	W	R	UART1 Modem Status
UTXH1	0x50004023	B	W	UART1 Transmission Hold
URXH1	0x50004027	B	R	UART1 Receive Buffer
UBRDIV1	0x50004028	W	R/W	UART1 Baud Rate Divisor
ULCON2	0x50008000	W	R/W	UART2 Line Control
UCON2	0x50008004	W	R/W	UART2 Control
UFCON2	0x50008008	W	R/W	UART2 FIFO Control
UTRSTAT2	0x50008010	W	R	UART2 Tx/Rx Status
UERSTAT2	0x50008014	W	R	UART2 Rx Error Status
UFSTAT2	0x50008018	W	R	UART2 FIFO Status
UTXH2	0x50008023	B	W	UART2 Transmission Hold
URXH2	0x50008027	B	R	UART2 Receive Buffer
UBRDIV2	0x50008028	W	R/W	UART2 Baud Rate Divisor
9. PWM Timer				
TCFG0	0x51000000	W	R/W	Timer Configuration
TCFG1	0x51000004	W	R/W	Timer Configuration
TCON	0x51000008	W	R/W	Timer Control
TCNTB0	0x5100000C	W	R/W	Timer Count Buffer 0
TCMPB0	0x51000010	W	R/W	Timer Compare Buffer 0
TCNTO0	0x51000014	W	R	Timer Count Observation 0
TCNTB1	0x51000018	W	R/W	Timer Count Buffer 1
TCMPB1	0x5100001C	W	R/W	Timer Compare Buffer 1
TCNTO1	0x51000020	W	R	Timer Count Observation 1
TCNTB2	0x51000024	W	R/W	Timer Count Buffer 2
TCMPB2	0x51000028	W	R/W	Timer Compare Buffer 2
TCNTO2	0x5100002C	W	R	Timer Count Observation 2
TCNTB3	0x51000030	W	R/W	Timer Count Buffer 3
TCMPB3	0x51000034	W	R/W	Timer Compare Buffer 3
TCNTO3	0x51000038	W	R	Timer Count Observation 3
TCNTB4	0x5100003C	W	R/W	Timer Count Buffer 4
TCNTO4	0x51000040	W	R	Timer Count Observation 4
10. USB Device				

续表 B-2

Register Name	Address	Acc. Unit	Read/Write	Function
FUNC_ADDR_REG	0x52000143	B	R/W	Function Address
PWR_REG	0x52000147			Power Management
EP_INT_REG	0x5200014B			EP Interrupt Pending and Clear
USB_INT_REG	0x5200015B			USB Interrupt Pending and Clear
EP_INT_EN_REG	0x5200015F			Interrupt Enable
USB_INT_EN_REG	0x5200016F			Interrupt Enable
FRAME_NUM1_REG	0x52000173		R	Frame Number Lower Byte
INDEX_REG	0x5200017B		R/W	Register Index
EP0_CSR	0x52000187			Endpoint 0 Status
IN_CSR1_REG	0x52000187			In Endpoint Control Status
IN_CSR2_REG	0x5200018B			In Endpoint Control Status
MAXP_REG	0x52000183			Endpoint Max Packet
OUT_CSR1_REG	0x52000193			Out Endpoint Control Status
OUT_CSR2_REG	0x52000197			Out Endpoint Control Status
OUT_FIFO_CNT1_REG	0x5200019B		R	Endpoint Out Write Count
OUT_FIFO_CNT2_REG	0x5200019F			Endpoint Out Write Count
EP0_FIFO	0x520001C3		R/W	Endpoint 0 FIFO
EP1_FIFO	0x520001C7			Endpoint 1 FIFO
EP2_FIFO	0x520001CB			Endpoint 2 FIFO
EP3_FIFO	0x520001CF			Endpoint 3 FIFO
EP4_FIFO	0x520001D3			Endpoint 4 FIFO
EP1_DMA_CON	0x52000203			EP1 DMA Interface Control
EP1_DMA_UNIT	0x52000207			EP1 DMA Tx Unit Counter
EP1_DMA_FIFO	0x5200020B			EP1 DMA Tx FIFO Counter
EP1_DMA_TTC_L	0x5200020F			EP1 DMA Total Tx Counter
EP1_DMA_TTC_M	0x52000213			EP1 DMA Total Tx Counter
EP1_DMA_TTC_H	0x52000217			EP1 DMA Total Tx Counter
EP2_DMA_CON	0x5200021B		R/W	EP2 DMA Interface Control
EP2_DMA_UNIT	0x5200021F			EP2 DMA Tx Unit Counter
EP2_DMA_FIFO	0x52000223			EP2 DMA Tx FIFO Counter
EP2_DMA_TTC_L	0x52000227			EP2 DMA Total Tx Counter
EP2_DMA_TTC_M	0x5200022B			EP2 DMA Total Tx Counter
EP2_DMA_TTC_H	0x5200022F			EP2 DMA Total Tx Counter
EP3_DMA_CON	0x52000243			EP3 DMA Interface Control
EP3_DMA_UNIT	0x52000247			EP3 DMA Tx Unit Counter
EP3_DMA_FIFO	0x5200024B			EP3 DMA Tx FIFO Counter
EP3_DMA_TTC_L	0x5200024F			EP3 DMA Total Tx Counter
EP3_DMA_TTC_M	0x52000253			EP3 DMA Total Tx Counter
EP3_DMA_TTC_H	0x52000257			EP3 DMA Total Tx Counter
EP4_DMA_CON	0x5200025B			EP4 DMA Interface Control
EP4_DMA_UNIT	0x5200025F			EP4 DMA Tx Unit Counter
EP4_DMA_FIFO	0x52000263			EP4 DMA Tx FIFO Counter
EP4_DMA_TTC_L	0x52000267			EP4 DMA Total Tx Counter
EP4_DMA_TTC_M	0x5200026B			EP4 DMA Total Tx Counter
EP4_DMA_TTC_H	0x5200026F			EP4 DMA Total Tx Counter
11. Watchdog Timer				

续表 B－2

Register Name	Address	Acc. Unit	Read/Write	Function
WTCON	0x53000000	W	R/W	Watchdog Timer Mode
WTDAT	0x53000004			Watchdog Timer Data
WTCNT	0x53000008			Watchdog Timer Count
12. IIC				
IICCON	0x54000000	W	R/W	IIC Control
IICSTAT	0x54000004			IIC Status
IICADD	0x54000008			IIC Address
IICDS	0x5400000C			IIC Data Shift
13. IIS				
IISCON	0x55000000,02	HW,W	R/W	IIS Control
IISMOD	0x55000004,06	HW,W		IIS Mode
IISPSR	0x55000008,0A	HW,W		IIS Prescaler
IISFCON	0x5500000C,0E	HW,W		IIS FIFO Control
IISFIFO	0x55000012	HW		IIS FIFO Entry
14. I/O port				
GPACON	0x56000000	W	R/W	Port A Control
GPADAT	0x56000004			Port A Data
GPBCON	0x56000010			Port B Control
GPBDAT	0x56000014			Port B Data
GPBUP	0x56000018			Pull-up Control B
GPCCON	0x56000020			Port C Control
GPCDAT	0x56000024			Port C Data
GPCUP	0x56000028			Pull-up Control C
GPDCON	0x56000030			Port D Control
GPDDA1T	0x56000034			Port D Data
GPDUP	0x56000038			Pull-up Control D
GPECON	0x56000040			Port E Control
GPEDAT	0x56000044			Port E Data
GPEUP	0x56000048			Pull-up Control E
GPFCON	0x56000050			Port F Control
GPFDAT	0x56000054			Port F Data
GPFUP	0x56000058			Pull-up Control F
GPGCON	0x56000060			Port G Control
GPGDAT	0x56000064			Port G Data
GPGUP	0x56000068			Pull-up Control G
GPHCON	0x56000070			Port H Control
GPHDAT	0x56000074			Port H Data
GPHUP	0x56000078			Pull-up Control H

续表 B-2

Register Name	Address	Acc. Unit	Read/Write	Function
MISCCR	0x56000080	W	R/W	Miscellaneous Control
DCLKCON	0x56000084			DCLK0/1 Control
EXTINT0	0x56000088			External Interrupt Control Register 0
EXTINT1	0x5600008C			External Interrupt Control Register 1
EXTINT2	0x56000090			External Interrupt Control Register 2
EINTFLT0	0x56000094			Reserved
EINTFLT1	0x56000098			Reserved
EINTFLT2	0x5600009C			External Interrupt Filter Control Register 2
EINTFLT3	0x560000A0			External Interrupt Filter Control Register 3
EINTMASK	0x560000A4			External Interrupt Mask
EINTPEND	0x560000A8			External Interrupt Pending
GSTATUS0	0x560000AC			External Pin Status
GSTATUS1	0x560000B0			External Pin Status
15. RTC				
RTCCON	0x57000043	B	R/W	RTC Control
TICNT	0x57000047			Tick time count
RTCALM	0x57000053			RTC Alarm Control
ALMSEC	0x57000057			Alarm Second
ALMMIN	0x5700005B			Alarm Minute
ALMHOUR	0x5700005F			Alarm Hour
ALMDATE	0x57000063			Alarm Day
ALMMON	0x57000067			Alarm Month
ALMYEAR	0x5700006B			Alarm Year
RTCRST	0x5700006F			RTC Round Reset
BCDSEC	0x57000073			BCD Second
BCDMIN	0x57000077			BCD Minute
BCDHOUR	0x5700007B			BCD Hour
BCDDATE	0x5700007F			BCD Day
BCDDAY	0x57000083			BCD Date
BCDMON	0x57000087			BCD Month
BCDYEAR	0x5700008B			BCD Year
16. A/D converter				
ADCCON	0x58000000	W	R/W	ADC Control
ADCTSC	0x58000004			ADC Touch Screen Control
ADCDLY	0x58000008			ADC Start or Interval Delay
ADCDAT0	0x5800000C		R	ADC Conversion Data
ADCDAT1	0x58000010			ADC Conversion Data
SPI				

续表 B-2

Register Name	Address	Acc. Unit	Read/Write	Function
SPCON0,1	0x59000000,20	W	R/W	SPI Control
SPSTA0,1	0x59000004,24		R	SPI Status
SPPIN0,1	0x59000008,28		R/W	SPI Pin Control
SPPRE0,1	0x5900000C,2C			SPI Baud Rate Prescaler
SPTDAT0,1	0x59000010,30			SPI Tx Data
SPRDAT0,1	0x59000014,34		R	SPI Rx Data
17. SD interface				
SDICON	0x5A000000	W	R/W	SDI Control
SDIPRE	0x5A000004			SDI Baud Rate Prescaler
SDICmdArg	0x5A000008			SDI Command Argument
SDICmdCon	0x5A00000C			SDI Command Control
SDICmdSta	0x5A000010		R/(C)	SDI Command Status
SDIRSP0	0x5A000014		R	SDI Response
SDIRSP1	0x5A000018			SDI Response
SDIRSP2	0x5A00001C			SDI Response
SDIRSP3	0x5A000020			SDI Response
SDIDTimer	0x5A000024		R/W	SDI Data/Busy Timer
SDIBSize	0x5A000028			SDI Block Size
SDIDatCon	0x5A00002C			SDI Data control
SDIDatCnt	0x5A000030		R	SDI Data Remain Counter
SDIDatSta	0x5A000034		R/(C)	SDI Data Status
SDIFSTA	0x5A000038		R	SDI FIFO Status
SDIDAT	0x5A00003F	B	R/W	SDI Data
SDIIntMsk	0x5A000040	W		SDI Interrupt Mask

表 B-3　LPC2200/2100 选型表

器件型号	存储器		定时/计数器				串行接口						最大频率/MHz	加密	CPU电压	I/O电压	工作温度/℃	A/D通道(10位)	D/A通道(10位)	封装
	RAM	Flash	定时器	PWM	RTC/系统定时器	WDT	UART	I2C	SPI	SSP	USB 2.0	CAN								
LPC2104/01	16K	128K	√	√	√	√	2	1	1	1	—	—	60	√	1.8	3.3	0～70	—	—	LQFP48
LPC2106/01	64K	128K	√	√	√	√	2	1	1	1	—	—	60	√	1.8	3.3	0～70 −40～85	—	—	LQFP48 HVQFN48
LPC2109	8K	64k	√	√	√	√	2	1	2	—	—	1	60	√	1.8	3.3	−40～85	4	—	LQFP64
LPC2114	16K	128K	√	√	√	√	2	1	2	—	—	—	60	√	1.8	3.3	−40～85	4	—	LQFP64
LPC2124	16K	256K	√	√	√	√	2	1	2	—	—	—	60	√	1.8	3.3	−40～85	4	—	LQFP64
LPC2119	16K	128K	√	√	√	√	2	1	2	—	—	2	60	√	1.8	3.3	−40～85	4	—	LQFP64
LPC2129	16K	256K	√	√	√	√	2	1	2	—	—	2	60	√	1.8	3.3	−40～85	4	—	LQFP64
LPC2131	8K	32K	√	√	√	√	2	2	1	1	—	—	60	√	3.3	3.3	−40～85	8	—	LQFP64
LPC2132	16K	64K	√	√	√	√	2	2	1	1	—	—	60	√	3.3	3.3	−40～85	8	1	LQFP64
LPC2134	16K	128K	√	√	√	√	2	2	1	1	—	—	60	√	3.3	3.3	−40～85	2×8	1	LQFP64
LPC2136	32K	256K	√	√	√	√	2	2	1	1	—	—	60	√	3.3	3.3	−40～85	2×8	1	LQFP64
LPC2138	32K	512K	√	√	√	√	2	2	1	1	—	—	60	√	3.3	3.3	−40～85	2×8	1	LQFP64
LPC2141	8K	32K	√	√	√	√	2	2	1	1	1	—	60	√	3.3	3.3	−40～85	6	—	LQFP64
LPC2142	16K	64K	√	√	√	√	2	2	1	1	1	—	60	√	3.3	3.3	−40～85	6	1	LQFP64
LPC2144	16K	128K	√	√	√	√	2	2	1	1	1	—	60	√	3.3	3.3	−40～85	8+6	1	LQFP64
LPC2146	32K+8K	256K	√	√	√	√	2	2	1	1	1	—	60	√	3.3	3.3	−40～85	8+6	1	LQFP64
LPC2148	32K+8K	512K	√	√	√	√	2	2	1	1	1	—	60	√	3.3	3.3	−40～85	8+6	1	LQFP64

续表 B-3

器件型号	存储器		定时/计数器				串行接口						最大频率/MHz	加密	CPU电压	I/O电压	工作温度/℃	A/D通道（10位）	D/A通道（10位）	封装
	RAM	Flash	定时器	PWM	RTC/系统定时器	WDT	UART	I2C	SPI	SSP	USB 2.0	CAN								
LPC2157[1]	32K	512	√	√	√	√	2	2	1	1	—	—	60	√	3.3	5	−40～85	2×8	1	LQFP100
LPC2158[1]	40K	512	√	√	√	√	2	2	1	1	1	—	60	√	3.3	5	−40～85	8+6	1	LQFP100
LPC2194	16K	256K	√	√	√	√	2	1	1	—	—	4	60	√	1.8	3.3	−40～125	4	—	LQFP64
LPC2210	16K	—	√	√	√	√	2	1	2	—	—	—	60	—	1.8	3.3	−40～85	8	—	LQFP144
LPC2220	64K	—	√	√	√	√	2	1	1	1	—	—	75	—	1.8	3.3	−40～85	8	—	LQFP144
LPC2212	16K	128K	√	√	√	√	2	1	2	—	—	—	60	√	1.8	3.3	−40～85	8	—	LQFP144
LPC2214	16K	256K	√	√	√	√	2	1	2	—	—	—	60	√	1.8	3.3	−40～85	8	—	LQFP144
LPC2290	16K	—	√	√	√	√	2	1	2	—	—	2	60	—	1.8	3.3	−40～85	8	—	LQFP144
LPC2292	16K	256K	√	√	√	√	2	1	2	—	—	2	60	√	1.8	3.3	−40～85	8	—	LQFP144
LPC2294	16K	256K	√	√	√	√	2	1	2	—	—	4	60	√	1.8	3.3	−40～125	8	—	LQFP144

[1] LPC2157/2158 支持 32 段 x4 的 LCD 控制器。

表 B-4 LPC2000 系列单片机寄存器列表

地址偏移	名称	描述	MSB							LSB	访问	复位值
1. 看门狗 WD												
0xE0000000	WDMOD	模式寄存器	—	—	—	—	WDINT	WDTOF	WDRESET	WDEN	R/W	0
0xE0000004	WDTC	定时器常数寄存器	32 位数据								R/W	0xFF
0xE0000008	WDFEED	喂狗寄存器	8 位数据(先为 0xAA,后为 0x55)								WO	NA
0xE000000C	WDTV	数值寄存器	32 位数据								RO	0Xff
2. 定时器 TIMER0												
0xE0004000	T0IR	T0 中断寄存器	CR3Int.	CR2Int.	CR1Int.	CR0Int.	MR3Int.	MR2Int.	MR1Int.	MR0Int.	R/W	0
0xE0004004	T0TCR	T0 控制寄存器	—	—	—	—	—	—	CTR 复位	CTR 使能	R/W	0
0xE0004008	T0TC	T0 计数器	32 位数据								R/W	0
0xE000400C	T0PR	T0 预分频寄存器	32 位数据								R/W	0
0xE0004010	T0PC	T0 预分频计数器	32 位数据								R/W	0
0xE0004014	T0MCR	T0 匹配控制寄存器	—	—	—	—	Stop on MR3	Reset on MR3	Int. on MR3	Stop on MR2	R/W	0
			Reset on MR2	Int. on MR2	Stop on MR1	Reset onMR1	Int. on MR1	Stop on MR0	Reset onMR0	Int. on MR0		
0xE0004018	T0MR0	T0 匹配寄存器 0	32 位数据								R/W	0
0xE000401C	T0MR1	T0 匹配寄存器 1	32 位数据								R/W	0
0xE0004020	T0MR2	T0 匹配寄存器 2	32 位数据								R/W	0
0xE0004024	T0MR3	T0 匹配寄存器 3	32 位数据								R/W	0

续表 B-4

地址偏移	名称	描述	MSB							LSB	访问	复位值
0xE0004028	T0CCR	T0 捕获控制寄存器	—	—	—	—	Int. on Cpt. 3	Int. on Cpt. 3 falling	Int. on Cpt. 3 rising	Int. on Cpt. 2	R/W	0
			Int. On Cpt. 2falling	Int. on Cpt. 2rising	Int. on Cpt. 1	Int. on Cpt. 1falling	Int. on Cpt. 1rising	Int. on Cpt. 0	Int. on Cpt. 0falling	Int. on Cpt. 0rising		
0xE000402C	T0CR0	T0 捕获寄存器 0	32 位数据								RO	0
0xE0004030	T0CR1	T0 捕获寄存器 1	32 位数据								RO	0
0xE0004034	T0CR2	T0 捕获寄存器 2	32 位数据								RO	0
0xE000403C	T0EMR	T0 外部匹配寄存器	—	—	—	—	外部匹配控制 3		外部匹配控制 2		R/W	0
			外部匹配控制 1		外部匹配控制 0		—	Ext. Mtch2.	Ext. Mtch. 1	Ext. Mtch0		
3. TIMER1												
0xE0008000	T1IR	T1 中断寄存器	CR3Int.	CR2Int.	CR1Int.	CR0Int.	MR3Int.	MR2Int.	MR1Int.	MR0Int.	R/W	0
0xE0008004	T1TCR	T1 控制寄存器	—	—	—	—	—	—	CTR 复位	CTR 使能	R/W	0
0xE0008008	T1TC	T1 计数器	32 位数据								R/W	0
0xE000800C	T1PR	T1 预分频寄存器	32 位数据								R/W	0
0xE0008010	T1PC	T1 预分频计数器	32 位数据								R/W	0
0xE0008014	T1MCR	T1 匹配控制寄存器	—	—	—	—	Stop on MR3	Reset on MR3	Int. on MR3	Stop on MR2	R/W	0
			Reset on MR2	Int. on MR2	Stop on MR1	Reset on MR1	Int. on MR1	Stop on MR0	Reset on MR0	Int. On MR0		
0xE0008018	T1MR0	T1 匹配寄存器 0	32 位数据								R/W	0
0xE000801C	T1MR1	T1 匹配寄存器 1	32 位数据								R/W	0
0xE0008020	T1MR2	T1 匹配寄存器 2	32 位数据								R/W	0
0xE0008024	T1MR3	T1 匹配寄存器 3	32 位数据								R/W	0

续表 B-4

地址偏移	名称	描述	MSB							LSB	访问	复位值
0xE0008028	T1CCR	T1 捕获控制寄存器	—	—	—	—	Int. on Cpt. 3	Int. on Cpt. 3 Falling	Int. on Cpt. 3 rising	Int. on Cpt. 2	R/W	0
			Int. on Cpt. 2 falling	Int. on Cpt. 2 rising	Int. on Cpt. 1	Int. on Cpt. 1 falling	Int. on Cpt. 1 rising	Int. on Cpt. 0	Int. on Cpt. 0 falling	Int. on Cpt. 0 rising		
0xE000802C	T1CR0	T1 捕获寄存器 0	32 位数据								RO	0
0xE0008030	T1CR1	T1 捕获寄存器 1	32 位数据								RO	0
0xE0008034	T1CR2	T1 捕获寄存器 2	32 位数据								RO	0
0xE0008038	T1CR3	T1 捕获寄存器 3	32 位数据								RO	0
0xE000803C	T1EMR	T1 外部匹配寄存器	—	—	—	—	外部匹配控制 3		外部匹配控制 2		R/W	0
			外部匹配控制 1		外部匹配控制		外部 Mtch. 3	外部 Mtch2.	外部 Mtch. 1	外部 Mtch. 0		
4. UART0												
0xE000C000	U0RBR (DLAB=0)	U0 接收缓冲	8 位数据								R0	未定义
	U0THR (DLAB=0)	U0 发送保持	8 位数据								WO	NA
	U0DLL (DLAB=1)	U0 除数锁存 LSB	8 位数据								R/W	0x01
0xE000C004	U0IER (DLAB=0)	U0 中断使能	0	0	0	0	0	使能 Rx 线状态 Int.	使能 THRE Int	使能 Rx 数据 Av. Int.	R/W	0
	U0DLM (DLAB=1)	U0 除数锁存 MSB	8 位数据								R/W	0
0xE000C008	U0IIR	U0 中断 ID	FIFO 使能		0	0	IIR3	IIR2	IIR1	IIR0	RO	0x01
	U0FCR	U0FIFO 控制	Rx 触发		—	—	—	U0 TxFIFO 复位	U0 RxFIFO 复位	U0FIFO 使能	WO	0

续表 B-4

地址偏移	名称	描述	MSB							LSB	访问	复位值
0xE000C00C	U0LCR	U0 线控制	DLAB	设置间隔	奇偶固定	偶选择	奇偶使能	停止位个数	字长度选择		R/W	0
0xE000C014	U0LSR	U0 线状态	RxFIFO 错误	TEMT	THRE	BI	FE	PE	OE	DR	RO	0x60
0xE000C01C	U0SCR	U0 高速缓存	8 位数据								R/W	0
5. UART1												
0xE0010000	U1RBR (DLAB=0)	U1 接收缓冲	8 位数据								R0	未定义
	U1THR (DLAB=0)	U1 发送保持	8 位数据								WO	NA
	U1DLL (DLAB=1)	U1 除数锁存 LSB	8 位数据								R/W	0x01
0xE0010004	U1IER (DLAB=0)	U1 中断使能	0	0	0	0	使能 Modem 状态 Int	使能 Rx 线状态 Int.	使能 THRE Int.	使能 Rx 数据 Av. Int.	R/W	0
	U1DLM (DLAB=1)	U1 除数锁存 MSB	8 位数据								R/W	0
0xE0010008	U1IIR	U1 中断 ID	FIFO 使能		0	0	IIR3	IIR2	IIR1	IIR0	RO	0x01
U1FCR	U1	FIFO 控制	Rx 触发		—	—	—	U1 TxFIFO 复位	U1 RxFIFO 复位	U1 FIFO 使能	WO	0
0xE001000C	U1LCR	U1 线控制	DLAB	设置间隔	奇偶固定	偶选择	奇偶使能	停止位个数	字长度选择		R/W	0
0xE0010010	U1MCR	U1Modem 控制	0	0	0	回送	0	0	RTS	DTR	R/W	0
0xE0010014	U1LSR	U1 线状态	RxFIFO 错误	TEMT	THRE	BI	FE	PE	OE	DR	RO	0x60
0xE001001C	U1SCR	U1 高速缓存	8 位数据								R/W	0
0xE0010018	U1MSR	U1Modem 状态	DCD	RI	DSR	CTS	Delta DCD	后沿 RI	Delta DSR	Delta CTS	RO	0
6. 脉宽调制器 PWM												

续表 B－4

地址偏移	名称	描述	MSB							LSB	访问	复位值
0xE0014000	PWMIR	PWM 中断	—	—	—	—	—	MR6 Int.	MR5 Int.	MR4 I nt.	R/W	0
			—	—	—	—	MR3 Int.	MR2 Int.	MR1 Int.	MR0 Int.		
0xE0014004	PWMTCR	定时器控制	—	—	—	—	PWM 使能	—	CTR 复位	CTR 使能	R/W	0
0xE0014008	PWMTC	定时器计数器	32 位数据								R/W	0
0xE001400C	PWMPR	预分频	32 位数据								R/W	0
0xE0014010	PWMPC	预分频器计数器	32 位数据								R/W	0
0xE0014014	PWMMCR	匹配控制	11 位保留—	—	—	Stop onMR6	Reset onMR6	Int. onMR6	Stop onMR5	Reset onMR5	R/W	0
			Int. onMR5	Stop onMR4	Reset onMR4	Int. onMR4	Stop onMR3	Reset onMR3	Int. onMR3	Stop onMR2		
			Reset onMR2	Int. onMR2	Stop onMR1	Reset onMR1	Int. onMR1	Stop onMR0	Reset onMR0	Int. onMR0		
0xE0014018	PWMMR0	匹配寄存器 0	32 位数据								R/W	0
0xE001401C	PWMMR1	匹配寄存器 1	32 位数据								R/W	0
0xE0014020	PWMMR2	匹配寄存器 2	32 位数据								R/W	0
0xE0014024	PWMMR3	匹配寄存器 3	32 位数据								R/W	0
0xE0014040	PWMMR4	匹配寄存器 4	32 位数据								R/W	0
0xE0014044	PWMMR5	匹配寄存器 5	32 位数据								R/W	0
0xE0014048	PWMMR6	匹配寄存器 6	32 位数据								R/W	0
0xE001404C	PWMPCR	控制	—	ENA6	ENA5	ENA4	ENA3	ENA2	ENA1	—	R/W	0
			—	SEL6	SEL5	SEL4	SEL3	SEL2	SEL1	—		
0xE0014050	PWMLER	锁存使能	—	使能 PWMM6 锁存	使能 PWMM5 锁存	使能 PWMM4 锁存	使能 PWMM3 锁存	使能 PWMM2 锁存	使能 PWMM1 锁存	使能 PWMM0 锁存	R/W	0
7. I2C 接口												
0xE001C000	I2CONSET	控制设置	—	I2EN	STA	STO	SI	AA	—	—	R/W	0

续表 B-4

地址偏移	名称	描述	MSB							LSB	访问	复位值
0xE001C004	I2STAT	状态	5 位状态					0	0	0	RO	0xF8
0xE001C008	I2DAT	数据	8 位数据								R/W	0
0xE001C00C	I2ADR	从地址	7 位数据							GC	R/W	0
0xE001C010	I2SCLH	SCL 占空比高半字	16 位数据								R/W	0x04
0xE001C014	I2SCLL	SCL 占空比低半字	16 位数据								R/W	0x04
0xE001C018	I2CONCLR	控制清零	—	I2ENC	STAC	—	SIC	AAC	—	—	WO	NA
8. SPI0 接口												
0xE0020000	S0SPCR	控制	SPIE	LSBF	MSTR	CPOL	CPHA	—	—	—	R/W	0
0xE0020004	S0SPSR	状态	SPIF	WCOL	ROVR	MODF	ABRT	—	—	—	RO	0
0xE0020008	S0SPDR	数据	8 位数据								R/W	0
0xE002000C	S0SPCCR	时钟计数器	8 位数据								R/W	0
0xE002001C	S0SPINT	中断标志	—	—	—	—	—	—	—	SPI Int	R/W	0
9. SPI1 接口												
0xE0030000	S1SPCR	控制	SPIE	LSBF	MSTR	CPOL	CPHA	—	—	—	R/W	0
0xE0030004	S1SPSR	状态	SPIF	WCOL	ROVR	MODF	ABRT	—	—	—	RO	0
0xE0030008	S1SPDR	数据	8 位数据								R/W	0
0xE003000C	S1SPCCR	时钟计数器	8 位数据								R/W	0
0xE003001C	S1SPINT	中断标志	—	—	—	—	—	—	—	SPI Int	R/W	0
10. 实时时钟 RTC												
0xE0024000	ILR	中断位置	—	—	—	—	—	—	RTCALF	RTCCIF	R/W	*
0xE0024004	CTC	时钟节拍计数器	15 位数据							—	RO	*
0xE0024008	CCR	时钟控制	—	—	—	—	CTTEST		CTCRST	CLKEN	R/W	*
0xE002400C	CIIR	递增中断寄存器	IM YEAR	IM MON	IM DOY	IM DOW	IM DOM	IM HOUR	IM MIN	IM SEC	R/W	*

续表 B-4

地址偏移	名称	描述	MSB							LSB	访问	复位值
0xE0024010	AMR	报警屏蔽	AMRYEAR	AMRMON	AMR DOY	AMR DOW	AMR DOM	AMR HOUR	AMR MIN	AMR SEC	R/W	*
0xE0024014	CTIME0	完整时间寄存器 0	—	—	—	—	—	星期(3 位)			RO	*
			—	—	—	小时(5 位)						
			—	—	分(6 位)							
			—	—	秒(6 位)							
0xE0024018	CTIME1	完整时间寄存器 1	—	—	—	—						
			年(12 位)									
			—	—	—	—	月(4 位)					
			—	—	—	日(月份)(5 位)					RO	*
0xE002401C	CTIME2	完整时间寄存器 2	20 位(保留)					日(年)(12 位)			RO	*
0xE0024020	SEC	秒寄存器	—	—	6 位数据						R/W	*
0xE0024024	MIN	分寄存器	—	—	6 位数据						R/W	*
0xE0024028	HOUR	小时寄存器	—	—	—	5 位数据					R/W	*
0xE002402C	DOM	日期(月)寄存器	—	—	—	5 位数据					R/W	*
0xE0024030	DOW	星期寄存器	—	—	—	—	—	3 位数据			R/W	*
0xE0024034	DOY	日期(年)寄存器	7 位保留—	—	—	—	9 位数据				R/W	*
0xE0024038	MONTH	月寄存器	—	—	—	—	4 位数据				R/W	*
0xE002403C	YEAR	年寄存器	4 位保留—	—	12 位数据						R/W	*
0xE0024060	ALSEC	秒报警值	—	—	6 位数据						R/W	*
0xE0024064	ALMIN	分报警值	—	—	6 位数据						R/W	*
0xE0024068	ALHOUR	小时报警值	—	—	—	5 位数据					R/W	*

续表 B-4

地址偏移	名称	描述	MSB							LSB	访问	复位值
0xE002406C	ALDOM	日期(月)报警值	—	—	—	5 位数据					R/W	*
0xE0024070	ALDOW	星期报警值	—	—	—	—	—	3 位数据			R/W	*
0xE0024074	ALDOY	日期(年)报警值	7 位保留—	—	—	9 位数据					R/W	*
0xE0024078	ALMON	月报警值	—	—	—	—	4 位数据				R/W	*
0xE002407C	ALYEAR	年报警值	4 位保留—	—	12 位数据						R/W	*
0xE0024080	PREINT	预分频值整数部分	3 位保留—	—	13 位数据						R/W	0
0xE0024084	PREFRAC	预分频值小数部分	—	15 位数据							R/W	0
11. GPIO PORT0												
0xE0028000	IO0PIN	GPIO0 管脚值	32 位数据								RO	NA
0xE0028004	IO0SET	GPIO0 输出设置	32 位数据								R/W	0
0xE0028008	IO0DIR	GPIO0 方向控制	32 位数据								R/W	0
0xE002800C	IO0CLR	GPIO0 输出清零	32 位数据								WO	
12. GPIO PORT1												
0xE0028010	IO1PIN	GPIO1 管脚值	32 位数据								RO	
0xE0028014	IO1SET	GPIO1 输出设置	32 位数据								R/W	0
0xE0028018	IO0DIR	GPIO1 方向控制	32 位数据								R/W	0
0xE002801C	IO1CLR	GPIO1 输出清零	32 位数据								WO	0
13. GPIO PORT2												
0xE0028020	IO2PIN	GPIO2 管脚值	32 位数据								RO	NA
0xE0028024	IO2SET	GPIO2 输出设置	32 位数据								R/W	0
0xE0028028	IO2DIR	GPIO2 方向控制	32 位数据								R/W	0
0xE002802C	IO2CLR	GPIO2 输出清零	32 位数据								WO	0
14. GPIO PORT3												
0xE0028030	IO3PIN	GPIO3 管脚值	32 位数据								RO	NA

续表 B－4

地址偏移	名称	描述	MSB							LSB	访问	复位值
0xE0028034	IO3SET	GPIO3 输出设置	32 位数据								R/W	0
0xE0028038	IO3DIR	GPIO3 方向控制	32 位数据								R/W	0
0xE002803C	IO3CLR	GPIO3 输出清零	32 位数据								WO	0
15. 管脚连接模块												
0xE002C000	PINSEL0	功能选择寄存器 0	32 位数据								R/W	0
0xE002C004	PINSEL1	功能选择寄存器 1	32 位数据								R/W	0
0xE002C014	PINSEL2	功能选择寄存器 2	—								R/W	0
			24 位管脚配置数据(144 脚封装)									
			保留位（64 脚封装）									
							配置数据		—			
16. ADC												
0xE0034000	ADCR	ADC 控制	—	—	—	—	EDGE	START			R/W	01
			TEST1:0		PDN	—	CLKS			BURST		
			8 位数据									
			8 位数据									
0xE0034004	ADDR	ADC 数据	DONE	OVER RUN	—	—	—	CHN			R/W	X
			—	—	—	—	—	—	—	—		
			10 位数据									
					—	—	—	—	—	—		
17. 系统控制模块												
0xE01FC000	MAMCR	MAM 控制	—	—	—	—	—	—	2 位数据		R/W	0
0xE01FC004	MAMTIM	MAM 时间控制	—	—	—	—	—	3 位数据			R/W	0x07

续表 B-4

地址偏移	名称	描述	MSB							LSB	访问	复位值
0xE01FC040	MEMMAP	存储器映射控制	—	—	—	—	—	—	2 位数据		R/W	0
0xE01FC080	PLLCON	PLL 控制	—	—	—	—	—	—	PLLC	PLLE	R/W	0
0xE01FC084	PLLCFG	PLL 配置	—	2 位数据 PSEL		5 位数据 MSEL					R/W	0
0xE01FC088	PLLSTAT	PLL 状态	—	—	—	—	—	PLOCK	PLLC	PLLE	RO	0
			—	2 位数据 PSEL						5 位数据 MSEL		
0xE01FC08C	PLLFEED	PLL 馈送							8 位数据		WO	NA
0xE01FC0C0	PCON	功率控制	—	—	—	—	—	—	PD	IDL	R/W	0
0xE01FC0C4	PCONP	外设功率控制	19 位保留(—)			PCAD	—	PCSPI1	PCRTC	PCSPI0	R/W	0x3BE
			PC I2C	—	PC PWM0	PC UART1	PC UART0	PC TIM1	PC TIM0	—		
0xE01FC100	VPBDIV	VPB 分频器控制	—	—	—	—	—	—	2 位数据		R/W	0
0xE01FC140	EXTINT	外部中断标志	—	—	—	—	EINT3	EINT2	EINT1	EINT0	R/W	0
0xE01FC144	EXTWAKE	外部中断唤醒	—	—	—	—	EXT WAKE 3	EXT WAKE 2	EXT WAKE 1	EXT WAKE 0	R/W	0
0xE01FC148	EXTMODE	外部中断模式寄存器	—	—	—	—	EXT MODE3	EXT MODE2	EXT MODE1	EXT MODE0	R/W	0
0xE01FC14C	EXTPOLAR	外部中断极性寄存器	—	—	—	—	EXT POLAR3	EXT POLAR2	EXT POLAR1	EXT POLAR0	R/W	0
18. 外部存储器控制器												
0xFFE00000	BCFG0	BANK0 配置寄存器	AT		MW (BOOT1:0)		BM	WP	WPERR	BUSERR	R/W	0xFBEF
			—	—	—	—	—	—	—	—		
			WST2					RBLE	WST1			
			WST1			—	IDCY					

续表 B-4

地址偏移	名称	描述	MSB							LSB	访问	复位值
0xFFE00004	BCFG1	BANK 1 配置寄存器	AT		MW(0x2)		BM	WP	WPERR	BUSERR	R/W	0x2000FBEF
			—	—	—	—	—	—	—	—		
			WST2					RBLE	WST1			
			WST1			—	IDCY					
0xFFE00008	BCFG2	BANK 2 配置寄存器	AT		MW(0x1)		BM	WP	WPERR	BUSERR	R/W	0x1000FBEF
			—	—	—	—	—	—	—	—		
			WST2					RBLE	WST1			
			WST1			—	IDCY					
0xFFE0000C	BCFG3	BANK 3 配置寄存器	AT		MW(0x0)		BM	WP	WPERR	BUSERR	R/W	0xFBEF
			—	—	—	—	—	—	—	—		
			WST2					RBLE	WST1			
			WST1			—	IDCY					
19. 向量中断控制器												
0xFFFFF000	VICIRQ Status	IRQ 状态寄存器	32 位数据								RO	0
0xFFFFF004	VICFIQStatus	FIQ 状态寄存器	32 位数据								RO	0
0xFFFFF008	VICRawIntr	所有中断状态	32 位数据								RO	0
0xFFFFF00C	VICIntSelect	中断选择	32 位数据								R/W	0
0xFFFFF010	VICIntEnable	中断使能	32 位数据								R/W	0
0xFFFFF014	VICIntEnClear	中断使能清零	32 位数据								WO	0
0xFFFFF018	VICSoftInt	软件中断	32 位数据								R/W	0

续表 B-4

地址偏移	名称	描述	MSB							LSB	访问	复位值
0xFFFFF01C	VICSoftIntClear	软件中断清零	32 位数据								W	0
0xFFFFF020	VICProtection	保护使能	32 位数据								R/W	0
0xFFFFF030	VICVectAddr	向量地址	32 位数据								R/W	0
0xFFFFF034	VICDefvectAddr	默认向量地址	32 位数据								R/W	0
0xFFFFF100	VICVectAddr0	向量地址 0	32 位数据								R/W	0
0xFFFFF104	VICVectAddr1	向量地址 1	32 位数据								R/W	0
0xFFFFF13C	VICVectAddr15	向量地址 15	32 位数据								R/W	0
0xFFFFF200	VICVectCntl0	向量控制 0 寄存器	—	—	1 位数据	5 位数据					R/W	0
0xFFFFF204	VICVectCntl1	向量控制 1 寄存器	—	—	1 位数据	5 位数据					R/W	0
0xFFFFF23C	VICVectCntl15	向量控制 15 寄存器	—	—	1 位数据	5 位数据					R/W	0

附录C

一、μC/OS－II 配置手册

以下给出 μC/OS－II 的初始化配置选项，初始化配置项由一系列＃define constant 语句构成，并放在文件 OS_CFG. H 中通过条件编译来实现。

1. 杂项

本节介绍 OS_CFG. H 文件中每个用＃define constant 定义的常量。

(1)OS_ARG_CHK_EN：用于设定是否希望大多数 μC/OS－II 中的函数执行参数检查的功能，一般应该允许参数检查，即该项应当设为 1。

(2)OS_CPU_HOOKS_EN：用于设定是否在 OS_CPU_C. C 中声明钩子接口函数。该项设置为 1，表明需要这些接口函数。μC/OS－II 中提供了 9 个对外接口函数，它们可在移植文件(OS_CPU_C. C)中声明，也可以在用户代码中声明，这些函数见表 C－1。

表 C－1　9 个对外接口钩子函数

OSInitHookBegin( )	OSTaskStatHook( )
OSInitHookEnd( )	OSTaskSwHook( )
OSTaskCreateHook( )	OSTCBInitHook( )
OSTaskDelHook( )	OSTimeTickHook( )
OSTaskIdleHook( )	

(3)OS_LOWEST_PRIO：用于设定系统中要使用的最低任务优先级(最大优先级数)。其值为一个小于 63 的数值，且 OS_LOWEST_PRIO 留给空闲任务 OSTaskIdle( )，OS_LOWEST_PRIO－1 留给统计任务 OSTaskStat( )。

(4)OS_MAX_EVENTS：用于定义系统中可分配的的事件控制块的最大数目。系统中的每一个消息邮箱、消息队列、互斥型信号量或者信号量都需要一个事件控制块。

(5)OS_MAX_FLAGS：用于定义用户程序中所需要的事件标志的最大数目，该项的数值必须大于 0。且必须设定 OS_FLAG_EN 的值为 1，才能使用事件标准组函数。

(6)OS_MAX_MEM_PART：用于定义系统内存块的最大数目，内存块将由内存管理函数操作。开关量 OS_MEM_EN 必须设定为 1，才能使用内存块。

(7)OS_MAX_QS：用于定义系统中可以创建的消息队列的最大数目。开关量 OS_Q_EN 必须设定为 1，才能使用消息队列函数。

(8)OS_MAX_TASKS：用于定义用户程序中可以使用的最多任务数，其值小于 62。

(9)OS_TASK_IDLE_STK_SIZE：用于设定 μC/OS－II 中空闲任务堆栈的容量。注意堆栈容量的单位是 OS_STK。空闲任务堆栈的容量取决于所使用的处理器，以及预期的最大中断嵌套数。

(10)OS_TASK_STAT_EN：设定系统是否使用 μC/OS－II 中的统计任务及其初始化函

数。如果设为1,则使用统计任务 OSTaskStat( )及其初始化函数。统计任务运行1次/秒,计算以百分数表示的当前系统的CPU使用率,结果保存在8位变量 OSCPUUsage 中。

(11)OS_TASK_STAT_STK_SIZE:用于设置 μC/OS-II 中统计任务堆栈的容量。注意单位是 OS_STK。统计任务堆栈的容量取决于所使用的处理器类型,以及如下操作:

①进行32位算术运算(减法和除法)所需的堆栈空间。

②调用 OSTimeDly()所需的堆栈空间。

③调用 OSTaskStatHook()所需的堆栈空间。

④预计最大的中断嵌套数。

(12)OS_SHED_LOCK_EN:该开关量用于控制是否使用 OSSchedLock()和 OSSchedUnlock()函数。当设为1时,表示使用这2个函数。

(13)OS_TICKS_PER_SEC:用于设定调用 OSTimeTick()函数的频率。用户需要在自己的初始化程序中保证 OSTimeTick()按所设定的频率调用。在 OSStatInit(),OSTaskStat()及 OSTimeDlyHMSM()函数中都会用到 OS_TICKS_PER_SEC。

2. 事件标志

(1)OS_FLAG_EN:用于控制是否使用所有事件标志函数及其相关的数据结构。

(2)OS_FLAG_WAIT_CLR_EN:用于控制是否允许生成用于等待事件标志清0的代码。一般用户希望等待至事件标志变为1,但也可能希望等待至事件标志清0,这时可通过此项进行设置。

(3)OS_FLAG_ACCEPT_EN:控制是否使用 OSFlagAccept()函数。

(4)OS_FLAG_DEL_EN:控制是否使用 OSFlagDel()函数。

(5)OS_FLAG_QUERY_EN:控制是否使用 OSFlagQuery()函数。

3. 消息邮箱

(1)OS_MBOX_EN:控制是否使用 μC/OS-II 中的消息邮箱函数及其相关的数据结构。

(2)OS_MBOX_ACCEPT_EN:控制是否使用 OSMboxAccept()函数。

(3)OS_MBOX_DEL_EN:控制是否使用 OSMboxDel()函数。

(4)OS_MBOX_POST_EN:控制是否使用 OSMboxPost()函数。若希望用功能更强的 OSMboxPostOpt()函数替代 OSMboxPost()函数,应将本开关量设为0。

(5)OS_MBOX_POST_OPT_EN:控制是否使用 OSMboxPostOpt()函数。

(6)OS_MBOX_QUERY_EN:控制是否使用 OSMboxQuery()函数。

4. 内存管理

(1)OS_MEN_EN:控制是否使用 μC/OS-II 中的内存块管理函数及其相关的数据结构。

(2)OS_MEN_QUERY_EN:控制是否使用 OSMemQuery()函数。

5. 互斥型信号量

(1)OS_MUTEX_EN:控制是否使用互斥型信号量函数及其相关的数据结构。

(2)OS_MUTEX_ACCEPT_EN:控制是否使用 OSMutexAccept()函数。

(3)OS_MUTEX_DEL_EN:控制是否使用 OSMutexDel()函数。

(4)OS_MUTEX_QUERY_EN:控制是否使用 OSMutexQuery()函数。

6. 消息队列

(1)OS_Q_EN:控制是否使用 μC/OS-II 中的消息队列函数及其相关的数据结构。

(2)OS_Q_ACCEPT_EN:控制是否使用 OSQAccept()函数。

(3)OS_Q_DEL_EN:控制是否使用 OSQDel()函数。

(4)OS_Q_FLUSH_EN:控制是否使用 OSQPost()函数。

(5)OS_Q_POST_EN:控制是否使用 OSQPost()函数。

(6)OS_Q_POST_FRONT_EN:控制是否使用 OSQPostFront()函数。

(7)OS_Q_POST_OPT_EN:控制是否使用 OSQPostOpt()函数。

(8)OS_Q_QUERY_EN:控制是否使用 OSQQuery()函数。

7. 信号量

(1)OS_SEM_EN:控制是否使用 μC/OS-II 中的信号量管理函数及其相关的数据结构。

(2)OS_SEM_ACCEPT_EN:控制是否使用 OSSemDel()函数。

(3)OS_SEM_DEL_EN:控制是否使用 OSSemDel()函数。

(4)OS_SEM_QUERY_EN:控制是否使用 OSSemQuery()函数。

8. 任务管理

(1)OS_TASK_CHANGE_PRIO_EN:此开关量控制是否使用 μC/OS-II 中的 OSTaskChangePrio()函数。设为 1 时,表示使用;如果在应用程序中不需要改变运行任务的优先级,则应将此开关量设为 0,以减少 μC/OS-II 所需的代码空间。

(2)OS_TASK_CREATE_EN:此开关量控制是否使用 μC/OS-II 中的 OSTaskCreate()函数。设为 1 时,表示使用。OS_TASK_CREATE_EN 和 OS_TASK_CREATE_EXT_EN 至少有 1 个须为 1。

(3)OS_TASK_CREATE_EXT_EN:此开关量控制是否使用 μC/OS-II 中的 OSTaskCreateExt()函数。设为 1 时表示使用。如果要使用堆栈检查函数 OSTaskStkChk(),则必须用 OSTaskCreateExt()建立任务。

(4)OS_TASK_DEL_EN:此开关量控制是否使用 μC/OS-II 中的 OSTaskDel()函数,设为 1 时,可以使用此函数删除任务。

(5)OS_TASK_SUSPEND_EN:此开关量控制量是否使用 μC/OS-II 中的 OSTaskSuspend()和 OSTaskResume()函数。

(6)OS_TASK_QUERY_EN:控制是否使用 OSTaskSuspend()函数。

9. 时钟管理

(1)OS_TIME_DLY_HMSM_EN:控制是否使用 OSTimeDlyHMSM()函数。设为 1 时,表示可以使用该函数对一个任务进行一定时间的延时。

(2)OS_TIME_DLY_RESUME_EN:控制是否使用 OSTimeDlyResume()函数。

(3)OS_TIME_GET_SET_EN:控制是否使用 OSTimeGet()和 OSTimeSet()函数。

10. 函数概述

表 C-2 分类列出了 μC/OS-II 中的每个函数。"置 1"表示对某个开关量置 1,才可以使用该函数。另外还列出了其他影响函数配置的常量。为了使所需的配置生效,在编译 μC/OS

-II 时,必须包含 OS_CFG. H 文件,用 # define constants 定义。

表 C-2　μC/OS-II 函数和相关常量

类型	置 1	其他常量
杂项		
OSInit()	无	OS_MAX_EVENTS / OS_Q_EN and OS_MAX_QS OS_MEM_EN / OS_TASK_IDLE_STK_SIZE OS_TASK_STAT_EN / OS_TASK_STAT_STK_SIZE
OSSchedLock()	OS_SCHED_LOCK_EN	无
OSSchedUnlock()	OS_SCHED_LOCK_EN	无
OSStart()	无	无
OSStatInit()	OS_TASK_STAT_EN && OS_TASK_CREATE_EXT_EN	OS_TICKS_PER_SEC
OSVersion()	无	无
中断处理		
OSIntEnter()	无	无
OSIntExit()	无	无
事件标志		
OSFlagAccept()	OS_FLAG_EN	OS_FLAG_ACCEPT_EN
OSFlagCreate()	OS_FLAG_EN	OS_MAX_FLAGS
OSFlagDel()	OS_FLAG_EN	OS_FLAG_DEL_EN
OSFlagPend()	OS_FLAG_EN	OS_FLAG_WAIT_CLR_EN
OSFlagPost()	OS_FLAG_EN	无
OSFlagQuery()	OS_FLAG_EN	OS_FLAG_QUERY_EN
消息邮箱		
OSMboxAccept()	OS_MBOX_EN	OS_MBOX_ACCEPT_EN
OSMboxCreate()	OS_MBOX_EN	OS_MAX_EVENTS
OSMboxDel()	OS_MBOX_EN	OS_MBOX_DEL_EN
OSMboxPend()	OS_MBOX_EN	无
OSMboxPost()	OS_MBOX_EN	OS_MBOX_POST_EN
OSMboxPostOpt()	OS_MBOX_EN	OS_MBOX_POST_OPT_EN
OSMboxQuery()	OS_MBOX_EN	OS_MBOX_QUERY_EN
内存块管理		
OSMemCreate()	OS_MEM_EN	OS_MAX_MEM_PART

类型	置 1	其他常量
OSMemGet()	OS_MEM_EN	无
OSMemPut()	OS_MEM_EN	无
OSMemQuery()	OS_MEM_EN	OS_MEM_QUERY_EN
互斥型信号量管理		
OSMutexAccept()	OS_MUTEX_EN	OS_MUTEX_ACCEPT_EN
OSMutexCreate()	OS_MUTEX_EN	OS_MAX_EVENTS
OSMutexDel()	OS_MUTEX_EN	OS_MUTEX_DEL_EN
OSMutexPend()	OS_MUTEX_EN	无
OSMutexPost()	OS_MUTEX_EN	无
OSMutexQuery()	OS_MUTEX_EN	OS_MUTEX_QUERY_EN
消息队列		
OSQAccept()	OS_Q_EN	OS_Q_ACCEPT_EN
OSQCreate()	OS_Q_EN	OS_MAX_EVENTS / OS_MAX_QS
OSQDel()	OS_Q_EN	OS_Q_DEL_EN
OSQFlush()	OS_Q_EN	OS_Q_FLUSH_EN
OSQPend()	OS_Q_EN	无
OSQPost()	OS_Q_EN	OS_Q_POST_EN
OSQPostFront()	OS_Q_EN	OS_Q_POST_FRONT_EN
OSQPostOpt()	OS_Q_EN	OS_Q_POST_OPT_EN
OSQQuery()	OS_Q_EN	OS_Q_QUERY_EN
信号量管理		
OSSemAccept()	OS_SEM_EN	OS_SEM_ACCEPT_EN
OSSemCreate()	OS_SEM_EN	OS_MAX_EVENTS
OSSemDel()	OS_SEM_EN	OS_SEM_DEL_EN
OSSemPend()	OS_SEM_EN	无
OSSemPost()	OS_SEM_EN	无
OSSemQuery()	OS_SEM_EN	OS_SEM_QUERY_EN
任务管理		
OSTaskChangePrio()	OS_TASK_CHANGE_PRIO_EN	OS_LOWEST_PRIO
OSTaskCreate()	OS_TASK_CREATE_EN	OS_MAX_TASKS
OSTaskCreateExt()	OS_TASK_CREATE_EXT_EN	OS_MAX_TASKS / OS_TASK_STK_CLR
OSTaskDel()	OS_TASK_DEL_EN	OS_MAX_TASKS

类型	置1	其他常量
OSTaskDelReq()	OS_TASK_DEL_EN	OS_MAX_TASKS
OSTaskResume()	OS_TASK_SUSPEND_EN	OS_MAX_TASKS
OSTaskStkChk()	OS_TASK_CREATE_EXT_EN	OS_MAX_TASKS
OSTaskSuspend()	OS_TASK_SUSPEND_EN	OS_MAX_TASKS
OSTaskQuery()	OS_TASK_QUERY_EN	OS_MAX_TASKS
时钟管理		
OSTimeDly()	无	无
OSTimeDlyHMSM()	OS_TIME_DLY_HMSM_EN	OS_TICKS_PER_SEC
OSTimeDlyResume()	OS_TIME_DLY_RESUME_EN	OS_MAX_TASKS
OSTimeGet()	OS_TIME_GET_SET_EN	无
OSTimeSet()	OS_TIME_GET_SET_EN	无
OSTimeTick()	无	无
用户定义函数		
OSTaskCreateHook()	OS_CPU_HOOKS_EN	无
OSTaskDelHook()	OS_CPU_HOOKS_EN	无
OSTaskStatHook()	OS_CPU_HOOKS_EN	无
OSTaskSwHook()	OS_CPU_HOOKS_EN	无
OSTimeTickHook()	OS_CPU_HOOKS_EN	无

二、μC/OS-II速查手册

1. 杂项

```
Void     OSInit(void);           //函数原型
Void     OSIntEnter(void);
Void     OSIntExit (void);
Void     OSSchedLock(void);
Void     OSSchedUnlock(void);
Void     OSStart(void);
Void     OSStatInit(void);
INT16U   OSVersion(void);
OS_ENTER_CRITICAL()              //宏定义
```

```
OS_EXIT_CRITICAL()
INT8S        OSCPUUsage      //全局变量,CPU利用率(%)
INT8U        OSIntNesting    //全局变量,中断嵌套层数(0~255)
INT8U        OSLockNesting   //全局变量,OSSchedLock()的嵌套层数
BOOLEAN      OSRunning       //全局变量,正在运行多任务的标志
INT8U        OSTaskCtr       //全局变量,已经建立了的任务数
OS_TCB       *OSTCBCur       //全局变量,指向当前任务控制块TCB的指针
OS_TCB       *OSTCBHighRdy   //全局变量,指向最高优先级任务的控制块TCB的指针
```

2. 任务管理

```
INT8U  OSTaskChangePrio( INT8U oldprio,INT8U newprio );     //函数原型
INT8U  OSTaskCreate( void ( *task)(void*pd),void *pdata,OS_STK *ptos,INT8U prio );
INT8U  OSTaskCreateExt( void ( *task)(void *pd),void *pdata,OS_STK *ptos,INT8U
                        prio,INT16U id,  OS_STK *pbos,INT32U stk_size,void *pext,
                        INT16U opt );
INT8U  OSTaskDel( INT8U prio );
INT8U  OSTaskDelReq( INT8U prio );
INT8U  OSTaskResume( INT8U prio );
INT8U  OSTaskSuspend( INT8U prio );
INT8U  OSTaskStkChk( INT8U prio,OS_STK_DATA *pdata );
INT8U  OSTaskQuery( INT8U prio,OS_TCB *pdata );
OS_TASK_OPT_STK_CHK     // OSTaskCreateExt()的opt参数,允许该任务的堆栈检验
OS_TASK_OPT_STK_CLR     // OSTaskCreateExt()的opt参数,建立任务时将堆栈清0
OS_TASK_OPT_SAVE_FP     // OSTaskCreateExt()的opt参数,保存浮点数寄存器
OS_NO_ERR               // OSTaskDelReq()的返回值,删除任务请求已经注册
OS_TASK_NOT_EXIST       // OSTaskDelReq()的返回值,任务已经被删除
OS_TASK_DEL_IDEL        // OSTaskDelReq()的返回值,不能删除空闲任务!
OS_PRIO_INVALID         // OSTaskDelReq()的返回值,无效优先级
typedef struct          // OSTaskStkChk()数据结构
{
     INT32U  OSFree;   //堆栈中从未使用过的字节数
     INT32U  OSUsed;   //堆栈中已用到过的字节数
}OS_STK_DATA;
typedef struct os_tcb   // OSTaskQuery()数据结构
{
    OS_STK          *OSTCBStkPtr;        //堆栈指针
    Void            *OSTCBExkPtr;        //TCB扩展指针
    OS_STK          *OSTCBStkBottom;     //指向栈底的指针
    INT32U          OSTCBStkSize;        //堆栈容量(可保存的地址数)
    INT16U          OSTCBOpt;            //任务选项
```

```
    INT16U          OSTCBId;              //任务标志 Task ID(0～65 535)
    struct os_tcb   * OSTCBNext;          //指向下一个任务控制块 TCB
    struct os_tcb   * OSTCBPrev;          //指向下一个任务控制块 TCB
    OS_EVENT        * OSTCBEventPtr;      //指向任务控制块 ECB 的指针
    Void            * OSTCBMsg;           //消息已经收到
    OS_FLAG_NODE    * OSTCBFlagNode;      //指向事件标志节点的指针
    OS_FLAGS        OSTCBFlagsRdy;        //使任务进入就绪态的事件标志
    INT16U          OSTCBDly;             //任务延迟的时钟节拍数,或超时
    INT8U           OSTCBStat;            //任务状态
    INT8U           OSTCBPrio;            //任务优先级,0 为最高
    INT8U           OSTCBX;
    INT8U           OSTCBY;
    INT8U           OSTCBBitX;
    INT8U           OSTCBBitY;
    BOOLEAN         OSTCBDelReq;          //告知任务删除自己的标志
} OS_TCB;
```

3. 时间管理

```
Void      OSTimeDly( INT16U ticks );        //函数原型
INT8U     OSTimeDlyHMSM( INT8U hours,INT8U minutes,INT8U seconds,INT16U milli );
INT8U     OSTimeDlyResume(INT8U prio)
INT32U    OSTimeGet(void);
Void      OSTimeSet(INT32U ticks);
Void      OSTimeTick(void)
```

4. 信号量管理

```
INT16U       OSSemAccept( OS_EVENT * pevent );   //函数原型
OS_EVENT     * OSSemCreate( INT16U cnt );
OS_EVENT     * OSSemDel( OS_EVENT * pevent,INT8U opt,INT8U * err );
Void         OSSemPend( OS_EVENT * pevent,INT16U timeout,INT8U * err );
INT8U        OSSemPost( OS_EVENT * pevent );
INT8U        OSSemQuery( OS_EVENT * pevent,OS_SEM_DATA * pdata );
OS_DEL_NO_PEND       // OSSemDel()的 opt 参数,没有任务等待时才删除
OS_DEL_ALWAYS        // OSSemDel()的 opt 参数,无论有无等待的任务都能删除
typedef struct                                        // OSSemQuery()数据结构
{
    INT16U  OSCnt;                              //信号量计数器
    INT8U  OSEventTbl[OS_EVENT_TBL_SIZE];       //等待事件的任务列表
    INT8U  OSEventGrp;
}OS_SEM_DATA;
```

5. 互斥型信号量管理

```
INT8U       OSMutexAccept( OS_EVENT * pevent,INT8U * err );        //函数原型
OS_EVENT    OSMutexCreate( INT8U prio,INT8U * err );
OS_EVENT    OSMutexDel( OS_EVENT * pevent,INT8U * opt,INT8U * err );
Void        OSMutexPend( OS_EVENT * pevent,INT16U timeout,INT8U * err );
INT8U       OSMutexPost( OS_EVENT * pevent);
INT8U       OSMutexQuery( OS_EVENT * pevent,OS_MUTEX_DATA * pdata );
OS_DEL_NO_PEND       // OSMutexDel()的 opt 参数,没有任务等待时才删除
OS_DEL_ALWAYS        // OSMutexDel()的 opt 参数,无论有无等待的任务都删除
typedef struct       // OSMutexQuery()数据结构
{
    INT8U  OSEventTbl[OS_EVENT_TBL_SIZE]; //等待 mutex 的任务列表
    INT8U  OSEventGrp;
    INT8U  OSValue;                       //mutex 的值//(0 = 被占用,1 = 可以使用)
    INT8U  OSOwnerPrio;                   //占用 mutex 的任务的优先级
    INT8U  OSMutexPIP;                    //优先级继承优先级,或//0xFF 没有被占用
}OS_MUTEX_DATA;
```

6. 事件标志组管理

```
OS_FLAGS     OSFlagAccept( OS_FLAG_GRP * pgrp,OS_FLAGS flags,INT8U wait_type,INT8U
                           * err );   //函数原型
OS_FLAG_GRP  * OSFlagCreate(OS_FLAGS flags,INT8U * err );
OS_FLAG_GRP  * OSFlagDel( OS_FLAG_GRP * pgrp,INT8U opt,INT8U * err );
OS_FLAGS     OSFlagPend( OS_FLAG_GRP * pgrp,OS_FLAGS flags,INT8U wait_type,INT16U
                         timeout, INT8U * err );
OS_FLAGS     OSFlagPost( OS_FLAG_GRP * pgrp,OS_FLAGS flags,INT8U operation,INT8U * err );
OS_FLAGS     OSFlagQuery( OS_FLAG_GRP * pgrp,INT8U * err );
OS_DEL_NO_PEND       // OSFlagDel()的 opt 参数,没有任务等待时才删除
OS_DEL_ALWAYS        // OSFlagDel()的 opt 参数,无论有无等待的任务都删除
```

7. 消息邮箱管理

```
Void         * OSMboxAccpet( OS_EVENT * pevent );                  //函数原型
OS_EVENT     * OSMboxCreate( void * msg );
OS_EVENT     * OSMboxDel( OS_EVENT * pevent,INT8U opt,INT8U * err );
Void         * OSMboxPend( OS_EVENT * pevent,INT16U timeout,INT8U * msg );
INT8U        OSMboxPost( OS_EVENT * pevent,void * msg);
INT8U        OSMboxPostOpt( OS_EVENT * pevent,void * msg,INT8U opt );
INT8U        OSMboxQuery( OS_EVENT * pevent,OS_MBOX_DATA * pdata );
OS_DEL_NO_PEND     // OSMboxDel()的 opt 参数,没有任务等待时才删除
OS_DEL_ALWAYS      // OSMboxDel()的 opt 参数,无论有无等待的任务都删除
```

```
OS_POST_OPT_NONE  // OSMboxPostOpt()的 opt 参数,消息发给一个等待邮箱消息的任务//
                    (等同于 OSMboxPost())
OS_POST_OPT_BROADCAST  // OSMboxPostOpt()的 opt 参数,广播给所有等待邮箱消息的任务
typedef struct                                              // OSMboxQuery()数据结构
{
    Void    * OSMsg;                            //邮箱中指向消息的指针
    INT8U  OSEventTbl[OS_EVENT_TBL_SIZE];       //等待列表
    INT8U  OSEventGrp;
}SO_MBOX_DATA;
```

8. 消息队列管理

```
Void         * OSQAccpet( OS_EVENT * pevent );                          //函数原型
OS_EVENT     * OSQCreate( void * * start, INT16U size );
OS_EVENT     * OSQDel( OS_EVENT * pevent,INT8U opt,INT8U * err );
INT8U        OSQFlush( OS_EVENT * pevent );
Void         * OSQPend( OS_EVENT * pevent,INT16U timeout,INT8U * err );
INT8U        OSQPost( OS_EVENT * pevent,void * msg );
INT8U        OSQPostFront( OS_EVENT * pevent,void * msg );
INT8U        OSQPostOpt( OS_EVENT * pevent,void * msg,INT8U opt );
INT8U        OSQQuery( OS_EVENT * pevent,OS_Q_DATA * pdata );
OS_DEL_NO_PEND      // OSQDel()的 opt 参数,没有任务等待时才删除
OS_DEL_ALWAYS       // OSQDel()的 opt 参数,无论有无等待的任务都删除
OS_POST_OPT_FRONT   // OSQDel()的 opt 参数,模仿 OSQPostFront()(是 LIFO 还是 FIFO)
OS_POST_OPT_NONE    // OSQPostOpt()的 opt 参数,消息发给一个等待邮箱消息的任务 //(等
                      同于 OSMboxPost())
OS_POST_OPT_BROADCAST   // OSQPostOpt()的 opt 参数,广播给所有等待邮箱消息的任务
typedef struct                                              // OSQQuery()数据结构
{
    Void     * OSMsg;                           //指向下一则消息的指针
    INT16U   OSNMsgs;                           //队列中的消息数目
    INT16U   OSQSize;                           //消息队列的容量
    INT8U    OSEventTbl[SO_EVENT_TBL_SIZE];     //等待列表
    INT8U    OSEventGrp;
}OS_Q_DATA;
```

9. 内存管理

```
OS_MEM   * OSMemCreate( void * addr,INT32U nblks,INT32U blksize,INT8U * err );
                                                                        //函数原型
Void     * OSMemGet( OS_MEM * pmem,INT8U * err );
INT8U    OSMemPut( OS_MEM * pmem,void * pblk );
```

```
INT8U   OSMemQuery( OS_MEM *pmem,OS_MEM_DATA *pdata );
typedef struct                        // OSMemQuery()函数结构
{
    Void       *OSAddr;               //指向存储块起始地址的指针
    Void       *OSFreeList;           //指向空余存储块列表中第 1 个存储块的指针
    INT32U     OSBlkSize;             //每个存储块的容量(Bytes)
    INT32U     OSNBlks;               //存储块的总数
    INT32U     OSNFee;                //空余存储块
    INT32U     OSNUsed;               //已经使用了存储块
}OS_MEM_DATA;
```

10. 任务设计计划表(见表 C-3)

表 C-3 μC/OS-II The Real-Time Kernel Task Assignment Worksheet

Priority	Task Name	Stack Size(Bytes)	Description	Mutex PIP?
0				
1				
2				
3				
:	:	:	:	:
:	:	:	:	:
61				
62				
63	μC/OS-II Idel Task			N/A

参考文献

[1] 张培仁，潘可，赵松. 嵌入式系统技术[D]. 合肥：中国科学技术大学，2009.

[2] 怯肇乾. 嵌入式系统硬件体系设计[D]. 北京：北京航空航天大学，2007.

[3] 严海蓉. 嵌入式操作系统原理及应用[D]. 北京：电子工业出版社，2012.

[4] 周慈航，吴光文. 基于嵌入式实时操作系统的程序设计技术[M]. 北京：北京航空航天大学出版社，2006.

[5] 李伯成. 基于 MCS－51 单片机的嵌入式系统设计[M]. 北京：电子工业出版社，2004.

[6] 李朝青. 单片机 &DSP 外围数字 IC 技术手册[M]. 北京：北京航空航天大学出版社，2005.

[7] 李朝青. PC 机及单片机数据通讯技术[M]. 北京：北京航空航天大学出版社，2000.

[8] 秦龙. MSP430 单片机常用模块与综合系统实例精讲[M]. 北京：电子工业出版社，2007.

[9] 沈建华，杨艳琴. MSP430 系列 16 位超低功耗单片机原理与实践[M]. 北京：北京航空航天大学出版社，2008.

[10] 周立功. ARM 嵌入式系统基础教程[M]. 北京：北京航空航天大学出版社，2005.

[11] 熊茂华，杨振伦. ARM9 嵌入式系统设计与开发应用[M]. 北京：清华大学出版社，2008.

[12] 张绮文，谢建雄，谢劲心. ARM 嵌入式常用模块与综合系统设计实例精讲[M]. 北京：电子工业出版社，2007.

[13] 韩山，郭云，付海艳. ARM 微处理器应用开发技术详解语实例分析[M]. 北京：清华大学出版社，2007.

[14] 梁晓雯，裴小平，李玉虎. TMS320C54x 系列 DSP 的 CPU 与外设[M]. 北京：清华大学出版社，2006.

[15] Jean J Labrosse. 嵌入式实时操作系统[M]. 北京：北京航空航天大学出版社，2003.

[16] 任哲. 嵌入式实时操作系统 μC/OS－Ⅱ原理及应用[M]. 北京：北京航空航天大学出版社，2005.

[17] 杨振江，孙占彪，王曙梅，等. 智能仪器与数据采集系统中的新器件及应用[M]. 西安：西安电子科技大学出版社，2001.

[18] 周志敏，周纪海，纪爱华. 便携式电子设备电源设计与应用[M]. 北京：人民邮电出版社，2007.

[19] 张纬钹，何金良，高玉明. 过电压防护及绝缘配合[M]. 北京：清华大学出版社，2002.

[20] 郭银景，吕文红，唐富华. 电磁兼容原理及应用[M]. 北京：清华大学出版社，2004.